中国科学技术大学
交叉学科基础物理教程

主编 侯建国 副主编 程福臻 叶邦角

理论力学导论

潘海俊 编著

中国科学技术大学出版社

内容简介

本书为“中国科学技术大学交叉学科基础物理教程”之一，是作者在10余年教授“理论力学”的讲义基础上，参考国内外优秀教材，针对非物理专业的大学生学习理论力学而编写的教材。内容包括运动学、拉格朗日力学和哈密顿力学，也介绍了中心力与散射、多自由度的线性振动以及刚体。书末附有适量的习题。

本书可作为综合性大学和理工类院校非工程类理论力学教科书或主要参考书，也可供大专院校物理教师和物理教学研究工作者参考。

图书在版编目(CIP)数据

理论力学导论/潘海俊编著.—合肥：中国科学技术大学出版社，2022.1
(中国科学技术大学交叉学科基础物理教程)
中国科学技术大学一流规划教材
安徽省高等学校“十三五”省级规划教材
ISBN 978-7-312-05255-2

Ⅰ.理… Ⅱ.潘… Ⅲ.理论力学—高等学校—教材 Ⅳ.O31

中国版本图书馆CIP数据核字(2021)第228131号

理论力学导论
LILUN LIXUE DAOLUN

出版 中国科学技术大学出版社
安徽省合肥市金寨路96号，230026
http://press.ustc.edu.cn
https://zgkxjsdxcbs.tmall.com
印刷 合肥市宏基印刷有限公司
发行 中国科学技术大学出版社
经销 全国新华书店
开本 880 mm×1230 mm 1/16
印张 24
字数 472千
版次 2022年1月第1版
印次 2022年1月第1次印刷
定价 96.00元

序

物理学从17世纪牛顿创立经典力学开始兴起，最初被称为自然哲学，探索的是物质世界普遍而基本的规律，是自然科学的一门基础学科。19世纪末20世纪初，麦克斯韦创立电磁理论，爱因斯坦创立相对论，普朗克、玻尔、海森伯等人创立量子力学，物理学取得了一系列重大进展，在推动其他自然学科发展的同时，也极大地提升了人类利用自然的能力。今天，物理学作为自然科学的基础学科之一，仍然在众多科学与工程领域的突破中、在交叉学科的前沿研究中发挥着重要的作用。

大学的物理课程不仅仅是物理知识的学习与掌握，更是提升学生科学素养的一种基础训练，有助于培养学生的逻辑思维和分析与解决问题的能力，而且这种思维和能力的训练，对学生一生的影响也是潜移默化的。中国科学技术大学始终坚持“基础宽厚实，专业精新活”的教育传统和培养特色，一直以来都把物理和数学作为最重要的通识课程。非物理专业的本科生在一、二年级也要学习基础物理课程，注重在这种数理训练过程中培养学生的逻辑思维、批判意识与科学精神，这也是我校通识教育的主要内容。

结合我校的教育教学改革实践，我们组织编写了这套“中国科学技术大学交叉学科基础物理教程”丛书，将其定位为非物理专业的本科生物理教学用书，力求基本理论严谨、语言生动浅显，使老师好教、学生好学。丛书的特点有：从学生见到的问题入手，引导出科学的思维和实验，再获得基本的规律，重在启发学生的兴趣；注意各块知识的纵向贯通和各门课程的横向联系，避免重复和遗漏，同时与前沿研究相结合，显示学科的发展和开放性；注重培养学生提出新问题、建立模型、解决问题、作合理近似的能力；尽量做好数学与物理的配合，物理上必需的数学内容而数学书上难以安排的部分，则在物理书中予以考虑安排等。

这套丛书的编者队伍汇集了中国科学技术大学一批老、中、青骨干教师，其中既有经验丰富的国家教学名师，也有年富力强的教学骨干，还有活跃在教学一线的青年教师，他们把自己对物理教学的热爱、感悟和心得都融入教材的字里行间。这套丛书从2010年9月立项启动，其间经过编委会多次研讨、广泛征求意见和反复修改完善。在丛书陆续出版之际，我谨向所有参与教材研讨和编写的同志，向所有关心和支持教材编写工作的朋友表示衷心的感谢。

教材是学校实践教育理念、实现教学培养目标的基础，好的教材是保证教学质量的第一环节。我们衷心地希望，这套倾注了编者们的心血和汗水的教材，能得到广大师生的喜爱，并让更多的学生受益。

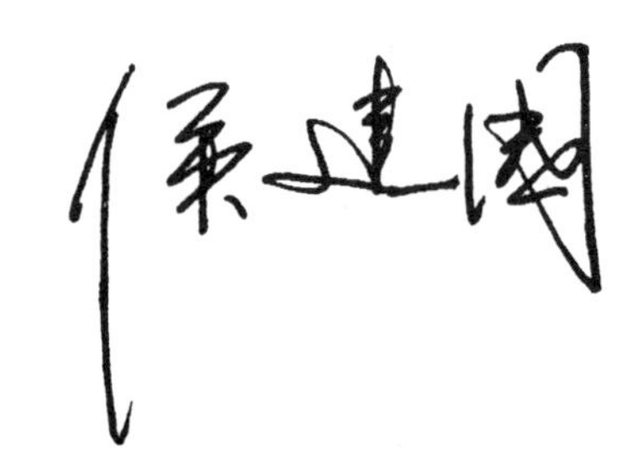

2014年1月于中国科学技术大学

前言

力学研究宏观物体的机械运动，即物体位形随时间的变化。正如物理学的其他分支一样，关于机械运动的研究大体上包含两个方面的内容。

首先是关于运动的描述，这部分内容属于运动学的研究范畴。为了对运动做定量描述，我们需要选择一个合适的计算系统或者坐标系，从而可以用数字的形式定量刻画机械运动的一些重要特征，比如位置、速度、加速度等。一般而言，仅仅说物体沿着什么曲线或者以多大的速度运动是没有意义的。这是由于运动是相对的，当我们讲某个物体如何运动时，通常总是暗指该运动是相对于某个特定观测者而言的。在特定坐标系下如何描述物体的运动以及不同观测者对于运动的描述如何联系就构成了运动学的主要内容。

其次是如何解释物体的运动。与描述运动相比，这是人们更感兴趣的。牛顿将所有影响机械运动的因素都归结为力，因此，动力学自然包含了两类重要的内容：一类是关于力自身的规律。对此，牛顿除发现了引力的定量规律，即万有引力定理之外，还给出了力满足的一个具有相当普遍性的性质：两个物体之间的相互作用力大小相等、方向相反，这就是弱形式的牛顿第三定律；而对于两个可视为质点（也经常将其称为粒子)的物体,两者之间的相互作用不仅大小相等、方向相反,而且力的方向沿着两者的连线,这就是强形式的牛顿第三定律。动力学的另一类重要内容是回答这样的问题:在特定的力作用下,物体将如何运动?牛顿对此给出了两个定律,即牛顿第一和第二定律。第一定律的一种表述是:如果一个物体远离其他所有物体,那么它将保持静止或匀速直线运动状态。按照该表述,第一定律在断言一类特殊参考系(即惯性系)存在的同时,也给出了"力等于零"的定量定义,并且定性地解释了物体受力时的运动——物体将具有加速度。第二定律通常表述为:物体受到的力等于其质量与加速度的乘积。该定律在给出惯性质量和力的定义的同时,也定量地解释了物体在任意特定的力作用下的运动规律。按照牛顿第二定律,如果物体在某一时刻受到力的作用,那么它在此时刻就有一个非零的加速度,从而下一时刻它的速度就会发生改变;而如果粒子在某一时刻具有非零的速度,那么它在下一时刻的位置就会有所不同。以此类推,人们就可以由物体在某一时刻的状态(即其位置和速度)去预言它在任一时刻的状态。牛顿为物体状态如何改变提供了一个简单、朴素的物理图像。而以牛顿定律为基础的力学称为牛顿力学,其主要内容包含在1687年出版的《自然哲学之数学原理》一书中。

在《自然哲学之数学原理》发表之后约100年,即1788年,拉格朗日出版了《分析力学》。该书以达朗贝尔原理为基础,将运动方程写为拉格朗日方程的形式。其方法以拉格朗日函数为中心,称为拉格朗日力学。对于约束体系,由于约束力本身是未知的,为了解其运动演化,通常需要联立牛顿方程和约束方程。而拉格朗日力学通过选择合适的广义坐标,可以使得未知约束力自动地不出现在运动方程中。与牛顿力学相比,这种处理方法不仅简洁,而且更灵活。

拉格朗日之后约半个世纪,即1834年,哈密顿发表了《论动力学中的一个普遍方法》,提出了解决约束体系运动的另一种方法。该方法以哈密顿函数为中心,称为哈密顿力学。哈密顿力学在状态变量的选择上比牛顿力学和拉格朗日力学都更为灵活。而且,与拉格朗日函数相比,哈密顿函数具有更明确的物理含义。

拉格朗日力学事实上提供了关于运动的另一个极富吸引力的解释,这就是位形空间中的哈密顿原理,它是达朗贝尔原理的对应物。哈密顿原理是基于积分的,而达朗贝尔原理则是基于微分的。哈密顿力学也对运动提供了一个类似的解释,这就是相空间中的哈密顿原理。

拉格朗日力学与哈密顿力学统称为分析力学。应该指出的是,在适用范围内,无论是拉格朗日力学,还是哈密顿力学,都是与牛顿力学等价的,不同的方法侧重于运动的不同特征,因而有不同的用途。也正由于此,物理学家经常泛泛地用“经典力学”一词表示牛顿、拉格朗日和哈密顿的力学,也有很多物理学家将相对论作为经典力学的一部分,即将“经典的”理解为“非量子的”。

10余年来,作者在中国科学技术大学讲授理论力学过程中,所用讲义几乎每年都会根据教学效果和学生的学习效果进行适当调整、更新,其间也曾对很多内容、方法和条理做了大幅度的修改。本书是作者在这些讲义的基础上,参考国内外优秀教材,针对非物理专业的大学生编写而成的。全书共分为6章。

第1章介绍了质点和质点组的运动学。首先通过坐标变换引入了张量和张量场等概念,并介绍了标量场对称性的含义;然后以张量为抓手,介绍正交曲线坐标系和相对运动,并介绍了转动运动学;最后讨论了质点组,尤其是约束体系的运动学描述,引入了位形空间和速度相空间。本章也介绍了大多数贯穿全书的数学符号、约定和运算。

第2章系统介绍了拉格朗日力学。首先通过例子引入了哈密顿原理,再由其导出拉格朗日方程;然后讨论了将依赖于速度的相互作用纳入哈密顿原理的可能性,由此引入了广义势能和耗散函数。本章也介绍了求解约束力的拉格朗日乘子方法,重点讨论了体系的动力学对称性与守恒量之间的关系。

第3章系统介绍了哈密顿力学。首先通过勒让德变换引入了哈密顿函数和哈密顿方程;然后引入了哈密顿体系这一重要概念,讨论了哈密顿方程的动力学含义以及相空间中的哈密顿原理。本章也详细介绍了泊松括号的数学性质和物理推论,重点讨论了正则变换以及哈密顿-雅可比理论。

第4章介绍了多自由度的线性振动。首先通过双摆这一例子,引入了简正模、简正坐标等重要概念以及处理线性、耦合振动的基本思想;然后介绍了处理此类耦合振动的一般性方法;最后,通过一维链的振动这一例子，将离散体系的拉格朗日力学推广到连续体系。

第5章介绍了中心力作用下粒子运动的一般性质以及散射的基本图像和概念。

第6章介绍了刚体运动。本章引入了欧拉角、惯量张量等概念，讨论了刚体运动学和刚体动力学，导出了欧拉运动学方程和欧拉动力学方程。本章也分别用欧拉动力学方程和拉格朗日方法讨论了欧拉陀螺和拉格朗日陀螺的运动特性。

第1章构成了全书的数学基础，第2章和第3章则是全书的物理基础，而在某种程度上，可以将第4～6章视为分析力学的若干应用。在教学过程中，教师可根据所在专业的需求和学时安排，最后三章的任何一章内容都可以灵活地放在第2章或者第3章之后，也可只选择部分内容进行讲解。

有一些在物理中很重要的内容并没有包含在本书中。其中一个是经典力学方法在目前最热门的领域之一——混沌理论中的应用。此外，相对论的内容也几乎没有涉及。

在本书的编写过程中，中国科学技术大学理论力学课程组各位前辈和教师给予了我很多指导和帮助，作者在此表示感谢。作者也要感谢在本书编辑出版过程中做了大量细致工作的中国科学技术大学出版社编辑。最后，作者特别感谢侯建国院士、程福臻教授和叶邦角教授，他们给予了作者极大的鼓励和支持。

由于作者水平有限，书中难免会有不妥，甚至错误之处，恳请读者批评指正。

潘海俊

2021年10月

目　录

第1章　运动学

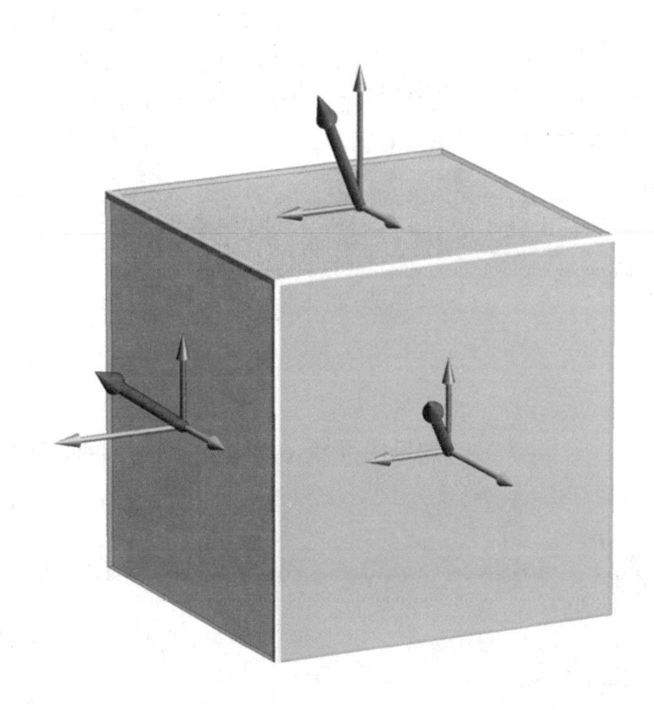

1.1 坐标变换

1.1.1 旋转矩阵

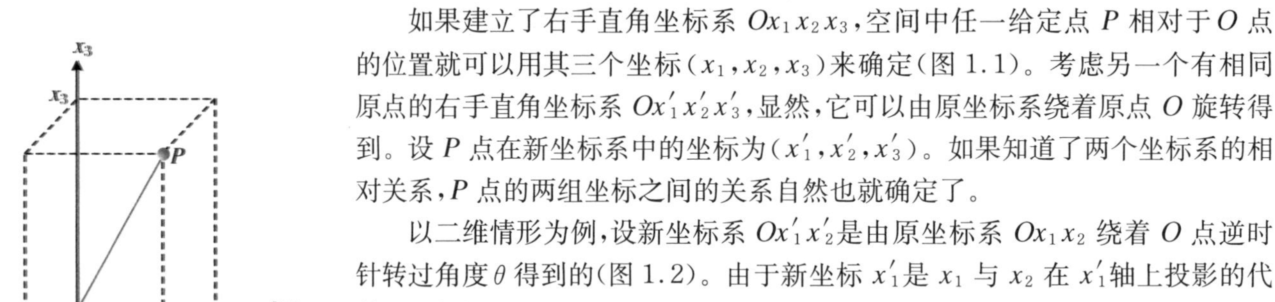

如果建立了右手直角坐标系 $Ox_1x_2x_3$，空间中任一给定点 P 相对于 O 点的位置就可以用其三个坐标 (x_1, x_2, x_3) 来确定（图 1.1）。考虑另一个有相同原点的右手直角坐标系 $Ox'_1x'_2x'_3$，显然，它可以由原坐标系绕着原点 O 旋转得到。设 P 点在新坐标系中的坐标为 (x'_1, x'_2, x'_3)。如果知道了两个坐标系的相对关系，P 点的两组坐标之间的关系自然也就确定了。

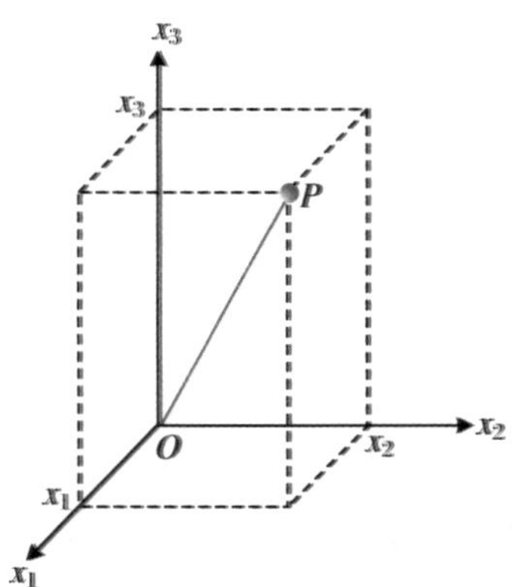

图 1.1　直角坐标系

以二维情形为例，设新坐标系 $Ox'_1x'_2$ 是由原坐标系 Ox_1x_2 绕着 O 点逆时针转过角度 θ 得到的（图 1.2）。由于新坐标 x'_1 是 x_1 与 x_2 在 x'_1 轴上投影的代数和，因此

$$x'_1 = x_1\cos\theta + x_2\cos\left(\frac{\pi}{2} - \theta\right) = x_1\cos\theta + x_2\sin\theta$$

类似地，新坐标 x'_2 是 x_1 与 x_2 在 x'_2 轴上投影的代数和，因此

$$x'_2 = x_1\cos\left(\frac{\pi}{2} + \theta\right) + x_2\cos\theta = -x_1\sin\theta + x_2\cos\theta$$

如果用符号 λ_{ij} 表示 x'_i 轴与 x_j 轴之间夹角的余弦，对于图 1.2 所示的情形就有

$$\begin{cases} \lambda_{11} = \cos\theta \\ \lambda_{12} = \cos\left(\dfrac{\pi}{2} - \theta\right) = \sin\theta \\ \lambda_{21} = \cos\left(\dfrac{\pi}{2} + \theta\right) = -\sin\theta \\ \lambda_{22} = \cos\theta \end{cases}$$

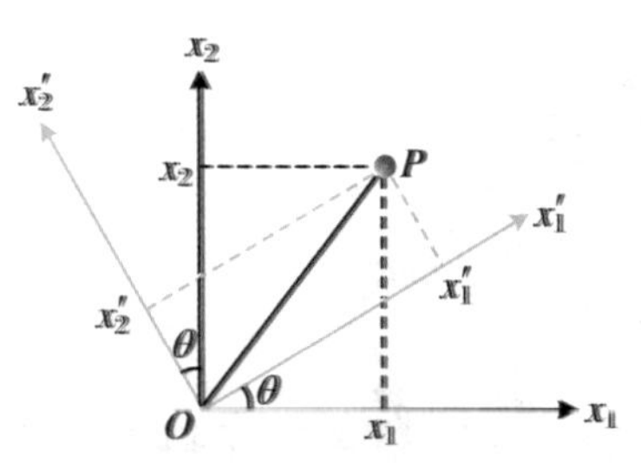

图 1.2　二维旋转（被动观点）

而 P 点的新、旧坐标之间的关系就可以表示为

$$\begin{cases} x'_1 = \lambda_{11}x_1 + \lambda_{12}x_2 \\ x'_2 = \lambda_{21}x_1 + \lambda_{22}x_2 \end{cases}$$

类似的讨论也适用于三维情形。仍然令 λ_{ij} 表示 x'_i 轴与 x_j 轴之间夹角的余弦。由于 x'_i 是 x_1，x_2 及 x_3 在 x'_i 轴上投影的代数和，因而

$$x'_i = \lambda_{i1}x_1 + \lambda_{i2}x_2 + \lambda_{i3}x_3 = \sum_{j=1}^{3}\lambda_{ij}x_j \quad (i = 1,2,3) \tag{1.1.1}$$

而由于 x_i 是 x'_1,x'_2及 x'_3在 x_i 轴上的投影的代数和,从而有

$$x_i = \lambda_{1i}x'_1 + \lambda_{2i}x'_2 + \lambda_{3i}x'_3 = \sum_{j=1}^{3}\lambda_{ji}x'_j \quad (i = 1,2,3) \tag{1.1.2}$$

这实际上就是式(1.1.1)的逆变换。

将 λ_{ij} 当作 3×3 矩阵 λ 的第 i 行、第 j 列元素,即

$$\lambda = \begin{pmatrix} \lambda_{11} & \lambda_{12} & \lambda_{13} \\ \lambda_{21} & \lambda_{22} & \lambda_{23} \\ \lambda_{31} & \lambda_{32} & \lambda_{33} \end{pmatrix} \tag{1.1.3}$$

根据定义,该矩阵的第 i 行是 x'_i轴在原坐标系中的三个方向余弦,而第 j 列则是 x_j 轴在新坐标系中的三个方向余弦。如果知道了矩阵 λ,式(1.1.1)或式(1.1.2)就给出了空间任一点的两组坐标之间的关系,因而这样的 λ 就称为变换矩阵。而由于 λ 联系的两个坐标系可经转动相互变换,所以又将其称为旋转矩阵。

1.1.2 旋转矩阵的性质

旋转矩阵的九个元素并不独立。为了看出这一点,我们引用一个几何结论。在图 1.3 中,(α,β,γ)和(α',β',γ')分别是由原点引出的两条射线与三个坐标轴x_1,x_2,x_3 的夹角,而 θ 则是这两射线之间的夹角。可以证明:这些角度满足关系

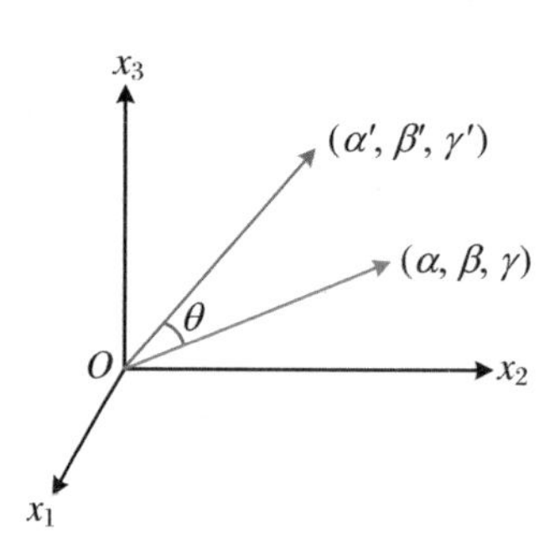

图 1.3 两条射线的夹角

$$\cos\alpha\cos\alpha' + \cos\beta\cos\beta' + \cos\gamma\cos\gamma' = \cos\theta \tag{1.1.4}$$

我们知道,坐标系 $Ox'_1x'_2x'_3$是由 $Ox_1x_2x_3$ 绕着 O 点转动得到的,x'_i轴和x'_j轴在原来坐标系中的方向余弦分别为$(\lambda_{i1},\lambda_{i2},\lambda_{i3})$和$(\lambda_{j1},\lambda_{j2},\lambda_{j3})$。当 $i\neq j$ 时,由于 x'_i轴和x'_j轴之间的夹角为 $\pi/2$,因此由式(1.1.4)得到

$$\lambda_{i1}\lambda_{j1} + \lambda_{i2}\lambda_{j2} + \lambda_{i3}\lambda_{j3} = \sum_{k=1}^{3}\lambda_{ik}\lambda_{jk} = 0 \quad (i \neq j) \tag{1.1.5a}$$

这就给出了 λ_{ij} 满足的三个关系;而当 $i=j$ 时,x'_i轴与自己的夹角自然为零,因而就有

$$\lambda_{i1}^2 + \lambda_{i2}^2 + \lambda_{i3}^2 = \sum_{k=1}^{3}\lambda_{ik}^2 = 1 \quad (i = 1,2,3) \tag{1.1.5b}$$

这又给出了 λ_{ij} 满足的另外三个关系。式(1.1.5a)和式(1.1.5b)可以统一写为

$$\sum_{k=1}^{3}\lambda_{ik}\lambda_{jk} = \delta_{ij} \quad (i,j = 1,2,3) \tag{1.1.6}$$

其中

$$\delta_{ij} \triangleq \begin{cases} 1 & (i = j) \\ 0 & (i \neq j) \end{cases} \tag{1.1.7}$$

称为克罗内克符号,它是 3×3 单位矩阵 I 的元素。式(1.1.6)可以用矩阵表示为

$$\lambda\lambda^{\mathrm{T}} = I \tag{1.1.8}$$

其中,λ^{T}是 λ 的转置。由于上式意味着 λ 的逆矩阵为 $\lambda^{-1} = \lambda^{\mathrm{T}}$,所以也就必然有

$$\lambda^{\mathrm{T}}\lambda = I \tag{1.1.9}$$

写成分量形式,即为

$$\sum_{k=1}^{3}\lambda_{ki}\lambda_{kj} = \delta_{ij} \quad (i,j = 1,2,3) \tag{1.1.10}$$

对于有共同原点的两个直角坐标系,用来确定两者相互关系的变换矩阵 λ 必须满足式(1.1.6)给出的六个关系,因此,λ 的九个元素中只有三个是独立的。

将式(1.1.8)左、右两边取行列式,得到 $\det(\lambda\lambda^{\mathrm{T}}) = (\det\lambda^{\mathrm{T}})(\det\lambda)$。利用 $\det\lambda^{\mathrm{T}} = \det\lambda$,就有 $(\det\lambda)^2 = 1$,即 $\det\lambda$ 只能取 +1 或者 −1。不过,由于坐标系 $Ox_1'x_2'x_3'$ 可以由 $Ox_1x_2x_3$ 通过连续转动得到,因此 λ 也就可以由 I 连续变化得到,其行列式不可能由 $\det I = +1$ 突变为 −1。所以,旋转矩阵的行列式只能取 +1,即有

$$\det\lambda = 1$$

数学上将满足条件(1.1.8)或(1.1.9)的矩阵 λ 称为正交矩阵,而行列式等于 +1的正交矩阵则称为特殊正交矩阵。至此,我们在坐标系的转动(一个几何操作)与特殊正交矩阵(一个代数对象)之间建立起了一一对应关系:对于有共同原点的两个右手直角坐标系 $Ox_1x_2x_3$ 和 $Ox_1'x_2'x_3'$,两者的关系可由特殊正交矩阵 λ 通过式(1.1.1)或式(1.1.2)完全描述;反之,对于任一给定的特殊正交矩阵 λ,以其第 i 行的三个元素作为方向余弦在坐标系 $Ox_1x_2x_3$ 中所定义的方向作为 x_i' 轴,就唯一确定了坐标系 $Ox_1'x_2'x_3'$。

1.1.3　变换的主动观点与被动观点

在前面关于坐标变换和旋转矩阵性质的讨论中，我们采用的是这样一种观点：空间中的点 P 固定不动，而让坐标系旋转。仍以二维情形为例，假如坐标系 $Ox'_1x'_2$ 是由 Ox_1x_2 **逆时针**转过角度 θ 得到的（图 1.2），那么任一给定点 P 的新旧坐标之间的关系为

$$\begin{cases} x'_1 = x_1\cos\theta + x_2\sin\theta \\ x'_2 = -x_1\sin\theta + x_2\cos\theta \end{cases} \tag{1.1.11}$$

现在，设想坐标系 Ox_1x_2 不变，而让平面内每一点都绕着原点**顺时针**转过角度 θ，比如 P 点就转动到了 P' 点的位置（图 1.4）。设 P 点和 P' 点在坐标系 Ox_1x_2 中的坐标分别为 (x_1, x_2) 和 (x'_1, x'_2)，显然，这两点的坐标之间的关系也是由式(1.1.11)给出的。

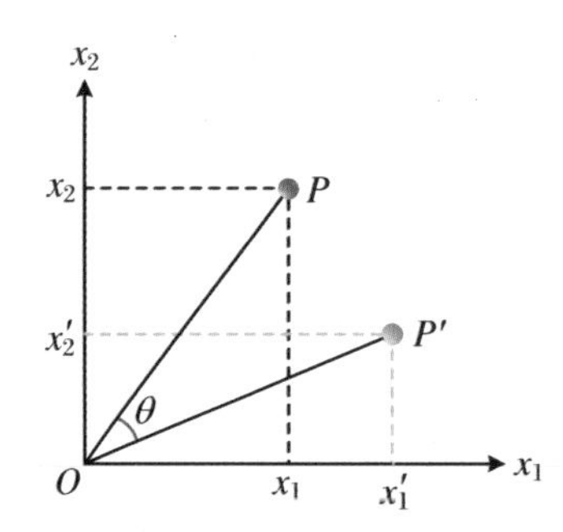

图 1.4　二维旋转（主动观点）

一般而言，对于特定的 λ 所定义的变换(1.1.1)，既可以将该变换视为作用于坐标系上的——这时式(1.1.1)描述的是同一点的新旧坐标之间的关系，也可以将该变换视为作用于空间中各点上的——这时式(1.1.1)描述的是新旧两个点在同一坐标系中的坐标之间的关系。前者称为看待变换的被动观点，后者则称为看待变换的主动观点。这两种观点在数学上是完全等价的。

1.1.4　旋转矩阵的几何意义

根据 1.1.2 小节最后的结论，旋转矩阵（一个特殊正交矩阵）包含了转动的所有几何信息。所以，对特殊正交矩阵代数性质的分析必然可以告诉人们关于转动的所有几何性质。

由于两个特殊正交矩阵 λ_1 和 λ_2 的乘积 $\lambda_1\lambda_2$ 仍然是一个特殊正交矩阵，所以相继两次转动的总效果还是转动。而由于矩阵的乘法运算通常不满足交换律，因此，转动的次序是不可交换的——同样的两次转动，次序不同将导致不同的结果。

例如，首先将坐标系 $Ox_1x_2x_3$ 绕着其第一个轴（即 x_1 轴）转过 $\pi/2$ 得到坐标系 $Oy_1y_2y_3$（图 1.5(a)）。在此转动中，$y_1 = x_1$，$y_2 = x_3$，$y_3 = -x_2$，因而旋转矩阵为

$$\lambda_1 = \begin{pmatrix} 1 & 0 & 0 \\ 0 & 0 & 1 \\ 0 & -1 & 0 \end{pmatrix}$$

其次，再将 $Oy_1y_2y_3$ 绕着其第二个轴(即 y_2 轴)转过 $\pi/2$ 得到坐标系 $Oz_1z_2z_3$(图 1.5(b))。由于 $z_1 = -y_3, z_2 = y_2, z_3 = y_1$，因而旋转矩阵为

$$\lambda_2 = \begin{pmatrix} 0 & 0 & -1 \\ 0 & 1 & 0 \\ 1 & 0 & 0 \end{pmatrix}$$

上述两次转动的总效果可由如下的一个变换矩阵表示：

$$\lambda_A = \lambda_2\lambda_1 = \begin{pmatrix} 0 & 1 & 0 \\ 0 & 0 & 1 \\ 1 & 0 & 0 \end{pmatrix}$$

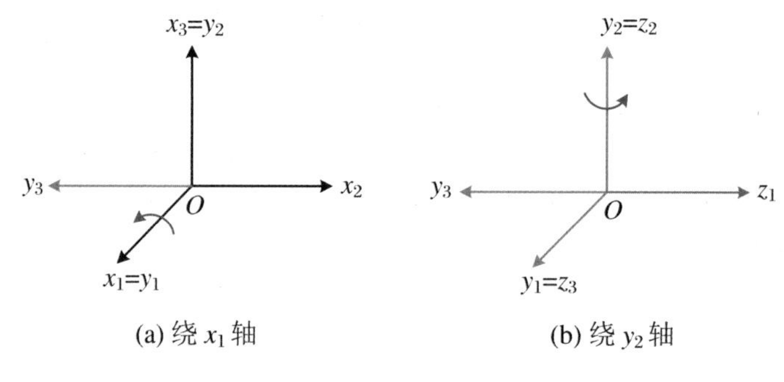

图 1.5　坐标系相继两次转动(情形Ⅰ)

如果将前面的两次转动的次序反过来，即首先将坐标系 $Ox_1x_2x_3$ 绕着其第二个轴(即 x_2 轴)转过 $\pi/2$ 得到坐标系 $Oy'_1y'_2y'_3$(图 1.6(a))，该转动由矩阵 λ_2 描述；其次，再将 $Oy'_1y'_2y'_3$绕着其第一个轴(即 y'_1轴)转过 $\pi/2$ 得到坐标系 $Oz'_1z'_2z'_3$(图 1.6(b))，该转动由矩阵 λ_1 描述。总的变换由下面的矩阵描述：

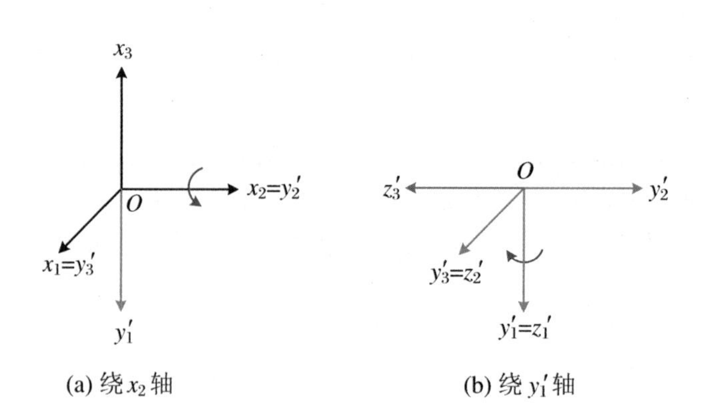

图 1.6　坐标系相继两次转动(情形Ⅱ)

$$\lambda_B = \lambda_1\lambda_2 = \begin{pmatrix} 0 & 0 & -1 \\ 1 & 0 & 0 \\ 0 & -1 & 0 \end{pmatrix}$$

显然，$\lambda_B \neq \lambda_A$，这反映了两种情形下最终坐标系 $Oz'_1z'_2z'_3$ 与 $Oz_1z_2z_3$ 的取向是不同的。

转动的不可交换性从主动观点看更为直观：如图1.7所示，图(a)表示将长方形从其最初的位置(灰色所示)先绕着 x_1 轴转过 $\pi/2$ 到达位置 a，再绕着 x_2 轴转过 $\pi/2$ 到达位置 b。而图(b)则表示将同样的长方形先绕着 x_2 轴转过 $\pi/2$ 到达位置 A，再绕着 x_1 轴转过 $\pi/2$ 到达位置 B。由于转动次序不同，长方形的最终位置和方位也不相同。因此，当谈论相继若干次有限的转动时，转动次序是很重要的。

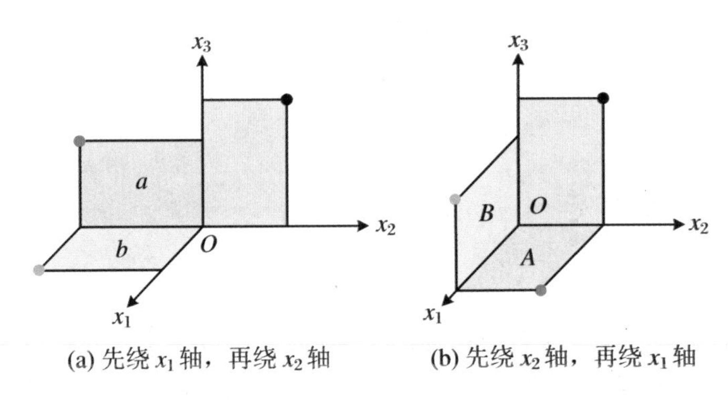

图1.7 主动观点看待转动的不可交换性

对于任一旋转矩阵 λ，将式(1.1.8)左、右两边同时减去 λ^{T}，得到

$$(\lambda - I)\lambda^{\mathrm{T}} = I - \lambda^{\mathrm{T}} = -(\lambda - I)^{\mathrm{T}}$$

两边取行列式，给出

$$\det(\lambda - I)\det\lambda^{\mathrm{T}} = (-1)^3\det(\lambda - I)^{\mathrm{T}}$$

由于转动矩阵的行列式为1，因而就有

$$\det(\lambda - I) = -\det(\lambda - I)$$

即 $\det(\lambda - I) = 0$。这意味着1是 λ 的一个本征值，即存在非零列矢量 X，使得

$$\lambda X = X$$

X 称为 λ 的属于本征值1的本征矢。从主动观点看，上式表示点 X 在 λ 表示的变换下是不动的。而由于 X 的任一非零倍数仍然是属于本征值1的本征矢，从而原点与 X 连线上的任一点在该转动变换下都是不动的。由此我们得到结论：任一给定的特殊正交矩阵 λ 表示的旋转，都可以经由一次转动实现，其转轴沿着 λ 的属于本征值1的本征矢方向。

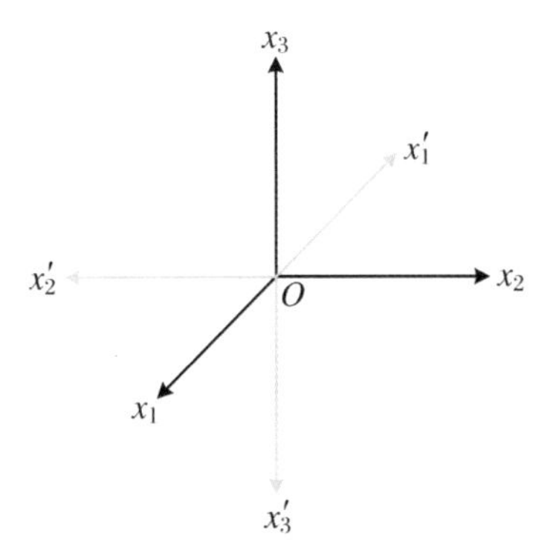

图 1.8 反演变换

最后，作为一个例子，考虑变换：$x_1' = -x_1, x_2' = -x_2, x_3' = -x_3$。从被动观点看，该变换通过将右手直角坐标系 $Ox_1x_2x_3$ 的每一个坐标轴都反向得到一个左手直角坐标系 $Ox_1'x_2'x_3'$（图 1.8）；而从主动观点看，该变换将空间中的每一个点都经由原点的反射变为了一个新的点。这样的变换称为反演，其变换矩阵可以写为

$$\lambda = \begin{pmatrix} -1 & 0 & 0 \\ 0 & -1 & 0 \\ 0 & 0 & -1 \end{pmatrix} \tag{1.1.12}$$

该矩阵的行列式等于 -1。显然，它与旋转矩阵的乘积满足交换律。

通常将正交矩阵表示的变换(1.1.1)称为正交变换。而一方面，正交矩阵的行列式要么等于1，要么等于 -1；另一方面，任一行列式为 -1 的正交矩阵都可以表示为旋转矩阵与矩阵(1.1.12)的乘积。所以，正交变换表示旋转、反演或者两者的联合变换。

1.1.5 求和约定

本书中经常会涉及对若干指标的求和，为了使得相关的公式写出来简洁、清晰，我们引入**求和约定**：如果在某一个单项式中同一指标重复出现，则意味着要对其求和，求和的范围可根据上下文判断。求和指标又称为哑指标，而其他指标则称为自由指标。

比如，采用求和约定，式(1.1.1)就可写成

$$x_i' = \lambda_{ij}x_j \tag{1.1.13}$$

它自动意味着对于自由指标 i 的所有可能的取值，上式都是成立的。将上式中的求和指标 j 同时换为式中没有出现过的其他字母，并不会改变方程的含义，如上式也可以写为 $x_i' = \lambda_{ik}x_k = \lambda_{il}x_l = \cdots$。而将方程两边的自由指标 i 同时换为其他字母，也不会改变方程的含义，例如上式也可以写为 $x_k' = \lambda_{kj}x_j$。

采用求和约定，式(1.1.6)和式(1.1.10)可分别表示为

$$\lambda_{ik}\lambda_{jk} = \delta_{ij}, \quad \lambda_{ki}\lambda_{kj} = \delta_{ij} \tag{1.1.14}$$

而

$$\delta_{ii} = \delta_{11} + \delta_{22} + \delta_{33} = 3 \tag{1.1.15}$$

不再表示单位矩阵的第 i 个对角元。

在各种推导过程中，经常会碰到类似 $A_{ij}S_{ij}$ 这样的求和：其中 $S_{ij} = S_{ji}$，而

$A_{ij}=-A_{ji}$，即 S 和 A 关于指标 i 和 j 的交换分别是对称和反对称的（这里 i 和 j 的取值范围相同，例如均在 $\{1,\cdots,n\}$ 内取值）。由于

$$A_{ij}S_{ij} = A_{ji}S_{ji}$$

而等式右边又可以根据 S 和 A 的性质写为

$$(-A_{ij})(+S_{ij})=-A_{ij}S_{ij}$$

因此就有

$$A_{ij}S_{ij} = -A_{ij}S_{ij}$$

从而 $A_{ij}S_{ij}\equiv 0$。

本书之后所有的公式都将采用求和约定。有时将求和符号明显写出来，也只是为了强调、提醒而已。如果偶尔遇到两个相同的指标不需要求和的情形，则会特别加以标注。

1.1.6 排列符号

在涉及与矢量有关的运算时，经常会遇到排列符号（或称为列维-奇维塔符号），其定义如下：

$$\varepsilon_{ijk} \triangleq \begin{vmatrix} \delta_{i1} & \delta_{i2} & \delta_{i3} \\ \delta_{j1} & \delta_{j2} & \delta_{j3} \\ \delta_{k1} & \delta_{k2} & \delta_{k3} \end{vmatrix} \tag{1.1.16}$$

显然，ε_{123} 等于单位矩阵的行列式，因而 $\varepsilon_{123}=1$。而由于两行交换时，行列式改变符号，因而 ε_{ijk} 关于三个指标（ijk）的交换是完全反对称的，即有

$$\varepsilon_{ijk} = \varepsilon_{jki} = \varepsilon_{kij} = -\varepsilon_{ikj} = -\varepsilon_{jik} = -\varepsilon_{kji} \tag{1.1.17}$$

由此也就不难看出，排列符号也可以等价地定义为

$$\varepsilon_{ijk} \triangleq \begin{cases} +1 & ((ijk)\text{是}(123)\text{的偶排列}) \\ -1 & ((ijk)\text{是}(123)\text{的奇排列}) \\ 0 & ((ijk)\text{中至少有两个相同}) \end{cases} \tag{1.1.18}$$

排列符号最重要也最常用的一个性质是

$$\varepsilon_{ijk}\varepsilon_{mnk} = \delta_{im}\delta_{jn} - \delta_{in}\delta_{jm} \tag{1.1.19}$$

其证明如下：由于矩阵与其转置的行列式相同，因而 ε_{mnk} 可以写为

$$\varepsilon_{mnk} = \begin{vmatrix} \delta_{m1} & \delta_{n1} & \delta_{k1} \\ \delta_{m2} & \delta_{n2} & \delta_{k2} \\ \delta_{m3} & \delta_{n3} & \delta_{k3} \end{vmatrix}$$

将其与式(1.1.16)定义的 ε_{ijk} 相乘，由于矩阵行列式相乘等于矩阵乘积的行列式，所以

$$\varepsilon_{ijk}\varepsilon_{mnk} = \begin{vmatrix} \delta_{i1} & \delta_{i2} & \delta_{i3} \\ \delta_{j1} & \delta_{j2} & \delta_{j3} \\ \delta_{k1} & \delta_{k2} & \delta_{k3} \end{vmatrix} \begin{vmatrix} \delta_{m1} & \delta_{n1} & \delta_{k1} \\ \delta_{m2} & \delta_{n2} & \delta_{k2} \\ \delta_{m3} & \delta_{n3} & \delta_{k3} \end{vmatrix}$$

$$= \begin{vmatrix} \delta_{ia}\delta_{ma} & \delta_{ia}\delta_{na} & \delta_{ia}\delta_{ka} \\ \delta_{ja}\delta_{ma} & \delta_{ja}\delta_{na} & \delta_{ja}\delta_{ka} \\ \delta_{ka}\delta_{ma} & \delta_{ka}\delta_{na} & \delta_{ka}\delta_{ka} \end{vmatrix} = \begin{vmatrix} \delta_{im} & \delta_{in} & \delta_{ik} \\ \delta_{jm} & \delta_{jn} & \delta_{jk} \\ \delta_{km} & \delta_{kn} & \delta_{kk} \end{vmatrix}$$

按照行列式定义展开，给出

$$\begin{aligned} \varepsilon_{ijk}\varepsilon_{mnk} = {} & \delta_{im}\delta_{jn}\delta_{kk} + \delta_{in}\delta_{jk}\delta_{km} + \delta_{ik}\delta_{jm}\delta_{kn} \\ & - \delta_{ik}\delta_{jn}\delta_{km} - \delta_{im}\delta_{jk}\delta_{kn} - \delta_{in}\delta_{jm}\delta_{kk} \end{aligned}$$

利用式(1.1.15)以及 $A_{ij}\delta_{jk} = A_{ik}$，上式可以写为

$$\varepsilon_{ijk}\varepsilon_{mnk} = 3\delta_{im}\delta_{jn} + \delta_{in}\delta_{jm} + \delta_{in}\delta_{jm} - \delta_{im}\delta_{jn} - \delta_{im}\delta_{jn} - 3\delta_{in}\delta_{jm}$$

略做整理就得到式(1.1.19)。

如果将式(1.1.19)中的下标 n 换为 j——这样 j 与 k 一样都是求和指标，则得到

$$\varepsilon_{ijk}\varepsilon_{mjk} = \delta_{im}\delta_{jj} - \delta_{ij}\delta_{jm} = 3\delta_{im} - \delta_{im} = 2\delta_{im} \tag{1.1.20}$$

再将上式中的 m 换为 i，又给出

$$\varepsilon_{ijk}\varepsilon_{ijk} = 2\delta_{ii} = 6 \tag{1.1.21}$$

对于一个 3×3 矩阵 T，我们知道其行列式的定义为

$$\varepsilon_{ijk}T_{i1}T_{j2}T_{k3} = \det T = \varepsilon_{ijk}T_{1i}T_{2j}T_{3k} \tag{1.1.22}$$

由此结合排列符号的定义就可以看出下面的等式也必然成立：

$$\varepsilon_{ijk}T_{il}T_{jm}T_{kn} = \varepsilon_{lmn}\det T = \varepsilon_{ijk}T_{li}T_{mj}T_{nk} \tag{1.1.23}$$

1.2 标量、矢量与张量

我们遇到的物理量，有些只需要一个数就可以描述，比如长度、能量等；有些则需要三个数才能完全描述，比如运动粒子在某一时刻的位置、速度、加速度等。而为了完全描述一个更为复杂的物理量，我们可能需要更多的分量。比如，为描述线性各向异性电介质中电位移与电场之间的关系，需要用到九个数（由于某种对称性的原因，实际上其中三个并不独立）。对于某个研究对象，根据描述其所需分量的个数以及这些分量在正交变换下行为的不同，数学上将其分别称为标量、矢量、二阶张量等。而我们熟悉的标量和矢量实际上就是两种特殊的张量。

1.2.1 标量与矢量

对于只有一个分量的物理量，如果该分量在不同的坐标系中具有相同的数值，则称其为标量或者零阶张量。例如，圆周率、两点之间的距离、物体的质量、电子的电量等都属于标量。

如果一个物理量（记为 $\vec{A}$ ）有三个分量，并且在正交变换 $x'_i = \lambda_{ij}x_j$ 下，其分量如同点的坐标一样变换，即

$$A'_i = \lambda_{ij}A_j \tag{1.2.1}$$

则称其为矢量或者一阶张量。显然任一点 P 相对于原点 O 的位置就是一个矢量，称为 P 点的位矢，并用符号 $\vec{r}$ 表示。在此意义下，位矢 $\vec{r}$ 就是矢量这一概念的原型。

1.2.2 标量与矢量的基本运算

1. 加法及数乘

对于任意给定的两个矢量$\vec{A}$和$\vec{B}$，以 $C_i \triangleq A_i + B_i$ 作为分量就定义了一个

新矢量。这是因为在正交变换下有

$$C'_i = A'_i + B'_i = \lambda_{ij}A_j + \lambda_{ij}B_j = \lambda_{ij}(A_j + B_j) = \lambda_{ij}C_j$$

这个新的矢量记为$\vec{C} \triangleq \vec{A} + \vec{B}$，相关的运算就称为矢量$\vec{A}$和$\vec{B}$的加法。

而对于给定的标量 a 和矢量 $\vec{A}$，以 $C_i \triangleq aA_i$ 作为分量显然也可以确定一个新矢量，将其记为$\vec{C} \triangleq a\vec{A}$，称为矢量的数乘。

加法与数乘的组合运算称为矢量的线性组合。由于矢量的线性组合仍然是矢量，因此，所有矢量就构成了一个三维线性空间，称之为矢量空间。

2．点乘

两个矢量 $\vec{A}$ 和 $\vec{B}$ 的点乘定义为

$$\vec{A} \cdot \vec{B} \triangleq A_iB_i \tag{1.2.2}$$

根据矢量的定义，在正交变换下有

$$A'_iB'_i = \lambda_{ij}\lambda_{ik}A_jB_k = \delta_{jk}A_jB_k = A_kB_k$$

因此 $\vec{A} \cdot \vec{B}$ 必为标量。正由于此，点乘又称为标量积。

类似于位矢，任一矢量也可用一根有向线段表示。而利用标量积，一个矢量$\vec{A}$的大小（或长度）定义为

$$|\vec{A}| \triangleq \sqrt{\vec{A} \cdot \vec{A}} = \sqrt{A_iA_i} = \sqrt{A_1^2 + A_2^2 + A_3^2} \tag{1.2.3}$$

在不引起混淆的情况下，也经常用 A 表示$\vec{A}$的大小。两个矢量$\vec{A}$和$\vec{B}$的夹角 θ 由下式定义：

$$\cos\theta = \frac{\vec{A} \cdot \vec{B}}{AB} \tag{1.2.4}$$

显然，作为标量，一个矢量的长度以及两个矢量的夹角在正交变换下都是保持不变的。

由定义可知，点乘满足交换律与分配律：

$$\vec{A} \cdot \vec{B} = \vec{B} \cdot \vec{A}, \quad \vec{A} \cdot \left(\vec{B} + \vec{C}\right) = \vec{A} \cdot \vec{B} + \vec{A} \cdot \vec{C} \tag{1.2.5}$$

3．叉乘

两个矢量 $\vec{A}$ 和 $\vec{B}$ 的叉乘（或矢量积）$\vec{A} \times \vec{B}$ 是一个矢量，其分量如下定义：

$$\left(\vec{A}\times\vec{B}\right)_i \triangleq \varepsilon_{ijk}A_jB_k \tag{1.2.6}$$

即

$$\begin{cases}\left(\vec{A}\times\vec{B}\right)_1 = A_2B_3 - A_3B_2 \\ \left(\vec{A}\times\vec{B}\right)_2 = A_3B_1 - A_1B_3 \\ \left(\vec{A}\times\vec{B}\right)_3 = A_1B_2 - A_2B_1\end{cases} \tag{1.2.7}$$

不难看出,叉乘满足反交换律

$$\vec{B}\times\vec{A} = -\vec{A}\times\vec{B} \tag{1.2.8}$$

和分配律

$$\vec{A}\times\left(\vec{B}+\vec{C}\right) = \vec{A}\times\vec{B}+\vec{A}\times\vec{C} \tag{1.2.9}$$

根据定义,有

$$\begin{aligned}|\vec{A}\times\vec{B}| &= \sqrt{\left(\vec{A}\times\vec{B}\right)_k\left(\vec{A}\times\vec{B}\right)_k} = \sqrt{(\varepsilon_{kij}A_iB_j)(\varepsilon_{kmn}A_mB_n)} \\ &= \sqrt{\varepsilon_{kij}\varepsilon_{kmn}A_iB_jA_mB_n}\end{aligned}$$

利用排列符号的性质(1.1.19),得到

$$|\vec{A}\times\vec{B}| = \sqrt{(\delta_{im}\delta_{jn}-\delta_{in}\delta_{jm})A_iB_jA_mB_n} = \sqrt{A_iB_jA_iB_j - A_iB_jA_jB_i}$$

结合标量积及矢量大小的定义,就有

$$|\vec{A}\times\vec{B}| = \sqrt{A^2B^2-\left(\vec{A}\cdot\vec{B}\right)^2}$$

设 θ 是 $\vec{A}$ 和 $\vec{B}$ 的夹角,上式又可以写为

$$|\vec{A}\times\vec{B}| = \sqrt{A^2B^2-A^2B^2\cos^2\theta} = AB\sin\theta$$

即$\vec{A}\times\vec{B}$ 的大小等于 $\vec{A}$ 和 $\vec{B}$ 所张平行四边形的面积。

如果将 $\vec{A}\times\vec{B}$ 与 $\vec{A}$ 点乘,就有

$$\vec{A}\cdot\left(\vec{A}\times\vec{B}\right) = A_i\left(\vec{A}\times\vec{B}\right)_i = \varepsilon_{ijk}A_iA_jB_k$$

此处 i,j,k 都是哑指标。由于 ε_{ijk} 关于指标 i 和 j 反对称,而 A_iA_j 关于指标 i

和 j 对称，因而由 1.1.5 小节的讨论就有

$$\vec{A}\cdot(\vec{A}\times\vec{B})=0$$

类似地，也有

$$\vec{B}\cdot(\vec{A}\times\vec{B})=0$$

所以 $\vec{A}\times\vec{B}$ 与 $\vec{A}$ 和 $\vec{B}$ 都垂直，因而也就垂直于 $\vec{A}$ 和 $\vec{B}$ 所张的平面。

现在我们回头看一下，$\vec{A}\times\vec{B}$ 是否确实是矢量？为此写出其在新坐标系 $x'_i=\lambda_{ij}x_j$ 中的分量

$$(\vec{A}\times\vec{B})'_i=\varepsilon_{ijk}A'_jB'_k=\varepsilon_{ijk}\lambda_{jm}\lambda_{kn}A_mB_n$$

该式左右两边同乘以 λ_{il} 并对 i 求和，利用式(1.1.23)就得到

$$\lambda_{il}(\vec{A}\times\vec{B})'_i=\varepsilon_{ijk}\lambda_{il}\lambda_{jm}\lambda_{kn}A_mB_n=(\det\lambda)\varepsilon_{lmn}A_mB_n=(\det\lambda)(\vec{A}\times\vec{B})_l$$

将其左右两边再乘以 λ_{jl} 并对 l 求和，就有

$$\lambda_{jl}\lambda_{il}(\vec{A}\times\vec{B})'_i=(\det\lambda)\lambda_{jl}(\vec{A}\times\vec{B})_l$$

而由于 $\lambda_{jl}\lambda_{il}=\delta_{ij}$，所以

$$(\vec{A}\times\vec{B})'_j=(\det\lambda)\lambda_{jl}(\vec{A}\times\vec{B})_l \tag{1.2.10}$$

我们看到，$\vec{A}\times\vec{B}$ 并非通常所讲的矢量。在转动变换下，由于 $\det\lambda=1$，因此 $\vec{A}\times\vec{B}$ 与矢量的分量满足相同的变换规律。但是，如果 $\det\lambda=-1$，则 $\vec{A}\times\vec{B}$ 与矢量分量的变换规律相差一个负号：一个真正的矢量 $\vec{A}$ 的分量在反演($\lambda=-I$)下变为原来的负值，即 $A'_i=-A_i$，而此处 $\vec{A}\times\vec{B}$ 的分量在反演下则是不变号的，即 $(\vec{A}\times\vec{B})'_i=(\vec{A}\times\vec{B})_i$。像 $\vec{A}\times\vec{B}$ 这样分量按照式(1.2.10)变换的矢量称为轴矢量，或者赝矢量。物理学中很多矢量都是轴矢量，比如角动量、力矩、角速度、磁感应强度等。

【例 1.1】证明等式$(\vec{A}\times\vec{B})\cdot\vec{C}=\vec{A}\cdot(\vec{B}\times\vec{C})$。

【证明】利用定义有

$$(\vec{A}\times\vec{B})\cdot\vec{C}=(\vec{A}\times\vec{B})_i C_i=\varepsilon_{ijk}A_jB_kC_i$$

$$\vec{A}\cdot(\vec{B}\times\vec{C})=A_j(\vec{B}\times\vec{C})_j=\varepsilon_{jki}A_jB_kC_i$$

将以上两式右边对比并注意到$\varepsilon_{ijk}=\varepsilon_{jki}$,就给出

$$(\vec{A}\times\vec{B})\cdot\vec{C}=\vec{A}\cdot(\vec{B}\times\vec{C})$$

【例 1.2】证明等式$(\vec{A}\times\vec{B})\times\vec{C}=(\vec{A}\cdot\vec{C})\vec{B}-(\vec{B}\cdot\vec{C})\vec{A}$。

【证明】利用定义有

$$\left[(\vec{A}\times\vec{B})\times\vec{C}\right]_i=\varepsilon_{ijk}(\vec{A}\times\vec{B})_jC_k=\varepsilon_{ijk}\varepsilon_{jmn}A_mB_nC_k=\varepsilon_{jki}\varepsilon_{jmn}A_mB_nC_k$$

因此,利用关系式(1.1.19)就得到

$$\left[(\vec{A}\times\vec{B})\times\vec{C}\right]_i=(\delta_{km}\delta_{in}-\delta_{kn}\delta_{im})A_mB_nC_k=A_kB_iC_k-A_iB_kC_k$$

上式右边也可以写为

$$(\vec{A}\cdot\vec{C})B_i-(\vec{B}\cdot\vec{C})A_i=\left[(\vec{A}\cdot\vec{C})\vec{B}-(\vec{B}\cdot\vec{C})\vec{A}\right]_i$$

因此

$$(\vec{A}\times\vec{B})\times\vec{C}=(\vec{A}\cdot\vec{C})\vec{B}-(\vec{B}\cdot\vec{C})\vec{A}$$

1.2.3 基矢

对于选定的坐标系$Ox_1x_2x_3$,通常我们用沿着各坐标轴正向的单位矢量$\hat{x}_1,\hat{x}_2,\hat{x}_3$标志坐标轴的方位(图 1.9),它们的分量依次为(1,0,0),(0,1,0)和(0,0,1)。由此,任一矢量$\vec{A}$的分量矩阵就可以写为

$$(A_1,A_2,A_3)=A_1(1,0,0)+A_2(0,1,0)+A_3(0,0,1)$$

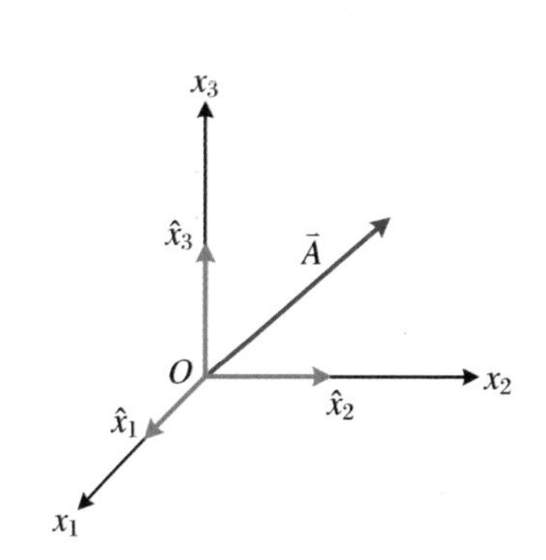

图 1.9 直角坐标系的基矢

即任一矢量$\vec{A}$都可以表示为 $\hat{x}_1,\hat{x}_2,\hat{x}_3$ 的如下线性组合：

$$\vec{A} = A_1\hat{x}_1 + A_2\hat{x}_2 + A_3\hat{x}_3 = A_i\hat{x}_i \tag{1.2.11}$$

而这三个单位矢量 $\hat{x}_1,\hat{x}_2,\hat{x}_3$ 就称为该坐标系下的**基矢**。

由于三个基矢相互正交，因此

$$\hat{x}_i \cdot \hat{x}_j = \delta_{ij} \tag{1.2.12}$$

从而矢量 $\vec{A}$ 的分量就可以表示为

$$A_i = \hat{x}_i \cdot \vec{A} \tag{1.2.13}$$

如果 $Ox_1x_2x_3$ 是右手系，那么基矢还满足

$$\begin{cases} \hat{x}_1 \times \hat{x}_2 = \hat{x}_3 \\ \hat{x}_2 \times \hat{x}_3 = \hat{x}_1 \\ \hat{x}_3 \times \hat{x}_1 = \hat{x}_2 \end{cases}$$

或者将其统一写为

$$\hat{x}_i \times \hat{x}_j = \varepsilon_{ijk}\hat{x}_k \tag{1.2.14}$$

在正交变换 $x'_i = \lambda_{ij}x_j$ 下，由于新基矢 $\hat{x}'_i$在坐标系 $Ox_1x_2x_3$ 中的第 j 个分量为$\hat{x}_j \cdot \hat{x}'_i = \lambda_{ij}$，因此两组基矢之间的变换规律为

$$\hat{x}'_i = \lambda_{ij}\hat{x}_j \tag{1.2.15a}$$

类似地，$\hat{x}_i$在坐标系$Ox'_1x'_2x'_3$中的第 j 个分量为 $\hat{x}'_j \cdot \hat{x}_i = \lambda_{ji}$，因而就有

$$\hat{x}_i = \lambda_{ji}\hat{x}'_j \tag{1.2.15b}$$

前面定义矢量时我们强调的是其分量的变换，而从矢量的完整表达式(1.2.11)可以看出：尽管做坐标变换时矢量的分量及基矢都会变化，但是矢量本身是与坐标系无关的。这是由于

$$A'_i\hat{x}'_i = (\lambda_{ij}A_j)(\lambda_{ik}\hat{x}_k) = (\lambda_{ij}\lambda_{ik})A_j\hat{x}_k = \delta_{jk}A_j\hat{x}_k = A_k\hat{x}_k$$

在不引起混淆的情况下，也经常将矢量$\vec{A}$表示为

$$\vec{A} = (A_1, A_2, A_3)$$

或者

$$\vec{A} = \begin{pmatrix} A_1 \\ A_2 \\ A_3 \end{pmatrix}$$

1.2.4 二阶张量

1. 定义

作为标量、矢量概念的直接推广，如果一个物理量（记为 $\overleftrightarrow{T}$）有 $3^2 = 9$ 个分量，并且在正交变换 $x'_i = \lambda_{ij}x_j$ 下，其分量如下变换：

$$T'_{ij} = \lambda_{ik}\lambda_{jl}T_{kl} \tag{1.2.16}$$

则称 $\overleftrightarrow{T}$ 为二阶张量。$\overleftrightarrow{T}$ 的分量可以写成矩阵的形式

$$T = \begin{pmatrix} T_{11} & T_{12} & T_{13} \\ T_{21} & T_{22} & T_{23} \\ T_{31} & T_{32} & T_{33} \end{pmatrix}$$

称之为 $\overleftrightarrow{T}$ 的分量矩阵。式(1.2.16)用矩阵写为

$$T' = \lambda T \lambda^{\mathrm{T}} \tag{1.2.17}$$

即在正交变换下，二阶张量的分量矩阵通过相似变换联系。

2. 特殊张量

如果某个二阶张量在坐标系 $Ox_1x_2x_3$ 中的分量矩阵为单位矩阵 I，则其在新坐标系中的分量矩阵为 $\lambda I \lambda^{\mathrm{T}} = I$，即这样的张量在所有坐标系中的分量矩阵均为单位矩阵。这样的张量就称为**单位张量**，并记为 $\overleftrightarrow{I}$。

由式(1.2.17)可见，如果 T 是对称矩阵(即 $T_{ij} = T_{ji}$)，则 T' 也是对称矩阵，这样的张量 $\overleftrightarrow{T}$ 称为**对称张量**。对称张量只有六个独立分量，其分量矩阵为

$$T = \begin{pmatrix} T_{11} & T_{12} & T_{13} \\ T_{12} & T_{22} & T_{23} \\ T_{13} & T_{23} & T_{33} \end{pmatrix}$$

单位张量是一个特殊的对称张量。

类似地，如果 T 是反对称矩阵(即 $T_{ij} = -T_{ji}$)，则 T' 也是反对称矩阵，这

样的张量 $\overleftrightarrow{T}$ 就称为**反对称张量**。反对称张量只有三个独立分量，其分量矩阵可以写为

$$T = \begin{pmatrix} 0 & T_{12} & -T_{31} \\ -T_{21} & 0 & T_{23} \\ T_{31} & -T_{23} & 0 \end{pmatrix}$$

可以证明(见习题 1-11)：反对称张量的三个独立分量(T_{23}，T_{31}，T_{12})构成了一个轴矢量 $\vec{C}$ 的分量，即

$$C_i = \frac{1}{2}\varepsilon_{ijk}T_{jk}$$

3. 并矢

对于任意两个给定的矢量 $\vec{A}$ 和 $\vec{B}$，按照如下方式可以构造出一个张量 $\vec{A}\vec{B}$：

$$(\vec{A}\vec{B})_{ij} \triangleq A_iB_j \tag{1.2.18}$$

即 $\vec{A}\vec{B}$ 的分量矩阵为

$$\begin{pmatrix} A_1B_1 & A_1B_2 & A_1B_3 \\ A_2B_1 & A_2B_2 & A_2B_3 \\ A_3B_1 & A_3B_2 & A_3B_3 \end{pmatrix} = \begin{pmatrix} A_1 \\ A_2 \\ A_3 \end{pmatrix}(B_1, B_2, B_3)$$

矢量之间的这种运算称为“并”运算，而$\vec{A}\vec{B}$ 称为**并矢**。

一般而言，并运算不满足交换律。比如 $\vec{B}\vec{A}$ 的分量矩阵为

$$\begin{pmatrix} B_1A_1 & B_1A_2 & B_1A_3 \\ B_2A_1 & B_2A_2 & B_2A_3 \\ B_3A_1 & B_3A_2 & B_3A_3 \end{pmatrix} = \begin{pmatrix} B_1 \\ B_2 \\ B_3 \end{pmatrix}(A_1, A_2, A_3)$$

4. 张量的线性组合

由两个给定的张量 $\overleftrightarrow{T}$ 和 $\overleftrightarrow{S}$ 通过线性组合 $a\overleftrightarrow{T} + b\overleftrightarrow{S}$ 也可以构造出一个新的张量，其定义如下：

$$(a\overleftrightarrow{T} + b\overleftrightarrow{S})_{ij} \triangleq aT_{ij} + bS_{ij} \tag{1.2.19}$$

这意味着所有二阶张量构成了一个九维线性空间，称为**二阶张量空间**。

对于选定的坐标系 $Ox_1x_2x_3$，三个基矢 $\hat{x}_1,\hat{x}_2,\hat{x}_3$之间可以做并运算。譬如，$\hat{x}_1\hat{x}_1$，$\hat{x}_1\hat{x}_2$和 $\hat{x}_2\hat{x}_1$的分量矩阵分别为

$$\begin{pmatrix}1&0&0\\0&0&0\\0&0&0\end{pmatrix},\quad\begin{pmatrix}0&1&0\\0&0&0\\0&0&0\end{pmatrix}\quad 和 \quad\begin{pmatrix}0&0&0\\1&0&0\\0&0&0\end{pmatrix}$$

一般地，$\hat{x}_i\hat{x}_j$的分量可以写为

$$(\hat{x}_i\hat{x}_j)_{kl} = (\hat{x}_i)_k(\hat{x}_j)_l = \delta_{ik}\delta_{jl} \tag{1.2.20}$$

九个张量 $\hat{x}_i\hat{x}_j\,(i,j=1,2,3)$构成了二阶张量空间的一个基。任何一个张量 $\overleftrightarrow{T}$ 都可以表示为这九个张量的线性组合，即有

$$\overleftrightarrow{T} = T_{ij}\hat{x}_i\hat{x}_j \tag{1.2.21}$$

比如，单位张量可以完整表示为

$$\overleftrightarrow{I} = \delta_{ij}\hat{x}_i\hat{x}_j = \hat{x}_i\hat{x}_i \tag{1.2.22}$$

与矢量类似，张量本身是与坐标系的选取无关的。证明如下：

$$\begin{aligned}T'_{ij}\hat{x}'_i\hat{x}'_j &= (\lambda_{ik}\lambda_{jl}T_{kl})(\lambda_{im}\hat{x}_m)(\lambda_{jn}\hat{x}_n)\\&= (\lambda_{ik}\lambda_{im})(\lambda_{jl}\lambda_{jn})(T_{kl}\hat{x}_m\hat{x}_n)\\&= \delta_{km}\delta_{ln}T_{kl}\hat{x}_m\hat{x}_n = T_{mn}\hat{x}_m\hat{x}_n\end{aligned}$$

由于式(1.2.21)可以写为

$$\overleftrightarrow{T} = \frac{T_{ij}+T_{ji}}{2}\hat{x}_i\hat{x}_j + \frac{T_{ij}-T_{ji}}{2}\hat{x}_i\hat{x}_j$$

因此，任何一个二阶张量都可以看作一个对称张量和一个反对称张量之和。

5. 张量与矢量的点乘

约定并矢与矢量的点乘满足

$$(\vec{A}\vec{B})\cdot\vec{C} \triangleq \vec{A}(\vec{B}\cdot\vec{C}),\quad \vec{C}\cdot(\vec{A}\vec{B}) \triangleq (\vec{C}\cdot\vec{A})\vec{B} \tag{1.2.23}$$

上式给出的两个矢量一般是不同的。式(1.2.23)意味着点乘总是作用于最靠近“·”的两个矢量上的，因此，如果我们将其中的括号去掉，分别将其记为$\vec{A}\vec{B}\cdot\vec{C}$和 $\vec{C}\cdot\vec{A}\vec{B}$ 并不会带来任何歧义。

张量与矢量的点乘给出一个矢量，其定义为

$$\overleftrightarrow{T} \cdot \vec{A} \triangleq (T_{ij}\hat{x}_i\hat{x}_j) \cdot (A_k\hat{x}_k) = (T_{ik}A_k)\hat{x}_i \tag{1.2.24a}$$

$$\vec{A} \cdot \overleftrightarrow{T} \triangleq (A_k\hat{x}_k) \cdot (T_{ij}\hat{x}_i\hat{x}_j) = (A_kT_{kj})\hat{x}_j \tag{1.2.24b}$$

显然矢量 $\overleftrightarrow{T} \cdot \vec{A}$ 和 $\vec{A} \cdot \overleftrightarrow{T}$ 一般是不同的，即张量与矢量的点乘通常不满足交换律。事实上，它们的分量矩阵分别为

$$\begin{pmatrix} T_{11} & T_{12} & T_{13} \\ T_{21} & T_{22} & T_{23} \\ T_{31} & T_{32} & T_{33} \end{pmatrix}\begin{pmatrix} A_1 \\ A_2 \\ A_3 \end{pmatrix} \quad 和 \quad (A_1, A_2, A_3)\begin{pmatrix} T_{11} & T_{12} & T_{13} \\ T_{21} & T_{22} & T_{23} \\ T_{31} & T_{32} & T_{33} \end{pmatrix}$$

特别地，$\overleftrightarrow{I} \cdot \vec{A} = \vec{A} = \vec{A} \cdot \overleftrightarrow{I}$。

矢量 $\vec{A} \cdot \overleftrightarrow{T}$ 与另一矢量 $\vec{B}$ 做点乘就给出一个标量：

$$\left(\vec{A} \cdot \overleftrightarrow{T}\right) \cdot \vec{B} = \left(\vec{A} \cdot \overleftrightarrow{T}\right)_j B_j = A_iT_{ij}B_j \tag{1.2.25}$$

不难看出

$$\left(\vec{A} \cdot \overleftrightarrow{T}\right) \cdot \vec{B} = \vec{A} \cdot \left(\overleftrightarrow{T} \cdot \vec{B}\right) \triangleq \vec{A} \cdot \overleftrightarrow{T} \cdot \vec{B} \tag{1.2.26}$$

由此，张量 $\overleftrightarrow{T}$ 的分量 T_{ij} 就可以写为

$$T_{ij} = \hat{x}_i \cdot \overleftrightarrow{T} \cdot \hat{x}_j \tag{1.2.27}$$

【例 1.3】 已知映射 $\overleftrightarrow{T}: \vec{A} \mapsto \vec{B} = \overleftrightarrow{T}\left(\vec{A}\right)$ 是线性的，即对于任意的数 a_1 和 a_2，满足

$$\overleftrightarrow{T}(a_1\vec{A}_1 + a_2\vec{A}_2) = a_1\overleftrightarrow{T}(\vec{A}_1) + a_2\overleftrightarrow{T}(\vec{A}_2)$$

试证明 $\overleftrightarrow{T}$ 为二阶张量。

【证明】 任意选定坐标系 $Ox_1x_2x_3$，利用线性性有

$$\vec{B} = B_i\hat{x}_i = \overleftrightarrow{T}(A_j\hat{x}_j) = A_j\overleftrightarrow{T}(\hat{x}_j) = A_jT_{ij}\hat{x}_i$$

其中

$$T_{ij} \triangleq \hat{x}_i \cdot \overleftrightarrow{T}(\hat{x}_j)$$

为矢量 $\overleftrightarrow{T}(\hat{x}_j)$ 的第 i 个分量。因此，映射 $\overleftrightarrow{T}$ 可以表示为下面的分量形式：

$$B_i = T_{ij}A_j$$

这意味着该线性映射可由九个分量 T_{ij} 完全描述。在正交变换 $x'_i = \lambda_{ij}x_j$ 下，$\overleftrightarrow{T}$ 的分量变为

$$\begin{aligned} T'_{ij} &\triangleq \hat{x}'_i \cdot \overleftrightarrow{T}(\hat{x}'_j) = (\lambda_{ik}\hat{x}_k) \cdot \overleftrightarrow{T}(\lambda_{jl}\hat{x}_l) \\ &= \lambda_{ik}\lambda_{jl}[\hat{x}_k \cdot \overleftrightarrow{T}(\hat{x}_l)] = \lambda_{ik}\lambda_{jl}T_{kl} \end{aligned}$$

因此 $\overleftrightarrow{T}$ 为二阶张量。证毕。

6. 张量的不变性

例 1.3 证明了任一线性映射都是一个二阶张量。反之，对于任一给定的二阶张量 $\overleftrightarrow{T}$，我们也可以按照 $\vec{B} = \overleftrightarrow{T} \cdot \vec{A}$（即 $B_i = T_{ij}A_j$）确定一个线性映射。因此，二阶张量本身就可以定义为矢量之间的线性映射。比如，单位张量就可以视为下面的线性映射：

$$\overleftrightarrow{I}: \vec{A} \mapsto \vec{A}$$

而由于线性映射本身（矢量与矢量之间的对应关系）是与坐标系无关的，因此，关于二阶张量的这一新的定义更加强调的是张量在坐标变换下的不变性。按此定义，在主动观点下，转动将一个矢量变为（即转动到）另一个矢量，且这样的变换显然是线性的。因而，主动意义下的旋转就是一个二阶张量。

作为二阶张量的一个具体的例子，我们考察一个流体。设流体的质量密度为 ρ，速度分布为 $\vec{v}$。现在想象在流体中有一个小的面元 ΔS（图 1.10），其法向单位矢量设为 $\hat{n}$，定义面积矢量 $\Delta\vec{S} = \hat{n}\Delta S$。显然，在极短时间 Δt 内穿过 ΔS 的流体的质量为

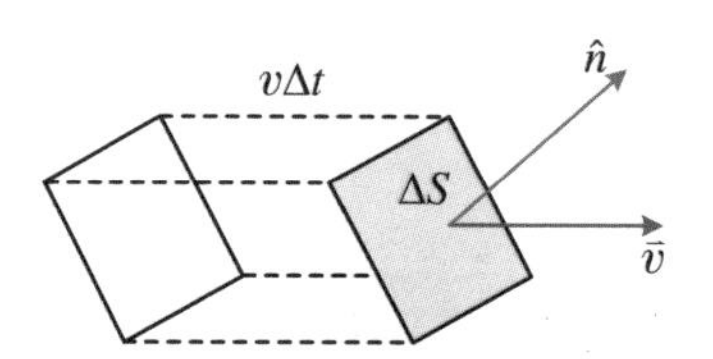

图 1.10　位于平行六面体内的水将在接下来 Δt 时间内流过面元 ΔS

$$\Delta m = \rho(\vec{v}\,\Delta t \cdot \hat{n}\Delta S) = \rho\,\vec{v} \cdot \hat{n}\Delta t\Delta S$$

而这部分流体携带的动量则为

$$(\Delta m)\vec{v} = (\rho\vec{v} \cdot \hat{n}\Delta t\Delta S)\vec{v} = \rho\vec{v}\vec{v} \cdot \hat{n}\Delta t\Delta S$$

因此，单位时间穿过垂直于 $\hat{n}$ 方向的单位面积的动量为

$$\frac{(\Delta m)\vec{v}}{\Delta t\Delta S} = \rho\vec{v}\vec{v} \cdot \hat{n} \triangleq \overleftrightarrow{T} \cdot \hat{n}$$

其中

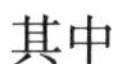

$$\overleftrightarrow{T} \triangleq \rho \vec{v} \vec{v}$$

称为动量流密度张量。显然$\overleftrightarrow{T}$是一个二阶对称张量,其物理含义是:$\overleftrightarrow{T} \cdot \mathrm{d}\vec{S}$等于单位时间穿过面元 $\mathrm{d}\vec{S}$ 的动量。而结合张量分量的定义式(1.2.27)可知:$T_{ij} = v_i v_j$ 等于单位时间穿过垂直于$\hat{x}_j$的单位面积的动量在$\hat{x}_i$方向上的投影。

1.3 转动公式

本节讨论主动观点下旋转矩阵的几何意义,设空间中各点绕着原点的转动在直角坐标系 $Ox_1x_2x_3$ 中由 λ 描述。该转动变换可能是绕着 x_1 轴转过角度 θ_1 后,再绕着 x_2 轴转过角度 θ_2,等等。重要的是,描述该变换的矩阵 λ 一定是一个特殊正交矩阵。

1.3.1 有限转动

考察这样一个转动:它将空间中每一点都绕着过 O 点的$\hat{n}$轴转过了角度 θ,因此每一点都在绕着 $\hat{n}$ 轴做圆周运动。设 P 点以 $\hat{n}$ 轴上的 C 点为圆心做半径为 R 的圆周运动,它绕着 C 转过角度 θ 后就运动到了圆周上另一点 P'(图 1.11(a))。下面研究 P 点的位矢 $\vec{r} = \overrightarrow{OP}$和 P'点的位矢 $\vec{r}' = \overrightarrow{OP'}$之间的关系。

如图 1.11(b)所示,从 P'点向CP 引垂线$P'N$,显然

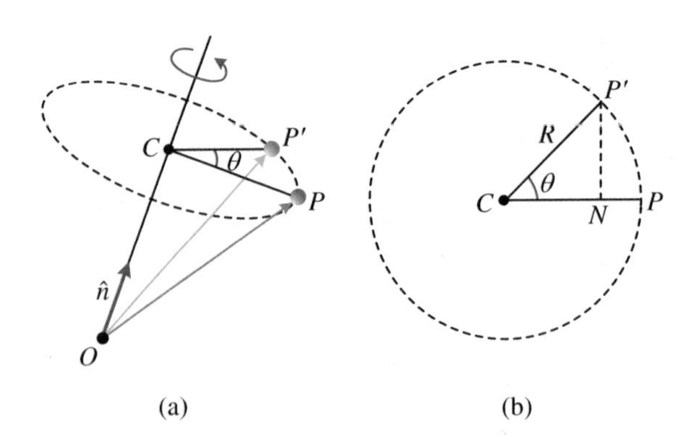

图 1.11 绕原点的转动

$$\overrightarrow{OP'} = \overrightarrow{OC} + \overrightarrow{CP'} = \overrightarrow{OC} + \overrightarrow{CN} + \overrightarrow{NP'} \tag{1.3.1}$$

其中，$\overrightarrow{OC}$为 $\overrightarrow{OP'}$在转轴 $\hat{n}$ 上的投影，也等于 $\vec{r} = \overrightarrow{OP}$在转轴 $\hat{n}$ 上的投影，因而

$$\overrightarrow{OC} = \hat{n}(\hat{n} \cdot \vec{r}) \tag{1.3.2a}$$

$\overrightarrow{CN}$的方向与 $\overrightarrow{CP} = \overrightarrow{OP} - \overrightarrow{OC}$ 平行，大小等于 $R\cos\theta$，因此

$$\begin{aligned}\overrightarrow{CN} &= \overrightarrow{CP}\cos\theta \\ &= \overrightarrow{OP}\cos\theta - \overrightarrow{OC}\cos\theta \\ &= \vec{r}\cos\theta - \hat{n}(\hat{n} \cdot \vec{r})\cos\theta\end{aligned} \tag{1.3.2b}$$

而 $\overrightarrow{NP'}$沿着 $\hat{n} \times \overrightarrow{CP} = \hat{n} \times \overrightarrow{OP}$ 的方向，大小为 $R\sin\theta$，因此

$$\overrightarrow{NP'} = \hat{n} \times \vec{r}\sin\theta \tag{1.3.2c}$$

将式(1.3.2a)～式(1.3.2c)代入式(1.3.1)，就得到

$$\vec{r}' = \vec{r}\cos\theta + \hat{n}(\hat{n} \cdot \vec{r})(1 - \cos\theta) + \hat{n} \times \vec{r}\sin\theta \tag{1.3.3}$$

此式称为**转动公式**，它将一个点转动前后的位置通过转轴 $\hat{n}$ 和转角 θ 联系了起来。

转动公式可以用分量表示为 $x'_i = \lambda_{ij}x_j$，其中

$$\lambda_{ij} = \delta_{ij}\cos\theta + n_i n_j(1 - \cos\theta) - \varepsilon_{ijk}n_k\sin\theta \tag{1.3.4a}$$

即为旋转矩阵 λ 的分量。由于表示转轴方向的单位矢量 $\hat{n}$ 需要两个数确定，所以任一旋转矩阵 λ 就可以用描述转动的三个参数，即转轴 $\hat{n}$ 以及转动角度 θ 表示为

$$\begin{aligned}\lambda = &\begin{pmatrix}1 & 0 & 0\\ 0 & 1 & 0\\ 0 & 0 & 1\end{pmatrix}\cos\theta + \begin{pmatrix}n_1^2 & n_1 n_2 & n_1 n_3\\ n_1 n_2 & n_2^2 & n_2 n_3\\ n_1 n_3 & n_2 n_3 & n_3^2\end{pmatrix}(1 - \cos\theta) \\ &+ \begin{pmatrix}0 & -n_3 & n_2\\ n_3 & 0 & -n_1\\ -n_2 & n_1 & 0\end{pmatrix}\sin\theta\end{aligned} \tag{1.3.4b}$$

上式右边的前面两个矩阵是对称的，最后一个矩阵则是反对称的。

由式(1.3.4)可以看出，旋转矩阵 λ 的迹为

$$\begin{aligned}\mathrm{tr}\lambda &\triangleq \lambda_{ii} = \lambda_{11} + \lambda_{22} + \lambda_{33} \\ &= 3\cos\theta + (n_1^2 + n_2^2 + n_3^2)(1 - \cos\theta)\end{aligned}$$

由于 $\hat{n}$ 为单位矢量,即有 $\hat{n} \cdot \hat{n} = n_1^2 + n_2^2 + n_3^2 = 1$,所以

$$\mathrm{tr}\lambda = 2\cos\theta + 1$$

因此,对于任一给定的特殊正交矩阵 λ 所描述的旋转,其转动角度 $\theta(0 \leqslant \theta \leqslant \pi)$ 可由下式得到:

$$\cos\theta = \frac{\mathrm{tr}\lambda - 1}{2} \tag{1.3.5}$$

转轴 $\hat{n}$ 可由 λ 的反对称部分

$$\frac{\lambda - \lambda^{\mathrm{T}}}{2} = \begin{pmatrix} 0 & -n_3 & n_2 \\ n_3 & 0 & -n_1 \\ -n_2 & n_1 & 0 \end{pmatrix} \sin\theta$$

给出,$\hat{n}$ 平行于矢量

$$\begin{pmatrix} \lambda_{32} - \lambda_{23} \\ \lambda_{13} - \lambda_{31} \\ \lambda_{21} - \lambda_{12} \end{pmatrix}$$

这样的讨论并不适用于转角 $\theta = 0$ 或者 $\theta = \pi$ 的情形。$\theta = 0$ 的情形是很平庸的,此时 $\lambda = \boldsymbol{I}$。由式(1.3.4)可知,$\theta = \pi$ 时的旋转矩阵为对称矩阵,$\lambda = \lambda^{\mathrm{T}} \neq \boldsymbol{I}$,具体可写为

$$\lambda = -\begin{pmatrix} 1 & 0 & 0 \\ 0 & 1 & 0 \\ 0 & 0 & 1 \end{pmatrix} + 2\begin{pmatrix} n_1^2 & n_1 n_2 & n_1 n_3 \\ n_1 n_2 & n_2^2 & n_2 n_3 \\ n_1 n_3 & n_2 n_3 & n_3^2 \end{pmatrix}$$

从而转轴可由矩阵

$$\frac{\lambda + \boldsymbol{I}}{2} = \begin{pmatrix} n_1^2 & n_1 n_2 & n_1 n_3 \\ n_1 n_2 & n_2^2 & n_2 n_3 \\ n_1 n_3 & n_2 n_3 & n_3^2 \end{pmatrix}$$

的非对角元直接得出。

【例 1.4】对于如下两个特殊正交矩阵 λ 和 μ,试分别确定其所描述转动的转轴和转动角度:

$$\lambda = \frac{1}{3}\begin{pmatrix} 2 & -1 & 2 \\ 2 & 2 & -1 \\ -1 & 2 & 2 \end{pmatrix}, \quad \mu = \frac{1}{9}\begin{pmatrix} -7 & 4 & 4 \\ 4 & -1 & 8 \\ 4 & 8 & -1 \end{pmatrix}$$

【解】设 λ 描述绕着$\hat{n}$轴转动角度θ。由于

$$\cos\theta = \frac{\mathrm{tr}\lambda - 1}{2} = \frac{2-1}{2} = \frac{1}{2}$$

所以 $\theta = \pi/3$。又由于 $\hat{n}$ 平行于

$$\begin{pmatrix} \lambda_{32} - \lambda_{23} \\ \lambda_{13} - \lambda_{31} \\ \lambda_{21} - \lambda_{12} \end{pmatrix} = \begin{pmatrix} 1 \\ 1 \\ 1 \end{pmatrix}$$

所以 λ 描述绕着 $\hat{n} = (1,1,1)/\sqrt{3}$ 轴转过角度 $\pi/3$。

设 μ 表示绕着 $\hat{m}$ 轴转动角度φ。由于 μ 为对称矩阵,因而 $\varphi = \pi$。此结论也可由式(1.3.5)给出。而由于

$$S = \frac{\mu + I}{2} = \frac{1}{9}\begin{pmatrix} 1 & 2 & 2 \\ 2 & 4 & 4 \\ 2 & 4 & 4 \end{pmatrix} = \begin{pmatrix} m_1^2 & m_1 m_2 & m_1 m_3 \\ m_1 m_2 & m_2^2 & m_2 m_3 \\ m_1 m_3 & m_2 m_3 & m_3^2 \end{pmatrix}$$

对比非对角元,得到

$$m_1 m_2 = \frac{2}{9}, \quad m_1 m_3 = \frac{2}{9}, \quad m_2 m_3 = \frac{4}{9}$$

所以 m_1, m_2 和 m_3 的符号相同。由于绕着 $\hat{m}$ 轴转过 π 与绕着 $-\hat{m}$ 轴转过 π 实际上是同一个转动,因此,不妨设此处的 m_1, m_2 和 m_2 都是正数。这样就得到

$$m_1 = \frac{1}{3}, \quad m_2 = \frac{2}{3}, \quad m_3 = \frac{2}{3}$$

因此 μ 表示绕着 $\hat{m} = (1,2,2)/3$ 轴转过角度 π。

1.3.2 无限小转动

旋转矩阵 λ 只有三个独立分量，比如以转轴 $\hat{n}$ 及转动角度 θ 作为三个独立参量，就可以将 λ 的各元素通过式(1.3.4)给出。形式上，我们可以将 $\hat{n}$ 和 θ 合并写为矢量的形式 $\theta\hat{n}$。这是否意味着转动本身就是矢量呢？答案是否定的。因为假使 $\theta_1\hat{n}_1$ 表示某个转动，$\theta_2\hat{n}_2$ 表示另一个转动，那么 $\theta_1\hat{n}_1+\theta_2\hat{n}_2$ 就应该表示相继两次转动。但是矢量加法是可交换次序的，而两次转动通常是不可交换次序的，所以转动不是矢量。实际上，我们在 1.2.4 小节中已经知道，主动意义上的转动是一个二阶张量。

如果转动角度 θ 很小，由于 $\cos\theta\approx1$，因此略去 θ 的二阶及更高阶小量，式(1.3.3)就变为

$$\vec{r}\,'\approx\vec{r}+\theta\hat{n}\times\vec{r}$$

特别地，如果 θ 为无穷小量，将上式中的 θ 替换为 $\mathrm{d}\theta$，就得到了严格的等式

$$\vec{r}\,'=\vec{r}+\hat{n}\times\vec{r}\,\mathrm{d}\theta \tag{1.3.6a}$$

这就是无限小转动公式，也可以将其写为

$$\mathrm{d}\vec{r}\triangleq\vec{r}\,'-\vec{r}=\hat{n}\times\vec{r}\,\mathrm{d}\theta \tag{1.3.6b}$$

上式给出了点 $\vec{r}$ 绕 $\hat{n}$ 轴转过角度 $\mathrm{d}\theta$ 时的位移。

与有限转动不同，两个无限小的转动是可以交换次序的。为看出此点，设想先绕着 $\hat{n}_1$ 轴转过角度 $\mathrm{d}\theta_1$，则 $\vec{r}$ 变为

$$\vec{r}\,'_1=\vec{r}_1+\hat{n}_1\times\vec{r}\,\mathrm{d}\theta_1$$

再将其绕 $\hat{n}_2$ 轴转过角度 $\mathrm{d}\theta_2$ 就变为

$$\vec{r}\,'_2=\vec{r}\,'_1+\hat{n}_2\times\vec{r}\,'_1\mathrm{d}\theta_2$$

即有

$$\vec{r}\,'_2=\vec{r}_1+\hat{n}_1\times\vec{r}\,\mathrm{d}\theta_1+\hat{n}_2\times\vec{r}\,\mathrm{d}\theta_2+\hat{n}_2\times(\hat{n}_1\times\vec{r})\mathrm{d}\theta_1\mathrm{d}\theta_2$$

对于无限小的角度 $\mathrm{d}\theta_1$ 和 $\mathrm{d}\theta_2$，上式右边最后一项实际上是等于零的，从而

$$\vec{r}\,'_2=\vec{r}_1+\hat{n}_1\times\vec{r}\,\mathrm{d}\theta_1+\hat{n}_2\times\vec{r}\,\mathrm{d}\theta_2$$

显然这样的结论与两次无限小转动的次序无关。

这一性质使得用矢量描述无限小转动成为可能。事实上，由式(1.3.4b)可

知，描述绕 $\hat{n}$ 轴转过角度 $\mathrm{d}\theta$ 的旋转矩阵为

$$\lambda = I + \begin{pmatrix} 0 & -n_3 & n_2 \\ n_3 & 0 & -n_1 \\ -n_2 & n_1 & 0 \end{pmatrix} \mathrm{d}\theta$$

右边第一项是对于所有无限小转动都相同的单位矩阵。因此，不同的无限小转动完全由右边第二项——一个反对称张量区分。而由于反对称张量对应一个轴矢量，所以无限小转动也就可以用一个轴矢量描述。将该轴矢量记为

$$\mathrm{d}\vec{\theta} \triangleq \hat{n}\mathrm{d}\theta \tag{1.3.7}$$

称之为无限小的角位移。利用它，无限小的转动公式(1.3.6b)就可以写为

$$\mathrm{d}\vec{r} = \mathrm{d}\vec{\theta} \times \vec{r} \tag{1.3.6c}$$

1.4 质点的运动学描述

1.4.1 标量、矢量对标量的导数

一个标量函数 $\varphi = \varphi(\tau)$ 对自变量 τ(也是一个标量)的导数

$$\frac{\mathrm{d}\varphi}{\mathrm{d}\tau} \triangleq \lim_{\Delta\tau \to 0} \frac{\Delta\varphi}{\Delta\tau} = \lim_{\Delta\tau \to 0} \frac{\varphi(\tau + \Delta\tau) - \varphi(\tau)}{\Delta\tau}$$

仍是一个标量，而矢量函数 $\vec{A} = \vec{A}(\tau)$ 对于 τ 的导数

$$\frac{\mathrm{d}\vec{A}}{\mathrm{d}\tau} \triangleq \lim_{\Delta\tau \to 0} \frac{\Delta\vec{A}}{\Delta\tau} = \lim_{\Delta\tau \to 0} \frac{\vec{A}(\tau + \Delta\tau) - \vec{A}(\tau)}{\Delta\tau}$$

则是一个矢量。

矢量导数满足一阶导数的基本运算法则。比如，两个矢量线性组合的导数等于这两个矢量导数的线性组合，即

$$\frac{\mathrm{d}}{\mathrm{d}\tau}\left(a\vec{A} + b\vec{B}\right) = a\frac{\mathrm{d}\vec{A}}{\mathrm{d}\tau} + b\frac{\mathrm{d}\vec{B}}{\mathrm{d}\tau} \tag{1.4.1}$$

其中，a 和 b 均为常数。再如，如果$\vec{A}=\vec{A}(\varphi(\tau))$是通过标量函数$\varphi(\tau)$依赖于$\tau$的，那么

$$\frac{\mathrm{d}\vec{A}}{\mathrm{d}\tau}=\frac{\mathrm{d}\vec{A}}{\mathrm{d}\varphi}\frac{\mathrm{d}\varphi}{\mathrm{d}\tau} \tag{1.4.2}$$

即满足链式法则。矢量导数也满足莱布尼茨法则：

$$\frac{\mathrm{d}}{\mathrm{d}\tau}(\vec{A}\cdot\vec{B})=\frac{\mathrm{d}\vec{A}}{\mathrm{d}\tau}\cdot\vec{B}+\vec{A}\cdot\frac{\mathrm{d}\vec{B}}{\mathrm{d}\tau} \tag{1.4.3a}$$

$$\frac{\mathrm{d}}{\mathrm{d}\tau}(\vec{A}\times\vec{B})=\frac{\mathrm{d}\vec{A}}{\mathrm{d}\tau}\times\vec{B}+\vec{A}\times\frac{\mathrm{d}\vec{B}}{\mathrm{d}\tau} \tag{1.4.3b}$$

$$\frac{\mathrm{d}}{\mathrm{d}\tau}(\varphi\vec{A})=\frac{\mathrm{d}\varphi}{\mathrm{d}\tau}\vec{A}+\varphi\frac{\mathrm{d}\vec{A}}{\mathrm{d}\tau} \tag{1.4.3c}$$

如果在式(1.4.3a)中令$\vec{B}=\vec{A}$，则得

$$\frac{\mathrm{d}}{\mathrm{d}\tau}(\vec{A}\cdot\vec{A})=2\vec{A}\cdot\frac{\mathrm{d}\vec{A}}{\mathrm{d}\tau}$$

而由于

$$\frac{\mathrm{d}}{\mathrm{d}\tau}(\vec{A}\cdot\vec{A})=\frac{\mathrm{d}A^2}{\mathrm{d}\tau}=2A\frac{\mathrm{d}A}{\mathrm{d}\tau}$$

所以我们就得到了在涉及矢量导数的运算中经常会用到的一个关系：

$$\vec{A}\cdot\frac{\mathrm{d}\vec{A}}{\mathrm{d}\tau}=A\frac{\mathrm{d}A}{\mathrm{d}\tau} \tag{1.4.4}$$

1.4.2 速度与加速度

粒子的位矢 $\vec{r}$ 通常是时间 t 的函数，$\vec{r}=\vec{r}(t)$，其速度$\vec{v}$和加速度$\vec{a}$分别如下定义：

$$\vec{v}\triangleq\frac{\mathrm{d}\vec{r}}{\mathrm{d}t}=\dot{\vec{r}} \tag{1.4.5}$$

$$\vec{a}\triangleq\frac{\mathrm{d}\vec{v}}{\mathrm{d}t}=\frac{\mathrm{d}^2\vec{r}}{\mathrm{d}t^2}=\ddot{\vec{r}} \tag{1.4.6}$$

其中，符号上面的一个点表示对时间的一阶导数，而两个点则表示对时间的二

阶导数。由于时间为标量，而 $\vec{r}$ 是矢量，因而 $\vec{v}$ 和 $\vec{a}$ 都是矢量。

在直角坐标系中，位矢可以表示为

$$\vec{r} = x_1\hat{x}_1 + x_2\hat{x}_2 + x_3\hat{x}_3 = x_i\hat{x}_i \tag{1.4.7}$$

由于直角坐标系的基矢 $\hat{x}_i$ 不随时间变化，故利用法则(1.4.3c)，$\vec{v}$ 和 $\vec{a}$ 就可以分别写为

$$\vec{v} = \dot{\vec{r}} = \dot{x}_i\hat{x}_i \tag{1.4.8}$$

$$\vec{a} = \dot{\vec{v}} = \ddot{\vec{r}} = \ddot{x}_i\hat{x}_i \tag{1.4.9}$$

由式(1.4.8)，还可得到

$$v^2 = \dot{x}_1^2 + \dot{x}_2^2 + \dot{x}_3^2 = \dot{x}_i^2 \tag{1.4.10}$$

如果运动过程中粒子到原点的距离始终不变，那么在某一瞬时粒子的运动总是可以看作绕着某一个轴做圆周运动，即粒子在无限短的时间内所行路径可以表示为无限短的圆弧。过圆心并垂直于运动的瞬时平面的直线称为瞬时转动轴，不妨设为 $\hat{n}$ 轴。由于粒子在无限短时间 $\mathrm{d}t$ 内的位移由式(1.3.6c)表示，将其除以 $\mathrm{d}t$ 就得到此情形下质点的速度：

$$\vec{v} = \frac{\mathrm{d}\vec{r}}{\mathrm{d}t} = \vec{\omega} \times \vec{r}$$

其中

$$\vec{\omega} \triangleq \hat{n}\frac{\mathrm{d}\theta}{\mathrm{d}t} = \frac{\mathrm{d}\vec{\theta}}{\mathrm{d}t} \tag{1.4.11}$$

称为角速度。与角位移 $\mathrm{d}\vec{\theta}$ 一样，角速度也是一个轴矢量。

一般来说，对于时间 t 的某个矢量函数 $\vec{G} = \vec{G}(t)$，其大小 G 和方向 $\hat{G} = \vec{G}/G$ 都是随着时间变化的。事实上，根据式(1.4.3c)，有

$$\frac{\mathrm{d}\vec{G}}{\mathrm{d}t} = \frac{\mathrm{d}}{\mathrm{d}t}(G\hat{G}) = \frac{\mathrm{d}G}{\mathrm{d}t}\hat{G} + G\frac{\mathrm{d}\hat{G}}{\mathrm{d}t}$$

而由于单位矢量 $\hat{G}$ 的大小不变，因此总是可以将 $\hat{G}$ 的变化看作绕着某个瞬时转动轴的转动。设 $\hat{G}$ 转动的(瞬时)角速度为 $\vec{\omega}$，则有

$$\frac{\mathrm{d}\hat{G}}{\mathrm{d}t} = \vec{\omega} \times \hat{G}$$

所以

$$\frac{\mathrm{d}\vec{G}}{\mathrm{d}t} = \frac{\mathrm{d}G}{\mathrm{d}t}\hat{G} + \vec{\omega} \times \vec{G} \tag{1.4.12}$$

右边两项分别是由于 $\vec{G}$ 的大小和方向改变所贡献的 $\vec{G}$ 的变化率。

特别地，如果矢量 $\vec{G}$ 的大小 G 不随时间变化，那么上式右边第一项为零，因而

$$\frac{\mathrm{d}\vec{G}}{\mathrm{d}t} = \vec{\omega} \times \vec{G} \tag{1.4.13}$$

反之，假使 $\vec{G}$ 随时间的变化满足上式，则

$$\vec{G} \cdot \frac{\mathrm{d}\vec{G}}{\mathrm{d}t} = \vec{G} \cdot (\vec{\omega} \times \vec{G}) = 0$$

根据式(1.4.4)，上式左边也可写为 $G\mathrm{d}G/\mathrm{d}t$。所以，满足关系式(1.4.13)的矢量 $\vec{G}$ 的大小必然不变，而方向则以 $\vec{\omega}$ 为角速度转动。

1.4.3 正交曲线坐标系

除了直角坐标系，粒子在空间中的位置也可以用曲线坐标系描述。设在曲线坐标系中用以确定粒子位置的三个变量分别是 u_1，u_2 和 u_3，通常通过给出它们与直角坐标之间的关系

$$x_i = x_i(u_1, u_2, u_3) \tag{1.4.14}$$

来定义曲线坐标系。

在曲线坐标系下，粒子的位矢依赖于三个坐标 u_1，u_2 和 u_3，即可以写为

$$\vec{r} = \vec{r}(u_1, u_2, u_3)$$

由此得到粒子的速度为

$$\vec{v} = \frac{\mathrm{d}\vec{r}}{\mathrm{d}t} = \frac{\partial \vec{r}}{\partial u_1}\dot{u}_1 + \frac{\partial \vec{r}}{\partial u_2}\dot{u}_2 + \frac{\partial \vec{r}}{\partial u_3}\dot{u}_3$$

或者将其写为

$$\vec{v} = (h_1\dot{u}_1)\hat{u}_1 + (h_2\dot{u}_2)\hat{u}_2 + (h_3\dot{u}_3)\hat{u}_3 \tag{1.4.15}$$

其中

$$h_1 \triangleq \left|\frac{\partial \vec{r}}{\partial u_1}\right|, \quad h_2 \triangleq \left|\frac{\partial \vec{r}}{\partial u_2}\right|, \quad h_3 \triangleq \left|\frac{\partial \vec{r}}{\partial u_3}\right| \tag{1.4.16}$$

称为**拉梅系数**（显然，直角坐标系的三个拉梅系数都等于1）；而

$$\hat{u}_1 \triangleq \frac{\partial \vec{r}}{\partial u_1} \Big/ \left| \frac{\partial \vec{r}}{\partial u_1} \right|, \quad \hat{u}_2 \triangleq \frac{\partial \vec{r}}{\partial u_2} \Big/ \left| \frac{\partial \vec{r}}{\partial u_2} \right|, \quad \hat{u}_3 \triangleq \frac{\partial \vec{r}}{\partial u_3} \Big/ \left| \frac{\partial \vec{r}}{\partial u_3} \right| \tag{1.4.17}$$

则定义了曲线坐标系的三个独立单位矢量——基矢。由定义可知：当 u_1 增加一个无穷小量 $\mathrm{d}u_1$，而其他两个坐标 u_2 和 u_3 不变时，位移 $\mathrm{d}\vec{r}$ 的方向就是 $\hat{u}_1$的方向。$\hat{u}_2$和 $\hat{u}_3$ 的方向也可类似地加以解释。

如果 $\hat{u}_1$，$\hat{u}_2$ 和 $\hat{u}_3$ 两两正交，即

$$\hat{u}_i \cdot \hat{u}_j = \delta_{ij}$$

则称相应的坐标系为正交曲线坐标系。在正交曲线坐标系下，速度大小的平方等于式(1.4.15)中各分量的平方和，即

$$v^2 = h_1^2 \dot{u}_1^2 + h_2^2 \dot{u}_2^2 + h_3^2 \dot{u}_3^2 \tag{1.4.18}$$

与直角坐标系不同，曲线坐标系的拉梅系数以及基矢一般都是与点在空间中的位置有关的。因此，由速度表达式(1.4.15)求导给出的加速度通常不再具有如式(1.4.9)那么简单的形式。

下面我们以式(1.4.13)为基础讨论球坐标和柱坐标两种常用的正交曲线坐标系。

1. 球坐标系

如图1.12所示，球坐标系中用以确定粒子位置的三个变量是径向距离 r、极角 θ 及方位角 ϕ，它们与直角坐标的关系为

$$\begin{cases} x_1 = r\sin\theta\cos\phi \\ x_2 = r\sin\theta\sin\phi \\ x_3 = r\cos\theta \end{cases} \tag{1.4.19}$$

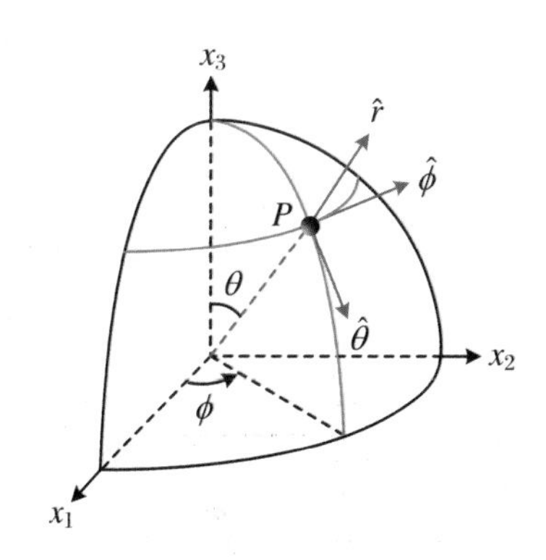

图1.12 球坐标系

球坐标系中的三个单位矢量可根据式(1.4.17)确定，分别记为 $\hat{r}$，$\hat{\theta}$ 和 $\hat{\phi}$，方向如图1.12所示。它们两两正交，且满足 $\hat{r} \times \hat{\theta} = \hat{\phi}$。

显然这三个单位矢量的方向是与空间中点相对于原点的方位有关的，即是依赖于角度 θ 和 ϕ 的。当粒子的坐标在时间 $\mathrm{d}t$ 内从 (r,θ,ϕ) 变为 $(r+\mathrm{d}r,\theta+\mathrm{d}\theta,\phi+\mathrm{d}\phi)$时，由于仅仅 r 的改变不影响单位矢量的方向，而无穷小转动又与次序无关，因而可以认为三个单位矢量先绕着 $\hat{\phi}$ 轴转过角度 $\mathrm{d}\theta$，再绕着 x_3 轴转过角度 $\mathrm{d}\phi$。所以 $\mathrm{d}t$ 时间内 $\hat{r}$，$\hat{\theta}$ 和 $\hat{\phi}$ 的角位移均为 $\hat{\phi}\mathrm{d}\theta + \hat{x}_3\mathrm{d}\phi$，将其除以 $\mathrm{d}t$ 即得转动角速度：

$$\vec{\omega} = \dot{\theta}\hat{\phi} + \dot{\phi}\hat{x}_3 \tag{1.4.20a}$$

而由图 1.12 可见，$\hat{x}_3$与 $\hat{r}$，$\hat{\theta}$ 和 $\hat{\phi}$ 的夹角分别为 $\theta,\theta+\pi/2$ 和 $\pi/2$,因而

$$\hat{x}_3 = \hat{r}\cos\theta + \hat{\theta}\cos\left(\theta + \frac{\pi}{2}\right) + \hat{\phi}\cos\frac{\pi}{2} = \hat{r}\cos\theta - \hat{\theta}\sin\theta$$

将其代入式(1.4.20a),角速度就可以按照球坐标系下的基矢展开为

$$\vec{\omega} = \dot{\phi}\left(\hat{r}\cos\theta - \hat{\theta}\sin\theta\right) + \dot{\theta}\hat{\phi} \tag{1.4.20b}$$

所以,利用关系式(1.4.13)可得

$$\begin{cases} \dfrac{\mathrm{d}\hat{r}}{\mathrm{d}t} = \vec{\omega}\times\hat{r} = \dot{\theta}\hat{\theta} + \dot{\phi}\sin\theta\,\hat{\phi} \\ \dfrac{\mathrm{d}\hat{\theta}}{\mathrm{d}t} = \vec{\omega}\times\hat{\theta} = -\dot{\theta}\hat{r} + \dot{\phi}\cos\theta\,\hat{\phi} \\ \dfrac{\mathrm{d}\hat{\phi}}{\mathrm{d}t} = \vec{\omega}\times\hat{\phi} = -\dot{\phi}\sin\theta\hat{r} - \dot{\phi}\cos\theta\hat{\theta} \end{cases} \tag{1.4.21}$$

粒子位矢在球坐标系中表示为

$$\vec{r} = r\hat{r} \tag{1.4.22}$$

将其对时间求导并利用式(1.4.21),就得到速度在球坐标系下的表达式

$$\vec{v} = \frac{\mathrm{d}\vec{r}}{\mathrm{d}t} = \frac{\mathrm{d}r}{\mathrm{d}t}\hat{r} + r\frac{\mathrm{d}\hat{r}}{\mathrm{d}t} = \dot{r}\hat{r} + r\dot{\theta}\hat{\theta} + r\dot{\phi}\sin\theta\,\hat{\phi} \tag{1.4.23}$$

再对时间求导又得到球坐标系下加速度的表达式

$$\begin{aligned} \vec{a} &= (\ddot{r} - r\dot{\theta}^2 - r\dot{\phi}^2\sin^2\theta)\hat{r} + (r\ddot{\theta} + 2\dot{r}\dot{\theta} - r\dot{\phi}^2\sin\theta\cos\theta)\hat{\theta} \\ &\quad + (r\ddot{\phi}\sin\theta + 2\dot{r}\dot{\phi}\sin\theta + 2r\dot{\theta}\dot{\phi}\cos\theta)\hat{\phi} \end{aligned} \tag{1.4.24}$$

由式(1.4.23)还可得

$$v^2 = \dot{r}^2 + r^2\dot{\theta}^2 + r^2\dot{\phi}^2\sin^2\theta \tag{1.4.25}$$

2. 柱坐标系

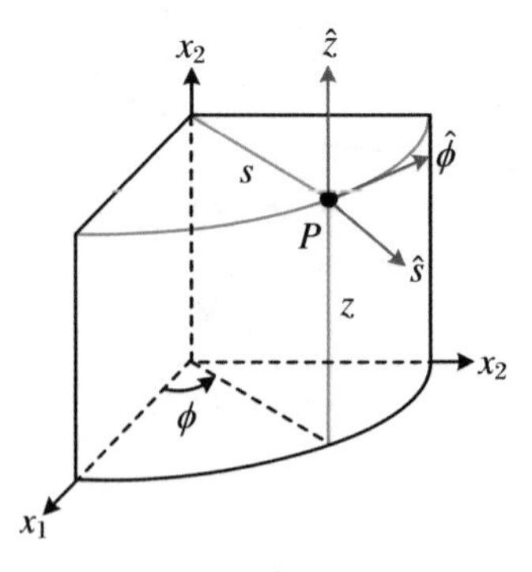

图 1.13　柱坐标系

如图 1.13 所示,柱坐标系中用以确定粒子位置的三个变量分别是(s,ϕ,z),其定义为

$$\begin{cases} x_1 = s\cos\phi \\ x_2 = s\sin\phi \\ x_3 = z \end{cases} \tag{1.4.26}$$

相应的三个单位矢量分别记为 $\hat{s}$，$\hat{\phi}$ 和 $\hat{z}$，它们两两正交，且满足 $\hat{s}\times\hat{\phi}=\hat{z}$。

类似于球坐标系的讨论，当粒子的坐标在时间 $\mathrm{d}t$ 内从 (s,ϕ,z) 变为 $(s+\mathrm{d}s,\phi+\mathrm{d}\phi,z+\mathrm{d}z)$ 时，三个单位矢量都绕着 z 轴转过角度 $\mathrm{d}\phi$。所以 $\hat{s}$，$\hat{\phi}$ 和 $\hat{z}$ 转动的角速度均为

$$\vec{\omega}=\dot{\phi}\hat{z} \tag{1.4.27}$$

根据式(1.4.13)，就有

$$\begin{cases}\dfrac{\mathrm{d}\hat{s}}{\mathrm{d}t}=\vec{\omega}\times\hat{s}=\dot{\phi}\hat{\phi}\\[2ex]\dfrac{\mathrm{d}\hat{\phi}}{\mathrm{d}t}=\vec{\omega}\times\hat{\phi}=-\dot{\phi}\hat{s}\\[2ex]\dfrac{\mathrm{d}\hat{z}}{\mathrm{d}t}=\vec{\omega}\times\hat{z}=\vec{0}\end{cases} \tag{1.4.28}$$

粒子位矢在柱坐标系中表示为

$$\vec{r}=s\hat{s}+z\hat{z} \tag{1.4.29}$$

上式对时间求导并利用式(1.4.28)，就得到柱坐标系中速度的表达式

$$\vec{v}=\frac{\mathrm{d}\vec{r}}{\mathrm{d}t}=\frac{\mathrm{d}s}{\mathrm{d}t}\hat{s}+s\frac{\mathrm{d}\hat{s}}{\mathrm{d}t}+\frac{\mathrm{d}z}{\mathrm{d}t}\hat{z}+z\frac{\mathrm{d}\hat{z}}{\mathrm{d}t}=\dot{s}\hat{s}+s\dot{\phi}\hat{\phi}+\dot{z}\hat{z} \tag{1.4.30}$$

再对时间求导就给出柱坐标系中加速度的表达式

$$\vec{a}=(\ddot{s}-s\dot{\phi}^2)\hat{s}+(s\ddot{\phi}+2\dot{s}\dot{\phi})\hat{\phi}+\ddot{z}\hat{z} \tag{1.4.31}$$

由式(1.4.30)还可得到

$$v^2=\dot{s}^2+s^2\dot{\phi}^2+\dot{z}^2 \tag{1.4.32}$$

1.5 相对运动

本节将讨论粒子的速度和加速度在两个相对运动的参考系中的关系。其中一个坐标系 $Ox_1x_2x_3$ 称为 K 系，另一个坐标系 $O'x_1'x_2'x_3'$ 称为 K' 系(图1.14)。K' 系一方面随着其原点 O' 相对于 K 系平移；另一方面 K' 系的坐标轴还在绕着点 O' 相对于 K 系在转动。设点 O' 相对于点 O 的位矢为 $\vec{r}_0=\vec{r}_0(t)$，而 K' 系

相对于 K 系的(瞬时)转动角速度则设为 $\vec{\omega}=\vec{\omega}(t)$。

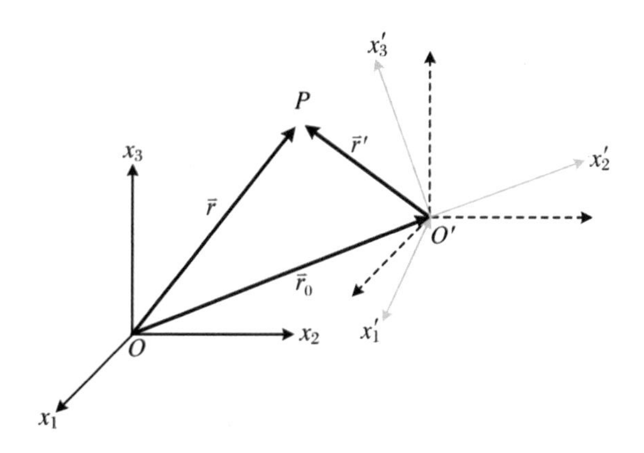

图 1.14　相对平移和转动

对于随时间变化的标量 $\varphi(t)$,由标量的定义及牛顿绝对时间假设有

$$\frac{\mathrm{d}\varphi}{\mathrm{d}t}=\left(\frac{\mathrm{d}\varphi}{\mathrm{d}t}\right)' \tag{1.5.1}$$

左边表示 φ 在K 系中的变化率,而右边则表示 φ 在K'系中的变化率。因此,标量的变化率与参考系的选择无关。

对于随时间变化的矢量 $\vec{G}(t)$,在任一特定时刻,$\vec{G}$ 既可以写为

$$\vec{G}(t)=G_i\hat{x}_i$$

也可以表示为

$$\vec{G}(t)=G'_i\hat{x}'_i$$

下面求 $\vec{G}(t)$在两个参考系中的变化率时,都采用第二个表达式。

利用莱布尼茨法则,$\vec{G}(t)$在 K'系中的变化率可以写为

$$\left(\frac{\mathrm{d}\vec{G}}{\mathrm{d}t}\right)'=\left[\frac{\mathrm{d}(G'_i\hat{x}'_i)}{\mathrm{d}t}\right]'=\left(\frac{\mathrm{d}G'_i}{\mathrm{d}t}\right)'\hat{x}'_i+G'_i\left(\frac{\mathrm{d}\hat{x}'_i}{\mathrm{d}t}\right)'$$

由于 $\hat{x}'_i$在K'系中不随时间变化,而标量变化率与参考系无关,因此就有

$$\left(\frac{\mathrm{d}\vec{G}}{\mathrm{d}t}\right)'=\frac{\mathrm{d}G'_i}{\mathrm{d}t}\hat{x}'_i \tag{1.5.2}$$

类似地,$\vec{G}(t)$在 K 系中的变化率可以写为

$$\frac{\mathrm{d}\vec{G}}{\mathrm{d}t}=\frac{\mathrm{d}(G'_i\hat{x}'_i)}{\mathrm{d}t}=\frac{\mathrm{d}G'_i}{\mathrm{d}t}\hat{x}'_i+G'_i\frac{\mathrm{d}\hat{x}'_i}{\mathrm{d}t}$$

但是,由于 $\hat{x}'_i$随着K'系一起相对于 K 系以角速度 $\vec{\omega}$ 转动,所以按照式(1.4.13)就有

$$\frac{\mathrm{d}\hat{x}'_i}{\mathrm{d}t} = \vec{\omega} \times \hat{x}'_i$$

从而

$$\frac{\mathrm{d}\vec{G}}{\mathrm{d}t} = \frac{\mathrm{d}G'_i}{\mathrm{d}t}\hat{x}'_i + \vec{\omega} \times G'_i\hat{x}'_i = \frac{\mathrm{d}G'_i}{\mathrm{d}t}\hat{x}'_i + \vec{\omega} \times \vec{G} \tag{1.5.3}$$

将其与式(1.5.2)比较就得到

$$\frac{\mathrm{d}\vec{G}}{\mathrm{d}t} = \left(\frac{\mathrm{d}\vec{G}}{\mathrm{d}t}\right)' + \vec{\omega} \times \vec{G} \tag{1.5.4}$$

这就是任一矢量 $\vec{G}$ 在两个参考系中对时间的导数之间的关系。

如果将式(1.5.4)中的 $\vec{G}$ 取为 K'系相对于K 系的角速度,即令 $\vec{G} = \vec{\omega}$,则

$$\frac{\mathrm{d}\vec{\omega}}{\mathrm{d}t} = \left(\frac{\mathrm{d}\vec{\omega}}{\mathrm{d}t}\right)' \tag{1.5.5}$$

因此,无论在 K'系还是K 系中测量,K'相对于K 的角速度的变化率——角加速度都具有相同的数值,将其统一写为$\dot{\vec{\omega}}$。

设 $\vec{r}$ 和 $\vec{r}'$分别是粒子相对于点O 和点O'的位矢,两者满足关系 $\vec{r} = \vec{r}_0 + \vec{r}'$(图 1.14),因此粒子在 K 系中的速度为

$$\vec{v} \triangleq \frac{\mathrm{d}\vec{r}}{\mathrm{d}t} = \frac{\mathrm{d}\vec{r}_0}{\mathrm{d}t} + \frac{\mathrm{d}\vec{r}'}{\mathrm{d}t} = \vec{v}_0 + \frac{\mathrm{d}\vec{r}'}{\mathrm{d}t} \tag{1.5.6}$$

其中,$\vec{v}_0 \triangleq \mathrm{d}\vec{r}_0/\mathrm{d}t$ 是O'点在K 系中的速度。在式(1.5.4)中令 $\vec{G} = \vec{r}'$,则上式最后一项就可以写为

$$\frac{\mathrm{d}\vec{r}'}{\mathrm{d}t} = \left(\frac{\mathrm{d}\vec{r}'}{\mathrm{d}t}\right)' + \vec{\omega} \times \vec{r}' = \vec{v}' + \vec{\omega} \times \vec{r}' \tag{1.5.7}$$

其中,$\vec{v}' \triangleq (\mathrm{d}\vec{r}'/\mathrm{d}t)'$正是粒子在 K'系中的速度。将式(1.5.7)代入式(1.5.6),就得到速度之间的变换关系

$$\vec{v} = \vec{v}_0 + \vec{v}' + \vec{\omega} \times \vec{r}' \tag{1.5.8}$$

将上式对时间求导,就得到粒子在 K 系中的加速度

$$\vec{a} \triangleq \frac{\mathrm{d}\vec{v}}{\mathrm{d}t} = \frac{\mathrm{d}\vec{v}_0}{\mathrm{d}t} + \frac{\mathrm{d}\vec{v}'}{\mathrm{d}t} + \frac{\mathrm{d}\vec{\omega}}{\mathrm{d}t} \times \vec{r}' + \vec{\omega} \times \frac{\mathrm{d}\vec{r}'}{\mathrm{d}t} \tag{1.5.9}$$

利用式(1.5.7),上式右边最后一项可以写为

$$\vec{\omega} \times \frac{\mathrm{d}\vec{r}'}{\mathrm{d}t} = \vec{\omega} \times \vec{v}' + \vec{\omega} \times (\vec{\omega} \times \vec{r}') \tag{1.5.10}$$

而在式(1.5.4)中令 $\vec{G}=\vec{v}'$,则有

$$\frac{\mathrm{d}\vec{v}'}{\mathrm{d}t}=\left(\frac{\mathrm{d}\vec{v}'}{\mathrm{d}t}\right)'+\vec{\omega}\times\vec{v}'=\vec{a}'+\vec{\omega}\times\vec{v}' \tag{1.5.11}$$

其中,$\vec{a}'\triangleq(\mathrm{d}\vec{v}'/\mathrm{d}t)'$是粒子在 K'系中的加速度。将式(1.5.10)和式(1.5.11)代入式(1.5.9),就得到加速度之间的变换关系

$$\vec{a}=\vec{a}_0+\vec{a}'+\vec{\omega}\times(\vec{\omega}\times\vec{r}')+2\vec{\omega}\times\vec{v}'+\dot{\vec{\omega}}\times\vec{r}' \tag{1.5.12}$$

这里,$\vec{a}_0\triangleq\mathrm{d}\vec{v}_0/\mathrm{d}t$是点$O'$在$K$系中的加速度,$\vec{\omega}\times(\vec{\omega}\times\vec{r}')$为向心(向轴)加速度,$2\vec{\omega}\times\vec{v}'$则是科里奥利加速度,而由于$\dot{\vec{\omega}}\times\vec{r}'$与位矢 $\vec{r}'$垂直,故常称之为横向加速度。

1.6 场及其对空间坐标的导数

1.6.1 标量场及其变换

标量在空间的分布称为标量场。标量场可以看作一个映射,它在空间中每点都指定了唯一的一个标量。也就是说,该映射在坐标系 $Ox_1x_2x_3$ 和 $Ox'_1x'_2x'_3$中的函数表达式 $\varphi(x_1,x_2,x_3)$和 $\varphi'(x'_1,x'_2,x'_3)$满足关系

$$\varphi'(x'_1,x'_2,x'_3)=\varphi(x_1,x_2,x_3) \tag{1.6.1}$$

知道了 $\varphi(x_1,x_2,x_3)$,为了得到该标量场在新坐标系中的表达式,我们需要将上式右边的 x_i 通过坐标变换

$$x'_i=\lambda_{ij}x_j \tag{1.6.2a}$$

的反变换

$$x_i=\lambda_{ji}x'_j \tag{1.6.2b}$$

用 x'_j表示出来。

在1.1.3小节中我们看到,数学上可以从被动和主动两种等价的观点看待变换(1.6.2a)。类似地,我们也可以从被动和主动两种在数学上等价的观点看待标量场的变换(1.6.1)。刚才的讨论采取的是被动观点:空间中的点及标量场本身是固定的,变换是作用于坐标系上的——同一点在不同坐标系中的坐标由式(1.6.2a)联系,而同一标量场在不同坐标系中的表达式则满足关系式

(1.6.1)。主动观点则是:坐标系本身是不变的,而变换则是作用于空间中的点及标量场上的——变换前后的两个点在同一坐标系 $Ox_1x_2x_3$ 中的坐标由式(1.6.2a)联系,在这样做的同时函数 $\varphi(x_1,x_2,x_3)$ 变为了一个新的函数 $\varphi'(x_1,x_2,x_3)$。也就是说,新函数 φ' 是这样得到的:该变换将 φ 在任一点 (x_1,x_2,x_3) 处的函数值 $\varphi(x_1,x_2,x_3)$ 带到新的位置 (x_1',x_2',x_3') 处,并将其定义为 φ' 在该处的数值,即满足式(1.6.1)。

作为一个例子,考察一个二维标量场,其在坐标系 Oxy 中的表达式为

$$\varphi(x,y)=\exp\left[-\frac{(x-a)^2+y^2}{2\sigma^2}\right] \tag{1.6.3}$$

它可以用图 1.15(a)中的曲面来表示。设坐标变换为

$$x'=x\cos\theta-y\sin\theta,\quad y'=x\sin\theta+y\cos\theta \tag{1.6.4}$$

对于我们所考察的例子,式(1.6.1)写为

$$\varphi'(x',y')=\varphi(x,y) \tag{1.6.5}$$

从被动观点看,式(1.6.4)表示坐标系 Oxy 绕着原点顺时针转过角度 θ 得到新坐标系 $Ox'y'$,而式(1.6.5)则表示图 1.15(a)中的同一曲面在新坐标系中的表达式该当如何:将式(1.6.5)右边的 x 和 y 通过式(1.6.4)的反变换

$$x=x'\cos\theta+y'\sin\theta,\quad y=-x'\sin\theta+y'\cos\theta$$

用 x' 和 y' 表示出来,就得到了该曲面在新坐标系下的表达式

$$\varphi'(x',y')=\varphi(x'\cos\theta+y'\sin\theta,-x'\sin\theta+y'\cos\theta) \tag{1.6.6}$$

即

$$\varphi'(x',y')=\exp\left[-\frac{(x'\cos\theta+y'\sin\theta-a)^2+(-x'\sin\theta+y'\cos\theta)^2}{2\sigma^2}\right]$$

略做化简就可以得到

$$\varphi'(x',y')=\exp\left[-\frac{(x'-a\cos\theta)^2+(y'-a\sin\theta)^2}{2\sigma^2}\right] \tag{1.6.7}$$

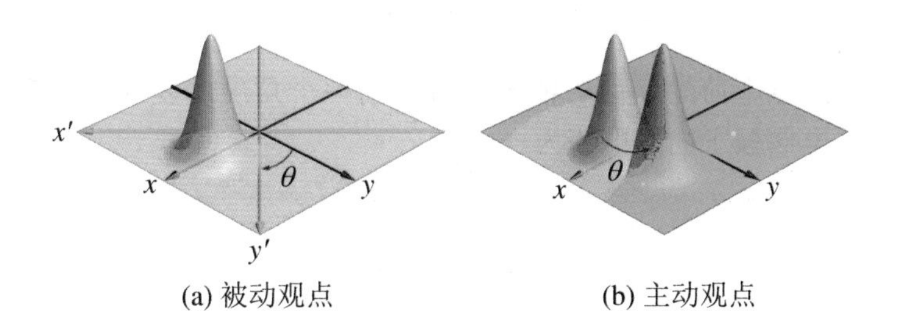

(a) 被动观点　　(b) 主动观点

图 1.15　看待标量场变换的两种观点

主动观点则是，坐标系不变，而将平面上的点及曲面本身都绕着原点逆时针转过角度 θ（图 1.15(b)）。式(1.6.4)表示转动后的点在同一坐标系中的坐标(x',y')，而式(1.6.6)或式(1.6.7)则表示新曲面在新的点(x',y')处的高度。式(1.6.7)对于任意两个给定的数 x'和 y'都成立，不妨将其分别记为 x 和 y，因此就得到

$$\varphi'(x,y) = \exp\left[-\frac{(x-a\cos\theta)^2+(y-a\sin\theta)^2}{2\sigma^2}\right] \tag{1.6.8}$$

这正是描述新曲面在同一坐标系下的函数表达式。

1.6.2 标量场的对称性

从式(1.6.3)和式(1.6.8)可以看出，如果 $a=0$，那么

$$\varphi'(x,y) = \varphi(x,y) \tag{1.6.9}$$

从主动观点看，这意味着转动前后的曲面是相同的，此时我们称该曲面在变换式(1.6.4)下是不变的或对称的，而变换(1.6.4)则称为该曲面的一个对称变换。式(1.6.9)对任意一点(x,y)都成立，因而也不妨将曲面对称的条件写为

$$\varphi'(x',y') = \varphi(x',y') \tag{1.6.10}$$

而利用式(1.6.5)，式(1.6.4)是 $\varphi(x,y)$的对称变换的条件就可以表示为

$$\varphi(x',y') = \varphi(x,y) \tag{1.6.11}$$

作为该结论的一个直接推广，对于三维空间的标量函数 $\varphi(x_1,x_2,x_3)$，如果

$$\varphi(x_1',x_2',x_3') = \varphi(x_1,x_2,x_3) \tag{1.6.12}$$

则称函数 $\varphi(x_1,x_2,x_3)$在变换 $x_i'=\lambda_{ij}x_j$ 下是对称的或不变的，而 $x_i'=\lambda_{ij}x_j$ 则称为该函数的对称变换或对称操作。比如，点电荷 e 的静电势为

$$\varphi = \frac{e}{4\pi\varepsilon_0 r}$$

显然，在绕着过点电荷的任何一根轴转过任何一个角度的变换下，它都是不变的。再比如，电偶极子的静电势为

$$\varphi = \frac{\vec{p}\cdot\vec{r}}{4\pi\varepsilon_0 r^3} = \frac{p\cos\theta}{4\pi\varepsilon_0 r^2}$$

其中，θ 是电偶极矩 $\vec{p}$ 与 $\vec{r}$ 的夹角。显然，它在绕着过电偶极子所在的轴转过任何一个角度下是不变的。

1.6.3 场的导数

1. 标量场的梯度

现在我们考察标量函数 $\varphi(x_1,x_2,x_3)$ 对于坐标的导数的变换规律。利用式(1.6.1)及链式法则得到

$$\frac{\partial\varphi'}{\partial x'_k} = \frac{\partial x_i}{\partial x'_k}\frac{\partial\varphi}{\partial x_i} \tag{1.6.13}$$

由于 $x_i = \lambda_{ji}x'_j$，因此

$$\frac{\partial x_i}{\partial x'_k} = \lambda_{ji}\frac{\partial x'_j}{\partial x'_k} = \lambda_{ji}\delta_{jk} = \lambda_{ki}$$

将其代入式(1.6.13)，得到

$$\frac{\partial\varphi'}{\partial x'_k} = \lambda_{ki}\frac{\partial\varphi}{\partial x_i} \tag{1.6.14}$$

因此$\partial\varphi/\partial x_i$ 是一个矢量的第 i 个分量。该矢量称为 φ 的梯度，记为

$$\nabla\varphi \triangleq \frac{\partial\varphi}{\partial x_i}\hat{x}_i$$

事实上，$\nabla\varphi$ 是一个矢量场。类似于标量场，矢量场也可以视为一个映射，它对于空间每一点都指定了唯一的一个矢量，即矢量场可以看作一个依赖于空间位置的矢量函数。

由于标量函数 φ 在某点 $\vec{r}=(x_1,x_2,x_3)$处的微分可以写为

$$\mathrm{d}\varphi = \frac{\partial\varphi}{\partial x_i}\mathrm{d}x_i = (\nabla\varphi)_i\mathrm{d}x_i$$

因此 $\mathrm{d}\varphi$ 等于 $\nabla\varphi$ 和无限小位移 $\mathrm{d}\vec{r}=(\mathrm{d}x_1,\mathrm{d}x_2,\mathrm{d}x_3)$的标量积，即

$$\mathrm{d}\varphi = \nabla\varphi\cdot\mathrm{d}\vec{r} \tag{1.6.15}$$

设过 $\vec{r}$ 点的等值面为 $\varphi=\text{const.}$。一方面，如果 $\mathrm{d}\vec{r}$ 位于等值面在 $\vec{r}$ 点的切平面内，那么必有 $\mathrm{d}\varphi=0$，因此，由上式就得到：$\nabla\varphi$ 垂直于 $\mathrm{d}\vec{r}$。而由于此结论对于切平面内的任一 $\mathrm{d}\vec{r}$ 都成立，所以 $\nabla\varphi$ 就垂直于该切平面，从而也就垂直于等

值面 $\varphi=\text{const.}$。另一方面，对于大小确定的 $\mathrm{d}\vec{r}$，当 $\mathrm{d}\vec{r}$ 与 $\nabla\varphi$ 同方向（两者的夹角为零）时，$\mathrm{d}\varphi$ 取到最大值。因此，$\nabla\varphi$ 具有这样的几何意义：在任一点处的 $\nabla\varphi$ 都垂直于过该点的等值面并且指向 φ 增加最快的方向。

由于对任一标量函数 φ，$\nabla\varphi$ 都定义了一个矢量函数（或者说矢量场），因此我们可以将 ∇ 看作一个矢量微分算符，其在直角坐标系下的分量为

$$\nabla_i=\frac{\partial}{\partial x_i}\triangleq\partial_i \tag{1.6.16}$$

算符 ∇ 称为**梯度算子**，而其在直角坐标系下的完整表达式可以写为

$$\nabla=\hat{x}_i\partial_i \tag{1.6.17}$$

2. 矢量场的散度和旋度

梯度算子既可以作用于标量函数，也可以作用于矢量函数。作为微分算子，∇ 要对所作用的对象求导数。而作为矢量算子，∇ 的作用又符合矢量的代数运算性质—— ∇ 可以像数乘一样作用于标量场，这就得到了标量场的梯度；它也可以按照点乘或叉乘的法则作用于矢量场。

当梯度算子通过点乘作用于矢量场 $\vec{A}$ 时，就得到了 $\vec{A}$ 的**散度**

$$\nabla\cdot\vec{A}=\partial_i A_i \tag{1.6.18}$$

而当通过叉乘作用于矢量场 $\vec{A}$ 时，就得到了 $\vec{A}$ 的**旋度**

$$\nabla\times\vec{A}=(\varepsilon_{ijk}\partial_j A_k)\hat{x}_i \tag{1.6.19}$$

散度处处为零的矢量场称为**无源场**，而旋度处处为零的矢量场称为**无旋场**。

本书中散度和旋度并不常见，关于其几何含义不做进一步讨论。此处，我们直接给出数学上与之有关的两个结论：

(1) 如果矢量场 $\vec{F}$ 是无旋场，即 $\nabla\times\vec{F}=\vec{0}$，则存在标量场 φ，使得 $\vec{F}=-\nabla\varphi$；

(2) 如果矢量场 $\vec{F}$ 是无源场，即 $\nabla\cdot\vec{F}=0$，则存在矢量场 $\vec{A}$，使得 $\vec{F}=\nabla\times\vec{A}$。

作为一个例子，考察电磁场 $\vec{E}(\vec{r},t)$ 和 $\vec{B}(\vec{r},t)$，它们满足麦克斯韦方程组

$$\nabla\cdot\vec{E}=\frac{\rho}{\varepsilon_0} \tag{1.6.20a}$$

$$\nabla\times\vec{E}=-\frac{\partial\vec{B}}{\partial t} \tag{1.6.20b}$$

$$\nabla\cdot\vec{B}=0 \tag{1.6.20c}$$

$$\nabla \times \vec{B} = \mu_0 \vec{j} + \mu_0 \varepsilon_0 \frac{\partial \vec{E}}{\partial t} \tag{1.6.20d}$$

由式(1.6.20c)知,磁场为无源场,因此存在矢量场 $\vec{A}(\vec{r},t)$,使得

$$\vec{B} = \nabla \times \vec{A}$$

将其代入法拉第定律(1.6.20b),得到

$$\nabla \times \left(\vec{E} + \frac{\partial \vec{A}}{\partial t}\right) = \vec{0}$$

即 $\vec{E} + \partial\vec{A}/\partial t$ 是无旋场,因此存在标量场 $\varphi(\vec{r},t)$,使得

$$\vec{E} + \frac{\partial \vec{A}}{\partial t} = -\nabla\varphi$$

综上,电磁场可以表示为

$$\vec{E} = -\nabla\varphi - \frac{\partial \vec{A}}{\partial t}, \quad \vec{B} = \nabla \times \vec{A} \tag{1.6.21}$$

这里,φ 和 $\vec{A}$ 分别称为电磁场的**标量势**和**矢量势**,或将其统一称为**电磁势**。将式(1.6.21)代入高斯定律(1.6.20a)和安培-麦克斯韦定律(1.6.20d),可得电磁势满足的方程。

描述给定的电磁场的电磁势并不唯一。设$(\varphi,\vec{A})$和$(\varphi',\vec{A}')$都是描述同一电磁场的电磁势,即有

$$\nabla \times \vec{A}' = \vec{B} = \nabla \times \vec{A}, \quad -\nabla\varphi' - \frac{\partial \vec{A}'}{\partial t} = \vec{E} = -\nabla\varphi - \frac{\partial \vec{A}}{\partial t} \tag{1.6.22}$$

其中,第一式意味着$\nabla\times\left(\vec{A}' - \vec{A}\right) = \vec{0}$,因此可以找到一个标量函数$\psi'(\vec{r},t)$,使得

$$\vec{A}' = \vec{A} + \nabla\psi' \tag{1.6.23}$$

将其代入式(1.6.22)的第二式,略做整理后得到

$$\nabla\left(\varphi' - \varphi + \frac{\partial \psi'}{\partial t}\right) = 0$$

因此 $\varphi' - \varphi + \partial\psi'/\partial t$ 对每一个空间坐标的导数都为零,从而它至多只是时间 t 的某个函数$f(t)$,即

$$\varphi' - \varphi + \frac{\partial \psi'}{\partial t} = f(t)$$

或者说

$$\varphi' = \varphi - \frac{\partial \psi'}{\partial t} + f(t) = \varphi - \frac{\partial \psi}{\partial t}$$

其中，$\psi(\vec{r},t) = \psi'(\vec{r},t) - \int f(t)\mathrm{d}t$。由于 ψ 和 ψ' 的梯度相同，因而式(1.6.23)也可以写为

$$\vec{A}' = \vec{A} + \nabla\psi$$

所以，对于任一给定的函数 $\psi(\vec{r},t)$，

$$\varphi' = \varphi - \frac{\partial \psi}{\partial t}, \quad \vec{A}' = \vec{A} + \nabla\psi \tag{1.6.24}$$

和$(\varphi,\vec{A})$描述的是同一电磁场。变换(1.6.24)称为电磁势的**规范变换**。

1.6.4 关于符号

作为本节的结束，我们引入一些本书中常用的符号。

首先，如果标量函数 $\varphi = \varphi(\vec{A})$ 依赖于矢量 $\vec{A}$，则 $\partial\varphi/\partial\vec{A}$ 表示一个矢量，该矢量在直角坐标系下的第 i 个分量等于 φ 对 $\vec{A}$ 的第 i 个分量 A_i 的导数，即

$$\frac{\partial \varphi}{\partial \vec{A}} \triangleq \frac{\partial \varphi}{\partial A_i}\hat{x}_i = \frac{\partial \varphi}{\partial A_1}\hat{x}_1 + \frac{\partial \varphi}{\partial A_2}\hat{x}_2 + \frac{\partial \varphi}{\partial A_3}\hat{x}_3 \tag{1.6.25}$$

例如，对于 $\varphi = \varphi(\vec{r})$，可得

$$\frac{\partial \varphi}{\partial \vec{r}} = \frac{\partial \varphi}{\partial x_i}\hat{x}_i = \nabla\varphi$$

而如果 $\varphi = \varphi(\vec{r},\dot{\vec{r}},t)$，则 φ 对于时间 t 的全导数

$$\frac{\mathrm{d}\varphi}{\mathrm{d}t} = \frac{\partial \varphi}{\partial x_i}\dot{x}_i + \frac{\partial \varphi}{\partial \dot{x}_i}\ddot{x}_i + \frac{\partial \varphi}{\partial t}$$

就可以写为

$$\frac{\mathrm{d}\varphi}{\mathrm{d}t}=\frac{\partial\varphi}{\partial\vec{r}}\cdot\dot{\vec{r}}+\frac{\partial\varphi}{\partial\dot{\vec{r}}}\cdot\ddot{\vec{r}}+\frac{\partial\varphi}{\partial t}$$

特别地,如果 $\varphi=\vec{c}\cdot\dot{\vec{r}}=c_j\dot{x}_j$,其中 $\vec{c}$ 是常矢量,由于

$$\frac{\partial\varphi}{\partial\dot{x}_i}=c_j\frac{\partial\dot{x}_j}{\partial\dot{x}_i}=c_j\delta_{ij}=c_i$$

所以

$$\frac{\partial\varphi}{\partial\dot{\vec{r}}}=c_i\hat{x}_i=\vec{c}$$

其次,如果标量函数 $\varphi=\varphi(q_1,q_2,\cdots,q_n)$ 依赖于 n 个变量 $q=(q_1,q_2,\cdots,q_n)$,则 $\partial\varphi/\partial q$ 表示 φ 依次对每一个变量 q_i 求导得到的 n 个数,即

$$\frac{\partial\varphi}{\partial q}\triangleq\left(\frac{\partial\varphi}{\partial q_1},\frac{\partial\varphi}{\partial q_2},\cdots,\frac{\partial\varphi}{\partial q_n}\right)\tag{1.6.26}$$

例如,如果 $q=(x_1,x_2,x_3)$,则

$$\frac{\partial\varphi}{\partial q}=\left(\frac{\partial\varphi}{\partial x_1},\frac{\partial\varphi}{\partial x_2},\frac{\partial\varphi}{\partial x_3}\right)$$

表示 $\nabla\varphi$ 在直角坐标系下的三个分量。而如果 $q=(r,\theta,\phi)$ 为球坐标,则

$$\frac{\partial\varphi}{\partial q}=\left(\frac{\partial\varphi}{\partial r},\frac{\partial\varphi}{\partial\theta},\frac{\partial\varphi}{\partial\phi}\right)$$

显然,它并非 φ 的梯度。

最后,作为"无旋场可以表示为标量场的梯度"这一结论的直接推广,我们有:如果依赖于 n 个自变量 $(q_1,q_2,\cdots,q_n)$ 的 n 个函数

$$F_i=F_i(q_1,q_2,\cdots,q_n)\quad(i=1,2,\cdots,n)$$

所定义的 $F=(F_1,F_2,\cdots,F_n)$ 是"无旋场",即满足

$$\frac{\partial}{\partial q_j}F_i=\frac{\partial}{\partial q_i}F_j\quad(i,j=1,2,\cdots,n)\tag{1.6.27}$$

则存在函数 $\varphi(q_1,q_2,\cdots,q_n)$,使得 F 可以表示为 φ 的"梯度":

$$F_i=\frac{\partial\varphi}{\partial q_i}\quad(i=1,2,\cdots,n)\tag{1.6.28}$$

反之,若 F 为 φ 的"梯度",则它必然是"无旋场"。

1.7 质点组的运动学描述

1.7.1 质点组的位形和状态

一个粒子 a 在空间中的位置由一个点(或者说一个位矢)表示,而粒子运动时,表示其位置的点就在空间中画出一条曲线,称之为粒子的**轨迹**。为了描述 n 个粒子构成的体系的位形,即体系内每一个粒子的位置,我们就需要三维空间中的 n 个点或者说 n 个位矢

$$\vec{r}_a \quad (a = 1,2,\cdots,n)$$

当体系运动时,表示其位形的每一个点都在空间中画出了一条曲线,而这 n 条曲线就描述了体系位形随时间的演化(图 1.16)。由于每个粒子需要用三个坐标确定其位置,因此,我们需要 $3n$ 个变量才能确定体系的位形。

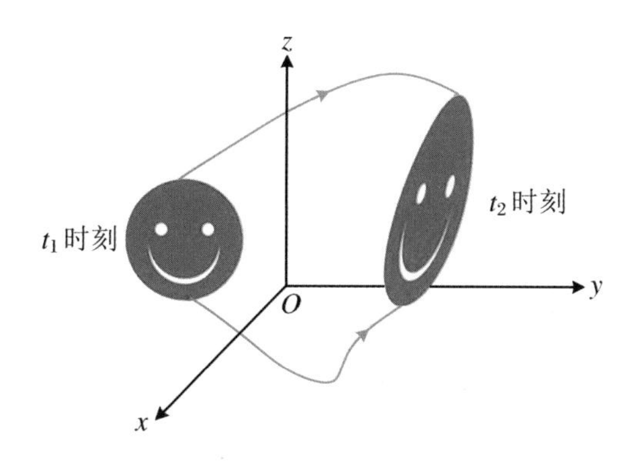

图 1.16 体系位形在三维空间中的演化

用(x_a,y_a,z_a)表示粒子a 的直角坐标。设想以 $3n$ 个变量

$$(x_1,y_1,z_1,x_2,y_2,z_2,\cdots,x_n,y_n,z_n) \tag{1.7.1}$$

作为直角坐标构建一个 $3n$ 维空间,该空间称为体系的**位形空间**,将其记为 E^{3n}。体系在某一时刻的位形可以由位形空间中的一个点表示,在不引起混淆的情况下,我们将该点用一个 $3n$ 维矢量表示为

$$\vec{r} = (\vec{r}_1,\vec{r}_2,\cdots,\vec{r}_n)$$

其分量即为式(1.7.1)。当体系运动演化时,描述其位形的点在位形空间中画

出的一条曲线(图1.17),称之为体系的**位形轨迹**。

为了由运动方程能够确定体系位形的演化,不仅需要知道某时刻描述其位形的点在位形空间中的位置 $\vec{r}$,还需要知道该时刻点 $\vec{r}$ 在位形空间中的速度

$$\dot{\vec{r}} = (\dot{\vec{r}}_1, \dot{\vec{r}}_2, \cdots, \dot{\vec{r}}_n)$$

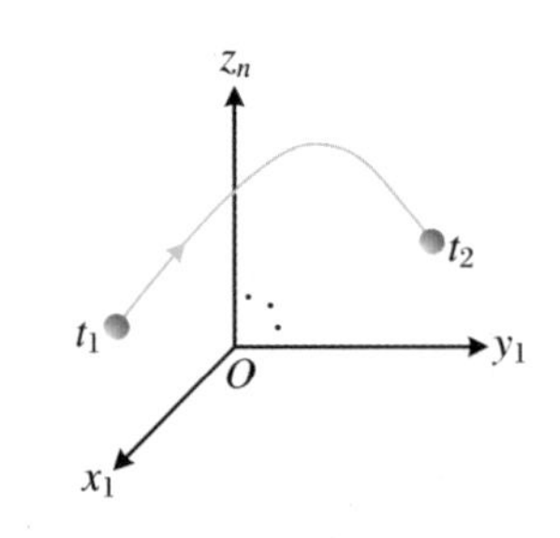

图1.17　体系位形在 E^{3n} 空间中的演化

这是由于一旦给定了 t 时刻各粒子的位置和速度,由动力学方程就可以知道该时刻各粒子的加速度,从而就能够确定 $t+\mathrm{d}t$ 时刻的位置和速度;由此,动力学方程又可以告诉我们 $t+\mathrm{d}t$ 时刻各粒子的加速度,从而再下一时刻的位置和速度也就知道了;依此类推,原则上就可以确定体系中各粒子在任一时刻的位置和速度。换言之,某时刻体系内每一个粒子的位置和速度告诉了我们该时刻体系的状态,而体系状态随时间的演化则是由动力学方程确定的。为了描述体系的状态需要 $6n$ 个变量,这些变量称为体系的**状态参量**。

1.7.2　约束方程

对于 n 个粒子构成的体系,如果描述其状态的 $6n$ 个变量是彼此独立的,这样的体系就称为**自由体系**。这里独立的含义是:在任何一个特定的时刻,体系中每一个粒子都可能处在空间中任何一个位置,并且具有任意大小和方向的速度;也就是说,在 $6n$ 个状态参量中,任意取定其中 $6n-1$ 个变量的数值,剩下的那个变量仍可能取任意的数值。

在很多实际问题中,体系的状态会受到某些强制性的限制或约束。比如,刚体内任意两粒子之间的距离在运动过程中保持不变,两个物体在运动过程中始终保持接触,一个球在给定曲面上纯滚动,等等。数学上,体系状态受到的限制可以用状态参量满足的一组代数关系式表示。如果描述约束的代数关系式可以用方程表示为

$$f(\vec{r}, \dot{\vec{r}}, t) = f(\vec{r}_1, \cdots, \vec{r}_n, \dot{\vec{r}}_1, \cdots, \dot{\vec{r}}_n, t) = 0 \tag{1.7.2a}$$

或者

$$f(u_1, u_2, \cdots, u_{3n}, \dot{u}_1, \dot{u}_2, \cdots, \dot{u}_{3n}, t) = 0 \tag{1.7.2b}$$

的形式,这样的约束称为**双侧约束**或**不可解约束**,而方程(1.7.2)就称为**约束方程**。式(1.7.2b)中的 $u_1, u_2, \cdots, u_{3n}$ 是各粒子的坐标,如果采用直角坐标系,即是由式(1.7.1)给出的 $3n$ 个变量。

状态参量满足的限制关系也可能用不等式

$$f(\vec{r}, \dot{\vec{r}}, t) \leqslant 0$$

表示,这样的约束称为**单侧约束**或**可解约束**。比如,限制在半径为 R 的固定球面内运动的粒子,其到球心的距离 r 满足 $r\leqslant R$。单侧约束在本书中只是偶尔提及,不做一般性的讨论。

考察一个不可解约束的例子:半径为 R、沿着斜面纯滚动的圆柱。如图1.18建立坐标系,x 轴沿着斜面向下,y 轴垂直于斜面,用 (x,y) 表示圆柱对称轴的位置,并设 θ 是圆柱绕着其对称轴顺时针转过的角度。该圆柱运动过程中受到两个约束,其中一个是对位置的限制——圆柱与斜面始终保持接触,约束方程为

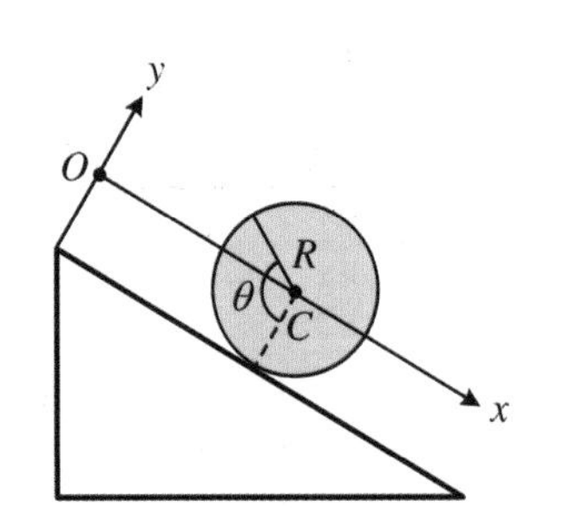

图1.18 沿斜面纯滚动的圆柱

$$y = 0$$

另一个约束则是对速度的限制——圆柱与斜面接触点的速度为零。一方面,接触点由于随着圆柱一起平移而具有沿着斜面向下的速度 $\dot{x}$;另一方面,接触点由于绕圆柱对称轴转动而具有沿着斜面向上的速度 $R\dot{\theta}$。因此,接触点的速度为零这一限制的约束方程为

$$\dot{x} - R\dot{\theta} = 0$$

像圆柱与斜面保持接触、两粒子距离保持不变等约束,是直接对于体系位形所施加的限制,这类约束称为**几何约束**,其约束方程中不显含速度。而像纯滚动这样的约束,是对体系运动所施加的限制,这类约束称为**微分约束**,其约束方程中会出现坐标对时间的导数。

对于几何约束,其约束方程的一般形式是

$$f(\vec{r},t) = f(\vec{r}_1,\cdots,\vec{r}_n,t) = 0 \tag{1.7.3}$$

将该式对时间求导数,得到

$$\frac{\mathrm{d}f}{\mathrm{d}t} = \frac{\partial f}{\partial \vec{r}_a}\cdot\dot{\vec{r}}_a + \frac{\partial f}{\partial t} = \frac{\partial f}{\partial \vec{r}}\cdot\dot{\vec{r}} + \frac{\partial f}{\partial t} = 0$$

这里

$$\frac{\partial f}{\partial \vec{r}} \triangleq \left(\frac{\partial f}{\partial \vec{r}_1},\frac{\partial f}{\partial \vec{r}_2},\cdots,\frac{\partial f}{\partial \vec{r}_n}\right)$$

因此,几何约束在对体系位形提出限制的同时,必然也会对体系的运动施加限制。比如,前面例子中的约束 $y=0$ 意味着圆柱对称轴在垂直于斜面方向的速度为零。某些对于速度的限制,也可以通过积分转化为对位置的限制。比如对于前面的约束方程 $\dot{x}-R\dot{\theta}=0$ 积分,就得到

$$x - R\theta = \text{const.}$$

这样的微分约束称为**可积微分约束**。

本书中只讨论几何约束和可积微分约束，也就是约束方程最终都可以表示为如式(1.7.3)所示的约束，这样的约束统一称为**完整约束**。如果方程(1.7.3)中的 f 不显含时间 t，那么由其描述的约束称为稳定约束，反之称为不稳定约束。

1.7.3 完整体系的运动学描述

如果体系受到的每一个约束都是完整约束，就将其称为**完整体系**。考察由 n 个粒子构成的、受到 K 个独立完整约束的体系。设 K 个约束方程为

$$f_\alpha(\vec{r},t)=f_\alpha(\vec{r}_1,\cdots,\vec{r}_n,t)=0\quad(\alpha=1,2,\cdots,K)\qquad(1.7.4)$$

在空间 E^{3n} 中，每一个这样的约束方程定义了一个 $3n-1$ 维超曲面，因此，这 K 个独立的约束方程就在空间 E^{3n} 中定义了一个 $s=3n-K$ 维曲面——K 个超曲面的交集。该 s 维曲面就称为体系的位形曲面，其维数 s 称为体系的自由度。由于体系位形必须满足式(1.7.4)中的每一个约束，因此描述其位形的点 $\vec{r}$ 就只能在位形曲面上运动。

空间 E^{3n} 中的标量函数 $f_\alpha(\vec{r},t)$ 的梯度 $\partial f_\alpha/\partial\vec{r}$ 是与曲面 $f_\alpha(\vec{r},t)=0$ 垂直的，从而也就与位形曲面垂直。所以

$$\vec{n}_\alpha=\frac{\partial f_\alpha}{\partial\vec{r}}\quad(\alpha=1,2,\cdots,K)\qquad(1.7.5)$$

就定义了 t 时刻位形曲面的 K 个独立的法向量。而我们称式(1.7.4)描述的 K 个约束是独立的，其含义就是这 K 个法向量是独立的。

位形曲面上点的位置可以用 s 个独立变量描述，不妨记为 $q_1,\cdots,q_s$。这样的一组变量又称为体系的广义坐标，广义坐标 q_k 对时间的导数 $\dot{q}_k$ 则称为广义速度。给定了广义坐标 $q=(q_1,\cdots,q_s)$ 的数值，点 $\vec{r}$ 在位形曲面上的位置就确定了，从而体系的位形也就确定了，即有

$$\vec{r}=\vec{r}(q,t)\qquad(1.7.6a)$$

或者

$$\vec{r}_a=\vec{r}_a(q,t)=\vec{r}_a(q_1,\cdots,q_s,t)\quad(a=1,\cdots,n)\qquad(1.7.6b)$$

描述 $\vec{r}$ 与 q 关系的方程(1.7.6)称为**变换方程**。变换方程实际上就是位形曲面的参数方程，因此

$$\vec{\tau}_k = \frac{\partial \vec{r}}{\partial q_k} \quad (k = 1,\cdots,s) \tag{1.7.7}$$

就给出了与(t 时刻的)位形曲面相切的 s 个独立的切矢量。

将式(1.7.6a)对时间求导数,得到

$$\dot{\vec{r}} = \frac{\partial \vec{r}}{\partial q_i}\dot{q}_i + \frac{\partial \vec{r}}{\partial t} = \dot{\vec{r}}(q,\dot{q},t) \tag{1.7.8}$$

由式(1.7.6)和式(1.7.8)可知:知道了某一时刻广义坐标 $q = (q_1,\cdots,q_s)$和广义速度 $\dot{q} = (\dot{q}_1,\cdots,\dot{q}_s)$这 $2s$ 个变量的数值,体系在该时刻的状态就完全确定了。由此可见,$(q,\dot{q})$也可以作为体系的状态参量。

将式(1.7.8)对 q_k 求偏导数,得到

$$\frac{\partial \dot{\vec{r}}}{\partial q_k} = \left(\frac{\partial}{\partial q_k}\frac{\partial \vec{r}}{\partial q_i}\right)\dot{q}_i + \frac{\partial \vec{r}}{\partial q_i}\frac{\partial \dot{q}_i}{\partial q_k} + \frac{\partial}{\partial q_k}\frac{\partial \vec{r}}{\partial t}$$

由于偏导数可以交换次序,并且$\partial \dot{q}_i/\partial q_k = 0$,因此上式可以写为

$$\frac{\partial \dot{\vec{r}}}{\partial q_k} = \dot{q}_i\frac{\partial}{\partial q_i}\left(\frac{\partial \vec{r}}{\partial q_k}\right) + \frac{\partial}{\partial t}\left(\frac{\partial \vec{r}}{\partial q_k}\right)$$

该式右边正是作为(q,t)函数的$\partial \vec{r}/\partial q_k$ 对时间的全导数,即有

$$\frac{\partial \dot{\vec{r}}}{\partial q_k} = \frac{\mathrm{d}}{\mathrm{d}t}\frac{\partial \vec{r}}{\partial q_k} \tag{1.7.9}$$

因此,$\vec{r}$ 对广义坐标的偏导数与其对时间的全导数可以交换次序。类似可得

$$\frac{\partial \dot{\vec{r}}}{\partial t} = \frac{\mathrm{d}}{\mathrm{d}t}\frac{\partial \vec{r}}{\partial t} \tag{1.7.10}$$

如果将式(1.7.8)对 $\dot{q}_k$ 求偏导数,由于$\partial \vec{r}/\partial q_k$ 和$\partial \vec{r}/\partial t$ 都与广义速度无关,因此得到

$$\frac{\partial \dot{\vec{r}}}{\partial \dot{q}_k} = \frac{\partial \vec{r}}{\partial q_i}\frac{\partial \dot{q}_i}{\partial \dot{q}_k}$$

而由于$\partial \dot{q}_i/\partial \dot{q}_k = \delta_{ik}$,所以就有

$$\frac{\partial \dot{\vec{r}}}{\partial \dot{q}_k} = \frac{\partial \vec{r}}{\partial q_k} \tag{1.7.11}$$

【例1.5】试在直角坐标系下写出下列体系的约束方程，并选择合适的广义坐标，写出变换方程以及位形曲面的切矢量和法向量：

(1) 限制在半径为 R 的球面上运动的单个粒子；

(2) 限制在半径为 R 的圆环上运动的单个粒子。

【解】(1) 以球心为原点建立直角坐标系，约束方程为

$$f = x^2 + y^2 + z^2 - R^2 = 0$$

由于只受到一个约束，因而体系的自由度为 $3-1=2$。采用球面坐标 (θ, ϕ) 作为广义坐标，变换方程为

$$\vec{r} = R\sin\theta\cos\phi\,\hat{x} + R\sin\theta\sin\phi\,\hat{y} + R\cos\theta\,\hat{z}$$

位形曲面显然就是粒子运动所处的球面，它有一个法向量

$$\vec{n} = \frac{\partial f}{\partial \vec{r}} = 2R\hat{r}$$

以及两个切矢量

$$\vec{\tau}_1 = \frac{\partial \vec{r}}{\partial \theta} = R\hat{\theta}, \quad \vec{\tau}_2 = \frac{\partial \vec{r}}{\partial \phi} = R\sin\theta\,\hat{\phi}$$

(2) 以圆心为原点、圆环对称轴为 z 轴建立直角坐标系。约束方程有两个，可以写为

$$f_1 = x^2 + y^2 + z^2 - R^2 = 0, \quad f_2 = z = 0$$

体系的自由度为 $3-2=1$。以粒子相对于 x 轴转过的角度 ϕ 作为广义坐标，变换方程为

$$\vec{r} = R\cos\phi\,\hat{x} + R\sin\phi\,\hat{y}$$

位形曲面实际上是一条曲线，即粒子运动所处的圆环，它有两个法向量

$$\vec{n}_1 = \frac{\partial f_1}{\partial \vec{r}} = 2R\hat{r}, \quad \vec{n}_2 = \frac{\partial f_2}{\partial \vec{r}} = \hat{z}$$

以及一个切矢量

$$\vec{\tau} = \frac{\partial \vec{r}}{\partial \phi} = R\hat{\phi}$$

1.7.4 约束的动力学原因

受到约束的体系，其运动必须以符合于约束的方式进行。从动力学角度看，体系之所以按照某一种方式运动，自然是由作用于其上的所有力共同决定的。

下面看一个具体的例子：考察一个系于轻质弹簧一端的小球的运动，弹簧的另一端与空间中固定点 O 连接；在运动过程中除了弹簧提供的弹性力外，小球还可能会受到重力以及其他力的作用。一般而言，小球的运动既包括绕着 O 点的转动，也包括相对于 O 点的距离变化。但是，如果弹簧的弹性系数足够大，以至于在小球运动过程中弹簧长度的改变远远小于其原长，并且假如弹簧长度极小的改变对于所研究的问题来说又是可以忽略不计的，那么我们就可以认为，小球的运动受到了约束——它被限制在一个以 O 点为中心、半径（约）等于弹簧原长的球面上运动。在此情形下，弹簧本身就可以视为轻质刚性杆的一个模型。由此例看到，类似于质点、刚体等模型，约束本身也是一个理想化模型，是实际问题的一个近似。

一个粒子之所以被限制在某个曲面上运动，是由于曲面对粒子施加了力的作用。如果在运动过程中粒子有脱离曲面的趋势，曲面就会变形一些。而变形后的曲面由于具有恢复原状的趋势，从而会对小球施加一个恢复力，该力的效果是试图将小球拉回（或推回）曲面。与弹簧的例子类似，从运动学的角度而言，如果曲面这极小的变形对于我们研究的问题来说是可以忽略不计的，那么可以认为粒子被限制在给定的曲面上运动，或者说其运动受到了约束。对体系施加限制的物体（比如那个曲面）称为**约束物**。由约束物提供的、使体系必须以遵循约束的方式运动的力就称为**约束力**，而体系受到的其他力则称为**主动力**。约束力本质上是约束物发生极小形变后所提供的恢复力。

限制在曲面上运动的粒子，其所受约束力的大小不仅与粒子的位置有关，还依赖于粒子以什么样的速度通过该位置，即约束力的大小是与粒子的状态有关的。因而，约束力本身是问题中的未知因素，只有当我们知道了体系状态的演化之后，才有可能了解约束力的大小。

尽管如此，对于约束力的方向却有一个简单的结论。我们知道，不论粒子以多快的速度经过曲面上某点，其所受约束力（支持力）的方向总是沿着曲面在粒子所处位置的法向。这个结论可以认为是经典力学中独立于牛顿定律的一条假设，其正确性来自实验的检验。

对于受到如式(1.7.4)所示的 K 个约束的 n 个粒子构成的体系，用

$$\vec{N}^{(\alpha)} = (\vec{N}_1^{(\alpha)}, \vec{N}_2^{(\alpha)}, \cdots, \vec{N}_n^{(\alpha)}) \tag{1.7.12}$$

表示约束 $f_\alpha(\vec{r},t)=0$ 提供的约束力。$\vec{N}^{(\alpha)}$ 可视为 E^{3n} 空间中的一个矢量，其中 $\vec{N}_a^{(\alpha)}$ 表示该约束对粒子 a 提供的约束力。类似于曲面对粒子的支持力，我们也将假设 $\vec{N}^{(\alpha)}$ 是与 E^{3n} 空间中由 $f_\alpha(\vec{r},t)=0$ 定义的超曲面垂直的(从而也与位形曲面垂直)，即可以将 $\vec{N}^{(\alpha)}$ 表示为(其中的 α 不求和)

$$\vec{N}^{(\alpha)} = \lambda_\alpha \frac{\partial f_\alpha}{\partial \vec{r}} \tag{1.7.13}$$

由前所述，此处的 λ_α 依赖于体系的运动状态。由此，体系所受的总约束力

$$\vec{N} = \sum_\alpha \vec{N}^{(\alpha)} = \sum_\alpha \lambda_\alpha \frac{\partial f_\alpha}{\partial \vec{r}} \tag{1.7.14}$$

也是与位形曲面垂直的。关于约束力方向的这一假设称为**理想约束假设**，其正确性同样只能来源于实验。①

1.7.5 完整体系的动能和势能

1. 动能的一般形式

对于 n 个粒子构成的自由度为 s 的完整体系，其动能等于其中每一个粒子的动能之和，即

$$T \triangleq \frac{1}{2} m_a \dot{\vec{r}}_a^2 = T(\dot{\vec{r}}_1, \cdots, \dot{\vec{r}}_n) = T(\dot{\vec{r}}) \tag{1.7.15}$$

它是速度的二次齐次多项式。

利用速度变换式(1.7.8)，动能也可以表示为

$$T = \frac{1}{2} A_{ij} \dot{q}_i \dot{q}_j + B_i \dot{q}_i + C = T(q, \dot{q}, t) \tag{1.7.16}$$

其中

$$A_{ij} \triangleq m_a \frac{\partial \vec{r}_a}{\partial q_i} \cdot \frac{\partial \vec{r}_a}{\partial q_j}, \quad B_i \triangleq m_a \frac{\partial \vec{r}_a}{\partial q_i} \cdot \frac{\partial \vec{r}_a}{\partial t}, \quad C \triangleq \frac{1}{2} m_a \frac{\partial \vec{r}_a}{\partial t} \cdot \frac{\partial \vec{r}_a}{\partial t} \tag{1.7.17}$$

① 关于理想约束的更为详尽的讨论请参阅文献[1]§1.5节。

均为(q,t)的函数,而与广义速度无关。显然,$A_{ij}=A_{ji}$,并且由于动能的正定性,方阵$A=(A_{ij})$是正定的(证明见附录)。

由于动能是广义速度的二次多项式,我们将其简记为

$$T = T_2 + T_1 + T_0 \tag{1.7.18}$$

其中

$$T_2 \triangleq \frac{1}{2}A_{ij}\dot{q}_i\dot{q}_j,\quad T_1 \triangleq B_i\dot{q}_i,\quad T_0 \triangleq C \tag{1.7.19}$$

分别为广义速度的二次项、一次项和零次项。

如果变换方程不显含时间t,那么由于$\partial\vec{r}_a/\partial t=0$,因而$B_i$和$C$均为零。在此情形下,动能$T=T_2$是广义速度的二次齐次多项式。

2. 欧拉定理

在数学上,若$f=f(x_1,\cdots,x_m)$是自变量$(x_1,\cdots,x_m)$的n次齐次多项式,那么

$$x_k\frac{\partial f}{\partial x_k} = nf$$

这称为**欧拉定理**。将其应用于动能,由式(1.7.15)和式(1.7.16)就分别给出力学中的欧拉定理

$$\dot{\vec{r}}_a\cdot\frac{\partial T}{\partial\dot{\vec{r}}_a} = 2T \tag{1.7.20}$$

$$\dot{q}_k\frac{\partial T}{\partial\dot{q}_k} = 2\cdot T_2 + 1\cdot T_1 + 0\cdot T_0 = 2T_2 + T_1 \tag{1.7.21}$$

特别地,如果变换方程不显含时间t,由于$T=T_2$,因而就有

$$\dot{q}_k\frac{\partial T}{\partial\dot{q}_k} = 2T \tag{1.7.22}$$

动能对广义速度的偏导数有一个简单的几何解释。由于$\partial T/\partial\dot{\vec{r}}_a$等于粒子$a$的动量$\vec{p}_a=m_a\dot{\vec{r}}_a$,因此

$$\vec{p} \triangleq (\vec{p}_1,\vec{p}_2,\cdots,\vec{p}_n) = \frac{\partial T}{\partial\dot{\vec{r}}} \tag{1.7.23}$$

就可以视为E^{3n}空间中的一个矢量。利用式(1.7.11),我们有

$$\frac{\partial T}{\partial\dot{q}_k} = \frac{\partial T}{\partial\dot{\vec{r}}}\cdot\frac{\partial\dot{\vec{r}}}{\partial\dot{q}_k} = \frac{\partial T}{\partial\dot{\vec{r}}}\cdot\frac{\partial\vec{r}}{\partial q_k}$$

即

$$\frac{\partial T}{\partial \dot{q}_k} = \vec{p} \cdot \vec{\tau}_k \tag{1.7.24}$$

也就是说，$\partial T/\partial \dot{q}_k$ 是 $\vec{p}$ 在位形曲面的第 k 个切矢量 $\vec{\tau}_k$ 方向上的“投影”，加引号是由于 $\vec{\tau}_k$ 通常并非单位矢量。

【例 1.6】 试在球坐标系下写出自由粒子的动能 T，并解释 T 对于各个广义速度偏导数的含义。

【解】 利用式(1.4.25)，在球坐标系下粒子的动能为

$$T = \frac{1}{2}m(\dot{r}^2 + r^2\dot{\theta}^2 + r^2\dot{\phi}^2\sin^2\theta)$$

动能对广义速度 $\dot{r}$，$\dot{\theta}$ 和 $\dot{\phi}$ 的偏导数分别为

$$\frac{\partial T}{\partial \dot{r}} = m\dot{r}, \quad \frac{\partial T}{\partial \dot{\theta}} = mr^2\dot{\theta}, \quad \frac{\partial T}{\partial \dot{\phi}} = mr^2\dot{\phi}\sin^2\theta$$

由于

$$\vec{\tau}_r = \frac{\partial \vec{r}}{\partial r} = \hat{r}, \quad \vec{\tau}_\theta = \frac{\partial \vec{r}}{\partial \theta} = \hat{\phi} \times \vec{r}, \quad \vec{\tau}_\phi = \frac{\partial \vec{r}}{\partial \phi} = \hat{z} \times \vec{r}$$

因此，由式(1.7.24)就得到

$$\frac{\partial T}{\partial \dot{r}} = \vec{p} \cdot \hat{r}$$

为粒子动量在径向上的投影；

$$\frac{\partial T}{\partial \dot{\theta}} = \vec{p} \cdot (\hat{\phi} \times \vec{r}) = \hat{\phi} \cdot (\vec{r} \times \vec{p}) = \hat{\phi} \cdot \vec{l}$$

为粒子相对于原点的角动量 $\vec{l} \triangleq \vec{r} \times \vec{p}$ 在 $\hat{\phi}$ 上的投影；而

$$\frac{\partial T}{\partial \dot{\phi}} = \vec{p} \cdot (\hat{z} \times \vec{r}) = \hat{z} \cdot (\vec{r} \times \vec{p}) = \hat{z} \cdot \vec{l}$$

为 $\vec{l}$ 在 $\hat{z}$ 上的投影。

3. 势能的一般形式

一个体系的势能定义为体系中每一个粒子受到的每一个保守力贡献的势能之和，外力贡献的势能记为

$$U^{外} = U^{外}(\vec{r}, t)$$

当提供力的外部物体随时间以确定的方式变化时，这部分势能会明显地依赖于时间 t。而由于每一对内力都贡献一个势能，因此内力贡献的势能可以写为

$$U^{内} = \frac{1}{2}\sum_{a \neq b} U_{ab}(r_{ab}) = U^{内}(\vec{r})$$

其中，U_{ab}是粒子 a 和 b 之间内力贡献的势能，r_{ab}则是粒子 a 和 b 之间的距离。所以，体系的总势能一般可以写为

$$\begin{aligned} U &= U^{外}(\vec{r}, t) + U^{内}(\vec{r}) \\ &= U^{外}(\vec{r}, t) + \frac{1}{2}\sum_{a \neq b} U_{ab}(r_{ab}) = U(\vec{r}, t) \end{aligned} \tag{1.7.25}$$

对于完整约束体系，其势能也可以通过变换(1.7.6)表示为广义坐标的函数

$$U = U(q, t) \triangleq U(\vec{r}(q, t), t) \tag{1.7.26}$$

粒子 a 受到的力与势能的关系为

$$\vec{F}_a = -\frac{\partial U}{\partial \vec{r}_a}$$

如果令$\vec{F} \triangleq (\vec{F}_1, \vec{F}_2, \cdots, \vec{F}_n)$，则有

$$\vec{F} = -\frac{\partial U}{\partial \vec{r}} \tag{1.7.27}$$

通常将$\vec{F}$在位形曲面切矢量 $\vec{\tau}_k$ 方向上的“投影”

$$Q_k \triangleq \vec{F} \cdot \frac{\partial \vec{r}}{\partial q_k} \tag{1.7.28}$$

称为与广义坐标 q_k 相联系的**广义力**。由式(1.7.26)和式(1.7.27)可得

$$Q_k = -\frac{\partial U}{\partial \vec{r}} \cdot \frac{\partial \vec{r}}{\partial q_k} = -\frac{\partial U}{\partial q_k} \tag{1.7.29}$$

1.8 位形空间与相空间

1.8.1 位形空间

对于自由度为 s 的体系，通常将以广义坐标 $q=(q_1,\cdots,q_s)$ 作为直角坐标所构建的 s 维空间称为体系的**位形空间**。位形空间中的一个点足以确定体系中每一个粒子的位置，当体系演化时，描述体系位形的点就在位形空间中运动，从而画出了一条曲线，称之为体系在位形空间中的**轨迹**(图 1.19)。对于限制在半径为 R 的球面上运动的粒子，其位形曲面为球面，而如果采用球面坐标 (θ,ϕ) 作为广义坐标，则位形空间(实为平面)如图 1.20 所示。

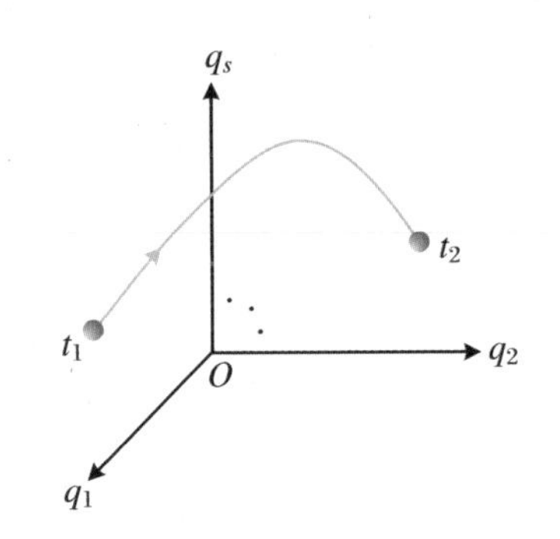

图 1.19 位形空间

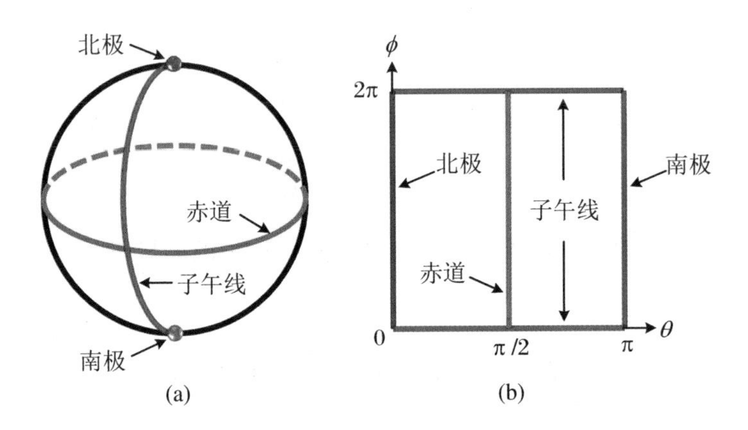

图 1.20 球面上粒子的位形曲面(a)和位形空间(b)

1.8.2 速度相空间

对于自由度为 s 的体系，通常将以状态参量$(q,\dot{q})=(q_1,\cdots,q_s,\dot{q}_1,\cdots,\dot{q}_s)$作为直角坐标所构建的 $2s$ 维空间称为体系的**速度相空间**。相空间中的点称为相点，相点的位置决定了体系的状态。当体系演化时，描述体系状态的相点就在相空间中运动，从而画出了一条曲线，称之为体系的相轨迹。

下面通过一维运动的分析，对相轨迹略加解释。第 3 章将对其做详尽的讨论。

1.8.3 一维运动

考察一个在 x 轴上运动的质量为 m 的粒子，作用于粒子上的力$\vec{F}$沿着 x 轴，并且仅仅是坐标 x 的函数。因此粒子的运动方程为

$$m\ddot{x} = F(x) \tag{1.8.1}$$

所有只依赖于坐标 x 的一维力都是保守的，F 与其势能函数 $U(x)$的关系为 $F=-\partial U/\partial x$。将上式左、右两边同乘以粒子速度 $\dot{x}$ 并将力用势能函数表示，就得到

$$m\dot{x}\frac{\mathrm{d}\dot{x}}{\mathrm{d}t} = -\frac{\partial U}{\partial x}\dot{x}$$

或者

$$\frac{\mathrm{d}}{\mathrm{d}t}\left(\frac{1}{2}m\dot{x}^2\right) = -\frac{\mathrm{d}U}{\mathrm{d}t}$$

因此，粒子的动能 $T=m\dot{x}^2/2$ 与势能 U 之和(即粒子的能量 E)是不随时间变化的，即

$$E = \frac{1}{2}m\dot{x}^2 + U(x) = \text{const.} \tag{1.8.2}$$

其数值由初始条件确定。

由方程(1.8.2)解出 $1/\dot{x}=\mathrm{d}t/\mathrm{d}x$，再积分，得到

$$t=\pm\sqrt{\frac{m}{2}}\int_{x_0}^{x}\frac{\mathrm{d}x}{\sqrt{E-U(x)}}=t(x) \tag{1.8.3}$$

其中，x_0 是粒子在 $t=0$ 时刻的位置。将此式做反变换即可将粒子位置与时间的关系写为 $x=x(t)$。因此，知道了能量及初始位置，粒子接下来该如何运动原则上就清楚了。

式(1.8.3)中的积分是否可以简单地给出取决于势能函数的数学形式。事实上，该积分结果在大多数情形下是无法表示为初等函数的。注意到式(1.8.3)和式(1.8.2)是等价的，因此我们接下来试着以式(1.8.2)为出发点，通过定性分析给出运动的一些重要性质。

由于动能

$$T=\frac{1}{2}m\dot{x}^2=E-U(x) \tag{1.8.4}$$

总是非负的，因此在给定的能量 E 下，粒子不可能进入使 $U(x)$ 大于 E 的区域。在 $U(x)$ 小于 E 的区域，粒子可以向着 $U(x)$ 更大的方向运动，当其到达 $U(x)=E$ 的位置时就不能继续向前运动，接下来粒子将掉头向着 $U(x)$ 更小的方向运动。由能量 E 确定的、满足 $U(x)=E$ 的点就称为运动的**转折点**，在转折点处粒子的速度为零。

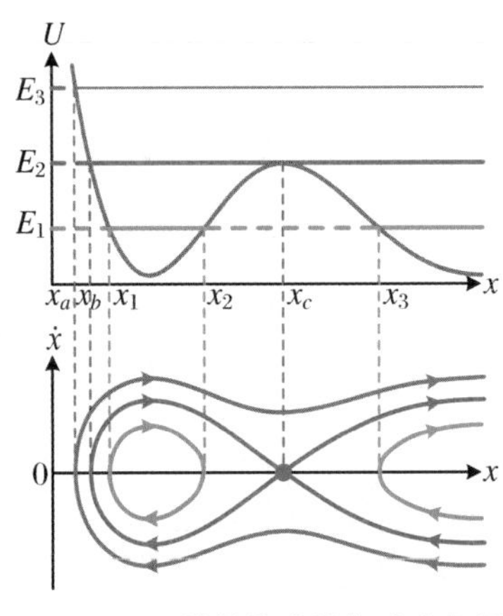

图 1.21 一维势能曲线与速度相图

在类似的分析中，画出势能曲线，并在图中以水平线表示能量 E 往往是方便的(图 1.21)。具有能量 $E=E_1$ 的粒子，如果从 x_1 和 x_2 之间的某个位置向着 x_2 运动，随着其靠近 x_2 点，由于 $T=E-U$ 在减小，因而速度将减慢，当其到达 x_2 点时速度变为零；而由于 x_2 点处 $F=-\partial U/\partial x<0$，粒子接下来将加速向左运动，越过势能极小值点后速度又开始减慢，并在 x_1 点静止下来；由于 x_1 点处 $F=-\partial U/\partial x>0$，因此粒子接下来又开始加速向右运动。可以看出，对于能量为 E_1 的粒子，若其初始时位于 x_1 和 x_2 之间的某个位置，那么此后粒子将在 x_1 和 x_2 之间来回往返地做周期性运动，其运动是有界的；而如果粒子初始时处于 x_3 右侧的某个位置，无论此时粒子是向着还是背离 x_3 运动，它最终都会跑到无穷远处，因而其运动是无界的。谈论能量为 E_1 的粒子从这两个区域之外的某个点(如 x_c)开始运动是没有物理意义的。由类似的分析可以得到：如果粒子能量 $E>E_2$，那么其运动必然是无界的。例如，当 $E=E_3$ 时，粒子只能在 $x\geqslant x_a$ 范围内运动，且无论初始状态如何，粒子最终都会跑到无穷远处。

考察 $E=E_1$ 的有界运动。由于粒子从 x_1 运动到 x_2 和从 x_2 回到 x_1 的时间相同，因此，利用式(1.8.3)，粒子运动的周期就可以写为

$$\tau=\sqrt{2m}\int_{x_1}^{x_2}\frac{\mathrm{d}x}{\sqrt{E-U(x)}}=\tau(E) \tag{1.8.5}$$

这就是粒子在两个转折点之间做有界运动时周期的一般表达式。

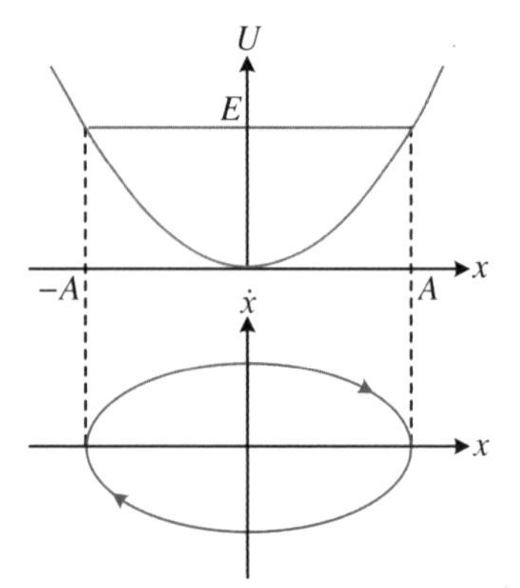

图 1.22　简谐振子的势能曲线与速度相图

【例 1.7】试求一维简谐振动的周期。设粒子的质量为 m，势能为 $U=\frac{1}{2}m\omega^2x^2$。

【解】势能曲线如图 1.22 所示。显然符合物理实际的能量必须是非负的，而对于给定的能量 E，不妨设

$$E=\frac{1}{2}m\omega^2A^2$$

其中，A 是具有长度量纲的正常数。因此，由 $U(x)=E$ 就给出转折点的坐标为 $\pm A$。由于粒子只能在 $-A$ 与 $+A$ 之间运动，所以 A 是粒子在能量为 E 时偏离平衡位置的最大距离，称之为振幅。该有界运动的周期为

$$\tau=\sqrt{2m}\int_{-A}^{A}\frac{\mathrm{d}x}{\sqrt{E-U}}=\frac{2}{\omega}\int_{-A}^{A}\frac{\mathrm{d}x}{\sqrt{A^2-x^2}}$$
$$=\frac{2}{\omega}\left(\arcsin\frac{x}{A}\right)\Bigg|_{-A}^{A}$$

所以

$$\tau=\frac{2\pi}{\omega}$$

简谐振子的周期与能量 E 或者振幅 A 无关，谓之固有周期。

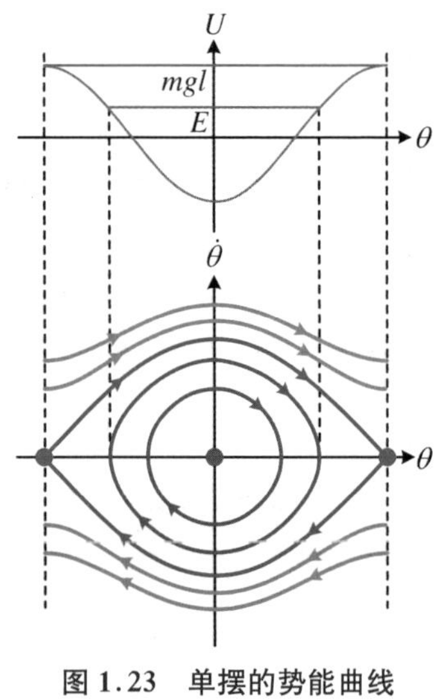

图 1.23　单摆的势能曲线与速度相图

【例 1.8】对于质量为 m、长度为 l 的平面单摆，其重力势能为

$$U=-mgl\cos\theta$$

其中，θ 为摆相对于竖直向下方向转过的角度。试求能量 $E<mgl$ 时摆的周期。

【解】势能曲线如图 1.23 所示，摆的能量为

$$E=\frac{1}{2}ml^2\dot{\theta}^2-mgl\cos\theta$$

由于 $E<mgl$，不妨设 $E=-mgl\cos\theta_0$，其中 $0<\theta_0<\pi$。由 $U(\theta)=E$ 可得转折点的坐标为 $\pm\theta_0$。由于摆只能在 $-\theta_0$ 与 $+\theta_0$ 之间运动，故 θ_0 就是摆动的最大幅度。该有界运动的周期为

$$\tau=2\sqrt{2ml^2}\int_0^{\theta_0}\frac{\mathrm{d}\theta}{\sqrt{mgl(\cos\theta-\cos\theta_0)}}$$
$$=2\sqrt{\frac{l}{g}}\int_0^{\theta_0}\frac{\mathrm{d}\theta}{\sqrt{\sin^2(\theta_0/2)-\sin^2(\theta/2)}}$$

此积分无法用基本函数表示。

如果令

$$k = \sin\frac{\theta_0}{2}, \quad \sin\frac{\theta}{2} = k\sin u \tag{1.8.6}$$

则周期可以写为

$$\tau = 4\sqrt{\frac{l}{g}}K(k) \tag{1.8.7}$$

其中

$$K(k) \triangleq \int_0^{\pi/2} \frac{\mathrm{d}u}{\sqrt{1-k^2\sin^2 u}} \tag{1.8.8}$$

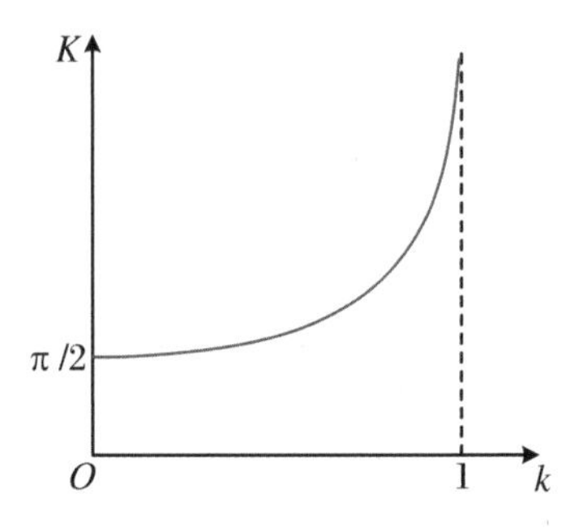

图 1.24　第一类全椭圆积分

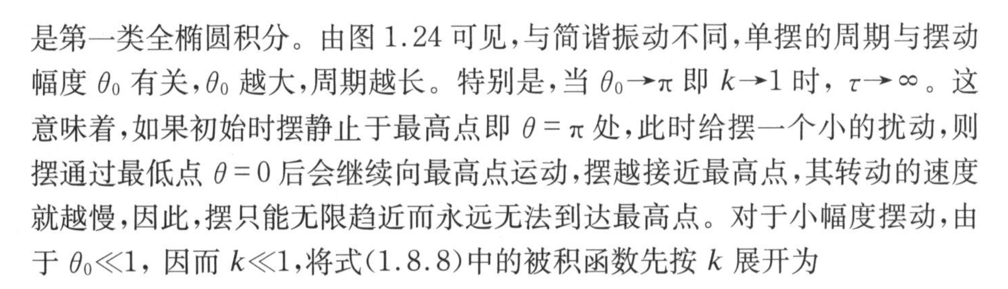

是第一类全椭圆积分。由图 1.24 可见，与简谐振动不同，单摆的周期与摆动幅度 θ_0 有关，θ_0 越大，周期越长。特别是，当 $\theta_0 \to \pi$ 即 $k \to 1$ 时，$\tau \to \infty$。这意味着，如果初始时摆静止于最高点即 $\theta = \pi$ 处，此时给摆一个小的扰动，则摆通过最低点 $\theta = 0$ 后会继续向最高点运动，摆越接近最高点，其转动的速度就越慢，因此，摆只能无限趋近而永远无法到达最高点。对于小幅度摆动，由于 $\theta_0 \ll 1$，因而 $k \ll 1$，将式(1.8.8)中的被积函数先按 k 展开为

$$\frac{1}{\sqrt{1-k^2\sin^2 u}} = 1 + \frac{1}{2}k^2\sin^2 u + \frac{3}{8}k^4\sin^4 u + \cdots$$

利用

$$\int_0^{\pi/2}\mathrm{d}u = \frac{\pi}{2}, \quad \int_0^{\pi/2}\sin^2 u\,\mathrm{d}u = \frac{\pi}{4}, \quad \int_0^{\pi/2}\sin^4 u\,\mathrm{d}u = \frac{3\pi}{16}$$

就得到

$$\begin{aligned} K(k) &= \frac{\pi}{2} + \frac{\pi}{8}k^2 + \frac{9\pi}{128}k^4 + \cdots \\ &= \frac{\pi}{2}\left(1 + \frac{1}{4}k^2 + \frac{9}{64}k^4 + \cdots\right) \end{aligned}$$

将其中的 $k = \sin(\theta_0/2)$ 按照 θ_0 展开，得到

$$K = \frac{\pi}{2}\left\{1 + \frac{1}{4}\left[\frac{\theta_0}{2} - \frac{1}{3!}\left(\frac{\theta_0}{2}\right)^3 + \cdots\right]^2 + \frac{9}{64}\left[\frac{\theta_0}{2} - \frac{1}{3!}\left(\frac{\theta_0}{2}\right)^3 + \cdots\right]^4\right\}$$

因而保留至 θ_0 的四阶小量，给出

$$K \approx \frac{\pi}{2}\left(1 + \frac{1}{2^4}\theta_0^2 + \frac{11}{3\times 2^{10}}\theta_0^4\right)$$

代入周期公式(1.8.7),就得到

$$\tau \approx 2\pi\sqrt{\frac{l}{g}}\left(1+\frac{\theta_0^2}{2^4}+\frac{11}{3\times 2^{10}}\theta_0^4\right) \tag{1.8.9}$$

上式右边的零次项正是熟悉的单摆周期表达式。只有在振幅极小的情形下,周期对振幅的依赖关系才可以忽略。

第2章　拉格朗日力学

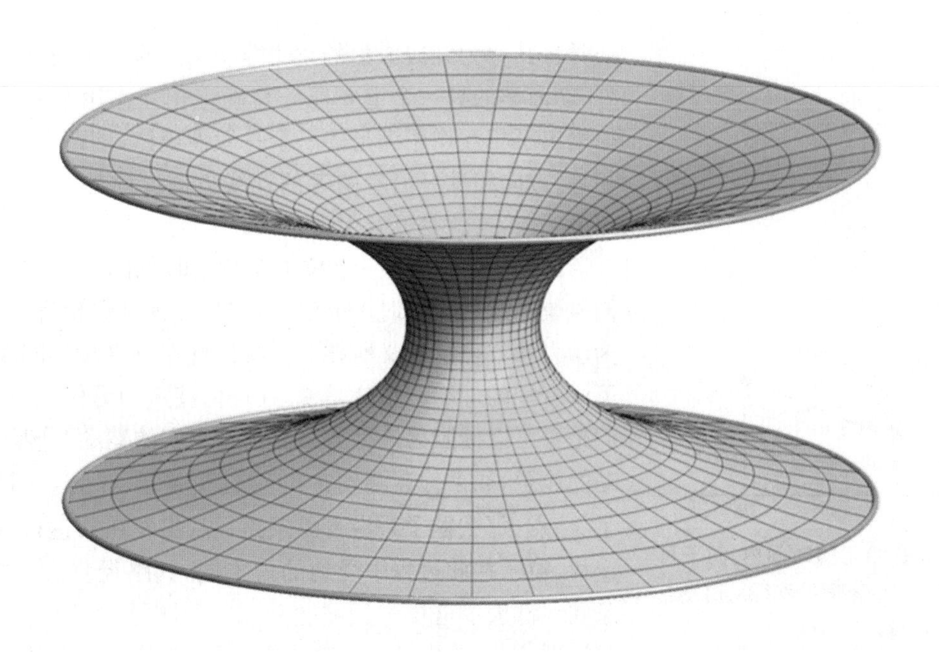

以两个圆环为边界的最小曲面

2.1 运动遐想①

2.1.1 动力学的含义

自伽利略以来，人们对运动的本质——在何种条件下物体会以何种方式运动已经有了深入的了解。在经典力学中，这些认识被总结为牛顿三定律。第一定律断言存在一类称为惯性系的特殊参考系：如果一个物体不受力的作用，那么它在惯性系中将做匀速直线运动（或静止）。第二定律则给出了物体在受到力的作用时，其状态如何变化的定量规律。在该定律中牛顿将物体在惯性系中的加速度与其所受作用力联系起来，并定量表述为

$$\vec{F} = m\vec{a}$$

通常将其称为经典力学的动力学方程。除了确定物体的状态如何随时间演化外，动力学的另一个重要任务是确定相互作用本身的规律。对此，牛顿第三定律给出了相互作用满足的一个一般性规律，即两个粒子之间的相互作用力大小相等、方向相反且沿着两者的连线方向。此外，牛顿也给出了一个具体的力的定量规律，这就是万有引力定律。

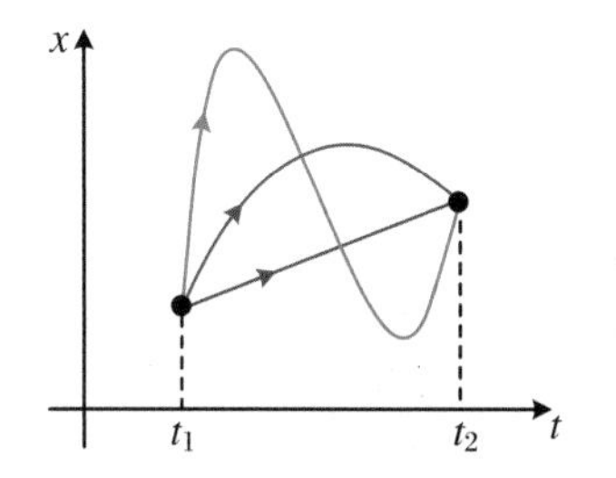

图 2.1 在给定的时间内，粒子可以沿不同的路径从出发点到达目的地

原则上，知道了一个粒子在某一时刻的状态，牛顿第二定律就可以告诉我们该粒子此后任一时刻的状态，牛顿方程具有预言体系状态的能力正是将其称为动力学方程的意义所在。而我们现在感兴趣的问题是，关于运动的本质是否可以有别的理解？也就是说，在任何特定的力作用下，如果不参考牛顿方程，我们是否可以按照另一种方案去预言真实的运动？例如，对于在 x 轴上做一维运动的粒子，如果你观测到它在 t_1 时刻处于 x_1 点，并且在 t_2 时刻粒子确实到达了 x_2 点，那么粒子是沿着哪条路径从出发点到达目的地的呢？当然，按照牛顿定律，粒子在此过程中受到的力不同，其路径就会不同，比如，图 2.1 中的每一条曲线都表示这样一条可能路径。问题是：我们是否可以找到一个法则，按照该法则，而不是借助于牛顿方程，我们总是能够在任何具体情形下，从所有可能路径中将那条真实的路径挑选出来？假使能够找到这样一个法则，我们就可以宣称自己发现了一个新的动力学规律，它与牛顿方程一样，都可以正确地预言

① 本节内容较多地参考了文献[12]第 19 章。

粒子的运动。

下面我们先就一些最简单的情形试着寻找这样一个法则，然后再来看一下，该法则是否在一般情形下也可能是正确的。

2.1.2　匀速直线运动

根据牛顿定律，不受力作用的粒子将做匀速直线运动(或静止)。换言之，粒子会沿着 tx 平面内的连接起点与终点的直线从 x_1 运动到 x_2(图2.2)。为了不借助于牛顿方程得到该真实的运动，我们就有必要问一下：相比于其他可能的路径，这条直线有何特殊之处？最容易想到的一个答案是：两点之间直线最短。也就是说，如果粒子不受力的作用，则真实运动是连接起点和终点的所有可能路径当中长度最短的那条曲线。这就是这种情况下关于运动的一种新的可能解释。对于任何一条可能路径 $x(t)$，其在 tx 平面内的"长度"可以表示为

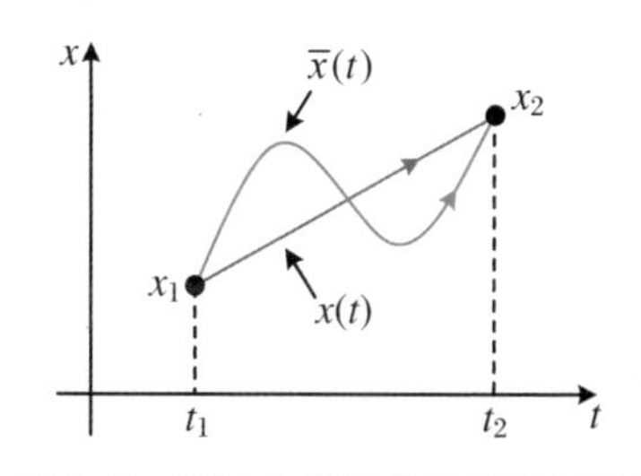

图2.2　不受力作用的粒子的真实路径 $x(t)$ 及可能路径 $\bar{x}(t)$

$$\int_{t_1}^{t_2} \sqrt{\mathrm{d}x^2 + c^2\mathrm{d}t^2} = \int_{t_1}^{t_2} \sqrt{\dot{x}^2 + c^2}\,\mathrm{d}t$$

这里，为了量纲一致，引入了一个具有速度量纲的常数 c，其数值不会对我们的结论有任何影响，即真实路径是使得上面的积分取最小值的。由于这里的被积函数总是大于零的，因此我们也就可以说，真实路径是使得

$$\int_{t_1}^{t_2} (\dot{x}^2 + c^2)\,\mathrm{d}t$$

取最小值的。进一步，又由于

$$\int_{t_1}^{t_2} c^2\mathrm{d}t = c^2(t_2 - t_1)$$

是对于所有可能路径都相同的一个常数，因此真实路径也就是使得

$$\int_{t_1}^{t_2} \dot{x}^2\mathrm{d}t$$

取最小值的路径。最后的这一表述也可以如下证明：所有可能路径 $x(t)$ 都有相同的端点，意味着它们都具有相同的平均速度

$$\langle \dot{x} \rangle \triangleq \frac{1}{t_2 - t_1}\int_{t_1}^{t_2} \dot{x}\,\mathrm{d}t = \frac{x_2 - x_1}{t_2 - t_1}$$

真实路径的特殊之处在于其在任何时刻的瞬时速度都等于该平均速度，而其他路径的瞬时速度则或多或少与该平均速度有所偏离，也就是说，我们总有

$$\int_{t_1}^{t_2}(\dot{x}-\langle\dot{x}\rangle)^2\mathrm{d}t \geqslant 0 \tag{2.1.1}$$

而且仅当 $x(t)$ 为真实路径时上式才取等号。注意到

$$\int_{t_1}^{t_2}(\dot{x}-\langle\dot{x}\rangle)^2\mathrm{d}t = \int_{t_1}^{t_2}\dot{x}^2\mathrm{d}t + \int_{t_1}^{t_2}\langle\dot{x}\rangle^2\mathrm{d}t - 2\int_{t_1}^{t_2}\dot{x}\langle\dot{x}\rangle\mathrm{d}t$$

而 $\langle\dot{x}\rangle$ 是确定的常数,因此,利用平均速度的定义就有

$$\int_{t_1}^{t_2}\dot{x}\langle\dot{x}\rangle\mathrm{d}t = \langle\dot{x}\rangle^2(t_2-t_1) = \int_{t_1}^{t_2}\langle\dot{x}\rangle^2\mathrm{d}t$$

所以式(2.1.1)可以等价地写为

$$\int_{t_1}^{t_2}\dot{x}^2\mathrm{d}t \geqslant \int_{t_1}^{t_2}\langle\dot{x}\rangle^2\mathrm{d}t \tag{2.1.2}$$

不等式的右边恰好也等于真实路径的速度平方对时间的积分。所以,我们就证明了:真实路径速度平方的积分总是小于其他可能路径的速度平方的积分。

为了使表述具有更为明确的物理含义,将不等式(2.1.2)左、右两边同时乘以 $m/2$(m 为粒子质量)。因此,我们的结论就可以表述为:真实路径是使得动能积分

$$\int_{t_1}^{t_2}T\mathrm{d}t = \int_{t_1}^{t_2}\left(\frac{1}{2}m\dot{x}^2\right)\mathrm{d}t \tag{2.1.3}$$

取最小值的。也就是说,为了使运动过程中累积的动能尽可能小,粒子只能沿着图 2.2 中的那条直线运动。至少对于不受力作用的粒子,这样的法则确实能让我们将真实路径从所有可能路径中挑选出来。

2.1.3 抛物运动

如果在 t_1 时刻将质量为 m 的粒子从 x_1 处沿着竖直方向抛出去,并且在 t_2 时刻观测到粒子确实到达了 x_2 处(这里,x 表示粒子相对于地面的高度),在此情形下,前面得到的法则是否仍然适用呢?答案显然是让人失望的:动能积分取最小值时只能给出匀速运动,即 tx 平面内的一条直线,而非真实路径——tx 平面内的一条抛物线(图 2.3)。

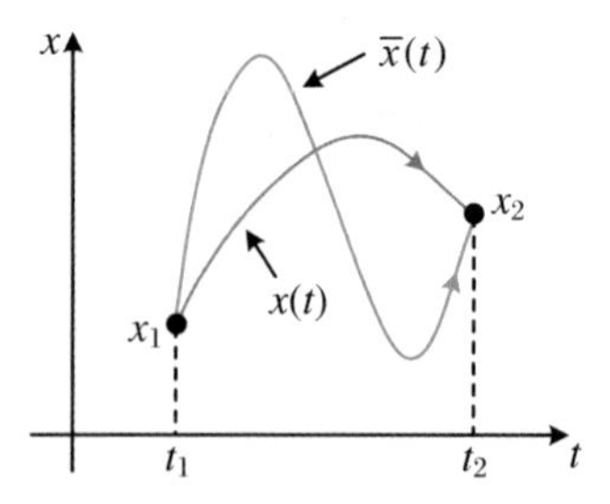

图 2.3 重力作用下粒子的真实路径 $x(t)$ 及可能路径 $\bar{x}(t)$

如果一个法则只适用于一种特定的运动,自然就无法将其称为动力学规律。看起来我们需要从头寻找更为普遍的法则。不过且慢!假使我们站在自由降落的电梯中(而非地面上)观测,粒子就将做匀速直线运动,即沿着动能积分取最小值的路径运动(这里的动能自然是相对于电梯而非地面参考系而言

的)。当然,如果每一个运动都需要使用一个特殊的参考系,这样的法则也很难称为动力学规律。所以,让我们试一下,如果将电梯参考系里的这一结论用地面参考系的语言重新表述,是否会带来些许启发?

不妨设两个参考系的原点在初始时刻是重合的,因此粒子在电梯系中的坐标可以写为

$$x' = x + \frac{1}{2}gt^2$$

从而有

$$\dot{x}' = \dot{x} + gt$$

所以,粒子相对于电梯的动能对时间的积分就可以表示为

$$\int_{t_1}^{t_2} \frac{1}{2}m\dot{x}'^2\mathrm{d}t = \int_{t_1}^{t_2} \frac{1}{2}m\dot{x}^2\mathrm{d}t + \int_{t_1}^{t_2} mg\dot{x}\,t\,\mathrm{d}t + \int_{t_1}^{t_2} \frac{1}{2}mg^2t^2\mathrm{d}t$$

上式右边最后一项很容易积分出来,为$(mg^2t^3/6)\big|_{t_1}^{t_2}$;而利用分部积分,中间一项可以写为

$$\int_{t_1}^{t_2} mg\dot{x}\,t\,\mathrm{d}t = (mgxt)\big|_{t_1}^{t_2} - \int_{t_1}^{t_2} mgx\,\mathrm{d}t$$

因此就有

$$\int_{t_1}^{t_2} \frac{1}{2}m\dot{x}'^2\mathrm{d}t = \int_{t_1}^{t_2}\left(\frac{1}{2}m\dot{x}^2 - mgx\right)\mathrm{d}t + \left(mgxt + \frac{1}{6}mg^2t^3\right)\Bigg|_{t_1}^{t_2}$$

其中,完全积分出来的项(最后一项)是一个由端点决定的与路径无关的常数。所以,使上式左边取最小值的路径也就是使上式右边第一项,即

$$\int_{t_1}^{t_2}\left(\frac{1}{2}m\dot{x}^2 - mgx\right)\mathrm{d}t$$

取最小值的路径。而注意到 $m\dot{x}^2/2$ 是粒子在地面系中的动能 T,mgx 则是粒子的重力势能U,因此,对于抛物运动,我们可以按照下面的法则将真实路径挑选出来:真实路径是使粒子的动能与势能之差的积分

$$\int_{t_1}^{t_2}(T - U)\mathrm{d}t \tag{2.1.4}$$

取最小值的路径。不难看出,这样的法则也适用于粒子在任意给定的恒力作用下的一维运动。至于前面讨论的匀速直线运动,则可以将其视为 $U=0$ 的特例而纳入同样的法则。

按照我们的法则,关于重力场中的物体为什么会按照特定的方式从一点到达另一点,就可以这样解释:为了使整条路径上对时间累积的动能与势能之差

尽可能小，物体在运动过程中就应获得尽可能多的势能，同时又要尽可能减少额外的动能。为了增加势能，粒子要尽可能升得高一点；但是，由于粒子可利用的时间有限，因此，在给定的时间里粒子升得越高，它达到这个高度以及从此高度落回目的地就都需要更大的速度，从而就会增加额外的动能。所以，一方面粒子要尽可能升得高一些以获得尽可能多的势能，另一方面它又不能升得太高或太快以减少更多的额外动能。两者"权衡"的结果是，粒子最终就选择了一条最佳的路径，也就是那条抛物线运动。

2.1.4 运动遐想

对于粒子在别的力作用下的运动，我们自然可以做类似于前面的工作：看一下其运动是否可以用"使得某个物理量取最小值"的方式加以解释，并试着归纳出一个对各种情形都普遍适用的最小原理。这注定不是一件轻松的任务。

下面我们打算"偷懒"一下：根据前面讨论给出的结果先来猜想一般情形下的运动规律，然后再试着看一下，是否可以一劳永逸地证明这样的猜想是正确的。

1. 关于自由体系运动的遐想

式(2.1.4)中既包含了关于粒子运动的信息(动能部分)，也包含了决定粒子如何运动的作用力的信息(势能部分)。因此，对于在三维空间运动的自由粒子，我们很自然地猜测其真实运动也是使得式(2.1.4)取最小值的，其中 T 仍然是粒子的动能：

$$T = \frac{1}{2}m\dot{\vec{r}}^2 = T(\dot{\vec{r}})$$

与一维运动不同的是，粒子速度在每个方向上的分量都对此动能有贡献；而式(2.1.4)中的 $U = U(\vec{r}, t)$ 仍然是粒子所受作用力贡献的势能，通常它依赖于粒子在三维空间的位置，也可能会明显地依赖于时间 t。

不仅如此，即便对于由 n 个粒子构成的自由体系，我们猜测这一结论仍然是成立的。在此情形下，式(2.1.4)中的 T 指的应该是体系的总动能，即体系中各个粒子的动能之和：

$$T \triangleq \frac{1}{2}m_a\dot{\vec{r}}_a^2 = T(\dot{\vec{r}}_1, \dot{\vec{r}}_2, \cdots, \dot{\vec{r}}_n) = T(\dot{\vec{r}})$$

其中，$\dot{\vec{r}} = (\dot{\vec{r}}_1, \dot{\vec{r}}_2, \cdots, \dot{\vec{r}}_n)$；而式(2.1.4)中的 U 是体系的总势能，即体系所受外力贡献的势能 $U_{外}$ 以及内部每一对粒子之间的相互作用贡献的势能之和：

$$U \triangleq U_{外}(\vec{r}_1,\vec{r}_2,\cdots,\vec{r}_n,t)+\frac{1}{2}\sum_{a\neq b}U_{ab}(r_{ab})$$
$$= U(\vec{r}_1,\vec{r}_2,\cdots,\vec{r}_n,t)$$
$$= U(\vec{r},t)$$

其中，$\vec{r}=(\vec{r}_1,\vec{r}_2,\cdots,\vec{r}_n)$。这里可能路径的含义是：如果 t_1 时刻体系处于给定位形，而在 t_2 时刻体系确实到达了另一个给定位形，则每一个粒子的可能路径的总和(共 n 条曲线 $\vec{r}_a(t)$，$a=1,\cdots,n$)就构成了整个体系的可能路径(见第1章图1.16)。或者，我们也可这样看：体系在每一时刻的位形由 E^{3n} 空间中的一个点描述，而体系的可能路径就是在该位形空间中连接两端点的一条曲线 $\vec{r}(t)$(图2.4)。

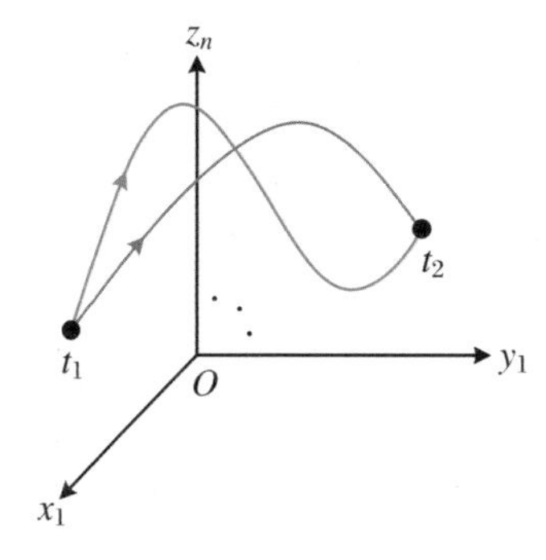

图2.4　在空间 E^{3n} 中，自由体系的具有相同端点的可能路径

为表述方便，我们将动能与势能之差称为体系的拉格朗日函数，记为

$$L \triangleq T-U=L(\vec{r},\dot{\vec{r}},t) \tag{2.1.5}$$

而其对时间的积分则称为作用量，记为

$$S \triangleq \int_{t_1}^{t_2} L(\vec{r},\dot{\vec{r}},t)\mathrm{d}t \tag{2.1.6}$$

对于每一条可能路径 $\vec{r}(t)$，代入上式就确定了唯一的一个数 S，而我们的猜测是：相比于有共同端点的其他可能路径，真实路径的作用量是取最小值的。

2. 关于约束体系运动的遐想

假使我们确实可以证明前面的猜想是正确的，那么关于运动的这一解释是否可以推广到约束体系呢？答案是否定的。比如，对于重力作用下在三维空间中运动的自由粒子，假设其真实运动(一条连接起点和终点的抛物线)确实是使得作用量取最小值的。当粒子由于受到约束而只能沿着某条光滑钢丝运动时，钢丝形状就决定了粒子的轨道。因此，除非钢丝恰好具有特定的抛物线形状，否则，粒子真实的运动就不会是那条使得其作用量取最小值的路径——抛物线。

你可能会争辩说，粒子在运动的过程中，不仅受到重力，还受到钢丝提供的支持力作用。如果将钢丝支持力贡献的势能也考虑进来，那么真实的运动就应该还是使得作用量取最小值的——只要我们关于自由体系运动的猜想是正确的。这样讲是有一定道理的。但是，作为约束力，钢丝所提供的支持力本身是问题中的一个未知因素，我们该如何写出其势能？

为了能够将约束体系的运动也可以用某个最小原理来解释，让我们先考察一个简单而又富有启发性的例子。假设限制在光滑球面上运动的一个粒子，除了球面提供的约束力外不受其他力的作用。如果粒子在 t_1 时刻位于球面上的点 A，在 t_2 时刻又确实运动到了球面上的另一点 B(图2.5)，那么中间过程中

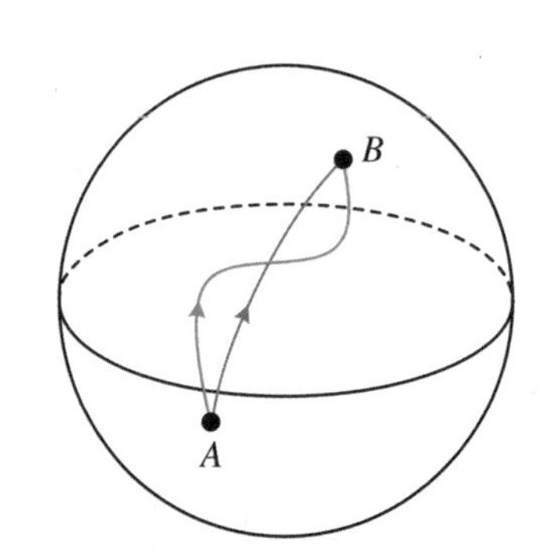

图2.5　光滑球面上只受支持力作用的粒子沿着大圆弧匀速运动

粒子是如何运动的呢？按照牛顿力学，首先，该粒子运动过程中能量守恒，从而动能也守恒，所以运动过程中其速度大小不变；其次，存在一段大圆弧使得粒子在点 A 的速度与其相切，由于只受到垂直于该球面的约束力作用，因而粒子以后就只能沿着该大圆弧运动。所以，光滑球面上的这样一个粒子是沿着连接 A,B 的一段大圆弧从点 A 匀速地运动至点 B 的。

在球面上连接 A,B 两点的所有曲线中，这段大圆弧是其中长度最短的。因此，类似于前面关于匀速直线运动的讨论，我们推断：如果将可能路径限定为有相同端点且位于球面上的曲线，那么真实路径就是使得动能积分取最小值的。约束力沿着球面的法向，其作用仅仅是限制粒子始终待在球面上，而对于粒子如何在球面上运动，也就是与球面相切方向上的运动毫无影响。

任何解释体系运动的最小原理都包含两个基本内容：一是我们要选择哪些可能路径进行比较；二是什么样的特征使得真实运动与其他可能路径相比是特殊的。后者也就是作用量或者说拉格朗日函数如何定义的问题。而刚才的例子启发我们：为了能用类似的原理解释（完整）约束体系的运动演化，首先，可能路径不仅要有相同的端点，还应该处于位形曲面上，也就是要满足约束；其次，与位形曲面垂直的力对于体系在位形曲面上的运动毫无影响，因而这样的力不应该对拉格朗日函数有任何贡献。根据理想约束假设，约束力是垂直于位形曲面的，因此，约束力的信息不应出现在拉格朗日函数的定义中。也就是说，拉格朗日函数等于动能减去势能，动能自然是体系的总动能，而势能则是体系中每一个粒子受到的每一个主动力所贡献的势能之和。

因此，对于完整体系，我们的猜想是：在所有有相同端点且满足约束的可能路径中，体系真实的运动是使得作用量(2.1.6)取最小值的，其中的拉格朗日函数仍由式(2.1.5)定义，只是其中的 U 表示的乃是主动力所贡献的势能之和。很容易看出，自由体系只是完整体系的特例——约束个数为零。

在做了所有这些试探性、猜想性的工作后，还有一个最重要的问题有待解决：我们的猜想是否正确？又该如何证明？为证明之，首先，你就需要将使得作用量取最小值的那条路径找出来；其次，还必须证明该路径就是真实路径。所谓真实路径就是符合实验的路径，在经典力学的范畴内，也就是满足牛顿方程的路径。因此，为了证明我们的猜想，通常需要写出最小路径满足的微分方程，再将其与牛顿方程进行比较以证明其正确性。这就是接下来两节要分别讨论的内容。

2.2　泛函与变分

2.2.1　泛函

“求使得作用量取最小值的路径”本质上是一个极值问题。数学上，我们对于函数的极值问题是很熟悉的。而所谓函数 f 可以认为是这样一种对应法则：它将若干自变量如 $x_1, x_2, \cdots, x_n$ 的每一组可能取值都指定了唯一的一个数与之对应。通常将这样的函数记为 $f(x_1, x_2, \cdots, x_n)$。

现在我们的研究对象——作用量也可以视为一种对应法则。但是与函数不同的是，对于每一条可能路径 $\vec{r}(t)$或者说一组函数，将其代入拉格朗日函数(2.1.5)并对时间积分就得到了作用量的一个确切的数值。也就是说，作用量是这样的一个对应法则：它将每一条可能路径都指定了唯一的一个数与之对应。这种对应法则是函数概念的推广，可以看作是推广了的函数，通常称之为泛函。数学上，求函数极值的问题属于微分学的范畴，而求泛函极值的问题则属于一个称为变分学的新的数学范畴。

设 $y = (y_1, y_2, \cdots, y_n)$，其中，$y_k = y_k(x)$是 x 的函数，本节讨论如下泛函的极值问题：

$$I[y] = \int_a^b f(y, y', x)\mathrm{d}x \tag{2.2.1}$$

其中，y'表示 y 对于 x 的导数，即 $y' = \mathrm{d}y/\mathrm{d}x$。当然，为了使讨论有意义，我们应该要求所有函数在端点 a 和 b 处都具有相同的数值。

2.2.2　泛函极值的含义

在寻找使得泛函取最小值的函数之前，先简单回顾一下微分学中我们是如何寻找函数 $x(t)$的极小值点的。当自变量 t 做任一微小的偏离 ε 时，由此引起的函数值的改变一般是与 ε 成正比的，即

$$\Delta x(t) \triangleq x(t+\varepsilon) - x(t) \approx k\varepsilon \tag{2.2.2}$$

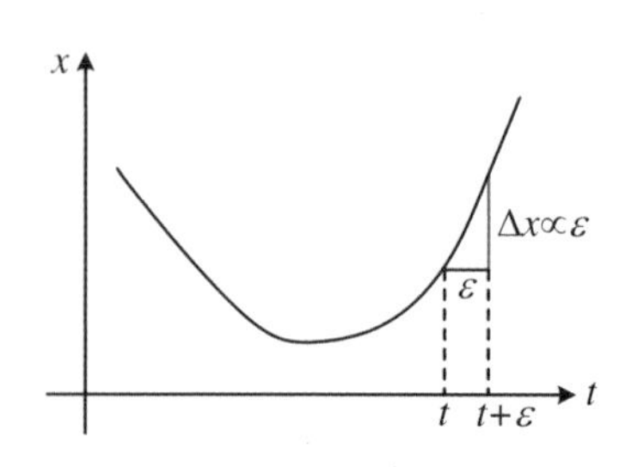

图 2.6 自变量微小偏离引起的函数值改变

如果 $k>0$,那么自变量 t 增加(即 $\varepsilon>0$)时,函数值将增加,而自变量 t 减小(即 $\varepsilon<0$)时,函数值也将减小。这意味着 x 在 t 附近是递增的,这样一来,t 就不可能是 x 的极小值点(图 2.6)。类似地,如果 $k<0$,x 在 t 附近将是递减的,这样的 t 也不可能是 x 的极小值点。所以我们的结论是:为了使得 t 是 x 的极小值点,当自变量在 t 处有一小的偏离时,函数值在一阶近似下是不变的,由此偏离所引起的函数值改变至多只能是偏离的二阶小量。这是 t 为极小值点的必要条件,至于这样的 t 是 x 的极小值点、极大值点还是拐点,还需要对于函数值的高阶改变做更为细致的分析,对此暂不做讨论。

当 $\varepsilon\to0$ 时,将 ε 记为 $\mathrm{d}t$,称为自变量 t 的微分。在此极限下,将 $\Delta x(t)$ 记为 $\mathrm{d}x(t)$,称其为函数 x 在 t 处的微分;至于式(2.2.2)中的比例系数 k 则记为 $\mathrm{d}x(t)/\mathrm{d}t$,并称其为函数 x 在 t 处的导数或微商。借助于这些符号和概念,t 是 x 的极小值点的必要条件就可以表述为:函数 x 在 t 处的微分或导数为零,即 $\mathrm{d}x(t)=0$ 或者 $\mathrm{d}x(t)/\mathrm{d}t=0$。

现在考察式(2.2.1)所定义的泛函 $I[y]$。为简单起见,暂且设 I 只依赖于一个函数 $y(x)$。设想将函数 $y(x)$ 做一微小偏离 $\eta(x)$(图 2.7),我们预期:一般而言,由此引起的泛函数值的改变应该是与偏离 η 成正比的,即有

$$\Delta I[y]=I[y+\eta]-I[y]\approx\int_a^b[G(x)\eta(x)]\mathrm{d}x \tag{2.2.3}$$

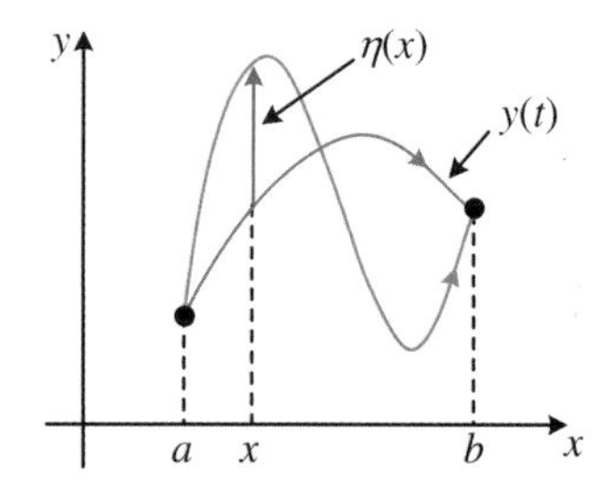

图 2.7 相邻的两个函数 $y(x)$ 和 $y(x)+\eta(x)$

其中,$G(x)$ 由 $y(x)$ 决定而与偏离 η 无关。但是,假如 $y(x)$ 是使得 I 取最小值的函数,上式的右边就只能等于零。原因在于,如果某个偏离 $\eta(x)$ 使得式(2.2.3)中的积分不等于零,例如说大于零,那么偏离 $-\eta(x)$ 就必然使得该积分小于零,如此,$y(x)$ 就不可能使得 I 取到最小值。所以我们看到,类似于函数的极值点,假如 $y(x)$ 是使得泛函取极小值的函数,那么将其做微小偏离时,泛函数值在一阶近似下是不变的,由此偏离所引起的泛函数值的改变至多只能是偏离的二阶小量。这是 $y(x)$ 为极小值函数的必要条件,至于满足该条件的函数是否为极小函数,还需要对泛函数值的高阶改变做细致分析,对此也暂不做讨论。不难看出,极小值函数要求式(2.2.3)对于任意微小偏离 $\eta(x)$ 都等于零,也就等价于要求 $G(x)=0$。

当偏离 $\eta(x)$ 为无穷小函数时,将其记为 δy 或 $\delta y(x)$,称为函数 $y(x)$ 的变分。在此极限情形下,将 $\Delta I[y]$ 记为 $\delta I[y]$,称其为泛函 I 在 $y(x)$ 处的(一阶)变分;至于式(2.2.3)中的 $G(x)$ 则记为 $\delta f/\delta y$,并称其为被积函数 f 在 $y(x)$ 处的变分导数。借助于这些符号和概念,$y(x)$ 是泛函 I 的极小值函数的必要条件就可以表述为:泛函 I 在 $y(x)$ 处的变分或变分导数为零,即 $\delta I[y]=0$ 或者 $\delta f/\delta y=0$。

2.2.3 变分计算

式(2.2.1)定义的泛函 I 依赖于 n 个函数 $y_1(x), y_2(x), \cdots, y_n(x)$。将前面的讨论略做推广，给出下面的与变分有关的一些基本概念。

函数 y_k 的变分 δy_k 是一个无穷小的函数，它表示相邻两个函数之差。这两个函数在 x 点的导数(或斜率)之差显然为

$$\frac{\mathrm{d}}{\mathrm{d}x}\delta y_k$$

通常将其记为 $\delta y'_k$，并称为 y'_k 的变分。

泛函 I 的变分定义为

$$\begin{aligned}\delta I[y] &\triangleq I[y+\delta y]-I[y]\\ &=\int_a^b f(y+\delta y, y'+\delta y', x)\mathrm{d}x-\int_a^b f(y, y', x)\mathrm{d}x\end{aligned} \tag{2.2.4}$$

通常将

$$\delta f(y, y', x) \triangleq f(y+\delta y, y'+\delta y', x)-f(y, y', x) \tag{2.2.5}$$

称为 $f(y, y', x)$ 的变分。这样就有

$$\delta I[y]=\int_a^b \delta f(y, y', x)\mathrm{d}x \tag{2.2.6}$$

根据 $\delta f(y, y', x)$ 的定义式(2.2.5)，可得

$$\delta f(y, y', x)=\frac{\partial f}{\partial y_k}\delta y_k+\frac{\partial f}{\partial y'_k}\delta y'_k \tag{2.2.7}$$

由此结论不难证明，类似于微分，变分也满足莱布尼茨法则

$$\delta(fg)=(\delta f)g+f(\delta g) \tag{2.2.8}$$

以及链式法则

$$\delta g(f)=\frac{\partial g}{\partial f}\delta f \tag{2.2.9}$$

特别地，我们有

$$\delta f^n = nf^{n-1}\delta f \tag{2.2.10}$$

最后,介绍一个在变分计算中经常会用到的一个结论:若对于任意 n 个函数 $\eta_1(x),\eta_2(x),\cdots,\eta_n(x)$,有

$$\int_a^b\left[\sum_{k=1}^{n}G_k(x)\eta_k(x)\right]\mathrm{d}x = 0 \tag{2.2.11}$$

则 $G_1(x)=G_2(x)=\cdots=G_n(x)\equiv 0$。

这个结论的证明是很直接的:既然 n 个 η_k 是任意的,那么不妨将其中的 $n-1$ 个函数(如 $\eta_2,\cdots,\eta_n$)取为零。这样式(2.2.11)就变为

$$\int_a^b G_1(x)\eta_1(x)\mathrm{d}x = 0$$

且该式对于任意的 $\eta_1(x)$ 都成立,所以就有 $G_1(x)=0$。类似地,可证明 $G_2(x)=\cdots=G_n(x)\equiv 0$。

2.2.4 欧拉-拉格朗日方程

至此,我们有了讨论泛函极值的几乎所有数学工具。若 $y(x)$ 使得泛函取极值,则必然有

$$\delta I[y]=\delta\int_a^b f(y,y',x)\mathrm{d}x = 0 \tag{2.2.12}$$

当然,由于所有可能函数都有相同的端点,因此应当要求

$$\delta y_k(a)=\delta y_k(b)=0\quad(k=1,2,\cdots,n) \tag{2.2.13}$$

满足这两个条件的 $y(x)$ 未必使 I 取到极小值,通常将其称为 I 的驻值函数。

利用式(2.2.6)和式(2.2.7)可得

$$0=\delta I[y]=\int_a^b\left(\frac{\partial f}{\partial y_k}\delta y_k+\frac{\partial f}{\partial y'_k}\delta y'_k\right)\mathrm{d}x \tag{2.2.14}$$

而由于

$$\frac{\partial f}{\partial y'_k}\delta y'_k=\frac{\partial f}{\partial y'_k}\frac{\mathrm{d}\delta y_k}{\mathrm{d}x}=\frac{\mathrm{d}}{\mathrm{d}x}\left(\frac{\partial f}{\partial y'_k}\delta y_k\right)-\left(\frac{\mathrm{d}}{\mathrm{d}x}\frac{\partial f}{\partial y'_k}\right)\delta y_k$$

因此,对式(2.2.14)右边的第二项分部积分,就得到

$$0=\delta I[x]=\int_a^b\left(\frac{\partial f}{\partial y_k}-\frac{\mathrm{d}}{\mathrm{d}x}\frac{\partial f}{\partial y'_k}\right)\delta y_k\mathrm{d}x+\left(\frac{\partial f}{\partial y'_k}\delta y_k\right)\Bigg|_{x=a}^{x=b}$$

利用端点条件(2.2.13),可知上式右边最后一项(称为端点项)等于零。因此

$$\int_a^b \left(\frac{\partial f}{\partial y_k} - \frac{\mathrm{d}}{\mathrm{d}x}\frac{\partial f}{\partial y'_k}\right)\delta y_k \mathrm{d}x = 0$$

由于此积分对于任意 δy_k $(k=1,\cdots,n)$都等于零,由此我们得到结论:使得 I 取驻值的函数 $y(x)$必然满足

$$\frac{\delta f}{\delta y_k} \triangleq \frac{\partial f}{\partial y_k} - \frac{\mathrm{d}}{\mathrm{d}x}\frac{\partial f}{\partial y'_k} = 0 \quad (k = 1,\cdots,n) \tag{2.2.15}$$

这些方程称为欧拉-拉格朗日方程或者拉格朗日方程,它们是函数 $y_k(x)$关于自变量 x 的二阶微分方程。其中的 $\delta f/\delta y_k$ 称为 f 对 y_k 的变分导数。

【例 2.1】试求使得泛函

$$I[y] = \int_1^2 \frac{y'^2}{x}\mathrm{d}x$$

取驻值的函数 $y(x)$,这样的 $y(x)$是否使得 I 取极小值?设端点条件为 $y(1)=5, y(2)=11$。

【解】驻值函数 $y(x)$满足欧拉-拉格朗日方程

$$\frac{\mathrm{d}}{\mathrm{d}x}\frac{\partial f}{\partial y'} = \frac{\partial f}{\partial y}$$

其中,$f=y'^2/x$。由于$\partial f/\partial y' = 2y'/x$,并且 f 不显含 y,从而$\partial f/\partial y = 0$。因此上式可以写为

$$\frac{\mathrm{d}}{\mathrm{d}x}\left(\frac{2y'}{x}\right) = 0$$

积分得到

$$y = cx^2 + d$$

由端点条件 $y(1)=5$ 和 $y(2)=11$,可得 $c=2$ 和 $d=3$,所以使得 I 取驻值的函数为

$$y = 2x^2 + 3$$

设 $\eta(x)$是任一满足 $\eta(1)=\eta(2)=0$ 的函数。由于 $y'=4x$,因而有

$$\begin{aligned}\Delta I &= I[y+\eta] - I[y] \\ &= \int_1^2 \frac{(4x+\eta')^2}{x}\mathrm{d}x - \int_1^2 \frac{(4x)^2}{x}\mathrm{d}x\end{aligned}$$

$$= \int_1^2 \left(8\eta' + \frac{\eta'^2}{x}\right) \mathrm{d}x$$

由此得到

$$\Delta I = \int_1^2 \frac{\eta'^2}{x} \mathrm{d}x + [8\eta] \big|_1^2 = \int_1^2 \frac{\eta'^2}{x} \mathrm{d}x \geqslant 0$$

此式仅当 $\eta \equiv 0$ 时取等号。因此 $y = 2x^2 + 3$ 确实是使得 I 取最小值的函数。

2.2.5 雅可比积分

对于任意一组给定的函数 $y(x)$，将 $f(y, y', x)$ 对 x 求导，可得

$$\frac{\mathrm{d}f}{\mathrm{d}x} = \frac{\partial f}{\partial y_k} y'_k + \frac{\partial f}{\partial y'_k} y''_k + \frac{\partial f}{\partial x}$$

如果 $y(x)$ 为驻值函数，由于其满足欧拉-拉格朗日方程(2.2.15)，因此上式可以写为

$$\frac{\mathrm{d}f}{\mathrm{d}x} = \left(\frac{\mathrm{d}}{\mathrm{d}x} \frac{\partial f}{\partial y'_k}\right) y'_k + \frac{\partial f}{\partial y'_k} y''_k + \frac{\partial f}{\partial x} = \frac{\mathrm{d}}{\mathrm{d}x}\left(y'_k \frac{\partial f}{\partial y'_k}\right) + \frac{\partial f}{\partial x}$$

即有

$$\frac{\mathrm{d}}{\mathrm{d}x}\left(y'_k \frac{\partial f}{\partial y'_k} - f\right) = -\frac{\partial f}{\partial x} \tag{2.2.16}$$

定义函数 $f(y, y', x)$ 的雅可比积分为

$$h \triangleq y'_k \frac{\partial f}{\partial y'_k} - f = h(y, y', x) \tag{2.2.17}$$

因此，式(2.2.16)可写为

$$\frac{\mathrm{d}h}{\mathrm{d}x} = -\frac{\partial f}{\partial x} \tag{2.2.18}$$

即对于驻值函数 $y(x)$，f 对自变量 x 的偏导数与其雅可比积分对于 x 的全导数之和为零。

如果 f 不明显地依赖于 x，即有 $f = f(y, y')$，那么根据式(2.2.18)就得到：

无论 x 如何取值，对于驻值函数都有

$$h(y,y') = \text{const.} \tag{2.2.19}$$

这是此情形下驻值函数满足的一个一阶微分方程。

【例 2.2】两个固定点 A 和 B 由竖直平面内的光滑钢丝连接，串在钢丝上的小珠从点 A 由静止释放，在重力作用下沿着钢丝滑到点 B。为了使得珠子从点 A 到达点 B 所用时间最短，钢丝应取什么形状？

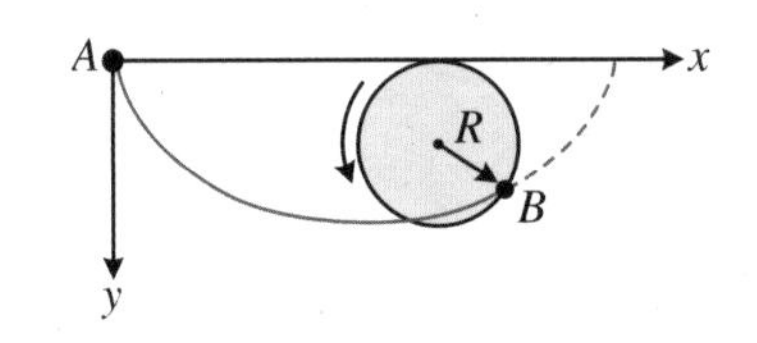

图 2.8 速降线

【解】如图 2.8 所示，以 A 为原点建立直角坐标系，x 轴沿着水平方向，y 轴竖直向下，B 点坐标设为 (a,b)。设钢丝的形状由函数 $y=y(x)$ 描述。

由能量守恒

$$\frac{1}{2}mv^2 = mgy$$

得到，当珠子从点 A 滑动到 (x,y) 处时，其速度大小为 $v=\sqrt{2gy}$。因此珠子从点 A 运动至点 B 所需时间为

$$t[y] = \int_A^B \frac{\mathrm{d}s}{v} = \int_0^a \sqrt{\frac{1+y'^2}{2gy}}\mathrm{d}x$$

我们的问题是寻找使得 t 取最小值并且满足端点条件 $y(0)=0$ 和 $y(a)=b$ 的函数 $y(x)$。这样的函数必然使得 t 取驻值。由于被积函数

$$f = \sqrt{\frac{1+y'^2}{2gy}}$$

不显含 x，因此其雅可比积分为常数，即有

$$h = y'\frac{\partial f}{\partial y'} - f = -\frac{1}{\sqrt{2gy(1+y'^2)}} = -\frac{1}{\sqrt{2gC}}$$

其中，C 为常数。对上式略做整理，可以写为

$$y + yy'^2 = (\sqrt{y})^2 + (\sqrt{y}y')^2 = C^2$$

不妨设

$$\sqrt{y} = C\sin\frac{\theta}{2}, \quad \sqrt{y}y' = C\cos\frac{\theta}{2}$$

由上面第一式得到

$$y = C^2\sin^2\frac{\theta}{2} \tag{2.2.20}$$

代入第二式，给出

$$C\sin\frac{\theta}{2}\cdot C^2\sin\frac{\theta}{2}\cos\frac{\theta}{2}\frac{\mathrm{d}\theta}{\mathrm{d}x}=C\cos\frac{\theta}{2}$$

即有

$$1=C^2\sin^2\frac{\theta}{2}\frac{\mathrm{d}\theta}{\mathrm{d}x}=\frac{C^2}{2}(1-\cos\theta)\frac{\mathrm{d}\theta}{\mathrm{d}x}=\frac{C^2}{2}\frac{\mathrm{d}(\theta-\sin\theta)}{\mathrm{d}x}$$

由此得到

$$x=\frac{C^2}{2}(\theta-\sin\theta)+D \tag{2.2.21}$$

式(2.2.20)和式(2.2.21)给出了驻值路径的参数方程。由于 $x=0$ 时 $y=0$，不妨将 D 取为零(即设参数 $\theta=0$ 时珠子位于起点 A)。而如果令 $R=C^2/2$，则驻值路径的参数方程就可以写为

$$x=R(\theta-\sin\theta),\quad y=R(1-\cos\theta) \tag{2.2.22}$$

可以证明:这样的曲线确实使得珠子从点 A 下滑至点 B 所用时间最短，称其为速降线。它是半径为 R 的滚轮线的一类。这里的 R 可由 B 处的端点条件 $y(a)=b$ 确定，而这通常只能数值求解。不过对于一些特殊的情形，R 也可以解析得到。比如，如果 $b=0$，即点 A 和点 B 在同一高度，由于点 B 处 $\theta=2\pi$，因而由 $a=x(\theta=2\pi)=2\pi R$ 就得到 $R=a/(2\pi)$。

2.3 哈密顿原理与拉格朗日方程

2.3.1 哈密顿原理的表述

在 2.1 节中，我们提出了一个猜想:对于由 n 个粒子构成的、受到 K 个约束

$$f_\alpha(\vec{r},t)=f_\alpha(\vec{r}_1,\cdots,\vec{r}_n,t)=0\quad(\alpha=1,2,\cdots,K) \tag{2.3.1}$$

的完整体系，在有共同端点且满足约束的所有可能路径中，真实路径的作用量取最小值。这一结论称为最小作用原理或者哈密顿原理。这里，作用量定义为拉格朗日函数

$$L \triangleq T(\dot{\vec{r}}) - U(\vec{r},t) = L(\vec{r},\dot{\vec{r}},t) \tag{2.3.2}$$

的积分，即

$$S \triangleq \int_{t_1}^{t_2} L(\vec{r},\dot{\vec{r}},t)\mathrm{d}t \tag{2.3.3}$$

其中，T 为体系的总动能，$U(\vec{r},t)$是体系中每一个粒子受到的每一个主动力所贡献的势能之和。如果记

$$\vec{F} = (\vec{F}_1,\vec{F}_2,\cdots,\vec{F}_n) \tag{2.3.4}$$

其中，$\vec{F}_a$ 表示粒子 a $(a=1,2,\cdots,n)$受到的主动力之和，那么 $\vec{F}$ 与势能 U 的关系是

$$\vec{F} = -\frac{\partial U}{\partial \vec{r}} \tag{2.3.5}$$

可能路径有相同的端点，即要求

$$\delta\vec{r}(t_1) = 0 = \delta\vec{r}(t_2) \tag{2.3.6}$$

而其满足约束，即要求

$$f_\alpha(\vec{r}+\delta\vec{r},t) = f_\alpha(\vec{r},t) + \frac{\partial f_\alpha}{\partial \vec{r}}\cdot\delta\vec{r} = 0 \quad (\alpha = 1,2,\cdots,K)$$

由于真实路径 $\vec{r}(t)$自然要满足约束(2.3.1)，这一条件就可以表示为

$$\delta f_\alpha = \frac{\partial f_\alpha}{\partial \vec{r}}\cdot\delta\vec{r} = 0 \quad (\alpha = 1,2,\cdots,K) \tag{2.3.7}$$

因此最小作用原理在数学上就表述为：真实路径 $\vec{r}(t)$是使得

$$\delta S[\vec{r}] = \delta\int_{t_1}^{t_2} L(\vec{r},\dot{\vec{r}},t)\mathrm{d}t = 0 \tag{2.3.8}$$

的路径，其中，$\delta\vec{r}$ 满足条件(2.3.6)和(2.3.7)。

对于这样一个自由度为 $s=3n-K$ 的体系，如果 $q=(q_1,q_2,\cdots,q_s)$是描述其位形的一组广义坐标，则关于可能路径满足的端点条件(2.3.6)也可以表示为

$$\delta q(t_1) = 0 = \delta q(t_2) \tag{2.3.9}$$

而利用变换方程 $\vec{r}=\vec{r}(q,t)$可得

$$\delta f_\alpha = \frac{\partial f_\alpha}{\partial \vec{r}}\cdot\frac{\partial \vec{r}}{\partial q_k}\delta q_k$$

其中,$\partial f_\alpha/\partial \vec{r}$ 和$\partial \vec{r}/\partial q_k$ 分别为位形曲面的法向量和切矢量,因此当采用独立的广义坐标描述体系位形时,可能路径满足的另一条件(2.3.7)自动成立。所以最小作用原理在数学上也可以等价地表述为:真实路径 $q(t)$是使得

$$\delta S[q] = \delta \int_{t_1}^{t_2} L(q,\dot{q},t)\mathrm{d}t = 0 \tag{2.3.10}$$

的路径。其中,δq 满足条件(2.3.9),而

$$L(q,\dot{q},t) = T - U = L(\vec{r}(q,t),\dot{\vec{r}}(q,\dot{q},t),t) \tag{2.3.11}$$

下面针对第二种表述给出最小作用原理的证明。

2.3.2 哈密顿原理的证明

在 2.2.4 小节中,我们事实上已经证明了,使得作用量取驻值的路径就是满足如下拉格朗日方程的路径:

$$\frac{\delta L}{\delta q_k} \triangleq \frac{\partial L}{\partial q_k} - \frac{\mathrm{d}}{\mathrm{d}t}\frac{\partial L}{\partial \dot{q}_k} = 0 \quad (k = 1,2,\cdots,s) \tag{2.3.12}$$

因此,这里只需要证明这样的路径也就是由体系的牛顿方程

$$\vec{F} + \vec{N} - \dot{\vec{p}} = \vec{0} \tag{2.3.13}$$

确定的路径即可。这里,$\vec{F} = (\vec{F}_1,\vec{F}_2,\cdots,\vec{F}_n)$和$\vec{N} = (\vec{N}_1,\vec{N}_2,\cdots,\vec{N}_n)$分别为体系中各粒子受到的主动力和约束力,而 $\vec{p} = (\vec{p}_1,\vec{p}_2,\cdots,\vec{p}_n)$则是体系内各粒子的动量。

首先,让我们先证明一个重要关系

$$\frac{\delta L}{\delta q_k} = \frac{\delta L}{\delta \vec{r}} \cdot \frac{\partial \vec{r}}{\partial q_k} \tag{2.3.14}$$

它可以将拉格朗日方程和牛顿方程直接联系起来,其中

$$\frac{\delta L}{\delta \vec{r}} \triangleq \frac{\partial L}{\partial \vec{r}} - \frac{\mathrm{d}}{\mathrm{d}t}\frac{\partial L}{\partial \dot{\vec{r}}} \tag{2.3.15}$$

证明如下:利用 $L(q,\dot{q},t)$的定义式(2.3.11)以及关系$\partial \dot{\vec{r}}/\partial \dot{q}_k = \partial \vec{r}/\partial q_k$(即式(1.7.11)),可得

$$\frac{\partial L}{\partial \dot{q}_k} = \frac{\partial L}{\partial \dot{\vec{r}}} \cdot \frac{\partial \dot{\vec{r}}}{\partial \dot{q}_k} = \frac{\partial L}{\partial \dot{\vec{r}}} \cdot \frac{\partial \vec{r}}{\partial q_k}$$

左、右两边对时间求导,给出

$$\frac{\mathrm{d}}{\mathrm{d}t}\frac{\partial L}{\partial \dot{q}_k} = \left(\frac{\mathrm{d}}{\mathrm{d}t}\frac{\partial L}{\partial \dot{\vec{r}}}\right)\cdot\frac{\partial \vec{r}}{\partial q_k} + \frac{\partial L}{\partial \dot{\vec{r}}}\cdot\left(\frac{\mathrm{d}}{\mathrm{d}t}\frac{\partial \vec{r}}{\partial q_k}\right)$$

又由于

$$\frac{\partial L}{\partial q_k} = \frac{\partial L}{\partial \vec{r}}\cdot\frac{\partial \vec{r}}{\partial q_k} + \frac{\partial L}{\partial \dot{\vec{r}}}\cdot\frac{\partial \dot{\vec{r}}}{\partial q_k}$$

上面两式相减,并注意到关系式$\frac{\partial \dot{\vec{r}}}{\partial q_k} = \frac{\mathrm{d}}{\mathrm{d}t}\frac{\partial \vec{r}}{\partial q_k}$(即式(1.7.9)),就得到

$$\frac{\partial L}{\partial q_k} - \frac{\mathrm{d}}{\mathrm{d}t}\frac{\partial L}{\partial \dot{q}_k} = \left(\frac{\partial L}{\partial \vec{r}} - \frac{\mathrm{d}}{\mathrm{d}t}\frac{\partial L}{\partial \dot{\vec{r}}}\right)\cdot\frac{\partial \vec{r}}{\partial q_k}$$

这正是式(2.3.14)。前面的证明过程并没有用到拉格朗日函数的具体定义 $L = T - U$,事实上很容易看出,关系式(2.3.14)对于状态参量的任一函数都是成立的,例如,如果将其中的 L 替换为 T 或 U,得到的也必然是正确的关系。

将 $L = T - U$ 代入式(2.3.14),得到

$$\frac{\delta L}{\delta q_k} = \left(\frac{\delta T}{\delta \vec{r}} - \frac{\delta U}{\delta \vec{r}}\right)\cdot\frac{\partial \vec{r}}{\partial q_k} \tag{2.3.16}$$

由于 T 与 $\vec{r}$ 无关,因此

$$\frac{\delta T}{\delta \vec{r}} = \frac{\partial T}{\partial \vec{r}} - \frac{\mathrm{d}}{\mathrm{d}t}\frac{\partial T}{\partial \dot{\vec{r}}} = -\frac{\mathrm{d}}{\mathrm{d}t}\frac{\partial T}{\partial \dot{\vec{r}}} = -\dot{\vec{p}} \tag{2.3.17}$$

而由于 U 与速度 $\dot{\vec{r}}$无关,因此

$$-\frac{\delta U}{\delta \vec{r}} = -\frac{\partial U}{\partial \vec{r}} + \frac{\mathrm{d}}{\mathrm{d}t}\frac{\partial U}{\partial \dot{\vec{r}}} = -\frac{\partial U}{\partial \vec{r}} = \vec{F} \tag{2.3.18}$$

从而式(2.3.16)可以写为

$$\frac{\delta L}{\delta q_k} = (\vec{F} - \dot{\vec{p}})\cdot\frac{\partial \vec{r}}{\partial q_k} \tag{2.3.19}$$

而拉格朗日方程(2.3.12)就等价于

$$(\vec{F} - \dot{\vec{p}})\cdot\frac{\partial \vec{r}}{\partial q_k} = 0 \quad (k = 1,2,\cdots,s) \tag{2.3.20}$$

关键的一步来了。由于理想约束假设,$\vec{N}$与位形曲面垂直,从而也与位形曲面的各个切矢量 $\partial\vec{r}/\partial q_k$ 垂直,即$\vec{N}\cdot(\partial\vec{r}/\partial q_k) = 0$。由此可以看出,拉格朗

日方程(2.3.12)或者方程(2.3.20)正是牛顿方程(2.3.13)在位形曲面的 s 个切矢量 $\partial\vec{r}/\partial q_k(k=1,2,\cdots,s)$ 方向上的“投影”(图 2.9)。

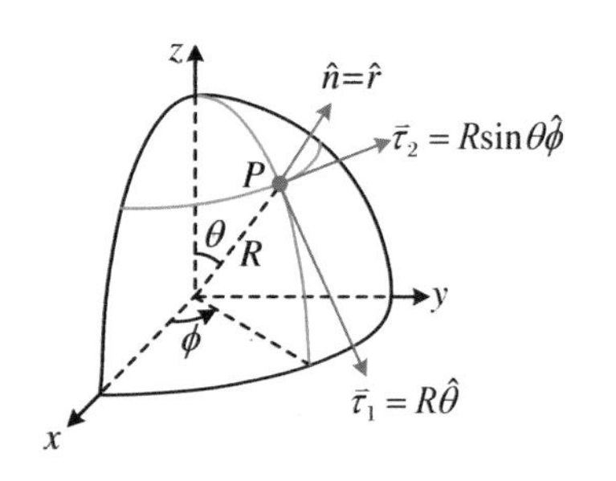

图 2.9　对于限制在球面上运动的粒子，将牛顿方程分别在 τ_1 和 τ_2 上“投影”即给出了粒子的两个拉格朗日方程

由于拉格朗日方程是广义坐标满足的 s 个二阶微分方程，故知道了体系的初始状态，这些方程就足以确定广义坐标随时间的演化，从而由变换方程就确定了体系中每一个粒子的位置随时间的演化。而刚才的证明表明，这样确定的路径也就是牛顿方程所确定的路径，即真实的路径。至此，我们证明了拉格朗日方程或者最小作用原理的正确性。

有必要指出两点：首先，满足拉格朗日方程的路径即是使得作用量的一阶变分为零的路径，是驻值路径，这样的路径未必使得作用量取最小值。实际上，物理上很多地方的“最小原理”通常指的都是“驻值原理”。其次，尽管我们证明了拉格朗日方程可以由牛顿方程在位形曲面切矢量方向上“投影”得到，但是，在这样“投影”时，牛顿方程所包含的垂直于位形曲面的信息(特别是约束力的信息)就全部丢失掉了。因此，在确定体系如何运动这一点上，拉格朗日方程与牛顿方程给出相同的结论，它们是等价的，但是从拉格朗日方程中无从知晓关于约束力大小的信息。

2.3.3　几个基本概念

1. 广义力

通常将主动力 $\vec{F}$ 在位形曲面切矢量 $\partial\vec{r}/\partial q_k$ 上的“投影”称为与广义坐标 q_k 联系的**广义主动力**，记为

$$Q_k \triangleq \vec{F}\cdot\frac{\partial\vec{r}}{\partial q_k}=\vec{F}_a\cdot\frac{\partial\vec{r}_a}{\partial q_k} \tag{2.3.21}$$

目前我们讨论的主动力 $\vec{F}$ 都可以由势能函数 U 描述，两者的关系由式(2.3.5)给出。而由于 $U(q,t)=U(\vec{r}(q,t),t)$，因此

$$Q_k=-\frac{\partial U}{\partial\vec{r}}\cdot\frac{\partial\vec{r}}{\partial q_k}=-\frac{\partial U}{\partial q_k} \tag{2.3.22}$$

即广义力是势能对广义坐标导数的负值。

类似地，将约束力 $\vec{N}$ 在切矢量 $\partial\vec{r}/\partial q_k$ 上的“投影”称为与广义坐标 q_k 联系的**广义约束力**，记为

$$Q'_k \triangleq \vec{N}\cdot\frac{\partial\vec{r}}{\partial q_k}=\vec{N}_a\cdot\frac{\partial\vec{r}_a}{\partial q_k} \tag{2.3.23}$$

对于完整体系来说，由于理想约束假设，约束力与位形曲面垂直，因此广义约束力等于零，即有 $Q'_k=0$。

值得注意的是：由于广义坐标通常是与整个体系（而非其中某个具体的粒子）相联系的，因此，广义力通常也是与每一个粒子受到的力都有关的。此外，将力在位形曲面上的"投影"称为广义力，还由于它可能并不具有通常力的量纲。广义力的量纲是由相应的广义坐标的量纲决定的，由其定义可以看出：广义力乘以相应的广义坐标的变化等于功——正如力乘以位移等于功一样。如果 q_k 具有长度的量纲，那么相应的广义力就具有力的量纲；而如果 q_k 具有角度的量纲，那么相应的广义力就具有力矩的量纲。

作为一个例子，考察重力场中的粒子，其重力势能为 $U=-m\vec{g}\cdot\vec{r}$（图2.10）。以直角坐标 x 和 y 作为广义坐标，由于 $U=mgy$，因此与 x 和 y 联系的广义力分别为

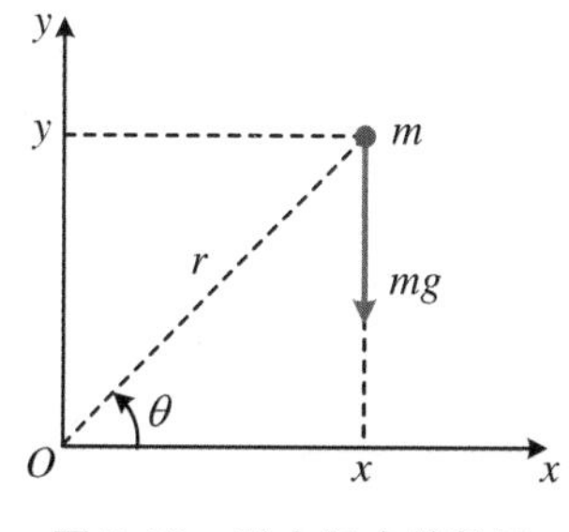

图2.10 重力场中的粒子

$$Q_x=-\frac{\partial U}{\partial x}=0,\quad Q_y=-\frac{\partial U}{\partial y}=-mg$$

其中，Q_x 是重力在水平方向上的分量，当然是等于零的；而 Q_y 则是重力在竖直方向上的分量，负号表示这个分量与坐标 y 增加的方向相反，即是竖直向下的。如果以极坐标 r 和 θ 作为广义坐标，由于 $U=mgr\sin\theta$，因此与 r 和 θ 联系的广义力分别为

$$Q_r=-\frac{\partial U}{\partial r}=-mg\sin\theta,\quad Q_\theta=-\frac{\partial U}{\partial \theta}=-mgr\cos\theta$$

其中，Q_r 是重力的径向分量，而 Q_θ 是重力相对于原点的力矩，负号表示该力矩的方向与 θ 增加时转轴的方向相反，即垂直于纸面向里。

2. 广义动量

和广义力的定义不同，与广义坐标 q_k 共轭的广义动量 p_k 定义为

$$p_k\triangleq\frac{\partial L}{\partial\dot{q}_k}=p_k(q,\dot{q},t)\tag{2.3.24}$$

而不是动量在位形曲面上的"投影"。

利用广义动量，拉格朗日方程也可以写为 $\dot{p}_k=\partial L/\partial q_k$。特别地，如果 q_k 是拉格朗日函数 L 的循环坐标（即 q_k 不明显地出现在 L 中），那么与之共轭的广义动量 p_k 就是守恒量。

与广义力类似的是，广义动量的量纲也是由相应的广义坐标决定的。由广义动量的定义可以看出：广义速度与相应的广义动量的乘积具有能量的量纲。如果 q_k 具有长度的量纲，那么 p_k 就具有通常线动量的量纲；而如果 q_k 具有角度的量纲，那么 p_k 就具有角动量的量纲。

3. 雅可比积分

根据式(2.2.17),拉格朗日函数 $L(q,\dot{q},t)$ 的雅可比积分定义为

$$h(q,\dot{q},t) \triangleq \frac{\partial L}{\partial \dot{q}_k}\dot{q}_k - L = p_k\dot{q}_k - L \tag{2.3.25}$$

有时也将其称为体系的能量函数。而2.2.5小节的结论现在表述为:对于真实路径有

$$\frac{\mathrm{d}h}{\mathrm{d}t} = -\frac{\partial L}{\partial t} \tag{2.3.26}$$

特别地,若 L 不显含时间 t,则其雅可比积分为守恒量。

根据式(1.7.18),动能 $T = T_2 + T_1 + T_0$ 是广义速度的二次多项式。由于势能与广义速度无关,因此拉格朗日函数也是广义速度的二次多项式,将其记为 $L = L_2 + L_1 + L_0$,其中,$L_2 = T_2$,$L_1 = T_1$,$L_0 = T_0 - U$。利用欧拉定理就有

$$\begin{aligned} h &= (2L_2 + L_1) - (L_2 + L_1 + L_0) \\ &= L_2 - L_0 = T_2 - T_0 + U \end{aligned} \tag{2.3.27}$$

特别地,当变换方程不显含时间 t 时,由于 $T = T_2$,因此有 $h = T + U = E$,即此情形下 L 的雅可比积分等于体系的能量。

【例2.3】 质量为 m 的粒子受到保守力的作用,势能为 $U(\vec{r})$。试分别在直角坐标系和球坐标系下写出粒子的运动方程。

【解】 在直角坐标系中,粒子的拉格朗日函数为

$$L = \frac{1}{2}m\dot{x}_i\dot{x}_i - U(x_1,x_2,x_3)$$

由于 $\partial L/\partial x_k = -\partial U/\partial x_k = F_k$,即粒子所受力 $\vec{F}$ 的 x_k 分量,而与 x_k 共轭的广义动量为

$$p_k = \frac{\partial L}{\partial \dot{x}_k} = m\dot{x}_k$$

即粒子动量 $\vec{p} = m\dot{\vec{r}}$ 在 x_k 轴上的投影,因此拉格朗日方程为

$$F_k = m\ddot{x}_k \quad (k = 1,2,3)$$

即牛顿方程 $\vec{F} = m\vec{a}$ 在各坐标轴上的投影。

在球坐标系中,粒子的拉格朗日函数为

$$L = \frac{1}{2}m(\dot{r}^2 + r^2\dot{\theta}^2 + r^2\dot{\phi}^2\sin^2\theta) - U(r,\theta,\phi)$$

将其代入拉格朗日方程

$$\frac{\mathrm{d}}{\mathrm{d}t}\frac{\partial L}{\partial \dot{r}} = \frac{\partial L}{\partial r}, \quad \frac{\mathrm{d}}{\mathrm{d}t}\frac{\partial L}{\partial \dot{\theta}} = \frac{\partial L}{\partial \theta}, \quad \frac{\mathrm{d}}{\mathrm{d}t}\frac{\partial L}{\partial \dot{\phi}} = \frac{\partial L}{\partial \phi}$$

即可得三个运动方程。这里我们不打算将其具体写出来,而是利用式(2.3.20)试着考察一下三个拉格朗日方程的含义。由于拉格朗日方程可以写为

$$0 = \frac{\delta L}{\delta q_k} = (\vec{F} - \dot{\vec{p}})\cdot\frac{\partial \vec{r}}{\partial q_k}$$

而

$$\frac{\partial \vec{r}}{\partial r} = \hat{r}, \quad \frac{\partial \vec{r}}{\partial \theta} = \hat{\phi}\times\vec{r}, \quad \frac{\partial \vec{r}}{\partial \phi} = \hat{z}\times\vec{r}$$

所以径向距离 r 满足的拉格朗日方程

$$0 = \frac{\delta L}{\delta r} = (\vec{F} - \dot{\vec{p}})\cdot\hat{r} = F_r - ma_r$$

就是牛顿方程 $\vec{F} = m\vec{a}$ 在径向上的投影。极角 θ 满足的拉格朗日方程为

$$\begin{aligned}0 = \frac{\delta L}{\delta \theta} &= (\vec{F} - \dot{\vec{p}})\cdot(\hat{\phi}\times\vec{r}) \\ &= \hat{\phi}\cdot\left[\vec{r}\times(\vec{F} - \dot{\vec{p}})\right] = \hat{\phi}\cdot\left(\vec{\tau} - \frac{\mathrm{d}\vec{l}}{\mathrm{d}t}\right)\end{aligned}$$

其中,$\vec{\tau} = \vec{r}\times\vec{F}$ 为力矩,$\vec{l} = \vec{r}\times\vec{p}$ 为角动量,因此该方程就是 $\vec{\tau} = \mathrm{d}\vec{l}/\mathrm{d}t$ 在 $\hat{\phi}$ 方向上的投影。而方位角 ϕ 满足的拉格朗日方程

$$\begin{aligned}0 = \frac{\delta L}{\delta \phi} &= (\vec{F} - \dot{\vec{p}})\cdot(\hat{z}\times\vec{r}) \\ &= \hat{z}\cdot\left[\vec{r}\times(\vec{F} - \dot{\vec{p}})\right] = \hat{z}\cdot\left(\vec{\tau} - \frac{\mathrm{d}\vec{l}}{\mathrm{d}t}\right)\end{aligned}$$

是 $\vec{\tau} = \mathrm{d}\vec{l}/\mathrm{d}t$ 在 $\hat{z}$ 方向上的投影。

球坐标系下的广义动量分别为

$$p_r = \frac{\partial L}{\partial \dot{r}} = m\dot{r}, \quad p_\theta = \frac{\partial L}{\partial \dot{\theta}} = mr^2\dot{\theta}, \quad p_\phi = \frac{\partial L}{\partial \dot{\phi}} = mr^2\dot{\phi}\sin^2\theta$$

由于此例中势能不依赖于速度，即 $\partial U/\partial \dot{q}_k=0$，因此

$$p_r=\frac{\partial T}{\partial \dot{r}},\quad p_\theta=\frac{\partial T}{\partial \dot{\theta}},\quad p_\phi=\frac{\partial T}{\partial \dot{\phi}}$$

根据例 1.6 的结论，就得到：与径向距离 r 共轭的广义动量

$$p_r=\hat{r}\cdot\vec{p} \tag{2.3.28a}$$

正是动量在径向上的投影；而与极角 θ 共轭的广义动量

$$p_\theta=\hat{\phi}\cdot\vec{l} \tag{2.3.28b}$$

则是角动量在 $\hat{\phi}$ 方向上的投影；至于与方位角 ϕ 共轭的广义动量

$$p_\phi=\hat{z}\cdot\vec{l} \tag{2.3.28c}$$

则是角动量在 $\hat{z}$ 方向上的投影。

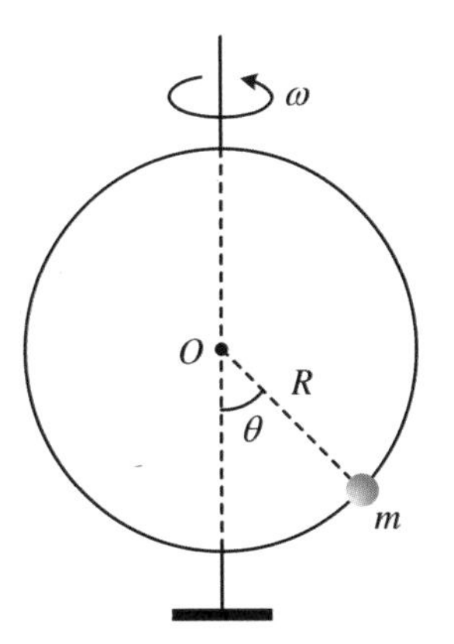

图 2.11　转动圆环上的珠子

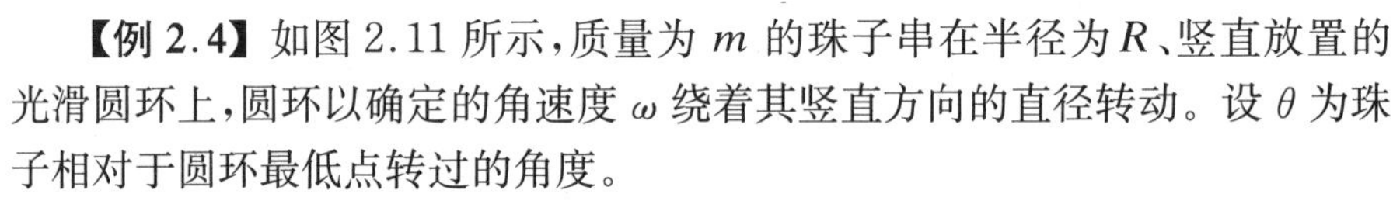

【例 2.4】 如图 2.11 所示，质量为 m 的珠子串在半径为 R、竖直放置的光滑圆环上，圆环以确定的角速度 ω 绕着其竖直方向的直径转动。设 θ 为珠子相对于圆环最低点转过的角度。

(1) 写出珠子的拉格朗日函数，并由此得到运动方程；

(2) 找出珠子所有可能的平衡位置，并判断其稳定性；

(3) 假设 $\omega\neq\sqrt{g/R}$，试确定珠子在稳定平衡位置附近做微振动的角频率。

【解】 (1) 珠子受到两个约束，因此其自由度为 1，以 θ 作为广义坐标。

珠子的速度等于其相对于圆环的速度（大小为 $R\dot{\theta}$）加上其随着圆环以半径为 $R\sin\theta$、角速度为 ω 转动的速度（大小为 $R\omega\sin\theta$）。这两个速度分量相互垂直，因此珠子的动能为

$$T=\frac{1}{2}mv^2=\frac{1}{2}m(R^2\dot{\theta}^2+R^2\omega^2\sin^2\theta)$$

而以圆心为参考点的重力势能为

$$U=-mgR\cos\theta$$

所以拉格朗日函数为

$$L=T-U=\frac{1}{2}mR^2\dot{\theta}^2+\frac{1}{2}mR^2\omega^2\sin^2\theta+mgR\cos\theta \tag{2.3.29}$$

将 L 代入拉格朗日方程

$$\frac{\mathrm{d}}{\mathrm{d}t}\frac{\partial L}{\partial \dot{\theta}} = \frac{\partial L}{\partial \theta}$$

由于

$$\frac{\partial L}{\partial \dot{\theta}} = mR^2\dot{\theta}$$

$$\frac{\partial L}{\partial \theta} = -mgR\sin\theta + mR^2\omega^2\sin\theta\cos\theta$$

因而拉格朗日方程左、右两边除以 mR^2 后得到

$$\ddot{\theta} = -(\omega_0^2 - \omega^2\cos\theta)\sin\theta \triangleq F(\theta) \tag{2.3.30}$$

其中，$\omega_0 \triangleq \sqrt{g/R}$。

(2) 在方程(2.3.30)中，令 $\ddot{\theta}=0$，可得平衡位置 θ_e 满足的代数方程

$$(\omega_0^2 - \omega^2\cos\theta_e)\sin\theta_e = 0 \tag{2.3.31}$$

其解有三个：$\theta_e=0$，$\theta_e=\pi$ 及 $\theta_e=\arccos(\omega_0^2/\omega^2)\triangleq\theta_0$。最后一个解仅当 $\omega>\omega_0$ 时才存在。

为了考察稳定性，以珠子相对于平衡位置 θ_e 的偏离 $\xi=\theta-\theta_e$ 作为广义坐标。当 $|\xi|\ll1$ 时，由于 $\ddot{\theta}=\ddot{\xi}$，而

$$F(\theta) = F(\theta_e+\xi) \approx \left.\frac{\mathrm{d}F}{\mathrm{d}\theta}\right|_{\theta=\theta_e}\xi = -\Omega^2\xi$$

其中

$$\Omega^2 = \omega_0^2\cos\theta_e - \omega^2\cos2\theta_e = \Omega^2(\theta_e) \tag{2.3.32}$$

因此将方程(2.3.30)保留至 ξ 的一阶小量，得到

$$\ddot{\xi} = -\Omega^2\xi \tag{2.3.33}$$

由于

$$\Omega^2(\theta_e=\pi) = -(\omega_0^2+\omega^2) < 0$$

因此，当珠子相对于最高点有一个小的偏离时，这种偏离会随着时间以指数形式增大，所以 $\theta_e=\pi$ 是不稳定平衡位置。由于

$$\Omega^2(\theta_e=0) = \omega_0^2 - \omega^2 \tag{2.3.34}$$

当 $\omega<\omega_0$ 时，$\Omega^2>0$，式(2.3.33)即是熟悉的简谐振动方程，当珠子相对于最低点有一个小的偏离时，此后它将始终在最低点附近振动，故 $\theta_e=0$ 为稳定平衡位置；当 $\omega>\omega_0$ 时，$\Omega^2<0$，$\theta_e=0$ 为不稳定平衡位置。如果圆环转动得足够快，即 $\omega>\omega_0$，会出现第三个平衡位置 θ_0。由于

$$\Omega^2(\theta_e=\theta_0)=\frac{\omega^4-\omega_0^4}{\omega^2}>0 \tag{2.3.35}$$

因此 $\theta_e=\theta_0$ 是稳定平衡位置。

总结一下：当 $\omega<\omega_0$ 时，珠子有两个平衡位置，即 $\theta_e=0,\pi$，其中，$\theta_e=0$ 是稳定平衡位置，$\theta_e=\pi$ 是不稳定平衡位置；当 $\omega>\omega_0$ 时，珠子有三个平衡位置，即 $\theta_e=0,\pi,\theta_0$，其中，$\theta_e=\theta_0$ 是稳定平衡位置，$\theta_e=0,\pi$ 是不稳定平衡位置(图 2.12)。

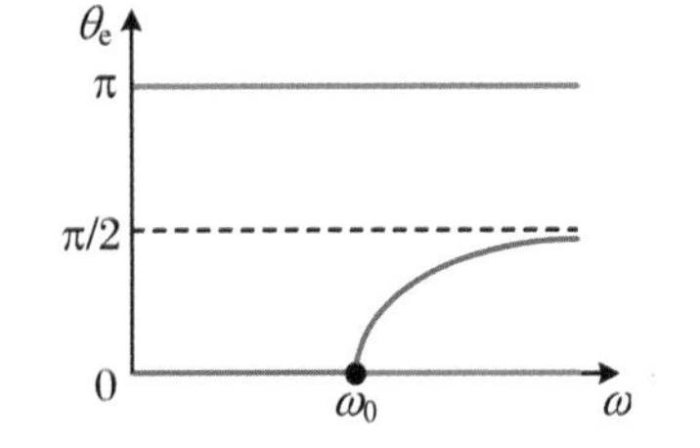

图 2.12　珠子的稳定平稳位置(紫色)和不稳定平衡位置(绿色)

当 $\omega=\omega_0$ 时，由于 $\theta_0=0$，因此珠子有两个平衡位置 $\theta_e=0,\pi$。其中，$\theta_e=\pi$ 仍然是不稳定平衡位置。在此情形下，方程(2.3.30)变为

$$\ddot{\theta}=-\omega_0^2(1-\cos\theta)\sin\theta \tag{2.3.36}$$

如果 θ 略大于零，则 $\ddot{\theta}<0$；而如果 θ 略小于零，则 $\ddot{\theta}>0$。即将珠子放置于最低点附近任一位置，它都具有回到最低点的趋势，因而 $\theta_0=0$ 为稳定平衡位置。

(3) 当 $\omega<\omega_0$ 时，珠子在稳定平衡位置 $\theta_e=0$ 附近以式(2.3.34)确定的角频率 $\Omega=\sqrt{\omega_0^2-\omega^2}$ 做简谐振动；而当 $\omega>\omega_0$ 时，珠子在稳定平衡位置 $\theta_e=\theta_0$ 附近以式(2.3.35)确定的角频率 $\Omega=\sqrt{\omega^4-\omega_0^4}/\omega$ 做简谐振动。

2.3.4　拉格朗日函数的基本性质

1. 惯性系

尽管没有特别指出，但是，当我们表述最小作用原理时，事实上已经默认了一类特殊的参考系，即惯性系。也就是说，拉格朗日函数中的动能和势能都是在惯性系中测量的。非惯性系中的拉格朗日函数仍然可以写为动能减去势能的形式，而为了由此可以得到正确的运动方程，其中的动能自然应该是体系在该非惯性系中的动能，而势能则除了真实的力的贡献之外，还应将惯性力贡献的势能也考虑进来。

对于例 2.4,在圆环参考系中珠子的拉格朗日函数可以写为 $L' = T' - U - U'$。其中,$T' = \frac{1}{2} mR^2 \dot{\theta}^2$ 是珠子在圆环系中的动能,$U = -mgR\cos\theta$ 为重力势能,而 U'是珠子在该转动系中所受惯性离心力$\vec{F}' = -m\vec{\omega} \times (\vec{\omega} \times \vec{r})$贡献的势能,即

$$
\begin{aligned}
U' &= -\int \vec{F}' \cdot \mathrm{d}\vec{r} \\
&= +m\int [\vec{\omega} \times (\vec{\omega} \times \vec{r})] \cdot \mathrm{d}\vec{r} \\
&= -m\int (\vec{\omega} \times \vec{r}) \cdot (\vec{\omega} \times \mathrm{d}\vec{r})
\end{aligned}
$$

由于 $\vec{\omega}$ 为常矢量,因此

$$
\begin{aligned}
U' &= -m\int (\vec{\omega} \times \vec{r}) \cdot \mathrm{d}(\vec{\omega} \times \vec{r}) \\
&= -\frac{1}{2} m \mid \vec{\omega} \times \vec{r} \mid^2 = -\frac{1}{2} m\omega^2 R^2 \sin^2\theta
\end{aligned}
\tag{2.3.37}
$$

所以圆环系中珠子的拉格朗日函数为

$$
L' = \frac{1}{2} mR^2 \dot{\theta}^2 + \frac{1}{2} mR^2 \omega^2 \sin^2\theta + mgR\cos\theta \tag{2.3.38}
$$

显然,它等于惯性系中的拉格朗日函数(2.3.29)。

2. 拉格朗日函数的不确定性

对同一体系可以用不同的拉格朗日函数描述,这一性质称为拉格朗日函数的不确定性。

例如,拉格朗日函数 L 乘以任一非零常数 c 后得到 $L' = cL$,由于 L'和 L 给出的拉格朗日方程只是整体上相差一个倍数 c,因而它们描述的是同一体系。通常将 $L' = cL$ 称为**标度变换**。

又如,对拉格朗日函数 L 做如下变换:

$$
L'(q, \dot{q}, t) = L(q, \dot{q}, t) + \frac{\mathrm{d}F(q, t)}{\mathrm{d}t} \tag{2.3.39}
$$

由于

$$
\int_{t_1}^{t_2} L' \mathrm{d}t = \int_{t_1}^{t_2} L \mathrm{d}t + \int_{t_1}^{t_2} \frac{\mathrm{d}F}{\mathrm{d}t} \mathrm{d}t = \int_{t_1}^{t_2} L \mathrm{d}t + F(q, t) \Big|_{t_1}^{t_2}
$$

最后一项是由端点决定的与路径无关的常数,从而 $S' = S + \text{const.}$。因此,使得 S 取驻值的路径也就是使得S'取驻值的路径,反之亦然。所以 L'和L 描述的是同一体系,通常将式(2.3.39)称为**规范变换**,函数 $F(q, t)$称为**规范函数**。

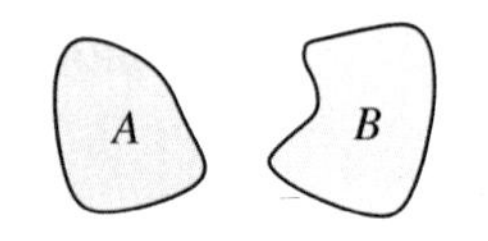

图 2.13　当 A 和 B 相距很远时，两者的运动互不影响

3. 拉格朗日函数的可加性

假使一个孤立体系由 A 和 B 两部分组成(图 2.13),这两部分可以分别用一组广义坐标 q_A 和 q_B 描述各自的位形,那么体系的拉格朗日函数就可以表示为

$$L_{A+B} = L_A(q_A, \dot{q}_A) + L_B(q_B, \dot{q}_B) + L_{AB}(q_A, q_B)$$

其中,$L_A = T_A - U_A$ 为 A 的动能减去 A 内部相互作用贡献的势能,$L_B = T_B - U_B$ 为 B 的动能减去 B 内部相互作用贡献的势能,而 $L_{AB} = -U_{AB}$ 为 A 和 B 之间的相互作用的势能 U_{AB} 对 L_{A+B} 的贡献。如果 A 与 B 相距足够远,那么 U_{AB} 就可以忽略,因而在此极限下就有

$$\lim L_{A+B} = L_A(q_A, \dot{q}_A) + L_B(q_B, \dot{q}_B) \tag{2.3.40}$$

这意味着 A 与 B 的运动互不影响,每一部分都可以当作一个孤立体系。这个性质称为拉格朗日函数的可加性。

2.4　拉格朗日乘子方法

2.4.1　带乘子的拉格朗日方程

前面我们看到:拉格朗日方程是牛顿方程在位形曲面上的“投影”。由于约束力与位形曲面垂直,因此,拉格朗日方程不可能告诉我们有关约束力大小的信息。为了了解约束力的信息,我们不仅要将牛顿方程在位形曲面上投影,还必须将其在位形曲面的法向量上投影,这就是本节求解约束力的基本思想。

对于一个自由度为 s 的体系,为了求解某个约束如 $f(\vec{r}, t) = 0$ 提供的约束力,不妨设想将该约束解除。解除约束后体系的自由度为 $s+1$,设描述其位形的 $s+1$ 个广义坐标为 $q = (q_1, \cdots, q_s, q_{s+1})$。通过变换方程

$$\vec{r} = \vec{r}(q, t) = \vec{r}(q_1, \cdots, q_s, q_{s+1}, t) \tag{2.4.1}$$

这些广义坐标仍然可以确定原来体系的位形,但却不再独立,而是要满足约束方程 $f(\vec{r}(q, t), t) = 0$,或将其写为

$$f(q, t) = 0 \tag{2.4.2}$$

一般而言,$\partial \vec{r} / \partial q_k$ 不再沿着原来位形曲面的切向。例如,对于限制在半球

面上运动的粒子,约束方程写为 $f = z - \sqrt{R^2 - x^2 - y^2} = 0$。设想将该约束解除后,我们可以用球坐标$(r,\theta,\phi)$描述粒子的位置,变换方程为

$$\vec{r} = r\sin\theta\cos\phi\,\hat{x} + r\sin\theta\sin\phi\,\hat{y} + r\cos\theta\,\hat{z} = \vec{r}(r,\theta,\phi)$$

尽管 $\partial\vec{r}/\partial\theta = r\,\hat{\theta}$ 和 $\partial\vec{r}/\partial\phi = r\sin\theta\,\hat{\phi}$ 仍然与球面相切,但是 $\partial\vec{r}/\partial r = \hat{r}$ 却与球面垂直。而如果采用直角坐标(x,y,z)描述解除约束后粒子的位置,则变换方程为

$$\vec{r} = x\hat{x} + y\hat{y} + z\hat{z} = \vec{r}(x,y,z)$$

这时 $\partial\vec{r}/\partial x = \hat{x}$,$\partial\vec{r}/\partial y = \hat{y}$ 和 $\partial\vec{r}/\partial z = \hat{z}$ 通常都不与球面相切。

现在,我们将体系的牛顿方程 $\vec{F} + \vec{N} - \dot{\vec{p}} = 0$ 在 $\partial\vec{r}/\partial q_k$ 方向上“投影”,得到

$$\begin{aligned}0 &= (\vec{F} + \vec{N} - \dot{\vec{p}})\cdot\frac{\partial\vec{r}}{\partial q_k}\\ &= (\vec{F} - \dot{\vec{p}})\cdot\frac{\partial\vec{r}}{\partial q_k} + \vec{N}\cdot\frac{\partial\vec{r}}{\partial q_k}\quad(k = 1,2,\cdots,s+1)\end{aligned}\tag{2.4.3}$$

由式(2.3.19),上式右边第一项可以写为 $\delta L/\delta q_k$,第二项则为广义约束力

$$Q'_k = \vec{N}\cdot\frac{\partial\vec{r}}{\partial q_k}\tag{2.4.4}$$

因此就有

$$0 = \frac{\delta L}{\delta q_k} + Q'_k\quad(k = 1,2,\cdots,s+1)\tag{2.4.5}$$

由于 $\partial\vec{r}/\partial q_k$ 通常不再与位形曲面相切,因而此处的广义约束力 Q'_k通常也不再为零(参考式(2.3.23)下面的讨论)。根据理想约束假设,除 $f(\vec{r},t) = 0$ 之外其他约束提供的约束力与 $\partial\vec{r}/\partial q_k$ 垂直,因而对 Q'_k的贡献为零。即是说,Q'_k就等于约束 $f(\vec{r},t) = 0$ 提供的广义约束力,因而将式(2.4.4)中出现的$\vec{N}$视为仅由 $f(\vec{r},t) = 0$ 提供的约束力并无不妥。而同样根据理想约束假设,由于$\vec{N}$垂直于 E^{3n}空间中的超曲面$f(\vec{r},t) = 0$,即可以将其表示为

$$\vec{N} = \lambda\frac{\partial f}{\partial\vec{r}}\tag{2.4.6}$$

因此式(2.4.4)就可以写为

$$Q'_k = \lambda\frac{\partial f}{\partial\vec{r}}\cdot\frac{\partial\vec{r}}{\partial q_k} = \lambda\frac{\partial f}{\partial q_k}\tag{2.4.7}$$

将其代入式(2.4.5),得到

$$\frac{\delta L}{\delta q_k}+\lambda\frac{\partial f}{\partial q_k}=\frac{\partial L}{\partial q_k}-\frac{\mathrm{d}}{\mathrm{d}t}\frac{\partial L}{\partial \dot{q}_k}+\lambda\frac{\partial f}{\partial q_k}=0\quad(k=1,\cdots,s+1)\tag{2.4.8}$$

这称为带乘子的拉格朗日方程,其中的 λ 称为**拉格朗日乘子**,它通过式(2.4.6)或式(2.4.7)给出约束力或广义约束力。带乘子的拉格朗日方程总共有 $s+1$ 个,而其中涉及的未知量却有 $s+2$ 个,即 $q_1,\cdots,q_{s+1}$ 以及 λ。因此我们还需要额外补充一个方程,这个方程就是 $q_1,\cdots,q_{s+1}$ 满足的约束方程(2.4.2)。给定初始条件,这 $s+2$ 个方程不仅可以确定体系的演化,也可以通过拉格朗日乘子给出约束力的信息。

作为一个直接的推广,对于一个自由度为 s 的体系,为了求解体系所受的其中 m 个约束

$$f_\alpha(\vec{r},t)=0\quad(\alpha=1,\cdots,m)\tag{2.4.9}$$

提供的约束力,不妨设想将这些约束全部解除,即用 $s+m$ 个广义坐标 $q_1,\cdots,q_{s+m}$ 描述其位形。这些坐标并不独立,利用变换方程,由式(2.4.9)可得它们满足的约束方程为

$$f_\alpha(q,t)=0\quad(\alpha=1,\cdots,m)\tag{2.4.10}$$

这 m 个约束方程与 $s+m$ 个带乘子的拉格朗日方程

$$\frac{\delta L}{\delta q_k}+\sum_{\alpha=1}^{m}\lambda_\alpha\frac{\partial f_\alpha}{\partial q_k}=\frac{\partial L}{\partial q_k}-\frac{\mathrm{d}}{\mathrm{d}t}\frac{\partial L}{\partial \dot{q}_k}+\sum_{\alpha=1}^{m}\lambda_\alpha\frac{\partial f_\alpha}{\partial q_k}=0\quad(k=1,\cdots,s+m)\tag{2.4.11}$$

联立,就可以在确定体系演化的同时给出约束力的信息。方程(2.4.11)也可以写为

$$\frac{\mathrm{d}}{\mathrm{d}t}\frac{\partial L}{\partial \dot{q}_k}-\frac{\partial L}{\partial q_k}=\sum_{\alpha=1}^{m}\lambda_\alpha\frac{\partial f_\alpha}{\partial q_k}\quad(k=1,\cdots,s+m)\tag{2.4.12}$$

而 m 个约束(2.4.9)或(2.4.10)提供的广义约束力为

$$Q'_k=\sum_{\alpha=1}^{m}\lambda_\alpha\frac{\partial f_\alpha}{\partial q_k}\tag{2.4.13}$$

这些约束提供的约束力则为

$$\vec{N}=\sum_{\alpha=1}^{m}\lambda_\alpha\frac{\partial f_\alpha}{\partial \vec{r}}\tag{2.4.14}$$

而 $\lambda_\alpha\partial f_\alpha/\partial\vec{r}$ 和 $\lambda_\alpha\partial f_\alpha/\partial q_k$(其中的 α 均不求和)则分别给出了约束 $f_\alpha(q,t)=0$ 提供的约束力和广义约束力。

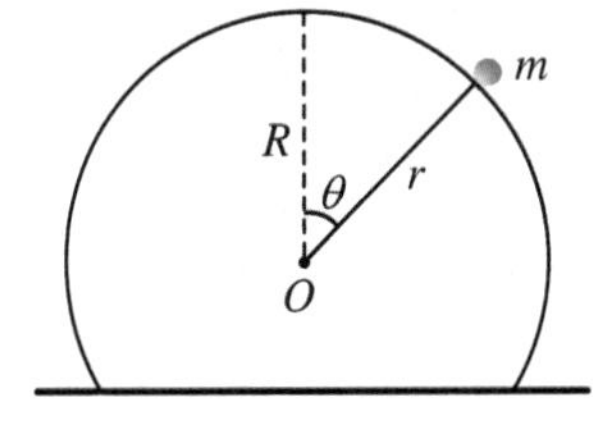

图 2.14 从大球顶部滑下的小球

【例 2.5】 如图 2.14 所示，初始时质量为 m 的小球静止于半径为 R 的固定大球顶部。现给小球一个小的扰动，试问小球在何处与大球脱离接触？

【解】 脱离接触的位置也就是小球所受约束力恰好等于零的位置。

如果没有约束，那么我们就需要两个广义坐标确定小球的位置。以大球球心 O 为原点、竖直向上的方向为极轴，选择平面极坐标 r 和 θ 作为广义坐标（图 2.14）。约束方程为

$$f = r - R = 0$$

拉格朗日函数为

$$L = \frac{1}{2}m\dot{r}^2 + \frac{1}{2}mr^2\dot{\theta}^2 - mgr\cos\theta$$

将 L 和 $f = r - R$ 代入如下带乘子的拉格朗日方程：

$$\begin{cases} \dfrac{\mathrm{d}}{\mathrm{d}t}\dfrac{\partial L}{\partial \dot{r}} - \dfrac{\partial L}{\partial r} = \lambda \dfrac{\partial f}{\partial r} = Q'_r \\ \dfrac{\mathrm{d}}{\mathrm{d}t}\dfrac{\partial L}{\partial \dot{\theta}} - \dfrac{\partial L}{\partial \theta} = \lambda \dfrac{\partial f}{\partial \theta} = Q'_\theta \end{cases}$$

得到

$$\begin{cases} \dfrac{\mathrm{d}(m\dot{r})}{\mathrm{d}t} - mr\dot{\theta}^2 + mg\cos\theta = \lambda \cdot 1 \\ \dfrac{\mathrm{d}(mr^2\dot{\theta})}{\mathrm{d}t} - mgr\sin\theta = \lambda \cdot 0 = 0 \end{cases}$$

再将约束方程 $r = R$ 代入，就给出

$$\lambda = mg\cos\theta - mR\dot{\theta}^2 \tag{2.4.15a}$$

$$R\ddot{\theta} = g\sin\theta \tag{2.4.15b}$$

脱离球面意味着 $\lambda = 0$，为了求得此时小球的位置，我们需要将 λ 用 θ 表示出来。为此，利用 $\ddot{\theta} = \dot{\theta}\mathrm{d}\dot{\theta}/\mathrm{d}\theta$，将方程(2.4.15b)改写为

$$R\dot{\theta}\mathrm{d}\dot{\theta} = g\sin\theta\mathrm{d}\theta$$

积分得到

$$\frac{1}{2}R\dot{\theta}^2 + g\cos\theta = C$$

由于初始时 $\theta=0=\dot{\theta}$，因此积分常数 $C=g$，所以

$$R\dot{\theta}^2 = 2g(1-\cos\theta) \tag{2.4.16}$$

将其代入式(2.4.15a)，得到

$$\lambda = mg(3\cos\theta-2)$$

由 $\lambda=0$ 给出 $\cos\theta=2/3$，即小球在 $\theta=\arccos(2/3)$ 处与大球脱离。此后，小球将做抛物运动。

此例中，广义力 $Q'_r=\lambda\partial f/\partial r=\lambda$ 等于支持力在径向上的投影，而另一个广义力 $Q'_\theta=\lambda\partial f/\partial\theta=0$ 是支持力相对于球心 O 的力矩，该力矩为零正是理想约束假设(此处即指支持力沿着径向)的体现。

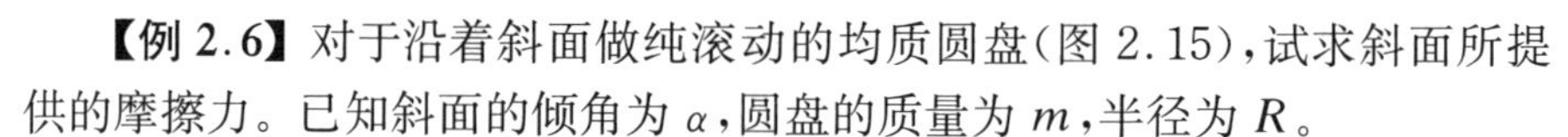

【例 2.6】 对于沿着斜面做纯滚动的均质圆盘(图 2.15)，试求斜面所提供的摩擦力。已知斜面的倾角为 α，圆盘的质量为 m，半径为 R。

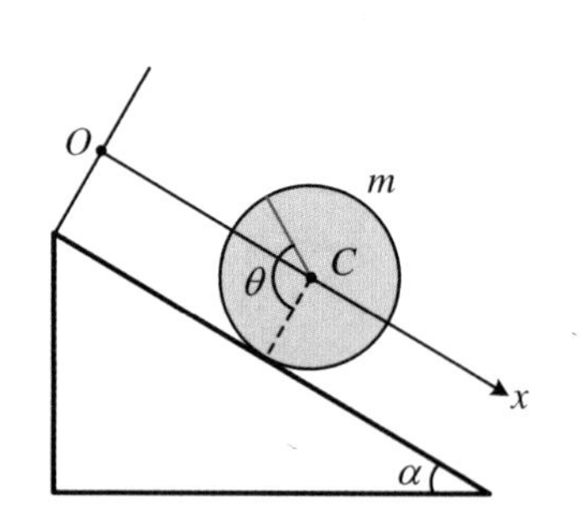

图 2.15　在斜面上纯滚动的圆盘

【解】 摩擦力是纯滚动这一约束提供的约束力。设想解除该约束("圆盘与斜面保持接触"这一约束仍然保留)后，以圆盘中心 C 的位置 x(x 轴沿着斜面向下)以及圆盘绕着 C 顺时针转过的角度 θ 作为广义坐标(图 2.15)。约束方程为

$$f = x - R\theta = 0$$

由于圆盘绕对称轴的转动惯量为 $I=mR^2/2$，因此其动能为

$$T = \frac{1}{2}m\dot{x}^2 + \frac{1}{2}I\dot{\theta}^2 = \frac{1}{2}m\dot{x}^2 + \frac{1}{4}mR^2\dot{\theta}^2$$

而圆盘的重力势能 $U=-mgx\sin\alpha$，所以拉格朗日函数为

$$L = \frac{1}{2}m\dot{x}^2 + \frac{1}{4}mR^2\dot{\theta}^2 + mgx\sin\alpha$$

将 L 和 $f=x-R\theta$ 代入如下带乘子的拉格朗日方程：

$$\begin{cases} \dfrac{\mathrm{d}}{\mathrm{d}t}\dfrac{\partial L}{\partial \dot{x}} - \dfrac{\partial L}{\partial x} = \lambda\dfrac{\partial f}{\partial x} \\ \dfrac{\mathrm{d}}{\mathrm{d}t}\dfrac{\partial L}{\partial \dot{\theta}} - \dfrac{\partial L}{\partial \theta} = \lambda\dfrac{\partial f}{\partial \theta} \end{cases}$$

得到

$$\begin{cases} m\ddot{x} - mg\sin\alpha = \lambda = Q'_x \\ \dfrac{1}{2}mR^2\ddot{\theta} - 0 = -\lambda R = Q'_\theta \end{cases}$$

将约束方程给出的关系 $\ddot{x} = R\ddot{\theta}$ 代入第二式，得到 $\lambda = -m\ddot{x}/2$，再与第一式联立，给出

$$\ddot{x} = \frac{2}{3}g\sin\alpha, \quad \lambda = -\frac{1}{3}mg\sin\alpha$$

因此，圆盘质心沿着斜面运动的加速度是没有摩擦力情况下的 2/3，这是容易理解的。广义约束力 $Q'_x = \lambda = -mg\sin\alpha/3$ 正是要求的摩擦力，负号表示摩擦力方向与 x 增加的方向相反，即沿着斜面向上。另一个广义约束力 $Q'_\theta = -\lambda R = mgR\sin\alpha/3$ 则是摩擦力相对于圆盘中心 C 的力矩，$Q'_\theta > 0$ 表示该力矩的方向垂直于纸面向内，即与 θ 增加时转轴的方向一致。

2.4.2 静力学问题

当体系处于平衡状态时，我们通常关心两方面的问题：一是平衡位置；二是平衡时体系受到的约束力。由于平衡只是运动的特例，所以前面有关动力学的讨论都可以照搬过来。

由于平衡时各粒子静止，即 $\dot{\vec{p}} = 0$，因此，根据式(2.3.19)就有

$$\frac{\delta L}{\delta q_k} \triangleq \frac{\partial L}{\partial q_k} - \frac{\mathrm{d}}{\mathrm{d}t}\frac{\partial L}{\partial \dot{q}_k} = \vec{F} \cdot \frac{\partial \vec{r}}{\partial q_k} = -\frac{\partial U}{\partial \vec{r}} \cdot \frac{\partial \vec{r}}{\partial q_k} = -\frac{\partial U}{\partial q_k} \quad (2.4.17)$$

这样，带乘子的拉格朗日方程(2.4.12)可写为

$$\frac{\partial U}{\partial q_k} = \sum_{\alpha=1}^{m} \lambda_\alpha \frac{\partial f_\alpha}{\partial q_k} \quad (k = 1,2,\cdots,s+m) \quad (2.4.18)$$

将其与约束方程(2.4.10)联立，即可同时给出体系的平衡位置及该位置处体系所受的约束力。

如果我们关心的仅仅是平衡位置，那么可采用一组独立的广义坐标 $q_1, \cdots, q_s$ 描述体系的位形。根据式(2.4.17)，拉格朗日方程 $\delta L/\delta q_k = 0$ 可写为

$$\frac{\partial U}{\partial q_k} = 0 \quad (k = 1,2,\cdots,s) \quad (2.4.19)$$

这 s 个关于 $q_1,\cdots,q_s$ 的代数方程足以确定平衡时体系的位形。

【例 2.7】 有一根质量为 m、长为 a 的均质杆，上端 A 靠在光滑的竖直墙壁上，下端 B 与某条光滑的钢丝保持接触。为了使得杆在任意位置都能平衡，求该钢丝的形状。

【解】 设钢丝的参数方程为

$$x = a\sin\theta,\quad y = y(\theta)$$

其中，θ 为杆与墙的夹角。由于杆质心的 y 坐标为

$$y_c = y(\theta)+\frac{a}{2}\cos\theta = y_c(\theta)$$

因此重力势能为 $U=mgy_c$。杆在任意位置都能平衡意味着平衡方程

$$\frac{\partial U}{\partial\theta} = mg\frac{\partial y_c}{\partial\theta} = 0$$

对于任意的 θ 都成立。因此 y_c 是与 θ 无关的常数，它也就等于 $\theta=0$ 时的数值 $y_c=a/2$，即有

$$y(\theta)+\frac{a}{2}\cos\theta = \frac{a}{2}\quad 或者\quad y = \frac{a}{2}(1-\cos\theta)$$

所以钢丝的参数方程为

$$x = a\sin\theta,\quad y = \frac{a}{2}(1-\cos\theta)$$

消去 θ，得到

$$\left(\frac{x}{a}\right)^2 + \left(\frac{y-a/2}{a/2}\right)^2 = 1$$

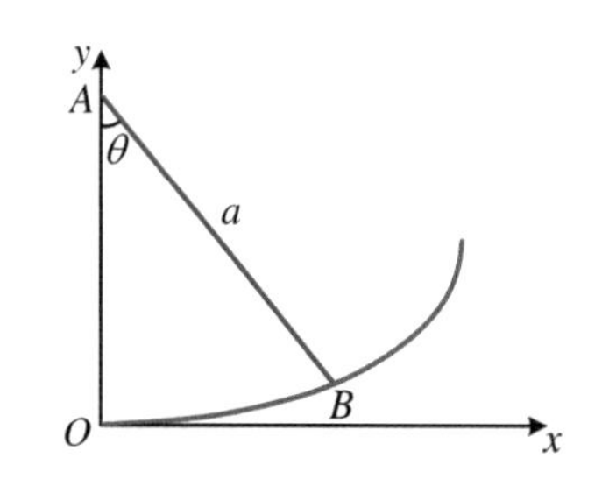

图 2.16　杆在任一位置可保持平衡

即钢丝的形状是中心位于 $(0,a/2)$，长、短半轴分别为 a 和 $a/2$ 的椭圆。事实上，为了使杆与墙、钢丝均保持接触，这里只能取如图 2.16 所示的 1/4 椭圆。

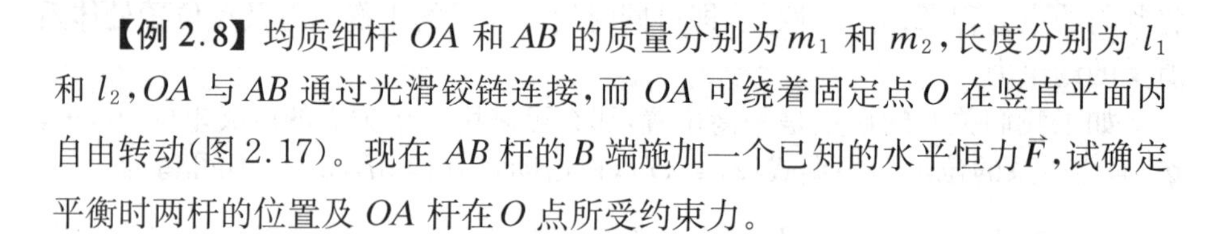

【例 2.8】 均质细杆 OA 和 AB 的质量分别为 m_1 和 m_2，长度分别为 l_1 和 l_2，OA 与 AB 通过光滑铰链连接，而 OA 可绕着固定点 O 在竖直平面内自由转动(图 2.17)。现在 AB 杆的 B 端施加一个已知的水平恒力 $\vec{F}$，试确定平衡时两杆的位置及 OA 杆在 O 点所受约束力。

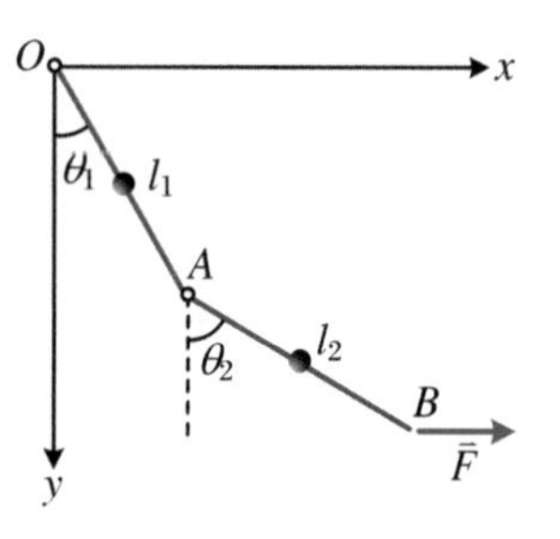

图 2.17　两杆在水平力作用下处于平衡

【解】为求点 O 提供的约束力,设想将该约束解除,并用点 O 的坐标(x,y)以及杆 OA 和 AB 分别与竖直方向的夹角 θ_1 和 θ_2 描述体系的位形(图2.17)。设 OA 和 OB 的质心位矢分别为 $\vec{r}_1$ 和 $\vec{r}_2$,B 端的位矢为 $\vec{r}_B$。体系的势能可以写为

$$
\begin{aligned}
U &= -m_1\vec{g}\cdot\vec{r}_1 - m_2\vec{g}\cdot\vec{r}_2 - \vec{F}\cdot\vec{r}_B \\
&= -m_1 g y_1 - m_2 g y_2 - F x_B \\
&= U(x,y,\theta_1,\theta_2)
\end{aligned}
$$

其中

$$
\begin{aligned}
y_1 &= y + \frac{1}{2}l_1\cos\theta_1 \\
y_2 &= y + l_1\cos\theta_1 + \frac{1}{2}l_2\cos\theta_2 \\
x_B &= x + l_1\sin\theta_1 + l_2\sin\theta_2
\end{aligned}
$$

点 O 实际上对于体系提供了两个约束,约束方程分别为

$$
f_1 = x = 0,\quad f_2 = y = 0
$$

因此引入两个拉格朗日乘子 λ_1 和 λ_2,平衡方程为

$$
\frac{\partial U}{\partial q_k} = \lambda_1\frac{\partial f_1}{\partial q_k} + \lambda_2\frac{\partial f_2}{\partial q_k}\quad (q_k = x,y,\theta_1,\theta_2)
$$

由于 f_1 和 f_2 均不显含 θ_1 和 θ_2,因此 $q_k=\theta_1,\theta_2$ 时的两个方程可写为

$$
\begin{cases}
\dfrac{\partial U}{\partial\theta_1} = -Fl_1\cos\theta_1 + \dfrac{1}{2}(m_1+2m_2)gl_1\sin\theta_1 = 0 \\
\dfrac{\partial U}{\partial\theta_2} = -Fl_2\cos\theta_2 + \dfrac{1}{2}m_2 g l_2\sin\theta_2 = 0
\end{cases}
$$

解得

$$
\tan\theta_1 = \frac{2F}{(m_1+2m_2)g},\quad \tan\theta_2 = \frac{2F}{m_2 g}
$$

即平衡位置与两杆的长度无关,平衡时上面的杆 OA 与竖直方向的夹角 θ_1 与两杆的质量都有关,而下面的杆 AB 与竖直方向的夹角 θ_2 与杆 OA 的质量无关。

由于 f_1 不显含 y,f_2 不显含 x,因此 $q_k=x,y$ 时的两个方程可写为

$$
\begin{cases}
\dfrac{\partial U}{\partial x} = \lambda_1\dfrac{\partial f_1}{\partial x} \\
\dfrac{\partial U}{\partial y} = \lambda_2\dfrac{\partial f_2}{\partial y}
\end{cases}
$$

即

$$\begin{cases} -F = \lambda_1 = Q'_x \\ -(m_1 + m_2)g = \lambda_2 = Q'_y \end{cases}$$

因此点 O 提供的约束力 $\vec{N}$ 的分量为

$$\begin{cases} N_x = Q'_x = -F \\ N_y = Q'_y = -(m_1 + m_2)g \end{cases}$$

$\vec{N}$ 的方向沿着左上方。显然，两杆构成的体系所受的合外力为零，即

$$\vec{N} + \vec{F} + (m_1 + m_2)\vec{g} = \vec{0}$$

2.4.3 由哈密顿原理分析约束力

对于自由度为 s 的体系，设 $s+m$ 个不独立的变量 $q = (q_1, \cdots, q_{s+m})$ 可以作为广义坐标描述体系的位形，这些坐标满足方程(2.4.10)给出的 m 个独立约束。在以这 $s+m$ 个变量作为直角坐标构建的 $s+m$ 维空间(不妨仍称为位形空间)中，描述体系位形的点只能在方程(2.4.10)所定义的 s 维曲面(不妨仍称为位形曲面)上运动。而所谓 m 个约束方程(2.4.10)独立，即是指该位形曲面的 m 个法向量

$$\frac{\partial f_\alpha}{\partial q} = \left(\frac{\partial f_\alpha}{\partial q_1}, \frac{\partial f_\alpha}{\partial q_2}, \cdots, \frac{\partial f_\alpha}{\partial q_{s+m}}\right) \quad (\alpha = 1, 2, \cdots, m) \qquad (2.4.20)$$

是独立的。

位形曲面上有相同端点的所有可能路径当中，真实运动使得作用量取驻值。而位形曲面上的路径也就是满足约束方程(2.4.10)的路径，即要求

$$\delta f_\alpha = \frac{\partial f_\alpha}{\partial q_k}\delta q_k = 0 \quad (\alpha = 1, 2, \cdots, m) \qquad (2.4.21)$$

因此，采用不独立的广义坐标描述体系的位形时，最小作用原理在数学上表述为

$$\delta S = \delta \int_{t_1}^{t_2} L(q, \dot{q}, t)\mathrm{d}t = 0 \qquad (2.4.22)$$

可能路径除了满足约束(2.4.21)外，还要求具有相同的端点，即

$$\delta q_k(t_1) = 0 = \delta q_k(t_2) \quad (k = 1,\cdots,s+m) \tag{2.4.23}$$

利用变分法则有

$$\begin{aligned} 0 = \delta S &= \int_{t_1}^{t_2} \left(\frac{\partial L}{\partial q_k}\delta q_k + \frac{\partial L}{\partial \dot{q}_k}\delta \dot{q}_k \right) \mathrm{d}t \\ &= \int_{t_1}^{t_2} \left[\left(\frac{\partial L}{\partial q_k} - \frac{\mathrm{d}}{\mathrm{d}t}\frac{\partial L}{\partial \dot{q}_k} \right) \delta q_k \right] \mathrm{d}t + \frac{\partial L}{\partial \dot{q}_k}\delta q_k \bigg|_{t_1}^{t_2} \end{aligned} \tag{2.4.24}$$

由于端点条件(2.4.23)，上式右边最后一项等于零。如果仍令

$$\frac{\delta L}{\delta q_k} \triangleq \frac{\partial L}{\partial q_k} - \frac{\mathrm{d}}{\mathrm{d}t}\frac{\partial L}{\partial \dot{q}_k}$$

则由式(2.4.24)给出

$$\int_{t_1}^{t_2} \left(\frac{\delta L}{\delta q_k}\delta q_k \right) \mathrm{d}t = 0 \tag{2.4.25}$$

此处的 $s+m$ 个 δq_k 并不独立，而是要满足式(2.4.21)，因而由上式并不能得到每一个 δq_k 前面的系数 $\delta L/\delta q_k$ 等于零的结论。

由式(2.4.21)可知，对于 m 个时间 t 的任意函数 $\lambda_\alpha(t)$ $(\alpha = 1,2,\cdots,m)$ 都有

$$\int_{t_1}^{t_2} (\lambda_\alpha \delta f_\alpha) \mathrm{d}t = \int_{t_1}^{t_2} \left(\lambda_\alpha \frac{\partial f_\alpha}{\partial q_k}\delta q_k \right) \mathrm{d}t = 0$$

将其与式(2.4.25)求和，得到

$$\int_{t_1}^{t_2} \sum_{k=1}^{s+m} \left(\frac{\delta L}{\delta q_k} + \sum_{\alpha=1}^{m} \lambda_\alpha \frac{\partial f_\alpha}{\partial q_k} \right) \delta q_k \mathrm{d}t = 0 \tag{2.4.26}$$

为使下面的讨论更加清楚，这里将求和符号明显地写出。

变分 δq_k 满足的关系式(2.4.21)是 m 个线性、齐次方程，其系数矩阵则是由式(2.4.20)所定义的 m 个独立法向量 $\partial f_\alpha/\partial q$ 构成的。因此，在 $s+m$ 个变分 δq_k 中只有 s 个是独立的，而其余 m 个 δq_k 可以表示为这些独立变分的线性组合。不妨设 $(\delta q_1,\delta q_2,\cdots,\delta q_s)$ 是独立的。

真实运动满足式(2.4.26)，且此结论对于任意 m 个函数 $\lambda_\alpha(t)$ 都成立。由于式(2.4.26)中的 $\delta L/\delta q_k$ 终归是(由真实路径决定的)时间 t 的某些函数，所以总可以找到时间 t 的 m 个合适的函数 $\lambda_\alpha(t)$，使得式(2.4.26)中 m 个不独立变分 $(\delta q_{s+1},\cdots,\delta q_{s+m})$ 前面的系数都为零，即使得

$$\frac{\delta L}{\delta q_k} + \sum_{\alpha=1}^{m} \lambda_\alpha \frac{\partial f_\alpha}{\partial q_k} = 0 \quad (k = s+1,\cdots,s+m)$$

而对于这样的 $\lambda_\alpha(t)$，式(2.4.26)就可以写为

$$\int_{t_1}^{t_2}\sum_{k=1}^{s}\left(\frac{\delta L}{\delta q_k}+\sum_{\alpha=1}^{m}\lambda_\alpha\frac{\partial f_\alpha}{\partial q_k}\right)\delta q_k\mathrm{d}t=0$$

根据我们的“不妨设”，上式中出现的 s 个 δq_k 是彼此独立的，因而其中每一个 δq_k 前面的系数也都等于零，即有

$$\frac{\delta L}{\delta q_k}+\sum_{\alpha=1}^{m}\lambda_\alpha\frac{\partial f_\alpha}{\partial q_k}=0\quad(k=1,\cdots,s)$$

也就是说，我们总可以找到 m 个合适的函数 $\lambda_\alpha(t)$，使得式(2.4.26)中每一个 δq_k 前面的系数都等于零，即

$$\frac{\delta L}{\delta q_k}+\sum_{\alpha=1}^{m}\lambda_\alpha\frac{\partial f_\alpha}{\partial q_k}=0\quad(k=1,\cdots,s+m)\tag{2.4.27}$$

这正是方程(2.4.11)，而这些合适的 $\lambda_\alpha(t)$ 就称为拉格朗日乘子。将方程(2.4.27)与约束方程(2.4.10)联立就可以确定体系位形随时间的演化 $q_k(t)$ 以及拉格朗日乘子 $\lambda_\alpha(t)$，而通过式(2.4.13)或式(2.4.14)也就可以由 $\lambda_\alpha(t)$ 给出约束力的信息。

定义“拉格朗日函数”

$$\widetilde{L}\triangleq L(q,\dot{q},t)+\sum_{\alpha=1}^{m}\lambda_\alpha f_\alpha(q,t)=\widetilde{L}(q,\lambda,\dot{q},t)\tag{2.4.28}$$

即也将 λ_α 看作具有“广义坐标”的地位，显然 $\widetilde{L}$ 不显含“广义速度” $\dot{\lambda}_\alpha$。不难验证，$s+m$ 个拉格朗日方程

$$\frac{\delta\widetilde{L}}{\delta q_k}\triangleq\frac{\partial\widetilde{L}}{\partial q_k}-\frac{\mathrm{d}}{\mathrm{d}t}\frac{\partial\widetilde{L}}{\partial\dot{q}_k}=0\quad(k=1,\cdots,s+m)\tag{2.4.29a}$$

实际上就是方程(2.4.27)，而另外的 m 个拉格朗日方程

$$\frac{\delta\widetilde{L}}{\delta\lambda_\alpha}\triangleq\frac{\partial\widetilde{L}}{\partial\lambda_\alpha}-\frac{\mathrm{d}}{\mathrm{d}t}\frac{\partial\widetilde{L}}{\partial\dot{\lambda}_\alpha}=\frac{\partial\widetilde{L}}{\partial\lambda_\alpha}=0\quad(\alpha=1,\cdots,m)\tag{2.4.29b}$$

给出了约束方程(2.4.10)。

由于 $L=T-U$，因而 $\widetilde{L}$ 可以写为

$$\widetilde{L}=T-\left[U-\sum_{\alpha=1}^{m}\lambda_\alpha f_\alpha(q,t)\right]$$

即形式上可以将 $\lambda_\alpha f_\alpha(q,t)$ 视为约束 $f_\alpha(q,t)=0$ 所提供约束力的势能函数。

约束方程和带乘子的拉格朗日方程能够统一写为拉格朗日方程(2.4.29)的形式，这意味着，尽管此处我们采用的是不独立的广义坐标，但是之前得到的诸多结论几乎都可以原封不动地照搬过来。比如，由于 $\partial\widetilde{L}/\partial\dot{q}_k=\partial L/\partial\dot{q}_k$，因此，如果 L 和诸 f_α 都不显含 q_k，即 q_k 是$\widetilde{L}$的循环坐标，那么与 q_k 共轭的广义动量 $p_k=\partial L/\partial\dot{q}_k$ 是守恒量。又如，由于$\widetilde{L}$的雅可比积分

$$\begin{aligned}\widetilde{h}&\triangleq\left(\sum_{k=1}^{s+m}\dot{q}_k\frac{\partial\widetilde{L}}{\partial\dot{q}_k}+\sum_{\alpha=1}^{m}\dot{\lambda}_\alpha\frac{\partial\widetilde{L}}{\partial\dot{\lambda}_\alpha}\right)-\widetilde{L}\\&=\left(\sum_{k=1}^{s+m}\dot{q}_k\frac{\partial L}{\partial\dot{q}_k}-L\right)-\sum_{\alpha=1}^{m}\lambda_\alpha f_\alpha\end{aligned}$$

上式右边括号中的项正是 $L(q,\dot{q},t)$的雅可比积分 h，因而

$$\widetilde{h}=h-\sum_{\alpha=1}^{m}\lambda_\alpha f_\alpha(q,t)$$

对于真实运动，由于其满足约束，故$\widetilde{h}=h$；所以，如果 L 和诸 f_α 都不显含时间 t，即$\widetilde{L}$不显含时间 t，那么$\widetilde{L}$的雅可比积分$\widetilde{h}$守恒，从而 L 的雅可比积分 h 守恒。譬如例 2.5 中，由于

$$L=\frac{1}{2}m\dot{r}^2+\frac{1}{2}mr^2\dot{\theta}^2-mgr\cos\theta$$

以及 $f=r-R$ 均不显含时间 t，因而 L 的雅可比积分

$$h=\frac{1}{2}m\dot{r}^2+\frac{1}{2}mr^2\dot{\theta}^2+mgr\cos\theta$$

守恒。将约束方程 $r=R$ 代入上式，并注意到初始条件决定的 h 的数值为 mgR，所以得到

$$\frac{1}{2}mR^2\dot{\theta}^2+mgR\cos\theta=mgR\cos\theta$$

略做化简就给出了式(2.4.16)。

2.5 与速度有关的相互作用

2.5.1 广义势能

到目前为止,我们讨论的都是主动力只依赖于体系位形的情形(当然也可能明显地依赖于时间 t)。如果主动力还与速度有关,即$\vec{F}=\vec{F}(\vec{r},\dot{\vec{r}},t)$,那么体系的运动是否还可以用最小作用原理加以解释?或者说,其运动方程是否可以写为拉格朗日方程的形式?

我们知道:对于自由度为 s 的体系,牛顿方程 $\vec{F}+\vec{N}-\dot{\vec{p}}=\vec{0}$ 在位形曲面的 s 个切矢量方向上的"投影"为

$$\begin{aligned}0&=(\vec{F}+\vec{N}-\dot{\vec{p}})\cdot\frac{\partial\vec{r}}{\partial q_k}\\&=(\vec{F}-\dot{\vec{p}})\cdot\frac{\partial\vec{r}}{\partial q_k}\quad(k=1,2,\cdots,s)\end{aligned}\tag{2.5.1}$$

其中,第二个等号用到了理想约束假设。无论主动力具有什么性质,也无论其是否与速度有关,这些"投影"给出的方程都是正确的,而且足以确定体系位形随时间的演化。现在的问题是:在什么情形下,方程(2.5.1)也可以写为拉格朗日方程的形式?

让我们仍然假设拉格朗日函数可以写成动能 T 减去描述相互作用的标量函数 U 的形式,即

$$L=T-U\tag{2.5.2}$$

由于目前讨论的主动力 $\vec{F}$ 与速度有关,因此描述该力的标量函数 U 通常应该是依赖于速度的,即有 $U=U(\vec{r},\dot{\vec{r}},t)$。注意:当 U 与速度有关时,式(2.3.19)不再成立,不过式(2.3.14)和式(2.3.16)仍然有效。因而拉格朗日方程可以写为

$$\frac{\delta L}{\delta q_k}=\frac{\delta L}{\delta\vec{r}}\cdot\frac{\partial\vec{r}}{\partial q_k}=\left(\frac{\delta T}{\delta\vec{r}}-\frac{\delta U}{\delta\vec{r}}\right)\cdot\frac{\partial\vec{r}}{\partial q_k}=0\tag{2.5.3}$$

而由于式(2.3.17)总是正确的,即有

$$\frac{\delta T}{\delta\vec{r}}=\frac{\partial T}{\partial\vec{r}}-\frac{\mathrm{d}}{\mathrm{d}t}\frac{\partial T}{\partial\dot{\vec{r}}}=-\dot{\vec{p}}$$

因此拉格朗日方程又可以写为

$$\frac{\delta L}{\delta q_k} = \left(-\frac{\delta U}{\delta \vec{r}} - \dot{\vec{p}}\right)\cdot \frac{\partial \vec{r}}{\partial q_k} = 0 \tag{2.5.4}$$

将式(2.5.4)与正确的方程(2.5.1)对比,可以看出:对于所受主动力与速度有关的体系,如果坚持拉格朗日函数具有式(2.5.2)的形式,那么仅当该主动力按照方式

$$\vec{F} = -\frac{\delta U}{\delta \vec{r}} = -\frac{\partial U}{\partial \vec{r}} + \frac{\mathrm{d}}{\mathrm{d}t}\frac{\partial U}{\partial \dot{\vec{r}}} \tag{2.5.5}$$

由标量函数 $U(\vec{r},\dot{\vec{r}},t)$确定时,该体系的运动方程才可以写为拉格朗日方程的形式。这样的函数 U 称为广义势能。关系式(2.3.14)不仅对 L,而且对任何状态参量的函数都成立,而用 U 替换其中的L,就给出广义主动力与广义势能的关系

$$Q_k \triangleq \vec{F}\cdot\frac{\partial \vec{r}}{\partial q_k} = -\frac{\delta U}{\delta q_k} = -\frac{\partial U}{\partial q_k} + \frac{\mathrm{d}}{\mathrm{d}t}\frac{\partial U}{\partial \dot{q}_k} \tag{2.5.6}$$

如果 $U = U(\vec{r},t)$不依赖于速度,那么式(2.5.5)和式(2.5.6)右边的最后一项就都等于零,这就是通常的势能与力或广义力的关系。因而,通常的势能实际上只是广义势能的一个特例。

【例2.9】 考察在电磁场$(\vec{E},\vec{B})$中运动的质量为 m、电量为 e 的带电粒子。

(1) 证明:带电粒子受到的洛伦兹力 $\vec{F} = e(\vec{E} + \vec{v}\times\vec{B})$可以用广义势能

$$U = e(\varphi - \vec{v}\cdot\vec{A}) \tag{2.5.7}$$

描述,其中,φ 和 $\vec{A}$ 分别是电磁场的标量势和矢量势(参考1.6.3小节),它们与电磁场的关系为

$$\vec{E} = -\nabla\varphi - \partial_t \vec{A},\quad \vec{B} = \nabla\times\vec{A} \tag{2.5.8}$$

(2) 在直角坐标系中写出粒子的拉格朗日函数 L,并写出广义动量 p_k 和L 的雅可比积分h。

(3) 如果将电磁场$(\vec{E},\vec{B})$的电磁势选为

$$\varphi' = \varphi - \frac{\partial\psi}{\partial t},\quad \vec{A}' = \vec{A} + \nabla\psi \tag{2.5.9}$$

试在直角坐标系中写出带电粒子的拉格朗日函数 L'，并写出广义动量 p'_k 和 L' 的雅可比积分 h'。它们与(2)中得到的 L，p_k 和 h 分别有什么关系？

【证明】(1) 采用直角坐标系，广义势能表示为 $U = e(\varphi - \dot{x}_i A_i)$。由于

$$\frac{\mathrm{d}}{\mathrm{d}t}\frac{\partial U}{\partial \dot{x}_k} = -e\frac{\mathrm{d}A_k}{\mathrm{d}t} = -e\dot{x}_i\frac{\partial A_k}{\partial x_i} - e\frac{\partial A_k}{\partial t}$$

$$\frac{\partial U}{\partial x_k} = e\frac{\partial \varphi}{\partial x_k} - e\dot{x}_i\frac{\partial A_i}{\partial x_k}$$

因此有

$$\begin{aligned} -\frac{\delta U}{\delta x_k} &= -\frac{\partial U}{\partial x_k} + \frac{\mathrm{d}}{\mathrm{d}t}\frac{\partial U}{\partial \dot{x}_k} \\ &= -e\left(\frac{\partial \varphi}{\partial x_k} + \frac{\partial A_k}{\partial t}\right) + e\dot{x}_i\left(\frac{\partial A_i}{\partial x_k} - \frac{\partial A_k}{\partial x_i}\right) \end{aligned} \tag{2.5.10}$$

根据式(2.5.8)，式(2.5.10)右边第一项恰好就是 eE_i；第二项可以写为

$$e\dot{x}_i\left[\varepsilon_{kij}\left(\nabla\times\vec{A}\right)_j\right] = e\varepsilon_{kij}\dot{x}_i B_j = \left(e\vec{v}\times\vec{B}\right)_k$$

所以式(2.5.10)的右边正是洛伦兹力的第 k 个分量。这样我们就证明了

$$\vec{F} = e\left(\vec{E} + \vec{v}\times\vec{B}\right) = -\frac{\delta U}{\delta \vec{r}}$$

(2) 带电粒子的拉格朗日函数等于动能减去广义势能，即

$$\begin{aligned} L &= T - U \\ &= \frac{1}{2}mv^2 - e\left(\varphi - \vec{v}\cdot\vec{A}\right) \\ &= \frac{1}{2}mv^2 + e\vec{v}\cdot\vec{A} - e\varphi \end{aligned} \tag{2.5.11}$$

在直角坐标系下，L 表示为

$$L = \frac{1}{2}m\dot{x}_i\dot{x}_i + e\dot{x}_i A_i - e\varphi \tag{2.5.12}$$

因此，与 x_k 共轭的广义动量为

$$p_k \triangleq \frac{\partial L}{\partial \dot{x}_k} = m\dot{x}_k + eA_k \tag{2.5.13}$$

这里，采用的尽管是直角坐标系，但 p_k 并非通常的线动量 $m\dot{x}_k$，而是还要附

加一项"电磁动量"eA_k。而由于 L 是广义速度 $\dot{x}_i$ 的二次多项式，因此 L 的雅可比积分等于其二次项与零次项之差，即

$$h \triangleq \dot{x}_k \frac{\partial L}{\partial \dot{x}_k} - L = \frac{1}{2} m \dot{x}_i \dot{x}_i + e\varphi = T + e\varphi \tag{2.5.14}$$

除非电磁场不随时间变化，否则 h 并不等于带电粒子的能量。

(3) 采用新的电磁势$(\varphi', \vec{A}')$，广义势能(2.5.7)就变为

$$\begin{aligned} U' &= e(\varphi' - \vec{v} \cdot \vec{A}') \\ &= e(\varphi - \vec{v} \cdot \vec{A}) - e\left(\frac{\partial \psi}{\partial t} + \vec{v} \cdot \nabla \psi\right) \end{aligned}$$

即 U'与U 的关系为

$$U' = U - e\frac{\mathrm{d}\psi}{\mathrm{d}t}$$

因此拉格朗日函数

$$L' = T - U' = T - U + e\frac{\mathrm{d}\psi}{\mathrm{d}t} = L + e\frac{\mathrm{d}\psi}{\mathrm{d}t}$$

即 L'与L 相差一个规范变换，规范函数为 $e\psi$。在直角坐标系下，有

$$L' = L + e\frac{\partial \psi}{\partial t} + e\dot{x}_i \frac{\partial \psi}{\partial x_i}$$

其中，L 由式(2.5.12)定义。与 x_k 共轭的广义动量变为

$$p'_k \triangleq \frac{\partial L'}{\partial \dot{x}_k} = \frac{\partial L}{\partial \dot{x}_k} + e\frac{\partial \psi}{\partial x_k} = p_k + e\frac{\partial \psi}{\partial x_k}$$

而 L'的雅可比积分为

$$h' \triangleq \dot{x}_k \frac{\partial L'}{\partial \dot{x}_k} - L' = \frac{1}{2} m \dot{x}_i \dot{x}_i + e\varphi' = h - e\frac{\partial \psi}{\partial t}$$

2.5.2 耗散力

目前我们知道自然界有四种基本相互作用力，分别为强相互作用、弱相互作用、电磁相互作用以及万有引力，它们都是保守力。原则上，所有宏观物体之间的相互作用都可以看作构成它们的基本粒子之间的基本相互作用的一种集

合效应。在此意义下,我们说自然界所有的力都是保守力,自然界的能量是守恒的,它总是保持为一个常量。但是,宏观物体往往包含太多的粒子,以至于想要通过基本作用导出宏观物体之间力的确切规律的任何企图在实践上都是行不通的。这些力的性质通常是由实验直接得到的。而在总结这些实验规律时,出于方便经常会将某些物质或能量视为属于体系外部的而不加以考虑,这样能量看起来就可能不守恒了,由此就出现了所谓非保守力的概念。一个典型的例子是摩擦力,在地面上自由滑动的物体最终会停下来,我们就说这个物体的能量减小了,是不守恒的,所以摩擦力是非保守力。而真实的情况是,在滑动过程中,物体与地面都会发热,两者接触部位的温度多少都会升高那么一点,从而在接触面附近的分子或原子振动得都会比原来更剧烈一些。分子振动的这部分能量通常我们不称作动能而是称作热能,而热能其实也是一种动能,是内部粒子相对运动的能量。由于通常我们并不把这一部分能量包含进来,或者说,由于我们将物体整体运动的动能(质心动能)看作物体的动能,因此能量看起来就不守恒了。

引进非保守力不仅仅是由于难以从第一性原理给出相关作用的精确描述,更重要的是,利用这样的方法处理宏观物体的运动确实可以带来很大的便利。非保守力的概念在重离子物理中也有着重要的应用。当两个原子核碰撞时,如果能量足够高,就会有许多的内部自由度被激发,这时我们就说核被加热了,而相对运动的能量则丢失了——这通常就被视为非保守力或者说耗散力存在的信号。

考察自由度为 s 的体系,广义坐标设为 $q_1,\cdots,q_s$。体系中的粒子受到的力既包含主动力,也可能包含约束力 $\vec{N}$。将主动力表示为两部分,即 $\vec{F}=\vec{F}^{\mathrm{P}}+\vec{F}^{\mathrm{D}}$,其中,$\vec{F}^{\mathrm{P}}$ 是可以用广义势能 U 按照式(2.5.5)描述的主动力,而 $\vec{F}^{\mathrm{D}}$ 则是其他的主动力。对于这样的体系,牛顿方程写为

$$\vec{F}^{\mathrm{P}}+\vec{F}^{\mathrm{D}}+\vec{N}-\dot{\vec{p}}=\vec{0} \tag{2.5.15}$$

将其在位形曲面的切矢量上“投影”就得到确定其位形所需的 s 个运动方程

$$\begin{aligned} 0 &= (\vec{F}^{\mathrm{P}}+\vec{F}^{\mathrm{D}}+\vec{N}-\dot{\vec{p}})\cdot\frac{\partial\vec{r}}{\partial q_k} \\ &= (\vec{F}^{\mathrm{P}}-\dot{\vec{p}})\cdot\frac{\partial\vec{r}}{\partial q_k}+\vec{F}^{\mathrm{D}}\cdot\frac{\partial\vec{r}}{\partial q_k} \end{aligned} \tag{2.5.16}$$

在写出第二个等号时,已经用到了理想约束假设。上式右边第一项可以写为 $\delta L/\delta q_k$(其中,$L=T-U$),而第二项则是由 $\vec{F}^{\mathrm{D}}$ 所定义的广义力,记为

$$D_k \triangleq \vec{F}^{\mathrm{D}}\cdot\frac{\partial\vec{r}}{\partial q_k}=\vec{F}_a^{\mathrm{D}}\cdot\frac{\partial\vec{r}_a}{\partial q_k} \tag{2.5.17}$$

因此,方程(2.5.16)可以写为

$$\frac{\delta L}{\delta q_k} + D_k = \frac{\partial L}{\partial q_k} - \frac{\mathrm{d}}{\mathrm{d}t}\frac{\partial L}{\partial \dot{q}_k} + D_k = 0 \quad (k = 1,2,\cdots,s) \tag{2.5.18}$$

在很多情形下，$\vec{F}^{\mathrm{D}}$ 具有下面的形式：

$$\vec{F}_a^{\mathrm{D}} = -g_a(v_a)\hat{v}_a \quad (g_a > 0) \tag{2.5.19}$$

即粒子 a 受到的力$\vec{F}_a^{\mathrm{D}}$与其速度反向，大小则只依赖于粒子 a 的速度大小(注意：上式右边的 a 并不求和，在本节剩下的部分我们也暂不采用求和约定)。由于$\vec{F}_a^{\mathrm{D}}$消耗的功率 $\vec{F}_a^{\mathrm{D}} \cdot \vec{v}_a = -g_a v_a < 0$，因此将这样的力称为耗散力。将式(2.5.19)代入式(2.5.17)，广义耗散力就可以写为

$$\begin{aligned} D_k &= -\sum_a g_a(v_a)\hat{v}_a \cdot \frac{\partial \vec{r}_a}{\partial q_k} \\ &= -\sum_a g_a(v_a)\frac{\vec{v}_a}{v_a} \cdot \frac{\partial \vec{v}_a}{\partial \dot{q}_k} \\ &= -\sum_a g_a(v_a)\frac{\partial v_a}{\partial \dot{q}_k} \end{aligned}$$

其中，第二个等号用到关系式

$$\frac{\partial \vec{r}_a}{\partial q_k} = \frac{\partial \dot{\vec{r}}_a}{\partial \dot{q}_k}$$

定义耗散函数

$$\mathscr{F} \triangleq \sum_a \int_0^{v_a} g_a(z)\mathrm{d}z = \mathscr{F}(v) = \mathscr{F}(q,\dot{q},t) \tag{2.5.20}$$

则广义耗散力

$$D_k = -\frac{\partial \mathscr{F}}{\partial \dot{q}_k} \tag{2.5.21}$$

而运动方程(2.5.18)可以写为

$$\frac{\delta L}{\delta q_k} - \frac{\partial \mathscr{F}}{\partial \dot{q}_k} = \frac{\partial L}{\partial q_k} - \frac{\mathrm{d}}{\mathrm{d}t}\frac{\partial L}{\partial \dot{q}_k} - \frac{\partial \mathscr{F}}{\partial \dot{q}_k} = 0 \quad (k = 1,2,\cdots,s) \tag{2.5.22}$$

黏滞流体中低速运动的粒子所受耗散力与速度成正比，此时 $g_a = \beta_a v_a$，其中，β_a 为常数，因而

$$\mathscr{F} = \sum_{a=1}^{n} \frac{1}{2}\beta_a v_a^2 \tag{2.5.23}$$

该耗散函数又称为**瑞利函数**。瑞利函数有简单的物理意义：由于耗散力消耗的

功率为

$$\sum_a \vec{F}_a^{\mathrm{D}} \cdot \vec{v}_a = -\sum_a \beta_a \vec{v}_a \cdot \vec{v}_a = -\sum_a \beta_a v_a^2 = -2\mathscr{F} \qquad (2.5.24)$$

因此 $2\mathscr{F}$ 恰好等于由于耗散力的存在使得体系能量减少的速率。

【例 2.10】 试写出阻尼振子的运动方程。设物体的质量为 m，弹簧的弹性系数为 k，阻尼力由瑞利函数 $\mathscr{F}=\frac{1}{2}\beta\dot{x}^2$ 描述。

【解】 振子的拉格朗日函数为

$$L = \frac{1}{2}m\dot{x}^2 - \frac{1}{2}kx^2 = \frac{1}{2}m(\dot{x}^2 - \omega_0^2 x^2)$$

其中，$\omega_0 \triangleq \sqrt{k/m}$。将此拉格朗日函数以及瑞利函数代入方程(2.5.22)，稍做化简就得到

$$\ddot{x} + 2\gamma\dot{x} + \omega_0^2 x = 0$$

这里，$\gamma \triangleq \beta/(2m)$。

【例 2.11】 已知某个质量为 m 的粒子的拉格朗日函数为

$$L = \mathrm{e}^{2\gamma t}\left(\frac{1}{2}m\dot{x}^2 - \frac{1}{2}m\omega_0^2 x^2\right) \qquad (2.5.25)$$

其中，γ 和 ω_0 均为大于零的常数。试写出其运动方程。

【解】 由于

$$\frac{\partial L}{\partial x} = -m\omega_0^2 x\mathrm{e}^{2\gamma t}$$

$$\frac{\partial L}{\partial \dot{x}} = m\dot{x}\mathrm{e}^{2\gamma t}$$

所以

$$\frac{\mathrm{d}}{\mathrm{d}t}\frac{\partial L}{\partial \dot{x}} = m\ddot{x}\mathrm{e}^{2\gamma t} + 2\gamma m\dot{x}\mathrm{e}^{2\gamma t}$$

故粒子的运动方程为

$$\frac{\partial L}{\partial x} - \frac{\mathrm{d}}{\mathrm{d}t}\frac{\partial L}{\partial \dot{x}} = -m(\omega_0^2 x + \ddot{x} + 2\gamma\dot{x})\mathrm{e}^{2\gamma t} = 0$$

或者

$$\ddot{x} + 2\gamma\dot{x} + \omega_0^2 x = 0$$

这正是例2.10得到的阻尼振子的方程。

注意：前面关于广义势能的讨论有一个前提，即假设拉格朗日函数可以写成动能减去某个描述相互作用的标量函数的形式。如果不对 L 的形式做此限定，那么在其他一些力的作用下，粒子的运动方程也有可能可以写成拉格朗日方程的形式——例2.11中的阻尼振子就属于此种情形。

2.6 对称与守恒

2.6.1 守恒量

通常我们将状态参量的函数 $\Gamma(q,\dot{q},t)$ 称为力学量。如果在体系运动演化过程中，$\mathrm{d}\Gamma/\mathrm{d}t=0$，即 Γ 是不随时间变化的，其数值由初始条件确定，这样的力学量就称为守恒量或者运动常量。

例如，假如 q_k 是拉格朗日函数 L 的循环坐标，那么与之共轭的广义动量 $p_k \triangleq \partial L/\partial \dot{q}_k = p_k(q,\dot{q},t)$ 就是一个运动常量。又如，如果拉格朗日函数 L 不显含时间 t，那么其雅可比积分就是一个运动常量。这些结论我们在前面都已经利用拉格朗日方程给出了证明，而本节将试图以一种更为迷人的方式去理解它们：我们将通过考察体系是否具有某种对称性来分析相应的力学量是否为运动常量。

2.6.2 对称性

在1.6节中我们曾经讨论了标量场的变换及对称性。摘其要点，概述如下：

(1) 对于空间中的点，可以采用不同坐标系描述其位置，设 X 和

$$X' = X'(X) \tag{2.6.1}$$

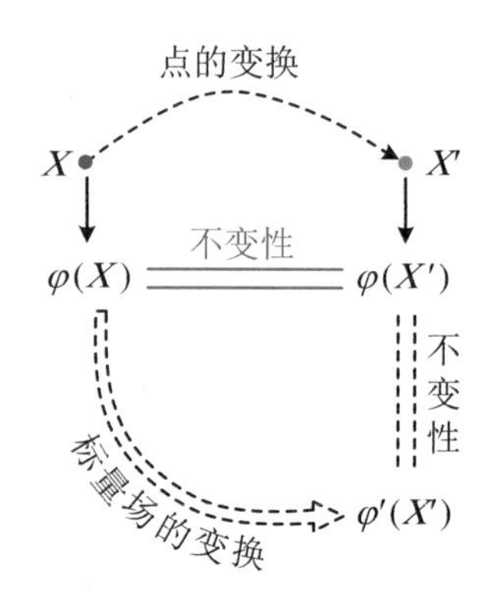

图 2.18　主动观点看待变换

就是这样的两组坐标。作为坐标，这样的变换自然要求是可逆的。也可以从主动观点看待式(2.6.1)：坐标系不变，而让空间中的点运动，运动前后的两个点在同一坐标系下的坐标 X 和 X' 由式(2.6.1)相联系(图 2.18)。

(2) 同样从主动观点来看，在变换(2.6.1)下标量函数 $\varphi(X)$ 的变换法则是这样的：对于任一给定点 X，当它变到新的点 X' 时，也通过将 φ 在点 X 的函数值 $\varphi(X)$ 带到新的位置定义了一个新的函数 φ'，即 φ' 在点 X' 的数值等于 φ 在点 X 的数值，因此

$$\varphi'(X') = \varphi(X) \tag{2.6.2}$$

(3) 如果 φ' 在点 X' 的数值恰好等于原来函数 φ 在同一点的数值，即

$$\varphi'(X') = \varphi(X') \tag{2.6.3}$$

并且此结论对于任一点 X' 或者 X 都成立，那么称 $\varphi(X)$ 在变换(2.6.1)下是不变的(或者对称的)，而式(2.6.1)则称为 $\varphi(X)$ 的对称变换(或对称操作)。

(4) 由式(2.6.2)和式(2.6.3)可知，$\varphi(X)$ 在变换(2.6.1)下是不变的，等价于说，对任一点 X，都有

$$\varphi(X') = \varphi(X) \tag{2.6.4}$$

也即 φ 在变换前后的两个点处具有相同的数值。

考察标量函数

$$\varphi(x,y) = x^2 + y^2 \tag{2.6.5}$$

在如下定义的转动变换下的行为：

$$\begin{cases} X = x\cos\theta - y\sin\theta = X(x,y;\theta) \\ Y = x\sin\theta + y\cos\theta = Y(x,y;\theta) \end{cases} \tag{2.6.6}$$

在主动观点下，该变换将点 $A(x,y)$ 逆时针转过角度 θ 后变换为新的点 $B(X,Y)$(图 2.19)。而标量函数 φ 在 A，B 两点的数值分别为(2.6.5)和

$$\varphi(X,Y) = X^2 + Y^2$$

利用变换(2.6.6)将上式中的 X 和 Y 用 x 和 y 表示出来，得到

$$\varphi(X,Y) = (x\cos\theta - y\sin\theta)^2 + (x\sin\theta + y\cos\theta)^2$$

很容易验证

$$\varphi(X,Y) = x^2 + y^2 = \varphi(x,y)$$

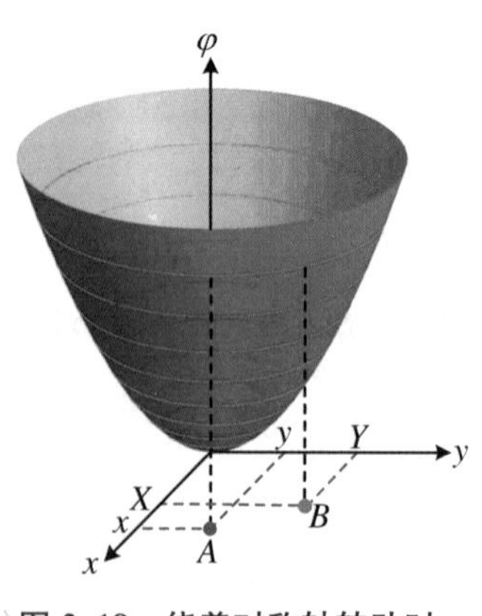

图 2.19　绕着对称轴转动时抛物面不变

即对于任一点 (x,y)，在变换前后的两点处 φ 的数值都是相同的。因此，变换(2.6.6)就是函数(2.6.5)的对称变换，而且此结论对于参数 θ 的任一取值都成立。像式(2.6.6)这样依赖于一个参数的变换称为**单参数变换**。

2.6.3 体系的动力学对称性

位形空间中的坐标变换又称为**点变换**(区别于第3章要讨论的正则变换)。考察下面的单参数点变换:

$$q_k \mapsto Q_k = Q_k(q,t;\varepsilon) \tag{2.6.7}$$

不妨设参数 $\varepsilon=0$ 时该变换为恒等变换,即有 $Q_k|_{\varepsilon=0}=q_k$。在此变换下,广义速度的变换为

$$\dot{q}_k \mapsto \dot{Q}_k = \frac{\partial Q_k}{\partial q_i}\dot{q}_i + \frac{\partial Q_k}{\partial t} = \dot{Q}_k(q,\dot{q},t;\varepsilon) \tag{2.6.8}$$

从主动观点看,变换(2.6.7)将位形空间中坐标为 q 的点变成坐标为 Q 的点,因此也就把位形空间的一条曲线 $q(t)$ 变为另一条曲线 $Q(t)$,而式(2.6.8)则给出了新旧曲线在 t 时刻的切线斜率之间的关系(图2.20)。

设 $L(q,\dot{q},t)$ 是某个力学体系的拉格朗日函数,定义

$$\begin{aligned} L_\varepsilon(q,\dot{q},t) &\triangleq L(Q,\dot{Q},t) \\ &= L(Q(q,t;\varepsilon),\dot{Q}(q,\dot{q},t;\varepsilon),t) \end{aligned} \tag{2.6.9}$$

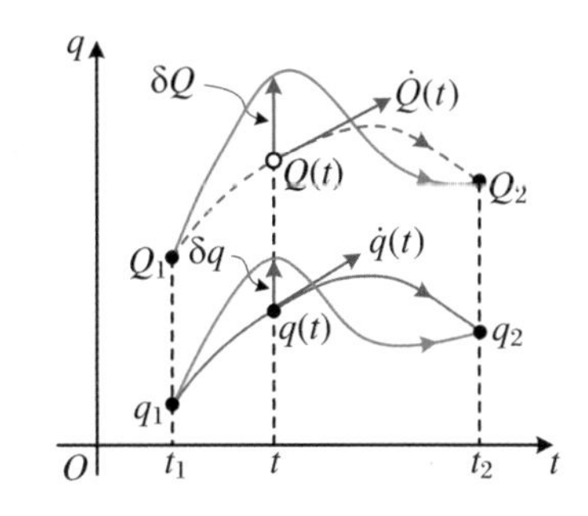

图2.20 对称变换将端点为 q_1 和 q_2 的真实路径变为端点为 Q_1 和 Q_2 的真实路径

注意:体系以 q 为广义坐标的拉格朗日函数为 $L(q,\dot{q},t)$,而此处的 $L(Q,\dot{Q},t)$ 通常并非体系以 Q 为广义坐标的拉格朗日函数。事实上,将 $L(q,\dot{q},t)$ 中的 q 和 $\dot{q}$ 通过式(2.6.7)和式(2.6.8)的反变换分别表示为 $q_k=q_k(Q,t;\varepsilon)$ 和 $\dot{q}=\dot{q}_k(Q,\dot{Q},t,\varepsilon)$,即 $L(q(Q,t;\varepsilon),\dot{q}(Q,\dot{Q},t;\varepsilon),t)$ 才是体系以 Q 为广义坐标的拉格朗日函数。而式(2.6.9)中的 $L(Q,\dot{Q},t)$ 仅仅是将函数 $L(q,\dot{q},t)$ 中的字母"q"简单地替换为"Q"得到的;若再将 Q 和 $\dot{Q}$ 的表达式(2.6.7)和(2.6.8)代入其中,就得到了依赖于参数 ε 的函数 $L_\varepsilon(q,\dot{q},t)$。从主动观点看,$L(q,\dot{q},t)$ 表示 t 时刻体系状态为 $(q,\dot{q})$ 时 L 的数值,而 $L_\varepsilon(q,\dot{q},t)$ 或 $L(Q,\dot{Q},t)$ 表示 t 时刻体系状态为 $(Q,\dot{Q})$ 时 L 的数值。

如果对于任一取定的参数 ε 都有

$$L_\varepsilon(q,\dot{q},t) = L(q,\dot{q},t) \tag{2.6.10}$$

我们就称拉格朗日函数 $L(q,\dot{q},t)$ 在变换(2.6.7)下是不变的。

变换(2.6.7)将曲线 $q(t)$ 变为另一条曲线 $Q(t)$,而且显然,它将有相同端点 q_1 和 q_2 的所有曲线都变成了具有相同端点 Q_1 和 Q_2 的曲线(图2.20)。如

果该变换使得拉格朗日函数不变，则变换前后的两条曲线的作用量

$$S=\int_{t_1}^{t_2}L(q,\dot{q},t)\mathrm{d}t \quad 和 \quad S_\varepsilon=\int_{t_1}^{t_2}L(Q,\dot{Q},t)\mathrm{d}t$$

必然相同。因此，假如 $q(t)$ 是有相同端点 q_1 和 q_2 的所有路径当中使得作用量取驻值的，那么变换后的曲线 $Q(t)$ 也必然是有相同端点 Q_1 和 Q_2 的所有路径当中使得作用量取驻值的。换言之，满足式(2.6.10)的变换必然将一条真实路径变为另一条真实路径。

如果对于任一取定的参数 ε 都有

$$L_\varepsilon(q,\dot{q},t)=L(q,\dot{q},t)+\frac{\mathrm{d}F(q,t;\varepsilon)}{\mathrm{d}t} \tag{2.6.11}$$

我们就称拉格朗日函数 $L(q,\dot{q},t)$ 在变换(2.6.7)下是规范不变的，而式(2.6.7)则称为 $L(q,\dot{q},t)$ 的对称变换。显然，"L 不变"是"L 规范不变"在 $F=0$ 时的特例。

如果变换(2.6.7)是对称变换，则变换前后的两条曲线的作用量满足

$$S_\varepsilon=S+F(q,t;\varepsilon)\Big|_{t_1}^{t_2}=S+\text{const.}$$

即两者只相差一个与路径无关的常数。因而由 $\delta S[q]=0$ 就可以给出 $\delta S_\varepsilon[Q]=0$。所以，满足关系式(2.6.11)的变换也将一条真实路径变为另一条真实路径。

当 $\varepsilon\to 0$ 时，式(2.6.7)可以写为

$$q_k\mapsto Q_k=q_k+\varepsilon s_k \tag{2.6.12}$$

称为无穷小单参数点变换，其中

$$s_k\triangleq\frac{\partial Q_k}{\partial\varepsilon}\Big|_{\varepsilon=0}=s_k(q,t) \tag{2.6.13}$$

为 $Q_k(q,t;\varepsilon)$ 按照 ε 展开的一阶项系数。对于无穷小变换，广义速度的变换为

$$\dot{q}_k\mapsto\dot{Q}_k=\dot{q}_k+\varepsilon\dot{s}_k$$

如果拉格朗日函数在变换(2.6.7)下是规范不变的，由于 $L_{\varepsilon=0}=L(q,\dot{q},t)$，从而 $F(q,t;\varepsilon=0)$ 为常数。所以当 $\varepsilon\to 0$ 时，式(2.6.11)就可以写为

$$L_\varepsilon=L+\varepsilon\frac{\mathrm{d}G}{\mathrm{d}t} \tag{2.6.14}$$

其中

$$G \triangleq \left.\frac{\partial F}{\partial \varepsilon}\right|_{\varepsilon=0} = G(q,t) \tag{2.6.15}$$

为规范函数 $F(q,t;\varepsilon)$ 按照 ε 展开的一阶项系数。

2.6.4　诺特定理

对于体系的每一个对称变换，都有一个与之对应的守恒量，这就是诺特定理。其定量的表述为：如果变换(2.6.7)是体系 $L=L(q,\dot{q},t)$ 的对称变换，即满足式(2.6.11)，则

$$\Gamma = p_k s_k - G \tag{2.6.16}$$

为体系的运动常量，其中，p_k 为与 q_k 共轭的广义动量，s_k 和 G 分别由式(2.6.13)和式(2.6.15)定义，即分别为变换式和规范函数按照 ε 展开的一阶项系数。

诺特定理的证明如下：首先，根据 L_ε 的定义式(2.6.9)可得

$$\left.\frac{\partial L_\varepsilon}{\partial \varepsilon}\right|_{\varepsilon=0} = \left.\frac{\partial L(Q,\dot{Q},t)}{\partial Q_k}\right|_{Q=q} \left.\frac{\partial Q_k}{\partial \varepsilon}\right|_{\varepsilon=0} + \left.\frac{\partial L(Q,\dot{Q},t)}{\partial \dot{Q}_k}\right|_{Q=q} \left.\frac{\partial \dot{Q}_k}{\partial \varepsilon}\right|_{\varepsilon=0}$$

由于 $\varepsilon=0$ 时变换为恒等变换，即有 $Q_k=q_k$，因此上式可以写为

$$\left.\frac{\partial L}{\partial \varepsilon}\right|_{\varepsilon=0} = \frac{\partial L}{\partial q_k}s_k + \frac{\partial L}{\partial \dot{q}_k}\dot{s}_k \tag{2.6.17}$$

其次，由于$\partial L/\partial \dot{q}_k = p_k$，而真实运动满足拉格朗日方程$\partial L/\partial q_k = \dot{p}_k$，因此式(2.6.17)可写为

$$\left.\frac{\partial L_\varepsilon}{\partial \varepsilon}\right|_{\varepsilon=0} = \dot{p}_k s_k + p_k \dot{s}_k = \frac{\mathrm{d}}{\mathrm{d}t}(p_k s_k) \tag{2.6.18}$$

最后，若变换(2.6.7)是体系的对称变换，则由于 $\varepsilon\to 0$ 时 L_ε 可以写为式(2.6.14)，因此又有

$$\left.\frac{\partial L_\varepsilon}{\partial \varepsilon}\right|_{\varepsilon=0} = \lim_{\varepsilon\to 0}\frac{L_\varepsilon - L_{\varepsilon=0}}{\varepsilon} = \frac{\mathrm{d}G}{\mathrm{d}t} \tag{2.6.19}$$

比较式(2.6.18)和式(2.6.19)，就得到

$$\frac{\mathrm{d}}{\mathrm{d}t}(p_k s_k) = \frac{\mathrm{d}G}{\mathrm{d}t}$$

或者

$$\frac{\mathrm{d}}{\mathrm{d}t}(p_k s_k - G) = \frac{\mathrm{d}\Gamma}{\mathrm{d}t} = 0$$

所以,Γ 为体系的运动常量。证毕。

【例 2.12】 考虑在重力场中运动的粒子,其拉格朗日函数为

$$L = \frac{1}{2}m(\dot{x}^2 + \dot{y}^2 + \dot{z}^2) - mgz$$

试证明如下四个单参数点变换均为体系的对称变换,并找出相应的运动常量:

变换 1(绕 z 轴的转动):$X = x\cos\theta - y\sin\theta, Y = x\sin\theta + y\cos\theta, Z = z$;

变换 2(x 方向的平移):$X = x + \varepsilon, Y = y, Z = z$;

变换 3(y 方向的平移):$X = x, Y = y + \varepsilon, Z = z$;

变换 4(z 方向的平移):$X = x, Y = y, Z = z + \varepsilon$。

【证明】 按定义有

$$L_\varepsilon = \frac{1}{2}m(\dot{X}^2 + \dot{Y}^2 + \dot{Z}^2) - mgZ$$

分别将各变换代入上式,并与 L 的表达式做比较,即可判断所给变换是否为体系的对称变换。

对于变换 1,由于

$$L_\varepsilon = \frac{1}{2}m[(\dot{x}\cos\theta - \dot{y}\sin\theta)^2 + (\dot{x}\sin\theta + \dot{y}\cos\theta)^2 + \dot{z}^2] - mgz$$

略做化简就给出 $L_\varepsilon = L$,即在变换 1 下拉格朗日函数是不变的,因而 $G = 0$。而由于

$$s_x = \left.\frac{\partial X}{\partial \theta}\right|_{\theta=0} = -y, \quad s_y = \left.\frac{\partial Y}{\partial \theta}\right|_{\theta=0} = x, \quad s_z = \left.\frac{\partial Z}{\partial \theta}\right|_{\theta=0} = 0$$

$$p_x = \frac{\partial L}{\partial \dot{x}} = m\dot{x}, \quad p_y = \frac{\partial L}{\partial \dot{y}} = m\dot{y}, \quad p_z = \frac{\partial L}{\partial \dot{z}} = m\dot{z}$$

所以相应的运动常量为

$$\Gamma_1 = p_x s_x + p_y s_y + p_z s_z = m(x\dot{y} - y\dot{x})$$

即 L 在绕着 z 轴的转动变换下的不变性意味着粒子绕着 z 轴的角动量守恒。

对于变换 2,由于 $\dot{X} = \dot{x}, \dot{Y} = \dot{y}, \dot{Z} = \dot{z}$,因此动能是不变的;而势能显然也是不变的;所以有 $L_\varepsilon = L$。即在变换 2 下拉格朗日函数也是不变的,因而

仍有 $G=0$。而由于

$$s_x = \left.\frac{\partial X}{\partial \varepsilon}\right|_{\varepsilon=0} = 1, \quad s_y = \left.\frac{\partial Y}{\partial \varepsilon}\right|_{\varepsilon=0} = 0, \quad s_z = \left.\frac{\partial Z}{\partial \varepsilon}\right|_{\varepsilon=0} = 0$$

所以相应的运动常量为

$$\Gamma_2 = p_x s_x + p_y s_y + p_z s_z = m\dot{x}$$

即 L 在沿着 x 轴的平移变换下的不变性意味着粒子在 x 方向上的动量守恒。

类似地可证明，在变换 3 下拉格朗日函数还是不变的，而与该对称性联系的运动常量 $\Gamma_3 = m\dot{y}$ 为粒子在 y 方向上的动量。

在变换 4 下，动能仍然不变，但是由于 $Z=z+\varepsilon$，因此

$$\begin{aligned} L_\varepsilon &= \frac{1}{2}m(\dot{x}^2+\dot{y}^2+\dot{z}^2) - mg(z+\varepsilon) \\ &= L - \varepsilon mg = L + \frac{\mathrm{d}F}{\mathrm{d}t} \end{aligned}$$

其中，$F=-\varepsilon mgt$。即在变换 4 下拉格朗日函数是规范不变的。由于 $s_x = s_y = 0, s_z = 1$，而

$$G = \left.\frac{\partial F}{\partial \varepsilon}\right|_{\varepsilon=0} = -mgt$$

因此，与该对称性相联系的运动常量为

$$\begin{aligned} \Gamma_4 &= p_x s_x + p_y s_y + p_z s_z - G \\ &= m\dot{z} + mgt \end{aligned}$$

将 Γ_4 对时间求导，可验证它确实是守恒的：

$$\frac{\mathrm{d}\Gamma_4}{\mathrm{d}t} = m\ddot{z} + mg = 0$$

【例 2.13】考虑处在势场 $U(r)$ 中的粒子，其拉格朗日函数在平面极坐标下写为

$$L = \frac{1}{2}m\dot{r}^2 + \frac{1}{2}mr^2\dot{\theta}^2 - U(r)$$

试证明在变换

$$r \mapsto R = r, \quad \theta \mapsto \Theta = \theta + \varepsilon \tag{2.6.20}$$

下拉格朗日函数是不变的，并给出与该对称性相联系的运动常量。

【证明】由于 $\dot{R}=\dot{r}$，$\dot{\Theta}=\dot{\theta}$，因此很容易看出

$$\frac{1}{2}m\dot{R}^2+\frac{1}{2}mR^2\dot{\Theta}^2-U(R)=\frac{1}{2}m\dot{r}^2+\frac{1}{2}mr^2\dot{\theta}^2-U(r)$$

即 $L_\varepsilon=L$。而由于

$$p_r=\frac{\partial L}{\partial\dot{r}}=m\dot{r},\quad p_\theta=\frac{\partial L}{\partial\dot{\theta}}=mr^2\dot{\theta}$$

$$s_r=\left.\frac{\partial R}{\partial\varepsilon}\right|_{\varepsilon=0}=0,\quad s_\theta=\left.\frac{\partial\Theta}{\partial\varepsilon}\right|_{\varepsilon=0}=1$$

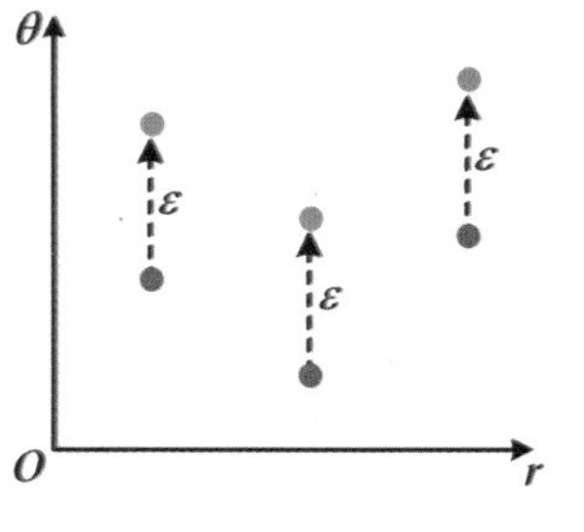

图 2.21　位形空间中的平移

因此与该对称性相联系的运动常量为

$$\Gamma=p_r s_r+p_\theta s_\theta=mr^2\dot{\theta}$$

事实上，Γ 正是与 L 的循环坐标 θ 共轭的广义动量 p_θ，即粒子的角动量。在位形空间 (r,θ) 中，变换(2.6.20)描述沿着 θ 方向的平移(图 2.21)；而在 xy 平面内，该变换实际上就是绕着原点的转动。

2.6.5　三维空间中的诺特定理

诺特定理将守恒量与对称性联系了起来。为了考察体系的对称性，通常我们需要选择合适的广义坐标将拉格朗日函数写出，然后分析什么样的变换下该拉格朗日函数是不变的或者规范不变的。为了能以一种更为直观的角度看待对称性与守恒量的关系，接下来我们将试着把诺特定理中出现的量，如 p_k，s_k，Γ 等，与三维空间中的一些我们熟悉的矢量联系起来，并由此建立守恒量与三维空间中的直观对称性之间的关系。

从主动观点看，式(2.6.7)表示位形空间中坐标为 $q=(q_1,\cdots,q_s)$ 的点变为坐标为 Q 的点，而根据变换方程，这样的变换也就将体系中每一个粒子从一个位置变为另一个位置，即

$$\vec{r}_a=\vec{r}_a(q,t)\mapsto\vec{R}_a=\vec{r}_a(Q,t)\tag{2.6.21}$$

相应的无穷小变换则为

$$\vec{r}_a=\vec{r}_a(q,t)\mapsto\vec{R}_a=\vec{r}_a+\varepsilon\vec{\eta}_a\tag{2.6.22}$$

其中

$$\vec{\eta}_a = \left.\frac{\partial \vec{R}_a}{\partial \varepsilon}\right|_{\varepsilon=0} = \left.\frac{\partial \vec{r}_a(Q,t)}{\partial Q_k}\right|_{Q=q} \left.\frac{\partial Q_k}{\partial \varepsilon}\right|_{\varepsilon=0} = \frac{\partial \vec{r}_a}{\partial q_k} s_k \tag{2.6.23}$$

根据

$$L(q,\dot{q},t) \triangleq L(\vec{r}(q,t),\dot{\vec{r}}(q,\dot{q},t),t)$$

广义动量可以写为

$$p_k \triangleq \frac{\partial L}{\partial \dot{q}_k} = \frac{\partial L}{\partial \dot{\vec{r}}_a} \cdot \frac{\partial \dot{\vec{r}}_a}{\partial \dot{q}_k} = \frac{\partial L}{\partial \dot{\vec{r}}_a} \cdot \frac{\partial \vec{r}_a}{\partial q_k}$$

所以有

$$p_k s_k = \left(\frac{\partial L}{\partial \dot{\vec{r}}_a} \cdot \frac{\partial \vec{r}_a}{\partial q_k}\right) s_k = \frac{\partial L}{\partial \dot{\vec{r}}_a} \cdot \left(\frac{\partial \vec{r}_a}{\partial q_k} s_k\right)$$

利用式(2.6.23)得到

$$p_k s_k = \frac{\partial L}{\partial \dot{\vec{r}}_a} \cdot \vec{\eta}_a \tag{2.6.24}$$

现在,我们可以毫无困难地在不借助任何广义坐标的情形下,将诺特定理重述如下:

如果单参数变换

$$\vec{r}_a \mapsto \vec{R}_a = \vec{R}_a(\vec{r},t;\varepsilon) \tag{2.6.25}$$

是体系 $L(\vec{r},\dot{\vec{r}},t)$ 的对称变换,即

$$\begin{aligned} L_\varepsilon(\vec{r},\dot{\vec{r}},t) &\triangleq L(\vec{R},\dot{\vec{R}},t) \\ &= L(\vec{r},\dot{\vec{r}},t) + \frac{\mathrm{d}F(\vec{r},t;\varepsilon)}{\mathrm{d}t} \end{aligned} \tag{2.6.26}$$

则

$$\Gamma = \frac{\partial L}{\partial \dot{\vec{r}}_a} \cdot \vec{\eta}_a - G \tag{2.6.27}$$

为体系的运动常量,其中

$$\vec{\eta}_a \triangleq \left.\frac{\partial \vec{R}_a}{\partial \varepsilon}\right|_{\varepsilon=0} = \vec{\eta}_a(\vec{r},t), \quad G \triangleq \left.\frac{\partial F}{\partial \varepsilon}\right|_{\varepsilon=0} = G(\vec{r},t) \tag{2.6.28}$$

特别地,如果 $L = T(\dot{\vec{r}}) - U(\vec{r},t)$,其中的 U 与速度无关,则由于

$$\frac{\partial L}{\partial \dot{\vec{r}}_a} = \frac{\partial T}{\partial \dot{\vec{r}}_a} = \vec{p}_a$$

为粒子 a 的动量，因此式(2.6.27)定义的运动常量可以写为

$$\Gamma = \vec{p}_a \cdot \vec{\eta}_a - G \tag{2.6.29}$$

2.6.6 孤立体系

在本小节的讨论中，暂不采用求和约定。

对于由若干粒子构成的孤立体系，设粒子 a 的速度为 $\vec{v}_a$，粒子 a 相对于粒子 b 的位矢为 $\vec{r}_{ab} = \vec{r}_a - \vec{r}_b$，则体系拉格朗日函数的一般形式为

$$L = T - U = \sum_a \frac{1}{2} m_a v_a^2 - \frac{1}{2} \sum_{a \neq b} U_{ab}(r_{ab}) \tag{2.6.30}$$

其中，$U_{ab} = U_{ab}(r_{ab})$为粒子 a 和 b 之间的相互作用贡献的势能，它只与 a 和 b 之间的相对距离 r_{ab} 有关。注意：由于体系内部可能存在约束，因此各粒子的位矢未必独立。

在下面的讨论中，设 $\hat{n}$ 是空间中任一给定方向的单位矢量。

1. 空间平移

空间平移变换

$$\vec{r}_a \mapsto \vec{R}_a = \vec{r}_a + \varepsilon \hat{n} \tag{2.6.31}$$

将体系中的每一个粒子都沿着 $\hat{n}$ 方向平移相同的距离 ε(图 2.22)。

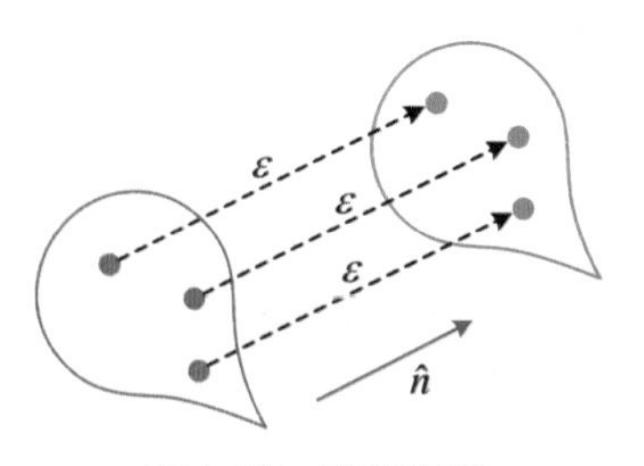

图 2.22 空间平移

在该变换下粒子的速度显然是不变的，即 $\dot{\vec{R}}_a = \dot{\vec{r}}_a$，因此体系的动能不变；而由于相对位矢在该变换下不变，即 $\vec{R}_{ab} = (\vec{r}_a + \varepsilon \hat{n}) - (\vec{r}_b + \varepsilon \hat{n}) = \vec{r}_{ab}$，因而体系的势能也不变。所以拉格朗日函数(2.6.30)在平移变换下是不变的。

由于 $\vec{\eta}_a = \hat{n}$，因此

$$\Gamma = \sum_a \vec{p}_a \cdot \vec{\eta}_a = \sum_a \vec{p}_a \cdot \hat{n} = \hat{n} \cdot \vec{P}$$

是运动常量，其中

$$\vec{P} = \sum \vec{p}_a = \sum m_a \vec{v}_a$$

为体系的总动量。此结论显然对于空间中的任一固定方向 $\hat{n}$ 都是成立的，所以

体系总动量在任一固定方向上的投影都是守恒的。

孤立体系在空间平移变换下的不变性意味着体系的总动量是守恒的。

2. 空间转动

转动变换(参考公式(1.3.3))

$$\vec{r}_a \mapsto \vec{R}_a = \vec{r}_a\cos\theta + \hat{n}(\hat{n}\cdot\vec{r}_a)(1-\cos\theta) + \hat{n}\times\vec{r}_a\sin\theta \quad (2.6.32)$$

将体系中的每一个粒子都绕着过原点的 $\hat{n}$ 轴转过一个相同的角度θ(图2.23)。

按照标量的性质,转动变换并不会改变速度矢量的大小,也不会改变两粒子之间的相对距离。因而,拉格朗日函数(2.6.30)在转动变换下是不变的。

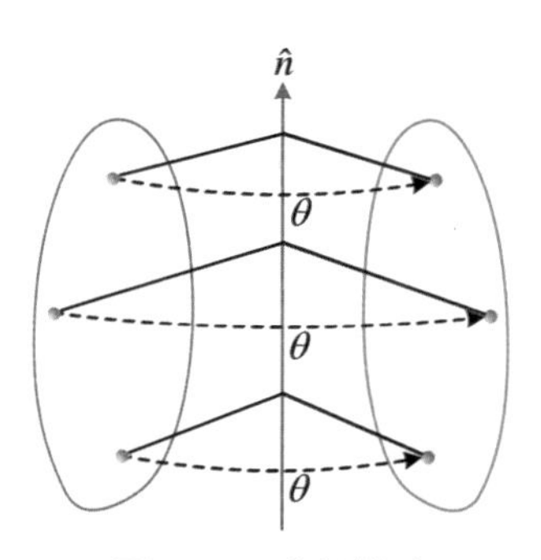

图2.23　空间转动

由于

$$\vec{\eta}_a = \left.\frac{\partial \vec{R}_a}{\partial\theta}\right|_{\theta=0} = \hat{n}\times\vec{r}_a$$

因此

$$\begin{aligned}\Gamma &= \sum_a \vec{p}_a\cdot\vec{\eta}_a \\ &= \sum_a \vec{p}_a\cdot(\hat{n}\times\vec{r}_a) \\ &= \sum_a \hat{n}\cdot(\vec{r}_a\times\vec{p}_a) = \hat{n}\cdot\vec{L}\end{aligned}$$

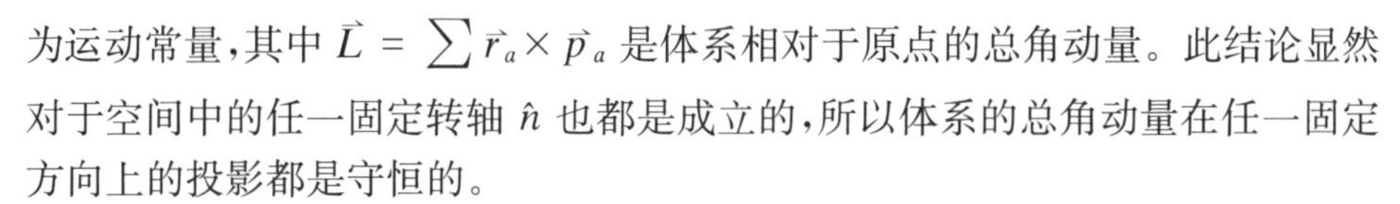

为运动常量,其中 $\vec{L} = \sum \vec{r}_a\times\vec{p}_a$ 是体系相对于原点的总角动量。此结论显然对于空间中的任一固定转轴 $\hat{n}$ 也都是成立的,所以体系的总角动量在任一固定方向上的投影都是守恒的。

孤立体系在绕着原点的转动变换下的不变性意味着体系的总角动量是守恒的。事实上,我们的讨论也不依赖于原点的具体选择,所以孤立体系相对于空间任一固定点的总角动量都是守恒的。

3. 推动

变换

$$\vec{r}_a \mapsto \vec{R}_a = \vec{r}_a + \varepsilon\hat{n}t \quad (2.6.33)$$

将体系中的每一个粒子都沿着 $\hat{n}$ 方向平移相同的、正比于时间的距离 εt。由于

$$\dot{\vec{r}}_a \mapsto \dot{\vec{R}}_a = \dot{\vec{r}}_a + \varepsilon\hat{n} \quad (2.6.34)$$

因此该变换将每一个粒子的速度都增加一个相同的数值 $\varepsilon\hat{n}$,故称其为推动(图2.24)。

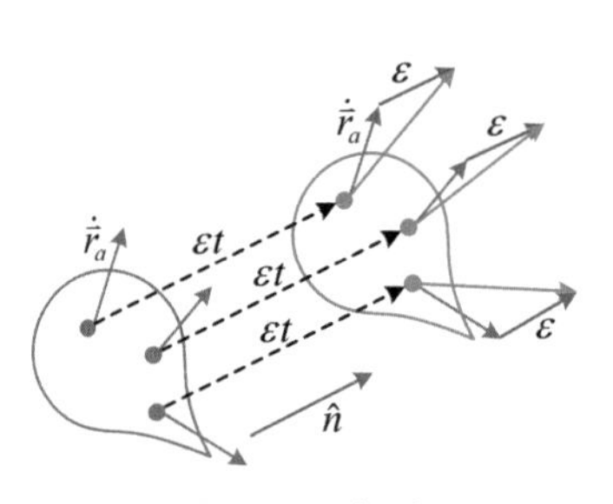

图2.24　推动

在推动变换下，由于任一给定时刻的相对位矢不变，即 $\vec{R}_{ab}=(\vec{r}_a+\varepsilon\hat{n}t)-(\vec{r}_b+\varepsilon\hat{n}t)=\vec{r}_{ab}$，因而体系的势能不变。所以

$$L_\varepsilon - L = T_\varepsilon - T = \sum_a \frac{1}{2}m_a \dot{\vec{R}}_a^2 - \sum_a \frac{1}{2}m_a \dot{\vec{r}}_a^2$$

将式(2.6.34)代入上式，得到

$$\begin{aligned} L_\varepsilon - L &= \varepsilon\hat{n}\cdot\sum_a m_a\dot{\vec{r}}_a + \frac{1}{2}\varepsilon^2\sum_a m_a \\ &= \frac{\mathrm{d}F(\vec{r},t;\varepsilon)}{\mathrm{d}t} \end{aligned}$$

其中

$$F(\vec{r},t;\varepsilon)=\varepsilon\left(\hat{n}\cdot\sum_a m_a\vec{r}_a\right)+\varepsilon^2\left(\frac{1}{2}t\sum_a m_a\right)$$

所以，推动变换下拉格朗日函数(2.6.30)是规范不变的。

由于 $\vec{\eta}_a=\hat{n}t$，而 F 的一阶项系数 $G=\hat{n}\cdot\sum m_a\vec{r}_a$，因此

$$\begin{aligned} \Gamma &= \sum_a \vec{p}_a\cdot\vec{\eta}_a - G \\ &= \hat{n}\cdot\left(t\sum_a m_a\dot{\vec{r}}_a - \sum_a m_a\vec{r}_a\right) \end{aligned}$$

为运动常量。同样，此结论对于空间中的任一固定方向 $\hat{n}$ 也都是成立的，因此矢量

$$\vec{\Gamma} = t\sum_a m_a\dot{\vec{r}}_a - \sum_a m_a\vec{r}_a \tag{2.6.35}$$

是守恒的。

为看出运动常量 $\vec{\Gamma}$ 所反映的物理含义，我们将其表达式(2.6.35)改写为

$$\vec{\Gamma} = M(\dot{\vec{R}}_C t - \vec{R}_C) \tag{2.6.36}$$

其中

$$M=\sum m_a,\quad \vec{R}_C=\frac{1}{M}\sum m_a\vec{r}_a,\quad \dot{\vec{R}}_C=\frac{1}{M}\sum m_a\dot{\vec{r}}_a \tag{2.6.37}$$

分别为体系的总质量、质心位置和质心速度。设 $t=0$ 时刻，质心位于 $\vec{R}_{C0}$ 处，因此有

$$M(\dot{\vec{R}}_C t - \vec{R}_C) = -M\vec{R}_{C0}$$

或者

$$\dot{\vec{R}}_C = \frac{\vec{R}_C - \vec{R}_{C0}}{t} \tag{2.6.38}$$

即质心在任一时刻 t 的速度等于其从 $t=0$ 时刻到 t 时刻这一段时间内的平均速度。所以,我们的结论是:孤立体系在推动变换下的对称性意味着体系的质心做匀速直线运动。

4. 时间平移

对于孤立体系,若其受到内部约束,则这种约束必然是稳定的。因此我们总可以选择广义坐标 q,使得变换方程不显含时间 t,即有 $\vec{r}=\vec{r}(q)$。这样,用广义坐标 q 表示的拉格朗日函数也就不显含时间 t,即 $L=T-U=L(q,\dot{q})$。不显含时间 t 的拉格朗日函数在时间平移变换 $t\mapsto\tau=t+\varepsilon$ 下是不变的。

一方面,L 不显含时间意味着其雅可比积分 h 是运动常量;另一方面,变换方程不显含时间又意味着雅可比积分 h 等于体系的能量 $E=T+U$。因此我们得到结论:孤立体系在时间平移下的不变性意味着体系的能量守恒。

2.6.7 非孤立体系的动量和角动量

当存在外场时,体系的拉格朗日函数一般可以写为

$$\begin{aligned} L &= T - U \\ &= \sum_a \frac{1}{2} m_a v_a^2 - \frac{1}{2}\sum_{a\neq b} U_{ab}(r_{ab}) - U^{外}(\vec{r},t) \end{aligned} \tag{2.6.39}$$

其中,$U^{外}(\vec{r},t)$是外场所贡献的势能(此处不讨论与速度有关的作用)。由于外场的存在,前面关于孤立体系对称性与守恒量的讨论结果一般不再成立。下面以空间平移和转动变换为例,说明如何通过直观对称性判断体系的动量、角动量或其组合的某些分量是否守恒。

根据1.6.6小节的讨论,体系的动能及内部相互作用的势能在空间平移和转动变换下都是不变的,因此,拉格朗日函数(2.6.39)是否具有相应的对称性就完全由外场决定。假使外场是像库仑力或者万有引力这样由“荷”所激发的——前者的荷为“电荷”,后者的荷为“质量荷”,那么,外场在空间平移和转动变换下是否不变就由产生外场的“荷”的分布是否具有相应的对称性决定。因此,对于处在外场中的体系,为了判断其动量、角动量的某些分量是否守恒,只需考察产生外场的“荷”的分布是否具有相应的平移或者转动对称性即可。特别地,对于在空间一定区域内均匀分布的“荷”,“荷”分布的对称性实际上就是

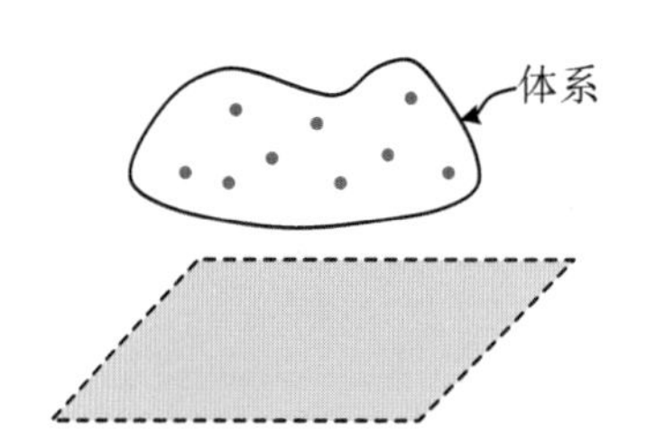

图2.25 处在均匀的无限大平面外场中的体系

“荷”所处区域的几何对称性。

例如，处在均匀的无限大平面外场中的体系。由于无限大平面沿着与其平行的任一方向平移任一距离都是不变的，因此，体系的总动量在该平面上的投影就是守恒的。而由于无限大平面绕着任何一个平行于其法向的轴转过任一角度也是不变的，因此，体系绕着该平面的任一法向轴的角动量守恒(图 2.25)。

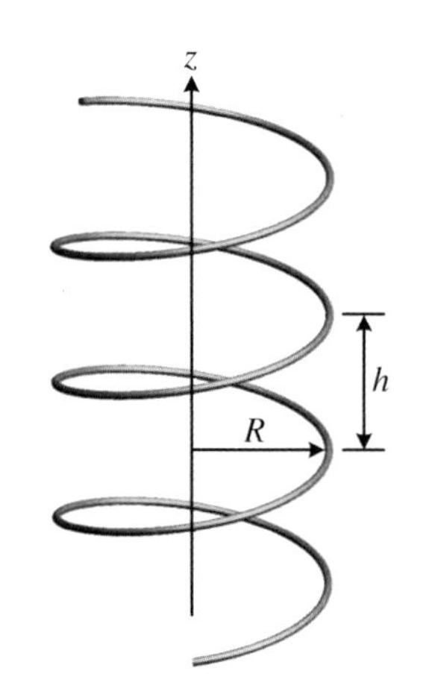

图 2.26　无限长均匀圆柱形螺旋线场

再比如，在无限长均匀圆柱形螺旋线场中运动的体系。你可以想象一个带电粒子在均匀带电的无限长圆柱螺旋线附近运动(图 2.26)。设螺旋线的半径为 R，螺距为 h。显然在绕着轴线(图中 z 轴)转过任一角度 θ 的同时，沿着 z 轴平移距离 $\frac{h}{2\pi}\theta$，螺旋线是不变的。所以，体系绕着 z 轴的角动量 L_z 与动量在 z 轴上的投影 P_z 的如下组合为运动常量：

$$\Gamma = L_z + \frac{h}{2\pi}P_z$$

第3章　哈密顿力学

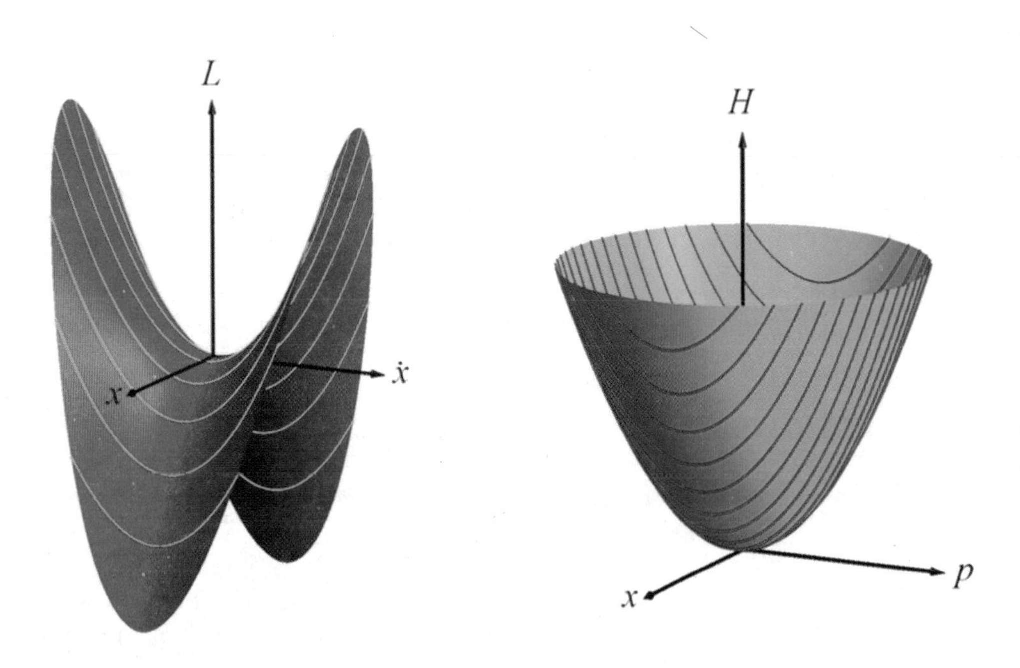

一维简谐振子的拉格朗日函数和哈密顿函数

3.1 相空间与勒让德变换

3.1.1 速度相空间

对于自由度为 s 的体系，我们在 1.8 节中曾定义了其速度相空间，这是一个以状态参量 $(q,\dot{q})=(q_1,\cdots,q_s,\dot{q}_1,\cdots,\dot{q}_s)$ 作为直角坐标所构建的 $2s$ 维空间。该空间中的点称为**相点**，其位置决定了体系的状态 $(q,\dot{q})$，而相点在相空间中的运动则描述了体系状态随时间的演化，相点运动时在相空间中画出的曲线就称为**相轨迹**。

为了分析相点在相空间中运动的普遍规律，先对拉格朗日方程做些数学上的变形。我们知道，体系的拉格朗日函数是广义速度的二次多项式，即可以写为

$$L = T - U = \frac{1}{2}A_{ij}\dot{q}_i\dot{q}_j + B_i\dot{q}_i + C \tag{3.1.1}$$

此处，A_{ij}，B_i 和 C 都是 (q,t) 的函数而与广义速度无关，并且 $A=(A_{ij})$ 还是对称、正定矩阵(参考 1.7.5 小节)。由此可知与 q_k 共轭的广义动量

$$p_k = \frac{\partial L}{\partial \dot{q}_k} = A_{kj}\dot{q}_j + B_k \tag{3.1.2}$$

是广义速度的线性函数。据此可以看出，决定体系演化的 s 个二阶微分方程——拉格朗日方程

$$\frac{\mathrm{d}}{\mathrm{d}t}\frac{\partial L}{\partial \dot{q}_k} = \frac{\partial L}{\partial q_k} \quad (k = 1,2,\cdots,s) \tag{3.1.3}$$

中，只出现了广义加速度 $\ddot{q}$ 的线性项。事实上，$\ddot{q}$ 只以 $A_{kj}\ddot{q}_j$ 的形式出现在上式左边，因此，由矩阵 A 的非奇异性我们总可以把式(3.1.3)做适当变形，将其写为

$$\ddot{q}_k = w_k(q,\dot{q},t) \tag{3.1.4}$$

其中，状态参量的函数 w_k 由拉格朗日函数唯一确定。进一步，我们还可以将这 s 个二阶微分方程形式地写成 $2s$ 个状态参量 $(q,\dot{q})$ 满足的 $2s$ 个一阶微分方程

$$\frac{\mathrm{d}}{\mathrm{d}t}\begin{pmatrix} q \\ \dot{q} \end{pmatrix} = \begin{pmatrix} \dot{q} \\ w(q,\dot{q},t) \end{pmatrix} \tag{3.1.5}$$

注意:其中一半方程,即 $\mathrm{d}q_k/\mathrm{d}t=\dot{q}_k$ 只是运动学方程——它们只是广义速度的定义而已。

仅仅是方程的这种数学上的变形就能够为人们对力学体系的理解带来一些启发。让我们用 $\xi=(q,\dot{q})$ 表示相点位置,那么方程(3.1.5)的右边就给出了 t 时刻位于 ξ 处的相点在速度相空间中的速度。如果用 $X=X(\xi,t)$ 表示该速度场,则方程(3.1.5)就可以简单地写为 $\dot{\xi}=X(\xi,t)$。

由于在任一特定时刻 t,任一给定相点处的 X 都是唯一确定的,因而,t 时刻该相点在相空间中运动的方向和快慢也就唯一确定了。事实上,知道了 t 时刻相点的位置,其在极短时间 ε 之后的位置就由 X 通过下式决定了:

$$\xi(t+\varepsilon)=\xi(t)+\varepsilon\dot{\xi}(t)=\xi(t)+\varepsilon X(\xi(t),t) \tag{3.1.6}$$

由此又可确定相点在下一时刻的位置;依此类推,我们可以知道相点在之后任一时刻的位置,从而也就知道了体系在之后任一时刻的状态。相点位置(通过动力学方程或速度场)决定了其在相空间中的运动,这是相空间中运动的一个重要特点。

同样,由于速度场 $X(\xi,t)$ 的唯一性,不同的相轨迹不可能在同一时刻相交:如果 $X=X(\xi)$ 不显含时间 t,即速度场是稳恒的,那么不同的相轨道不可能相交,例如图3.1中的相轨迹都是不容许的;而如果 X 显含时间 t,尽管有可能出现类似于图3.2这样看起来相交的相轨迹,但是这种情形下相点必定是在不同的时刻通过同一点的,而不同时刻该点的相速度具有不同的大小和方向。

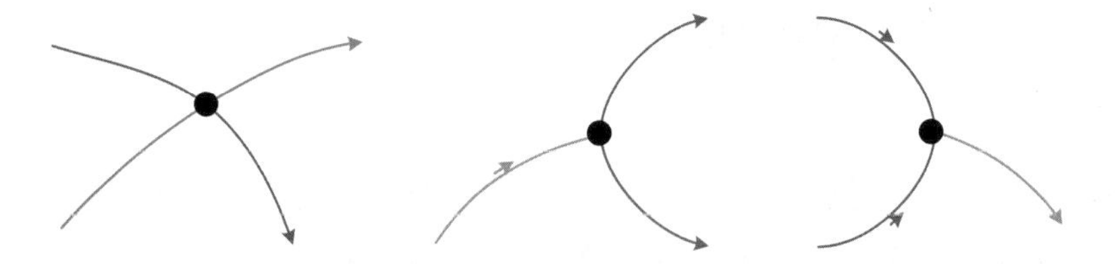

图3.1 稳恒速度场中不同的相轨迹不能相交

以一维简谐振子为例,其拉格朗日函数为

$$L=\frac{1}{2}m\dot{x}^2-\frac{1}{2}m\omega^2x^2 \tag{3.1.7}$$

将运动方程 $\ddot{x}=-\omega^2x$ 表示为形如式(3.1.5)的一阶微分方程,即

$$\frac{\mathrm{d}}{\mathrm{d}t}\begin{pmatrix} x \\ \dot{x} \end{pmatrix} = \begin{pmatrix} \dot{x} \\ -\omega^2x \end{pmatrix} \tag{3.1.8}$$

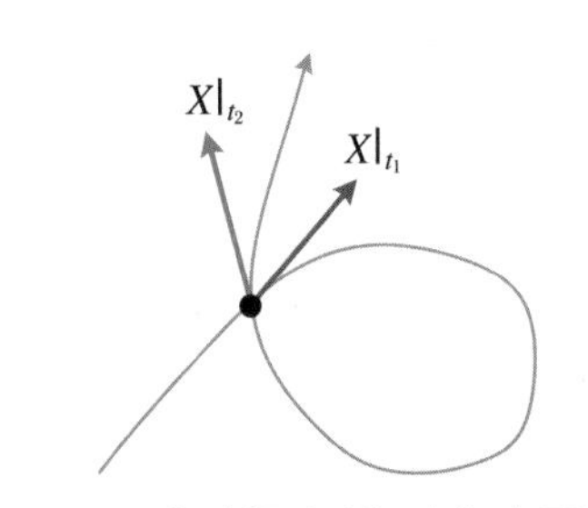

图3.2 非稳恒速度场中相点可以在不同时刻经过同一位置

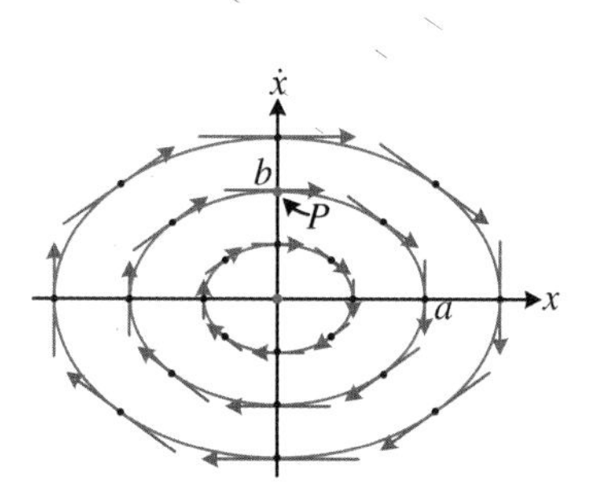

图 3.3　一维简谐振子的速度场和相轨迹

以 x 为横轴、$\dot{x}$ 为纵轴建立速度相平面(图 3.3)。相点在水平方向的速度为 $\dot{x}$，因而相点在上半平面从左向右运动，在下半平面从右向左运动，而 x 轴上相点的水平方向速度为零。相点在竖直方向的速度为 $-\omega^2 x$，因而相点在左半平面从下向上运动，在右半平面从上向下运动，而 $\dot{x}$ 轴上相点的竖直方向速度为零。给定 $t=0$ 时刻相点的位置如 P，此后该相点的运动就由速度场完全决定了：P 点在 $t=0$ 时刻只有水平向右的速度，因而它会向右侧运动；下一时刻到达新的位置后，相点也将具有竖直向下的速度分量，因此它接下来将向右下方运动；依此类推，即可知道相点在任一时刻的位置，也就知道了相轨迹。

对于该单自由度的体系，相轨迹可以用状态参量 x 和 $\dot{x}$ 满足的一个代数方程描述。而由于振子的能量(即 L 的雅可比积分)守恒，

$$E = \frac{1}{2}m\dot{x}^2 + \frac{1}{2}m\omega^2 x^2 = \text{const.} \tag{3.1.9}$$

这是振子运动时其坐标 x 满足的一阶微分方程，或者说是状态参量 x 和 $\dot{x}$ 满足的代数方程，因此，式(3.1.9)实际上就是相轨迹方程。所以，对于给定的能量 E，相轨迹是半轴长分别为

$$a = \sqrt{\frac{2E}{m\omega^2}}, \quad b = \sqrt{\frac{2E}{m}}$$

的椭圆，相点在椭圆上沿着顺时针方向运动。

3.1.2　(q,p)相空间

方程(3.1.2)可以写成矩阵形式：

$$p = A\dot{q} + B = p(q,\dot{q},t) \tag{3.1.10}$$

其中，p，$\dot{q}$ 和 B 分别是由 p_i，$\dot{q}_i$ 和 B_i 依序组成的列矩阵。由于 A 是可逆的，因而可以对此式做反变换，将 $\dot{q}$ 表示为(q,p,t)的函数，有

$$\dot{q} = A^{-1}(p - B) \tag{3.1.11}$$

这意味着，一旦给定了 q 和 p 的数值，$(q,\dot{q})$或者说体系的状态就确定了。因此，我们也可以用(q,p)作为描述体系状态的参量。并在以$(q,p)=(q_1,\cdots,q_s,p_1,\cdots,p_s)$为直角坐标构建的相空间中考察体系状态随时间的演化。

在(q,p)相空间中，广义坐标 q_k 随时间的变化率通过方程(3.1.11)表示为新的状态参量 q，p 及时间 t 的函数，将其记为 $\dot{q}_k = f_k(q,p,t)$；而按照拉格

朗日方程，$\dot{p}_k = \partial L / \partial q_k = p_k(q, \dot{q}, t)$，因此，利用式(3.1.11)，我们也可以将广义动量 p_k 随时间的变化率表示为新的状态参量 q, p 及时间 t 的函数，将其记为 $\dot{p}_k = g_k(q, p, t)$。所以，体系在相空间(q, p)中的运动就由如下 $2s$ 个一阶微分方程决定：

$$\frac{\mathrm{d}}{\mathrm{d}t}\begin{pmatrix} q \\ p \end{pmatrix} = \begin{pmatrix} f(q, p, t) \\ g(q, p, t) \end{pmatrix} \tag{3.1.12}$$

上式右边就是相空间(q, p)中相点的速度场。类似于速度相空间的讨论，我们也可得到如下结论：相点在(q, p)相空间中的位置决定了其在相空间中的运动，并且不同相轨迹不可能在同一时刻相交。后面将会看到，(q, p)空间中的速度场具有某种特别的对称性，正是这种对称性使得相点在(q, p)空间中的运动表现出一种非常诱人、同时也是极为重要的特征，而这样的优点是速度相空间所不具备的。

本章介绍的哈密顿力学是与牛顿力学和拉格朗日力学等价的、对运动的另一种动力学解释。从形式上看，哈密顿力学与拉格朗日力学的差别仅仅在于将描述体系的状态参量从$(q, \dot{q})$变为了(q, p)。这一小小的改变不仅为我们求解具体问题带来了极大的便利，而且为研究力学体系的普遍规律提供了新的视角，甚至也在很大程度上拓展了我们的研究范围。

3.1.3 等价的含义

当体系以$(q, \dot{q})$作为状态参量时，其所有的动力学信息都可以由一个状态函数，即拉格朗日函数 $L(q, \dot{q}, t)$体现。后面会看到，以(q, p)作为体系的状态参量时，也可以找到一个状态函数 $H(q, p, t)$，新的状态函数足以确定体系状态(q, p)随时间的演化。这意味着，与拉格朗日函数 $L(q, \dot{q}, t)$一样，$H(q, p, t)$也包含了体系的所有动力学信息，即 $H(q, p, t)$和$L(q, \dot{q}, t)$是等价的。下面先让我们通过一个几何例子对此处所讲的“等价”做些解释，这样的讨论最终将会引导我们找到新的状态函数 $H(q, p, t)$。

通常圆被定义为平面上到给定点的距离等于常数的点的集合：你将到点 O 的距离等于常数R 的点一一描出，就得到了想要的圆。如果有别的方法给出同一个圆，就可以说我们找到了关于圆的其他等价的定义。事实上，有太多的方法可以得到圆，而下面的这种方法对于我们后面的讨论将是极富启发性的。

图 3.4(a)画出了圆及其四条切线。由于每一小段圆弧都可以用切线上的一条直线段来近似(例如切点 A 和B 之间的一段圆弧 $\overset{\frown}{AB}$，可以用 A, B 两点处的切线相交所得的折线段A-C-B 来近似)，因此，整个圆就可以用所有这些折线

段所围成的正方形来近似。毫无疑问，这样的近似是极为粗糙的。不过，我们也可以对其系统地加以改进。如果将切线的数目增加为8条，那么相邻切线相交所得折线段将围成圆的外切正八边形。而比起正方形，该八边形显然是圆的一个好得多的近似(图3.4(b))。选择的切线数目越多，所得多边形就越接近于圆。当切线的数目趋于无穷时，相邻切线相交所得折线段的极限情况称为切线的**包络线**。显而易见，这种极限情形下所得直线的包络线就是圆本身。换言之，通过给出圆的所有切线——而不是圆上的每一个点，也可以画出那个圆，而这意味着我们确实有了圆的另一个等价的定义——所有切线的包络线。

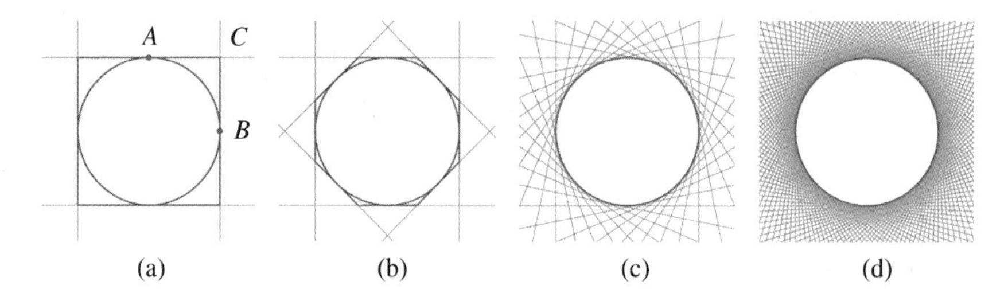

图3.4　圆周及其切线(切线数目依次为4,8,32,128)

任一光滑曲线也都可以类似地由包络线来定义，例如图3.5中的正弦曲线。这是由于一条切线反映了曲线在切点附近无穷小邻域内的性质，那么所有的切线自然就包含了曲线在其上每一点附近无穷小邻域内的信息，从而也就包含了曲线的所有信息。

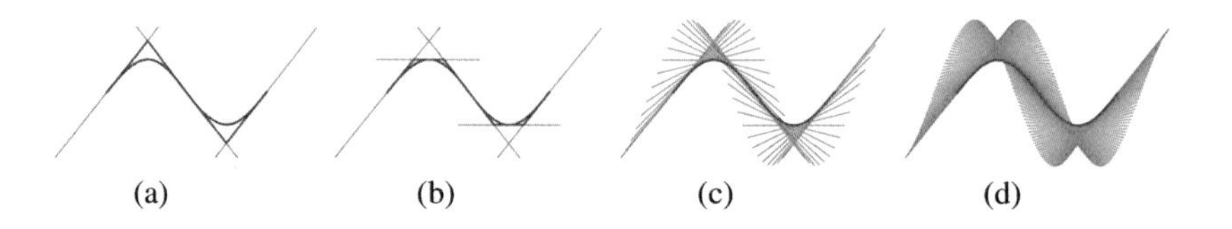

图3.5　正弦曲线及其切线(切线数目依次为3,5,33,129)

现在，让我们将注意力放在可以用形如 $y=f(x)$ 的函数关系描述的光滑曲线。

对于某个给定的 x_0，曲线在该点的切线可以表示为 $y=u_0x-g_0$。其中，$u_0=f'(x_0)$ 为其斜率，而 g_0 为切线在 y 轴上截距的负值(图3.6)。由于该切线经过点 $(x_0,y_0)=(x_0,f(x_0))$，即有 $f(x_0)=u_0x_0-g_0$，因此 $g_0=u_0x_0-f(x_0)$。

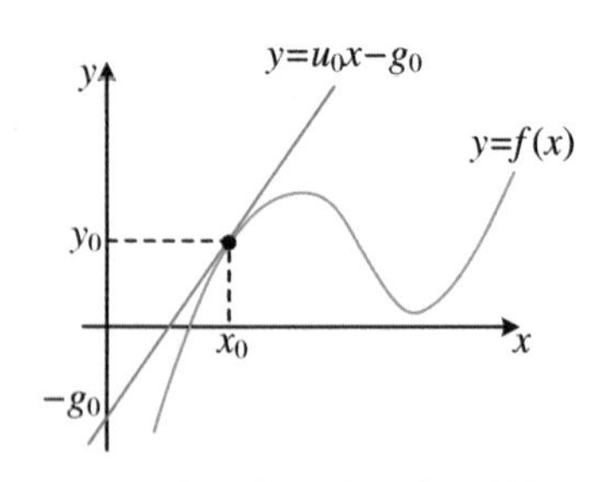

图3.6　光滑曲线在一点处的切线

一般地，曲线在 x 点处的切线，其斜率为

$$u=f'(x)=u(x) \tag{3.1.13}$$

而在 y 轴上的负截距为

$$g=ux-f(x)=g(x) \tag{3.1.14}$$

即 u 和 g 都可以表示为 x 的函数。在 x 的定义域内任意取定一个值，由上面两式就唯一确定了两个数 u 和 g，再分别以它们作为斜率和负截距就在 xy 平面

上确定了一条直线。而按照前面的讨论，由此确定的所有直线的包络线就是曲线 $y=f(x)$。

现在的问题是：关于曲线的包络线表述，或者说斜率-负截距表述，是否也可以用简单的函数关系来描述？更确切地，我们想知道：是否可以将负截距 g 表示为斜率 u 的函数 $g(u)$？如果可行，我们就可以在完全不借助函数 $f(x)$ 的前提下，给出曲线的另一种等价的描述：在 u 的定义域内任意取定一值，以 u 和 $g(u)$ 分别作为斜率和负截距在 xy 平面上画出一条直线，所有这些直线的包络线就是曲线 $y=f(x)$。

为了能将式(3.1.14)定义的 $g(x)$ 表示为 u 的函数，须要求其中的 x 可以表示为 u 的函数 $x=x(u)$，也就是要求式(3.1.13)确定的函数 $u=u(x)$ 是可逆的，或者说，要求曲线 $y=f(x)$ 在其上不同点处具有不同的斜率。因此，负截距可以表示为斜率的函数要求 $u'(x)=f''(x)$ 几乎总是大于零(或几乎总是小于零)，该条件通常在数学上简记为 $f''(x)\neq 0$，并称其为**海斯条件**。

3.1.4 勒让德变换

1. 单变量函数的勒让德变换

如果函数 $f(x)$ 满足海斯条件 $f''(x)\neq 0$，则将函数

$$g(u) \triangleq ux - f(x) \tag{3.1.15}$$

称为 $f(x)$ 的**勒让德变换**。式(3.1.15)右边出现的 $x=x(u)$ 为 $u\triangleq f'(x)=u(x)$ 的反变换，而海斯条件保证了这样的反变换是存在的。

新函数 g 随其自变量 u 的变化率为

$$g'(u) = \frac{\mathrm{d}u}{\mathrm{d}u}x + u\frac{\mathrm{d}x}{\mathrm{d}u} - \frac{\mathrm{d}f}{\mathrm{d}x}\frac{\mathrm{d}x}{\mathrm{d}u}$$

由于 $u=f'(x)$，上式后面两项之和为零，所以

$$g'(u) = x$$

再对 u 求导，得到

$$g''(u) = x'(u)$$

由于 $f''(x)=u'(x)\neq 0$，因此 $g(u)$ 也满足海斯条件 $g''(u)\neq 0$，从而也可以对其做勒让德变换：将自变量从 u 变为 g 的导数 $x=g'(u)$。按照定义，$g(u)$ 的勒让德变换为 $xu-g(u)=f(x)$。也就是说，$f(x)$ 与 $g(u)$ 是互为勒让德变换

的。而这也从另一角度说明了它们包含的信息是相同的，或者说两者是等价的。

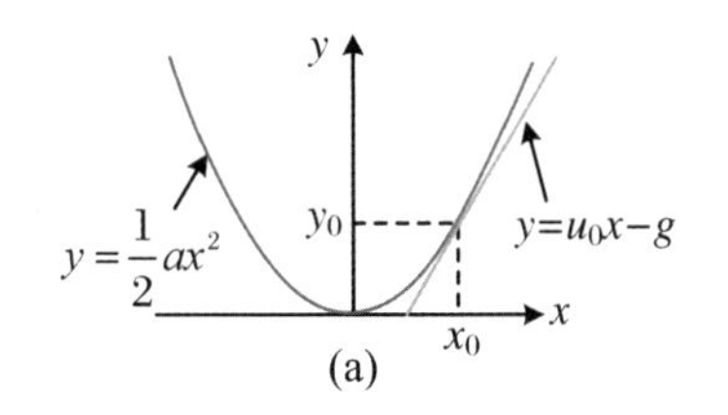

(a)

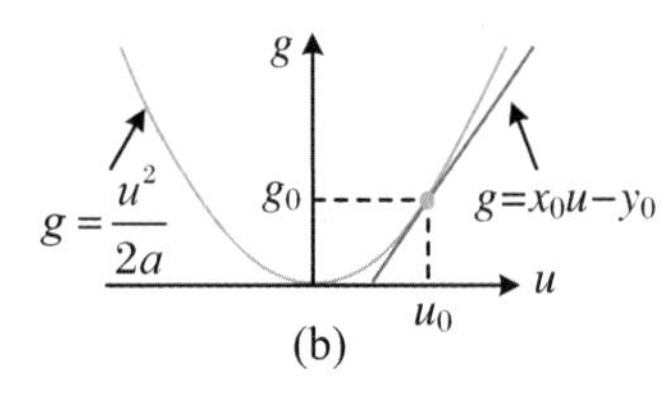

(b)

图 3.7　两条抛物线互为勒让德变换

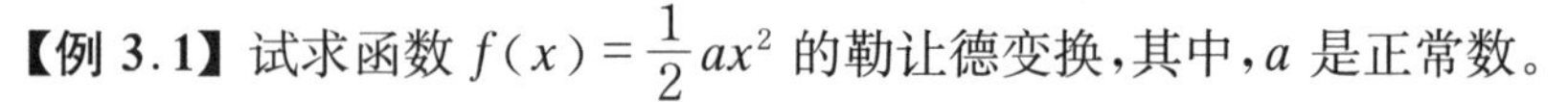

【例 3.1】 试求函数 $f(x)=\frac{1}{2}ax^2$ 的勒让德变换，其中，a 是正常数。

【解】 由于 $f''(x)=a>0$，因此海斯条件显然满足。而由于 $u=f'(x)=ax$，因此

$$g=ux-f(x)=ax^2-\frac{1}{2}ax^2=\frac{1}{2}ax^2$$

将 $u=ax$ 的反变换 $x=u/a$ 代入上式，给出 $f(x)$ 的勒让德变换为

$$g(u)=\frac{u^2}{2a}$$

函数 $f(x)$ 与 $g(u)$ 的关系如图 3.7 所示。

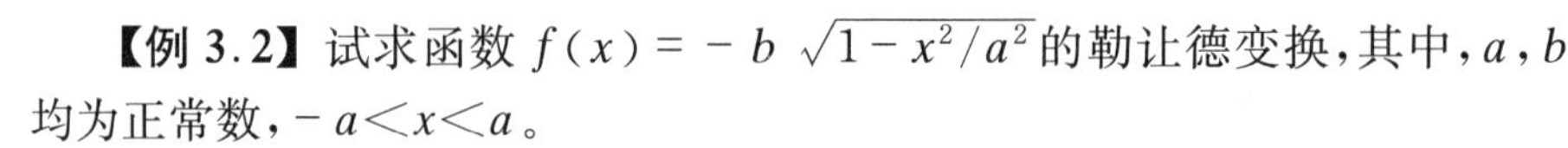

【例 3.2】 试求函数 $f(x)=-b\sqrt{1-x^2/a^2}$ 的勒让德变换，其中，a，b 均为正常数，$-a<x<a$。

【解】 请自行验证海斯条件。由于

$$u=f'(x)=\frac{bx}{a^2\sqrt{1-x^2/a^2}}$$

因此有

$$g=ux-f(x)=\frac{b}{\sqrt{1-x^2/a^2}}$$

利用 $u=u(x)$ 的反变换

$$x=\frac{a^2u}{\sqrt{a^2u^2+b^2}}$$

将 g 表示为 u 的函数，即得函数 $f(x)$ 的勒让德变换

$$g(u)=\sqrt{a^2u^2+b^2}$$

函数 $f(x)$ 与 $g(u)$ 的关系如图 3.8 所示。

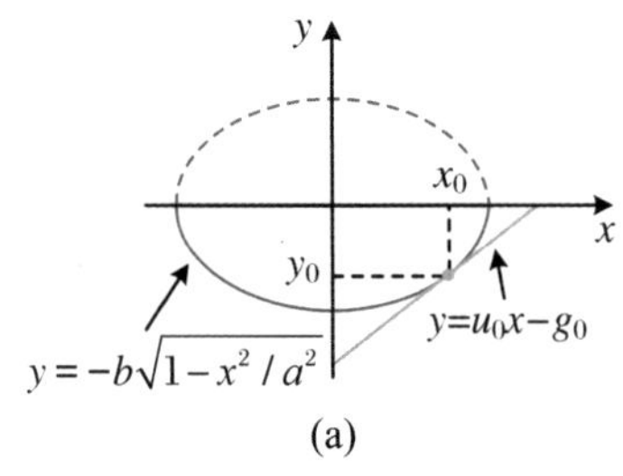

(a)

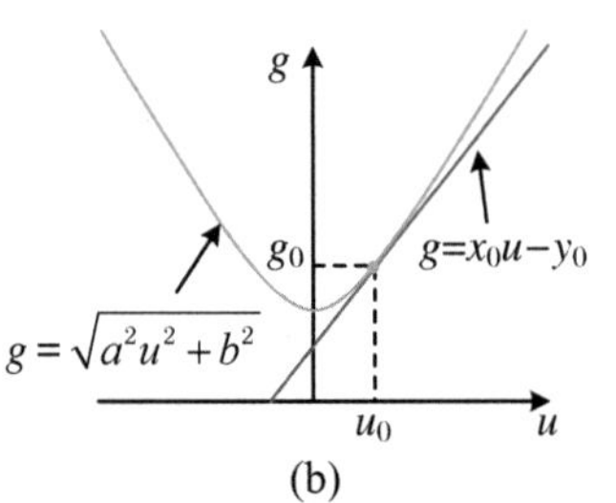

(b)

图 3.8　半椭圆与双曲线一支互为勒让德变换

2. 多变量函数对一个自变量的勒让德变换

作为一个直接的推广，如果函数 $f(x,y)$ 满足海斯条件 $\partial^2 f/\partial x^2\neq 0$，则将函数

$$g(u,y) \triangleq ux - f(x,y) \tag{3.1.16}$$

称为 $f(x,y)$ 对于 x 的**勒让德变换**。式(3.1.16)右边出现的 $x = x(u,y)$ 为 $u \triangleq \partial f/\partial x = u(x,y)$ 的反变换。同样,海斯条件保证了此处的反变换存在。显然,对于任意取定的 y_0,$g = g(u,y_0)$ 就是 $f(x,y_0)$ 的勒让德变换。

由于 g 对于新的自变量 u 的导数为

$$\frac{\partial g}{\partial u} = \frac{\partial u}{\partial u}x + u\frac{\partial x}{\partial u} - \frac{\partial f}{\partial x}\frac{\partial x}{\partial u} = x \tag{3.1.17}$$

因此,$g(u,y)$ 仍然满足海斯条件 $\partial^2 g/\partial u^2 \neq 0$。而 $g(u,y)$ 对 u 的勒让德变换即为 $f(x,y)$,也就是说,$f(x,y)$ 与 $g(u,y)$ 互为勒让德变换。

g 对于其与 f 共同的自变量 y 的导数为

$$\frac{\partial g}{\partial y} = \frac{\partial u}{\partial y}x + u\frac{\partial x}{\partial y} - \frac{\partial f}{\partial y} - \frac{\partial f}{\partial x}\frac{\partial x}{\partial y}$$

由于

$$\frac{\partial u}{\partial y} = 0, \quad u = \frac{\partial f}{\partial x}$$

因此

$$\frac{\partial g}{\partial y} = -\frac{\partial f}{\partial y} \tag{3.1.18}$$

事实上,这里的 y 仅仅作为参数出现,其地位如同例3.1中的 a 或例3.2中的 a,b。请读者自行证明:对于同时出现在 f 与 g 中的任一参数 λ,也有类似于式(3.1.18)的关系,即

$$\frac{\partial g}{\partial \lambda} = -\frac{\partial f}{\partial \lambda} \tag{3.1.19}$$

【例3.3】 试求函数 $f(x,y) = \frac{1}{2}ax^2 - \frac{1}{2}by^2$ 对于 x 的勒让德变换,其中,a,b 均是正常数。

【解】 由于 $u = \partial f/\partial x = ax$,因此

$$g = ux - f(x,y) = ax^2 - \left(\frac{1}{2}ax^2 - \frac{1}{2}by^2\right) = \frac{1}{2}ax^2 + \frac{1}{2}by^2$$

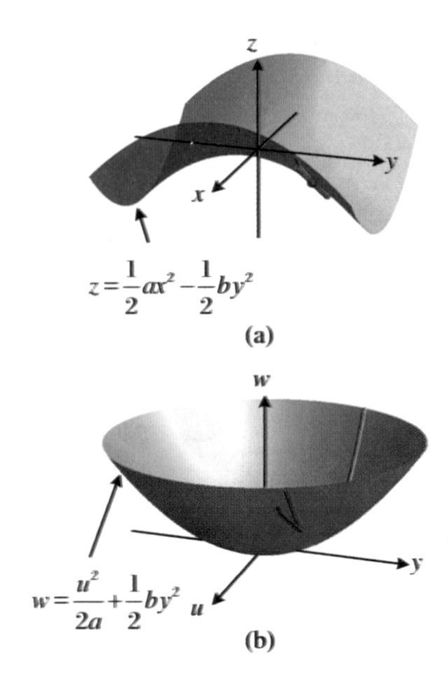

图 3.9　马鞍面与抛物面等价

对 $u=ax$ 做反变换，得到 $x=u/a$。将其代入上式，给出 $f(x,y)$ 对 x 的勒让德变换为

$$g(u,y)=\frac{u^2}{2a}+\frac{1}{2}by^2$$

函数 $f(x,y)$ 与 $g(u,y)$ 的关系如图 3.9 所示。

3. 多变量函数对多个自变量的勒让德变换

最后，让我们将前面的定义推广到最一般的情形：设有函数

$$f(x,y)=f(x_1,\cdots,x_n,y_1,\cdots,y_m)$$

并令 $u_i=\partial f/\partial x_i=u_i(x,y)$。如果对于任意 $y=(y_1,\cdots,y_m)$，海斯条件都成立，即

$$\det\left(\frac{\partial^2 f}{\partial x_i\partial x_j}\right)\neq 0 \tag{3.1.20}$$

则将 $f(x,y)$ 对 $x=(x_1,\cdots,x_n)$ 的勒让德变换定义为

$$g(u,y)\triangleq u_i x_i-f(x,y) \tag{3.1.21}$$

上式右边的 x_i 应该理解为 $x_i=x_i(u,y)$，即 $u_i=u_i(x,y)$ 的反变换。

完全仿照前面的讨论可得到勒让德变换的基本性质，此处不再赘述。现将这些性质作为法则叙述如下：

法则 1　互为勒让德变换的两个函数之和等于对应的新旧自变量乘积之和：

$$f(x,y)+g(u,y)=u_i x_i \tag{3.1.22}$$

这实际上就是勒让德变换的定义；

法则 2　变换后(前)的自变量等于变换前(后)的函数对变换前(后)的自变量的导数：

$$u_k=\frac{\partial f}{\partial x_k},\quad x_k=\frac{\partial g}{\partial u_k} \tag{3.1.23}$$

法则 3　互为勒让德变换的两个函数对于两者共同的自变量或参数的导数之和为零：

$$\frac{\partial g}{\partial y_k}=-\frac{\partial f}{\partial y_k},\quad \frac{\partial g}{\partial \lambda}=-\frac{\partial f}{\partial \lambda} \tag{3.1.24}$$

【例 3.4】 试求函数 $f(x,y)=\frac{1}{2}ax^2+\frac{1}{2}by^2$ 对于 x,y 的勒让德变换，其中，a,b 均是正常数。

【解】 令 $u=\partial f/\partial x=ax$，$v=\partial f/\partial y=by$，则有

$$\begin{aligned} g &= ux+vy-f(x,y) \\ &= ax^2+by^2-\left(\frac{1}{2}ax^2+\frac{1}{2}by^2\right) \\ &= \frac{1}{2}ax^2+\frac{1}{2}by^2 \end{aligned}$$

将其中的 x 和 y 通过反变换分别表示为 $x=u/a$ 和 $y=v/b$，代入上式，得到 $f(x,y)$ 的勒让德变换

$$g(u,v)=\frac{u^2}{2a}+\frac{v^2}{2b}$$

$g(u,v)$ 的几何意义是：对于选定的一组 (u_0,v_0)，f 的勒让德变换就确定了唯一的一个数 $g_0=g(u_0,v_0)$ 与之对应；而由此就可以在 xyz 空间定义一个 z 轴上截距为 $-g_0$ 的平面 $z=u_0x+v_0y-g_0$。这个平面实际上就是曲面 $z=f(x,y)$ 在 $(x_0,y_0)=(u_0/a,v_0/a)$ 点处的切平面(图 3.10)。因此，当 (u,v) 取各种可能的数值时，由 $g(u,v)$ 就给出了曲面 $z=f(x,y)$ 的所有切平面。该曲面在每一点附近的无穷小邻域的信息都可以由相应点处的切平面反映，因而，所有这些切平面自然就包含了曲面 $z=f(x,y)$ 的所有信息。这正是我们称 f 与 g 等价的含义。

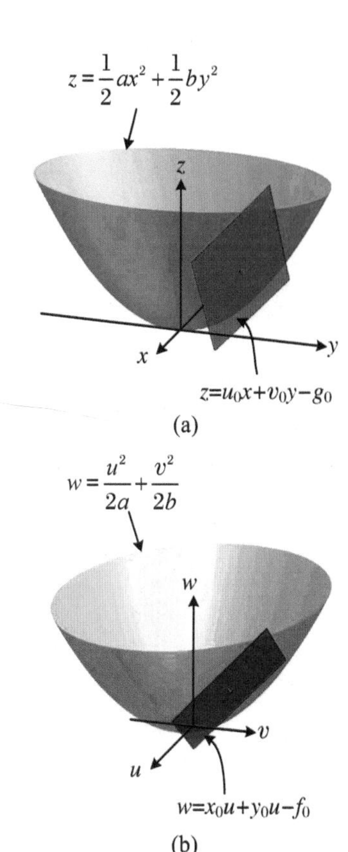

图 3.10 两抛物面互为勒让德变换

3.2 哈密顿方程

3.2.1 哈密顿函数

对于拉格朗日函数为 $L(q,\dot{q},t)$ 的体系，其状态也可以用 (q,p) 描述，这本身就意味着 $L(q,\dot{q},t)$ 是满足海斯条件的。事实上，由于拉格朗日函数可以写为式(3.1.1)，因此

$$\det\left(\frac{\partial^2 L}{\partial\dot{q}_i\partial\dot{q}_j}\right)=\det A>0 \tag{3.2.1}$$

从而 $L(q,\dot{q},t)$ 可以对广义速度 $\dot{q}=(\dot{q}_1,\dot{q}_2,\cdots,\dot{q}_s)$ 做勒让德变换，结果为

$$H(q,p,t) \triangleq p_i\dot{q}_i - L(q,\dot{q},t) \tag{3.2.2}$$

上式右边的 $\dot{q}_k=\dot{q}_k(q,p,t)$ 是 $p_k=\partial L/\partial\dot{q}_k=p_k(q,\dot{q},t)$ 的反变换。由于 $H(q,p,t)$ 与 $L(q,\dot{q},t)$ 是等价的，因此与 $L(q,\dot{q},t)$ 一样，$H(q,p,t)$ 也包含了体系的所有动力学信息，称其为体系的**哈密顿函数**。

1. 哈密顿函数与雅可比积分

可以看到，哈密顿函数与 $L(q,\dot{q},t)$ 的雅可比积分 $h(q,\dot{q},t)$ 在数值上是相同的，即对于体系的任一给定状态有 $H=h$。由此可以得到

$$\frac{\mathrm{d}H}{\mathrm{d}t}=\frac{\mathrm{d}h}{\mathrm{d}t} \tag{3.2.3}$$

但是也应该注意到，$H(q,p,t)$ 与 $h(q,\dot{q},t)$ 是不同的函数，它们有不同的自变量。即便对于共同的自变量 q_k 和 t，两者对其依赖关系通常也是不同的，譬如，一般而言

$$\frac{\partial H}{\partial t}\neq\frac{\partial h}{\partial t}$$

正由于此，我们对 H 和 h 采用不同的称呼。

2. 哈密顿函数的一般形式

如果拉格朗日函数为广义速度的二次多项式，

$$L=T-U=\frac{1}{2}A_{ij}\dot{q}_i\dot{q}_j+B_i\dot{q}_i+C \tag{3.2.4}$$

根据式(3.1.10)，广义动量可以写为

$$p=A\dot{q}+B \tag{3.2.5}$$

由于 $H=h$，并且 $h(q,\dot{q},t)$ 等于 L 的二次项与零次项之差(见式 2.3.27)，因此

$$H=\frac{1}{2}A_{ij}\dot{q}_i\dot{q}_j-C=\frac{1}{2}\dot{q}^{\mathrm{T}}A\dot{q}-C \tag{3.2.6}$$

作为 L 的勒让德变换，还需要将上式右侧出现的广义速度利用式(3.2.5)的反变换表示为 (q,p,t) 的函数。由于

$$\dot{q}=A^{-1}(p-B) \tag{3.2.7}$$

将其代入式(3.2.6)，得到

$$H(q,p,t) = \frac{1}{2}(p - B)^{\mathrm{T}} A^{-1}(p - B) - C \tag{3.2.8}$$

如果矩阵 A 为对角矩阵,则其逆 A^{-1} 也为对角矩阵,将其分别记为

$$A = \begin{pmatrix} A_1 & 0 & \cdots & 0 \\ 0 & A_2 & \cdots & 0 \\ \vdots & \vdots & & \vdots \\ 0 & 0 & \cdots & A_s \end{pmatrix}, \quad A^{-1} = \begin{pmatrix} A_1^{-1} & 0 & \cdots & 0 \\ 0 & A_2^{-1} & \cdots & 0 \\ \vdots & \vdots & & \vdots \\ 0 & 0 & \cdots & A_s^{-1} \end{pmatrix}$$

或者

$$A = \mathrm{diag}\{A_1, A_2, \cdots, A_s\}, \quad A^{-1} = \mathrm{diag}\{A_1^{-1}, A_2^{-1}, \cdots, A_s^{-1}\}$$

在此情形下,哈密顿函数(3.2.8)就写为

$$H = \frac{(p_i - B_i)^2}{2A_i} - C \tag{3.2.9}$$

例如,采用直角坐标系,在电磁场中运动的带电粒子的拉格朗日函数为(见例2.9)

$$L = \frac{1}{2} m\dot{x}_i\dot{x}_i + e\dot{x}_i A_i - e\varphi$$

所以,在式(3.2.9)中做如下替换:

$$A_i \to m, \quad B_i \to eA_i, \quad C \to -e\varphi$$

就给出了带电粒子的哈密顿函数,

$$H = \frac{(p_i - eA_i)^2}{2m} + e\varphi \tag{3.2.10}$$

由于与 x_i 共轭的广义动量 $p_i = \partial L / \partial \dot{x}_i = m\dot{x}_i + eA_i$,上式右边第一项实际上就是粒子的动能。

对于变换方程 $\vec{r} = \vec{r}(q)$ 不显含时间 t 且 $U = U(q,t)$ 的情形,h 等于体系的能量,从而 H 也等于体系的能量。如果 A 仍然为对角矩阵,即拉格朗日函数可以写为

$$L = T - U = \frac{1}{2} A_i \dot{q}_i^2 - U(q,t) \tag{3.2.11}$$

那么哈密顿函数为

$$H = T + U = \sum_i \frac{p_i^2}{2A_i} + U \tag{3.2.12}$$

例如,处于中心势场中的粒子,其拉格朗日函数为

$$L = T - U = \frac{1}{2}m[\dot{r}^2 + r^2\dot{\theta}^2 + (r^2\sin^2\theta)\dot{\phi}^2] - U(r)$$

哈密顿函数可以直接写出,为

$$H = \frac{p_r^2}{2m} + \frac{1}{2mr^2}\left(p_\theta^2 + \frac{p_\phi^2}{\sin^2\theta}\right) + U(r) \tag{3.2.13}$$

请读者自行证明:数值上

$$H = \frac{p_r^2}{2m} + \frac{l^2}{2mr^2} + U(r) \tag{3.2.14}$$

其中,$l = \sqrt{p_\theta^2 + p_\phi^2/\sin^2\theta}$是粒子相对于力心的角动量大小。

3.2.2 哈密顿方程

利用勒让德变换的法则 2,旧自变量 $\dot{q}_k$ 等于新函数H 对新自变量 p_k 的导数,得到

$$\dot{q}_k = \frac{\partial H}{\partial p_k} \tag{3.2.15}$$

将勒让德变换的法则 3 应用于共同自变量 q_k 上,得到

$$\frac{\partial L}{\partial q_k} = -\frac{\partial H}{\partial q_k} \tag{3.2.16}$$

由于真实的运动满足拉格朗日方程,即

$$\frac{\partial L}{\partial q_k} = \frac{\mathrm{d}}{\mathrm{d}t}\frac{\partial L}{\partial \dot{q}_k} = \dot{p}_k$$

所以方程(3.2.16)可以写为

$$\dot{p}_k = -\frac{\partial H}{\partial q_k} \tag{3.2.17}$$

这样,利用勒让德变换的法则我们就得到了下面的方程:

$$\dot{q}_k = \frac{\partial H}{\partial p_k},\quad \dot{p}_k = -\frac{\partial H}{\partial q_k}\quad (k = 1,2,\cdots,s) \tag{3.2.18}$$

它们是 $2s$ 个状态参量(q,p)所满足的 $2s$ 个一阶微分方程。显然,知道了体系

的初始状态，这些方程就足以确定(q,p)或者说体系状态随时间的演化。因此，这$2s$个方程就是以(q,p)作为状态参量时体系的动力学方程，称其为**哈密顿方程**。

根据哈密顿方程，如果某个广义坐标q_k不明显地出现在哈密顿函数中(这样的q_k称为H的循环坐标)，从而$\partial H/\partial q_k=0$，则与之共轭的广义动量$p_k$为运动常量。类似地，如果某个广义动量$p_k$不明显地出现在哈密顿函数中，从而$\partial H/\partial p_k=0$，则与之共轭的广义坐标$q_k$为运动常量。

将哈密顿函数对时间求导，得到

$$\frac{\mathrm{d}H}{\mathrm{d}t}=\frac{\partial H}{\partial q_k}\dot{q}_k+\frac{\partial H}{\partial p_k}\dot{p}_k+\frac{\partial H}{\partial t}$$

利用哈密顿方程不难看出，上式右边的前两项相互抵消，因而对于真实的运动有

$$\frac{\mathrm{d}H}{\mathrm{d}t}=\frac{\partial H}{\partial t}\tag{3.2.19}$$

特别地，如果哈密顿函数不显含时间t，从而$\partial H/\partial t=0$，则哈密顿函数为运动常量。此结论也可将勒让德变换的法则3应用于共同的参数t上得到：由于

$$\frac{\partial H}{\partial t}=-\frac{\partial L}{\partial t}$$

而对于真实运动，上式右边根据方程(2.3.26)可以写为$-\partial L/\partial t=\mathrm{d}h/\mathrm{d}t$，再利用关系(3.2.3)就又得到了式(3.2.19)。

【例3.5】已知一维简谐振子的拉格朗日函数为

$$L(x,\dot{x})=\frac{1}{2}m\dot{x}^2-\frac{1}{2}m\omega^2x^2$$

试写出该体系的哈密顿函数$H(x,p_x)$和哈密顿方程；如果$x(t=0)=x_0$，$p_x(t=0)=p_{x0}$，试求解体系在t时刻的状态。

【解】由于广义动量$p_x=\partial L/\partial\dot{x}=m\dot{x}$，因此$\dot{x}=p_x/m$。根据定义有

$$H(x,p_x)=\dot{x}p_x-L=\frac{1}{2}m\dot{x}^2+\frac{1}{2}m\omega^2x^2$$

所以哈密顿函数为

$$H(x,p_x)=\frac{p_x^2}{2m}+\frac{1}{2}m\omega^2x^2\tag{3.2.20}$$

该结论也可由前面关于哈密顿函数一般形式的讨论直接写出。将H代入哈

密顿方程，得到

$$\dot{x}=\frac{\partial H}{\partial p_x}=\frac{p_x}{m},\quad \dot{p}_x=-\frac{\partial H}{\partial x}=-m\omega^2 x \tag{3.2.21}$$

由第一式给出 $p_x=m\dot{x}$，将其代入第二式，得到 $\ddot{x}=-\omega^2 x$。其一般解为

$$x(t)=a\cos\omega t+b\sin\omega t$$

广义动量与时间的关系为

$$p_x(t)=m\dot{x}(t)=-m\omega a\sin\omega t+m\omega b\cos\omega t$$

利用初始条件可得

$$a=x_0,\quad b=\frac{p_{x0}}{m\omega}$$

因此

$$x(t)=x_0\cos\omega t+\frac{p_{x0}}{m\omega}\sin\omega t,\quad p_x(t)=-m\omega x_0\sin\omega t+p_{x0}\cos\omega t \tag{3.2.22}$$

【例 3.6】 带电粒子在电磁场中运动时的哈密顿函数由式(3.2.10)给出：

$$H=\frac{(p_i-eA_i)^2}{2m}+e\varphi$$

试写出哈密顿方程，并证明带电粒子的运动满足

$$m\ddot{\vec{r}}=e\vec{E}+e\vec{v}\times\vec{B}$$

【解】 粒子的自由度为 3，共有 6 个哈密顿方程。其中 3 个方程为

$$\dot{x}_k=\frac{\partial H}{\partial p_k}=\frac{p_i-eA_i}{m}\delta_{ik}=\frac{p_k-eA_k}{m}$$

或者将其写为

$$p_k=m\dot{x}_k+eA_k \tag{3.2.23}$$

另外 3 个哈密顿方程为

$$\dot{p}_k = -\frac{\partial H}{\partial x_k} = \frac{e(p_i - eA_i)}{m}\frac{\partial A_i}{\partial x_k} - e\frac{\partial \varphi}{\partial x_k}$$

将式(3.2.23)代入上式,给出

$$m\ddot{x}_k + e\dot{x}_i\frac{\partial A_k}{\partial x_i} + e\frac{\partial A_k}{\partial t} = e\dot{x}_i\frac{\partial A_i}{\partial x_k} - e\frac{\partial \varphi}{\partial x_k}$$

略做整理,得到

$$m\ddot{x}_k = -e\left(\frac{\partial \varphi}{\partial x_k} + \frac{\partial A_k}{\partial t}\right) + e\dot{x}_i\left(\frac{\partial A_i}{\partial x_k} - \frac{\partial A_k}{\partial x_i}\right)$$

根据关系式(1.6.21),上式右边第一项正是 eE_k,而第二项则为 $e\varepsilon_{kij}\dot{x}_iB_j = e\left(\vec{v}\times\vec{B}\right)_k$。故

$$m\ddot{x}_k = eE_k + e\left(\vec{v}\times\vec{B}\right)_k$$

即粒子的运动满足 $m\ddot{\vec{r}} = e\vec{E} + e\vec{v}\times\vec{B}$。这正是牛顿方程,右边为带电粒子受到的洛伦兹力。

3.3 相空间中的运动

3.3.1 哈密顿方程的动力学含义

知道了体系在某一时刻的状态,由哈密顿方程就可以预言体系在此后任一时刻的状态。如果体系在 t 时刻的状态由 $q_k(t)$ 和 $p_k(t)$ 描述,那么在极短时间 ε 后,体系的广义坐标变为了

$$q_k(t+\varepsilon) = q_k(t) + \varepsilon\dot{q}_k(t) = q_k(t) + \varepsilon\left(+\frac{\partial H}{\partial p_k}\right)_t \tag{3.3.1}$$

而广义动量变为了

$$p_k(t+\varepsilon) = p_k(t) + \varepsilon\dot{p}_k(t) = p_k(t) + \varepsilon\left(-\frac{\partial H}{\partial q_k}\right)_t \tag{3.3.2}$$

因此,由体系在 t 时刻的状态就可以知道其在 $t+\varepsilon$ 时刻的状态;由此又可以给出体系在 $t+2\varepsilon$ 时刻的状态。依此类推,就可以知道体系在任一时刻的状态。

按照式(3.3.1),如果某一时刻 H 随着 p_k 的变化率不为零,则下一时刻与 p_k 共轭的广义坐标 q_k 就会变化;而按照式(3.3.2),如果某一时刻 H 随着 q_k 的变化率不为零,则下一时刻与 q_k 共轭的广义动量 p_k 就会变化。因此,与牛顿方程及拉格朗日方程不同,哈密顿方程不仅对于体系的广义动量为什么会变化提供了解释,而且它对于体系的广义坐标或者位置为什么会变化也提供了解释。在这种解释中,q_k 和 p_k 具有对等的地位。正由于此,通常又将哈密顿方程称为正则方程,而广义坐标和广义动量统一称为正则变量。

以一维简谐振子为例,由于其哈密顿函数

$$H(x,p_x)=\frac{p_x^2}{2m}+\frac{1}{2}m\omega^2x^2$$

不显含时间 t,因而 H 是运动常量,其数值等于振子的能量 E。$H(x,p_x)=E$ 描述的是相平面 xp_x 内半轴长分别为

$$a=\sqrt{\frac{2E}{m\omega^2}},\quad b=\sqrt{2mE}$$

的椭圆(图 3.11(a))。因此,体系的相轨迹就是椭圆,即 $H(x,p_x)$的等值线(图 3.11(b))。在第一象限,x 或者 p_x 增加时 H 会增大,因此有 $\dot{p}_x<0$ 和 $\dot{x}>0$,即相点在第一象限向右下方运动。在第二象限,x 增加时 H 减小,故 $\dot{p}_x>0$;p_x 增加时 H 也增加,故 $\dot{x}>0$,即相点在第二象限向右上方运动。类似可知,在第三、四象限,相点分别向左上方和左下方运动。所以相点在椭圆上沿着顺时针方向运动。

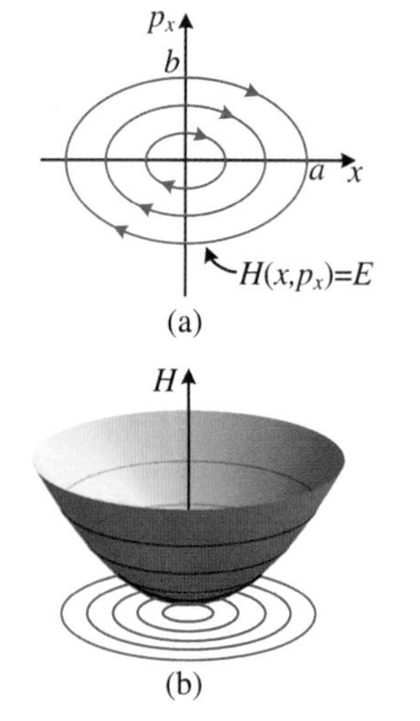

图 3.11 简谐振子的相轨迹与哈密顿函数

3.3.2 ξ 记号

对于自由度为 s 的体系,约定希腊字母 α,β,γ 等表示的指标在$\{1,2,\cdots,2s\}$内取值,而拉丁字母 i,j,k 等表示的指标在$\{1,2,\cdots,s\}$内取值。今后我们将经常用 $\xi_\alpha(\alpha=1,2,\cdots,2s)$统一表示体系的 $2s$ 个正则变量,其定义为

$$\xi_i=q_i,\quad \xi_{s+i}=p_i\quad(i=1,2,\cdots,s)\tag{3.3.3a}$$

即

$$\xi=\begin{pmatrix}\xi_1\\ \vdots\\ \xi_{2s}\end{pmatrix}=\begin{pmatrix}q\\ p\end{pmatrix}\tag{3.3.3b}$$

利用 ξ 记号，正则方程可以统一写为

$$\dot{\xi} = \Omega \frac{\partial H}{\partial \xi} \tag{3.3.4}$$

其中 Ω 是 $2s \times 2s$ 方阵，定义为

$$\Omega \triangleq \begin{pmatrix} 0_{s\times s} & I_{s\times s} \\ -I_{s\times s} & 0_{s\times s} \end{pmatrix} \tag{3.3.5}$$

显然，Ω 是一个反对称矩阵，且满足 $\Omega^{\mathrm{T}}\Omega = I_{2s\times 2s}$。

3.3.3 哈密顿体系

对于任一给定的状态参量的函数 $H(\xi,t)$，按如下方式就定义了相空间中的一个矢量场：

$$\Delta_H(\xi,t) \triangleq \Omega \frac{\partial H}{\partial \xi} = \begin{pmatrix} +\partial H/\partial p \\ -\partial H/\partial q \end{pmatrix} \tag{3.3.6}$$

称之为 $H(\xi,t)$ 生成的哈密顿矢量场。如果描述体系状态的相点在 ξ 相空间中的演化满足方程

$$\dot{\xi} = \Delta_H(\xi,t) = \Omega \frac{\partial H}{\partial \xi} \tag{3.3.7}$$

这样的体系就称为 $H(\xi,t)$ 生成的哈密顿体系，即以 $\Delta_H(\xi,t)$ 作为其速度场的体系。

哈密顿体系这一概念的引入极大地拓宽了哈密顿力学研究的范围。这是由于这里的 $H(\xi,t)$ 可以是 (ξ,t) 的任一函数——H 不必是某个拉格朗日函数的勒让德变换，或者说，$H(\xi,t) = H(q,p,t)$ 不必满足对变量 $p = (p_1,\cdots,p_s)$ 做勒让德变换的海斯条件

$$\det\left(\frac{\partial^2 H}{\partial p_i \partial p_j}\right) \neq 0$$

在同一个 ξ 相空间中，不同的函数 $H(\xi,t)$ 生成了不同的哈密顿矢量场 $\Delta_H(\xi,t)$，从而以其为速度场就由式(3.3.7)定义了按照不同方式演化的体系。

考察二维相平面 qp。如果取 $H=0$，则

$$\Delta_H = \begin{pmatrix} 0 \\ 0 \end{pmatrix}$$

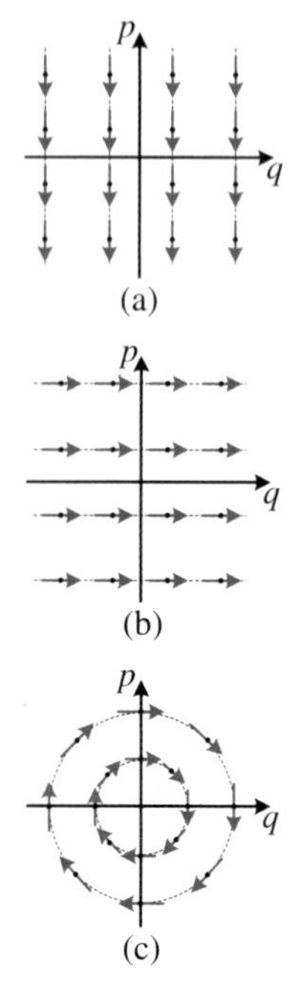

图 3.12 三个自由度为 1 的特殊哈密顿体系

因此,相点在相平面内是静止的。如果取 $H=q$,则

$$\Delta_H = \begin{pmatrix} 0 \\ -1 \end{pmatrix}$$

因此,相点以单位速度向下运动(图 3.12(a))。如果 $H=p$,则

$$\Delta_H = \begin{pmatrix} 1 \\ 0 \end{pmatrix}$$

因此,相点以单位速度向右运动(图 3.12(b))。而如果 $H=\frac{1}{2}(p^2+q^2)$,则

$$\Delta_H = \begin{pmatrix} p \\ -q \end{pmatrix}$$

相点(q,p)处的速度大小$\sqrt{p^2+q^2}$等于其到原点的距离,也就是说,相点绕着原点以单位角速度顺时针转动(图 3.12(c))。

给定 $H(\xi,t)$,由式(3.3.6)就在相空间中确定了唯一的矢量场 Δ_H,而以其为速度场就确定了按照方式(3.3.7)演化的体系。我们也可以任意给定相空间中的一个矢量场 $X(\xi,t)$,并将其作为速度场定义按照下面的方式演化的体系:

$$\dot{\xi} = X(\xi,t) \tag{3.3.8}$$

问题是:这样的体系是否必然是哈密顿体系呢?也就是说,是否必然可以找到一个标量函数 $H(\xi,t)$,使得 $X=\Omega\partial H/\partial\xi$?未必!这是由于,如果这样的 $H(\xi,t)$存在,那么就有

$$Y \triangleq \Omega X = -\frac{\partial H}{\partial \xi}$$

因此,按照 1.6.4 小节最后的结论,Y 必须是相空间中的“无旋场”,即要满足条件:

$$\partial_\alpha Y_\beta = \partial_\beta Y_\alpha \quad (\alpha,\beta = 1,\cdots,2s)$$

其中,$\partial_\alpha \triangleq \partial/\partial\xi_\alpha$。将上式用 X 的分量明显表示出来就是

$$\Omega_{\beta\gamma}\partial_\alpha X_\gamma = \Omega_{\alpha\gamma}\partial_\beta X_\gamma$$

该式两边同时乘以 $\Omega_{\alpha\rho}\Omega_{\beta\sigma}$,并对 α 和 β 求和,得到

$$\Omega_{\alpha\rho}\Omega_{\beta\sigma}\Omega_{\beta\gamma}\partial_\alpha X_\gamma = \Omega_{\alpha\rho}\Omega_{\beta\sigma}\Omega_{\alpha\gamma}\partial_\beta X_\gamma$$

利用矩阵 Ω 的性质$\Omega^{\mathrm{T}}\Omega=I$,上式左边的 $\Omega_{\beta\sigma}\Omega_{\beta\gamma}=\delta_{\sigma\gamma}$,而右边的 $\Omega_{\alpha\rho}\Omega_{\alpha\gamma}=\delta_{\rho\gamma}$,

因而就有

$$\Omega_{\alpha\rho}\partial_\alpha X_\sigma = \Omega_{\beta\sigma}\partial_\beta X_\rho$$

或者

$$\Omega_{\rho\alpha}\partial_\alpha X_\sigma = \Omega_{\sigma\beta}\partial_\beta X_\rho$$

此处用到了 Ω 的反对称性质。所以,体系 $\dot{\xi} = X(\xi, t)$ 为哈密顿体系的条件是

$$D_\rho X_\sigma = D_\sigma X_\rho \quad (\rho, \sigma = 1, \cdots, 2s) \tag{3.3.9}$$

其中,$D_\alpha \triangleq \Omega_{\alpha\beta}\partial_\beta$。

【例 3.7】 已知某个单自由度体系在相空间(q,p)内的运动由方程

$$\dot{q} = p, \quad \dot{p} = -\omega_0^2 q - 2\gamma p$$

决定,其中,ω_0 和 γ 均为正常数。

(1) 该体系是否为哈密顿体系?

(2) 该体系的状态显然也可以用 $Q = q$ 和 $P = p\mathrm{e}^{2\gamma t}$ 描述,试写出体系在新的相空间(Q,P)内的运动方程,并判断以(Q,P)作为状态参量时该体系是否为哈密顿体系。

【解】 (1) 如果存在 $H(q,p,t)$,使得体系的运动方程能够写成正则方程的形式,那么必然有

$$\frac{\partial H}{\partial p} = p, \quad \frac{\partial H}{\partial q} = \omega_0^2 q + 2\gamma p$$

两式分别对 q 和 p 求导,得到

$$\frac{\partial}{\partial q}\frac{\partial H}{\partial p} = 0, \quad \frac{\partial}{\partial p}\frac{\partial H}{\partial q} = 2\gamma$$

由于函数的偏导数总是可以交换次序的,因此这样的 H 并不存在。即以(q,p)作为状态参量时,所给体系不是哈密顿体系。

(2) 由于

$$\dot{Q} = \dot{q} = p, \quad \dot{P} = (\dot{p} + 2\gamma p)\mathrm{e}^{2\gamma t} = -\omega_0^2 q\mathrm{e}^{2\gamma t}$$

因此体系在相空间(Q,P)内的运动方程为

$$\dot{Q} = P\mathrm{e}^{-2\gamma t}, \quad \dot{P} = -\omega_0^2 Q\mathrm{e}^{2\gamma t}$$

很容易看出,只要令

$$H=\frac{1}{2}(P^2 e^{-2\gamma t}+\omega_0^2 Q^2 e^{2\gamma t})$$

上面的方程就写为了正则方程的形式：

$$\dot{Q}=\frac{\partial H}{\partial P},\quad \dot{P}=-\frac{\partial H}{\partial Q}$$

所以，以(Q,P)作为状态参量时该体系是哈密顿体系。

本例说明：一个体系是否为哈密顿体系，不仅与所研究问题的具体力学性质有关，还有赖于采用什么变量描述体系的状态。

3.3.4 相空间中的哈密顿原理

1. 哈密顿原理的表述

哈密顿体系在相空间中的演化也可以用某个最小原理解释，称之为相空间中的哈密顿原理。表述如下：$H(\xi,t)$生成的哈密顿体系，如果相点在 t_1 时刻位于 $\xi^{(1)}$ 处，而在 t_2 时刻它又确实运动到了 $\xi^{(2)}$ 处，那么在有相同端点的所有可能路径当中，真实的运动是使得作用量

$$\widetilde{S}\triangleq\int_{t_1}^{t_2}\widetilde{L}(\xi,\dot{\xi},t)\mathrm{d}t \tag{3.3.10}$$

取驻值的，其中

$$\widetilde{L}(\xi,\dot{\xi},t)\triangleq p_i\dot{q}_i-H(q,p,t) \tag{3.3.11}$$

尽管$\widetilde{L}$的定义使其看起来像是 $H(q,p,t)$对于 p 的勒让德变换，但事实并非如此。原因有二：第一，此处的 $H(q,p,t)$可以是状态参量的任一给定函数，它未必满足海斯条件；第二，即便 $H(q,p,t)$满足海斯条件，$\widetilde{L}$也仍然不能认为是 $H(q,p,t)$的勒让德变换 $L(q,\dot{q},t)$，此情形下两者只是数值上相等，但却是不同的函数——L 是 $2s$ 个状态参量$(q,\dot{q})$的函数（也可能依赖于时间），而$\widetilde{L}$则是状态参量及其随时间变化率共 $4s$ 个自变量$(\xi,\dot{\xi})=(q,p,\dot{q},\dot{p})$的函数。正因为如此，我们将$\widetilde{L}(\xi,\dot{\xi},t)$称为相空间中的拉格朗日函数。基于同样的原因，当说到相空间中的可能路径时，除了要求端点相同外，所有 $2s$ 个 ξ_α（即

q_k 和 p_k)都可以是时间 t 的任意函数。

2. 哈密顿原理的证明

作用量取驻值意味着$\widetilde{S}$的一阶变分为零,即

$$0=\delta\widetilde{S}=\delta\int_{t_1}^{t_2}\widetilde{L}(\xi,\dot{\xi},t)\mathrm{d}t=\int_{t_1}^{t_2}\left(\frac{\partial\widetilde{L}}{\partial\xi_\alpha}\delta\xi_\alpha+\frac{\partial\widetilde{L}}{\partial\dot{\xi}_\alpha}\delta\dot{\xi}_\alpha\right)\mathrm{d}t$$

利用分部积分,上式可写为

$$0=\delta\widetilde{S}=\int_{t_1}^{t_2}\left(\frac{\partial\widetilde{L}}{\partial\xi_\alpha}-\frac{\mathrm{d}}{\mathrm{d}t}\frac{\partial\widetilde{L}}{\partial\dot{\xi}_\alpha}\right)\delta\xi_\alpha\mathrm{d}t+\left[\frac{\partial\widetilde{L}}{\partial\dot{\xi}_\alpha}\delta\xi_\alpha\right]_{t_1}^{t_2}\tag{3.3.12}$$

由于所有可能路径有相同端点,即

$$\delta\xi_\alpha(t_1)=0=\delta\xi_\alpha(t_2)\tag{3.3.13}$$

因而式(3.3.12)中完全积分出来的端点项(右边最后一项)等于零,所以就有

$$\delta\widetilde{S}=\int_{t_1}^{t_2}\left(\frac{\partial\widetilde{L}}{\partial\xi_\alpha}-\frac{\mathrm{d}}{\mathrm{d}t}\frac{\partial\widetilde{L}}{\partial\dot{\xi}_\alpha}\right)\delta\xi_\alpha\mathrm{d}t=0$$

此式对于任意 $2s$ 个 $\delta\xi_\alpha$ 都是成立的,因而被积函数中每一个 $\delta\xi_\alpha$ 前面的系数都为零,即

$$\frac{\delta\widetilde{L}}{\delta\xi_\alpha}\triangleq\frac{\partial\widetilde{L}}{\partial\xi_\alpha}-\frac{\mathrm{d}}{\mathrm{d}t}\frac{\partial\widetilde{L}}{\partial\dot{\xi}_\alpha}=0\quad(\alpha=1,2,\cdots,2s)\tag{3.3.14}$$

这就是使得作用量取驻值的路径需要满足的 $2s$ 个欧拉-拉格朗日方程。

在方程(3.3.14)中令 $\xi_\alpha=q_k$,得到

$$\frac{\delta\widetilde{L}}{\delta q_k}\triangleq\frac{\partial\widetilde{L}}{\partial q_k}-\frac{\mathrm{d}}{\mathrm{d}t}\frac{\partial\widetilde{L}}{\partial\dot{q}_k}=\left(-\frac{\partial H}{\partial q_k}\right)-\frac{\mathrm{d}}{\mathrm{d}t}p_k=0$$

或者 $\dot{p}_k=-\partial H/\partial q_k$,这正是其中一半正则方程。而如果在方程(3.3.14)中令 $\xi_\alpha=p_k$,则有

$$\frac{\delta\widetilde{L}}{\delta p_k}\triangleq\frac{\partial\widetilde{L}}{\partial p_k}-\frac{\mathrm{d}}{\mathrm{d}t}\frac{\partial\widetilde{L}}{\partial\dot{p}_k}=\left(\dot{q}_k-\frac{\partial H}{\partial p_k}\right)-\frac{\mathrm{d}}{\mathrm{d}t}0=0$$

或者 $\dot{q}_k=\partial H/\partial p_k$,这又给出了另一半正则方程。

3. 几点说明

在刚才的证明过程中,我们用到所有可能路径有相同端点这一条件,也就

是方程(3.3.13)，正是该条件使得式(3.3.12)中的端点项为零，即

$$\left[\frac{\partial \widetilde{L}}{\partial \dot{\xi}_\alpha}\delta\xi_\alpha\right]_{t_1}^{t_2} = \left[\frac{\partial \widetilde{L}}{\partial \dot{q}_k}\delta q_k + \frac{\partial \widetilde{L}}{\partial \dot{p}_k}\delta p_k\right]_{t_1}^{t_2} = 0$$

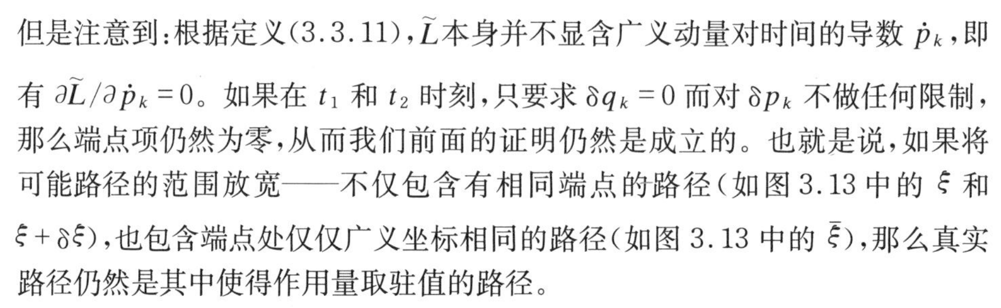

但是注意到：根据定义(3.3.11)，$\widetilde{L}$本身并不显含广义动量对时间的导数 $\dot{p}_k$，即有 $\partial\widetilde{L}/\partial\dot{p}_k = 0$。如果在 t_1 和 t_2 时刻，只要求 $\delta q_k = 0$ 而对 δp_k 不做任何限制，那么端点项仍然为零，从而我们前面的证明仍然是成立的。也就是说，如果将可能路径的范围放宽——不仅包含有相同端点的路径(如图 3.13 中的 ξ 和 $\xi+\delta\xi$)，也包含端点处仅仅广义坐标相同的路径(如图 3.13 中的 $\bar{\xi}$)，那么真实路径仍然是其中使得作用量取驻值的路径。

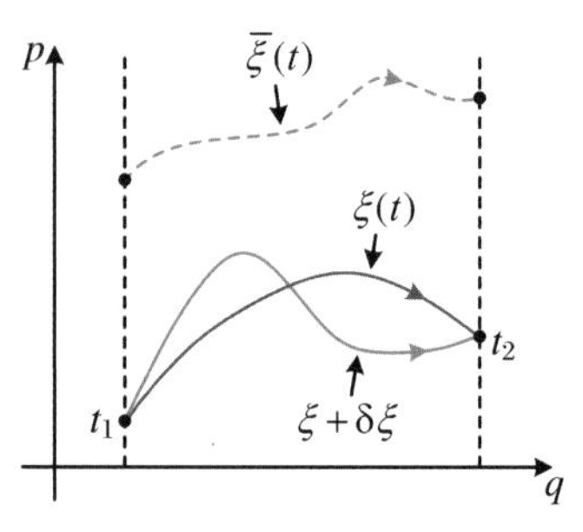

图 3.13　相空间中的可能路径

在后面的讨论中，基于两点理由我们仍坚持要求所有可能路径都具有相同的端点。首先，正如我们已经看到的，对可能路径的这种限制确实可以让我们能根据哈密顿原理将真实路径从中挑出，而真实路径才是我们真正关注的；其次，要求端点相同将使得相空间中的拉格朗日函数$\widetilde{L}$的选取具有更大的灵活性，而这一点对于后面正则变换的讨论能带来极大的便利。

拉格朗日函数$\widetilde{L}$的灵活性体现在它具有不确定性。由于要求端点相同，因此对于任一给定函数 $F(\xi,t)$，

$$\int_{t_1}^{t_2}\frac{\mathrm{d}F(\xi,t)}{\mathrm{d}t}\mathrm{d}t = [F(\xi,t)]_{t_1}^{t_2} = \text{const.}$$

是与路径无关的常数。如果定义

$$\widetilde{L}'(\xi,\dot{\xi},t) = \widetilde{L}(\xi,\dot{\xi},t) + \frac{\mathrm{d}F(\xi,t)}{\mathrm{d}t} \tag{3.3.15}$$

那么它对时间积分给出的 $\widetilde{S}'$与式(3.3.10)定义的 $\widetilde{S}$ 也只相差一个与路径无关的常数，即有 $\widetilde{S}' = \widetilde{S} + \text{const.}$。所以使得 $\delta\widetilde{S} = 0$ 的路径也就是使得 $\delta\widetilde{S}' = 0$ 的路径，反之亦然。换言之，$\widetilde{L}(\xi,\dot{\xi},t)$和$\widetilde{L}'(\xi,\dot{\xi},t)$都可以作为同一体系在相空间中的拉格朗日函数。变换(3.3.15)称为(相空间中)拉格朗日函数的规范变换，其中的 $F(\xi,t)$则称为规范函数，它可以是状态参量的任一函数。

如果$\widetilde{L}(\xi,\dot{\xi},t)$由式(3.3.11)定义，并将规范函数取为

$$F = -\frac{1}{2}p_i q_i \tag{3.3.16}$$

那么就有

$$\widetilde{L}'(\xi,\dot{\xi},t)=\frac{1}{2}(p_i\dot{q}_i-\dot{p}_iq_i)-H(q,p,t)$$

利用前面引入的矩阵 Ω，上式可以写为

$$\widetilde{L}'(\xi,\dot{\xi},t)=\frac{1}{2}\Omega_{\alpha\beta}\dot{\xi}_\alpha\xi_\beta-H \tag{3.3.17}$$

而如果将其代入欧拉-拉格朗日方程

$$\frac{\mathrm{d}}{\mathrm{d}t}\frac{\partial\widetilde{L}'}{\partial\dot{\xi}_\gamma}=\frac{\partial\widetilde{L}'}{\partial\xi_\gamma}$$

由于

$$\frac{\partial\widetilde{L}'}{\partial\xi_\gamma}=\frac{1}{2}\Omega_{\alpha\gamma}\dot{\xi}_\alpha-\frac{\partial H}{\partial\xi_\gamma},\quad \frac{\partial\widetilde{L}'}{\partial\dot{\xi}_\gamma}=\frac{1}{2}\Omega_{\gamma\beta}\xi_\beta=\frac{1}{2}\Omega_{\gamma\alpha}\xi_\alpha$$

因而得到

$$\frac{1}{2}\Omega_{\gamma\alpha}\dot{\xi}_\alpha=\frac{1}{2}\Omega_{\alpha\gamma}\dot{\xi}_\alpha-\frac{\partial H}{\partial\xi_\gamma}$$

利用 Ω 的反对称性，上式可以写为

$$\Omega_{\gamma\alpha}\dot{\xi}_\alpha=-\frac{\partial H}{\partial\xi_\gamma}\quad 或者\quad \Omega\dot{\xi}=-\frac{\partial H}{\partial\xi}$$

用 $\Omega^{\mathrm{T}}=-\Omega$ 左乘方程，并利用性质 $\Omega^{\mathrm{T}}\Omega=I$，我们就给出了正则方程(3.3.4)，即

$$\dot{\xi}=\Omega\frac{\partial H}{\partial\xi}$$

3.4 泊松括号

本节将介绍力学量之间的一种称为泊松括号的重要运算，这种运算与量子力学中的对易子有着紧密的联系。在狄拉克回忆录中记录了有关泊松括号的一个有趣故事。狄拉克在1925年10月曾经担忧过，按照他的量子力学公式，动力学变量是不对易的，即对于两个变量 u 和 v，uv 并不等于 vu。他后来在回忆录中写道：

“1925年10月的一个星期天，尽管是到郊外休息一下，但我一边散步一边

还是在想这个 $uv-vu$，这样就想起了泊松括号……我记不太清楚泊松括号是什么。我记不得泊松括号的严格公式，只有一些模糊的印象。但是我感觉到了令人兴奋的可能性，这可能会使我接近一个崭新的想法。

“当然，我不可能在郊外弄清楚泊松括号究竟是什么。我只是尽快赶回家，去看看能发现一些什么有关泊松括号的资料。我查遍了笔记本，没有找到任何关于泊松括号的参考内容。我家里的教科书对此也讲得特别简略。我没有办法了，因为已是星期天傍晚，图书馆也都关闭了。我整个晚上只能焦急地等待，不知道自己的想法是否可行，但总觉得自信心随着黑夜的渐逝而增强了。第二天早晨，我急忙跑去一家图书馆。一开馆，我就在惠特克的《分析动力学》中查找到泊松括号，并发现它正是我所需要的。它提供了一个对易式的绝好类比。”

3.4.1 泊松括号的定义

泊松括号是在偶数维空间上定义的，设其维数为 $2s$。为了后面将其应用于力学问题时表述起来方便，我们将该空间称为相空间。描述相点位置的坐标仍称为状态参量，并用 $\xi=(q,p)$ 表示，其中一半变量 q 称为广义坐标，另一半变量 p 则称为广义动量。该空间中的函数如 $f(\xi,t)$ 也仍称为力学量，其中 t 仅仅是一个参数——只有当我们将泊松括号应用于物理问题时才赋予 t 以时间的含义。

力学量 $f(\xi,t)$ 与 $g(\xi,t)$ 的泊松括号定义为

$$[f,g]\triangleq\frac{\partial f}{\partial\xi_\rho}\Omega_{\rho\sigma}\frac{\partial g}{\partial\xi_\sigma}=\frac{\partial f}{\partial q_i}\frac{\partial g}{\partial p_i}-\frac{\partial f}{\partial p_i}\frac{\partial g}{\partial q_i}\tag{3.4.1}$$

泊松括号在两个力学量之间定义了一种新的运算：对于任意两个给定的力学量 f 和 g，通过该运算就确定了一个新的力学量 $[f,g]$——它仍然是状态参量的函数。

可以从不同的角度看待这种新的运算。比如，可以将其视为两个力学量之间的某种乘法运算“$*$”，其定义为 $f*g\triangleq[f,g]$。而另一种更常采用的观点是：对于每一个力学量 $f(\xi,t)$，泊松括号都按照 $D_fg\triangleq[f,g]$ 定义了一个与之对应的一阶微分算子 D_f。根据式(3.4.1)，可以将 D_f 的显式表达式写出来，为

$$D_f\triangleq\frac{\partial f}{\partial\xi_\rho}\Omega_{\rho\sigma}\frac{\partial}{\partial\xi_\sigma}\tag{3.4.2}$$

通常将与状态参量 ξ_α 对应的算子简记为 D_α，在上式中令 $f=\xi_\alpha$，就得到

$$D_\alpha=\Omega_{\alpha\beta}\frac{\partial}{\partial\xi_\beta}\tag{3.4.3}$$

显然，这也正是式(3.3.9)中符号 D_α 的含义。所以，q_k 对应的算子是对 p_k 求偏导，而 p_k 对应的算子则是对 q_k 求偏导的负值，即

$$q_k \leftrightarrow D_{q_k} = \frac{\partial}{\partial p_k}, \quad p_k \leftrightarrow D_{p_k} = -\frac{\partial}{\partial q_k} \tag{3.4.4a}$$

也就是说，对于任意力学量 f 有

$$[\xi_\alpha, f] = \Omega_{\alpha\beta} \frac{\partial f}{\partial \xi_\beta} \tag{3.4.4b}$$

或者

$$[q_k, f] = \frac{\partial f}{\partial p_k}, \quad [p_k, f] = -\frac{\partial f}{\partial q_k} \tag{3.4.4c}$$

值得注意的是，对于我们所讨论的偶数维空间，可以采用不同的状态参量(或坐标系)描述相点的位置。如果选择 $\eta=(Q,P)$ 作为状态参量，两个力学量 $f(\eta,t)$ 与 $g(\eta,t)$ 的泊松括号为

$$[f,g] \triangleq \frac{\partial f}{\partial \eta_\alpha} \Omega_{\alpha\beta} \frac{\partial g}{\partial \eta_\beta} \tag{3.4.5}$$

没有任何理由能告诉我们由式(3.4.1)和上式给出的 $[f,g]$ 必然相等。因此，有时会将它们分别写为 $[f,g]_\xi$ 和 $[f,g]_\eta$ 加以区分。

3.4.2 泊松括号的数学性质

泊松括号满足的数学性质大多可以由其定义直接得出，下面列出一些常用性质。

1. 反对称性

$$[f,g] = -[g,f] \tag{3.4.6}$$

2. 双线性性

$$[f, c_k g_k] = c_k [f, g_k], \quad [c_k f_k, g] = c_k [f_k, g] \tag{3.4.7}$$

这里，c_k 是若干常数。

3. 雅可比恒等式

$$[f,[g,h]]+[g,[h,f]]+[h,[f,g]]=0 \tag{3.4.8a}$$

或者将其写为

$$[[f,g],h]+[[g,h],f]+[[h,f],g]=0 \tag{3.4.8b}$$

4. 莱布尼茨法则

$$[f,gh]=[f,g]h+g[f,h] \tag{3.4.9}$$

5. 链式法则

$$[f,g(h)]=\frac{\partial g}{\partial h}[f,h] \tag{3.4.10}$$

6. 基本泊松括号

$$[\xi_\alpha,\xi_\beta]_\xi=\Omega_{\alpha\beta} \tag{3.4.11a}$$

即

$$[q_i,q_j]=0=[p_i,p_j],\quad [q_i,p_j]=\delta_{ij}=-[p_i,q_j] \tag{3.4.11b}$$

7. 对参数的偏导数

$$\partial_t[f,g]=[\partial_t f,g]+[f,\partial_t g] \tag{3.4.12}$$

作为链式法则的推广,可以得到:如果力学量 g 是通过 n 个函数 $h_1,\cdots,h_n$ 作为中间变量依赖于状态参量的,那么

$$[f,g(h_1,\cdots,h_n)]=\frac{\partial g}{\partial h_i}[f,h_l] \tag{3.4.13}$$

而所有的力学量都是状态参量的函数,因而由链式法则可知,任意两个力学量 f 与 g 的泊松括号可以写为

$$[f,g]_\xi=\frac{\partial f}{\partial \xi_\alpha}[\xi_\alpha,\xi_\beta]_\xi\frac{\partial f}{\partial \xi_\beta} \tag{3.4.14}$$

即都可以由 $[\xi_\alpha,\xi_\beta]_\xi$ 的组合得到。正由于此,将式(3.4.11)称为基本泊松

括号。

除关系式(3.4.8)之外,泊松括号的其他性质的证明都是很直接的,请读者自行验证。

【例 3.8】 证明雅可比恒等式(3.4.8)。

【证明】 利用泊松括号定义可直接得到

$$[f,[g,h]]=\frac{\partial f}{\partial \xi_\alpha}\Omega_{\alpha\rho}\frac{\partial}{\partial \xi_\rho}\left(\frac{\partial g}{\partial \xi_\beta}\Omega_{\beta\gamma}\frac{\partial h}{\partial \xi_\gamma}\right)=I_1+I_2$$

$$[g,[h,f]]=\frac{\partial g}{\partial \xi_\beta}\Omega_{\beta\rho}\frac{\partial}{\partial \xi_\rho}\left(\frac{\partial h}{\partial \xi_\gamma}\Omega_{\gamma\alpha}\frac{\partial f}{\partial \xi_\alpha}\right)=I_3+I_4$$

$$[h,[f,g]]=\frac{\partial h}{\partial \xi_\gamma}\Omega_{\gamma\rho}\frac{\partial}{\partial \xi_\rho}\left(\frac{\partial f}{\partial \xi_\alpha}\Omega_{\alpha\beta}\frac{\partial g}{\partial \xi_\beta}\right)=I_5+I_6$$

其中

$$I_1=\Omega_{\alpha\rho}\Omega_{\beta\gamma}\frac{\partial f}{\partial \xi_\alpha}\frac{\partial^2 g}{\partial \xi_\rho\partial \xi_\beta}\frac{\partial h}{\partial \xi_\gamma},\quad I_2=\Omega_{\alpha\rho}\Omega_{\beta\gamma}\frac{\partial f}{\partial \xi_\alpha}\frac{\partial g}{\partial \xi_\beta}\frac{\partial^2 h}{\partial \xi_\rho\partial \xi_\gamma}$$

$$I_3=\Omega_{\beta\rho}\Omega_{\gamma\alpha}\frac{\partial f}{\partial \xi_\alpha}\frac{\partial g}{\partial \xi_\beta}\frac{\partial^2 h}{\partial \xi_\rho\partial \xi_\gamma},\quad I_4=\Omega_{\beta\rho}\Omega_{\gamma\alpha}\frac{\partial^2 f}{\partial \xi_\rho\partial \xi_\alpha}\frac{\partial g}{\partial \xi_\beta}\frac{\partial h}{\partial \xi_\gamma}$$

$$I_5=\Omega_{\gamma\rho}\Omega_{\alpha\beta}\frac{\partial^2 f}{\partial \xi_\rho\partial \xi_\alpha}\frac{\partial g}{\partial \xi_\beta}\frac{\partial h}{\partial \xi_\gamma},\quad I_6=\Omega_{\gamma\rho}\Omega_{\alpha\beta}\frac{\partial f}{\partial \xi_\alpha}\frac{\partial^2 g}{\partial \xi_\rho\partial \xi_\beta}\frac{\partial h}{\partial \xi_\gamma}$$

将 I_6 中的求和指标 β 和 ρ 互换,得到

$$I_6=\Omega_{\gamma\beta}\Omega_{\alpha\rho}\frac{\partial f}{\partial \xi_\alpha}\frac{\partial^2 g}{\partial \xi_\beta\partial \xi_\rho}\frac{\partial h}{\partial \xi_\gamma}$$

由关系 $\Omega_{\gamma\beta}=-\Omega_{\beta\gamma}$,可见 $I_6=-I_1$。类似可得 $I_5=-I_4$ 和 $I_3=-I_2$,所以

$$[f,[g,h]]+[g,[h,f]]+[h,[f,g]]=0$$

利用泊松括号的反对称性易得:式(3.4.8b)左边与式(3.4.8a)左边整体上相差一个负号,因而也就有

$$[[f,g],h]+[[g,h],f]+[[h,f],g]=0$$

【例 3.9】 考察六维相空间,状态参量为

$$\xi=(\vec{r},\vec{p})=(x_1,x_2,x_3,p_1,p_2,p_3)\tag{3.4.15}$$

其中,$\vec{r}=(x_1,x_2,x_3)$ 和 $\vec{p}=(p_1,p_2,p_3)$ 分别是粒子的直角坐标及相应的

动量分量。在该空间中粒子角动量 $\vec{L}=\vec{r}\times\vec{p}$ 的分量定义为 $L_i=\varepsilon_{ijk}x_jp_k$。

(1) 试确定 L_i 与任一力学量 $f(\xi,t)=f(\vec{r},\vec{p},t)$ 的泊松括号；

(2) 试分别确定 L_i 与 x_j, p_j 以及 L_j 的泊松括号；

(3) 由于 $\vec{r}\cdot\vec{r}=r^2$, $\vec{p}\cdot\vec{p}=p^2$ 以及 $\vec{r}\cdot\vec{L}=\vec{p}\cdot\vec{L}=0$，而 $\vec{L}\cdot\vec{L}=r^2p^2-(\vec{r}\cdot\vec{p})^2$，因此，仅由 $\vec{r}$, $\vec{p}$ 和 $\vec{L}$ 这三个矢量确定的标量 f 一定具有下面的形式：

$$f=f(r,p,\vec{r}\cdot\vec{p},t) \tag{3.4.16}$$

试求 L_i 与该标量的泊松括号；

(4) 仅由 $\vec{r}$, $\vec{p}$ 和 $\vec{L}$ 这三个矢量确定的矢量具有下面的形式：

$$\vec{A}=f\vec{r}+g\vec{p}+h\vec{L} \tag{3.4.17}$$

其中，f, g 和 h 都是仅由 $\vec{r}$、$\vec{p}$ 和 $\vec{L}$ 确定的标量，试计算 L_i 与 A_j 的泊松括号。

【解】 (1) 由于 $L_i=\varepsilon_{ikl}x_kp_l$，因此

$$[L_i,f]=\varepsilon_{ikl}[x_kp_l,f]=\varepsilon_{ikl}([x_k,f]p_l+x_k[p_l,f])$$

利用式(3.4.4c)就得到

$$[L_i,f]=\varepsilon_{ikl}\left(\frac{\partial f}{\partial p_k}p_l-x_k\frac{\partial f}{\partial x_l}\right) \tag{3.4.18}$$

(2) 在式(3.4.18)中令 $f=x_j$，得到

$$[L_i,x_j]=\varepsilon_{ikl}(0-x_k\delta_{jl})=-\varepsilon_{ikj}x_k$$

或者

$$[L_i,x_j]=\varepsilon_{ijk}x_k \tag{3.4.19}$$

在式(3.4.18)中令 $f=p_j$，则有

$$[L_i,p_j]=\varepsilon_{ikl}(\delta_{jk}p_l-0)=\varepsilon_{ijl}p_l$$

或者

$$[L_i,p_j]=\varepsilon_{ijk}p_k \tag{3.4.20}$$

最后，由于 $L_j=\varepsilon_{jkl}x_kp_l$，因此由泊松括号的线性性以及莱布尼茨法则可得

$$[L_i, L_j] = \varepsilon_{jkl}[L_i, x_k p_l] = \varepsilon_{jkl}([L_i, x_k]p_l + x_k[L_i, p_l])$$

利用式(3.4.19)和式(3.4.20)有

$$[L_i, L_j] = \varepsilon_{jkl}(\varepsilon_{ikm}x_m p_l + \varepsilon_{ilm}x_k p_m) = \varepsilon_{klj}\varepsilon_{kmi}x_m p_l + \varepsilon_{ljk}\varepsilon_{lmi}x_k p_m$$

写出第二个等号时重新调整了排列符号下标的次序。由排列符号的性质(1.1.19),上式可以写为

$$\begin{aligned}[L_i, L_j] &= (\delta_{lm}\delta_{ji} - \delta_{li}\delta_{jm})x_m p_l + (\delta_{jm}\delta_{ki} - \delta_{ji}\delta_{km})x_k p_m \\ &= (\delta_{ij}x_m p_m - x_j p_i) + (x_i p_j - \delta_{ij}x_m p_m)\end{aligned}$$

因此得到

$$[L_i, L_j] = x_i p_j - x_j p_i$$

或者

$$[L_i, L_j] = \varepsilon_{ijk}L_k \tag{3.4.21}$$

(3) 根据链式法则,有

$$[L_i, f(r, p, \vec{r}\cdot\vec{p}, t)] = \frac{\partial f}{\partial r}[L_i, r] + \frac{\partial f}{\partial p}[L_i, p] + \frac{\partial f}{\partial(\vec{r}\cdot\vec{p})}[L_i, \vec{r}\cdot\vec{p}]$$

其中

$$[L_i, r] = [L_i, x_j]\frac{\partial r}{\partial x_j} = \varepsilon_{ijk}\frac{x_k x_j}{r} = 0$$

最后一个等号是由于 ε_{ijk} 关于指标 j 和 k 的交换是反对称的,而 $x_k x_j$ 关于 j 和 k 是对称的(参考 1.1.5 小节)。类似可得

$$[L_i, p] = [L_i, p_j]\frac{\partial p}{\partial p_j} = \varepsilon_{ijk}\frac{p_k p_j}{p} = 0$$

而根据莱布尼茨法则有

$$\begin{aligned}[L_i, \vec{r}\cdot\vec{p}] &= [L_i, x_j p_j] = [L_i, x_j]p_j + x_j[L_i, p_j] \\ &= \varepsilon_{ijk}(x_k p_j + x_j p_k)\end{aligned}$$

注意到上式右边括号中的项关于指标 j 和 k 对称,而 ε_{ijk} 关于 j 和 k 反对称,因而得到

$$[L_i, \vec{r}\cdot\vec{p}] = 0$$

所以

$$[L_i, f(r, p, \vec{r}\cdot\vec{p}, t)] = 0 \tag{3.4.22}$$

(4) 直接利用莱布尼茨法则以及(2)和(3)两问的结论,得到

$$\begin{cases}[L_i, fx_j] = [L_i, f]x_j + f[L_i, x_j] = 0 + f\varepsilon_{ijk}x_k \\ [L_i, gp_j] = [L_i, g]p_j + g[L_i, p_j] = 0 + g\varepsilon_{ijk}p_k \\ [L_i, hL_j] = [L_i, h]L_j + h[L_i, L_j] = 0 + h\varepsilon_{ijk}L_k\end{cases}$$

所以

$$[L_i, A_j] = \varepsilon_{ijk}A_k \tag{3.4.23}$$

3.4.3 泊松括号在哈密顿体系中的应用

下面我们将泊松括号应用于由某个哈密顿函数 $H(\xi, t)$ 生成的哈密顿体系上,体系的演化由下面的正则方程确定:

$$\dot{\xi} = \Omega\frac{\partial H}{\partial \xi} = \Delta_H(\xi, t) \tag{3.4.24}$$

1. 力学量的运动方程

对于任一力学量 $f(\xi, t)$,其随时间的变化率为

$$\frac{\mathrm{d}f}{\mathrm{d}t} = \frac{\partial f}{\partial \xi_\alpha}\dot{\xi}_\alpha + \frac{\partial f}{\partial t} = \frac{\partial f}{\partial \xi_\alpha}\Omega_{\alpha\beta}\frac{\partial H}{\partial \xi_\beta} + \frac{\partial f}{\partial t}$$

右边第一项正是 f 与 H 的泊松括号,所以

$$\frac{\mathrm{d}f}{\mathrm{d}t} = [f, H] + \frac{\partial f}{\partial t} \tag{3.4.25}$$

这称为力学量 $f(\xi, t)$ 的运动方程。该式将力学量随时间的变化率 $\mathrm{d}f/\mathrm{d}t$ 表示为了状态参量及时间 t 的函数。如果令 $f = \xi_\alpha$,就得到了用泊松括号表示的正则方程:

$$\dot{\xi}_\alpha = [\xi_\alpha, H] \tag{3.4.26}$$

由力学量的运动方程可知:如果 $[f, H] + \partial_t f = 0$,则 f 为运动常量;而若 f

不显含时间t,那么只要f与H的泊松括号为零,即$[f,H]=0$,就可以断定f为运动常量。例如,粒子在中心力作用下的哈密顿函数

$$H(\vec{r},\vec{p})=\frac{p^2}{2m}+U(r) \tag{3.4.27}$$

不显含时间t,而显然$[H,H]=0$,所以H或者说体系的能量为运动常量。再如,由于式(3.4.27)定义的H仅仅是由$\vec{r}$和$\vec{p}$所确定的标量,所以按照例3.9的结论就有$[L_i,H]=0$;而$L_i=\varepsilon_{ijk}x_jp_k$当然是不显含时间的;所以对于中心力场中运动的粒子,其相对于力心的角动量的每一分量都是守恒的,从而角动量矢量是守恒的。

值得注意的是,在推导力学量运动方程的过程中,我们用到了正则方程,即方程(3.4.25)对于哈密顿体系是成立的。对于其他的体系,比如由相空间中的任一矢量场$X(\xi,t)$确定的体系$\dot{\xi}_\alpha=X_\alpha$,方程(3.4.25)就未必成立了。

2. 力学量的泰勒展开

如果哈密顿函数不显含时间t,即$H=H(\xi)$,那么对于任一不显含时间t的力学量$f(\xi)$,将$f(t)\triangleq f(\xi(t))$在$t=0$处做泰勒展开就得到

$$f(t)=\sum_{n=0}^{\infty}\frac{t^n}{n!}\left(\frac{\mathrm{d}^nf}{\mathrm{d}t^n}\right)_{t=0} \tag{3.4.28}$$

而根据力学量的运动方程,由于$f(\xi)$不显含时间t,因此

$$\frac{\mathrm{d}f}{\mathrm{d}t}=[f,H]=-D_Hf$$

又由于$f(\xi)$和$H(\xi)$都不显含时间t,从而$[f,H]$也就不显含时间t,所以又有

$$\frac{\mathrm{d}^2f}{\mathrm{d}t^2}=\frac{\mathrm{d}}{\mathrm{d}t}[f,H]=[[f,H],H]=(-D_H)^2f$$

类似可得

$$\frac{\mathrm{d}^nf}{\mathrm{d}t^n}=(-D_H)^nf$$

因此,式(3.4.28)可以利用泊松括号表示为

$$f(t)=f_0+[f,H]_0t+\frac{1}{2!}[[f,H],H]_0t^2+\frac{1}{3!}[[[f,H],H],H]_0t^3+\cdots \tag{3.4.29a}$$

或者

$$f(t)=\sum_{n=0}^{\infty}\frac{(-t)^n}{n!}(D_H^nf)_0 \tag{3.4.29b}$$

这称为力学量 $f(\xi)$ 的泰勒展开。

【例 3.10】 一维抛物运动粒子的哈密顿函数为

$$H(x,p_x)=\frac{p_x^2}{2m}+mgx$$

试利用力学量的泰勒展开求解 $x(t)$。设 $x(t=0)=x_0, p_x(t=0)=p_{x0}$。

【解】 由于

$$[x,H]=\left[x,\frac{p_x^2}{2m}\right]=\frac{p_x}{m}$$

而

$$[[x,H],H]=\left[\frac{p_x}{m},mgx\right]=g[p_x,x]=-g$$

为常数,因此 $[[x,H],H]$ 再与 H 做泊松括号将得到零。所以

$$\begin{aligned}x(t)&=x_0+[x,H]_0t+\frac{1}{2!}[[x,H],H]_0t^2\\&=x_0+\frac{p_{x0}}{m}t-\frac{1}{2}gt^2\end{aligned}$$

【例 3.11】 已知某单自由度体系的哈密顿函数为

$$H(q,p)=\frac{1}{2}\omega(p^2+q^2)$$

试利用力学量的泰勒展开求体系状态随时间的演化。设 $q(t=0)=q_0$, $p(t=0)=p_0$。

【解】 由

$$\begin{aligned}D_Hq&=[H,q]=\left[\frac{1}{2}\omega p^2,q\right]=-\omega p\\D_Hp&=[H,p]=\left[\frac{1}{2}\omega q^2,p\right]=+\omega q\end{aligned}$$

可得

$$\begin{aligned}D_H^2q&=D_H(D_Hq)=-\omega D_Hp=-\omega^2q\\D_H^3q&=D_H(D_H^2q)=-\omega^2D_Hq=\omega^3p\\D_H^4q&=D_H(D_H^3q)=\omega^3D_Hp=\omega^4q\\D_H^5q&=D_H(D_H^4q)=\omega^4D_Hq=-\omega^5p\\&\cdots\end{aligned}$$

即对于任一非负整数 k 都有

$$D_H^{2k}q = (-1)^k\omega^{2k}q,\quad D_H^{2k+1}q = -(-1)^k\omega^{2k+1}p \qquad (3.4.30)$$

利用力学量的泰勒展开式 (3.4.29b),有

$$\begin{aligned} q(t) &= \sum_{n=0}^{\infty}\frac{(-t)^n}{n!}(D_H^n q)_0 \\ &= \sum_{k=0}^{\infty}\frac{(-t)^{2k}}{(2k)!}(D_H^{2k}q)_0 + \sum_{k=0}^{\infty}\frac{(-t)^{2k+1}}{(2k+1)!}(D_H^{2k+1}q)_0 \end{aligned}$$

将式(3.4.30)代入上式,得到

$$q(t) = \left[\sum_{k=0}^{\infty}(-1)^k\frac{(\omega t)^{2k}}{(2k)!}\right]q_0 + \left[\sum_{k=0}^{\infty}(-1)^k\frac{(\omega t)^{2k+1}}{(2k+1)!}\right]p_0$$

上式右边两方括号中的量分别为 $\cos\omega t$ 和 $\sin\omega t$ 的泰勒展开。因此

$$q(t) = q_0\cos\omega t + p_0\sin\omega t$$

类似可得

$$p(t) = -q_0\sin\omega t + p_0\cos\omega t$$

3. 泊松定理

任意两个力学量 f 与 g 的泊松括号$[f,g]$构成了一个新的力学量。将其对时间求导,利用力学量的运动方程就给出

$$\frac{\mathrm{d}}{\mathrm{d}t}[f,g] = \frac{\partial}{\partial t}[f,g] + [[f,g],H] \qquad (3.4.31)$$

而根据雅可比恒等式,我们有

$$\begin{aligned} [[f,g],H] &= -[[g,H],f] - [[H,f],g] \\ &= [f,[g,H]] + [[f,H],g] \end{aligned}$$

将上式以及式(3.4.12)代入式(3.4.31),略做整理后得到

$$\frac{\mathrm{d}}{\mathrm{d}t}[f,g] = \left[\frac{\partial f}{\partial t} + [f,H],g\right] + \left[f,\frac{\partial g}{\partial t} + [g,H]\right]$$

因此就有

$$\frac{\mathrm{d}}{\mathrm{d}t}[f,g] = \left[\frac{\mathrm{d}}{\mathrm{d}t}f,g\right] + \left[f,\frac{\mathrm{d}}{\mathrm{d}t}g\right] \qquad (3.4.32)$$

请读者自行证明:作为关系式(3.4.32)的一个直接推论,可得

$$\frac{\mathrm{d}^n}{\mathrm{d}t^n}[f,g]=\sum_{k=0}^{n}\mathrm{C}_n^k[f^{(k)},g^{(n-k)}]=\sum_{k+l=n}\frac{n!}{k!l!}[f^{(k)},g^{(l)}] \tag{3.4.33}$$

其中,泊松括号中的 $f^{(k)}=\mathrm{d}^kf/\mathrm{d}t^k$ 以及 $g^{(l)}=\mathrm{d}^lg/\mathrm{d}t^l$ 都应理解为力学量,即应设法通过运动方程将其表示成状态参量的函数。

由关系式(3.4.32)可知:如果 f 和 g 是某哈密顿体系的两个运动常量,那么两者的泊松括号 $[f,g]$ 也是该体系的运动常量。此结论即为泊松定理。根据泊松定理,由两个已知的运动常量可以通过泊松括号给出第三个新的运动常量;如此一来,这三个运动常量之间的泊松括号又可以给出更多的运动常量。当然,由于自由度为 s 的体系最多只有 $2s$ 个独立运动常量,这个过程就不可能无限进行下去。实际上,$h=[f,g]$ 确实有可能是新的运动常量;但是,h 也可能是不独立于 f 和 g 的,即 h 可以表示为 $h(f,g)$ 的形式;此外,h 还可能仅仅是一个普通的数。例如,对于一个哈密顿体系,如果其角动量的两个分量 L_1 和 L_2 是运动常量,那么,由于 $[L_1,L_2]=L_3$,因此按照泊松定理,角动量的第三个分量 L_3 也是运动常量。但是,三个力学量 L_1,L_2 和 L_3 之间的泊松括号并不会进一步给出更多的新的运动常量。

3.4.4 利用泊松括号判断哈密顿体系

在 3.3.3 小节中我们得到一个结论:只有当相空间中的矢量场 $X(\xi,t)$ 满足条件(3.3.9)时,体系 $\dot{\xi}_\alpha=X_\alpha(\xi,t)$ 才是哈密顿体系。而式(3.3.9)用泊松括号表示实际上就是 $[\xi_\alpha,X_\beta]=[\xi_\beta,X_\alpha]$,也就是

$$[\dot{\xi}_\alpha,\xi_\beta]_\xi+[\xi_\alpha,\dot{\xi}_\beta]_\xi=0 \tag{3.4.34}$$

同样,应将其中出现的状态参量对时间的导数,如 $\dot{\xi}_\alpha$,通过运动方程 $\dot{\xi}_\alpha=X_\alpha$ 表示为状态参量的函数。由于泊松括号的反对称性,式(3.4.34)中只有 $\mathrm{C}_{2s}^2=s(2s-1)$ 个条件是独立的,即只需在 $1\leqslant\alpha<\beta\leqslant2s$ 范围内验证即可。例如,对于自由度为 1 的体系,判断哈密顿体系的独立条件只有 1 个,即

$$[\dot{q},p]_{(q,p)}+[q,\dot{p}]_{(q,p)}=0$$

如果 $\dot{\xi}_\alpha=X_\alpha$ 为哈密顿体系,那么根据式(3.4.32)有

$$\frac{\mathrm{d}}{\mathrm{d}t}[f,g]_\xi=\left[\frac{\mathrm{d}f}{\mathrm{d}t},g\right]_\xi+\left[f,\frac{\mathrm{d}g}{\mathrm{d}t}\right]_\xi \quad (\forall f,g) \tag{3.4.35}$$

反之，若式(3.4.35)成立，令其中的 $f=\xi_\alpha, g=\xi_\beta$，由于 $[\xi_\alpha,\xi_\beta]_\xi=\Omega_{\alpha\beta}$ 为常数，因此上式左边恒为零，从而就给出了关系式(3.4.34)。所以式(3.4.35)也可以作为判断 $\dot{\xi}_\alpha=X_\alpha$ 为哈密顿体系的条件，其中的 $\mathrm{d}f/\mathrm{d}t$ 和 $\mathrm{d}g/\mathrm{d}t$ 都应该理解为 (ξ,t) 的函数，如

$$\frac{\mathrm{d}f}{\mathrm{d}t}=\frac{\partial f}{\partial\xi_\alpha}\dot{\xi}_\alpha+\frac{\partial f}{\partial t}=\frac{\partial f}{\partial\xi_\alpha}X_\alpha+\frac{\partial f}{\partial t}=\frac{\mathrm{d}f}{\mathrm{d}t}(\xi,t)$$

【例 3.12】 猎物-捕食者的一个动力学模型可以用下面的方程描述：

$$\dot{q}=aq-bqp,\quad \dot{p}=dqp-cp$$

其中，q 和 p 分别表示猎物和捕食者的数量密度，a,b,c,d 均为正常数。

(1) 该体系是否为哈密顿体系？

(2) 如果以 $Q=\ln q$ 和 $P=\ln p$ 作为状态参量，该体系是否为哈密顿体系？

【解】 (1) 由于

$$\begin{aligned}[\dot{q},p]_{(q,p)}+[q,\dot{p}]_{(q,p)}&=[aq-bqp,p]_{(q,p)}+[q,dqp-cp]_{(q,p)}\\&=a-bp+dq-c\end{aligned}$$

它并不恒为零，因此所给体系不是哈密顿体系。

(2) 由于

$$\dot{Q}=\frac{\dot{q}}{q}=a-bp,\quad \dot{P}=\frac{\dot{p}}{p}=dq-c$$

将 $q=\mathrm{e}^Q$ 和 $p=\mathrm{e}^P$ 代入，就得到以 Q 和 P 作为状态参量时的运动方程

$$\dot{Q}=a-b\mathrm{e}^P\quad \dot{P}=d\mathrm{e}^Q-c$$

由此可得

$$[\dot{Q},P]_{(Q,P)}+[Q,\dot{P}]_{(Q,P)}=[a-b\mathrm{e}^P,P]_{(Q,P)}+[Q,d\mathrm{e}^Q-c]_{(Q,P)}=0$$

所以，当以 (Q,P) 作为状态参量时，该体系为哈密顿体系。

实际上，可以验证

$$H(Q,P)=aP+cQ-b\mathrm{e}^P-d\mathrm{e}^Q$$

就是体系的一个哈密顿函数。由于 H 不显含时间，因而 H 或者 $\Gamma=\mathrm{e}^H$ 是运动常量。采用旧的变量 q 和 p，Γ 可以表示为 $\Gamma=p^aq^c\mathrm{e}^{-bp-dq}$，而这实际上就给出了 qp 平面内的相轨迹(图 3.14)。

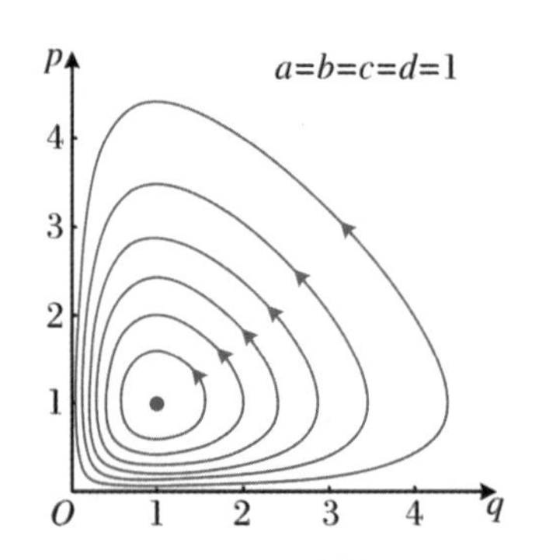

图 3.14 猎物-捕食者模型

【例 3.13】一维简谐振子的哈密顿函数为

$$H(x,p_x) = T + U = \frac{p_x^2}{2m} + \frac{1}{2}m\omega^2 x^2 \tag{3.4.36}$$

(1) 对于确定的能量 $E=T+U$,相点如何在相空间 xp_x 中运动?

(2) 如果以

$$q = \lambda x, \quad p = \frac{p_x}{\lambda} \tag{3.4.37}$$

作为状态参量(λ 是正常数),该体系是否为哈密顿体系? λ 取合适的数值时,能量为 E 的相点在相空间 qp 中将做匀速圆周运动,试确定这样的 λ。

(3) 对于(2) 中所求的 λ,如果选择平面"极坐标"

$$Q = \arctan\frac{q}{p}, \quad P = \sqrt{p^2 + q^2} \tag{3.4.38}$$

作为状态参量,该体系是否为哈密顿体系? 在相空间 QP 中,能量为 E 的相点如何运动?

(4) 对于由某个 $H(q,p,t)$ 生成的哈密顿体系,为了使得以(3)中定义的(Q,P)作为状态参量时仍为哈密顿体系,$H(q,p,t)$应该满足什么条件?

【解】(1) 由于相空间 xp_x 中的运动满足

$$\frac{p_x^2}{2m} + \frac{1}{2}m\omega^2 x^2 = E$$

因此相轨迹是半轴长分别为 $a=\sqrt{2E/m\omega^2}$ 和 $b=\sqrt{2mE}$ 的椭圆(图 3.15(a))。而且由于

$$\dot{x} = \frac{p_x}{m}, \quad \dot{p}_x = -m\omega^2 x \tag{3.4.39}$$

因此,相点运动过程中其速度大小和方向都在随着时间变化。

(2) 利用方程(3.4.39)可得

$$\dot{q} = \lambda\dot{x} = \lambda\frac{p_x}{m}, \quad \dot{p} = \frac{\dot{p}_x}{\lambda} = -\frac{m\omega^2 x}{\lambda}$$

即有

$$\dot{q} = \lambda^2\frac{p}{m}, \quad \dot{p} = -\frac{m\omega^2 q}{\lambda^2} \tag{3.4.40}$$

由此可得

$$[\dot{q},p]_{(q,p)}+[q,\dot{p}]_{(q,p)}=\left[\lambda^2\frac{p}{m},p\right]_{(q,p)}+\left[q,-\frac{m\omega^2 q}{\lambda^2}\right]_{(q,p)}$$
$$=0+0=0$$

因此,以(q,p)作为状态参量时仍为哈密顿体系。由运动方程(3.4.40)可见,哈密顿函数可以取为

$$H(q,p)=\frac{1}{2m}\left(\lambda^2p^2+\frac{m^2\omega^2}{\lambda^2}q^2\right) \tag{3.4.41}$$

不难看出,如果利用反变换 $x=q/\lambda$ 和 $p_x=\lambda p$ 将$H(x,p_x)$表示为(q,p)的函数,也就给出了式(3.4.41),即 $H(q,p)$在数值上仍等于体系的能量。而当能量为 E 时体系在qp 平面内的相轨迹为

$$H(q,p)=E$$

通常这是椭圆的方程。

为使得相轨迹是圆,要求 $\lambda^2=m^2\omega^2/\lambda^2$,即 $\lambda=\sqrt{m\omega}$。此时变换(3.4.37)写为

$$q=\sqrt{m\omega}x,\quad p=\frac{p_x}{\sqrt{m\omega}} \tag{3.4.42}$$

而哈密顿函数(3.4.41)则变为

$$H(q,p)=\frac{1}{2}\omega(p^2+q^2) \tag{3.4.43}$$

因此,能量为 E 时的相轨迹是半径为$R=\sqrt{2E/\omega}$的圆周(图 3.15(b))。由于运动方程(3.4.40)变为了

$$\dot{q}=\omega p,\quad \dot{p}=-\omega q \tag{3.4.44}$$

因此相点的速度大小为$\sqrt{\dot{q}^2+\dot{p}^2}=\omega\sqrt{p^2+q^2}=\omega R$,即相点以常角速度 ω 做圆周运动。

(3) (Q,P)与(q,p)的关系如图 3.15(c)所示。利用方程(3.4.44)可以得到

$$\dot{Q}=\frac{\dot{q}p-q\dot{p}}{p^2+q^2}=\omega,\quad \dot{P}=\frac{p\dot{p}+q\dot{q}}{\sqrt{p^2+q^2}}=0$$

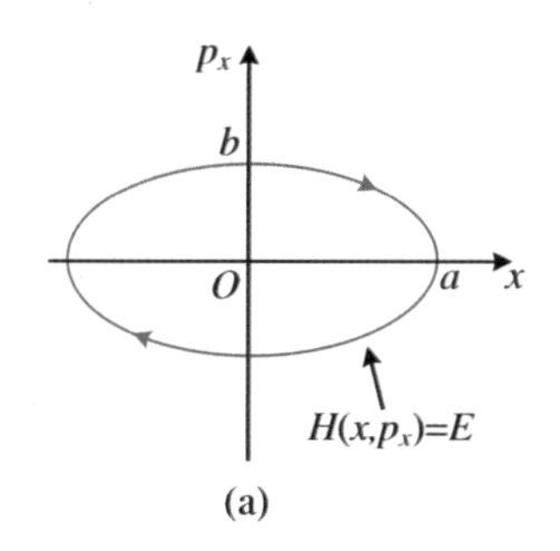

(a)

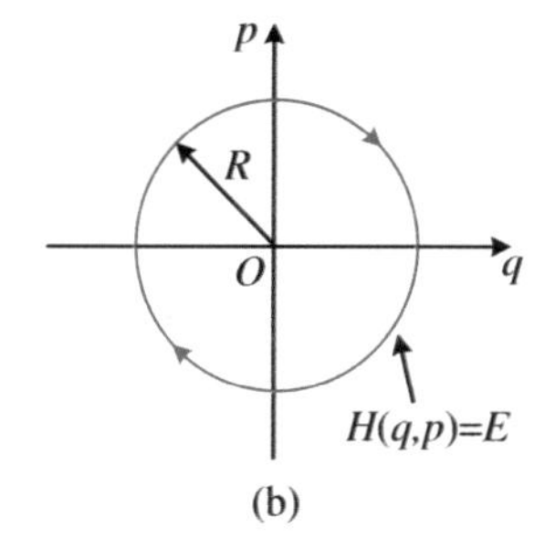

(b)

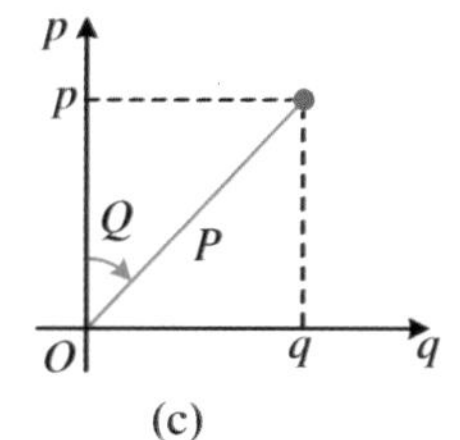

(c)

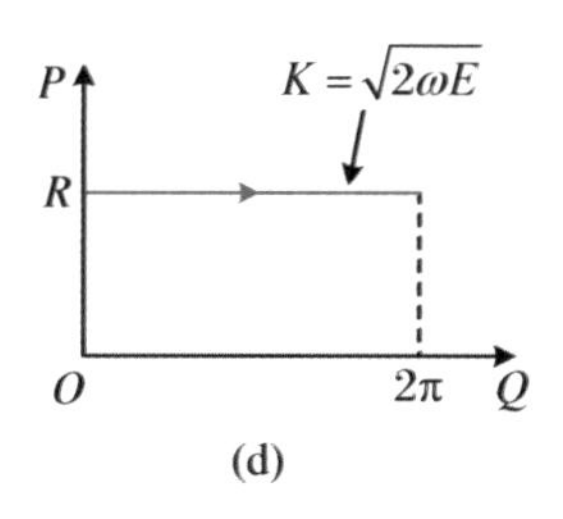

(d)

图 3.15　简谐振子的不同相空间

因此，在 QP 平面内，相点以速度 ω 匀速向右运动(图 3.15(d))。显然，上式所描述的体系仍然满足哈密顿体系的条件

$$[\dot{Q},P]_{(Q,P)}+[Q,\dot{P}]_{(Q,P)}=0$$

新的哈密顿函数不妨取为

$$K=\omega P \tag{3.4.45}$$

根据 P 的定义，K 在数值上等于 $\sqrt{2\omega E}$ 而非能量 E。

(4) 由于 $H(q,p,t)$ 本身可以看作以 $\eta=(Q,P)$ 作为中间变量依赖于旧变量 $\xi=(q,p)$ 的，因而利用力学量的运动方程有

$$\begin{aligned}\dot{Q}&=[Q,H]_{\xi}=\frac{\partial H}{\partial P}[Q,P]_{\xi}\\ \dot{P}&=[P,H]_{\xi}=-\frac{\partial H}{\partial Q}[Q,P]_{\xi}\end{aligned} \tag{3.4.46}$$

其中

$$[Q,P]_{\xi}=\left[Q,\sqrt{p^2+q^2}\right]_{\xi}=\frac{1}{\sqrt{p^2+q^2}}(p[Q,p]_{\xi}+q[Q,q]_{\xi})$$

从而有

$$[Q,P]_{\xi}=\frac{1}{\sqrt{p^2+q^2}}\left(p\frac{\partial Q}{\partial q}-q\frac{\partial Q}{\partial p}\right)=\frac{1}{\sqrt{p^2+q^2}}$$

即 $[Q,P]_{\xi}=1/P$。因此，由 $H(q,p,t)$ 生成的哈密顿体系，以 $\eta=(Q,P)$ 作为状态参量时的运动方程为

$$\dot{Q}=\frac{1}{P}\frac{\partial H}{\partial P},\quad \dot{P}=-\frac{1}{P}\frac{\partial H}{\partial Q} \tag{3.4.47}$$

而上式描述的体系成为哈密顿体系的条件是

$$0=[\dot{Q},P]_{\eta}+[Q,\dot{P}]_{\eta}=\left[\frac{1}{P}\frac{\partial H}{\partial P},P\right]_{\eta}-\left[Q,\frac{1}{P}\frac{\partial H}{\partial Q}\right]_{\eta}$$

即

$$0=\frac{\partial}{\partial Q}\left(\frac{1}{P}\frac{\partial H}{\partial P}\right)-\frac{\partial}{\partial P}\left(\frac{1}{P}\frac{\partial H}{\partial Q}\right)=\frac{1}{P^2}\frac{\partial H}{\partial Q}$$

所以，只有当 $H(q,p,t)$ 用 (Q,P) 表示时不显含 Q，也就是说，H 具有形式

$$H = H(\sqrt{p^2+q^2}, t) \tag{3.4.48}$$

时，式(3.4.47)描述的体系才是哈密顿体系。

3.5 正则变换

3.5.1 正则变换的定义

若 $H(\xi,t)$ 生成的哈密顿体系以 $\eta=\eta(\xi,t)$ 作为状态参量时仍然是哈密顿体系，则称变换 $\xi\mapsto\eta=\eta(\xi,t)$ 对于该 $H(\xi,t)$ 是类正则的；如果变换 $\xi\mapsto\eta=\eta(\xi,t)$ 对于任一 $H(\xi,t)$ 都是类正则的，则称其为正则变换。

由于 $\xi=(q,p)$ 和 $\eta=(Q,P)$ 均可作为体系的状态参量，这就要求变换 $\xi\mapsto\eta$ 是可逆的。

按照定义，例 3.13 中的变换(3.4.38)对于形如 $H(\sqrt{p^2+q^2},t)$ 的哈密顿函数都是类正则的，但它显然不是正则变换。不过，如果我们将变换(3.4.38)适当调整，定义

$$Q = \arctan\frac{q}{p}, \quad P = \frac{1}{2}(p^2+q^2) \tag{3.5.1}$$

不难看出，由于

$$\begin{aligned}[Q,P]_\xi &= \left[Q,\frac{1}{2}(p^2+q^2)\right]_\xi = p\,[Q,p]_\xi + q\,[Q,q]_\xi \\ &= p\frac{\partial Q}{\partial q} - q\frac{\partial Q}{\partial p} = 1\end{aligned} \tag{3.5.2}$$

因此，对于任一给定的 $H(q,p,t)$ 生成的哈密顿体系，当以式(3.5.1)定义的 (Q,P) 作为状态参量时，其运动方程(3.4.46)可以写为

$$\dot{Q} = \frac{\partial H}{\partial P}, \quad \dot{P} = -\frac{\partial H}{\partial Q} \tag{3.5.3}$$

从而

$$[\dot{Q},P]_\eta+[Q,\dot{P}]_\eta=\left[\frac{\partial H}{\partial P},P\right]_\eta-\left[Q,\frac{\partial H}{\partial Q}\right]_\eta$$
$$=\frac{\partial}{\partial Q}\frac{\partial H}{\partial P}-\frac{\partial}{\partial P}\frac{\partial H}{\partial Q}=0$$

所以变换(3.5.1)对于任意的 $H(q,p,t)$都是类正则的,也就是说,它是正则变换。事实上,从方程(3.5.3)可以看出,只需通过变换(3.5.1)的反变换

$$q=\sqrt{2P}\sin Q,\quad p=\sqrt{2P}\cos Q \tag{3.5.4}$$

将 $H(q,p,t)$用新的状态参量表示出来,就可以给出新的哈密顿函数。新的哈密顿函数为

$$K(Q,P,t)\triangleq H(\sqrt{2P}\sin Q,\sqrt{2P}\cos Q,t) \tag{3.5.5}$$

例如,对于式(3.4.43)中的 H 所定义的哈密顿体系,新的哈密顿函数为 $K=\omega P$。根据变换(3.5.1),K 在数值上仍等于振子的能量 E。尽管就形式而言,$K=\omega P$ 与式(3.4.45)定义的 K 相同,但是,此 P 非彼 P,此 K 也非彼 K。

3.5.2 正则变换的条件

为了得到判断正则变换的一般性条件,让我们先定义一组力学量:

$$\Lambda_{\alpha\beta}\triangleq[\xi_\alpha,\xi_\beta]_\eta=\frac{\partial\xi_\alpha}{\partial\eta_\rho}\Omega_{\rho\sigma}\frac{\partial\xi_\beta}{\partial\eta_\sigma}=\Lambda_{\alpha\beta}(\xi,t)\quad(\alpha,\beta=1,2,\cdots,2s) \tag{3.5.6}$$

显然,矩阵 $\Lambda=(\Lambda_{\alpha\beta})$是反对称的,且由矩阵 Ω 及变换的可逆性可知,Λ 还是非奇异的。从其定义可以看出:每一个 $\Lambda_{\alpha\beta}$的数学性质(如 $\Lambda_{\alpha\beta}$是否以及如何依赖于各个状态参量 ξ_α 和时间 t,$\Lambda_{\alpha\beta}$的具体数值等)都由变换本身的数学结构完全决定。

如果变换 $\xi\mapsto\eta=\eta(\xi,t)$对于某个 $H(\xi,t)$是类正则的,那么,一方面利用力学量 $\Lambda_{\alpha\beta}(\xi,t)$的运动方程有

$$\frac{\mathrm{d}\Lambda_{\alpha\beta}}{\mathrm{d}t}=[\Lambda_{\alpha\beta},H]_\xi+\partial_t\Lambda_{\alpha\beta}$$

另一方面,由于该体系以 η 作为状态参量时仍为哈密顿体系,因此,以 η 为自变量按照式(3.4.5)定义的泊松括号,必然满足性质式(3.4.32)。在式(3.4.32)中分别令 $f=\xi_\alpha$ 和 $g=\xi_\beta$,得到

$$\frac{\mathrm{d}}{\mathrm{d}t}[\xi_\alpha,\xi_\beta]_\eta = [\dot{\xi}_\alpha,\xi_\beta]_\eta + [\xi_\alpha,\dot{\xi}_\beta]_\eta$$

注意到上式左边正是 $\mathrm{d}\Lambda_{\alpha\beta}/\mathrm{d}t$，所以对于该 $H(\xi,t)$ 确定的体系就有

$$[\dot{\xi}_\alpha,\xi_\beta]_\eta + [\xi_\alpha,\dot{\xi}_\beta]_\eta = [\Lambda_{\alpha\beta},H]_\xi + \partial_t\Lambda_{\alpha\beta} \tag{3.5.7a}$$

此式左边出现的 $\dot{\xi}_\alpha$ 应该利用正则方程 $\dot{\xi}_\alpha=[\xi_\alpha,H]_\xi$ 表示为状态参量的函数。

如果变换 $\xi\mapsto\eta=\eta(\xi,t)$ 是正则的，那么关系式(3.5.7a)就应对于任一 $H(\xi,t)$ 都成立。下面我们通过取三类特殊的 H 逐步给出 $\Lambda_{\alpha\beta}$ 的性质，并进而得到判断正则变换的条件。

1. H 为常数

如果 $H=C$ 为常数，那么 $\dot{\xi}_\alpha=[\xi_\alpha,C]_\xi=0$。又由于 $[\Lambda_{\alpha\beta},H]_\xi=0$，因此方程(3.5.7a)就写为了 $\partial_t\Lambda_{\alpha\beta}=0$。这意味着 $\Lambda_{\alpha\beta}$ 不显含 t。由于这一结论完全由变换的数学结构决定，而并不依赖于 H 的选择，因而式(3.5.7a)就可以写为

$$[\dot{\xi}_\alpha,\xi_\beta]_\eta + [\xi_\alpha,\dot{\xi}_\beta]_\eta = [\Lambda_{\alpha\beta},H]_\xi \tag{3.5.7b}$$

它对于任意的 H 都成立。

2. H 为状态参量的线性函数

如果 $H=C_\gamma\xi_\gamma$（C_γ 可以是任意一组给定的常数），那么 $\dot{\xi}_\alpha=[\xi_\alpha,C_\gamma\xi_\gamma]_\xi=\Omega_{\alpha\gamma}C_\gamma$。由于 $\dot{\xi}_\alpha$ 为常数，因此式(3.5.7b)的左边为零，该式就写为了 $[\Lambda_{\alpha\beta},H]_\xi=C_\gamma[\Lambda_{\alpha\beta},\xi_\gamma]_\xi=0$。而由 C_γ 的任意性就得到：对于每一个状态参量 ξ_γ 都有 $[\Lambda_{\alpha\beta},\xi_\gamma]_\xi=0$，即 $\Lambda_{\alpha\beta}$ 不仅不显含 t，也不显含各个状态参量 ξ_γ。换言之，每一个 $\Lambda_{\alpha\beta}$ 都只是一个常数。同样，此结论也与 H 的选择无关，因而式(3.5.7b)就可以进一步简化为

$$[\dot{\xi}_\alpha,\xi_\beta]_\eta + [\xi_\alpha,\dot{\xi}_\beta]_\eta = 0 \tag{3.5.7c}$$

它对于任意 H 生成的哈密顿体系都成立。

3. H 为状态参量的二次函数

如果 $H=\frac{1}{2}C_{\rho\sigma}\xi_\rho\xi_\sigma$（其中，$C_{\rho\sigma}=C_{\sigma\rho}$ 可以是任意一组给定的常数），那么

$$\begin{aligned}\dot{\xi}_\alpha &= \left[\xi_\alpha,\frac{1}{2}C_{\rho\sigma}\xi_\rho\xi_\sigma\right]_\xi = \frac{1}{2}C_{\rho\sigma}([\xi_\alpha,\xi_\rho]_\xi\xi_\sigma + \xi_\rho[\xi_\alpha,\xi_\sigma]_\xi)\\ &= \frac{1}{2}\Omega_{\alpha\rho}C_{\rho\sigma}\xi_\sigma + \frac{1}{2}\Omega_{\alpha\sigma}C_{\rho\sigma}\xi_\rho\end{aligned}$$

由于 $C_{\rho\sigma}=C_{\sigma\rho}$，上式右边两项相等，因而运动方程可以写为 $\dot{\xi}_\alpha=\Omega_{\alpha\rho}C_{\rho\sigma}\xi_\sigma$。将其代入方程(3.5.7c)，就得到

$$\Omega_{\alpha\rho}C_{\rho\sigma}[\xi_\sigma,\xi_\beta]_\eta+\Omega_{\beta\rho}C_{\rho\sigma}[\xi_\alpha,\xi_\sigma]_\eta=0$$

即

$$\Omega_{\alpha\rho}C_{\rho\sigma}\Lambda_{\sigma\beta}+\Omega_{\beta\rho}C_{\rho\sigma}\Lambda_{\alpha\sigma}=0$$

由于上式左边两项分别是矩阵 $\Omega C\Lambda$ 和 $\Lambda C^{\mathrm{T}}\Omega^{\mathrm{T}}$的$(\alpha,\beta)$元素，因此利用 $C^{\mathrm{T}}=C$ 以及$\Omega^{\mathrm{T}}=-\Omega$，可以将其写为如下矩阵形式：

$$\Omega C\Lambda=\Lambda C\Omega$$

上式两边分别左乘一个 Ω，再右乘一个 Ω，利用 $\Omega^2=-I$ 就得到

$$C\Lambda\Omega=\Omega\Lambda C \tag{3.5.7d}$$

式(3.5.7d)对于任一对称矩阵 C 都成立。如果令 $C=I$，则得到 $\Lambda\Omega=\Omega\Lambda$，即矩阵 Λ 与 Ω 的乘法是可交换的。因此，我们可以将式(3.5.7d)重新写为

$$C(\Omega\Lambda)=(\Omega\Lambda)C \tag{3.5.7e}$$

即是说，$\Omega\Lambda$ 与任何一个对称矩阵C 的乘积都可交换次序，所以 $\Omega\Lambda$ 就只能是单位矩阵的某个非零(由于 Ω 和Λ 均可逆)倍数。不妨设 $\Omega\Lambda=-aI$，则得到

$$\Lambda=a\Omega \tag{3.5.8}$$

此处，非零常数 a 的数值由变换决定。

4. 正则变换的条件

由前面的讨论知：如果 $\xi\mapsto\eta=\eta(\xi,t)$确实是正则变换，那么方程(3.5.8)必然成立。

反之，假如某个变换 $\xi\mapsto\eta=\eta(\xi,t)$满足式(3.5.8)，那么对于任意两个力学量 f 和g 就有

$$[f,g]_\eta=\frac{\partial f}{\partial\xi_\alpha}[\xi_\alpha,\xi_\beta]_\eta\frac{\partial g}{\partial\xi_\beta}=a\frac{\partial f}{\partial\xi_\alpha}\Omega_{\alpha\beta}\frac{\partial g}{\partial\xi_\beta}$$

即

$$[f,g]_\eta=a[f,g]_\xi\quad(\forall f,g) \tag{3.5.9}$$

现在将该变换应用于任一给定的 $H(\xi,t)$生成的哈密顿体系，由于

$$\frac{\mathrm{d}}{\mathrm{d}t}[f,g]_\xi = \left[\frac{\mathrm{d}f}{\mathrm{d}t},g\right]_\xi + \left[f,\frac{\mathrm{d}g}{\mathrm{d}t}\right]_\xi$$

因此利用式(3.5.9)得到

$$\frac{\mathrm{d}}{\mathrm{d}t}[f,g]_\eta = a\frac{\mathrm{d}}{\mathrm{d}t}[f,g]_\xi = a\left[\frac{\mathrm{d}f}{\mathrm{d}t},g\right]_\xi + a\left[f,\frac{\mathrm{d}g}{\mathrm{d}t}\right]_\xi$$

再次利用式(3.5.9)给出

$$\frac{\mathrm{d}}{\mathrm{d}t}[f,g]_\eta = \left[\frac{\mathrm{d}f}{\mathrm{d}t},g\right]_\eta + \left[f,\frac{\mathrm{d}g}{\mathrm{d}t}\right]_\eta$$

由于此关系对于任意两个力学量 f 和 g 都成立，所以对于任一 $H(\xi,t)$ 生成的哈密顿体系，当以 η 作为状态参量时，仍然保持为哈密顿体系(参考3.4.4小节)。即满足式(3.5.8)的变换必然为正则变换。

综上，我们就得到结论：

$$\Lambda_{\alpha\beta} \triangleq [\xi_\alpha,\xi_\beta]_\eta = a\Omega_{\alpha\beta} \tag{3.5.10}$$

是 $\xi \mapsto \eta = \eta(\xi,t)$ 为正则变换的充分必要条件。

5. 判断正则变换的其他等价条件

前面的讨论表明：由式(3.5.8)即式(3.5.10)可以给出结论(3.5.9)。事实上，如果在式(3.5.9)中分别令 $f=\xi_\alpha$，$g=\xi_\beta$，也就得到了条件(3.5.10)。换言之，式(3.5.9)也可以作为判断正则变换的条件。

定义

$$M_{\alpha\beta} \triangleq \frac{\partial \eta_\alpha}{\partial \xi_\beta} \tag{3.5.11}$$

即 $M=(M_{\alpha\beta})$ 是变换 $\xi \mapsto \eta = \eta(\xi,t)$ 的雅可比矩阵。由于

$$\Lambda_{\alpha\beta} = [\xi_\alpha,\xi_\beta]_\eta = \frac{\partial \xi_\alpha}{\partial \eta_\rho}\Omega_{\rho\sigma}\frac{\partial \xi_\beta}{\partial \eta_\sigma} = [M^{-1}\Omega(M^{\mathrm{T}})^{-1}]_{\alpha\beta}$$

因此，条件(3.5.10)可以写为矩阵形式：

$$M^{-1}\Omega(M^{\mathrm{T}})^{-1} = a\Omega$$

这意味着

$$M^{-1} = a\Omega M^{\mathrm{T}}\Omega^{\mathrm{T}}$$

因此正则变换的条件也可以写为

$$MM^{-1} = aM\Omega M^{\mathrm{T}}\Omega^{\mathrm{T}} = I \quad 或者 \quad M^{-1}M = a\Omega M^{\mathrm{T}}\Omega^{\mathrm{T}}M = I$$

即

$$aM\Omega M^{\mathrm{T}} = \Omega \quad 或者 \quad aM^{\mathrm{T}}\Omega M = \Omega \tag{3.5.12}$$

最后,将式(3.5.12)的第一式写为分量形式

$$a\frac{\partial\eta_\alpha}{\partial\xi_\rho}\Omega_{\rho\sigma}\frac{\partial\eta_\beta}{\partial\xi_\sigma} = \Omega_{\alpha\beta}$$

即

$$a\,[\eta_\alpha,\eta_\beta]_\xi = \Omega_{\alpha\beta} \tag{3.5.13}$$

显然,这也可以作为判断正则变换的条件。

3.5.3 受限正则变换

通常将式(3.5.10)中 $a=1$ 时的正则变换称为受限正则变换,以后我们讨论的正则变换皆为此意。而以下四个条件中的任何一个都可以作为 $\xi\mapsto\eta=\eta(\xi,t)$ 为(受限)正则变换的判据,它们彼此是等价的(其中前面三个条件只是将之前结论中的 a 取为了 1,无需重新证明)。

1. 基本泊松括号的不变性

$$[\eta_\alpha,\eta_\beta]_\xi = \Omega_{\alpha\beta} \quad 或 \quad [\xi_\alpha,\xi_\beta]_\eta = \Omega_{\alpha\beta} \quad (\alpha,\beta = 1,2,\cdots,2s) \tag{3.5.14}$$

由于泊松括号的反对称性,这里,α 和β 的范围可取为 $1\leqslant\alpha<\beta\leqslant 2s$。基本泊松括号的不变性可以用来判断正则变换,这本身就意味着:一个变换是否为正则变换,完全由变换的数学结构决定,而与所讨论的具体力学体系无关。式(3.5.14)中的两式都可以作为判断正则变换的依据,这反映了这样一个简单的事实:如果 $\xi\mapsto\eta=\eta(\xi,t)$ 是正则变换,则其逆变换也是正则变换。

2. 泊松括号的不变性

$$[f,g]_\eta = [f,g]_\xi \quad (\forall f,g) \tag{3.5.15}$$

3. 辛条件

$$M\Omega M^{\mathrm{T}} = \Omega \quad 或者 \quad M^{\mathrm{T}}\Omega M = \Omega \tag{3.5.16}$$

数学上将满足关系式(3.5.16)的矩阵 M 称为辛矩阵。

4. 可积条件

存在 $F(q,p,t)$，使得

$$p_k\delta q_k - P_k\delta Q_k = \delta F(q,p,t) \tag{3.5.17}$$

这里，$F(q,p,t)$称为正则变换的生成函数。

证明 为使过程简洁，将可积条件(3.5.17)重新表述为：存在 $G(\xi,t)$，使得

$$\frac{1}{2}(p_k\delta q_k - q_k\delta p_k) - \frac{1}{2}(P_k\delta Q_k - Q_k\delta P_k) = \delta G(\xi,t)$$

其中，$G = F - p_k q_k/2 + P_k Q_k/2$。上式可以利用 ξ 符号写为

$$\frac{1}{2}\Omega_{\alpha\beta}\xi_\beta\delta\xi_\alpha - \frac{1}{2}\Omega_{\rho\sigma}\eta_\sigma\delta\eta_\rho = \delta G(\xi,t)$$

因此可积条件的含义是：存在 $G(\xi,t)$，使得 $X_\alpha = \partial G/\partial\xi_\alpha$，这里

$$X_\alpha \triangleq \frac{1}{2}\left(\Omega_{\alpha\gamma}\xi_\gamma - \Omega_{\rho\sigma}\eta_\sigma\frac{\partial\eta_\rho}{\partial\xi_\alpha}\right) = X_\alpha(\xi,t)$$

也就是说，由 $\eta = \eta(\xi,t)$ 通过上式所定义的 ξ 相空间中的矢量场 $X(\xi,t)$ 为“无旋场”，因此，其分量 X_α 应满足

$$\partial_\beta X_\alpha - \partial_\alpha X_\beta = 0 \tag{3.5.18}$$

由于

$$\partial_\beta X_\alpha = \frac{1}{2}\Omega_{\alpha\beta} - \frac{1}{2}\Omega_{\rho\sigma}\frac{\partial\eta_\sigma}{\partial\xi_\beta}\frac{\partial\eta_\rho}{\partial\xi_\alpha} - \frac{1}{2}\Omega_{\rho\sigma}\eta_\sigma\frac{\partial^2\eta_\rho}{\partial\xi_\beta\partial\xi_\alpha}$$

将其中的指标 α 和 β 互换，得到

$$\partial_\alpha X_\beta = \frac{1}{2}\Omega_{\beta\alpha} - \frac{1}{2}\Omega_{\rho\sigma}\frac{\partial\eta_\sigma}{\partial\xi_\alpha}\frac{\partial\eta_\rho}{\partial\xi_\beta} - \frac{1}{2}\Omega_{\rho\sigma}\eta_\sigma\frac{\partial^2\eta_\rho}{\partial\xi_\alpha\partial\xi_\beta}$$

从而

$$\partial_\beta X_\alpha - \partial_\alpha X_\beta = \Omega_{\alpha\beta} - \Omega_{\rho\sigma}\frac{\partial\eta_\sigma}{\partial\xi_\beta}\frac{\partial\eta_\rho}{\partial\xi_\alpha} = \Omega_{\alpha\beta} - (M^{\mathrm{T}}\Omega M)_{\alpha\beta}$$

至此我们就看到，可积条件或者说关系式(3.5.18)与辛条件(3.5.16)是等价的。证毕。

在式(3.5.17)中，由于

$$p_k\delta q_k - P_k\delta Q_k = \left(p_k - \frac{\partial Q_i}{\partial q_k}P_i\right)\delta q_k - \frac{\partial Q_i}{\partial p_k}P_i\delta p_k$$

而

$$\delta F = \frac{\partial F}{\partial q_k}\delta q_k + \frac{\partial F}{\partial p_k}\delta p_k$$

因此对比以上两式各独立变分 δq_k 和 δp_k 前的系数,得到

$$p_k - \frac{\partial Q_i}{\partial q_k}P_i = \frac{\partial F}{\partial q_k}, \quad -\frac{\partial Q_i}{\partial p_k}P_i = \frac{\partial F}{\partial p_k} \quad (k = 1,2,\cdots,s) \tag{3.5.19}$$

对于正则变换,可积条件(3.5.17)或者说关系式(3.5.19)给出了 F 对于 $2s$ 个状态参量 ξ_α 的依赖关系,不过却没有给出 $\partial F/\partial t$ 应满足的关系。因此,不同的生成函数可以相差时间 t 的一个任意函数。如果正则变换不显含时间 t,式(3.5.19)中的各式就均不显含时间,因而此情形下的生成函数总可以写为下面的形式:

$$F(\xi) + f(t)$$

通常,我们就令此处无关紧要的 $f(t)$ 等于零了。

【例 3.14】 试利用可积条件证明式(3.5.1)所定义的变换,即

$$Q = \arctan\frac{q}{p}, \quad P = \frac{1}{2}(p^2 + q^2)$$

为正则变换,并确定其生成函数。

【解】 以 q 和 p 为独立变量,有

$$p\delta q - P\delta Q = p\delta q - P\left(\frac{\partial Q}{\partial q}\delta q + \frac{\partial Q}{\partial p}\delta p\right)$$

由于

$$\frac{\partial Q}{\partial q} = \frac{p}{p^2 + q^2}, \quad \frac{\partial Q}{\partial p} = -\frac{q}{p^2 + q^2}$$

因此有

$$p\delta q - P\delta Q = \frac{1}{2}(p\delta q + q\delta p) = \delta\left(\frac{1}{2}qp\right)$$

所以所给变换为正则变换,生成函数为 $F = qp/2$(可相差时间 t 的任一函数)。

用基本泊松括号判断变换(3.5.1)为正则变换更加简单一些,这时只需验证一个关系 $[Q,P]_{(q,p)} = 1$ 成立即可,而这一点已经在式(3.5.2)中给出了证明。

【例 3.15】已知广义坐标的变换为

$$q_i \mapsto Q_i = Q_i(q,t) \quad (i = 1,2,\cdots,s)$$

并且该变换是可逆的。试问广义动量变换式

$$p_i \mapsto P_i = P_i(q,p,t) \quad (i = 1,2,\cdots,s)$$

中的 s 个函数 $P_i(q,p,t)$ 具有什么形式时,才能使得 $(q,p)\mapsto(Q,P)$ 为正则变换?

【解】此问题采用可积条件讨论最为简洁。该变换为正则变换要求:存在 $F(q,p,t)$,使得

$$\delta F(q,p,t) = p_k\delta q_k - P_i\delta Q_i = \left(p_k - \frac{\partial Q_i}{\partial q_k}P_i\right)\delta q_k$$

因此

$$\frac{\partial F}{\partial q_k} = p_k - \frac{\partial Q_i}{\partial q_k}P_i, \quad \frac{\partial F}{\partial p_k} = 0$$

其中,第二组关系意味着 F 不依赖于各个广义动量 p_k,即有 $F = F(q,t)$;而将第一组关系左、右两边乘以 $\partial q_k/\partial Q_j$,并对 k 求和,由于

$$\frac{\partial q_k}{\partial Q_j}\frac{\partial Q_i}{\partial q_k} = \delta_{ij}$$

因此得到

$$\frac{\partial q_k}{\partial Q_j}\frac{\partial F}{\partial q_k} = \frac{\partial q_k}{\partial Q_j}p_k - P_j$$

从而

$$P_j = \frac{\partial q_k}{\partial Q_j}\left(p_k - \frac{\partial F}{\partial q_k}\right)$$

所以,对于任意 $F(q,t)$,

$$Q_i = Q_i(q,t), \quad P_i = \frac{\partial q_k}{\partial Q_i}\left[p_k - \frac{\partial F(q,t)}{\partial q_k}\right] \quad (i = 1,2,\cdots,s) \tag{3.5.20}$$

都是正则变换。特别地,如果 $F = 0$,则相应的正则变换

$$Q_i = Q_i(q,t), \quad P_i = \frac{\partial q_k}{\partial Q_i} p_k \tag{3.5.21}$$

称为**点变换**,例 3.13 中的变换(3.4.37)即是一个点变换;而如果 $Q_i = q_i$,从而$\partial q_k/\partial Q_i = \delta_{ik}$,则相应的正则变换

$$Q_i = q_i \quad P_i = p_i - \frac{\partial F(q,t)}{\partial q_i} \quad (i = 1,2,\cdots,s) \tag{3.5.22}$$

称为**规范变换**。

3.5.4 正则变换的数学性质

利用正则变换的条件,可以给出正则变换的一些基本的数学性质。

首先,将等式 $M\Omega M^{\mathrm{T}} = \Omega$ 左、右两边分别求行列式,得到

$$\det M \cdot \det \Omega \cdot \det M^{\mathrm{T}} = \det \Omega$$

即有$(\det M)^2 = 1$,因此,辛矩阵行列式的绝对值$|\det M| = 1$。事实上,辛矩阵的行列式只能取 1,即 $\det M = 1$(见例 3.21)。

对于自由度 $s = 1$ 的体系,由于

$$\det M = \begin{vmatrix} \partial Q/\partial q & \partial Q/\partial p \\ \partial P/\partial q & \partial P/\partial p \end{vmatrix} = [Q,P]_{(q,p)}$$

所以正则变换的条件也可以表示为 $\det M = 1$。但是,对于自由度 $s \geqslant 2$ 的体系,$\det M = 1$ 仅仅是正则变换的必要条件,不能用它来判断所给变换是否为正则变换。

其次,由辛矩阵的定义不难看出,如果 M 是辛矩阵,则其逆 M^{-1}也是辛矩阵;而如果 M_1 和 M_2 都是辛矩阵,则乘积 $M = M_2 M_1$ 也是辛矩阵。前者意味着正则变换的逆变换必然也是正则变换;后者则意味着,两个正则变换 $\xi \mapsto \eta = \eta(\xi,t)$和$\eta \mapsto \zeta = \zeta(\eta,t)$所定义的复合变换$\xi \mapsto \zeta = \zeta(\eta(\xi,t),t)$,仍然是一个正则变换。

最后,对于任一可逆变换 $\xi \mapsto \eta = \eta(\xi,t)$,$\xi$ 相空间与 η 相空间中的点是一一对应的。设在 η 相空间中任意选定一个区域,其体积为

$$\int \mathrm{d}\eta_1 \cdots \mathrm{d}\eta_{2s}$$

与该区域对应的 ξ 相空间中的区域的体积为

$$\int \mathrm{d}\xi_1 \cdots \mathrm{d}\xi_{2s}$$

一般而言,这两个体积是不同的。两者的联系是

$$\int \mathrm{d}\eta_1 \cdots \mathrm{d}\eta_{2s} = \int \left| \frac{\partial(\eta_1, \cdots, \eta_{2s})}{\partial(\xi_1, \cdots, \xi_{2s})} \right| \mathrm{d}\xi_1 \cdots \mathrm{d}\xi_{2s} = \int |\det M| \, \mathrm{d}\xi_1 \cdots \mathrm{d}\xi_{2s}$$

但是,如果 $\xi \mapsto \eta$ 为正则变换,那么由于 $|\det M| = 1$,因而就有

$$\int \mathrm{d}\eta_1 \cdots \mathrm{d}\eta_{2s} = \int \mathrm{d}\xi_1 \cdots \mathrm{d}\xi_{2s} \tag{3.5.23}$$

即正则变换不改变相空间中的体积。

例如,在例3.13中,xp_x 平面内半轴长分别为 $a = \sqrt{2E/(m\omega^2)}$ 和 $b = \sqrt{2mE}$ 的椭圆所围区域 D 的面积为 $\pi ab = 2\pi E/\omega$。在正则变换(3.4.42)所定义的 qp 平面内,区域 D 变为了半径为 $R = \sqrt{2E/\omega}$ 的圆盘,其面积 $\pi R^2 = 2\pi E/\omega$ 与 D 的面积相同。而变换(3.4.38)所定义的 QP 平面内,区域 D 则变为了宽为 2π、高为 R 的矩形,其面积 $2\pi R$ 并不等于 D 的面积,这样的变换必然不是正则变换。假如 (Q, P) 由正则变换(3.5.1)所定义,则区域 D 在 QP 平面内变为了宽为 2π、高为 $R^2/2$ 的矩形,面积 $2\pi \times R^2/2 = \pi R^2$ 与 D 的面积相同。

3.5.5 正则变换的物理推论

1. 正则变换与哈密顿体系的演化

对于由任一给定 $H(\xi, t)$ 生成的哈密顿体系,知道了 t 时刻的状态,之后任一 $t + \tau$ 时刻的状态也就由正则方程完全确定了,即有

$$\xi_\alpha(t + \tau) = \sum_{n=0}^{\infty} \frac{\tau^n}{n!} \frac{\mathrm{d}^n \xi_\alpha(t)}{\mathrm{d}t^n} \tag{3.5.24}$$

从被动观点看,上式实际上定义了状态参量的如下变换:

$$\eta_\alpha \triangleq \sum_{n=0}^{\infty} \frac{\tau^n}{n!} \frac{\mathrm{d}^n \xi_\alpha}{\mathrm{d}t^n} = \eta_\alpha(\xi, t; \tau) \tag{3.5.25}$$

这是一个依赖于参数 τ 的可逆变换。

由于

$$[\eta_\alpha,\eta_\beta]_\xi = \sum_{k=0}^{\infty}\sum_{l=0}^{\infty}\frac{\tau^{k+l}}{k!\,l!}\left[\frac{\mathrm{d}^k\xi_\alpha}{\mathrm{d}t^k},\frac{\mathrm{d}^l\xi_\alpha}{\mathrm{d}t^l}\right]_\xi = \sum_{n=0}^{\infty}\frac{\tau^n}{n!}\sum_{k+l=n}\frac{n!}{k!\,l!}\left[\frac{\mathrm{d}^k\xi_\alpha}{\mathrm{d}t^k},\frac{\mathrm{d}^l\xi_\alpha}{\mathrm{d}t^l}\right]_\xi$$

利用方程(3.4.33)给出

$$[\eta_\alpha,\eta_\beta]_\xi = \sum_{n=0}^{\infty}\frac{\tau^n}{n!}\frac{\mathrm{d}^n}{\mathrm{d}t^n}[\xi_\alpha,\xi_\beta]_\xi$$

其中,$[\xi_\alpha,\xi_\beta]_\xi=\Omega_{\alpha\beta}$为常数。因此,上式右边除 $n=0$ 的项外皆为零,即有

$$[\eta_\alpha,\eta_\beta]_\xi = \Omega_{\alpha\beta}$$

这意味着变换(3.5.25)为正则变换。也就是说,体系状态随时间的演化,从被动观点看即为正则变换。

2. 刘维尔体积定理

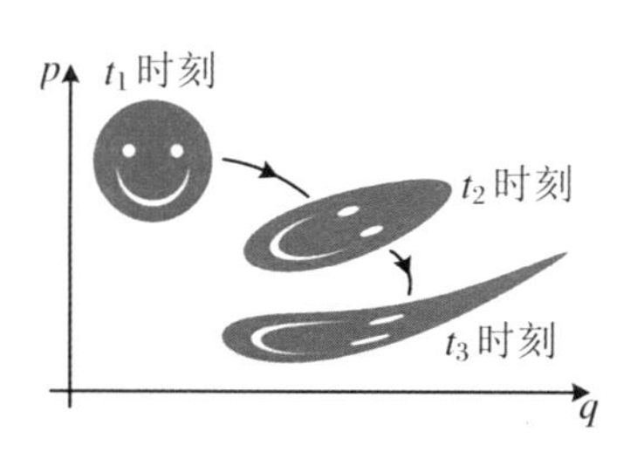

图 3.16　正则区域的体积不变

现在设想在相空间中有一个区域 Γ,其内每一点都随着时间按照某个 H 决定的正则方程演化,因而该区域也就随着时间运动、变形,这样的一个区域称为正则区域。而由于体系演化可视为正则变换,并且我们还知道正则变换不改变相空间中的体积,所以正则区域的体积不随时间变化(图 3.16),即有

$$\Gamma(t) = \int \mathrm{d}\xi_1\cdots\mathrm{d}\xi_{2s} = \text{const.} \tag{3.5.26}$$

这个结论就称为**刘维尔体积定理**。

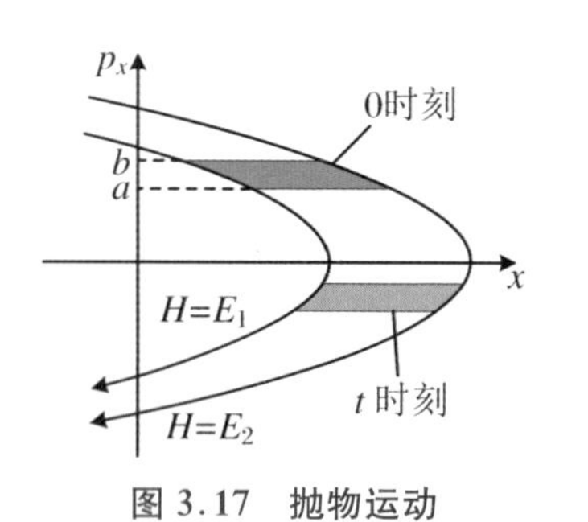

图 3.17　抛物运动

【例 3.16】一维抛物运动的哈密顿函数为

$$H = \frac{p_x^2}{2m} + mgx$$

考察 $t=0$ 时刻满足条件 $a\leqslant p_x\leqslant b$ 以及 $E_1\leqslant H(x,p_x)\leqslant E_2$ 的区域(图 3.17),试计算该正则区域在 $t=0$ 时刻的面积 $\Gamma(0)$ 以及任一 t 时刻的面积 $\Gamma(t)$,从而直接验证刘维尔体积定理。

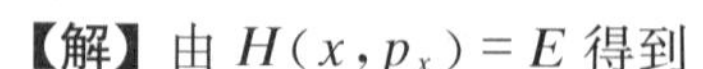

【解】由 $H(x,p_x)=E$ 得到

$$x = \frac{E}{mg} - \frac{p_x^2}{2m^2g}$$

因此,对于介于能量为 E_1 和 E_2 的两条相轨迹之间的水平线段,其长度与 p_x 无关,为 $(E_2-E_1)/(mg)$,所以

$$\Gamma(0) = \int \mathrm{d}x\mathrm{d}p_x = \frac{E_2-E_1}{mg}\int_a^b \mathrm{d}p_x = \frac{(b-a)(E_2-E_1)}{mg}$$

由于 $\dot{p}_x = -mg$ 为常数，因此初始时刻平行于 x 轴、广义动量为 p_{x0} 的各点，在 t 时刻之后仍然具有相同的广义动量，只是其数值变为 $p_x = p_{x0} - mgt$。所以

$$\Gamma(t) = \int \mathrm{d}x\mathrm{d}p_x = \frac{E_2 - E_1}{mg}\int_{a-mgt}^{b-mgt}\mathrm{d}p_x = \frac{(b-a)(E_2-E_1)}{mg}$$

从而 $\Gamma(t) = \Gamma(0)$。

3. 刘维尔定理

现在设想相空间中按任意给定的方式分布有 N 个相点，其中的每一个相点都按照体系的动力学方程运动，设 ΔN 是相体积 $\Delta\Gamma$ 内相点的数目。如果 N 很大，以至于极限 $\lim\limits_{\Delta\Gamma\to 0}(\Delta N/\Delta\Gamma)$ 是有意义的，我们就可以通过引入一个称为数密度的概念描述相点的分布，其定义如下：

$$n \triangleq \frac{\Delta N}{\Delta\Gamma} = n(\xi, t) \tag{3.5.27}$$

而归一化的数密度

$$\rho \triangleq \frac{n}{N} = \rho(\xi, t) \tag{3.5.28}$$

称为**态密度函数**，它满足

$$\int \rho(\xi, t)\mathrm{d}\xi_1\cdots\mathrm{d}\xi_{2s} = 1 \tag{3.5.29}$$

对于任一正则区域 Γ，当其运动演化时，如果某个相点在 t 时刻进入或离开 Γ，则该相点的轨迹就必然会在 t 时刻穿过 Γ 的边界，从而会与边界上某个相点的轨迹在 t 时刻相交，而这是相空间中的运动所不容许的。所以，在任一时刻都不可能有相点进入或离开该正则区域 Γ(图 3.18)。换言之，正则区域内包含的相点数目是不随时间变化的。而由于正则区域的体积也是不随时间变化的，因而 $\rho(\xi, t)$ 就不随时间变化。或者说，$\rho(\xi, t)$ 作为力学量是一个运动常量，满足

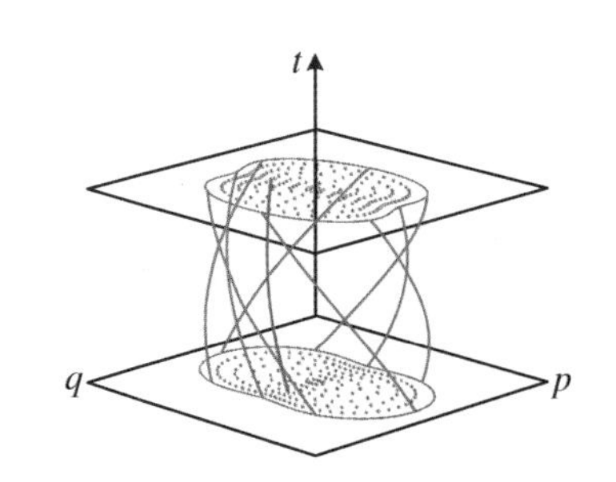

图 3.18　正则区域内相点的数目不变

$$\frac{\mathrm{d}}{\mathrm{d}t}\rho(\xi, t) = 0 \tag{3.5.30}$$

此结论就是刘维尔定理。知道了相点 $t=0$ 时刻的位置如 $\xi^{(0)}$，由哈密顿方程就可以确定该相点在 t 时刻的位置 ξ。而刘维尔定理的含义是，t 时刻 ξ 处的态密度与 $t=0$ 时刻 $\xi^{(0)}$ 处的态密度是相同的，即有

$$\rho(\xi, t) = \rho(\xi^{(0)}, t = 0) \tag{3.5.31}$$

刘维尔定理在经典统计物理中具有非常重要的地位。利用力学量的运动方程,刘维尔定理可以表示为

$$\frac{\mathrm{d}}{\mathrm{d}t}\rho(\xi, t) = [\rho, H] + \frac{\partial \rho}{\partial t} = 0 \tag{3.5.32}$$

将其中的泊松括号$[\rho, H]$利用定义写出,即为

$$[\rho, H] = \frac{\partial \rho}{\partial \xi_\alpha}\Omega_{\alpha\beta}\frac{\partial H}{\partial \xi_\beta} = \frac{\partial}{\partial \xi_\alpha}\left(\rho\Omega_{\alpha\beta}\frac{\partial H}{\partial \xi_\beta}\right) - \rho\Omega_{\alpha\beta}\frac{\partial^2 H}{\partial \xi_\alpha \partial \xi_\beta} \tag{3.5.33}$$

第二个等号用到莱布尼茨法则。由于 $\Omega_{\alpha\beta}$ 关于指标 α 和 β 交换是反对称的,而 H 关于 ξ_α 和 ξ_β 的偏导数则是可以交换次序的,因而式(3.5.33)右边的最后一项等于零。因此有

$$[\rho, H] = \partial_\alpha J_\alpha \tag{3.5.34}$$

其中

$$J_\alpha \triangleq \rho\Omega_{\alpha\beta}\frac{\partial H}{\partial \xi_\beta} \tag{3.5.35a}$$

是所谓态流密度矢量 J 的分量。事实上,

$$J = \rho\Omega\frac{\partial H}{\partial \xi} = \rho\Delta_H \tag{3.5.35b}$$

其中,Δ_H 正是 H 生成的哈密顿矢量场,它是相点的速度场。利用式(3.5.34),方程(3.5.32)可以写为

$$\partial_\alpha J_\alpha + \partial_t \rho = 0 \tag{3.5.36a}$$

而如果用 $\nabla \cdot J$ 表示 J 的散度 $\partial_\alpha J_\alpha$,则上式,即刘维尔定律,就可以表示为

$$\nabla \cdot J + \partial_t \rho = 0 \tag{3.5.36b}$$

这正是熟悉的连续性方程。其含义是:如果在相空间中任取一个固定区域,则该区域内部单位时间减少的相点数目等于单位时间由该区域边界流出去的相点数目。

【例 3.17】 考察某个单自由度体系,其哈密顿函数为

$$H = \frac{p^2}{2m} + U(q)$$

在 $t = 0$ 时刻,态密度呈高斯分布:

$$\rho_0(q,p) \triangleq \rho(q,p,0) = \frac{1}{\pi\sigma_q\sigma_p}\exp\left[-\frac{(q-a)^2}{\sigma_q^2} - \frac{(p-b)^2}{\sigma_p^2}\right]$$

(1) 试证明 $\rho_0(q,p)$的等值线是 qp 平面内的椭圆,在什么条件下,$\rho_0(q,p)$的等值线是圆?

(2) 证明

$$\int \rho_0 \mathrm{d}\Gamma = \int_{-\infty}^{\infty}\mathrm{d}q\int_{-\infty}^{\infty}\mathrm{d}p\rho_0(q,p) = 1$$

(3) 对于简谐振子,$U = m\omega^2 q^2/2$,试确定 t 时刻的态密度分布函数 $\rho(q,p,t)$。

(4) 对于自由粒子,$U=0$,试确定 t 时刻的态密度分布函数$\rho(q,p,t)$。

【解】(1) ρ_0 为常数意味着指数因子取常数,因此等值线方程可以写为

$$\frac{(q-a)^2}{\sigma_q^2} + \frac{(p-b)^2}{\sigma_p^2} = C^2$$

其中,C 是正常数。该方程描述的是 qp 平面内中心位于(a,b)点、半轴长分别为 $C\sigma_q$ 和$C\sigma_p$ 的椭圆。当 $\sigma_q=\sigma_p$ 时,椭圆变成了圆。

(2) 由于

$$\int_{-\infty}^{\infty}\exp\left(-\frac{x^2}{\alpha^2}\right)\mathrm{d}x = \alpha\sqrt{\pi}$$

所以,令 $u=q-a$ 和 $v=p-b$,得到

$$\int \rho_0 \mathrm{d}\Gamma = \frac{1}{\pi\sigma_q\sigma_p}\int_{-\infty}^{\infty}\exp\left(-\frac{u^2}{\sigma_q^2}\right)\mathrm{d}u\int_{-\infty}^{\infty}\exp\left(-\frac{v^2}{\sigma_p^2}\right)\mathrm{d}p$$
$$= \frac{1}{\pi\sigma_q\sigma_p}\cdot\sigma_q\sqrt{\pi}\cdot\sigma_p\sqrt{\pi} = 1$$

(3) 正则区域的演化如图 3.19 所示。根据式(3.5.31)有

$$\rho(q(t,q_0,p_0),p(t,q_0,p_0),t) = \rho(q_0,p_0,0) = \rho_0(q_0,p_0)$$

因此一般地有

$$\rho(q,p,t) = \rho_0(q_0(-t,q,p),p_0(-t,q,p))$$

例 3.5 中得到的简谐振动的解为

$$q(t) = q_0\cos\omega t + \frac{p_0}{m\omega}\sin\omega t,\quad p(t) = -m\omega q_0\sin\omega t + p_0\cos\omega t$$

其反变换为

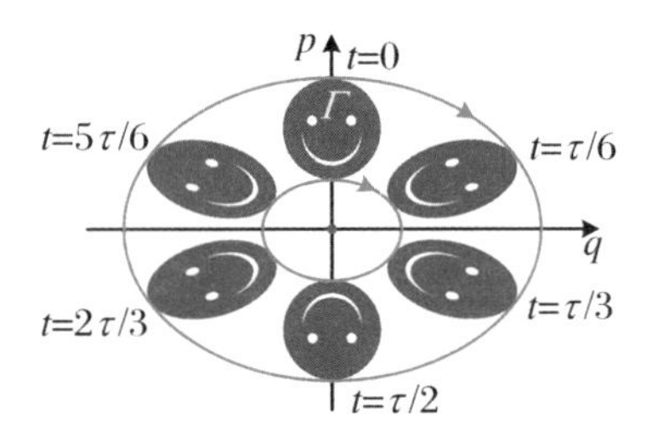

图 3.19　简谐振子的相图

Γ 是在 $t=0$ 时刻任意选定的一个区域，之后该区域在绕着原点顺时针转动的同时，其方位和形状也在变化（其中，$\tau=2\pi/\omega$）。

$$q_0 = q\cos\omega t - \frac{p}{m\omega}\sin\omega t, \quad p_0 = m\omega q\sin\omega t + p\cos\omega t$$

因此

$$\rho(q,p,t) = \frac{1}{\pi\sigma_q\sigma_p}\exp\left[-\frac{(q_0-a)^2}{\sigma_q^2} - \frac{(p_0-b)^2}{\sigma_p^2}\right]$$

其等值线仍为椭圆。该椭圆的中心位于由方程 $q_0=a$ 和 $p_0=b$ 确定的(q, p)点，即

$$q = a\cos\omega t + \frac{b}{m\omega}\sin\omega t, \quad p = -m\omega a\sin\omega t + b\cos\omega t$$

(4) 正则区域的演化如图 3.20 所示。类似于(3)，自由粒子的解为

$$q(t) = q_0 + \frac{p_0}{m}t, \quad p(t) = p_0$$

对其做反变换，得到

$$q_0 = q - \frac{p}{m}t, \quad p_0 = p$$

所以

$$\begin{aligned}\rho(q,p,t) &= \frac{1}{\pi\sigma_q\sigma_p}\exp\left[-\frac{(q_0-a)^2}{\sigma_q^2} - \frac{(p_0-b)^2}{\sigma_p^2}\right]\\ &= \frac{1}{\pi\sigma_q\sigma_p}\exp\left[-\frac{(q-pt/m-a)^2}{\sigma_q^2} - \frac{(p-b)^2}{\sigma_p^2}\right]\end{aligned}$$

图 3.20　自由粒子的相图

在 $t=0$ 时刻任意选定的一个区域 Γ，在 t 时刻之后运动到 $\Gamma(t)$。

3.5.6 新哈密顿函数

一个力学体系,若以 ξ 作为状态参量时,其动力学方程由某个哈密顿函数 $H(\xi,t)$ 给出,为

$$\dot{\xi}_\alpha = [\xi_\alpha, H]_\xi \tag{3.5.37}$$

而假如变换

$$\xi \mapsto \eta = \eta(\xi,t) \tag{3.5.38}$$

是正则变换,那么同一力学体系以 η 作为其状态参量时,必然仍为哈密顿体系,即可以找到某个新的哈密顿函数 $K(\eta,t)$,使得其动力学方程能够写为下面的形式:

$$\dot{\eta}_\alpha = [\eta_\alpha, K]_\eta \tag{3.5.39}$$

如果以 η 作为其状态参量的动力学方程,也可以用另一个哈密顿函数(比如 $K'(\eta,t)$)表示为 $\dot{\eta}_\alpha = [\eta_\alpha, K']_\eta$,那么,由于

$$[\eta_\alpha, K'-K]_\eta = 0 \quad (\alpha = 1,2,\cdots,2s)$$

因此 $K'-K$ 不依赖于任何一个状态参量 η_α,即 $K'-K$ 至多只能是时间 t 的函数。也就是说,哈密顿函数容许相差时间 t 的任一函数。

如果正则变换不显含时间 t,则由于 $\partial_t\eta_\alpha = 0$,因此由力学量 $\eta(\xi,t)$ 的运动方程有

$$\dot{\eta}_\alpha = [\eta_\alpha, H]_\xi + \partial_t\eta_\alpha = [\eta_\alpha, H]_\xi$$

利用正则变换下泊松括号的不变性就得到

$$\dot{\eta}_\alpha = [\eta_\alpha, H]_\eta$$

所以,只需将 $H(\xi,t)$ 中的 ξ 通过反变换用 η 表示出来,就可得到新的哈密顿函数,即

$$K(\eta,t) = H(\xi(\eta),t) \tag{3.5.40}$$

对于一般的正则变换,下面让我们借助相空间中的哈密顿原理寻找新的哈密顿函数。

真实路径 $\xi(t)$ 满足正则方程(3.5.37),即意味着它满足

$$\delta\int_{t_1}^{t_2}\widetilde{L}_H(\xi,\dot{\xi},t)\mathrm{d}t=0\quad(\widetilde{L}_H=p_k\dot{q}_k-H)\tag{3.5.41a}$$

而由于 $\eta(t)=\eta(\xi(t),t)$满足正则方程(3.5.39),因而,类似地有

$$\delta\int_{t_1}^{t_2}\widetilde{L}_K(\eta,\dot{\eta},t)\mathrm{d}t=0\quad(\widetilde{L}_K=P_k\dot{Q}_k-K)\tag{3.5.41b}$$

当然,我们还应当要求所有可能路径有相同的端点。由式(3.5.41)可得:真实路径 $\xi(t)$必然使得下式成立:

$$\delta\int_{t_1}^{t_2}\widetilde{L}(\xi,\dot{\xi},t)\mathrm{d}t=0,\quad\delta\xi_\alpha(t_1)=0=\delta\xi_\alpha(t_2)\tag{3.5.42}$$

其中

$$\widetilde{L}(\xi,\dot{\xi},t)\triangleq\widetilde{L}_H-\widetilde{L}_K=(K-H)+(p_k\dot{q}_k-P_i\dot{Q}_i)\tag{3.5.43}$$

由于

$$\dot{Q}_i=\frac{\partial Q_i}{\partial t}+\frac{\partial Q_i}{\partial q_k}\dot{q}_k+\frac{\partial Q_i}{\partial p_k}\dot{p}_k$$

将其代入式(3.5.43),得到

$$\widetilde{L}(\xi,\dot{\xi},t)=(K-H)-\frac{\partial Q_i}{\partial t}P_i+\left(p_k-\frac{\partial Q_i}{\partial q_k}P_i\right)\dot{q}_k+\left(-\frac{\partial Q_i}{\partial p_k}P_i\right)\dot{p}_k$$

而利用可积条件或者关系式(3.5.19),上式右边最后两项可以用生成函数 $F(\xi,t)=F(q,p,t)$重新写为

$$\frac{\partial F}{\partial q_k}\dot{q}_k+\frac{\partial F}{\partial p_k}\dot{p}_k=\frac{\mathrm{d}F}{\mathrm{d}t}-\frac{\partial F}{\partial t}$$

所以

$$\widetilde{L}(\xi,\dot{\xi},t)=\left(K-H-\frac{\partial F}{\partial t}-\frac{\partial Q_k}{\partial t}P_k\right)+\frac{\mathrm{d}F}{\mathrm{d}t}\tag{3.5.44}$$

因此,根据拉格朗日函数的不确定性,真实路径满足的关系式(3.5.42)也可以等价地表示为

$$\delta\int_{t_1}^{t_2}\widetilde{L}'(\xi,\dot{\xi},t)\mathrm{d}t=0,\quad\delta\xi_\alpha(t_1)=0=\delta\xi_\alpha(t_2)$$

其中

$$\widetilde{L}'(\xi,\dot{\xi},t)\triangleq\widetilde{L}-\frac{\mathrm{d}F}{\mathrm{d}t}=K-H-\frac{\partial F}{\partial t}-\frac{\partial Q_k}{\partial t}P_k\tag{3.5.45}$$

也就是说，真实运动满足欧拉-拉格朗日方程

$$\frac{\partial \widetilde{L}'}{\partial \xi_\alpha} = \frac{\mathrm{d}}{\mathrm{d}t}\frac{\partial \widetilde{L}'}{\partial \dot{\xi}_\alpha} \tag{3.5.46}$$

由$\widetilde{L}'$的表达式(3.5.45)可以看出，$\widetilde{L}'$并不显含$\dot{\xi}$，从而有$\partial\widetilde{L}'/\partial\dot{\xi}_\alpha = 0$。因此，由方程(3.5.46)就给出$\partial\widetilde{L}'/\partial\xi_\alpha = 0$，也就是说，$\widetilde{L}'$也不显含$\xi$。所以，$\widetilde{L}'$至多只是时间$t$的某个函数$f(t)$。正如我们已经知道的，生成函数和哈密顿函数都具有不确定性，两者均可相差时间t的一个任意函数。因此，不妨在此处令$f(t)=0$，即有$\widetilde{L}'=0$。这样，根据式(3.5.45)就得到

$$K - H - \frac{\partial F}{\partial t} - \frac{\partial Q_k}{\partial t}P_k = 0$$

也就是说，我们事实上已经找到了新的哈密顿函数，即

$$K = H + \frac{\partial F}{\partial t} + \frac{\partial Q_k}{\partial t}P_k \tag{3.5.47}$$

由于生成函数由正则变换决定，因此由式(3.5.47)可以看出：新、旧哈密顿函数之差$K-H$也是由正则变换的数学结构决定的，而与所研究的具体力学体系无关。

作为一个例子，考察例3.15中得到的正则变换(3.5.20)，即

$$Q_i = Q_i(q,t), \quad P_i = \frac{\partial q_k}{\partial Q_i}\left[p_k - \frac{\partial F(q,t)}{\partial q_k}\right]$$

当将该变换应用于$H(q,p,t)$生成的哈密顿体系时，新哈密顿函数为

$$K = H + \frac{\partial F(q,t)}{\partial t} + \frac{\partial Q_i}{\partial t}P_i$$

上式右边得到的是(q,p,t)的函数，应将其通过反变换表示为(Q,P,t)的函数。对于点变换，由于$F=0$，因此

$$K = H + \frac{\partial Q_i}{\partial t}P_i$$

而对于规范变换，由于$Q_i = q_i$，因此

$$K = H + \frac{\partial F(q,t)}{\partial t}$$

判断正则变换的条件以及新旧哈密顿函数的关系可以合并到一个式子中，

那就是

$$\tilde{L} \triangleq \tilde{L}_H - \tilde{L}_K = \frac{\mathrm{d}F(\xi,t)}{\mathrm{d}t}$$

即

$$(K-H)+(p_k\dot{q}_k - P_k\dot{Q}_k)=\frac{\mathrm{d}F}{\mathrm{d}t} \tag{3.5.48}$$

将上式左、右两边同乘以 $\mathrm{d}t$，得到

$$(K-H)\mathrm{d}t+(p_k\mathrm{d}q_k - P_k\mathrm{d}Q_k)=\mathrm{d}F=\frac{\partial F}{\partial q_k}\mathrm{d}q_k+\frac{\partial F}{\partial p_k}\mathrm{d}p_k+\frac{\partial F}{\partial t}\mathrm{d}t \tag{3.5.49}$$

由于该式对任意 $\mathrm{d}q_k$，$\mathrm{d}p_k$ 以及 $\mathrm{d}t$ 都成立，因此其左、右两边每一个独立微分 $\mathrm{d}q_k$，$\mathrm{d}p_k$，$\mathrm{d}t$ 前面的系数都对应相等：由 $\mathrm{d}t$ 前面的系数对应相等就给出了新、旧哈密顿函数的关系式(3.5.47)，而 $\mathrm{d}q_k$ 和 $\mathrm{d}p_k$ 前面的系数分别对应相等则给出了判断正则变换的可积条件，即方程(3.5.19)。

3.6 正则变换的分类及其生成函数

3.6.1 正则变换的分类

给定正则变换 $\eta=\eta(\xi,t)$，或者将其写为

$$Q_i = Q_i(q,p,t) \tag{3.6.1a}$$

$$P_i = P_i(q,p,t) \tag{3.6.1b}$$

按照关系式(3.5.19)就可以确定生成函数 $F(\xi,t)$。但是，对于给定的生成函数 $F(\xi,t)$，由其并不能将正则变换唯一确定下来。比如，所有点变换的生成函数都为零(参考例 3.15)。为了由生成函数能“生成”唯一的正则变换，就需要对正则变换进行分类。

在正则变换中，涉及 $\xi=(q,p)$和 $\eta=(Q,P)$共 $4s$ 个变量，其中只有 $2s$ 个是独立的。比如，可以选择(q,p)或者(Q,P)作为 $2s$ 个独立变量。而变换的可逆性意味着(请读者自行思考其原因)：对于任何一个给定的正则变换，我们总可以分别挑选出 s 个旧变量和 s 个新变量，使得这 $2s$ 个混合变量是独立的，

即可以用它们来描述体系的状态。例如恒等变换：$Q_i=q_i, P_i=p_i$，(q,P)或者(p,Q)都可以作为独立变量，而(q,Q)或者(p,P)显然不能作为独立变量。再比如正则变换：$Q_i=p_i, P_i=-q_i$，(q,Q)或者(p,P)都可以作为独立变量，而(q,P)或者(p,Q)则不能作为独立变量。

对于一个给定的正则变换，根据能够选作独立变量的 s 个旧变量和 s 个新变量的不同，将其划归为不同的类别，这就是正则变换的分类。

如果(q,Q)可以作为独立变量，那么，其他变量 p_i, P_i 就必然能够通过式(3.6.1)表示为(q,Q,t)的函数。也就是说，这样的变换要求式(3.6.1a)可以对 p_i 做反变换而给出 $p_i=p_i(q,Q,t)$，将其代入式(3.6.1b)，自然也就给出了 $P_i=P_i(q,Q,t)$。而式(3.6.1a)存在这样的反变换，实际上是要求

$$\det(\partial Q_i/\partial p_j)\neq 0 \tag{3.6.2}$$

我们将满足条件(3.6.2)（即(q,Q)可以作为独立变量）的正则变换称为第一类正则变换。

类似地，可以将(q,P)作为独立变量，即满足下面条件的正则变换称为第二类正则变换：

$$\det(\partial P_i/\partial p_j)\neq 0 \tag{3.6.3}$$

第三类正则变换可以将(p,Q)作为独立变量，即要求

$$\det(\partial Q_i/\partial q_j)\neq 0 \tag{3.6.4}$$

而第四类正则变换可以将(p,P)作为独立变量，即要求

$$\det(\partial P_i/\partial q_j)\neq 0 \tag{3.6.5}$$

有必要指出两点：首先，同一正则变换往往可以归属于不同的类。比如，恒等变换同属于第二类和第三类正则变换，而$(Q,P)=(p,-q)$则既是第一类，也是第四类正则变换。其次，前面所述四类并未将所有的正则变换都包含在内，有些正则变换，比如

$$Q_1=q_1,\quad Q_2=p_2,\quad P_1=p_1,\quad P_2=-q_2$$

不属于这四类中的任何一类。

3.6.2 第一类正则变换

第一类正则变换满足条件(3.6.2)。由于(q,Q)可以作为独立变量，将方程(3.5.49)中的其余变量（p_k 和 P_k）都用这 $2s$ 个独立变量表示出来，就可以

写为

$$(p_k \mathrm{d}q_k - P_k \mathrm{d}Q_k) + (K - H)\mathrm{d}t = \mathrm{d}F_1(q,Q,t)$$
$$= \frac{\partial F_1}{\partial q_k}\mathrm{d}q_k + \frac{\partial F_1}{\partial Q_k}\mathrm{d}Q_k + \frac{\partial F_1}{\partial t}\mathrm{d}t \tag{3.6.6}$$

其中

$$F_1(q,Q,t) \triangleq F(q,p(q,Q,t),t) \tag{3.6.7}$$

称为第一类生成函数。对比方程(3.6.6)左、右两边各独立微分 $\mathrm{d}q_k$,$\mathrm{d}Q_k$ 和 $\mathrm{d}t$ 前边的系数,得到

$$p_k = p_k(q,Q,t) = \frac{\partial F_1(q,Q,t)}{\partial q_k} \tag{3.6.8a}$$

$$P_k = P_k(q,Q,t) = -\frac{\partial F_1(q,Q,t)}{\partial Q_k} \tag{3.6.8b}$$

以及

$$K(Q,P,t) = H(q,p,t) + \frac{\partial F_1(q,Q,t)}{\partial t} \tag{3.6.9}$$

关系式(3.6.8)也可以作为判断所给变换是否为正则变换(第一类)的条件。该条件也可以表述为:存在函数 $F_1(q,Q,t)$,使得

$$p_k \delta q_k - P_k \delta Q_k = \delta F_1(q,Q,t) \tag{3.6.10}$$

对于给定的第一类正则变换,方程(3.6.8)足以确定其生成函数 $F_1(q,Q,t)$(可相差时间 t 的任一函数);再将所得 $F_1(q,Q,t)$代入式(3.6.9),就可以给出新哈密顿函数 $K(Q,P,t)$。为此,你需要在做完运算 $\partial F_1/\partial t$ 后,利用式(3.6.1)的反变换将式(3.6.9)右边出现的旧变量 q_k,p_k 表示为(Q,P,t)的函数。知道了新的哈密顿函数,我们就可以在 QP 相空间中研究体系状态的演化了。而一旦求解出新变量与时间 t 的关系 $Q(t)$和 $P(t)$,将其代回式(3.6.1)的反变换式,也就知道了旧变量随时间的演化 $q(t)$和 $p(t)$。

由第一类生成函数 $F_1(q,Q,t)$也可以生成唯一的正则变换。这是由于将 F_1 代入方程(3.6.8),就可以得到作为(q,Q,t)的函数的 p_k 和 P_k:

$$p_k = \frac{\partial F_1}{\partial q_k} = p_k(q,Q,t) \tag{3.6.11a}$$

$$P_k = -\frac{\partial F_1}{\partial Q_k} = P_k(q,Q,t) \tag{3.6.11b}$$

而对式(3.6.11a)做反变换,将 Q_k 表示为(q,p,t)的函数,就给出了正则变换的一半表达式(3.6.1a);再将其代入式(3.6.11b),P_k 也就表示为了(q,p,t)

的函数，从而又给出了正则变换的另一半表达式(3.6.1b)。为了使得方程(3.6.11a)存在反变换 $Q_k = Q_k(q, p, t)$，就要求

$$\det\left(\frac{\partial p_i}{\partial Q_j}\right) \neq 0 \tag{3.6.12}$$

将式(3.6.12)与条件(3.6.2)对比，可见两者是等价的——后者是对第一类正则变换提出的要求，而前者实际上是对第一类生成函数提出的要求。这是由于，利用式(3.6.8a)，式(3.6.12)可以写为

$$\det\left(\frac{\partial^2 F_1}{\partial q_i \partial Q_j}\right) \neq 0 \tag{3.6.13}$$

这就是第一类生成函数需要满足的海斯条件。

【例 3.18】 试求由 $F_1(q, Q) = q_i Q_i$ 所生成的正则变换。

【解】 由于$\partial^2 F_1/(\partial q_i \partial Q_j) = \delta_{ij}$，因此所给 F_1 满足海斯条件：

$$\det\left(\frac{\partial^2 F_1}{\partial q_i \partial Q_j}\right) = 1 > 0$$

由方程(3.6.8)得到

$$p_k = \frac{\partial F_1}{\partial q_k} = Q_k, \quad P_k = -\frac{\partial F_1}{\partial Q_k} = -q_k$$

因此由 $F_1 = q_i Q_i$ 生成的第一类正则变换为

$$Q_k = p_k, \quad P_k = -q_k$$

【例 3.19】 变换$(q, p) \mapsto (Q, P)$由下式定义：

$$q = \sqrt{2P}\sin Q, \quad p = \sqrt{2P}\cos Q \tag{3.6.14}$$

(1) 利用基本泊松括号证明该变换为正则变换；

(2) 试求该正则变换的第一类生成函数；

(3) 将该变换应用于

$$H = \frac{1}{2}\omega(p^2 + q^2)$$

生成的哈密顿体系，试确定新的哈密顿函数；

(4) 对于(3)中的体系，试在新的相空间 QP 中求解其运动，并由此得到体系在相空间 qp 中的运动，设 $q(t=0) = q_0$，$p(t=0) = p_0$。

【解】（1）由于

$$[q,p]_{(Q,P)}=\frac{\partial q}{\partial Q}\frac{\partial p}{\partial P}-\frac{\partial q}{\partial P}\frac{\partial p}{\partial Q}$$
$$=(\sqrt{2P}\cos Q)\left(\frac{1}{\sqrt{2P}}\cos Q\right)-\left(\frac{1}{\sqrt{2P}}\sin Q\right)(-\sqrt{2P}\sin Q)$$

即有

$$[q,p]_{(Q,P)}=\cos^2 Q+\sin^2 Q=1$$

因此所给变换为正则变换(该变换实际上就是例 3.14 中的变换)。

（2）将 p 和 P 用独立变量 q 和 Q 表示出来,有

$$p=\frac{q}{\tan Q}=\frac{\partial F_1}{\partial q} \tag{3.6.15a}$$

$$P=\frac{q^2}{2\sin^2 Q}=-\frac{\partial F_1}{\partial Q} \tag{3.6.15b}$$

下面介绍两种求生成函数的常用方法。

方法 1　在 qQ 平面内任意选取某点(q_0,Q_0)作为参考点,并任选一条路径从点(q_0,Q_0)到(q,Q)求线积分:

$$F_1(q,Q)=\int\frac{\partial F_1}{\partial q}\mathrm{d}q+\frac{\partial F_1}{\partial Q}\mathrm{d}Q=\int p\mathrm{d}q-P\mathrm{d}Q$$

该积分与路径无关。为简单起见,选择图 3.21 所示的积分路径,得到

$$F_1(q,Q)=\int_{q_0}^{q}\frac{q}{\tan Q_0}\mathrm{d}q-\int_{Q_0}^{Q}\frac{q^2}{2\sin^2 Q}\mathrm{d}Q$$
$$=\left(\frac{q^2}{2\tan Q_0}-\frac{q_0^2}{2\tan Q_0}\right)+\left(\frac{q^2}{2\tan Q}-\frac{q^2}{2\tan Q_0}\right)$$

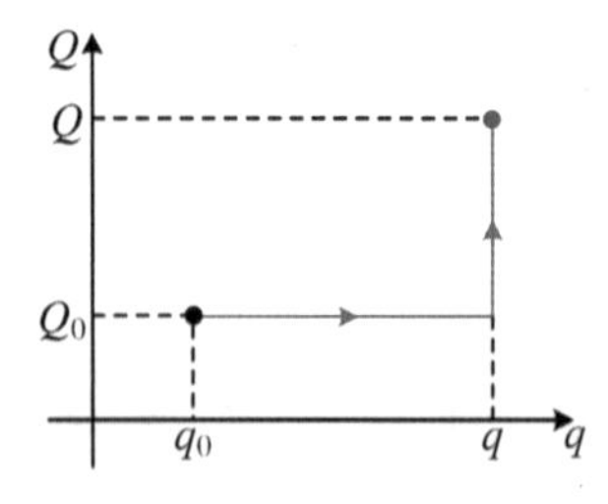

图 3.21　求第一类生成函数的积分路径

即有

$$F_1(q,Q)=\frac{q^2}{2\tan Q}-\frac{q_0^2}{2\tan Q_0}$$

上式右边无关紧要的常数项可以略去(或者说,将参考点选作原点),因此

$$F_1(q,Q)=\frac{q^2}{2\sin^2 Q} \tag{3.6.16}$$

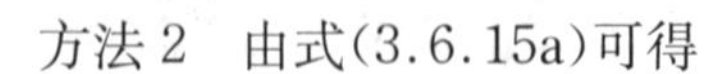
方法 2　由式(3.6.15a)可得

$$F_1(q,Q)=\int p\mathrm{d}q+f(Q,t)=\int\frac{q}{\tan Q}\mathrm{d}q+f=\frac{q^2}{2\tan Q}+f$$

将其代入式(3.6.15b)，给出

$$\frac{q^2}{2\sin^2 Q}=\frac{q^2}{2\sin^2 Q}-\frac{\partial f}{\partial Q}$$

即$\partial f/\partial Q=0$。因此 f 只是时间 t 的函数，不妨令 $f=0$，这就给出了同样的结果(3.6.16)。

(3) 由于变换不显含时间，所以只需将 H 用新变量表示出来，就得到新哈密顿函数，为

$$K=H=\omega P$$

(4) 由于 K 不显含 Q，所以 P 为运动常量。而由于 Q 满足方程 $\dot{Q}=\partial H/\partial P=\omega$，因此 $Q(t)=\omega t+\varphi$。将此结果代入式(3.6.14)，得到

$$\begin{cases}q(t)=\sqrt{2P}\sin(\omega t+\varphi)=a\cos\omega t+b\sin\omega t\\ p(t)=\sqrt{2P}\cos(\omega t+\varphi)=-a\sin\omega t+b\cos\omega t\end{cases}$$

其中，$a=\sqrt{2P}\sin\varphi$，$b=\sqrt{2P}\cos\varphi$。由初始条件可得 $a=q_0$ 和 $b=p_0$，因此

$$\begin{cases}q(t)=q_0\cos\omega t+p_0\sin\omega t\\ p(t)=-q_0\sin\omega t+p_0\cos\omega t\end{cases}$$

3.6.3 第二类正则变换

第二类正则变换满足条件(3.6.3)，或者说，(q,P)可以作为独立变量。

在方程(3.5.49)左、右两边同时加上 $\mathrm{d}(Q_kP_k)$，并将其余变量(p_k 和 Q_k)都用这 $2s$ 个独立变量表示出来，得到

$$\begin{aligned}(p_k\mathrm{d}q_k+Q_k\mathrm{d}P_k)+(K-H)\mathrm{d}t&=\mathrm{d}F_2(q,P,t)\\&=\frac{\partial F_2}{\partial q_k}\mathrm{d}q_k+\frac{\partial F_2}{\partial P_k}\mathrm{d}P_k+\frac{\partial F_2}{\partial t}\mathrm{d}t\end{aligned}\tag{3.6.17}$$

其中

$$F_2(q,P,t)\triangleq F(q,p(q,P,t),t)+Q_k(q,P,t)P_k\tag{3.6.18}$$

称为第二类生成函数。对比式(3.6.17)左、右两边各独立微分 $\mathrm{d}q_k$,$\mathrm{d}P_k$ 和 $\mathrm{d}t$ 前边的系数,得到

$$p_k = \frac{\partial F_2(q,P,t)}{\partial q_k} \tag{3.6.19a}$$

$$Q_k = \frac{\partial F_2(q,P,t)}{\partial P_k} \tag{3.6.19b}$$

以及

$$K = H + \frac{\partial F_2(q,P,t)}{\partial t} \tag{3.6.20}$$

类似于第一类正则变换的讨论,作为第二类生成函数,要求 $F_2(q,P,t)$满足海斯条件

$$\det\left(\frac{\partial^2 F_2}{\partial q_i \partial P_j}\right) \neq 0 \tag{3.6.21}$$

3.6.4 第三类正则变换

第三类正则变换满足条件(3.6.4),即(p,Q)可以作为独立变量。第三类生成函数定义为

$$F_3(p,Q,t) = F(q,p,t) - q_k p_k \tag{3.6.22}$$

这样,由方程(3.5.49)就给出了

$$(-q_k \mathrm{d}p_k - P_k \mathrm{d}Q_k) + (K - H)\mathrm{d}t = \mathrm{d}F_3(p,Q,t) \tag{3.6.23a}$$

由此可得

$$q_k = -\frac{\partial F_3}{\partial p_k}, \quad P_k = -\frac{\partial F_3}{\partial Q_k}, \quad K = H + \frac{\partial F_3}{\partial t} \tag{3.6.23b}$$

第三类生成函数满足的海斯条件为

$$\det\left(\frac{\partial^2 F_3}{\partial p_i \partial Q_j}\right) \neq 0$$

3.6.5 第四类正则变换

第四类正则变换满足条件(3.6.5)，即(p,P)可以作为独立变量。第四类生成函数则定义为

$$F_4(q,P,t)=F(q,p,t)-q_kp_k+Q_kP_k \tag{3.6.24}$$

而由方程(3.5.49)就可以得到

$$(-q_k\mathrm{d}p_k+Q_k\mathrm{d}P_k)+(K-H)\mathrm{d}t=\mathrm{d}F_4(p,P,t) \tag{3.6.25a}$$

或者

$$q_k=-\frac{\partial F_4}{\partial p_k},\quad Q_k=\frac{\partial F_4}{\partial P_k},\quad K=H+\frac{\partial F_4}{\partial t} \tag{3.6.25b}$$

第四类生成函数满足的海斯条件为

$$\det\left(\frac{\partial^2 F_4}{\partial p_i\partial P_j}\right)\neq 0$$

【例 3.20】 求例 3.15 中定义的点变换(3.5.21)，即

$$Q_i=Q_i(q,t),\quad P_j=\frac{\partial q_k}{\partial Q_j}p_k$$

的第二类生成函数；对于从球坐标 $q=(r,\theta,\phi)$到直角坐标$Q=(x,y,z)$的点变换，试写出其第二类生成函数，并由此求新旧广义动量之间的关系。

【解】 首先，将(p,Q)用(q,P)表示出来，结果为

$$p_k=\frac{\partial Q_i}{\partial q_k}P_i=\frac{\partial F_2}{\partial q_k} \tag{3.6.26a}$$

$$Q_k=Q_k(q,t)=\frac{\partial F_2}{\partial P_k} \tag{3.6.26b}$$

由式(3.6.26b)得到

$$F_2=\int Q_k\mathrm{d}P_k+f(q,t)=Q_k(q,t)P_k+f(q,t)$$

将其代入式(3.6.26a)，给出$\partial f/\partial q_k=0$，从而 $f=0$。所以，点变换的第二类生成函数为

$$F_2(q,P,t)=Q_k(q,t)P_k \tag{3.6.27}$$

考察从球坐标 $q=(r,\theta,\phi)$ 到直角坐标 $Q=(x,y,z)$ 的点变换：

$$x=r\sin\theta\cos\phi,\quad y=r\sin\theta\sin\phi,\quad z=r\cos\theta$$

相应地，广义动量从 $p=(p_r,p_\theta,p_\phi)$ 变为了 $P=(p_x,p_y,p_z)$。由式(3.6.27)可知，该点变换的第二类生成函数

$$\begin{aligned}F_2(r,\theta,\phi,p_x,p_y,p_z)&=xp_x+yp_y+zp_z\\&=rp_x\sin\theta\cos\phi+rp_y\sin\theta\sin\phi+rp_z\cos\theta\end{aligned}$$

新、旧广义动量之间的关系可以由变换(3.6.26a)得到，为

$$\begin{cases}p_r=\dfrac{\partial F_2}{\partial r}=p_x\sin\theta\cos\phi+p_y\sin\theta\sin\phi+p_z\cos\theta\\ p_\theta=\dfrac{\partial F_2}{\partial\theta}=rp_x\cos\theta\cos\phi+rp_y\cos\theta\sin\phi-rp_z\sin\theta\\ p_\phi=\dfrac{\partial F_2}{\partial\phi}=-rp_x\sin\theta\sin\phi+rp_y\sin\theta\cos\phi\end{cases}$$

【例 3.21】试证明辛矩阵 M 的行列式等于1。

【证明】对于给定的辛矩阵 M，线性变换 $\eta=M\xi$ 必然为正则变换。不妨设其是第二类正则变换。而由于对第二类正则变换，(q,P) 是 $2s$ 个独立变量，因此可以将从 (q,p) 到 (Q,P) 的变换分两步实现：首先，将 (q,p) 变换为 (q,P)，该变换的雅可比行列式为

$$\frac{\partial(q,P)}{\partial(q,p)}=\left[\frac{\partial(P_1,\cdots,P_s)}{\partial(p_1,\cdots,p_s)}\right]_q=1\Big/\left[\frac{\partial(p_1,\cdots,p_s)}{\partial(P_1,\cdots,P_s)}\right]_q=1/\det A$$

这里，$A_{ij}=(\partial p_i/\partial P_j)_q$；其次，将 (q,P) 变换为 (Q,P)，该变换的雅可比行列式为

$$\frac{\partial(Q,P)}{\partial(q,P)}=\left[\frac{\partial(Q_1,\cdots,Q_s)}{\partial(q_1,\cdots,q_s)}\right]_P=\det B$$

这里，$B_{ij}=(\partial Q_i/\partial q_j)_P$。所以，变换 $(q,p)\mapsto(Q,P)$ 的雅可比行列式可以写为

$$\det M=\frac{\partial(Q,P)}{\partial(q,p)}=\frac{\partial(Q,P)}{\partial(q,P)}\Big/\frac{\partial(q,p)}{\partial(q,P)}=\frac{\det B}{\det A}$$

利用第二类正则变换的条件(3.6.19)以及偏导数的可交换性,我们有

$$B_{ij}=\left(\frac{\partial Q_i}{\partial q_j}\right)_P=\frac{\partial}{\partial q_j}\frac{\partial F_2}{\partial P_i}=\frac{\partial}{\partial P_i}\frac{\partial F_2}{\partial q_j}=\left(\frac{\partial p_j}{\partial P_i}\right)_P=A_{ji}$$

即矩阵 B 是矩阵 A 的转置,从而 $\det B=\det A$。由此就给出了 $\det M=1$。证毕。

【例 3.22】(1) 对于单自由度体系,试求复变换

$$Q=\frac{m\omega q+\mathrm{i}p}{\sqrt{2m\omega}},\quad P=\mathrm{i}\frac{m\omega q-\mathrm{i}p}{\sqrt{2m\omega}}=\mathrm{i}Q^* \tag{3.6.28}$$

的第二类生成函数;将该正则变换应用于简谐振子

$$H=\frac{p^2}{2m}+\frac{1}{2}m\omega^2q^2 \tag{3.6.29}$$

写出新的哈密顿函数,并以(Q,P)为变量进行求解,再由此得到 $q(t)$和 $p(t)$。设 $q(t=0)=q_0$,$p(t=0)=p_0$。

(2) 对于下面的复变换重复前面的讨论:

$$Q=\frac{m\omega q+\mathrm{i}p}{\sqrt{2m\omega}}\mathrm{e}^{\mathrm{i}\omega t},\quad P=\mathrm{i}\frac{m\omega q-\mathrm{i}p}{\sqrt{2m\omega}}\mathrm{e}^{-\mathrm{i}\omega t}=\mathrm{i}Q^* \tag{3.6.30}$$

(3) 对于下面的变换再重复前面的讨论:

$$Q=q\cos\omega t-\frac{p}{m\omega}\sin\omega t,\quad P=m\omega q\sin\omega t+p\cos\omega t \tag{3.6.31}$$

【解】(1) 容易看出,此处所给三个变换都同时属于我们定义的四类正则变换。

利用变换(3.6.28),将 p,Q 用独立变量 q 和 P 表示出来,这样方程(3.6.19)就可写为

$$\begin{cases}p=-\mathrm{i}m\omega q+\sqrt{2m\omega}P=\dfrac{\partial F_2}{\partial q}\\ Q=\sqrt{2m\omega}q+\mathrm{i}P=\dfrac{\partial F_2}{\partial P}\end{cases}$$

其解为

$$F_2(q,P) = -\frac{1}{2}\mathrm{i}m\omega q^2 + \sqrt{2m\omega}qP + \frac{1}{2}\mathrm{i}P^2 \tag{3.6.32}$$

由于变换(3.6.28)不显含时间，因此新哈密顿函数为

$$K = H = -\mathrm{i}\omega QP \tag{3.6.33}$$

从而正则方程为

$$\dot{Q} = \frac{\partial K}{\partial P} = -\mathrm{i}\omega Q,\quad \dot{P} = -\frac{\partial K}{\partial Q} = \mathrm{i}\omega P$$

Q 与 P 的方程互不耦合，易得解为

$$Q(t) = Q_0\mathrm{e}^{-\mathrm{i}\omega t},\quad P(t) = P_0\mathrm{e}^{\mathrm{i}\omega t} \tag{3.6.34}$$

其中的复常数 Q_0 和 P_0 由初始条件决定：在式(3.6.28)中令 $t=0$，给出

$$Q_0 = \frac{m\omega q_0 + \mathrm{i}p_0}{\sqrt{2m\omega}},\quad P_0 = \mathrm{i}\frac{m\omega q_0 - \mathrm{i}p_0}{\sqrt{2m\omega}} = \mathrm{i}Q_0^* \tag{3.6.35}$$

由式(3.6.28)做反变换，并将式(3.6.34)代入，可得到(q,p)随时间的演化。$q(t)$和 $p(t)$也可以分别通过取 Q 的实部和虚部得到：

$$\begin{cases} q(t) = \sqrt{\dfrac{2}{m\omega}}\mathrm{Re}Q(t) = \dfrac{Q_0\mathrm{e}^{-\mathrm{i}\omega t} + Q_0^*\mathrm{e}^{\mathrm{i}\omega t}}{\sqrt{2m\omega}} \\ p(t) = \sqrt{2m\omega}\mathrm{Im}Q(t) = -\mathrm{i}\sqrt{\dfrac{m\omega}{2}}(Q_0\mathrm{e}^{-\mathrm{i}\omega t} - Q_0^*\mathrm{e}^{\mathrm{i}\omega t}) \end{cases} \tag{3.6.36}$$

因此有

$$\begin{cases} q(t) = q_0\cos\omega t + \dfrac{p_0}{m\omega}\sin\omega t \\ p(t) = -m\omega q_0\sin\omega t + p_0\cos\omega t \end{cases} \tag{3.6.37}$$

(2) 对于变换(3.6.30)，方程(3.6.19)写为

$$\begin{cases} p = -\mathrm{i}m\omega q + \sqrt{2m\omega}P\mathrm{e}^{\mathrm{i}\omega t} = \dfrac{\partial F_2}{\partial q} \\ Q = \sqrt{2m\omega}q\mathrm{e}^{\mathrm{i}\omega t} + \mathrm{i}P\mathrm{e}^{2\mathrm{i}\omega t} = \dfrac{\partial F_2}{\partial P} \end{cases}$$

其解为

$$F_2(q,P,t)=-\frac{1}{2}\mathrm{i}m\omega q^2+\sqrt{2m\omega}qP\mathrm{e}^{\mathrm{i}\omega t}+\frac{1}{2}\mathrm{i}P^2\mathrm{e}^{2\mathrm{i}\omega t}\quad(3.6.38)$$

由于 H 用新变量表示出来为 $H=-\mathrm{i}\omega QP$，而

$$\begin{aligned}\frac{\partial F_2}{\partial t}&=\mathrm{i}\omega\sqrt{2m\omega}qP\mathrm{e}^{\mathrm{i}\omega t}-\omega P^2\mathrm{e}^{2\mathrm{i}\omega t}\\&=\mathrm{i}\omega P(\sqrt{2m\omega}q\mathrm{e}^{\mathrm{i}\omega t}+\mathrm{i}P\mathrm{e}^{2\mathrm{i}\omega t})=\mathrm{i}\omega QP\end{aligned}$$

所以新哈密顿函数为

$$K=H+\frac{\partial F_2}{\partial t}=0$$

从而 Q 和 P 均为运动常量，解为 $Q(t)=Q_0$，$P(t)=P_0$。

由于变换(3.6.30)的反变换为

$$\begin{cases}q=\dfrac{Q\mathrm{e}^{-\mathrm{i}\omega t}-\mathrm{i}P\mathrm{e}^{\mathrm{i}\omega t}}{\sqrt{2m\omega}}\\p=-\mathrm{i}\sqrt{\dfrac{m\omega}{2}}(Q\mathrm{e}^{-\mathrm{i}\omega t}+\mathrm{i}P\mathrm{e}^{\mathrm{i}\omega t})\end{cases}\quad(3.6.39)$$

在上式中令 $t=0$，得到

$$\begin{cases}q_0=\dfrac{Q_0-\mathrm{i}P_0}{\sqrt{2m\omega}}\\p_0=-\mathrm{i}\sqrt{\dfrac{m\omega}{2}}(Q_0+\mathrm{i}P_0)\end{cases}\quad(3.6.40)$$

而式(3.6.39)可以改写为

$$\begin{cases}q(t)=\dfrac{Q_0\mathrm{e}^{-\mathrm{i}\omega t}-\mathrm{i}P_0\mathrm{e}^{\mathrm{i}\omega t}}{\sqrt{2m\omega}}=\dfrac{Q_0-\mathrm{i}P_0}{\sqrt{2m\omega}}\cos\omega t-\mathrm{i}\dfrac{Q_0+\mathrm{i}P_0}{\sqrt{2m\omega}}\sin\omega t\\p(t)=-\mathrm{i}\sqrt{\dfrac{m\omega}{2}}(Q_0\mathrm{e}^{-\mathrm{i}\omega t}+\mathrm{i}P_0\mathrm{e}^{\mathrm{i}\omega t})\\\qquad=-\sqrt{\dfrac{m\omega}{2}}(Q_0-\mathrm{i}P_0)\sin\omega t-\mathrm{i}\sqrt{\dfrac{m\omega}{2}}(Q_0+\mathrm{i}P_0)\cos\omega t\end{cases}$$

利用式(3.6.40)不难看出，由上式确实给出了 (q,p) 的正确的解(3.6.37)。

(3) 对于变换(3.6.31)，方程(3.6.19)写为

$$\begin{cases} p = \dfrac{P - m\omega q\sin\omega t}{\cos\omega t} = \dfrac{\partial F_2}{\partial q} \\ Q = \dfrac{m\omega q - P\sin\omega t}{m\omega\cos\omega t} = \dfrac{\partial F_2}{\partial P} \end{cases} \tag{3.6.41}$$

其解为

$$F_2 = -\frac{(m^2\omega^2 q^2 + P^2)\sin\omega t - 2m\omega qP}{2m\omega\cos\omega t} \tag{3.6.42}$$

由于

$$\begin{aligned} \frac{\partial F_2}{\partial t} &= -\frac{m^2\omega^2 q^2 + P^2 - 2m\omega qP\sin\omega t}{2m\cos^2\omega t} \\ &= -\frac{1}{2m}\left[P^2 + \left(\frac{m\omega q - P\sin\omega t}{\cos\omega t}\right)^2\right] \end{aligned}$$

利用式(3.6.41)中 Q 满足的方程可以看出,上式用新变量表示出来为

$$\frac{\partial F_2}{\partial t} = -\frac{1}{2m}(P^2 + m^2\omega^2 Q^2)$$

而将式(3.6.31)改写为

$$m\omega Q = m\omega q\cos\omega t - p\sin\omega t, \quad P = m\omega q\sin\omega t + p\cos\omega t \tag{3.6.43}$$

由此不难看出

$$H = \frac{1}{2m}(m^2\omega^2 q^2 + p^2) = \frac{1}{2m}(m^2\omega^2 Q^2 + P^2)$$

因此,新哈密顿函数为

$$K = H + \frac{\partial F_2}{\partial t} = 0$$

所以 $Q(t) = Q_0, P(t) = P_0$。

由式(3.6.43)可见 $Q_0 = q_0, P_0 = p_0$。对式(3.6.43)做反变换,并把解 $Q = q_0$ 和 $P = p_0$ 代入其中,就又得到了式 (3.6.37)。

3.7 哈密顿-雅可比理论

本节不采用求和约定，所有求和都将求和符号明显写出。

3.7.1 哈密顿-雅可比方程

在例3.22中我们看到，通过合适的正则变换，可以使得简谐振子的新哈密顿函数变为零，从而描述体系状态的相点在新的相空间中是静止的，而新的状态参量均为运动常量。对于一般的 $H(\xi,t)$，这一点是否可以实现呢？也就是说，我们是否也有可能找到合适的正则变换，使得新的正则变量都成为运动常量呢？

本节只讨论第二类正则变换，并将使得新哈密顿函数为零的第二类生成函数记为 $S(q,P,t)$，称之为哈密顿主函数。对于 S 有两个要求：首先，作为第二类生成函数，S 应满足海斯条件

$$\det\left(\frac{\partial^2 S}{\partial q_i \partial P_j}\right) \neq 0 \tag{3.7.1}$$

其次，为了使得新哈密顿函数为零，S 还应满足

$$K = H(q,p,t) + \frac{\partial S(q,P,t)}{\partial t} = 0 \tag{3.7.2}$$

鉴于第二类正则变换是以 (q,P) 作为独立变量的，因此，上述方程中出现的其他变量（这里指 H 中出现的 p）都应该通过式(3.6.19a)用 (q,P,t) 表示出来，该关系现在用 S 表示为

$$p_k = \frac{\partial S}{\partial q_k} = p_k(q,P,t)$$

这样方程(3.7.2)就可以写为

$$-\frac{\partial S}{\partial t} = H\left(q,\frac{\partial S}{\partial q},t\right) \tag{3.7.3}$$

主函数 S 满足的这一方程称为哈密顿-雅可比方程。这是一个偏微分方程，而且对于实际的物理体系，由于哈密顿函数并非广义动量 $p_k = \partial S/\partial q_k$ 的线性函

数，因此该方程通常是非线性的。

如果找到了哈密顿-雅可比方程的一个解 $S(q,P,t)$，这样的解必然使得 $K=0$。因此，(Q,P)空间中的相点是静止的，即有

$$Q_k(t) = \text{const.}, \quad P_k(t) = \text{const.}$$

而体系在(q,p)空间中的运动，可由第二类正则变换满足的关系式(3.6.19)得到，这些关系用主函数 S 表示为

$$p_k = \frac{\partial S}{\partial q_k} = p_k(q,P,t) \tag{3.7.4a}$$

$$Q_k = \frac{\partial S}{\partial P_k} = Q_k(q,P,t) \tag{3.7.4b}$$

一旦给定初始状态，Q_k 和 P_k 的数值就知道了。对式(3.7.4b)做反变换，就给出了 q_k 与时间 t 的关系，为 $q_k = q_k(Q,P,t)$；将其代入式(3.7.4a)，得到 $p_k = p_k(Q,P,t)$，即 p_k 随时间的演化也就知道了。

将哈密顿主函数对时间求导，得到

$$\frac{\mathrm{d}S}{\mathrm{d}t} = \frac{\partial S}{\partial q_k}\dot{q}_k + \frac{\partial S}{\partial P_k}\dot{P}_k + \frac{\partial S}{\partial t} = p_k\dot{q}_k + Q_k\dot{P}_k - H$$

由于真实运动满足 $\dot{P}_k = 0$，所以

$$\frac{\mathrm{d}S}{\mathrm{d}t} = p_k\dot{q}_k - H$$

从而

$$S = \int (p_k\dot{q}_k - H)\mathrm{d}t$$

即 S 就是真实路径不定限的作用量。正由于此，我们将使得新哈密顿函数变为零的生成函数用与作用量相同的字母 S 表示。

利用哈密顿-雅可比理论处理力学问题，关键是要求解哈密顿-雅可比方程，从而得到该方程的一个满足海斯条件且依赖于 s 个任意常数 P_α 的哈密顿主函数$S(q,P,t)$。

3.7.2 主函数的性质

常微分方程的通解依赖于若干个任意常数(也就是积分常数)，而一个偏微分方程的通解通常是依赖于若干任意函数的，这样的解又称为偏微分方程的一

般积分。例如熟悉的一维波动方程

$$\frac{\partial^2 \varphi}{\partial x^2} = \frac{1}{v^2}\frac{\partial^2 \varphi}{\partial t^2}$$

这是一个二阶的线性偏微分方程,其一般积分为

$$\varphi(x,t) = f(x + vt) + g(x - vt)$$

其中,f 和 g 均为任意函数。

哈密顿-雅可比方程一般是非线性的,而对于这样的非线性偏微分方程,要求得其一般积分是相当困难的事情。而且,即便我们知道了方程(3.7.3)的一般积分,如何由其给出主函数(它依赖于 s 个任意常数而非任意函数)也不十分清楚。就目前的问题而言,求解偏微分方程的一般积分对于我们既无帮助也无必要。

为了求主函数,我们需要的是偏微分方程的另一类称为**完全积分**的解:对于 n 个自变量的偏微分方程,其完全积分解依赖于 n 个任意常数。方程(3.7.3)是主函数 S 关于 $s+1$ 个自变量 q_k 和 t 的偏微分方程,因此其完全积分依赖于 $s+1$ 个任意常数,将这些常数记为 $C_0,C_1,C_2,\cdots,C_s$。

注意到 S 仅仅是通过偏导数 $\partial S/\partial t$ 和 $\partial S/\partial q_k$ 的形式出现在方程(3.7.3)中的,因此该方程的解加上任一常数仍然满足方程。方程(3.7.3)的完全积分中的这样一个常数称为**相加常数**(不妨设为 C_0),而相加常数是不能当作某个运动常量 P_k 的。这是由于 $\partial S/\partial C_0=1$,因而 $\partial^2 S/(\partial C_0 \partial q_k)\equiv 0$,所以,如果将 C_0 视为某个新的广义动量,这样给出的主函数必然不满足海斯条件(3.7.1)。换句话说,哈密顿-雅可比方程的完全积分就是我们要求的主函数;而为了满足海斯条件,我们将完全积分中除相加常数之外的其余 s 个任意常数($C_1,C_2,\cdots,C_s$)视为新的广义动量($P_1,P_2,\cdots,P_s$)。至于无关紧要的相加常数 C_0,通常就令其为零了。

哈密顿-雅可比方程确实存在很多称为完全积分的解。例如,对于一维简谐振子,由于哈密顿函数为

$$H(q,p) = \frac{p^2}{2m} + \frac{1}{2}m\omega^2 q^2 \tag{3.7.5}$$

因此其哈密顿-雅可比方程为

$$-\frac{\partial S}{\partial t} = \frac{1}{2m}\left(\frac{\partial S}{\partial q}\right)^2 + \frac{1}{2}m\omega^2 q^2 \tag{3.7.6}$$

而由例 3.22 知,式(3.6.38)和式(3.6.42)事实上就是方程(3.7.6)的两个完全积分,将其分别重新写为

$$S_a(q,P_a,t) = -\frac{1}{2}\mathrm{i}m\omega q^2 + \sqrt{2m\omega}qP_a\mathrm{e}^{\mathrm{i}\omega t} + \frac{1}{2}\mathrm{i}P_a^2\mathrm{e}^{2\mathrm{i}\omega t} \tag{3.7.7}$$

$$S_b(q,P_b,t) = -\frac{(m^2\omega^2q^2 + P_b^2)\sin\omega t - 2m\omega qP_b}{2m\omega\cos\omega t} \tag{3.7.8}$$

不同的完全积分都可以使得新哈密顿函数 $K=0$，从而新的状态参量都是运动常量。不过，通过变换关系式(3.7.4)，不同的完全积分或主函数所确定的运动常量是不同的：主函数 $S_a(q,P_a,t)$ 确定的运动常量 (Q_a,P_a)，其物理含义由式(3.6.30)给出，而其数值则可由 q_0 和 p_0 通过式(3.6.35)得到；另一主函数 $S_b(q,P_b,t)$ 确定的运动常量 (Q_b,P_b)，其物理含义则体现在方程(3.6.31)中，而 Q_b 和 P_b 的数值分别等于 q_0 和 p_0。

为了利用哈密顿-雅可比理论研究力学问题，我们需要的既不是方程(3.7.3)的一般积分解，也不是其所有的完全积分解，我们需要的仅仅是它的一个完全积分（当然，这样的完全积分应该满足海斯条件）。

3.7.3 哈密顿特征函数

接下来，我们讨论一类常见的重要力学问题：哈密顿函数不显含时间 t 的体系。对于这样的体系，不妨设主函数可以写为下面的形式：

$$S(q,t) = W(q) + T(t) \tag{3.7.9}$$

这样，方程(3.7.3)就变为了

$$-\frac{\partial T}{\partial t} = H\left(q,\frac{\partial W}{\partial q}\right) \tag{3.7.10}$$

上式左边是 t 的函数而与 q 无关，右边则是 q 的函数而与 t 无关。方程(3.7.10)要对 (q,t) 的任意取值成立，其左、右两边就必须等于某个相同的常数。不妨将该常数记为 P_1，则函数 $T(t)$ 满足常微分方程

$$-\frac{\partial T}{\partial t} = P_1 \tag{3.7.11}$$

而函数 $W(q)$ 满足偏微分方程

$$H\left(q,\frac{\partial W}{\partial q}\right) = P_1 \tag{3.7.12}$$

由此可见，此处运动常量 P_1 就是体系的哈密顿函数 H（其实，由 H 不显含时间

我们已经知道它是守恒的)。由于 H 通常等于能量,因此也经常将 P_1 写为 E。

方程(3.7.11)的解为 $T=-P_1t$(如前所述,我们并不关心相加常数)。而方程(3.7.12)也称为(不含时的)哈密顿-雅可比方程,其解 W 则称为哈密顿特征函数。根据式(3.7.9),W 与哈密顿主函数的关系为

$$S(q,t)=W(q)-P_1t \tag{3.7.13}$$

有必要指出的是,哈密顿主函数未必都可以写成式(3.7.9)的形式。例如,作为方程(3.7.6)的两个完全积分,式(3.7.7)和式(3.7.8)都不具有这种形式。重要的是,如果对 S 形式的这种假设确实最终可以导致一个完全积分解,那么这样的解与其他形式的解对于求解问题是同样有效的——毕竟我们需要的仅仅是一个完全积分解。

对于单自由度体系,方程(3.7.12)也是一个常微分方程。因此,至少对于 H 不显含时间 t 的单自由度体系,我们事实上已经知道该如何利用哈密顿-雅可比方法去求解了。例如,对于哈密顿函数(3.7.5),方程(3.7.12)写作

$$\frac{1}{2m}\left(\frac{\partial W}{\partial q}\right)^2+\frac{1}{2}m\omega^2q^2=P$$

其解为

$$W=\int\sqrt{2mP-m^2\omega^2q^2}\,\mathrm{d}q$$

尽管你可以将其右边积分出来,但是由下面的讨论可以看出,就我们最终的目的而言,这样做并无必要。所以哈密顿主函数为

$$S=W-Pt=\int\sqrt{2mP-m^2\omega^2q^2}\,\mathrm{d}q-Pt$$

将其代入方程(3.7.4),得到

$$\begin{cases}p=\dfrac{\partial S}{\partial q}=\sqrt{2mP-m^2\omega^2q^2}\\[2ex] Q=\dfrac{\partial S}{\partial P}=\displaystyle\int\frac{m\,\mathrm{d}q}{\sqrt{2mP-m^2\omega^2q^2}}-t=\frac{1}{\omega}\arcsin\left(\sqrt{\frac{m\omega^2}{2P}}q\right)-t\end{cases}$$

做适当变换,就得到简谐振子的状态随时间的演化规律:

$$q=\sqrt{\frac{2E}{m\omega^2}}\sin\omega(t-t_0),\quad p=\sqrt{2mE}\cos\omega(t-t_0)$$

其中,$E=P$,$t_0=-Q$。

3.7.3 分离变量法求解哈密顿特征函数

非线性偏微分方程的求解通常都是比较困难的，而且也没有一个普遍适用的一般性方法。不过，对于很多重要问题的哈密顿-雅可比方程，可以采用一种称为**分离变量**的技巧求解其完全积分。分离变量法的基本思想是通过假设未知函数具有特殊的形式，从而将偏微分方程的求解转化为若干常微分方程的求解。

前面对于不显含时间的 H，我们实际上就是通过假设 S 具有式(3.7.9)的形式，从而将其对 t 的依赖关系与对 q 的依赖关系分离开来，由此将依赖于 $s+1$ 个自变量的偏微分方程(3.7.3)转化为一个依赖于 s 个自变量的偏微分方程(3.7.12)和一个常微分方程(3.7.11)。在什么情形下，我们还可以进一步将 W 对某个广义坐标如 q_s 的依赖关系也分离出来呢？即需要满足什么样的条件，特征函数才可以写为下面的形式？

$$W(q)=\bar{W}(\bar{q})+W_s(q_s) \tag{3.7.14}$$

其中，W_s 只依赖于 q_s，而 $\bar{W}$ 依赖于其他的广义坐标 $\bar{q}=(q_1,\cdots,q_{s-1})$。要罗列所有情形是困难的，也无此必要。下面给出几种经常会遇到的情形。

情形Ⅰ 由于不显含时间的 H 是运动常量，因此在3.7.2小节中我们令某个新的广义动量(记为 P_1)就等于 H。类似地，如果 H 具有如下形式：

$$H=H(\bar{q},p)=H(\bar{q},\bar{p},p_s) \tag{3.7.15}$$

即 H 不显含广义坐标 q_s，从而与 q_s 共轭的广义动量 p_s 守恒。因此，不妨将该运动常量记为 P_s，即令 $P_s=p_s$。而按照方程(3.7.4a)，有

$$p_s=\frac{\partial S}{\partial q_s}=\frac{\partial W_s}{\partial q_s}=P_s \tag{3.7.16a}$$

所以 $W_s=P_sq_s$。$\bar{W}$ 满足的方程可以通过将 $W=\bar{W}(\bar{q})+P_sq_s$ 代入式(3.7.12)得到，为

$$H\left(\bar{q},\frac{\partial\bar{W}}{\partial\bar{q}},P_s\right)=P_1 \tag{3.7.16b}$$

这是 $\bar{W}$ 关于 $s-1$ 个自变量 $\bar{q}$ 的偏微分方程。

情形Ⅱ 如果 H 具有形式

$$H(q,p)=\bar{H}(\bar{q},\bar{p})+H_s(q_s,p_s) \tag{3.7.17}$$

则将形如式(3.7.14)的 W 代入方程(3.7.12),得到

$$\bar{H}\left(\bar{q},\frac{\partial \bar{W}}{\partial \bar{q}}\right)+H_s\left(q_s,\frac{\partial W_s}{\partial q_s}\right)=P_1$$

上式左边第一项 $\bar{H}$ 是 $\bar{q}$ 的函数,第二项 H_s 则是 q_s 的函数,为使上式对于任意的 $q_1,\cdots,q_{s-1},q_s$ 都成立,$\bar{H}$ 和 H_s 就必须都为常数,且两个常数之和为 P_1。不妨设

$$H_s\left(q_s,\frac{\partial W_s}{\partial q_s}\right)=P_s \tag{3.7.18a}$$

则

$$\bar{H}\left(\bar{q},\frac{\partial \bar{W}}{\partial \bar{q}}\right)=P_1-P_s \tag{3.7.18b}$$

所以通过假设特征函数具有式(3.7.14)的形式,我们将求解 W 的方程转化为了 W_s 满足的一个常微分方程和 $\bar{W}$ 关于 $s-1$ 个自变量 $\bar{q}$ 的一个偏微分方程。

情形Ⅲ　如果 H 乘上 $\bar{q}$ 的某个函数 $f(\bar{q})$ 后可以写成类似方程(3.7.17)右边的形式,即

$$f(\bar{q})H(q,p)=\bar{H}(\bar{q},\bar{p})+H_s(q_s,p_s) \tag{3.7.19}$$

则我们也可以将 W 对 q_s 的依赖分离出来。这是由于,方程(3.7.12)左、右两边同乘 $f(\bar{q})$,并将形如式(3.7.14)的 W 代入,得到

$$\bar{H}\left(\bar{q},\frac{\partial \bar{W}}{\partial \bar{q}}\right)+H_s\left(q_s,\frac{\partial W_s}{\partial q_s}\right)=P_1 f(\bar{q})$$

因此上式要对任意 $q_1,\cdots,q_{s-1},q_s$ 都成立,H_s 和 $P_1 f-\bar{H}$ 就必须是相同的常数,不妨设该常数为 P_s。这样我们又得到了 W_s 满足的一个常微分方程

$$H_s\left(q_s,\frac{\partial W_s}{\partial q_s}\right)=P_s \tag{3.7.20a}$$

和 $\bar{W}$ 关于 $s-1$ 个自变量 $\bar{q}$ 的一个偏微分方程

$$\bar{H}\left(\bar{q},\frac{\partial \bar{W}}{\partial \bar{q}}\right)=P_1 f(\bar{q})-P_s \tag{3.7.20b}$$

当然,如果 H 乘上 q_s 的某个函数 $f(q_s)$ 后可以写成类似方程(3.7.19)右边的形式,类似的讨论仍然成立,不再赘述。

3.7.4 完全可分离体系

3.7.3 小节所描述的分离变量的过程有可能可以一直进行下去，以至于我们能够将 W 对每一个广义坐标的依赖关系都分离开来，即可以找到如下形式的哈密顿特征函数：

$$W = \sum_{i=1}^{s} W_i(q_i, P) \tag{3.7.21}$$

其中，每一个 W_i 仅仅依赖于一个广义坐标 q_i——尽管它可能依赖于所有的常数 P_k。如果哈密顿-雅可比方程存在形如式(3.7.21)的解，就称其是(完全)可分离的，相应的哈密顿体系则称为(完全)可分离体系。

对于完全可分离体系，根据式(3.7.13)，哈密顿主函数写为

$$S = \sum_{i=1}^{s} W_i(q_i, P) - P_1 t \tag{3.7.22}$$

将其代入方程(3.7.4)，得到

$$p_k = \frac{\partial W_k}{\partial q_k}, \quad Q_k = \sum_{i=1}^{s} \frac{\partial W_i}{\partial P_k} - \delta_{k1} t$$

为看出完全可分离体系的一些基本特征，将上式重新写为

$$p_k = \frac{\partial W_k}{\partial q_k} = p_k(q_k, P) \quad (k = 1,2,\cdots,s) \tag{3.7.23a}$$

$$Q_j = \sum_{i=1}^{s} \frac{\partial W_i}{\partial P_j} = Q_j(q, P) \quad (j = 2,3,\cdots,s) \tag{3.7.23b}$$

$$Q_1 = \sum_{i=1}^{s} \frac{\partial W_i}{\partial P_1} - t = Q_1(q, P, t) \tag{3.7.23c}$$

方程(3.7.23a)给出的是相轨迹在各个 $q_k p_k$ 平面上的投影，这些投影只依赖于 $P_i\,(i=1,2,\cdots,s)$，而与另外的 s 个运动常量 $Q_i\,(i=1,2,\cdots,s)$ 无关。对方程(3.7.23a)做反变换，可以给出

$$P_k = P_k(q, p) \quad (k = 1,2,\cdots,s) \tag{3.7.24a}$$

即新的广义动量是 s 个不显含时间的运动常量。

方程(3.7.23b)给出的则是相轨迹在 s 维位形空间上的 $s-1$ 个投影，因而也就给出了体系在位形空间中的轨道，这些投影通常与 Q_1 之外的 $2s-1$ 个运动常量都有关。将式(3.7.24a)代入式(3.7.23b)，得到

$$Q_j = Q_j(q,p) \triangleq Q_j(q,P(q,p)) \quad (j = 2,3,\cdots,s) \tag{3.7.24b}$$

即这 $s-1$ 个运动常量也是不显含时间 t 的。

将式(3.7.24a)代入式(3.7.23c)，Q_1 就表示为

$$Q_1 = Q_1(q,p,t) \triangleq Q_k(q,P(q,p),t) \tag{3.7.24c}$$

这是一个显含时间 t 的运动常量，而且它对于时间是线性依赖的。

关于(q,p)的 $2s-1$ 个代数方程(3.7.23a)～(3.7.23b)或者方程(3.7.24a)～(3.7.24b)一起确定了相轨迹的形状；至于方程(3.7.23c)或者方程(3.7.24c)，则确定了相空间和位形空间中的点运动的方向，即告诉了我们时间箭头。

【例 3.23】 利用哈密顿-雅可比方法求解在平方反比吸引力作用下粒子的轨道。

【解】 采用极坐标，哈密顿函数为

$$H = \frac{p_r^2}{2m} + \frac{p_\theta^2}{2mr^2} - \frac{\alpha}{r}$$

由于 H 不显含 t，所以可令 $S = W(r,\theta) - P_1 t$。又由于 H 也不显含 θ，所以 $W = R(r) + P_2\theta$。将 W 代入方程(3.7.12)，就得到 R 满足的方程

$$P_1 = \frac{1}{2m}\left(\frac{\partial R}{\partial r}\right)^2 + \frac{P_2^2}{2mr^2} - \frac{\alpha}{r}$$

因此

$$R(r) = \int\sqrt{2mP_1 + \frac{2m\alpha}{r} - \frac{P_2^2}{r^2}}\,\mathrm{d}r$$

所以，哈密顿主函数为

$$S = \int\sqrt{2mP_1 + \frac{2m\alpha}{r} - \frac{P_2^2}{r^2}}\,\mathrm{d}r + P_2\theta - P_1 t = S(r,\theta,P_1,P_2,t)$$

确定位形空间中轨道的方程(3.7.23b)现在可写为

$$Q_2 = \frac{\partial S}{\partial P_2} = -\int\frac{P_2\,\mathrm{d}r}{r^2\sqrt{2mP_1 + 2m\alpha/r - P_2^2/r^2}} + \theta$$

由于 P_1 和 P_2 各自代表粒子的能量和角动量，故记 $P_1 = E$ 和 $P_2 = l$，并令 $Q_2 = \theta_0$。这样就可以将上面的方程改写为

$$\theta-\theta_0=\int\frac{\mathrm{d}r/r^2}{\sqrt{\dfrac{2mE}{l^2}+\dfrac{2m\alpha}{l^2}\dfrac{1}{r}-\dfrac{1}{r^2}}}=\int\frac{\mathrm{d}r/r^2}{\sqrt{\dfrac{m^2\alpha^2}{l^4}\left(1+\dfrac{2El^2}{m\alpha^2}\right)-\left(\dfrac{1}{r}-\dfrac{m\alpha}{l^2}\right)^2}}$$

如果定义

$$p\triangleq\frac{l^2}{m\alpha},\quad \varepsilon\triangleq\sqrt{1+\frac{2El^2}{m\alpha^2}}$$

就有

$$\theta-\theta_0=-\int\frac{\mathrm{d}(1/r)}{\sqrt{(\varepsilon/p)^2-(1/r-1/p)^2}}=\arccos\frac{1/r-1/p}{\varepsilon/p}$$

因此,轨道方程为

$$r=\frac{p}{1+\varepsilon\cos(\theta-\theta_0)}$$

这是焦点位于原点、半通径为 p、偏心率为 ε、近日点位于极角为 θ_0 处的圆锥曲线。

【例 3.24】 质量为 m、带电量为 e 的粒子在 xy 平面内运动,粒子受到均匀磁场$\vec{B}=B\hat{z}$ 的作用。如果将矢量势取为$\vec{A}=Bx\hat{y}$,则粒子的哈密顿函数为(参考例 3.6)

$$H(x,y,p_x,p_y)=\frac{p_x^2}{2m}+\frac{(p_y-eBx)^2}{2m}$$

试利用哈密顿-雅可比方法求解粒子的运动。

【解】 哈密顿函数 H 不显含时间 t,因此可令 $S=W(x,y)-P_1t$。而由于 y 为 H 的循环坐标,所以 $W=X(x)+P_2y$。将 W 代入方程(3.7.12),得到 X 满足如下方程:

$$\frac{1}{2m}\left(\frac{\partial X}{\partial x}\right)^2+\frac{(P_2-eBx)^2}{2m}=P_1$$

因此

$$X(x)=\int\sqrt{2mP_1-(P_2-eBx)^2}\,\mathrm{d}x$$

所以,哈密顿主函数为

$$S = \int \sqrt{2mP_1 - (P_2 - eBx)^2}\mathrm{d}x + P_2 y - P_1 t \tag{3.7.25}$$

由方程(3.7.4a)得到

$$p_x = \frac{\partial S}{\partial x} = \sqrt{2mP_1 - (P_2 - eBx)^2} \tag{3.7.26a}$$

$$p_y = \frac{\partial S}{\partial y} = P_2 \tag{3.7.26b}$$

又由方程(3.7.4b)得到

$$Q_1 = \frac{\partial S}{\partial P_1} = \int \frac{m\mathrm{d}x}{\sqrt{2mP_1 - (P_2 - eBx)^2}} - t \tag{3.7.26c}$$

$$Q_2 = \frac{\partial S}{\partial P_2} = -\int \frac{(P_2 - eBx)\mathrm{d}x}{\sqrt{2mP_1 - (P_2 - eBx)^2}} + y \tag{3.7.26d}$$

根据式(3.7.26)所体现的诸运动常量 Q_k 与 P_k 的物理含义,分别将它们记为

$$Q_1 = -t_c, \quad Q_2 = y_c, \quad P_2 = m\omega x_c, \quad P_1 = \frac{1}{2}m\omega^2 r^2 \tag{3.7.27}$$

其中,$\omega \triangleq eB/m$,t_c 具有时间量纲,而 x_c,y_c 和 r 都具有长度量纲。

利用这些新的参数,式(3.7.26a)可写为

$$p_x = m\omega\sqrt{r^2 - (x - x_c)^2}$$

或者

$$\frac{(x - x_c)^2}{r^2} + \frac{p_x^2}{(m\omega r)^2} = 1 \tag{3.7.28a}$$

式(3.7.26b)可写为

$$p_y = m\omega x_c \tag{3.7.28b}$$

积分后,由式(3.7.26c)和式(3.7.26d)分别给出

$$-t_c = \frac{1}{\omega}\arcsin\frac{x - x_c}{r} - t, \quad y_c = -\sqrt{r^2 - (x - x_c)^2} + y$$

或者

$$x = x_c + r\sin\omega(t - t_c) \tag{3.7.28c}$$

$$(x - x_c)^2 + (y - y_c)^2 = r^2 \tag{3.7.28d}$$

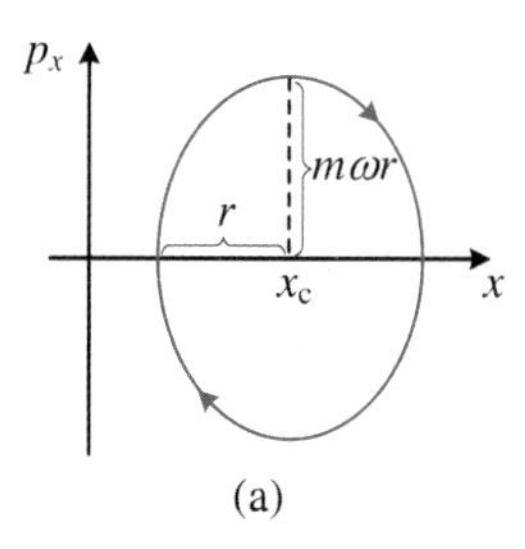

(a)

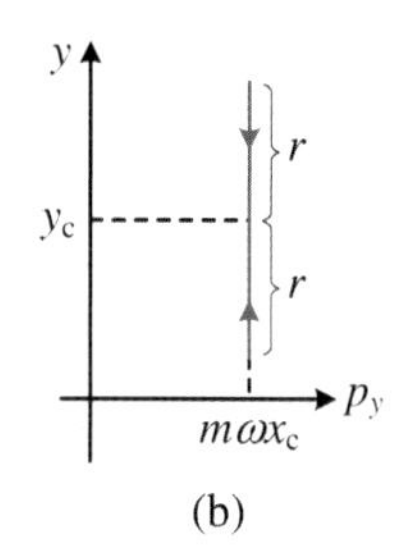

(b)

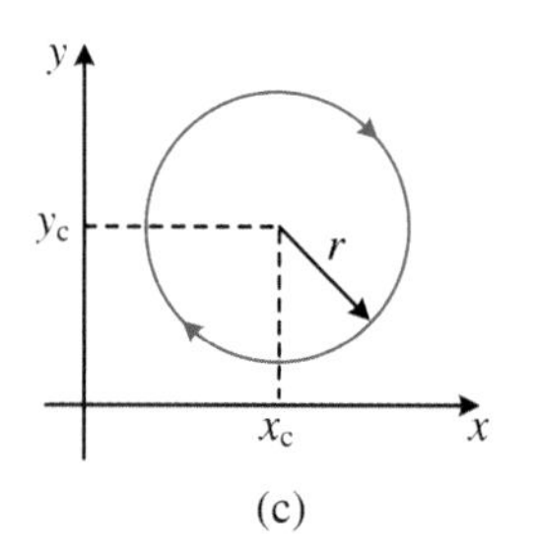

(c)

图 3.22　均匀磁场中带电粒子的相轨迹在各个平面内的投影

式(3.7.28a)给出的是相轨迹在 xp_x 平面内的投影：中心位于 x 轴上 $(x_c,0)$ 处的椭圆，半轴长分别为 r 和 $m\omega r$(图 3.22(a))。

式(3.7.28b)则给出了相轨迹在 yp_y 平面内的投影：一条平行于 y 轴的直线；而考虑到式（3.7.28c）和式(3.7.28d)，在 yp_y 平面内相点实际上是在 $(y_c-r, m\omega x_c)$ 和 $(y_c+r, m\omega x_c)$ 两点之间做简谐振动的(图 3.22(b))。

式(3.7.28d)给出了相轨迹在 xy 平面上的投影，即粒子在位形空间中的运动轨迹：它是以 (x_c, y_c) 为中心、r 为半径的圆周(图 3.22(c))。

式(3.7.28c)给出了 x 随时间的演化规律，由此可推知

$$p_x = m\omega r\cos\omega(t-t_c),\quad y = y_c + r\cos\omega(t-t_c) \tag{3.7.29}$$

3.7.5　影响体系分离的因素

哈密顿函数的数学形式决定了相应的哈密顿-雅可比方程，任何影响哈密顿函数形式的因素都有可能会影响到哈密顿-雅可比方程是否是可分离的。比如，对于例 3.24，如果矢量势取为 $\vec{A}=\vec{B}\times\vec{r}/2$ 而非 $\vec{A}=Bx\hat{y}$，那么哈密顿特征函数 W 就不能写为 $W=X(x)+Y(y)$ 的形式，因此，我们只能另想高招寻找特征函数(见题 3-46)。

对于特定的力学问题，采用不同的广义坐标，其哈密顿函数的数学形式也就不同。因此，在什么样的坐标系下，特定体系的哈密顿-雅可比方程是可分离的就成为一个重要的研究课题。本书仅以球坐标系为例对此略做解释。[①]

当采用球坐标时，粒子的哈密顿函数可以写为

$$H = \frac{p_r^2}{2m} + \frac{1}{2mr^2}\left(p_\theta^2 + \frac{p_\phi^2}{\sin^2\theta}\right) + U(r,\theta,\phi) \tag{3.7.30}$$

为了研究势能具有什么形式时，哈密顿-雅可比方程是可分离的，即哈密顿特征函数可以写为下面的形式：

$$W(r,\theta,\phi) = R(r) + \Theta(\theta) + \Phi(\phi) \tag{3.7.31}$$

让我们将此种形式的解代入方程(3.7.12)，略做整理，可得

$$2mr^2(P_1 - U) = r^2\left(\frac{\partial R}{\partial r}\right)^2 + \left[\left(\frac{\partial \Theta}{\partial \theta}\right)^2 + \frac{1}{\sin^2\theta}\left(\frac{\partial \Phi}{\partial \phi}\right)^2\right] \tag{3.7.32}$$

在该方程的右边，坐标 r 已经与 (θ,ϕ) 分离开来，所以，为了使得 W 对 r 的依

① 更多的例子请参阅文献[18]§4.8 节。

赖关系可以分离出来，就要求方程左边也具有类似的形式，即要求 r^2U 具有下面的形式：

$$r^2U(r,\theta,\phi)=A(r)+V(\theta,\phi) \tag{3.7.33}$$

对于这样的势能 U，方程(3.7.32)可以写为

$$2m[r^2P_1-A(r)]-2mV(\theta,\phi)=r^2\left(\frac{\partial R}{\partial r}\right)^2+\left[\left(\frac{\partial \Theta}{\partial \theta}\right)^2+\frac{1}{\sin^2\theta}\left(\frac{\partial \Phi}{\partial \phi}\right)^2\right] \tag{3.7.34}$$

所以可令

$$r^2\left(\frac{\partial R}{\partial r}\right)^2=2m[r^2P_1-A(r)]+P_2 \tag{3.7.35}$$

从而有

$$P_2+\left(\frac{\partial \Theta}{\partial \theta}\right)^2+\frac{1}{\sin^2\theta}\left(\frac{\partial \Phi}{\partial \phi}\right)^2+2mV(\theta,\phi)=0$$

将上式乘以$\sin^2\theta$，得到

$$\left[P_2+\left(\frac{\partial \Theta}{\partial \theta}\right)^2\right]\sin^2\theta+\left(\frac{\partial \Phi}{\partial \phi}\right)^2+2mV(\theta,\phi)\sin^2\theta=0 \tag{3.7.36}$$

观其形式，为了使得坐标 θ 和 ϕ 也分离开，就要求 $V\sin^2\theta$ 具有下面的形式：

$$V(\theta,\phi)\sin^2\theta=B(\theta)+C(\phi) \tag{3.7.37}$$

而对此种形式的 V，方程(3.7.36)可写为

$$\left[P_2+\left(\frac{\partial \Theta}{\partial \theta}\right)^2\right]\sin^2\theta+\left(\frac{\partial \Phi}{\partial \phi}\right)^2+2mB(\theta)+2mC(\phi)=0$$

因此可令

$$\left(\frac{\partial \Phi}{\partial \phi}\right)^2+2mC(\phi)=P_3 \tag{3.7.38}$$

从而有

$$\left[P_2+\left(\frac{\partial \Theta}{\partial \theta}\right)^2\right]\sin^2\theta+2mB(\theta)=-P_3 \tag{3.7.39}$$

综合方程(3.7.33)和方程(3.7.37)得到：在球坐标系下，当势能具有下面的形式时，哈密顿-雅可比方程是完全可分离的：

$$U(r,\theta,\phi)=\frac{A(r)}{r^2}+\frac{B(\theta)+C(\phi)}{r^2\sin^2\theta} \tag{3.7.40}$$

此情形下的哈密顿特征函数 W 可以写为式(3.7.31),其中 $R(r)$,$\Phi(\phi)$和$\Theta(\theta)$分别是常微分方程(3.7.35)、(3.7.38)和(3.7.39)的解。由于式(3.7.40)中的 A,B,C 可以是任意函数,因此,这样的 U 也可以写为下面的形式:

$$U(r,\theta,\phi)=a(r)+\frac{1}{r^2}\left[b(\theta)+\frac{c(\phi)}{\sin^2\theta}\right] \tag{3.7.41}$$

其中,a,b 和 c 分别是 r,θ 和 ϕ 的任意函数。

第4章　线性振动

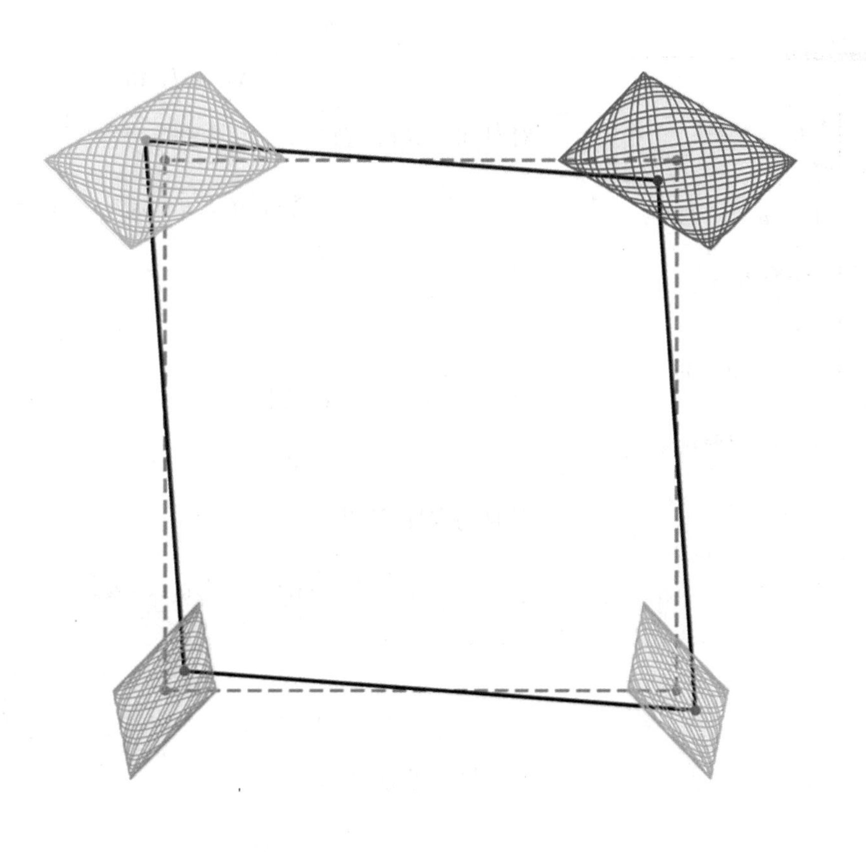

正方形四原子分子的微振动

4.1 双摆

4.1.1 双摆的拉格朗日函数

让我们以一个例子作为本章的开始。考察如图 4.1 所示的平面双摆,这是一个两自由度的体系,取两轻杆分别相对于竖直向下方向逆时针转过的角度 θ_1 和 θ_2 作为广义坐标。

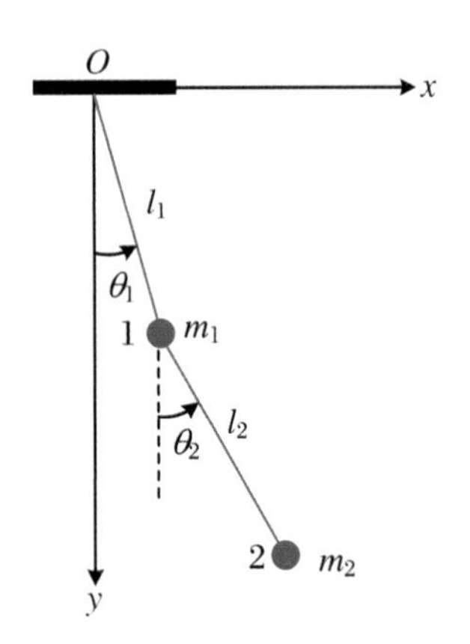

图 4.1 平面双摆

由小球 1 的变换方程

$$x_1 = l_1\sin\theta_1, \quad y_1 = l_1\cos\theta_1$$

对时间求导,得到

$$\dot{x}_1 = l_1\dot{\theta}_1\cos\theta_1, \quad \dot{y}_1 = -l_1\dot{\theta}_1\sin\theta_1$$

由此给出

$$v_1^2 = \dot{x}_1^2 + \dot{y}_1^2 = l_1^2\dot{\theta}_1^2$$

类似地,由小球 2 的变换方程

$$x_2 = l_1\sin\theta_1 + l_2\sin\theta_2, \quad y_2 = l_1\cos\theta_1 + l_2\cos\theta_2$$

对时间求导,得到

$$\dot{x}_2 = l_1\dot{\theta}_1\cos\theta_1 + l_2\dot{\theta}_2\cos\theta_2, \quad \dot{y}_2 = -l_1\dot{\theta}_1\sin\theta_1 - l_2\dot{\theta}_2\sin\theta_2$$

由此给出

$$v_2^2 = \dot{x}_2^2 + \dot{y}_2^2 = l_1^2\dot{\theta}_1^2 + l_2^2\dot{\theta}_2^2 + 2l_1l_2\dot{\theta}_1\dot{\theta}_2\cos(\theta_1 - \theta_2)$$

体系的动能为

$$\begin{aligned}T &= \frac{1}{2}m_1v_1^2 + \frac{1}{2}m_2v_2^2 \\ &= \frac{1}{2}(m_1 + m_2)l_1^2\dot{\theta}_1^2 + \frac{1}{2}m_2l_2^2\dot{\theta}_2^2 + m_2l_1l_2\dot{\theta}_1\dot{\theta}_2\cos(\theta_1 - \theta_2)\end{aligned}$$

如果以 $\theta_1 = \theta_2 = 0$ 处作为重力势能的零点,则体系的势能可以写为

$$
\begin{aligned}
U &= m_1 g(l_1 - y_1) + m_2 g(l_1 + l_2 - y_2) \\
&= (m_1 + m_2) g l_1 (1 - \cos\theta_1) + m_2 g l_2 (1 - \cos\theta_2)
\end{aligned}
$$

所以体系的拉格朗日函数 $L = T - U$ 为

$$
\begin{aligned}
L =& \frac{1}{2}(m_1 + m_2) l_1^2 \dot{\theta}_1^2 + \frac{1}{2} m_2 l_2^2 \dot{\theta}_2^2 + m_2 l_1 l_2 \dot{\theta}_1 \dot{\theta}_2 \cos(\theta_1 - \theta_2) \\
& - (m_1 + m_2) g l_1 (1 - \cos\theta_1) - m_2 g l_2 (1 - \cos\theta_2)
\end{aligned}
$$

为简单起见,下面我们假设 $m_1 = m_2 = m$ 且 $l_1 = l_2 = l$,从而拉格朗日函数可以写为

$$
L = ml^2 \left[\dot{\theta}_1^2 + \frac{1}{2} \dot{\theta}_2^2 + \dot{\theta}_1 \dot{\theta}_2 \cos(\theta_1 - \theta_2) - 2\omega_0^2 (1 - \cos\theta_1) - \omega_0^2 (1 - \cos\theta_2) \right] \tag{4.1.1}
$$

其中,$\omega_0 \triangleq \sqrt{g/l}$。

4.1.2 双摆的微振动

如果我们只对体系在其稳定平衡位置 $\theta_1 = \theta_2 = 0$ 附近的运动感兴趣,从而在体系运动过程中始终有 $|\theta_1| \ll 1$, $|\theta_2| \ll 1$,就可以将拉格朗日函数(4.1.1)保留至二阶小量,得到

$$
L \approx ml^2 \left[\left(\dot{\theta}_1^2 + \frac{1}{2} \dot{\theta}_2^2 + \dot{\theta}_1 \dot{\theta}_2 \right) - \omega_0^2 \left(\theta_1^2 + \frac{1}{2} \theta_2^2 \right) \right] \tag{4.1.2}
$$

由此给出体系的运动方程

$$
2\ddot{\theta}_1 + \ddot{\theta}_2 = -2\omega_0^2 \theta_1 \tag{4.1.3a}
$$

$$
\ddot{\theta}_1 + \ddot{\theta}_2 = -\omega_0^2 \theta_2 \tag{4.1.3b}
$$

这是两个相互耦合的方程:θ_1 的方程中出现了 θ_2,θ_2 的方程中则出现了 θ_1。在拉格朗日函数中,耦合体现在 $\dot{\theta}_1 \dot{\theta}_2$ 这样的不同广义速度的乘积项。物理上,方程的耦合反映了两个小球的运动是相互影响的。

耦合增加了运动求解的困难,而方程(4.1.3)的另一个特点——线性性则使得这种耦合是比较容易被解除的。为此,让我们将式(4.1.3)中两个方程做线性组合:用常数 α 去乘式(4.1.3b),并将结果与方程(4.1.3a)相加,略做整理后得到

$$\frac{\mathrm{d}^2}{\mathrm{d}t^2}\left(\theta_1+\frac{1+\alpha}{2+\alpha}\theta_2\right)=-\frac{2\omega_0^2}{2+\alpha}\left(\theta_1+\frac{\alpha}{2}\theta_2\right) \tag{4.1.4}$$

上式对于任一常数 α 都是正确的方程。如果能找到适当的 α，使得方程(4.1.4)左、右两边括号中的量相同，那么括号中所定义的新变量满足的方程就不再与其他未知量耦合了。显然，这就要求 α 满足方程

$$\frac{1+\alpha}{2+\alpha}=\frac{\alpha}{2}$$

可以看出，符合条件的 α 有两个：$\alpha=\pm\sqrt{2}$。

将 $\alpha=\sqrt{2}$和 $\alpha=-\sqrt{2}$分别代入方程(4.1.4)，得到

$$\ddot{\xi}_1=-\omega_1^2\xi_1,\quad \ddot{\xi}_2=-\omega_2^2\xi_2 \tag{4.1.5}$$

其中

$$\xi_1\triangleq\theta_1+\frac{\theta_2}{\sqrt{2}},\quad \xi_2\triangleq\theta_1-\frac{\theta_2}{\sqrt{2}} \tag{4.1.6}$$

$$\omega_1=\sqrt{2-\sqrt{2}}\,\omega_0,\quad \omega_2=\sqrt{2+\sqrt{2}}\,\omega_0 \tag{4.1.7}$$

式(4.1.5)中的两个方程分别描述频率为 ω_1 和 ω_2 的简谐振动，其一般解为

$$\begin{cases}\xi_1(t)=2\lambda_1\cos(\omega_1 t+\varphi_1)\\ \xi_2(t)=2\lambda_2\cos(\omega_2 t+\varphi_2)\end{cases} \tag{4.1.8}$$

对式(4.1.6)做反变换，可得

$$\theta_1=\frac{\xi_1+\xi_2}{2},\quad \theta_2=\frac{\xi_1-\xi_2}{\sqrt{2}} \tag{4.1.9}$$

将式(4.1.8)代入上式，就给出

$$\begin{cases}\theta_1(t)=\lambda_1\cos(\omega_1 t+\varphi_1)+\lambda_2\cos(\omega_2 t+\varphi_2)\\ \theta_2(t)=\sqrt{2}\lambda_1\cos(\omega_1 t+\varphi_1)-\sqrt{2}\lambda_2\cos(\omega_2 t+\varphi_2)\end{cases} \tag{4.1.10}$$

其中，四个常数 $\lambda_1,\lambda_2,\varphi_1$ 和 φ_2 可由初始条件确定。所以每一个小球的一般运动都是频率分别为 ω_1 和 ω_2 的两个简谐振动的叠加。

4.1.3 解的分析

有两种特别的运动模式值得关注：

(1) 如果初始条件使得 $\lambda_2=0$,那么由式(4.1.10)得到

$$\begin{cases}\theta_1(t)=\lambda_1\cos(\omega_1 t+\varphi_1)\\ \theta_2(t)=\sqrt{2}\lambda_1\cos(\omega_1 t+\varphi_1)\end{cases}\tag{4.1.11a}$$

即此情形下,两小球将以相同的频率 ω_1、振幅之比为 $1:\sqrt{2}$ 同相(相位差为0)振动。假如你将上、下两个摆球分别逆时针转过一个小的角度 ε 和 $\sqrt{2}\varepsilon$,并由静止释放,体系就将按照这种方式运动(图4.2(a))。

(2) 如果初始条件使得 $\lambda_1=0$,那么由式(4.1.10)得到

$$\begin{cases}\theta_1(t)=\lambda_2\cos(\omega_2 t+\varphi_2)\\ \theta_2(t)=-\sqrt{2}\lambda_2\cos(\omega_2 t+\varphi_2)\end{cases}\tag{4.1.11b}$$

即此情形下,两小球将以相同的频率 ω_2、振幅之比为 $1:\sqrt{2}$ 反相(相位差为 π)振动。假如你将上面的摆球逆时针转过一个小的角度 ε,而将下面的摆球顺时针转过角度 $\sqrt{2}\varepsilon$,并由静止释放,体系就将按照这种方式运动(图4.2(b))。

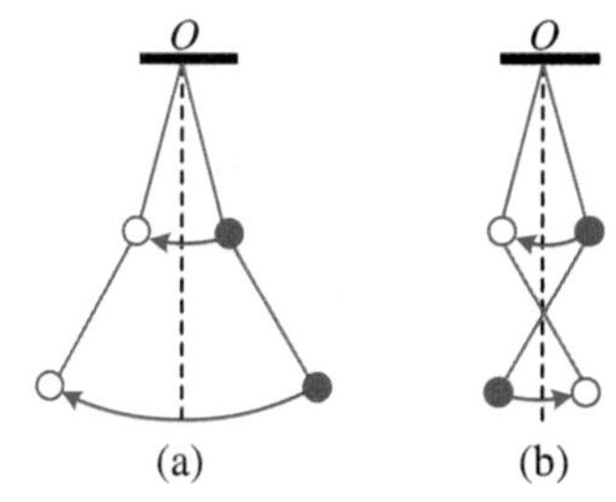

图4.2　双摆的两个简正模

这样两个简单的运动模式称为体系的两个简正模,相应的频率 ω_1 和 ω_2 称为简正频率。而体系的一般运动(4.1.10)可以看作两个简正模的线性组合。

我们看到,与 θ_1 和 θ_2 不同,ξ_1 和 ξ_2 作为广义坐标描述体系的位形时,其运动方程(4.1.5)互不耦合,且每一个都符合简谐振子的方程。像 ξ_1 和 ξ_2 这样的广义坐标称为体系的简正坐标。将式(4.1.9)代入式(4.1.2),就得到了用简正坐标表示的拉格朗日函数

$$L=\frac{2+\sqrt{2}}{4}ml^2(\dot{\xi}_1^2-\omega_1^2\xi_1^2)+\frac{2-\sqrt{2}}{4}ml^2(\dot{\xi}_2^2-\omega_2^2\xi_2^2)\tag{4.1.12}$$

也就是说,L 具有如下形式:

$$L(\xi,\dot{\xi})=L_1(\xi_1,\dot{\xi}_1)+L_2(\xi_2,\dot{\xi}_2)\tag{4.1.13}$$

4.2　多自由度体系的微振动

4.2.1　体系的描述

让我们将4.1节关于双摆的讨论推广到更为一般的微振动问题。考察一

个自由度为 s 的体系,广义坐标设为 $q=(q_1,\cdots,q_s)$。对于该体系做如下两点假设。

首先,假设体系的外部环境——外部约束及外场——是稳定的。由于外部约束稳定,因此,变换方程可以不显含时间 t,设 q 就是这样选择的广义坐标,从而有 $\vec{r}=\vec{r}(q)$。根据式(1.7.16),此时动能为广义速度 $\dot{q}_i$ 的二次齐次函数,即

$$T=\frac{1}{2}m_{ij}\dot{q}_i\dot{q}_j \tag{4.2.1}$$

其中,$m_{ij}=m_{ij}(q)$是广义坐标的函数,并且矩阵 $m=(m_{ij})$是对称、正定的。由于外场也是稳定的,因此根据式(1.7.26),体系的势能 $U=U(q)$不显含时间。

其次,假设体系存在稳定平衡位置 $q^{(0)}=(q_1^{(0)},\cdots,q_s^{(0)})$。$q^{(0)}$为平衡位置意味着(参考2.4.2小节)

$$\left.\frac{\partial U}{\partial q_k}\right|_{q=q^{(0)}}=0\quad(k=1,2,\cdots,s)$$

而平衡位置 $q^{(0)}$是稳定的意味着,当广义坐标相对于 $q^{(0)}$做任一小的偏离时,势能总是增加的。这里,势能的增量可能是偏离的二阶小量,也可能是四阶、六阶或者更高阶的小量。本书只限于讨论第一种情形,即坐标的小的偏离引起的势能改变为偏离的二阶小量。此类稳定平衡要求

$$K=(K_{ij})\triangleq\left(\frac{\partial^2 U}{\partial q_i\partial q_j}\right)_{q=q^{(0)}}$$

是正定矩阵。从其形式可见,矩阵 K 是对称的。

4.2.2 简谐近似

为了讨论体系在稳定平衡位置附近的运动,我们需要将其拉格朗日函数按照偏离 $q_i-q_i^{(0)}$ 做展开,并保留至二阶小量。

势能保留到二阶小量,为

$$U(q)=U(q^{(0)})+\frac{1}{2}\left(\frac{\partial^2 U}{\partial q_i\partial q_j}\right)_{q=q^{(0)}}(q_i-q_i^{(0)})(q_i-q_i^{(0)})$$

以偏离 $\xi_i\triangleq q_i-q_i^{(0)}$ 作为广义坐标,并略去势能中无关紧要的常数项,得到

$$U=\frac{1}{2}K_{ij}\xi_i\xi_j \tag{4.2.2}$$

它是广义坐标 ξ 的二次、齐次函数，并且是正定的。

由于 $\dot{q}_i\dot{q}_j=\dot{\xi}_i\dot{\xi}_j$ 已经是偏离的二阶小量了，因此，动能表达式(4.2.1)中的系数 m_{ij} 只需要保留其常数项即可。令 $M_{ij}\triangleq m_{ij}(q^{(0)})$，动能保留到偏离的二阶小量，为

$$T=\frac{1}{2}M_{ij}\dot{\xi}_i\dot{\xi}_j \tag{4.2.3}$$

它是广义速度 $\dot{\xi}$ 的二次、齐次函数，并且也是正定的。

综上，当体系在平衡位置附近运动时，拉格朗日函数保留到偏离的二阶小量，为

$$L=T-U=\frac{1}{2}M_{ij}\dot{\xi}_i\dot{\xi}_j-\frac{1}{2}K_{ij}\xi_i\xi_j \tag{4.2.4}$$

这样的近似称为**简谐近似**。对于单自由度体系，上式就是一维简谐振子的拉格朗日函数。

将 L 代入拉格朗日方程

$$\frac{\mathrm{d}}{\mathrm{d}t}\frac{\partial L}{\partial\dot{\xi}_k}-\frac{\partial L}{\partial\xi_k}=0$$

由于

$$\begin{aligned}\frac{\partial L}{\partial\xi_k}&=-\frac{1}{2}K_{ij}\left(\frac{\partial\xi_i}{\partial\xi_k}\xi_j+\xi_i\frac{\partial\xi_j}{\partial\xi_k}\right)=-\frac{1}{2}K_{ij}(\delta_{ik}\xi_j+\xi_i\delta_{jk})\\&=-\frac{1}{2}K_{kj}\xi_j-\frac{1}{2}K_{ik}\xi_i\end{aligned}$$

利用 K 的对称性可知，上式右边两项是相等的，因而

$$\frac{\partial L}{\partial\xi_k}=-K_{kj}\xi_j$$

类似地，有

$$\frac{\partial L}{\partial\dot{\xi}_k}=M_{kj}\dot{\xi}_j$$

所以运动方程就可以写为

$$M_{kj}\ddot{\xi}_j+K_{kj}\xi_j=0 \tag{4.2.5a}$$

这是一组线性方程，正由于此，又将简谐近似称为线性近似。运动方程也可以表示为矩阵形式：

$$M\ddot{\xi} + K\xi = 0 \tag{4.2.5b}$$

其中，M 和 K 都是正定的对称矩阵。

4.2.3 简正坐标与简正模

除非 M 和 K 都是对角矩阵，否则式(4.2.5)就是关于 s 个未知函数 ξ_i 的一组相互耦合的线性方程。4.1 节关于双摆的讨论启发我们，有可能通过 ξ_i 的线性组合定义一组新坐标，而新坐标满足的方程则是没有耦合的。这些新坐标就称为**简正坐标**。

设 $\xi = A\eta$，其中，$s \times s$ 矩阵 A 可逆，且其每一个元素都是常数。将 $\xi = A\eta$ 代入式(4.2.5b)，就得到新变量 η 满足的方程

$$(MA)\ddot{\eta} + (KA)\eta = 0 \tag{4.2.6}$$

而将该方程左、右两边分别用 A 的转置左乘，就给出

$$(A^{\mathrm{T}}MA)\ddot{\eta} + (A^{\mathrm{T}}KA)\eta = 0 \tag{4.2.7}$$

如果能找到使得 $A^{\mathrm{T}}MA$ 和 $A^{\mathrm{T}}KA$ 都成为对角矩阵的 A，那么新坐标 η 满足的方程(4.2.7)就不再耦合。数学上，这就涉及我们是否可以用同一个矩阵 A 将两个对称、正定矩阵 M 和 K 同时对角化的问题。答案是肯定的。

1. M 和 K 的同时对角化问题

由于 M 是对称矩阵，因此 M 可以通过相似变换对角化，即存在正交矩阵 O_1，使得

$$O_1^{\mathrm{T}}MO_1 = \mathrm{diag}\{m_1, m_2, \cdots, m_s\}$$

而 M 的正定性意味着本征值 m_k 均为正数。如果令

$$D \triangleq \mathrm{diag}\left\{\frac{1}{\sqrt{m_1}}, \frac{1}{\sqrt{m_2}}, \cdots, \frac{1}{\sqrt{m_s}}\right\} = D^{\mathrm{T}}$$

则有

$$D^{\mathrm{T}}O_1^{\mathrm{T}}MO_1D = (O_1D)^{\mathrm{T}}M(O_1D) = I$$

即通过矩阵 O_1D 定义的如上变换，我们可以使 M 变为单位矩阵。

在同样的变换下，K 变为了 $(O_1D)^{\mathrm{T}}KO_1D$。K 的对称性说明该矩阵仍然是对称矩阵，从而也可以通过相似变换对角化，即存在正交矩阵 O_2，使得

$$O_2^{\mathrm{T}}[(O_1D)^{\mathrm{T}}KO_1D]O_2 = (O_1DO_2)^{\mathrm{T}}K(O_1DO_2)$$
$$= \mathrm{diag}\{\omega_1^2,\omega_2^2,\cdots,\omega_s^2\}$$

由于 $O_2^{\mathrm{T}}IO_2 = I$，因此

$$(O_1DO_2)^{\mathrm{T}}M(O_1DO_2) = I$$

综上，我们就有结论：对于任意两个对称、正定矩阵 M 和 K，都可以找到一个可逆矩阵 $A = O_1DO_2$，使得

$$A^{\mathrm{T}}MA = I \tag{4.2.8a}$$
$$A^{\mathrm{T}}KA = \mathrm{diag}\{\omega_1^2,\omega_2^2,\cdots,\omega_s^2\} \triangleq \Omega_{\mathrm{d}} \tag{4.2.8b}$$

值得指出的是，在刚才的讨论中，我们用到了矩阵 M 的对称性和正定性，也用到了矩阵 K 的对称性，但并没有涉及 K 的正定性。也就是说，即便 K 不是正定的，同样的结论也仍然成立。

2. K 关于 M 的本征值和本征矢

为了求满足方程(4.2.8)的 A，注意到式(4.2.8a)意味着 $(A^{\mathrm{T}})^{-1} = MA$，因而将方程(4.2.8b)的左、右两边用 MA 左乘，就得到

$$KA = MA\Omega_{\mathrm{d}} \tag{4.2.9}$$

即矩阵 A 的每一列 X 都满足下面形式的方程：

$$KX = \omega^2 MX \tag{4.2.10}$$

此方程称为 K 关于对称、正定矩阵 M 的本征矢方程，该方程的非零解 X 则称为属于本征值 ω^2 的本征矢。

本征矢方程(4.2.10)是一个线性、齐次代数方程，它具有非零解的条件是其系数行列式为零，即

$$\det(\omega^2 M - K) = 0 \tag{4.2.11}$$

该方程称为本征值方程或者久期方程。久期方程是 ω^2 满足的一个 s 次实系数代数方程，因而它必有 s 个根(可能有重根)。将久期方程(4.2.11)给出的每一个本征值 ω^2 分别代入本征矢方程(4.2.10)，就可以求解得到相应的本征矢。而以各个本征矢作为列，就得到了变换矩阵 A。

可以证明，每一个本征值 ω^2 都是大于零的。证明如下：设 X 是属于本征值 ω^2 的本征矢，其元素可能是复数。不妨将 X 写为 $X = \alpha + \mathrm{i}\beta$，这里的 α 和 β 都是实的列矢量，且至少有一个不为零。将 X 满足的方程(4.2.10)用 X 的共轭转置 $X^{\dagger} = \alpha^{\mathrm{T}} - \mathrm{i}\beta^{\mathrm{T}}$ 左乘，得到

$$(\alpha^{\mathrm{T}} - \mathrm{i}\beta^{\mathrm{T}})K(\alpha + \mathrm{i}\beta) = \omega^2(\alpha^{\mathrm{T}} - \mathrm{i}\beta^{\mathrm{T}})M(\alpha + \mathrm{i}\beta)$$

即

$$(\alpha^{\mathrm{T}}K\alpha+\beta^{\mathrm{T}}K\beta)+\mathrm{i}(\alpha^{\mathrm{T}}K\beta-\beta^{\mathrm{T}}K\alpha)$$
$$=\omega^2(\alpha^{\mathrm{T}}M\alpha+\beta^{\mathrm{T}}M\beta)+\mathrm{i}\omega^2(\alpha^{\mathrm{T}}M\beta-\beta^{\mathrm{T}}M\alpha)$$

由 M 和 K 的对称性可知，上式左、右两边的虚部皆为零。因而

$$(\alpha^{\mathrm{T}}K\alpha+\beta^{\mathrm{T}}K\beta)=\omega^2(\alpha^{\mathrm{T}}M\alpha+\beta^{\mathrm{T}}M\beta)$$

而由 M 和 K 的正定性得到

$$\omega^2=\frac{\alpha^{\mathrm{T}}K\alpha+\beta^{\mathrm{T}}K\beta}{\alpha^{\mathrm{T}}M\alpha+\beta^{\mathrm{T}}M\beta}>0$$

由于本征值 $\omega^2>0$，因此本征矢 X 满足的是一个实系数、线性齐次方程组，其解总可以取实的列矢量。

3. 简正坐标与简正模

本部分不采用求和约定。

将 s 个本征矢作为列就可以构造一个方阵

$$A=(A^{(1)},\cdots,A^{(s)})$$

显然，这样的矩阵 A 必然满足式(4.2.9)，因而变量 η 满足的方程(4.2.6)就可以写为

$$(MA)\ddot{\eta}+(MA\Omega_{\mathrm{d}})\eta=0 \tag{4.2.12}$$

用矩阵 MA 的逆去左乘上式，得到

$$\ddot{\eta}+\Omega_{\mathrm{d}}\eta=0$$

即有

$$\ddot{\eta}_k+\omega_k^2\eta_k=0\quad(k=1,2,\cdots,s) \tag{4.2.13}$$

因此，$\eta_k(k=1,2,\cdots,s)$满足的方程不再耦合，而且每一个 η_k 都满足一维简谐振子的方程。其一般解可以写为

$$\eta_k(t)=\lambda_k\cos(\omega_k t+\varphi_k) \tag{4.2.14a}$$

或

$$\eta_k(t)=a_k\cos\omega_k t+b_k\sin\omega_k t \tag{4.2.14b}$$

其中，λ_k,φ_k 以及 a_k,b_k 都是实常数。这样的坐标 η_k 就是简正坐标，而 ω_k 称为简正频率。

由于

$$\xi = A\eta = \sum_k A^{(k)}\eta_k = A^{(1)}\eta_1 + \cdots + A^{(s)}\eta_s \tag{4.2.15}$$

因此方程(4.2.5)的一般解为

$$\xi(t) = A^{(1)}\lambda_1\cos(\omega_1 t + \varphi_1) + \cdots + A^{(s)}\lambda_s\cos(\omega_s t + \varphi_s) \tag{4.2.16a}$$

也可将其写为

$$\xi(t) = A^{(1)}(a_1\cos\omega_1 t + b_1\sin\omega_1 t) + \cdots + A^{(s)}(a_s\cos\omega_s t + b_s\sin\omega_s t) \tag{4.2.16b}$$

其中,$2s$ 个常数 λ_k,φ_k 或 a_k,b_k 由初始条件确定。如果初始条件使得 $\lambda_k\neq0$ 而 $\lambda_i=0(i\neq k)$,则

$$\xi(t) = A^{(k)}\lambda_k\cos(\omega_k t + \varphi_k)$$

此情形下,每一个 ξ_i 都按照相同的频率 ω_k 振动,振幅之比及相位差由本征矢 $A^{(k)}$ 确定。这样的运动模式就是体系的一个简正模,通常表示为

$$\omega_k \leftrightarrow A^{(k)}$$

而体系的一般运动(4.2.16)是各简正模的线性组合。

【例 4.1】 考察图 4.3 所示的两个质量均为 m 的小球构成的体系,两侧弹簧的弹性系数均为 k,中间弹簧的弹性系数为 k'。设两小球仅在连线方向运动,平衡时三段弹簧恰好都处于原长。

(1) 试求解体系的简正模;

(2) 试求解体系的一般运动;

(3) 如果初始时两小球均静止,且右侧小球位于平衡位置,而左侧小球向右偏移了距离 A,试求解体系此后的运动情况。

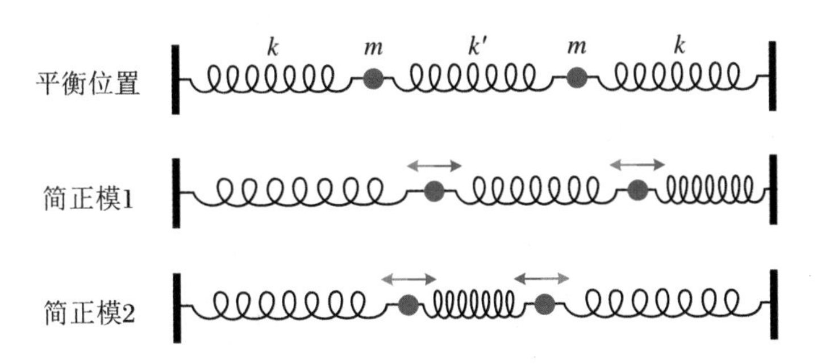

图 4.3 三段弹簧连接的两个小球

【解】(1) 以两小球相对于各自平衡位置向右的偏离 x_1 和 x_2 作为广义坐标。体系的动能为

$$T = \frac{1}{2}m\dot{x}_1^2 + \frac{1}{2}m\dot{x}_2^2$$

势能为

$$\begin{aligned} U &= \frac{1}{2}kx_1^2 + \frac{1}{2}k'(x_2 - x_1)^2 + \frac{1}{2}kx_2^2 \\ &= \frac{1}{2}(k + k')(x_1^2 + x_2^2) - k'x_1x_2 \end{aligned}$$

因此有

$$M = \left(\frac{\partial^2 T}{\partial \dot{x}_i \partial \dot{x}_j}\right) = \begin{pmatrix} m & 0 \\ 0 & m \end{pmatrix}$$

$$K = \left(\frac{\partial^2 U}{\partial x_i \partial x_j}\right) = \begin{pmatrix} k + k' & -k' \\ -k' & k + k' \end{pmatrix}$$

由此得到

$$\omega^2 M - K = \begin{pmatrix} m\omega^2 - k - k' & k' \\ k' & m\omega^2 - k - k' \end{pmatrix}$$

由久期方程 $\det(\omega^2 M - K) = 0$ 给出

$$(m\omega^2 - k - k')^2 = k'^2$$

或者

$$m\omega^2 - k - k' = \pm k'$$

因此,两个简正频率为

$$\omega_1 = \sqrt{\frac{k}{m}}, \quad \omega_2 = \sqrt{\frac{k + 2k'}{m}}$$

将 ω_1 代入本征矢方程 $(\omega^2 M - K)X = 0$,得到

$$\begin{pmatrix} -k' & k' \\ k' & -k' \end{pmatrix}\begin{bmatrix} X_1 \\ X_2 \end{bmatrix} = \begin{pmatrix} 0 \\ 0 \end{pmatrix}$$

两个方程中只有一个是独立的,即 $X_1 - X_2 = 0$,因此,属于 ω_1^2 的本征矢可取

$$A^{(1)} = \begin{pmatrix} 1 \\ 1 \end{pmatrix}$$

类似地，将 ω_2 代入本征矢方程 $(\omega^2 M - K)X = 0$，得到

$$\begin{pmatrix} k' & k' \\ k' & k' \end{pmatrix}\begin{bmatrix} X_1 \\ X_2 \end{bmatrix} = \begin{pmatrix} 0 \\ 0 \end{pmatrix}$$

独立的方程只有一个，即 $X_1 + X_2 = 0$，因此，属于 ω_2^2 的本征矢可取

$$A^{(2)} = \begin{pmatrix} 1 \\ -1 \end{pmatrix}$$

所以，体系的两个简正模是

$$\omega_1 = \sqrt{\frac{k}{m}} \leftrightarrow A^{(1)} = \begin{pmatrix} 1 \\ 1 \end{pmatrix}$$

$$\omega_2 = \sqrt{\frac{k + 2k'}{m}} \leftrightarrow A^{(2)} = \begin{pmatrix} 1 \\ -1 \end{pmatrix}$$

在第一个简正模中，$x_2 = x_1$，因此，两小球以相同的频率 ω_1、相同的振幅同相振动；在运动过程中，中间弹簧始终保持为原长。在第二个简正模中，$x_2 = -x_1$，因此，两小球以相同的频率 ω_2、相同的振幅反相振动；在运动过程中，质心保持不动。如图 4.3 所示。

(2) 体系的一般运动是两个简正模的线性组合，即

$$\begin{bmatrix} x_1(t) \\ x_2(t) \end{bmatrix} = \begin{pmatrix} 1 \\ 1 \end{pmatrix}(a_1 \cos\omega_1 t + b_1 \sin\omega_1 t) + \begin{pmatrix} 1 \\ -1 \end{pmatrix}(a_2 \cos\omega_2 t + b_2 \sin\omega_2 t)$$

亦即

$$x_1(t) = (a_1 \cos\omega_1 t + b_1 \sin\omega_1 t) + (a_2 \cos\omega_2 t + b_2 \sin\omega_2 t)$$
$$x_2(t) = (a_1 \cos\omega_1 t + b_1 \sin\omega_1 t) - (a_2 \cos\omega_2 t + b_2 \sin\omega_2 t)$$

其中，a_1，a_2 和 b_1，b_2 由初始条件确定。

(3) 由于

$$\dot{x}_1(t) = (-\omega_1 a_1 \sin\omega_1 t + \omega_1 b_1 \cos\omega_1 t) + (-\omega_2 a_2 \sin\omega_2 t + \omega_2 b_2 \cos\omega_2 t)$$
$$\dot{x}_2(t) = (-\omega_1 a_1 \sin\omega_1 t + \omega_1 b_1 \cos\omega_1 t) - (-\omega_2 a_2 \sin\omega_2 t + \omega_2 b_2 \cos\omega_2 t)$$

因此由初始条件 $\dot{x}_1(0) = \dot{x}_2(0) = 0$ 得到

$$\omega_1 b_1 + \omega_2 b_2 = 0, \quad \omega_1 b_1 - \omega_2 b_2 = 0$$

所以 $b_1 = b_2 = 0$。在(2)中所得一般解中令 $t = 0$，利用初始条件 $x_1(0) = A$ 和 $x_2(0) = 0$ 给出

$$a_1 + a_2 = A, \quad a_1 - a_2 = 0$$

从而 $a_1 = a_2 = A/2$。所以有

$$\begin{cases} x_1(t) = \dfrac{1}{2}A(\cos\omega_1 t + \cos\omega_2 t) \\ x_2(t) = \dfrac{1}{2}A(\cos\omega_1 t - \cos\omega_2 t) \end{cases}$$

4.2.4 平移和转动自由度

对于孤立体系(如分子或者晶体),内部粒子除了在平衡位置附近振动之外,体系作为整体还在平移和转动。由于整体平移和转动各需要 3 个广义坐标确定(可参考 6.1 节),因此,对于 n 个粒子构成的孤立体系,其振动自由度就只有 $3n-6$ 个。当然,在二维空间中,平移有 2 个自由度,转动则只有 1 个自由度,所以振动自由度就为 $2n-3$。

为了求解体系的振动模式,可以假设体系没有整体的平移和转动,从而将平移和转动自由度消除。具体方法如下。

首先,不妨设体系没有整体平移,即质心是不动的。由此给出

$$\sum m_a \dot{\vec{r}}_a = \sum m_a \dot{\vec{u}}_a = \frac{\mathrm{d}}{\mathrm{d}t}\sum m_a \vec{u}_a = \vec{0}$$

其中,$\vec{r}_a$ 和 $\vec{u}_a$ 分别为粒子 a 的位矢以及粒子 a 相对于其平衡位置 $\vec{R}_a$ 的偏离。上式意味着矢量 $\sum m_a \vec{u}_a$ 是不随时间变化的,不妨也设其为零。这样就得到

$$\sum m_a \vec{u}_a = \vec{0} \tag{4.2.17}$$

这是偏离 $\vec{u}_a$ 满足的三个代数方程,由此可以消去体系的三个平移自由度。

其次,不妨设体系没有整体转动,即角动量为零。由此给出

$$\sum m_a \vec{r}_a \times \dot{\vec{r}}_a = \sum m_a \vec{R}_a \times \dot{\vec{u}}_a + \sum m_a \vec{u}_a \times \dot{\vec{u}}_a = \vec{0}$$

由于我们考察的是微振动,因此在上式中略去偏离 $\vec{u}_a$ 的二阶小量后,得到

$$\sum m_a \vec{R}_a \times \dot{\vec{u}}_a = \frac{\mathrm{d}}{\mathrm{d}t}\sum m_a \vec{R}_a \times \vec{u}_a = \vec{0}$$

这意味着矢量 $\sum m_a\vec{R}_a \times \vec{u}_a$ 是不随时间变化的，不妨也设其为零。这样就得到

$$\sum m_a\vec{R}_a \times \vec{u}_a = \vec{0} \tag{4.2.18}$$

这又给出了偏离 $\vec{u}_a$ 满足的三个代数方程，由此即可消去体系的三个转动自由度。

下面通过一个例子对此方法加以说明。

【例 4.2】考虑二氧化碳分子的一个经典模型，即由两个全同轻质弹簧连接的三个共线小球构成的体系(图 4.4)。设小球只能沿着连线方向运动。已知外侧两小球 1 和 3 具有相同的质量 m，中间小球 2 的质量为 m_0，弹簧的弹性系数为 k。试求解该体系的一般运动。

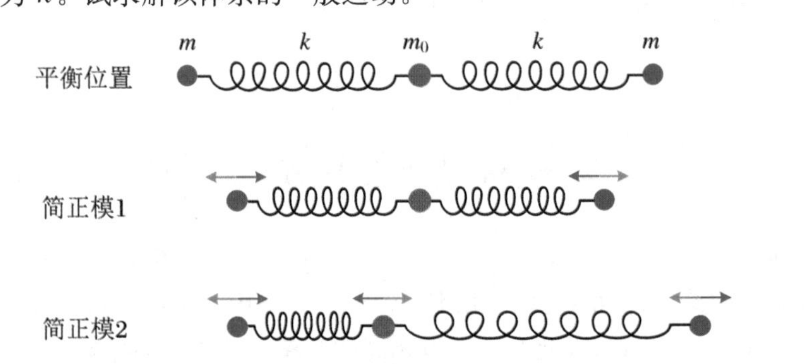

图 4.4　二氧化碳分子的经典模型

【解】设各小球相对于平衡位置向右的偏离分别为 x_1，x_2 和 x_3。为消去平移自由度，令

$$mx_1 + m_0x_2 + mx_3 = 0$$

或者

$$x_2 = -\frac{m}{m_0}(x_1 + x_3) \tag{4.2.19}$$

用 x_1 和 x_3 作为广义坐标，体系的动能表示为

$$\begin{aligned} T &= \frac{1}{2}m\dot{x}_1^2 + \frac{1}{2}m_0\dot{x}_2^2 + \frac{1}{2}m\dot{x}_3^2 \\ &= \frac{m}{2m_0}\left[(m + m_0)(\dot{x}_1^2 + \dot{x}_3^2) + 2m\dot{x}_1\dot{x}_3\right] \end{aligned}$$

而势能表示为

$$U=\frac{1}{2}k(x_2-x_1)^2+\frac{1}{2}k(x_3-x_2)^2$$
$$=\frac{k}{2m_0^2}[(2m^2+2mm_0+m_0^2)(x_1^2+x_3^2)+4m(m+m_0)x_1x_3]$$

因此有

$$M=\frac{m}{m_0}\begin{pmatrix}m+m_0 & m\\ m & m+m_0\end{pmatrix}$$
$$K=\frac{k}{m_0^2}\begin{pmatrix}2m^2+2mm_0+m_0^2 & 2m(m+m_0)\\ 2m(m+m_0) & 2m^2+2mm_0+m_0^2\end{pmatrix}$$

该本征值问题的解给出下面的两个简正模：

$$\omega_1=\sqrt{\frac{k}{m}}\leftrightarrow A^{(1)}=\begin{pmatrix}1\\-1\end{pmatrix}\tag{4.2.20}$$

$$\omega_2=\sqrt{k\left(\frac{1}{m}+\frac{2}{m_0}\right)}\leftrightarrow A^{(2)}=\begin{pmatrix}1\\1\end{pmatrix}\tag{4.2.21}$$

在第一个简正模中，$x_3=-x_1$，因此外侧两小球以相同的频率 ω_1、相同的振幅反相振动；而根据式(4.2.19)有 $x_2=0$，即中间小球保持不动。在第二个简正模中，$x_3=x_1$，因此两小球以相同的频率 ω_2、相同的振幅同相振动；而由式(4.2.19)得到 $x_2=-(2m/m_0)x_1$，即中间小球以同样的频率 ω_2 振动，它与外侧两小球的振动反相且振幅之比为 $2m/m_0$。在两个简正模下，体系的质心均保持不动。如图 4.4 所示。

外侧两小球的一般运动是两个简正模的线性组合，即

$$\begin{pmatrix}x_1\\x_3\end{pmatrix}=\begin{pmatrix}1\\-1\end{pmatrix}\lambda_1\cos(\omega_1t+\varphi_1)+\begin{pmatrix}1\\1\end{pmatrix}\lambda_2\cos(\omega_2t+\varphi_2)$$

或者

$$\begin{cases}x_1(t)=\lambda_1\cos(\omega_1t+\varphi_1)+\lambda_2\cos(\omega_2t+\varphi_2)\\ x_3(t)=-\lambda_1\cos(\omega_1t+\varphi_1)+\lambda_2\cos(\omega_2t+\varphi_2)\end{cases}$$

将此结果代入式(4.2.19)，可得中间小球的一般运动为

$$x_2(t)=-\frac{2m}{m_0}\lambda_2\cos(\omega_2t+\varphi_2)$$

4.2.5 零模

对于孤立体系,自然可以通过上面的方法将平移和转动自由度消去,从而只关心体系内部的相对运动。不过我们注意到:如果体系只是整体平移或转动而没有内部的相对运动,那么运动过程中每个粒子受到的合力均为零,体系的势能保持不变。这意味着尽管在平衡位置附近势能总是非负的(设势能常数项为零),但矩阵 K 不再是正定的,它可以有零本征值。而如果 $\omega_k=0$,则根据方程(4.2.13),坐标 η_k 满足的方程变为 $\ddot{\eta}_k=0$,其解为

$$\eta_k = a + bt \tag{4.2.22}$$

其中,a 和 b 为常数。零本征值给出的运动模式称为零模,它对应一维自由粒子的解。这样的解通常只在极短时间或者说只对极小位移才成立,除非在相应的本征矢方向上势能 U 的泰勒展开式中所有的项都为零。

因此,对于孤立体系的微振动问题,我们也可以保留所有的自由度。这样,本征值问题中将出现零模解,而体系的一般解的表达式(4.2.16)中,零模解的贡献也应按照式(4.2.22)相应地改变。下面用两例对此加以说明。

【例 4.3】 对于例 4.2 中二氧化碳分子的经典模型,试在保留所有自由度的情形下求解体系的一般运动。

【解】 以各小球相对于平衡位置向右的偏离 x_1,x_2 和 x_3 作为广义坐标。动能和势能分别为

$$T = \frac{1}{2}m\dot{x}_1^2 + \frac{1}{2}m_0\dot{x}_2^2 + \frac{1}{2}m\dot{x}_3^2$$

和

$$U = \frac{1}{2}k\,(x_2-x_1)^2 + \frac{1}{2}k\,(x_3-x_2)^2$$

由此得到

$$M = \begin{pmatrix} m & 0 & 0 \\ 0 & m_0 & 0 \\ 0 & 0 & m \end{pmatrix},\quad K = k\begin{pmatrix} 1 & -1 & 0 \\ -1 & 2 & -1 \\ 0 & -1 & 1 \end{pmatrix}$$

从而

$$\omega^2 M - K = m\begin{pmatrix} \omega^2-\omega_0^2 & \omega_0^2 & 0 \\ \omega_0^2 & (m_0/m)\omega^2-2\omega_0^2 & \omega_0^2 \\ 0 & \omega_0^2 & \omega^2-\omega_0^2 \end{pmatrix}$$

其中，$\omega_0 \triangleq \sqrt{k/m}$。该本征值问题的解给出下面的三个简正模：

$$\omega_1 = \sqrt{\frac{k}{m}} \leftrightarrow A^{(1)} = \begin{pmatrix} 1 \\ 0 \\ -1 \end{pmatrix}$$

$$\omega_2 = \sqrt{k\left(\frac{1}{m}+\frac{2}{m_0}\right)} \leftrightarrow A^{(2)} = \begin{pmatrix} 1 \\ -2m/m_0 \\ 1 \end{pmatrix}$$

$$\omega_3 = 0 \leftrightarrow A^{(3)} = \begin{pmatrix} 1 \\ 1 \\ 1 \end{pmatrix}$$

前面两个简正模与例4.2中所得结果相同，每一个简正模下，质心均保持不动。在第三个简正模中，$x_1 = x_2 = x_3$，因此体系作为整体平移，质心以不变的速度运动；这种情形下各粒子均不受力的作用，这就是零模（图4.5）。

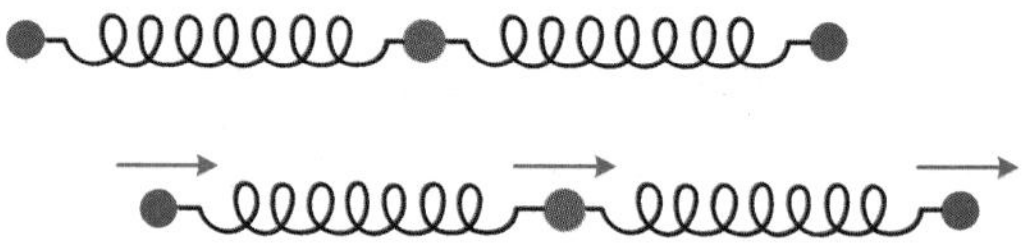

平衡位置

图4.5　二氧化碳分子的零模解

体系的一般解为三个简正模的线性组合：

$$\begin{pmatrix} x_1 \\ x_2 \\ x_3 \end{pmatrix} = \begin{pmatrix} 1 \\ 0 \\ -1 \end{pmatrix}(a_1\cos\omega_1 t + b_1\sin\omega_1 t) + \begin{pmatrix} 1 \\ -2m/m_0 \\ 1 \end{pmatrix}(a_2\cos\omega_2 t + b_2\sin\omega_2 t) + \begin{pmatrix} 1 \\ 1 \\ 1 \end{pmatrix}(a_3 + b_3 t)$$

其中，a_k 和 b_k 由初始条件决定。

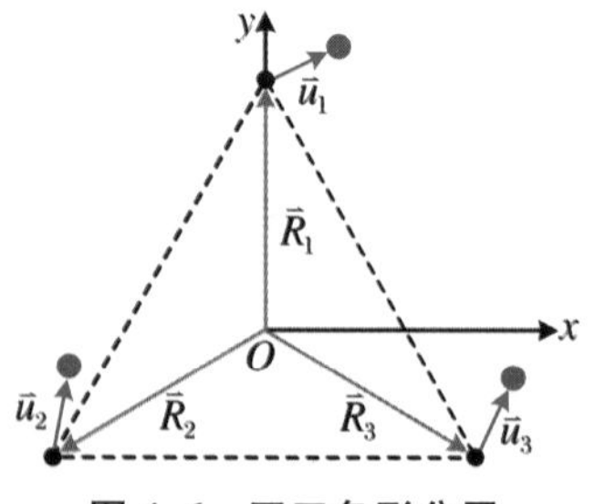

图4.6　正三角形分子

【例4.4】 图4.6所示是三个全同粒子构成的体系，平衡时三粒子分别位于边长为 R 的正三角形的三个顶点处。设粒子质量均为 m，两粒子之间相互作用的势能 $f(r)$ 仅与两者之间的距离 r 有关，并设体系限制在三粒子所确

定的固定平面内运动。试求解体系在平衡位置附近运动时的简正模。

【解】 以正三角形中心为原点建立坐标系，平衡时粒子1位于 y 轴正方向上。粒子 a 的位矢记为 $\vec{r}_a=\vec{R}_a+\vec{u}_a$，其中，$\vec{R}_a$ 和 $\vec{u}_a$ 分别是粒子 a 平衡时的位矢及相对于平衡位置的偏离。以 $\xi=(u_{1x},u_{1y},u_{2x},u_{2y},u_{3x},u_{3y})$ 为广义坐标，体系的动能为

$$T=\sum_{a=1}^{3}\frac{1}{2}m\dot{\vec{r}}_a^2=\frac{1}{2}m\sum_{a=1}^{3}\dot{\vec{u}}_a^2=\frac{1}{2}m\sum_{i=1}^{6}\dot{\xi}_i^2$$

所以 $M=mI_{6\times6}$。

为了在平衡位置处对势能做简谐近似，将 $f(r)=f(|\vec{R}+\vec{u}|)$ 在 $\vec{R}$ 处展开，保留至 $\vec{u}$ 的二阶小量，得到

$$f(r)\approx f(R)+\left(\frac{\partial f}{\partial x_i}\right)_{\vec{R}}u_i+\frac{1}{2}\left(\frac{\partial^2 f}{\partial x_i\partial x_j}\right)_{\vec{R}}u_iu_j$$

由于

$$\frac{\partial f}{\partial x_i}=\frac{x_i}{r}\frac{\partial f}{\partial r},\quad \frac{\partial^2 f}{\partial x_i\partial x_j}=\frac{x_ix_j}{r^2}\frac{\partial^2 f}{\partial r^2}+\frac{r^2\delta_{ij}-x_ix_j}{r^3}\frac{\partial f}{\partial r}$$

因此有

$$\begin{aligned}f(r)\approx{}&f(R)+(\hat{R}\cdot\vec{u})f'(R)\\&+\frac{1}{2}\left[(\hat{R}\cdot\vec{u})^2f''(R)+\frac{u^2-(\hat{R}\cdot\vec{u})^2}{R}f'(R)\right]\end{aligned}\tag{4.2.23}$$

体系的势能为

$$U=f(r_{12})+f(r_{23})+f(r_{31})$$

由式(4.2.23)可知，U 按照偏离 $\vec{u}_a$ 展开后的一阶小量

$$(\hat{R}_{12}\cdot\vec{u}_{12}+\hat{R}_{23}\cdot\vec{u}_{23}+\hat{R}_{31}\cdot\vec{u}_{31})f'(R)=0$$

因此有 $f'(R)=0$。舍去常数项后，势能在平衡位置附近近似为

$$U\approx\frac{1}{2}k[(\hat{R}_{12}\cdot\vec{u}_{12})^2+(\hat{R}_{23}\cdot\vec{u}_{23})^2+(\hat{R}_{31}\cdot\vec{u}_{31})^2]$$

其中，$k\triangleq f''(R)$。在图4.6所示的坐标系下，粒子间相对位矢方向的单位矢量分别为

$$\hat{R}_{12} = \begin{pmatrix} 1/2 \\ \sqrt{3}/2 \end{pmatrix}, \quad \hat{R}_{23} = \begin{pmatrix} -1 \\ 0 \end{pmatrix}, \quad \hat{R}_{31} = \begin{pmatrix} 1/2 \\ -\sqrt{3}/2 \end{pmatrix}$$

将其代入势能表达式,就可以得出

$$K = \frac{1}{4} m\omega_0^2 \begin{pmatrix} 2 & 0 & -1 & -\sqrt{3} & -1 & \sqrt{3} \\ 0 & 6 & -\sqrt{3} & -3 & \sqrt{3} & -3 \\ -1 & -\sqrt{3} & 5 & \sqrt{3} & -4 & 0 \\ -\sqrt{3} & -3 & \sqrt{3} & 3 & 0 & 0 \\ -1 & \sqrt{3} & -4 & 0 & 5 & -\sqrt{3} \\ \sqrt{3} & -3 & 0 & 0 & -\sqrt{3} & 3 \end{pmatrix}$$

其中,$\omega_0^2 \triangleq k/m$。

由久期方程 $\det(\omega^2 M - K) = 0$ 可得六个简正频率,分别为

$$\omega_1 = \omega_2 = \sqrt{\frac{3}{2}}\omega_0, \quad \omega_3 = \sqrt{3}\omega_0, \quad \omega_4 = \omega_5 = \omega_6 = 0$$

三个零模的本征矢很容易得到,分别为

$$A^{(4)} = \begin{pmatrix} 1 \\ 0 \\ 1 \\ 0 \\ 1 \\ 0 \end{pmatrix}, \quad A^{(5)} = \begin{pmatrix} 0 \\ 1 \\ 0 \\ 1 \\ 0 \\ 1 \end{pmatrix}, \quad A^{(6)} = \begin{pmatrix} -2 \\ 0 \\ 1 \\ -\sqrt{3} \\ 1 \\ \sqrt{3} \end{pmatrix}$$

$A^{(4)}$ 和 $A^{(5)}$ 分别描述体系沿着 x 轴和 y 轴整体的平移(图 4.7(a),(b)),这两个模式的解对于任意长的时间都是正确的;而 $A^{(6)}$ 描述体系绕着中心的转动(图 4.7(c)),该模式的解仅在极短的时间内才是有意义的。

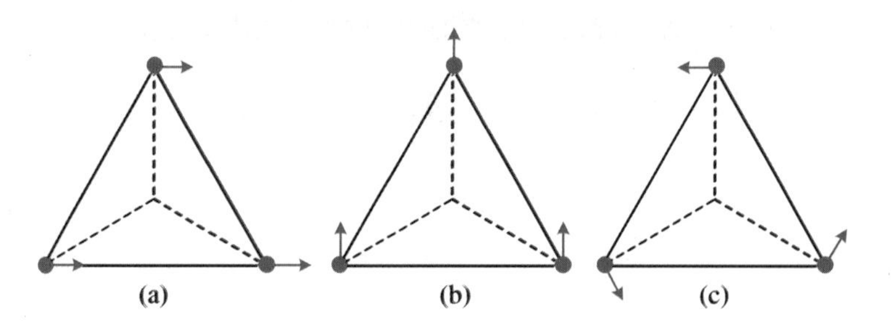

图 4.7 正三角形分子的零模

ω_3 对应的本征矢为

$$A^{(3)} = \begin{pmatrix} 0 \\ 2 \\ -\sqrt{3} \\ -1 \\ \sqrt{3} \\ -1 \end{pmatrix}$$

在此模式下,三个粒子始终围成一正三角形,而三角形边长以频率 ω_3 周期性地变化(图 4.8(c))。

重根 $\omega_{1,2}$代入本征矢方程时,六个方程中的两个是不独立的。这样的方程有两个独立的解,本征矢可以分别选为

$$A^{(1)} = \begin{pmatrix} 0 \\ 2 \\ \sqrt{3} \\ -1 \\ -\sqrt{3} \\ -1 \end{pmatrix}, \quad A^{(2)} = \begin{pmatrix} \sqrt{3} \\ -1 \\ -\sqrt{3} \\ -1 \\ 0 \\ 2 \end{pmatrix}$$

在第一个简正模下,三个粒子始终围成一个以粒子 2,3 连线为底的等腰三角形,运动过程中质心始终不动(图 4.8(a))。而在第二个简正模下,三个粒子始终围成一个以粒子 1,3 连线为底的等腰三角形,运动过程中质心也始终不动(图 4.8(b))。这两个本征矢的线性组合仍然是属于同一本征值的本征矢。

建议读者按照 4.2.4 小节介绍的方法讨论本问题,并比较两种方法的优劣。

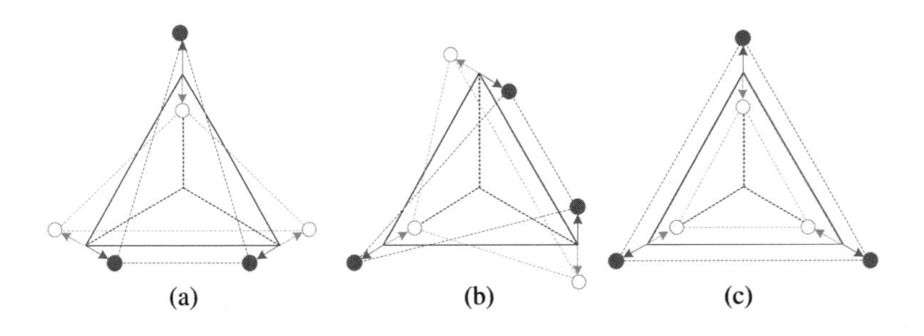

图 4.8　正三角形分子的简正模

4.2.6 本征矢的正交归一化

通过本征值问题的求解，我们找到了由 $\xi = A\eta$ 定义的一组描述体系位形的新变量，其运动方程是互不耦合的。这里，A 是 s 个独立本征矢作为列组成的 $s\times s$ 可逆矩阵。这样的矩阵 A 必然满足方程(4.2.9)，但却未必满足式(4.2.8a)和式(4.2.8b)。为了使得 M 和 K 可以通过 A 所定义的变换同时对角化，就需要对本征矢做正交归一化处理。

设 X 和 Y 均为由 s 个数构成的列矢量，我们定义其内积为

$$(X, Y) \triangleq X^{\mathrm{T}}MY \tag{4.2.24}$$

矢量 X 的模定义为

$$\| X \| \triangleq \sqrt{(X, X)} = \sqrt{X^{\mathrm{T}}MX} \tag{4.2.25}$$

若 X 的模为 1，则称其是归一的。X 与 Y 的夹角 θ 由下式定义：

$$\cos\theta \triangleq \frac{(X, Y)}{\| X \| \, \| Y \|} \tag{4.2.26}$$

若 $(X, Y) = 0$，则称 X 与 Y 是正交的。

假如 X 和 Y 分别是 K 的属于本征值 ω_1^2 和 ω_2^2 的本征矢，即

$$KX = \omega_1^2 MX, \quad KY = \omega_2^2 MY$$

用 Y^{T} 左乘第一式，用 X^{T} 左乘第二式，可给出

$$Y^{\mathrm{T}}KX = \omega_1^2 Y^{\mathrm{T}}MX, \quad X^{\mathrm{T}}KY = \omega_2^2 X^{\mathrm{T}}MY$$

两式相减，利用 M 与 K 的对称性得到

$$(\omega_1^2 - \omega_2^2) X^{\mathrm{T}}MY = 0$$

因此，如果 $\omega_1^2 \neq \omega_2^2$，则 $X^{\mathrm{T}}MY = 0$，即属于不同本征值的本征矢必然正交。

若 ω^2 是久期方程的 n 重根，则相应的 n 个独立本征矢 $X^{(1)}, \cdots, X^{(n)}$ 总可以通过格拉姆-施密特方法正交归一化：

(1) 将第一个本征矢 $X^{(1)}$ 归一化为 $A^{(1)} = X^{(1)} / \| X^{(1)} \|$；

(2) 令 $Y^{(2)} = X^{(2)} - (X^{(2)}, A^{(1)}) A^{(1)}$，并将其归一化为 $A^{(2)} = Y^{(2)} / \| Y^{(2)} \|$，由于 $Y^{(2)}$ 是将第二个本征矢 $X^{(2)}$ 减去其在 $A^{(1)}$ 方向上的投影得到的，很容易验证 $Y^{(2)}$ 必然与 $A^{(1)}$ 正交；

(3) 令 $Y^{(3)} = X^{(3)} - (X^{(3)}, A^{(1)}) A^{(1)} - (X^{(3)}, A^{(2)}) A^{(2)}$，并将其归一化为 $A^{(3)} = Y^{(3)} / \| Y^{(3)} \|$，由于 $Y^{(3)}$ 是将第三个本征矢 $X^{(3)}$ 减去其在 $A^{(1)}$ 和 $A^{(2)}$

方向上的投影得到的,很容易验证 $Y^{(3)}$ 必然与 $A^{(1)}$ 和 $A^{(2)}$ 都正交;

(4) 依此类推,就可以得到属于 ω^2 的 n 个正交归一的本征矢。

所以,我们总是可以找到 s 个正交归一的本征矢,以它们为列构成的 $s\times s$ 矩阵A 满足

$$(A^{(i)},A^{(j)}) = \delta_{ij}$$

即满足方程(4.2.8a)。由于如此定义的矩阵 A 自然仍是满足方程(4.2.9)的,因而

$$A^{\mathrm{T}}KA = A^{\mathrm{T}}MA\Omega_{\mathrm{d}} = \Omega_{\mathrm{d}}$$

即式(4.2.8b)也同时成立。因此,以 s 个正交归一的本征矢为列构成的矩阵A 可以使得M 和K 同时对角化。

当以 $\xi = A\eta$ 定义的简正坐标 η 描述体系的位形时,拉格朗日函数(4.2.4)写为

$$L = \frac{1}{2}\dot{\eta}^{\mathrm{T}}(A^{\mathrm{T}}MA)\dot{\eta} - \frac{1}{2}\eta^{\mathrm{T}}(A^{\mathrm{T}}KA)\eta$$

如果矩阵 A 满足条件(4.2.8),即如果对本征矢进行了正交归一化处理,则上式可以写为

$$L = \frac{1}{2}\dot{\eta}^{\mathrm{T}}\dot{\eta} - \frac{1}{2}\eta^{\mathrm{T}}\Omega_{\mathrm{d}}\eta = \sum_{a}\frac{1}{2}(\dot{\eta}_a^2 - \omega_a^2\eta_a^2)$$

即 L 是s 个质量为 1、互不耦合的一维简谐振子的拉格朗日函数之和。

4.3 一维链的振动

本节讨论由 n 个质量同为m 的粒子构成的体系,相邻粒子之间用弹性系数均为 K_0、原长均为 d_0 的轻质橡皮筋连接,两端的粒子则通过同样的橡皮筋与固定墙连接(图 4.9)。设平衡时各粒子位于 x 轴上,并将平衡时粒子 a 的x 坐标记为$x_a = ad$,其中,$d > d_0$(即平衡时橡皮筋处于绷紧的状态),橡皮筋的总长度记为 $D = (n+1)d$。假设体系只限于在图 4.9 所示的 xy 平面内运动。

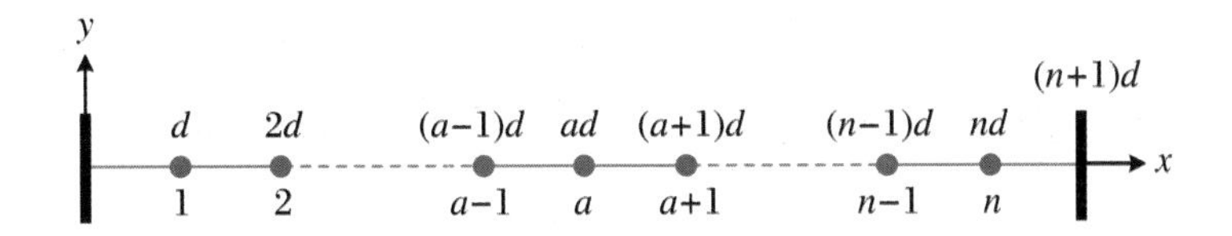

图 4.9 n 个质量均为 m 的粒子组成的一维链

4.3.1 简谐近似

设粒子 $a(1\leqslant a\leqslant n)$ 相对于平衡位置的偏离为 $\vec{u}_a=(\varphi_a,\psi_a)$(图 4.10)，体系的动能可以写为

$$T=\frac{1}{2}m\sum_{a=1}^{n}\dot{\vec{u}}_a^2=\frac{1}{2}m\sum_{a=1}^{n}\dot{\varphi}_a^2+\frac{1}{2}m\sum_{a=1}^{n}\dot{\psi}_a^2$$

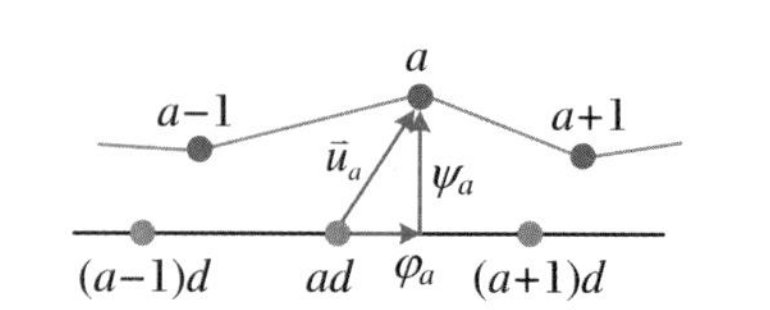

图 4.10　描述一维链位形的广义坐标

为表述方便，令 $(\varphi_0,\psi_0)=(\varphi_{n+1},\psi_{n+1})=(0,0)$，这样体系的总势能为 $n+1$ 段橡皮筋的弹性势能之和，即

$$U=\sum_{a=0}^{n}f(r_{a+1,a})$$

其中，$r_{a+1,a}=\sqrt{(d+\varphi_{a+1}-\varphi_a)^2+(\psi_{a+1}-\psi_a)^2}$ 为粒子 a 和 $a+1$ 之间的距离，而

$$f(r_{a+1,a})=\frac{1}{2}K_0\,(r_{a+1,a}-d_0)^2$$

因此 $f'(d)=K_0(d-d_0)$，$f''(d)=K_0$。由于平衡时相邻粒子的相对位矢沿着 x 轴方向，按照例 4.4 给出的结论(4.2.23)，平衡位置附近的势能可以写为

$$\begin{aligned}U\approx&\sum_{a=0}^{n}f(d)+\sum_{a=0}^{n}(\hat{x}\cdot\vec{u}_{a+1,a})f'(d)\\&+\frac{1}{2}\sum_{a=0}^{n}\left[(\hat{x}\cdot\vec{u}_{a+1,a})^2f''(d)+\frac{u_{a+1,a}^2-(\hat{x}\cdot\vec{u}_{a+1,a})^2}{d}f'(d)\right]\\=&(n+1)f(d)+K_0(d-d_0)\sum_{a=0}^{n}(\varphi_{a+1}-\varphi_a)\\&+\frac{1}{2}\sum_{a=0}^{n}\left[K_0(\varphi_{a+1}-\varphi_a)^2+K_0\left(1-\frac{d_0}{d}\right)(\psi_{a+1}-\psi_a)^2\right]\end{aligned}$$

容易看出，上式中的一阶项恒为零，因此略去常数项后，势能为

$$U\approx\frac{1}{2}K_0\sum_{a=0}^{n}(\varphi_{a+1}-\varphi_a)^2+\frac{1}{2}K\sum_{a=0}^{n}(\psi_{a+1}-\psi_a)^2$$

其中，$K\triangleq K_0(1-d_0/d)$。

所以，对于在平衡位置附近运动的一维链，其拉格朗日函数为

$$\begin{aligned} L &= T - U \\ &\approx \left[\frac{1}{2} m \sum_{a=1}^{n} \dot{\varphi}_a^2 - \frac{1}{2} K_0 \sum_{a=0}^{n} (\varphi_{a+1} - \varphi_a)^2 \right] \\ &\quad + \left[\frac{1}{2} m \sum_{a=1}^{n} \dot{\psi}_a^2 - \frac{1}{2} K \sum_{a=0}^{n} (\psi_{a+1} - \psi_a)^2 \right] \end{aligned} \tag{4.3.1}$$

右边第一个方括号中的项只依赖于 φ 和 $\dot{\varphi}$，描述体系的纵向运动；第二个方括号中的项只依赖于 ψ 和 $\dot{\psi}$，描述体系的横向运动。由于体系在平衡位置附近的横向运动与纵向运动互不影响，因此了解了横向运动的规律后，将其中的 K 替换为 K_0，也就知道了纵向运动的规律。

4.3.2 横向运动

1. 运动方程

横向运动的拉格朗日函数为

$$L = \frac{1}{2} m \sum_{a=1}^{n} \dot{\psi}_a^2 - \frac{1}{2} K \sum_{a=0}^{n} (\psi_{a+1} - \psi_a)^2 \tag{4.3.2}$$

或者将其写为

$$L = \cdots + \frac{1}{2} m \dot{\psi}_a^2 - \frac{1}{2} K (\psi_a - \psi_{a-1})^2 - \frac{1}{2} K (\psi_{a+1} - \psi_a)^2 - \cdots$$

其中只将包含广义坐标 ψ_a 和广义速度 $\dot{\psi}_a$ 的那些项明显写出。由此不难得到体系的运动方程为

$$\ddot{\psi}_a = - \omega_0^2 (2\psi_a - \psi_{a+1} - \psi_{a-1}) \quad (1 \leqslant a \leqslant n) \tag{4.3.3}$$

其中，$\omega_0 \triangleq \sqrt{K/m}$。由于体系的两端固定，因此式(4.3.3)中出现的 ψ_0 和 ψ_{n+1} 满足

$$\psi_0 = \psi_{n+1} = 0 \tag{4.3.4}$$

2. 本征矢方程

我们将直接寻找体系横向振动的简正模，设属于本征值 ω^2 的本征矢为 X。在该简正模下，粒子 a 的运动为

$$\psi_a(t) = X_a\cos(\omega t + \varphi) \tag{4.3.5}$$

将其代入方程(4.3.3),得到

$$\omega^2 X_a = \omega_0^2(2X_a - X_{a+1} - X_{a-1}) \quad (1 \leqslant a \leqslant n)$$

即

$$-X_{a-1} + \alpha X_a - X_{a+1} = 0 \quad (1 \leqslant a \leqslant n) \tag{4.3.6}$$

其中

$$\alpha \triangleq 2 - \frac{\omega^2}{\omega_0^2} \tag{4.3.7}$$

由于体系的两端固定,必须在式(4.3.6)中令 $X_0 = X_{n+1} = 0$。

本征矢满足的方程(4.3.6)可以写成矩阵形式:

$$\Lambda X = 0 \tag{4.3.8}$$

其中,Λ 为 $n \times n$ 矩阵,具体写出来为

$$\Lambda = \begin{pmatrix} \alpha & -1 & 0 & 0 & \cdots & 0 & 0 & 0 & 0 \\ -1 & \alpha & -1 & 0 & \cdots & 0 & 0 & 0 & 0 \\ 0 & -1 & \alpha & -1 & \cdots & 0 & 0 & 0 & 0 \\ 0 & 0 & -1 & \alpha & \cdots & 0 & 0 & 0 & 0 \\ \vdots & \vdots & \vdots & \vdots & & \vdots & \vdots & \vdots & \vdots \\ 0 & 0 & 0 & 0 & \cdots & \alpha & -1 & 0 & 0 \\ 0 & 0 & 0 & 0 & \cdots & -1 & \alpha & -1 & 0 \\ 0 & 0 & 0 & 0 & \cdots & 0 & -1 & \alpha & -1 \\ 0 & 0 & 0 & 0 & \cdots & 0 & 0 & -1 & \alpha \end{pmatrix} \tag{4.3.9}$$

因此,简正频率可由久期方程

$$D_n(\alpha) \triangleq \det\Lambda = 0 \tag{4.3.10}$$

得到,而将每一个简正频率代入方程(4.3.8),就可以获得相应的本征矢。

对于 $n=1$ 的情形(即一个粒子悬挂于两根相同的橡皮筋之间),方程(4.3.10)可写为 $\alpha=0$,因而

$$\omega = \sqrt{2}\omega_0$$

而对于 $n=2$ 的情形(相当于例 4.1 中 $k'=k$ 的情形,只是此处讨论的是横向运动),方程(4.3.10)可写为 $\alpha^2=1$,从而

$$\omega = \omega_0, \sqrt{3}\omega_0$$

这与例4.1所得结果是吻合的。

3. 简正频率

一方面,将矩阵Λ的行列式$D_n(\alpha)$按照第一行展开,很容易得到其满足递推关系:

$$D_n = \alpha D_{n-1} - D_{n-2} \tag{4.3.11}$$

当$n=1$和$n=2$时,有

$$D_1 = \alpha, \quad D_2 = \alpha^2 - 1 \tag{4.3.12}$$

由于本征值$\omega^2>0$,根据式(4.3.7)就得到:$D_n(\alpha)=0$的解必然满足$\alpha<2$。另一方面,由式(4.3.11)和式(4.3.12)可以看出:当n为奇数时,D_n为α的奇函数;而当n为偶数时,D_n为α的偶函数。这意味着,如果$D_n(\alpha)=0$,则必有$D_n(-\alpha)=0$。因此,$D_n(\alpha)=0$的解也必然满足$-\alpha<2$。也就是说,作为久期方程$D_n(\alpha)=0$的解,α必然处在$-2<\alpha<2$范围内。

不妨令

$$\alpha = 2\cos\theta \tag{4.3.13}$$

其中,$0<\theta<\pi$。由此可以证明

$$D_n = \frac{\sin(n+1)\theta}{\sin\theta} \tag{4.3.14}$$

这是由于,当$n=1$时,有

$$D_1 = \alpha = 2\cos\theta = \frac{2\sin\theta\cos\theta}{\sin\theta} = \frac{\sin 2\theta}{\sin\theta}$$

而当$n=2$时,有

$$D_2 = \alpha^2 - 1 = \frac{\sin^2 2\theta}{\sin^2\theta} - 1 = \frac{\sin^2 2\theta - \sin^2\theta}{\sin^2\theta}$$

利用$\sin^2 2\theta=(1-\cos 4\theta)/2$和$\sin^2\theta=(1-\cos 2\theta)/2$,上式可以写为

$$D_2 = \frac{\cos 2\theta - \cos 4\theta}{2\sin^2\theta} = \frac{2\sin\theta\sin 3\theta}{2\sin^2\theta} = \frac{\sin 3\theta}{\sin\theta}$$

当$n>2$时,将

$$D_{n-1} = \frac{\sin n\theta}{\sin\theta}, \quad D_{n-2} = \frac{\sin(n-1)\theta}{\sin\theta}$$

代入递推关系式(4.3.11),得到

$$
\begin{aligned}
D_n &= 2\cos\theta \cdot \frac{\sin n\theta}{\sin\theta} - \frac{\sin(n-1)\theta}{\sin\theta} \\
&= \frac{\sin(n+1)\theta + \sin(n-1)\theta}{\sin\theta} - \frac{\sin(n-1)\theta}{\sin\theta} \\
&= \frac{\sin(n+1)\theta}{\sin\theta}
\end{aligned}
$$

这就证明了式(4.3.14)。

由式(4.3.14)可得:方程 $D_n(\alpha)=D_n(2\cos\theta)=0$ 的解满足

$$(n+1)\theta = b\pi \tag{4.3.15}$$

其中,b 为整数。由于 $0<\theta<\pi$,所以此处 b 的取值范围为 $1\leqslant b\leqslant n$。这样,由式(4.3.15)就得到

$$\theta_b = \frac{b\pi}{n+1} \quad (b=1,2,\cdots,n) \tag{4.3.16}$$

根据式(4.3.7)和式(4.3.13)有

$$\omega = 2\omega_0 \sin\frac{\theta}{2} \tag{4.3.17}$$

所以体系有 n 个互不相等的简正频率:

$$\omega_b = 2\omega_0\sin\frac{\theta_b}{2} = 2\omega_0\sin\frac{b\pi}{2(n+1)} \quad (b=1,2,\cdots,n) \tag{4.3.18}$$

对于 $n=1$ 或 $n=2$ 的情形,很容易验证由此给出的结果与前面相同。图 4.11 给出了 $n=6$ 时的简正频率。

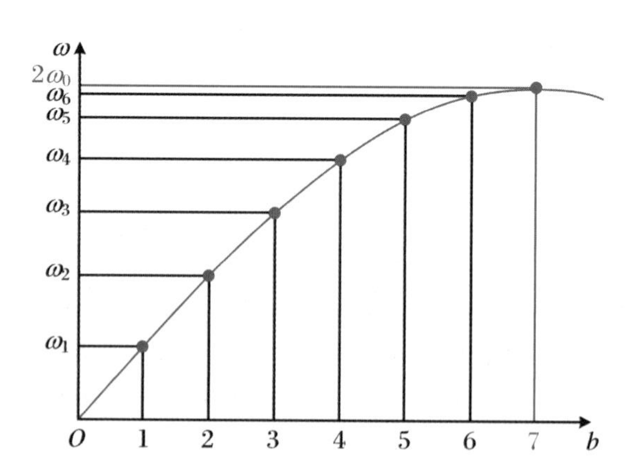

图 4.11　横向振动一维链的简正频率($n=6$)

4. 本征矢

将本征矢方程(4.3.6)重写为

$$X_{a+1} = \alpha X_a - X_{a-1} = 2\cos\theta \cdot X_a - X_{a-1} \tag{4.3.19}$$

由于 $X_0 = 0$,因此必然有 $X_1 \neq 0$(否则,只能得到零解)。不妨设

$$X_1 = C\sin\theta \tag{4.3.20}$$

其中,C 为非零常数。这样,由递推关系式(4.3.19)就可以得到

$$X_a = C\sin a\theta \tag{4.3.21}$$

这是由于

$$X_2 = 2\cos\theta \cdot X_1 - X_0 = 2\cos\theta \cdot C\sin\theta - 0 = C\sin 2\theta$$

当 $a \geqslant 2$ 时,将

$$X_a = C\sin a\theta, \quad X_{a-1} = C\sin(a-1)\theta$$

代入式(4.3.19),得到

$$X_{a+1} = 2\cos\theta \cdot C\sin a\theta - C\sin(a-1)\theta$$

即有

$$\begin{aligned} X_{a+1} &= C[\sin(a+1)\theta + \sin(a-1)\theta] - C\sin(a-1)\theta \\ &= C\sin(a+1)\theta \end{aligned}$$

特别地,当 $a = n$ 时,上式给出 $X_{n+1} = C\sin(n+1)\theta = 0$,这里用到了条件(4.3.15)。

对于每一个 θ_b,或者说对于每一个简正频率 ω_b,式(4.3.21)事实上就给出了相应的本征矢。在第 b 个简正模下,粒子 a 的振幅为

$$A_{ab} = C_b \sin a\theta_b = C_b \sin\left(a\frac{b\pi}{n+1}\right) \tag{4.3.22}$$

因而其运动为

$$\begin{aligned} \psi_a(t) &= A_{ab}\cos(\omega_b t + \varphi_b) \\ &= C_b \sin\left(a\frac{b\pi}{n+1}\right)\cos(\omega_b t + \varphi_b) \end{aligned} \tag{4.3.23}$$

由于橡皮筋的总长度为 $D = (n+1)d$,而平衡时粒子 a 的 x 坐标为 $x_a = ad$,上式又可以写为

$$\psi_a(t) = C_b \sin\left(\frac{2\pi x_a}{\lambda_b}\right)\cos(\omega_b t + \varphi_b) \tag{4.3.24}$$

其中,$\lambda_b = 2D/b$。如果 x_a 可以连续取值,上式给出的实际上是两端固定的弦的驻波解,其波长为 λ_b。由于

$$\frac{D}{\lambda_b}=\frac{b}{2} \tag{4.3.25}$$

因此第 b 个简正模对应的驻波解，在 D 内恰好包含 $b/2$ 个波长。图 4.12 给出了 $n=6$ 时的 6 个简正模。

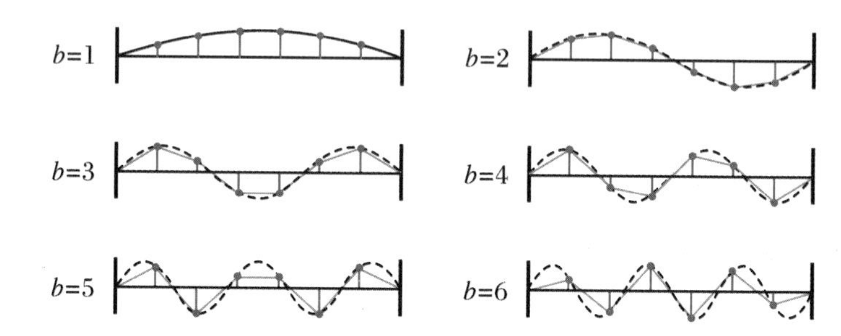

图 4.12 横向振动一维链的简正模($n=6$)

5. 一般运动

横向运动的一般解是各简正模的线性组合，因此，ψ_a 的通解为

$$\begin{aligned}\psi_a(t)&=\sum_b A_{ab}\cos(\omega_b t+\varphi_b)\\&=\sum_b C_b\sin\left(a\frac{b\pi}{n+1}\right)\cos(\omega_b t+\varphi_b)\end{aligned} \tag{4.3.26}$$

4.4 连续体系的拉格朗日描述

4.4.1 连续极限

对于 n 个粒子构成的一维链，其横向运动的拉格朗日函数由式(4.3.2)给出：

$$L=\frac{1}{2}m\left[\sum_{a=1}^{n}\dot{\psi}_a^2-\omega_0^2\sum_{a=0}^{n}(\psi_{a+1}-\psi_a)^2\right] \tag{4.4.1}$$

其中，$\omega_0^2\triangleq K/m$。而横向运动方程由式(4.3.3)给出，或将其重新写为

$$\ddot{\psi}_a-\omega_0^2[(\psi_{a+1}-\psi_a)-(\psi_a-\psi_{a-1})]=0\quad(1\leqslant a\leqslant n) \tag{4.4.2}$$

连续极限可这样实现：将体系中的每一个粒子都用 s 个质量均为 $\Delta m = m/s$ 的粒子代替，相邻粒子之间的距离变为 $\Delta x = d/s$，从而沿着连线单位长度的质量（即质量的线密度 $\rho \triangleq \Delta m/\Delta x = m/d$）保持不变，最终我们再令 $s \to \infty$。

由于连接相邻两粒子的橡皮筋长度从 d 变为了 d/s，弹性系数就从 K 变为了 sK。引入一个与 s 无关的量：$Y \triangleq Kd = (sK)(d/s)$，它具有力的量纲。这样一来，前面定义的 $\omega_0^2 = K/m$ 就变为了

$$\frac{sK}{\Delta m} = \frac{Y}{\rho}\frac{1}{(\Delta x)^2}$$

对于这样一个由 ns 个粒子构成的体系，设 x 是第 a 个粒子平衡时的位置，用 $\psi(x)$ 表示粒子 a 的广义坐标（横向偏移），这样，新体系的拉格朗日函数就可以写为

$$\begin{aligned}L &= \frac{1}{2}\rho\Delta x\left\{\sum\dot{\psi}(x)^2 - \frac{Y}{\rho}\sum\left[\frac{\psi(x+\Delta x) - \psi(x)}{\Delta x}\right]^2\right\} \\ &= \sum\Delta x\left\{\frac{1}{2}\rho\dot{\psi}(x)^2 - \frac{1}{2}Y\left[\frac{\psi(x+\Delta x) - \psi(x)}{\Delta x}\right]^2\right\}\end{aligned} \tag{4.4.3}$$

这里，由于我们最终是要令 $s \to \infty$ 的，从而 $\Delta m \to 0$，所以动能与势能中的求和范围可视为相同。至于拉格朗日方程(4.4.2)，现在则变为了

$$\ddot{\psi}(x) - \frac{Y}{\rho}\frac{[\psi(x+\Delta x) - \psi(x)] - [\psi(x) - \psi(x-\Delta x)]}{(\Delta x)^2} = 0 \tag{4.4.4}$$

式(4.4.4)在形式上并不依赖于 s，因而很容易将其过渡到极限 $s \to \infty$ 的情形。在该极限下，$\Delta x \to 0$，且有

$$\begin{aligned}&\lim_{\Delta x \to 0}\frac{[\psi(x+\Delta x) - \psi(x)] - [\psi(x) - \psi(x-\Delta x)]}{(\Delta x)^2} \\ &= \lim_{\Delta x \to 0}\left\{\frac{1}{\Delta x}\left[\frac{\psi(x+\Delta x) - \psi(x)}{\Delta x} - \frac{\psi(x) - \psi(x-\Delta x)}{\Delta x}\right]\right\} \\ &= \frac{\partial^2\psi(t,x)}{\partial x^2}\end{aligned}$$

由于对可连续取值的每一个 x，$\psi(x)$ 都依赖于时间 t，因此在上式最后一行将其记为了 $\psi(t,x)$。所以在连续极限下，拉格朗日方程(4.4.4)就变为

$$\frac{\partial^2\psi}{\partial t^2} - v^2\frac{\partial^2\psi}{\partial x^2} = 0 \tag{4.4.5}$$

其中，$v \triangleq \sqrt{Y/\rho}$ 具有速度量纲。式(4.4.5)即是熟悉的一维波动方程，而函数 $\psi(t,x)$ 称为波函数或场。

在极限 $s\to\infty$ 下，拉格朗日函数(4.4.3)变为了一个积分

$$L=\int\frac{1}{2}\rho\left[\left(\frac{\partial\psi}{\partial t}\right)^2-v^2\left(\frac{\partial\psi}{\partial x}\right)^2\right]\mathrm{d}x \tag{4.4.6}$$

其中的被积函数

$$\mathscr{L}\triangleq\frac{1}{2}\rho\left[\left(\frac{\partial\psi}{\partial t}\right)^2-v^2\left(\frac{\partial\psi}{\partial x}\right)^2\right]=\mathscr{L}\left(\frac{\partial\psi}{\partial t},\frac{\partial\psi}{\partial x}\right) \tag{4.4.7}$$

称为波动方程的拉格朗日密度。因此有 $L=\int\mathscr{L}\,\mathrm{d}x$ 。

4.4.2 连续体系的哈密顿原理

1. 关于符号的说明

一方面，一般的场可能不仅依赖于时间 t 和坐标 x，还可能依赖于另外两个空间坐标 y 和 z。另一方面，描述纵波只需一个场，而由于横波有两个垂直于传播方向的分量，因此波函数也就有两个分量；3 维空间中更一般的波既有纵向分量，也有横向分量，所以波函数是一个具有 3 个分量的矢量函数。从现在开始，我们将使相关的讨论尽可能适用于一般的情形。假设场有 $N(N\geqslant1)$个分量

$$\psi_I\quad(I=1,\cdots,N)$$

其中，每一个 ψ_I 都是时间 t 和空间位置 $\vec{r}=(x_1,x_2,x_3)$的函数。

为了符号上尽可能简洁，我们用

$$x\triangleq(x_0,x_1,x_2,x_3)=(t,x_1,x_2,x_3)$$

标志时空坐标，因此场就可以写为 $\psi_I(x)$。本节中我们约定：希腊字母如 α,β,γ 等指标称为时空指标，其取值范围为$\{0,1,2,3\}$；而小写拉丁字母如 i,j,k 等指标称为空间指标，其取值范围为$\{1,2,3\}$。同时约定用$\partial\psi$ 表示 $4N$ 个导数 $\partial_\alpha\psi_I\triangleq\partial\psi_I/\partial x_\alpha$ 的集合。

与波动方程的拉格朗日密度不同，更一般的拉格朗日密度不仅依赖于场对时空坐标的导数 $\partial\psi$，而且也依赖于场本身，甚至还可能明显地依赖于时空坐标。即一般情形下，拉格朗日密度具有下面的形式：

$$\mathscr{L}=\mathscr{L}(\psi,\partial\psi,x) \tag{4.4.8}$$

连续体系中的四个时空坐标扮演着离散体系中时间 t 的角色，而场和场对时空坐标的导数则分别扮演着广义坐标和广义速度的角色。因此作用量是形如下式的积分：

$$S[\psi] = \int \mathscr{L}(\psi, \partial\psi, x)\mathrm{d}^4 x \tag{4.4.9}$$

其中，$\mathrm{d}^4 x = \mathrm{d}x_0 \mathrm{d}x_1 \mathrm{d}x_2 \mathrm{d}x_3$，即 S 是在某个时空区域内的积分。由于 $\mathscr{L}$ 是单位体积的拉格朗日函数，其对空间的积分 $L = \int \mathscr{L}(\psi, \partial\psi, x)\mathrm{d}^3 x$ 就是拉格朗日函数，其中，$\mathrm{d}^3 x = \mathrm{d}x_1 \mathrm{d}x_2 \mathrm{d}x_3$，因此式(4.4.9)也可以写为 $S = \int L\mathrm{d}t$。

2. 哈密顿原理及其证明

离散体系的哈密顿原理的目标是：对于某个给定的时间区间如$[t_1, t_2]$，在端点相同(即在该区间的边界$\partial[t_1, t_2] = \{t_1, t_2\}$上具有相同数值)的所有可能路径中，找出使得作用量取驻值的路径。

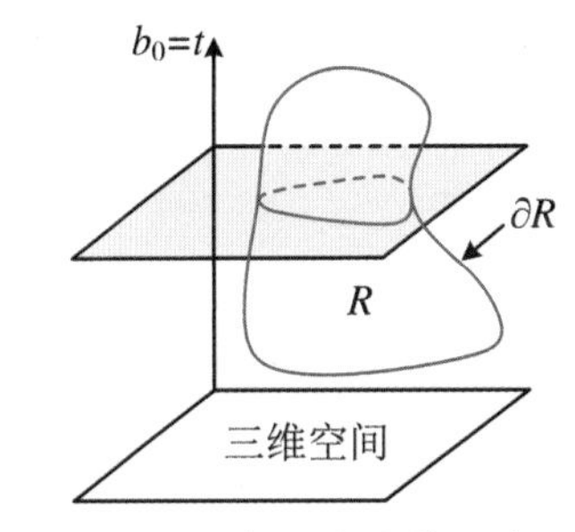

图 4.13 四维时空中的一个区域及其边界

连续体系的哈密顿原理的目标是：对于某个给定的4维时空区域 R(图4.13)，在该区域边界 ∂R(4维时空中的一个3维闭合超曲面)上具有相同数值的场中，找出使得作用量取驻值的场函数 $\psi_I(x)$。具体而言，设想场 $\psi_I(x)$有一无限小的偏离 $\delta\psi_I(x)$(称为 ψ_I 的变分)，该偏离引起的 S 的一阶改变

$$\delta S[\psi] = S[\psi + \delta\psi] - S[\psi]$$

称为 S 的一阶变分。如果 $\psi_I(x)$使得S 取驻值，那么就必有 $\delta S[\psi] = 0$。由于要求所有场在边界上具有相同的数值，因此就要求当 x 在边界 ∂R 上取值时 $\delta\psi_I(x)$是等于零的。所以，我们的问题在数学上就可以表述为：求使得

$$\delta S = \delta\int_R \mathscr{L}(\psi, \partial\psi, x)\mathrm{d}^4 x = 0 \tag{4.4.10}$$

且满足边界条件

$$\delta\psi_I(x \in \partial R) = 0 \quad (I = 1, \cdots, N) \tag{4.4.11}$$

的场 $\psi_I(x)$。

根据定义，显然有

$$\delta S = \int_R \delta\mathscr{L}(\psi, \partial\psi, x)\mathrm{d}^4 x$$

其中

$$\begin{aligned}\delta\mathscr{L} &\triangleq \mathscr{L}(\psi + \delta\psi, \partial\psi + \partial\delta\psi, x) - \mathscr{L}(\psi, \partial\psi, x)\\ &= \frac{\partial\mathscr{L}}{\partial\psi_I}\delta\psi_I + \frac{\partial\mathscr{L}}{\partial(\partial_\alpha\psi_I)}\partial_\alpha\delta\psi_I\end{aligned} \tag{4.4.12}$$

利用莱布尼茨法则，上式右边最后一项可以写为

$$\frac{\partial}{\partial x_\alpha}\left[\frac{\partial \mathscr{L}}{\partial(\partial_\alpha \psi_I)}\delta\psi_I\right]-\left[\frac{\partial}{\partial x_\alpha}\frac{\partial \mathscr{L}}{\partial(\partial_\alpha \psi_I)}\right]\delta\psi_I$$

因此就有

$$0=\delta S=\int_R\left[\frac{\partial \mathscr{L}}{\partial\psi_I}-\frac{\partial}{\partial x_\alpha}\frac{\partial \mathscr{L}}{\partial(\partial_\alpha \psi_I)}\right]\delta\psi_I \mathrm{d}^4 x+\int_R\frac{\partial}{\partial x_\alpha}\left[\frac{\partial \mathscr{L}}{\partial(\partial_\alpha \psi_I)}\delta\psi_I\right]\mathrm{d}^4 x \tag{4.4.13}$$

利用高斯定理,上式右边最后一项可以转化为区域 R 的边界 ∂R 上的面积分,即有

$$\int_R\frac{\partial}{\partial x_\alpha}\left[\frac{\partial \mathscr{L}}{\partial(\partial_\alpha \psi_I)}\delta\psi_I\right]\mathrm{d}^4 x=\oint_{\partial R}\left[\frac{\partial \mathscr{L}}{\partial(\partial_\alpha \psi_I)}\delta\psi_I\right]\mathrm{d}n_\alpha$$

其中,$\mathrm{d}n_\alpha$ 是边界 ∂R 沿着外法向的面积元的分量,它是一个 4 维矢量的分量。由边界条件(4.4.11)知:上面的面积分或者说式(4.4.13)右边的最后一项是等于零的,因而就有

$$\int_R\left[\frac{\partial \mathscr{L}}{\partial\psi_I}-\frac{\partial}{\partial x_\alpha}\frac{\partial \mathscr{L}}{\partial(\partial_\alpha \psi_I)}\right]\delta\psi_I \mathrm{d}^4 x=0 \tag{4.4.14}$$

由于对任意的 N 个 $\delta\psi_I$,式(4.4.14)中的积分都为零,所以被积函数中每一个 $\delta\psi_I$ 前面的系数(即方括号中的项)都等于零。因而,对于每一个 I 都有

$$\frac{\delta \mathscr{L}}{\delta\psi_I}\triangleq\frac{\partial \mathscr{L}}{\partial\psi_I}-\frac{\partial}{\partial x_\alpha}\frac{\partial \mathscr{L}}{\partial(\partial_\alpha \psi_I)}=0 \tag{4.4.15a}$$

或者

$$\frac{\delta \mathscr{L}}{\delta\psi_I}\triangleq\frac{\partial \mathscr{L}}{\partial\psi_I}-\partial_t\frac{\partial \mathscr{L}}{\partial(\partial_t \psi_I)}-\nabla\cdot\frac{\partial \mathscr{L}}{\partial(\nabla\psi_I)}=0 \tag{4.4.15b}$$

式(4.4.15)就是连续体系的欧拉-拉格朗日方程,而满足方程(4.4.15)的场使得作用量取驻值。其中的 $\delta\mathscr{L}/\delta\psi_1$ 称为 $\mathscr{L}$ 对场 ψ_1 的变分导数。

哈密顿原理意味着,如果知道了拉格朗日密度,我们就可以在不借助于任何离散体系的情形下得到场方程(即欧拉-拉格朗日方程)。至于特定连续体系的拉格朗日密度具有什么形式,以及如何找到它则是另外一回事。对于离散体系,拉格朗日函数通常可以写成动能减去势能的形式,而在场论中,情况并非如此简单。某种程度上我们可以这样讲:在承认"真实的场就是使得作用量取驻值的场"这一前提下,动力学的核心任务就是寻找拉格朗日密度的正确形式。为此,我们就必须回到实验,实验结果会告诉我们关于特定相互作用所满足的对称性,而这些对称性的信息又会对于拉格朗日密度的可能形式提出非常苛刻的限制,甚至于可以将其具体形式确定下来。

【例 4.5】如果体系的拉格朗日密度为

$$\mathcal{L}\left(\psi,\frac{\partial\psi}{\partial t},\frac{\partial\psi}{\partial x}\right)=\rho\left[\frac{1}{2}\left(\frac{\partial\psi}{\partial t}\right)^2-\frac{1}{2}v^2\left(\frac{\partial\psi}{\partial x}\right)^2-\frac{1}{2}\Omega^2\psi^2\right]$$

其中，ρ，v 和 Ω 均为常数。试写出场函数 $\psi(t,x)$ 满足的方程。

【解】$\psi(t,x)$ 满足的欧拉-拉格朗日方程为

$$\partial_t\frac{\partial\mathcal{L}}{\partial(\partial_t\psi)}+\partial_x\frac{\partial\mathcal{L}}{\partial(\partial_x\psi)}-\frac{\partial\mathcal{L}}{\partial\psi}=0$$

由于

$$\frac{\partial\mathcal{L}}{\partial(\partial_t\psi)}=\rho\frac{\partial\psi}{\partial t},\quad\frac{\partial\mathcal{L}}{\partial(\partial_x\psi)}=-\rho v^2\frac{\partial\psi}{\partial x},\quad\frac{\partial\mathcal{L}}{\partial\psi}=-\rho\Omega^2\psi$$

将其代入欧拉-拉格朗日方程并消去 ρ，得到

$$\frac{\partial^2\psi}{\partial t^2}-v^2\frac{\partial^2\psi}{\partial x^2}+\Omega^2\psi=0$$

该方程称为一维实克莱因-戈登方程。三维复克莱因-戈登方程在相对论量子力学中有着重要地位。如果 $\Omega=0$，方程就变为了一维波动方程(4.4.5)。

【例 4.6】设体系的拉格朗日密度为

$$\mathcal{L}=\hbar(\psi_2\partial_t\psi_1-\psi_1\partial_t\psi_2)-\frac{\hbar^2}{2m}[(\nabla\psi_1)^2+(\nabla\psi_2)^2]-U(\vec{r})(\psi_1^2+\psi_2^2)\tag{4.4.16}$$

试写出场 ψ_1 和 ψ_2 满足的欧拉-拉格朗日方程。

【解】将拉格朗日密度代入方程(4.4.15b)，对于 ψ_1 和 ψ_2 分别给出

$$\begin{aligned}0&=\frac{\partial\mathcal{L}}{\partial\psi_1}-\partial_t\frac{\partial\mathcal{L}}{\partial(\partial_t\psi_1)}-\nabla\cdot\frac{\partial\mathcal{L}}{\partial(\nabla\psi_1)}\\&=(-\hbar\partial_t\psi_2-2U\psi_1)-\partial_t(\hbar\psi_2)-\nabla\cdot\left(-\frac{\hbar^2}{m}\nabla\psi_1\right)\\0&=\frac{\partial\mathcal{L}}{\partial\psi_2}-\partial_t\frac{\partial\mathcal{L}}{\partial(\partial_t\psi_2)}-\nabla\cdot\frac{\partial\mathcal{L}}{\partial(\nabla\psi_2)}\\&=(\hbar\partial_t\psi_1-2U\psi_2)-\partial_t(-\hbar\psi_1)-\nabla\cdot\left(-\frac{\hbar^2}{m}\nabla\psi_2\right)\end{aligned}$$

略做整理后得到

$$-\hbar\partial_t\psi_2=-\frac{\hbar^2}{2m}\nabla^2\psi_1+U\psi_1 \tag{4.4.17a}$$

$$+\hbar\partial_t\psi_1=-\frac{\hbar^2}{2m}\nabla^2\psi_2+U\psi_2 \tag{4.4.17b}$$

如果将式(4.4.17b)乘上虚数因子 i,再与式(4.4.17a)相加,就可以给出

$$\mathrm{i}\hbar\frac{\partial\psi}{\partial t}=-\frac{\hbar^2}{2m}\nabla^2\psi+U\psi \tag{4.4.18}$$

其中,$\psi\triangleq\psi_1+\mathrm{i}\psi_2$。方程(4.4.18)即是著名的薛定谔方程。拉格朗日密度(4.4.16)也可以用 ψ 表示为

$$\mathscr{L}=\frac{\mathrm{i}\hbar}{2}[\psi^*(\partial_t\psi)-(\partial_t\psi^*)\psi]-\frac{\hbar^2}{2m}\nabla\psi^*\cdot\nabla\psi-U(r)\psi^*\psi$$

其中,ψ^* 是 ψ 的复共轭。

3. 规范变换

与离散体系的拉格朗日函数类似,描述一个连续体系的拉格朗日密度也是具有不确定性的。例如,设 $\mathscr{L}$ 是描述某个体系的拉格朗日密度,定义

$$\mathscr{L}'=\mathscr{L}+\partial_\alpha F_\alpha(\psi,x) \tag{4.4.19}$$

其中,$F_\alpha(\psi,x)$ 是任意一组依赖于场和时空坐标(而与场对时空坐标的导数无关)的函数。利用高斯定理有

$$S'=\int_R\mathscr{L}'\mathrm{d}^4x=\int_R\mathscr{L}\mathrm{d}^4x+\int_R\frac{\partial F_\alpha(\psi,x)}{\partial x_\alpha}\mathrm{d}^4x=S+\oint_{\partial R}F_\alpha(\psi,x)\mathrm{d}n_\alpha$$

由于所有可能场在边界 ∂R 上具有相同的数值,所以 S' 与 S 只是相差一个与场无关的常数。从而使得 S 取驻值的场也是使得 S' 取驻值的场,反之亦然。由此我们看到,$\mathscr{L}$ 和 $\mathscr{L}'$ 是描述同一体系的拉格朗日密度,而式(4.4.19)称为规范变换。

4. 守恒流

对于离散体系,如果其拉格朗日函数不显含某个循环坐标,那么与之共轭的广义动量为运动常量。连续体系也有一个与之对应的结论:若 $\mathscr{L}$ 不显含某个场分量如 ψ_I,从而 $\partial\mathscr{L}/\partial\psi_I=0$,那么由式(4.4.15)就给出

$$\partial_\alpha\Gamma_\alpha=0 \tag{4.4.20}$$

其中

$$\Gamma_\alpha \triangleq \frac{\partial \mathscr{L}}{\partial(\partial_\alpha \psi_I)} \tag{4.4.21}$$

令 $\vec{\Gamma}=(\Gamma_1,\Gamma_2,\Gamma_3)$,式(4.4.20)可以写为

$$\partial_t \Gamma_0 = -\nabla \cdot \vec{\Gamma} \tag{4.4.22}$$

这正是我们熟悉的连续性方程。将此方程左、右两边在空间区域 V 内积分,利用高斯定理给出

$$\frac{\mathrm{d}}{\mathrm{d}t}\int_V \Gamma_0 \mathrm{d}V = -\int_V \nabla \cdot \vec{\Gamma}\, \mathrm{d}V = -\oint_{\partial V} \vec{\Gamma} \cdot \mathrm{d}\vec{S}$$

如果将 V 取为球体,并令其半径趋于∞,那么,只要当 $r\to\infty$ 时 $|\vec{\Gamma}|$ 足够快地趋于零,上式右边的面积分就等于零。因此,Γ_0 对全空间的积分是不随时间变化的,是一个守恒量。正由于此,我们将满足连续性方程(4.4.20)或方程(4.4.22)的 Γ_α 称为守恒流,而其时间分量对空间的积分

$$Q \triangleq \int \Gamma_0 \mathrm{d}V \tag{4.4.23}$$

则称为守恒荷。

4.4.3 麦克斯韦方程组

作为一个重要的例子,接下来我们将从某个拉格朗日密度推导麦克斯韦方程组。

1. 源

设 ρ 为电荷密度,$\vec{j}=\rho\vec{v}$ 为电流密度,它们一般都是时空坐标的函数。我们用 j_α 统一描述源(即电荷、电流)的分布,其时间分量为电荷密度,而空间分量是电流密度,即有

$$(j_0,\vec{j}) = (\rho,\vec{j}) \tag{4.4.24}$$

借助于 j_α,连续性方程

$$\partial_t \rho + \nabla \cdot \vec{j} = 0$$

可以写为

$$\partial_\alpha j_\alpha = 0 \tag{4.4.25}$$

2. 电磁势

电场 $\vec{E}$ 和磁场 $\vec{B}$ 的六个分量可以用一个标量势 φ 和一个矢量势 $\vec{A}$ 共四个分量描述(参考 1.6.3 小节)。我们用 A_α 统一描述电磁势,其时间分量为标量势的负值,而空间分量是矢量势,即有

$$\left(A_0, \vec{A}\right) = \left(-\varphi, \vec{A}\right) \tag{4.4.26}$$

借助于 A_α,电磁场与电磁势的关系

$$\vec{E} = -\nabla\varphi - \partial_t \vec{A}, \quad \vec{B} = \nabla \times \vec{A} \tag{4.4.27a}$$

可以用分量分别表示为

$$E_i = \partial_i A_0 - \partial_0 A_i, \quad B_i = \varepsilon_{imn} \partial_m A_n \tag{4.4.27b}$$

规范变换

$$\varphi' = \varphi - \partial_t \psi, \quad \vec{A}' = \vec{A} + \nabla\psi \tag{4.4.28a}$$

也可统一写为

$$A'_\alpha = A_\alpha + \partial_\alpha \psi \tag{4.4.28b}$$

3. 麦克斯韦方程组的拉格朗日密度

电磁场的拉格朗日密度为

$$\mathscr{L}(A, \partial A, x) = \frac{1}{2}\varepsilon_0 (E^2 - c^2 B^2) + j_\alpha A_\alpha \tag{4.4.29}$$

这里,$c \triangleq 1/\sqrt{\mu_0 \varepsilon_0}$ 为真空中的光速,$\mathscr{L}$ 中出现的电场和磁场应通过式(4.4.27)表示为电磁势对时空坐标的导数。

当对电磁势做规范变换(4.4.28)时,电磁场是规范不变的,因此拉格朗日密度变为

$$\mathscr{L}' = \frac{1}{2}\varepsilon_0 (E^2 - c^2 B^2) + j_\alpha A'_\alpha = \mathscr{L} + j_\alpha \partial_\alpha \psi$$

而由于 j_α 满足连续性方程(4.4.25),因此得到

$$\mathscr{L}' = \mathscr{L} + \partial_\alpha (\psi j_\alpha)$$

即 $\mathscr{L}'$ 与 $\mathscr{L}$ 由规范变换相联系，它们描述的是同一体系，理当如此。

以后的高级物理课程中会讨论式(4.4.29)的由来，这里我们只做简单的验证性工作，即将式(4.4.29)定义的 $\mathscr{L}$ 代入欧拉-拉格朗日方程时，确实能给出麦克斯韦方程组。

事实上，由于$\partial\mathscr{L}/\partial A_\beta = j_\beta$，因此将欧拉-拉格朗日方程应用于 A_β，得到

$$\partial_\alpha Y_{\alpha\beta} = j_\beta \tag{4.4.30}$$

其中

$$Y_{\alpha\beta} \triangleq \frac{\partial\mathscr{L}}{\partial(\partial_\alpha A_\beta)} \tag{4.4.31}$$

接下来给出 $Y_{\alpha\beta}$的表达式。首先，由于 $\mathscr{L}$ 并不依赖于$\partial_0 A_0$，因此

$$Y_{00} = \frac{\partial\mathscr{L}}{\partial(\partial_0 A_0)} = 0$$

其次，由于 $\mathscr{L}$ 只是通过电场依赖于 $\partial_k A_0$ 和 $\partial_0 A_k$，因此有

$$\begin{aligned} Y_{k0} &= \frac{\partial\mathscr{L}}{\partial(\partial_k A_0)} = \varepsilon_0 E_i \frac{\partial E_i}{\partial(\partial_k A_0)} \\ &= \varepsilon_0 E_i \frac{\partial(\partial_i A_0 - \partial_0 A_i)}{\partial(\partial_k A_0)} = \varepsilon_0 E_i \delta_{ik} = \varepsilon_0 E_k \\ Y_{0k} &= \frac{\partial\mathscr{L}}{\partial(\partial_0 A_k)} = \varepsilon_0 E_i \frac{\partial E_i}{\partial(\partial_0 A_k)} \\ &= \varepsilon_0 E_i \frac{\partial(\partial_i A_0 - \partial_0 A_i)}{\partial(\partial_0 A_k)} = -\varepsilon_0 E_i \delta_{ik} = -\varepsilon_0 E_k \end{aligned}$$

最后，$\mathscr{L}$ 对 $\partial_j A_k$ 的依赖关系则是通过磁场实现的，所以

$$\begin{aligned} Y_{jk} &= \frac{\partial\mathscr{L}}{\partial(\partial_j A_k)} = -\varepsilon_0 c^2 B_i \frac{\partial B_i}{\partial(\partial_j A_k)} = -\varepsilon_0 c^2 B_i \frac{\partial(\varepsilon_{imn}\partial_m A_n)}{\partial(\partial_j A_k)} \\ &= -\varepsilon_0 c^2 B_i(\varepsilon_{imn}\delta_{mj}\delta_{nk}) = -\varepsilon_0 c^2 \varepsilon_{ijk} B_i \end{aligned}$$

上述结果可总结为

$$Y_{00} = 0, \quad Y_{k0} = \varepsilon_0 E_k = -Y_{0k}, \quad Y_{jk} = -\varepsilon_0 c^2 \varepsilon_{ijk} B_i \tag{4.4.32}$$

可见由式(4.4.31)定义的 $Y_{\alpha\beta}$是反对称的，满足 $Y_{\beta\alpha} = -Y_{\alpha\beta}$。

在式(4.4.30)中令 $\beta=0$，并将式(4.4.32)中的结果代入，得到

$$j_0 = \partial_\alpha Y_{\alpha 0} = \partial_0 Y_{00} + \partial_k Y_{k0} = 0 + \varepsilon_0 \partial_k E_k$$

由于 $j_0=\rho$，因此上式正是电场满足的高斯定律

$$\nabla\cdot\vec{E} = \frac{\rho}{\varepsilon_0} \tag{4.4.33}$$

在式(4.4.30)中令 $\beta=k$(空间指标),并将式(4.4.32)中的结果代入,得到

$$j_k=\partial_\alpha Y_{\alpha k}=\partial_0 Y_{0k}+\partial_j Y_{jk}=-\varepsilon_0\partial_t E_k-\varepsilon_0 c^2\varepsilon_{ijk}\partial_j B_i$$

上式右边最后一项可以写为

$$-\varepsilon_0 c^2\varepsilon_{ijk}\partial_j B_i=+\varepsilon_0 c^2\varepsilon_{kji}\partial_j B_i=\varepsilon_0 c^2\left(\nabla\times\vec{B}\right)_k$$

因此有

$$j_k=-\varepsilon_0\partial_t E_k+\varepsilon_0 c^2\left(\nabla\times\vec{B}\right)_k$$

利用 $c\triangleq 1/\sqrt{\mu_0\varepsilon_0}$,上式可以写为

$$\left(\nabla\times\vec{B}\right)_k=\mu_0\left(j_k+\varepsilon_0\frac{\partial E_k}{\partial t}\right)$$

或者

$$\nabla\times\vec{B}=\mu_0\left(\vec{j}+\varepsilon_0\frac{\partial\vec{E}}{\partial t}\right)\tag{4.4.34}$$

这正是安培-麦克斯韦定律。其中,$\varepsilon_0\partial_t\vec{E}$则是麦克斯韦提出的位移电流项。

至于另外两个麦克斯韦方程,即法拉第定律和磁场的高斯定律,由于采用电磁势描述电磁场,因而都变成了数学上的恒等式。这样我们就验证了式(4.4.29)确实是麦克斯韦方程组的拉格朗日密度。有兴趣的读者可以将式(4.4.33)和式(4.4.34)中的电磁场通过式(4.4.27a)用电磁势表示出来,从而得到 φ 和 $\vec{A}$ 满足的方程。

4.4.4 对称与守恒

1. 诺特定理

类似于离散体系,连续体系也有相应的诺特定理,其表述如下:

如果单参数变换

$$\psi_I\mapsto\Psi_I=\Psi_I(\psi,x;\varepsilon),\quad \Psi_I\big|_{\varepsilon=0}=\psi_I\tag{4.4.35}$$

是拉格朗日密度 $\mathscr{L}(\psi,\partial\psi,x)$的对称变换,即满足

$$\begin{aligned}\mathscr{L}_\varepsilon(\psi,\partial\psi,x)&\triangleq\mathscr{L}(\Psi,\partial\Psi,x)\\&=\mathscr{L}(\psi,\partial\psi,x)+\frac{\partial F_\alpha(\psi,x;\varepsilon)}{\partial x_\alpha}\end{aligned}\tag{4.4.36}$$

那么

$$\Gamma_\alpha \triangleq \frac{\partial \mathscr{L}}{\partial(\partial_\alpha \psi_I)}\eta_I - G_\alpha = \Gamma_\alpha(\psi, \partial\psi, x) \tag{4.4.37}$$

为守恒流（即满足$\partial_\alpha \Gamma_\alpha = 0$），而 $Q \triangleq \int \Gamma_0 \mathrm{d}^3 x$ 为守恒荷。其中

$$\begin{aligned} \eta_I &\triangleq \left.\frac{\partial \Psi_I}{\partial \varepsilon}\right|_{\varepsilon=0} = \eta_I(\psi, x) \\ G_\alpha &\triangleq \left.\frac{\partial F_\alpha}{\partial \varepsilon}\right|_{\varepsilon=0} = G_\alpha(\psi, x) \end{aligned} \tag{4.4.38}$$

该定理可以完全仿照离散体系的情形加以证明。首先，根据 $\mathscr{L}_\varepsilon$ 的定义有

$$\left.\frac{\partial \mathscr{L}_\varepsilon}{\partial \varepsilon}\right|_{\varepsilon=0} = \left.\frac{\partial \mathscr{L}(\Psi, \partial\Psi, x)}{\partial \Psi_I}\right|_{\Psi=\psi} \left.\frac{\partial \Psi_I}{\partial \varepsilon}\right|_{\varepsilon=0} + \left.\frac{\partial \mathscr{L}(\Psi, \partial\Psi, x)}{\partial(\partial_\alpha \Psi_I)}\right|_{\Psi=\psi} \left.\frac{\partial(\partial_\alpha \Psi_I)}{\partial \varepsilon}\right|_{\varepsilon=0}$$

由于 $\varepsilon = 0$ 时变换为恒等变换，即有 $\Psi_I = \psi_I$，因此

$$\left.\frac{\partial \mathscr{L}_\varepsilon}{\partial \varepsilon}\right|_{\varepsilon=0} = \frac{\partial \mathscr{L}}{\partial \psi_I}\eta_I + \frac{\partial \mathscr{L}}{\partial(\partial_\alpha \psi_I)}\partial_\alpha \eta_I$$

对于真实的场，由于其满足欧拉-拉格朗日方程(4.4.15)，因此上式可以写为

$$\begin{aligned} \left.\frac{\partial \mathscr{L}_\varepsilon}{\partial \varepsilon}\right|_{\varepsilon=0} &= \left[\partial_\alpha \frac{\partial \mathscr{L}}{\partial(\partial_\alpha \psi_I)}\right]\eta_I + \frac{\partial \mathscr{L}}{\partial(\partial_\alpha \psi_I)}\partial_\alpha \eta_I \\ &= \partial_\alpha\left[\frac{\partial \mathscr{L}}{\partial(\partial_\alpha \psi_I)}\eta_I\right] \end{aligned} \tag{4.4.39}$$

其次，如果所给变换为对称变换，那么，由于当 $\varepsilon \to 0$ 时，$\mathscr{L}_\varepsilon = \mathscr{L} + \varepsilon \partial_\alpha G_\alpha$，所以

$$\left.\frac{\partial \mathscr{L}_\varepsilon}{\partial \varepsilon}\right|_{\varepsilon=0} = \lim_{\varepsilon \to 0} \frac{\mathscr{L}_\varepsilon - \mathscr{L}}{\varepsilon} = \partial_\alpha G_\alpha \tag{4.4.40}$$

最后，将上式与式(4.4.39)比较，得到

$$\partial_\alpha\left[\frac{\partial \mathscr{L}}{\partial(\partial_\alpha \psi_I)}\eta_I - G_\alpha\right] = \partial_\alpha \Gamma_\alpha = 0$$

值得指出的是，守恒流具有不确定性：对于任一满足 $\partial_\alpha X_\alpha = 0$ 的 X_α，显然 $\Gamma'_\alpha = \Gamma_\alpha + X_\alpha$ 也是守恒流。

【例 4.7】 试证明：依赖于单参数 θ 的变换

$$\begin{cases} \Psi_1 = \psi_1 \cos\theta + \psi_2 \sin\theta \\ \Psi_2 = -\psi_1 \sin\theta + \psi_2 \cos\theta \end{cases} \tag{4.4.41}$$

是拉格朗日密度（见例 4.6）

$$\mathscr{L} = \hbar(\psi_2 \partial_t \psi_1 - \psi_1 \partial_t \psi_2) - \frac{\hbar^2}{2m}[(\nabla\psi_1)^2 + (\nabla\psi_2)^2] - U(\vec{r})(\psi_1^2 + \psi_2^2)$$

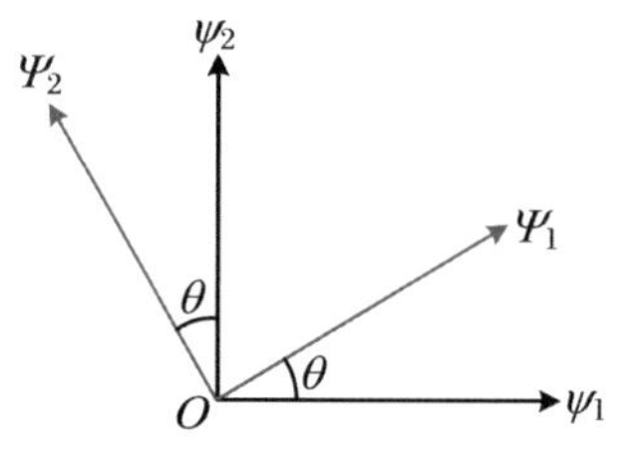

图 4.14　二分量场的转动

的对称变换,并求相应的守恒流与守恒荷。

【解】式(4.4.41)描述的实际上是二分量场(ψ_1,ψ_2)的转动变换(图4.14)。在该变换下,$\mathscr{L}$的第二项和最后一项是不变的,因此有

$$\mathscr{L}_\varepsilon - \mathscr{L} = \hbar(\Psi_2\partial_t\Psi_1 - \Psi_1\partial_t\Psi_2) - \hbar(\psi_2\partial_t\psi_1 - \psi_1\partial_t\psi_2)$$

将变换(4.4.41)代入上式,得到

$$\begin{aligned}\mathscr{L}_\varepsilon - \mathscr{L} = \hbar[&(-\psi_1\sin\theta + \psi_2\cos\theta)\partial_t(\psi_1\cos\theta + \psi_2\sin\theta)\\&-(\psi_1\cos\theta + \psi_2\sin\theta)\partial_t(-\psi_1\sin\theta + \psi_2\cos\theta)]\\&-\hbar(\psi_2\partial_t\psi_1 - \psi_1\partial_t\psi_2)\end{aligned}$$

整理可得 $\mathscr{L}_\varepsilon - \mathscr{L}=0$,即所给变换下 $\mathscr{L}$是不变的,从而 $G_\alpha=0$。

由于

$$\eta_1 = \left.\frac{\partial\Psi_1}{\partial\theta}\right|_{\theta=0} = \psi_2,\quad \eta_2 = \left.\frac{\partial\Psi_2}{\partial\theta}\right|_{\theta=0} = -\psi_1$$

所以守恒流的时间分量为

$$\Gamma_0 = \frac{\partial\mathscr{L}}{\partial(\partial_t\psi_1)}\eta_1 + \frac{\partial\mathscr{L}}{\partial(\partial_t\psi_2)}\eta_2 = \hbar(\psi_1^2 + \psi_2^2)$$

空间分量为

$$\vec{\Gamma} = \frac{\partial\mathscr{L}}{\partial(\nabla\psi_1)}\eta_1 + \frac{\partial\mathscr{L}}{\partial(\nabla\psi_2)}\eta_2 = -\frac{\hbar^2}{m}(\psi_2\nabla\psi_1 - \psi_1\nabla\psi_2)$$

守恒荷则为

$$Q = \int\Gamma_0\mathrm{d}^3x = \hbar\int(\psi_1^2 + \psi_2^2)\mathrm{d}^3x$$

事实上,利用 $\psi=\psi_1+\mathrm{i}\psi_2$,变换(4.4.41)可以写为 $\Psi=\mathrm{e}^{-\mathrm{i}\theta}\psi$,而守恒流的各分量也可以表示为

$$\Gamma_0 = \hbar\psi^*\psi,\quad \vec{\Gamma} = -\mathrm{i}\frac{\hbar^2}{2m}(\psi^*\nabla\psi - \psi\nabla\psi^*)$$

在量子力学中,波函数 ψ 又称为概率幅,而守恒荷 $Q = \hbar\int\psi^*\psi\mathrm{d}^3x$ 正比于概率。

2. 场的能量与动量

一方面,如果 $\mathscr{L}$不显含时空坐标,即 $\mathscr{L}=\mathscr{L}(\psi,\partial\psi)$,那么

$$\frac{\partial\mathscr{L}}{\partial x_\beta}=\frac{\partial\mathscr{L}}{\partial\psi_I}\frac{\partial\psi_I}{\partial x_\beta}+\frac{\partial\mathscr{L}}{\partial(\partial_\alpha\psi_I)}\frac{\partial^2\psi_I}{\partial x_\alpha\partial x_\beta}$$

由于真实的场满足欧拉-拉格朗日方程(4.4.15),因此上式又可以写为

$$\begin{aligned}\frac{\partial\mathscr{L}}{\partial x_\beta}&=\left[\frac{\partial}{\partial x_\alpha}\frac{\partial\mathscr{L}}{\partial(\partial_\alpha\psi_I)}\right]\frac{\partial\psi_I}{\partial x_\beta}+\frac{\partial\mathscr{L}}{\partial(\partial_\alpha\psi_I)}\frac{\partial}{\partial x_\alpha}\frac{\partial\psi_I}{\partial x_\beta}\\&=\frac{\partial}{\partial x_\alpha}\left[\frac{\partial\mathscr{L}}{\partial(\partial_\alpha\psi_I)}\frac{\partial\psi_I}{\partial x_\beta}\right]\end{aligned}\tag{4.4.42}$$

另一方面,

$$\frac{\partial\mathscr{L}}{\partial x_\beta}=\frac{\partial}{\partial x_\alpha}(\delta_{\alpha\beta}\mathscr{L})\tag{4.4.43}$$

将上式与式(4.4.42)比较,得到

$$\partial_\alpha T_{\alpha\beta}=0\tag{4.4.44}$$

其中

$$T_{\alpha\beta}\triangleq\frac{\partial\mathscr{L}}{\partial(\partial_\alpha\psi_I)}\partial_\beta\psi_I-\delta_{\alpha\beta}\mathscr{L}\tag{4.4.45}$$

所以,如果 $\mathscr{L}$不显含时空坐标,那么存在由式(4.4.45)定义的四个守恒流 $T_{\alpha\beta}(\beta=0,1,2,3)$,相应地就有四个守恒荷

$$P_\beta\triangleq\int T_{0\beta}\mathrm{d}^3x\tag{4.4.46}$$

通常将 $T_{\alpha\beta}$称为场的能量-动量密度张量,而 P_0 和 $\vec{P}=(P_1,P_2,P_3)$分别称为场的能量和动量。

3. 电磁场的能量与动量

若全空间都没有电荷、电流分布,则 $j_\alpha=0$,因而欧拉-拉格朗日方程(4.4.30)可写为

$$\partial_\alpha Y_{\alpha\beta}=0\tag{4.4.47}$$

而电磁场的拉格朗日密度(4.4.29)变为了

$$\mathscr{L}=\frac{1}{2}\varepsilon_0(E^2-c^2B^2)=\mathscr{L}(A,\partial A)\tag{4.4.48}$$

显然,$\mathscr{L}$并不显含时空坐标,因此电磁场的能量-动量密度张量

$$\widetilde{T}_{\alpha\beta} \triangleq \frac{\partial \mathscr{L}}{\partial(\partial_\alpha A_\gamma)}\partial_\beta A_\gamma - \delta_{\alpha\beta}\mathscr{L} = Y_{\alpha\gamma}\partial_\beta A_\gamma - \delta_{\alpha\beta}\mathscr{L} \tag{4.4.49}$$

就定义了四个守恒流,其中,$Y_{\alpha\gamma}$由式(4.4.32)给出。也就是说,$\widetilde{T}_{\alpha\beta}$满足

$$\partial_\alpha \widetilde{T}_{\alpha\beta} = 0 \tag{4.4.50}$$

根据式(4.4.47)以及 $Y_{\alpha\gamma}$的反对称性,有

$$\partial_\alpha(Y_{\alpha\gamma}\partial_\gamma A_\beta) = (\partial_\alpha Y_{\alpha\gamma})(\partial_\gamma A_\beta) + Y_{\alpha\gamma}(\partial_\alpha\partial_\gamma A_\beta) = 0 + 0 = 0 \tag{4.4.51}$$

因此,利用守恒流的不确定性,我们可以将电磁场的能量-动量密度张量重新定义为

$$T_{\alpha\beta} \triangleq \widetilde{T}_{\alpha\beta} - Y_{\alpha\gamma}\partial_\gamma A_\beta = Y_{\alpha\gamma}(\partial_\beta A_\gamma - \partial_\gamma A_\beta) - \delta_{\alpha\beta}\mathscr{L} \tag{4.4.52}$$

显然,$T_{\alpha\beta}$也满足

$$\partial_\alpha T_{\alpha\beta} = 0 \tag{4.4.53}$$

利用式(4.4.27b)和式(4.4.32),可以将诸 $T_{\alpha\beta}$用电磁场表示出来。具体过程留给读者,这里只给出最终的结果:

$$\begin{aligned} &T_{00} = w, \quad (T_{ij}) = -\overleftrightarrow{T} \\ &T_{01} = -g_1, \quad T_{02} = -g_2, \quad T_{03} = -g_3 \\ &T_{10} = S_1, \quad T_{20} = S_2, \quad T_{31} = S_3 \end{aligned} \tag{4.4.54}$$

其中

$$w \triangleq \frac{1}{2}\varepsilon_0(E^2 + c^2 B^2) \tag{4.4.55}$$

为电磁场的能量密度,

$$\vec{g} \triangleq \varepsilon_0 \vec{E} \times \vec{B} \tag{4.4.56}$$

为电磁场的动量密度,

$$\vec{S} \triangleq \varepsilon_0 c^2 \vec{E} \times \vec{B} = c^2 \vec{g} \tag{4.4.57}$$

为电磁场的能流密度或玻印廷矢量,而

$$\overleftrightarrow{T} \triangleq w\overleftrightarrow{I} - \varepsilon_0(\vec{E}\vec{E} + c^2\vec{B}\vec{B}) \tag{4.4.58}$$

称为电磁场的动量流密度。

若式(4.4.53)中的 β 取时间指标(即 $\beta=0$),则得到

$$\frac{\partial w}{\partial t}+\nabla\cdot\vec{S}=0 \tag{4.4.59}$$

这正是电磁场的能量守恒定律,守恒荷

$$W=\int T_{00}\mathrm{d}^3x=\int w\mathrm{d}^3x \tag{4.4.60}$$

为电磁场的能量。将方程(4.4.59)在空间区域V内积分,利用高斯定理就给出

$$\frac{\mathrm{d}W}{\mathrm{d}t}=-\oiint_{\partial V}\vec{S}\cdot\mathrm{d}\vec{A} \tag{4.4.61}$$

其物理含义是:在没有电荷、电流存在的区域,V 内电磁场能量增加的速率等于单位时间通过 V 的边界 ∂V 流进来的电磁场能量。

若式(4.4.53)中的 β 取空间指标(即 $\beta=1,2,3$),则所得三个方程可以统一写为

$$\frac{\partial\vec{g}}{\partial t}+\nabla\cdot\overleftrightarrow{T}=0 \tag{4.4.62}$$

这就给出了电磁场的动量守恒定律,而三个守恒荷分别是电磁场动量

$$\vec{G}=\int\vec{g}\mathrm{d}^3x \tag{4.4.63}$$

的三个分量。将方程(4.4.62)在空间区域 V 内积分,利用高斯定理就给出

$$\frac{\mathrm{d}\vec{G}}{\mathrm{d}t}=-\oiint_{\partial V}\overleftrightarrow{T}\cdot\mathrm{d}\vec{A} \tag{4.4.64}$$

其物理含义是:在没有电荷、电流存在的区域,V 内电磁场动量增加的速率等于单位时间通过 V 的边界 ∂V 流进来的电磁场动量。

关于电磁场能量、动量等的进一步讨论,请读者参考相关的电动力学书籍。

第5章　中心力与散射

高能粒子的碰撞

5.1 中心力问题

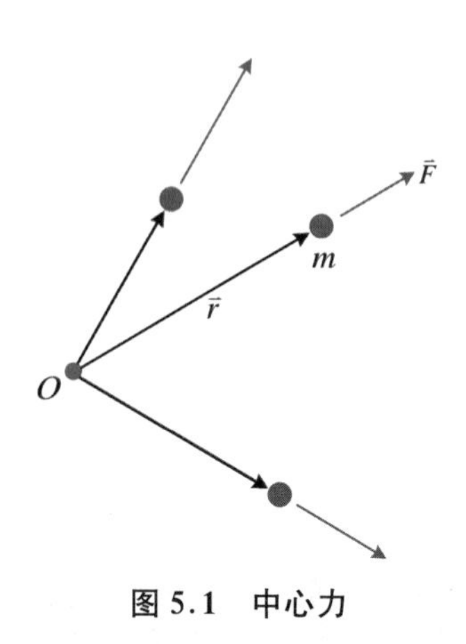

图 5.1 中心力

假使不论粒子运动到何处,其所受力的作用线都交于一点 O,并且力的大小仅由粒子与点 O 的距离决定而与粒子所处方位无关,这样的力就称为**中心力**,而那个特殊的点 O 就称为**力心**(图 5.1)。以力心为原点,中心力可以表示为

$$\vec{F} = F(r)\hat{r} \tag{5.1.1}$$

若 $F(r)>0$,则称粒子被力心排斥;若 $F(r)<0$,则称粒子被力心吸引。

中心力必然是保守力,可以用势能函数 $U(r)$ 描述,两者的关系是

$$F(r) = -\frac{\partial U}{\partial r} \tag{5.1.2a}$$

$$U(r) = -\int F(r)\mathrm{d}r \tag{5.1.2b}$$

中心力作用下的粒子是一个自由度为 3 的体系,其拉格朗日函数为

$$L(\vec{r},\dot{\vec{r}}) = T - U = \frac{1}{2}m\dot{\vec{r}}^2 - U(r)$$

5.1.1 运动方程

由于粒子的势能在绕着过力心的任何一个轴转动下是不变的,因此粒子绕着过力心的任一轴的角动量都是运动常量。也就是说,粒子相对于力心的角动量矢量 $\vec{l} = m\vec{r}\times\vec{v}$是守恒的。

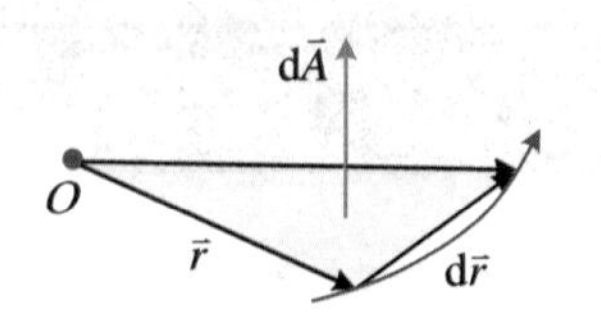

图 5.2 位矢在极短时间内扫过的面积

角动量有一个简单的几何解释。图 5.2 画出了粒子的一条轨道,从中可以看出,位矢 $\vec{r}$ 在时间 $\mathrm{d}t$ 内扫过的面积为 $|\vec{r}\times\mathrm{d}\vec{r}|/2$,如果以面的法向作为面积的方向,从而定义面积矢量

$$\mathrm{d}\vec{A} = \frac{1}{2}\vec{r}\times\mathrm{d}\vec{r}$$

则其除以时间间隔 $\mathrm{d}t$ 后,就给出了掠面速度

$$\frac{\mathrm{d}\vec{A}}{\mathrm{d}t} = \frac{1}{2}\vec{r} \times \frac{\mathrm{d}\vec{r}}{\mathrm{d}t} = \frac{1}{2}\vec{r} \times \vec{v} = \frac{\vec{l}}{2m} \tag{5.1.3}$$

掠面速度和角动量的这种联系与粒子受到何种作用,又以何种方式运动无关。对于中心力问题,角动量守恒意味着掠面速度守恒,因而粒子与力心连线在单位时间内扫过的面积是不随时间变化的常数。这个结果是开普勒在总结行星运动规律时给出的,称为开普勒第二定律。它不仅对于平方反比力的情形成立,而且是中心力作用下粒子运动的一个普遍规律。

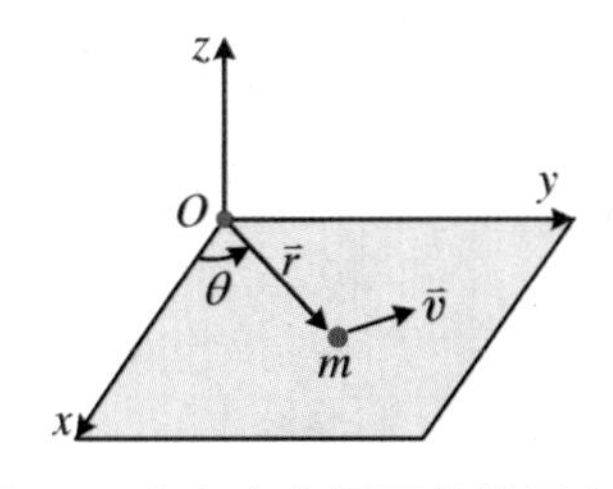

图 5.3 中心力作用下的粒子在包含力心且垂直于角动量的平面内运动

由于 $\vec{l}$ 总是与粒子的位矢 $\vec{r}$ 和速度 $\vec{v}$ 都垂直,因此 $\vec{l}$ 的方向在运动过程中保持不变意味着,粒子的位矢 $\vec{r}$ 总是处在垂直于 $\vec{l}$ 的不变平面内。初始条件决定了 $\vec{l}$ 的方向,从而决定了该不变平面——由初始位矢和初始速度所确定的包含力心 O 的一个平面(图 5.3,其中角动量沿着 z 轴正方向)。

将粒子运动所处平面定义为 Oxy 平面,粒子在其中的位置可以用两个广义坐标描述。考虑到问题的转动对称性,通常选平面极坐标 (r,θ) 作为广义坐标,而粒子的拉格朗日函数就可以写为

$$L = \frac{1}{2}m\dot{r}^2 + \frac{1}{2}mr^2\dot{\theta}^2 - U(r) \tag{5.1.4}$$

因此,利用角动量方向不变,我们就将三个自由度的中心力问题约化为两个自由度的问题了。

体系的拉格朗日方程有两个:

$$\frac{\mathrm{d}}{\mathrm{d}t}(mr^2\dot{\theta}) = 0 \tag{5.1.5a}$$

$$m\ddot{r} = mr\dot{\theta}^2 - \frac{\partial U}{\partial r} \tag{5.1.5b}$$

式(5.1.5a)表示的正是角动量的大小守恒,此结论也可由与循环坐标 θ 共轭的广义动量守恒得到,即

$$p_\theta = mr^2\dot{\theta} \triangleq l \tag{5.1.6}$$

利用此式可以将 $\dot{\theta}$ 表示为

$$\dot{\theta} = \frac{l}{mr^2} \tag{5.1.7}$$

即粒子总是绕着力心以确定的方向转动,转动快慢由其与力心距离决定:距离越远,转动就越慢。将式(5.1.7)代入式(5.1.5b),得到

$$m\ddot{r} = \frac{l^2}{mr^3} - \frac{\partial U}{\partial r} \tag{5.1.8}$$

这是 r 满足的二阶微分方程,结合初始条件,由其可以确定径向距离 r 随着时间的演化 $r(t)$。一旦知道了 $r(t)$,由式(5.1.7)就给出了 $\dot{\theta}$ 与时间 t 的关系,对时间积分就可以得到 $\theta(t)$。由此,粒子在中心力作用下的运动就完全清楚了。

方程(5.1.8)也可用牛顿力学的方法得到。为此,以力心为原点建立一个随着粒子一起转动的参考系,该参考系的角速度和角加速度分别为 $\vec{\omega}=\dot{\theta}\hat{z}$ 和 $\dot{\vec{\omega}}=\ddot{\theta}\hat{z}$;而粒子在其中运动的速度则为 $\vec{v}'=\dot{r}\hat{r}$。由于这是一个非惯性系,因此除中心力外,粒子还会受到惯性力的作用。这里的惯性力包括惯性离心力 $\vec{F}_{离}=-m\vec{\omega}\times(\vec{\omega}\times\vec{r})$、科里奥利力 $\vec{F}_{科}=-2m\vec{\omega}\times\vec{v}'$ 以及横向惯性力 $\vec{F}_{横}=-m\dot{\vec{\omega}}\times\vec{r}$。其中,横向惯性力和科里奥利力的和为

$$\vec{F}_{横}+\vec{F}_{科}=-m(r\ddot{\theta}+2\dot{r}\dot{\theta})\hat{z}\times\hat{r}=-\frac{1}{r}\frac{\mathrm{d}(mr^2\dot{\theta})}{\mathrm{d}t}\hat{z}\times\hat{r}$$

由于角动量 $l=mr^2\dot{\theta}$ 守恒,因而 $\vec{F}_{横}+\vec{F}_{科}=\vec{0}$。而惯性离心力可以表示为

$$\vec{F}_{离}=-mr\dot{\theta}^2\hat{z}\times(\hat{z}\times\hat{r})=mr\dot{\theta}^2\hat{r}=\frac{l^2}{mr^3}\hat{r}$$

因此,方程(5.1.8)右边第一项表示的就是粒子在此转动系中受到的惯性离心力。

5.1.2 径向运动

确定径向运动的方程(5.1.8),可以等效地看作质量为 m 的粒子做一维运动的运动方程,该粒子在运动过程中受到 $F=-\partial U/\partial r$ 和 $\vec{F}_{离}=l^2/(mr^3)$ 的共同作用。事实上,由于中心力场中运动的粒子的能量守恒,即

$$E=\frac{1}{2}m\dot{r}^2+\frac{1}{2}mr^2\dot{\theta}^2+U(r) \tag{5.1.9}$$

如果将其中的 $\dot{\theta}$ 通过式(5.1.7)用 r 表示出来,我们就可以写出径向运动满足的一阶微分方程:

$$E=\frac{1}{2}m\dot{r}^2+V(r) \tag{5.1.10}$$

其中

$$V(r)\triangleq\frac{l^2}{2mr^2}+U(r) \tag{5.1.11}$$

称为有效势能,上式右边第一项正是离心势能。

至此,我们就将径向运动约化为了由方程(5.1.10)决定的等效的一维问题,而1.8节有关一维运动的讨论就可以完全照搬过来。对于原来的中心力问题,粒子在运动过程中,一方面其到力心的距离随着时间变化,变化规律由等效一维问题决定;另一方面粒子还在绕着力心转动,转动由角动量守恒或者说式(5.1.7)决定。

【例5.1】 粒子在平方反比吸引力作用下运动,其势能为

$$U(r) = -\frac{\alpha}{r}$$

其中,α 为正常数。试定性分析粒子的运动,设粒子的角动量 $l>0$。

【解】 粒子的有效势能为

$$V(r) = -\frac{\alpha}{r} + \frac{l^2}{2mr^2}$$

当 $r\to0$ 时 $V\to+\infty$,而当 $r\to\infty$ 时 $V\to0^-$。定义一个具有长度量纲的物理量

$$p \triangleq \frac{l^2}{m\alpha} \tag{5.1.12}$$

则有效势能可以写为

$$V(r) = \frac{\alpha}{2p}\left[\left(\frac{p}{r}-1\right)^2 - 1\right]$$

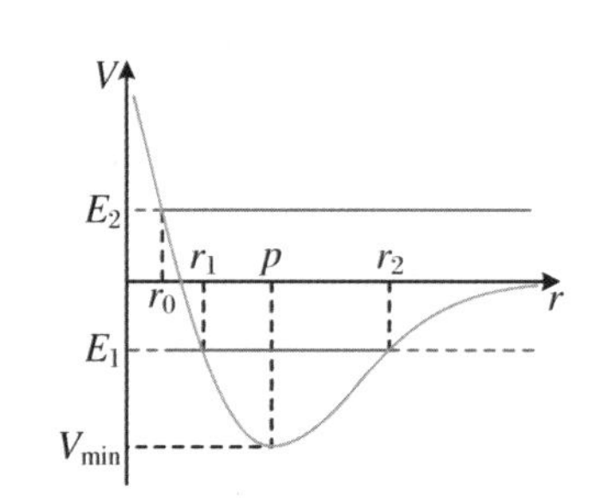

图5.4 平方反比力作用下粒子的有效势能

它在 $r=p$ 点取到极小值 $V_{\min} = -\alpha/(2p)$(图5.4)。显然,对于给定的角动量 l,物理上容许的能量必须满足 $E\geqslant V_{\min}$。

对于特定的能量 E,$V(r)\leqslant E$ 确定了粒子径向运动的范围。由 $V(r)=E$ 可得转折点满足

$$\left(\frac{p}{r}-1\right)^2 = 1 + \frac{2pE}{\alpha} \triangleq \varepsilon^2 \tag{5.1.13}$$

这里,引入了一个无量纲量

$$\varepsilon \triangleq \sqrt{1+\frac{2pE}{\alpha}} = \sqrt{1+\frac{2El^2}{m\alpha^2}} \tag{5.1.14}$$

如果能量 $E=V_{\min}$,从而 $\varepsilon=0$,那么等效一维运动的粒子处于稳定平衡位置 $r=p$ 处。而对于我们讨论的中心力问题,当粒子具有能量 $V_{\min}$时,它将

绕着力心做半径为 p 的圆周运动。根据式(5.1.7),粒子圆周运动的速度是不变的(图 5.5(a))。

如果 $V_{\min}<E<0$(如图 5.4 中的 E_1),从而 $0<\varepsilon<1$,那么式(5.1.13)有两个解,分别为

$$r_1 = \frac{p}{1+\varepsilon}, \quad r_2 = \frac{p}{1-\varepsilon}$$

在此情形下,粒子到力心的距离 r 在 r_1 和 r_2 之间随时间周期性地变化;同时,粒子也在绕着力心转动,其轨道限于半径为 r_1 和 r_2 的两个圆所围环形区域内(图 5.5(b)),定性分析无法告诉我们轨道的确切形状。

如果 $E\geqslant 0$(如图 5.4 中的 E_2),从而 $\varepsilon\geqslant 1$,那么式(5.1.13)只有一个大于零的解:

$$r_0 = \frac{p}{1+\varepsilon}$$

在此情形下,粒子到力心的距离 r 始终大于 r_0,其运动是无界的。从无穷远处靠近力心的粒子最终必然会回到无穷远处去(图 5.5(c))。

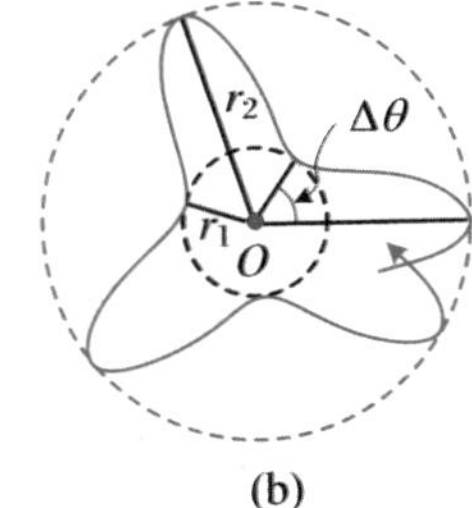

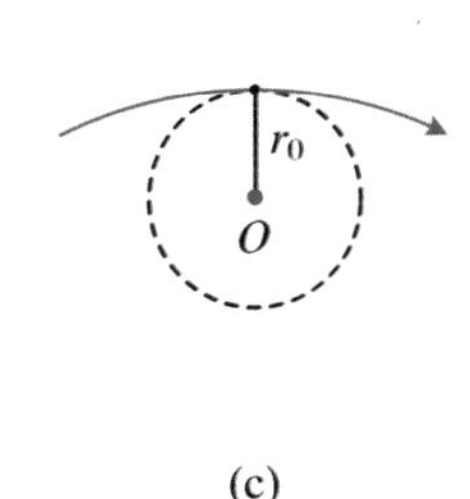

图 5.5　平方反比力作用下粒子轨道的定性分析结果

【例 5.2】试定性分析粒子在势场

$$U(r) = -\frac{\alpha}{r^3}$$

中的运动,其中,α 为正常数。设粒子的角动量 $l>0$。

【解】粒子的有效势能为

$$V(r) = -\frac{\alpha}{r^3} + \frac{l^2}{2mr^2}$$

当 $r\to 0$ 时 $V\to -\infty$,而当 $r\to\infty$ 时 $V\to 0^+$,有效势能必然在某个 $r=r_0$ 处取极大值 $V_{\max}$(图 5.6)。由

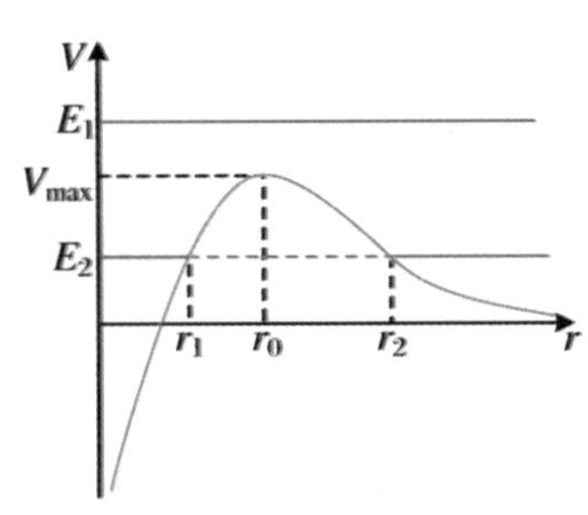

图 5.6　与距离四次方成反比的中心吸引力作用下粒子的有效势能

$$\left.\frac{\mathrm{d}V}{\mathrm{d}r}\right|_{r=r_0} = \frac{3\alpha}{r_0^4} - \frac{l^2}{mr_0^3} = 0$$

可得 $r_0 = 3m\alpha/l^2$，因而 $V_{\max} = \alpha/(2r_0^3)$。

如果能量 $E = V_{\max}$，并且粒子初始时到力心的距离为 r_0，那么等效一维运动的粒子静止于不稳定平衡位置 $r = r_0$ 处。而处在中心势场中具有能量 $V_{\max}$的粒子则是做匀速圆周运动的。

如果 $E > V_{\max}$（如图 5.6 中的 E_1），假如粒子从无穷远处靠近力心，其速度将逐渐减小；当到力心的距离为 r_0 时，速度减到最小；此后，靠近力心的速度将越来越快。因此粒子必然会穿力心而过，并最终回到无穷远处去（图 5.7(a)）。从无穷远处过来的粒子，如果能够穿过力心并最终回到无穷远处去，我们就称其处于可以"落向"力心的状态。在此问题中，"落向"力心的条件就是 $E > V_{\max}$。

如果 $E < V_{\max}$（如图 5.6 中的 E_2），那么由 $V(r) = E$ 可以给出两个转折点 r_1 和 r_2。假使粒子从 $r < r_1$ 的区域出发，其运动是有界的，而且会经过力心（图 5.7(b)）；而如果粒子从 $r > r_2$ 的区域出发，其运动将是无界的，轨道类似于图 5.5(c)。

通常将 $V(r) = E$ 的点称为**拱点**，它确定了粒子运动过程中径向距离的变化范围，在拱点处粒子的径向速度等于零。由于拱点是粒子轨道上到力心最近或最远的点，因此又将相应的位置分别称为**近心点**与**远心点**（绕太阳运动的相应名称为近日点和远日点，而绕地球运动的则称为近地点和远地点）。

力心与拱点之间的距离称为**拱心距**，两者的连线则称为**拱线**。相邻拱线的夹角 $\Delta\theta$ 称为**拱心角**（图 5.5(b)）。对于有界运动，粒子到力心的距离从最近处到最远处再回到最近处，径向距离的变化就经历了一个循环。而由于运动对时间是对称的，因此此过程中粒子绕着力心转过的角度为 $2\Delta\theta$。如果径向距离在经过了若干次循环后，粒子恰好绕着力心转过了若干圈，即有 $n_1 \cdot 2\Delta\theta = n_2 \cdot 2\pi$，其中，$n_1$ 和 n_2 均为自然数，那么粒子的轨道将是闭合的。因此，仅当 $\Delta\theta = (n_2/n_1)\pi$，即拱心角 $\Delta\theta$ 为 π 的有理数倍时，轨道才是闭合的。

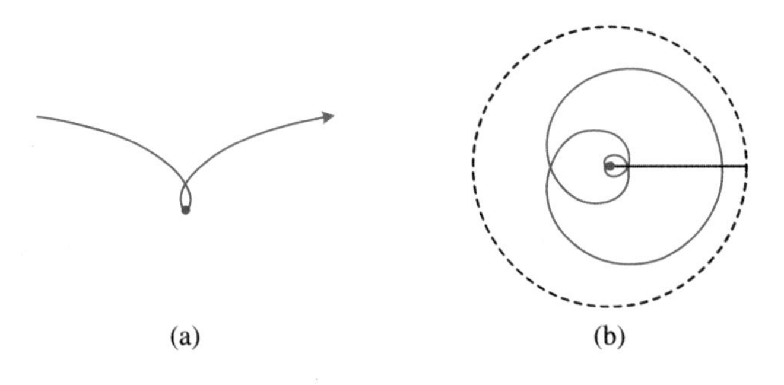

图 5.7 与距离四次方成反比的中心吸引力作用下粒子的轨道示意

5.1.3 圆周运动及其稳定性

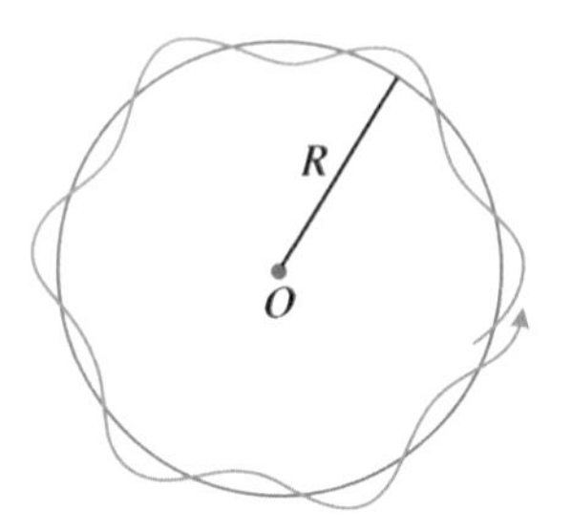

图 5.8 若轨道稳定，则粒子在受到扰动后仍将在原轨道附近运动

从前面的例子中我们看到，当总能量等于有效势能的极小值或极大值时，粒子的轨道就有可能是圆周。显而易见，对于任何中心吸引力，总可以适当地选择径向距离，使得吸引力恰好与惯性离心力相平衡，因而中心引力场中圆轨道总是可能的，但是这样的轨道却未必稳定。如果粒子沿着圆周运动时受到一个小的扰动，只有当扰动后的粒子仍在原来的圆周附近运动时，圆轨道才是稳定的(图 5.8)。

对于处于一般中心势场 $U(r)$ 中的粒子，我们将分析其是否容许 $r=R$ 的圆轨道存在以及(假使存在的话)该轨道是否稳定。利用 $F=-\partial U/\partial r$ 将方程(5.1.8)重新写为

$$m\ddot{r}=\frac{l^2}{mr^3}+F(r) \tag{5.1.15}$$

假设该力场中容许圆轨道 $r=R$ 存在，则粒子沿着圆轨道运动时，由于 $\ddot{r}=0$，因而由上式给出

$$F(R)=-\frac{l^2}{mR^3} \tag{5.1.16}$$

即要求在圆轨道处中心力是吸引性的，并恰好与惯性离心力相平衡。现在设想粒子受到一个微扰，扰动后粒子的径向距离设为 $r=R+\xi$，其中，ξ 是一个小量。由于 $\ddot{r}=\ddot{\xi}$，因此式(5.1.15)就可写为

$$m\ddot{\xi}=\frac{l^2}{m(R+\xi)^3}+F(R+\xi)$$

将此方程各项按照小量 ξ 展开并保留至一阶项，得到

$$m\ddot{\xi}=\frac{l^2}{mR^3}\left(1-3\frac{\xi}{R}\right)+[F(R)+F'(R)\xi] \tag{5.1.17}$$

其中

$$F'(R)\triangleq\left.\frac{\partial F}{\partial r}\right|_{r=R}$$

利用式(5.1.16)，将式(5.1.17)中出现的 $l^2/(mR^3)$ 用 $-F(R)$ 替换，就得到

$$m\ddot{\xi}=\left[\frac{3F(R)}{R}+F'(R)\right]\xi \tag{5.1.18}$$

如果定义

$$\omega_r^2 \triangleq -\frac{RF'(R)+3F(R)}{mR} \tag{5.1.19}$$

则式(5.1.18)就可以写为

$$\ddot{\xi} = -\omega_r^2 \xi \tag{5.1.20}$$

当 $\omega_r^2<0$ 时，ω_r 为虚数，ξ 随着时间的增加而以指数形式无限增大；因而受到微扰后，粒子对圆轨道的偏离将越来越大。当 $\omega_r^2>0$ 时，式(5.1.20)就是熟悉的简谐振子的运动方程，因此，受到微扰后的粒子仍在圆周 $r=R$ 附近运动：径向距离随时间周期性地变化，径向运动的角频率则为 ω_r。所以圆轨道 $r=R$ 稳定的条件是 $\omega_r^2>0$，或者说

$$\frac{3F(R)}{R}+F'(R)<0$$

该条件也经常写为

$$\frac{RF'(R)}{F(R)}+3>0 \tag{5.1.21}$$

这里用到 $F(R)<0$。

【例 5.3】 质量为 m 的粒子在中心力 $\vec{F}=-\alpha r^n \hat{r}$ 作用下运动，其中，α 是正常数。当 n 满足什么条件时，粒子在圆轨道 $r=R$ 上的运动是稳定的？对于稳定的圆轨道 $r=R$，试求粒子受到微扰后其径向运动的周期。

【解】 由于该中心力为吸引力，所以粒子可以沿着任一半径的圆轨道运动。而由欧拉定理可得 $RF'(R)=nF(R)$，将其代入稳定性条件(5.1.21)，给出 $n+3>0$。因此稳定圆轨道存在的条件是 $n>-3$。圆轨道 $r=R$ 受到微扰后，粒子径向运动的角频率由式(5.1.19)给出，为

$$\omega_r = \sqrt{\frac{\alpha}{m}(n+3)R^{n-1}}$$

径向运动的周期则为

$$T_r = \frac{2\pi}{\omega_r} = 2\pi\sqrt{\frac{m}{\alpha}\frac{R^{1-n}}{n+3}}$$

对于平方反比吸引力 $F=-\alpha/r^2$，$n=-2$，因此

$$T_r = 2\pi\sqrt{\frac{m}{\alpha}R^3}$$

即粒子径向运动周期的平方与半径 R 的立方成正比。而对于各向同性的简谐振子 $F=-\alpha r$，$n=+1$，因此

$$T_r=\frac{2\pi}{\omega_r}=\pi\sqrt{\frac{m}{\alpha}}$$

周期与半径 R 无关。

5.1.4 轨道方程

式(5.1.10)是 r 随时间变化的一阶微分方程。为了给出 r 与 θ 满足的关系，将式(5.1.10)中的 $\dot{r}$ 利用式(5.1.7)表示为

$$\dot{r}=\dot{\theta}\frac{\mathrm{d}r}{\mathrm{d}\theta}=\frac{l}{mr^2}\frac{\mathrm{d}r}{\mathrm{d}\theta}\tag{5.1.22}$$

这样就有

$$\frac{l^2}{2mr^4}\left(\frac{\mathrm{d}r}{\mathrm{d}\theta}\right)^2+V(r)=E\tag{5.1.23}$$

这就是中心力作用下粒子轨道所满足的一阶微分方程。由此式解出 $\mathrm{d}\theta/\mathrm{d}r$ 并对 r 积分，就得到

$$\theta=\pm\frac{l}{\sqrt{2m}}\int_{r_0}^{r}\frac{\mathrm{d}r}{r^2\sqrt{E-V(r)}}\tag{5.1.24}$$

其中，r_0 是 $\theta=0$ 时粒子到力心的距离。知道了粒子的能量和角动量，原则上就可以由式(5.1.24)给出中心势场 $U(r)$ 中粒子的轨道 $\theta=\theta(r)$，或者对其做反变换，从而将轨道表示为 $r=r(\theta)$。

轨道方程可以在形式上写得更简单一些。为此，定义 $u=1/r$，由式(5.1.22)给出

$$\dot{r}=-\frac{l}{m}\frac{\mathrm{d}u}{\mathrm{d}\theta}$$

而利用 u，有效势能表示为

$$V=\frac{l^2}{2m}u^2+U$$

将以上两式代入式(5.1.10)，略做整理后得到

$$\left(\frac{\mathrm{d}u}{\mathrm{d}\theta}\right)^2 + u^2 = \frac{2m(E-U)}{l^2} \tag{5.1.25}$$

这就是轨道 $u(\theta)$满足的一阶微分方程。

注意到

$$\frac{\mathrm{d}U}{\mathrm{d}u} = \frac{\mathrm{d}U}{\mathrm{d}r}\frac{\mathrm{d}r}{\mathrm{d}u} = -\frac{1}{u^2}\frac{\mathrm{d}U}{\mathrm{d}r}$$

即有 $\mathrm{d}U/\mathrm{d}u = F/u^2$。因此

$$\frac{\mathrm{d}U}{\mathrm{d}\theta} = \frac{\mathrm{d}U}{\mathrm{d}u}\frac{\mathrm{d}u}{\mathrm{d}\theta} = \frac{F}{u^2}\frac{\mathrm{d}u}{\mathrm{d}\theta}$$

这样,将方程 (5.1.25)左、右两边对 θ 求导,就给出

$$2\frac{\mathrm{d}u}{\mathrm{d}\theta}\frac{\mathrm{d}^2 u}{\mathrm{d}\theta^2} + 2u\frac{\mathrm{d}u}{\mathrm{d}\theta} = -\frac{2m}{l^2}\frac{\mathrm{d}U}{\mathrm{d}\theta} = -\frac{2mF}{l^2u^2}\frac{\mathrm{d}u}{\mathrm{d}\theta}$$

消去 $2\mathrm{d}u/\mathrm{d}\theta$ 后得到

$$\frac{\mathrm{d}^2 u}{\mathrm{d}\theta^2} + u = -\frac{mF}{l^2u^2} \tag{5.1.26}$$

这是轨道 $u(\theta)$满足的二阶微分方程,称为**比内公式**。

作为轨道微分方程的式(5.1.25)或者式(5.1.26),确实可以极大地简化我们对于某些中心力问题的讨论。而在已知某条轨道的情形下,这些方程也可用来确定中心力本身的规律。

【例 5.4】 质量为 m 的粒子在中心力作用下做半径为 R 的圆周运动,力心 O 位于圆周上(图 5.9)。已知粒子在点 O 的对径点 P 处($OP=2R$)的速度大小为 v_0,试确定粒子的势能及该中心力的表达式。以无穷远处作为势能的零点。

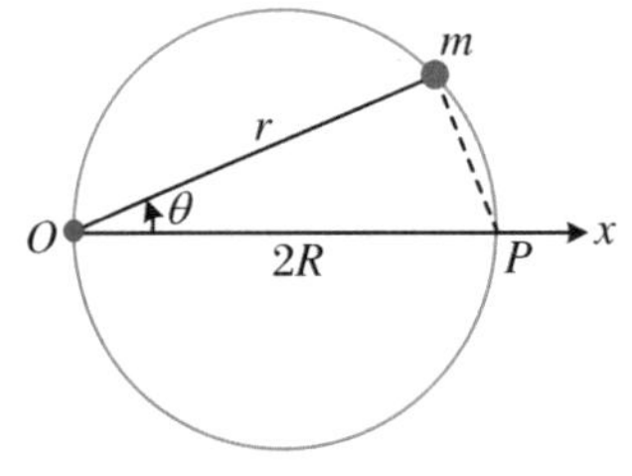

图 5.9 粒子做经过力心的圆周运动

【解】 由于点 P 处粒子的位矢与速度垂直,因而粒子的角动量为 $l=2Rmv_0$。轨道可用极坐标表示为 $r=2R\cos\theta$,或者

$$u \triangleq \frac{1}{r} = \frac{1}{2R\cos\theta} \tag{5.1.27}$$

其中,极角 θ 在$[-\pi/2,\pi/2]$范围内取值。将 u 对 θ 求导后再平方,得到

$$\left(\frac{\mathrm{d}u}{\mathrm{d}\theta}\right)^2 = \left(\frac{\sin\theta}{2R\cos^2\theta}\right)^2 = \frac{1}{4R^2\cos^4\theta} - \frac{1}{4R^2\cos^2\theta}$$

利用式(5.1.27)将上式右边的 $\cos\theta$ 用 u 表示,有

$$\left(\frac{\mathrm{d}u}{\mathrm{d}\theta}\right)^2 = 4R^2u^4 - u^2$$

将其与 $l = 2Rmv_0$ 代入轨道的一阶微分方程(5.1.25),得到

$$U(u) = E - \frac{l^2}{2m}\left[\left(\frac{\mathrm{d}u}{\mathrm{d}\theta}\right)^2 + u^2\right] = E - 8R^4mv_0^2u^4$$

或者

$$U(r) = E - 8mv_0^2\frac{R^4}{r^4}$$

由于 $r\to\infty$ 时 $U\to 0$,故粒子做此圆周运动时的能量 $E=0$,而粒子的势能为

$$U(r) = -8mv_0^2\frac{R^4}{r^4}$$

中心力

$$F = -\frac{\mathrm{d}U}{\mathrm{d}r} = -32mv_0^2\frac{R^4}{r^5}$$

为吸引力,大小与粒子到力心距离的5次方成反比。

该问题也可以用比内公式讨论。

5.2 平方反比力

5.2.1 平方反比吸引力

在中心吸引力作用下运动的粒子,如果所受力的大小与粒子到力心的距离平方成反比,即

$$F = -\frac{\alpha}{r^2} \tag{5.2.1}$$

其中,$\alpha>0$,这样的问题就称为开普勒问题。对于行星运动,$\alpha = GMm$,其中,G 为万有引力常量,而 M 和 m 分别为太阳与行星的质量。

由于平方反比吸引力贡献的势能为

$$U = -\frac{\alpha}{r} \tag{5.2.2}$$

或者类似于前节，定义 $u \triangleq 1/r$，故势能可表示为 $U = -\alpha u$。将其代入轨道的一阶微分方程(5.1.25)，得到

$$\left(\frac{\mathrm{d}u}{\mathrm{d}\theta}\right)^2 + u^2 = \frac{2m(E+\alpha u)}{l^2} = \frac{2mE}{l^2} + \frac{2m\alpha}{l^2}u$$

将右边最后一项移至左边，略做整理后得到

$$\left(\frac{\mathrm{d}u}{\mathrm{d}\theta}\right)^2 + \left(u - \frac{m\alpha}{l^2}\right)^2 = \frac{m^2\alpha^2}{l^4}\left(1 + \frac{2El^2}{m\alpha^2}\right) \tag{5.2.3}$$

其中，$l^2/(m\alpha)$具有长度量纲，而右边括号中的量是无量纲的，将它们记为(参考例5.1)

$$p \triangleq \frac{l^2}{m\alpha}, \quad \varepsilon \triangleq \sqrt{1 + \frac{2El^2}{m\alpha^2}} \tag{5.2.4}$$

利用这两个参数，方程(5.2.3)可以写为

$$\left[\frac{\mathrm{d}}{\mathrm{d}\theta}\left(u - \frac{1}{p}\right)\right]^2 + \left(u - \frac{1}{p}\right)^2 = \frac{\varepsilon^2}{p^2} \tag{5.2.5}$$

上式的含义是：$u - 1/p$ 随着极角 θ 做角频率为1、振幅为 ε/p 的简谐振动。因此，方程(5.2.5)的解为

$$u - \frac{1}{p} = \frac{\varepsilon}{p}\cos(\theta - \theta_0)$$

通过选择合适的极轴方向，总可以使得 $\theta_0 = 0$，于是，$r = 1/u$ 与 θ 满足

$$r = \frac{p}{\varepsilon\cos\theta + 1} \tag{5.2.6}$$

这是圆锥曲线的方程：焦点位于原点，即力心处，半通径和偏心率分别为 p 和 ε。r 的最小值出现在 $\cos\theta$ 取最大值1，即 $\theta = 0$ 处，因此近心点位于极轴上。

对于一般的中心力问题，轨道由能量 E 和角动量 l(称为轨道的**动力学参数**)决定。而对于开普勒问题，轨道还可以由半通径 p 和偏心率 ε(称为轨道的**几何参数**)决定，它们与能量和角动量的关系由式(5.2.4)确定，或者也可将其写为

$$l = \sqrt{m\alpha p}, \quad E = \frac{\alpha(\varepsilon^2 - 1)}{2p} \tag{5.2.7}$$

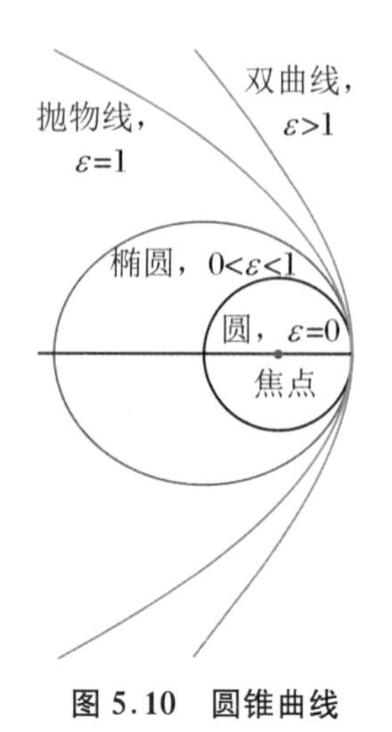

图 5.10 圆锥曲线

根据偏心率(或者说能量 E)的不同数值，把轨道划分为不同的圆锥曲线(图 5.10)：

$\varepsilon=0$	$E=-\alpha/(2p)$	圆
$0<\varepsilon<1$	$-\alpha/(2p)<E<0$	椭圆
$\varepsilon=1$	$E=0$	抛物线
$\varepsilon>1$	$E>0$	双曲线

值得指出的是，$\varepsilon>1$ 时粒子的轨道是以力心为内焦点的那一支双曲线。根据式(5.2.6)，此情形下，当 $\varepsilon\cos\theta=-1$ 时 $r\to\infty$。所以粒子从近心点运动到无穷远处的过程中，其位矢转过的角度 θ_b 由 $\cos\theta_b=-1/\varepsilon$ 确定，即为

$$\theta_b = \pi - \arccos\frac{1}{\varepsilon} \tag{5.2.8}$$

5.2.2 行星运动

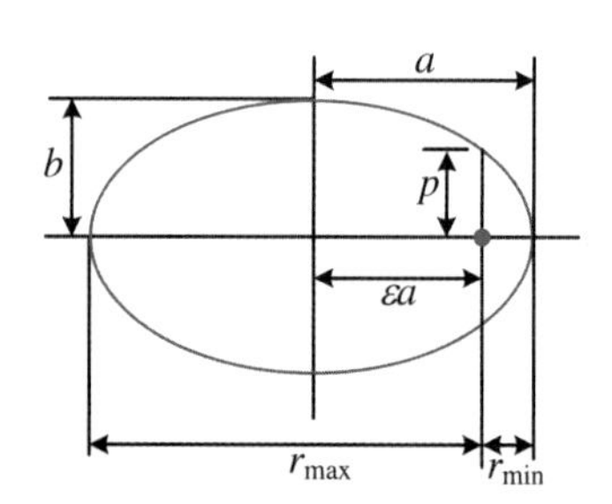

图 5.11 椭圆的几何参数

对于行星运动的情形，轨道为椭圆，这就是开普勒第一定律。除 p 和 ε 之外，椭圆的几何参数也可以选为半长轴 a 和半短轴 b，或者近心点与远心点到力心的两个距离 $r_{\min}$ 和 $r_{\max}$，或者这些参数的某两个组合，如 a 和 ε 等(图 5.11)。这些几何参数之间的变换关系可总结为

$$r_{\min} = \frac{p}{1+\varepsilon},\quad r_{\max} = \frac{p}{1-\varepsilon} \tag{5.2.9}$$

$$a = \frac{p}{1-\varepsilon^2},\quad b = \frac{p}{\sqrt{1-\varepsilon^2}} \tag{5.2.10}$$

由式(5.2.10)和式(5.2.7)，椭圆运动的能量为

$$E = -\frac{\alpha}{2a} \tag{5.2.11}$$

即 E 与 a 或者说轨道的尺度成反比。

为了求椭圆运动的周期，我们将掠面速度(5.1.3)的大小通过式(5.2.7)重新表示为

$$\frac{\mathrm{d}A}{\mathrm{d}t} = \frac{l}{2m} = \frac{1}{2}\sqrt{\frac{\alpha p}{m}}$$

而由式(5.2.10)不难给出

$$p = \frac{b^2}{a} \tag{5.2.12}$$

所以

$$\frac{\mathrm{d}A}{\mathrm{d}t} = \frac{b}{2}\sqrt{\frac{\alpha}{ma}} \tag{5.2.13}$$

根据开普勒第二定律,椭圆运动的周期等于位矢转动一周扫过的面积 $A = \pi ab$ 除以掠面速度。因而

$$\tau = \frac{A}{\mathrm{d}A/\mathrm{d}t} = \left(2\pi\sqrt{\frac{m}{\alpha}}\right)a^{3/2} \tag{5.2.14}$$

或者将其表示为

$$\tau^2 = \frac{4\pi^2 m}{\alpha}a^3 \tag{5.2.15}$$

从而周期的平方与椭圆长轴的立方成正比。这个结论就是开普勒第三定律。

5.2.3　开普勒方程

利用掠面速度守恒不仅可以给出椭圆运动的周期 τ,也可以得到粒子从轨道上一点运动至另一点所经历的时间。

由于掠面速度 $\mathrm{d}A/\mathrm{d}t = \pi ab/\tau$,并且它也可以利用极坐标表示为 $\mathrm{d}A/\mathrm{d}t = r^2\dot{\theta}/2$,因此有

$$\frac{1}{2}r^2\dot{\theta} = \frac{\pi ab}{\tau}$$

由此式解出 $\mathrm{d}t/\mathrm{d}\theta = 1/\dot{\theta}$ 并积分,得到

$$t = \frac{\tau}{2\pi ab}\int_0^\theta r^2\mathrm{d}\theta \tag{5.2.16}$$

如果将被积函数中的 r 利用轨道方程(5.2.6)写为 θ 的函数,式(5.2.16)就给出了粒子从近心点开始转过 θ 所经历的时间。

为了得到椭圆轨道上运动的时间与位置之间的一个相对简单的关系,我们做变量变换:将极角 θ 变为偏心角 ψ。偏心角的定义是这样的(图 5.12):做以椭圆轨道中心 C 为圆心、半径为 a 的圆,并把点 P(即粒子在 t 时刻的位置)投

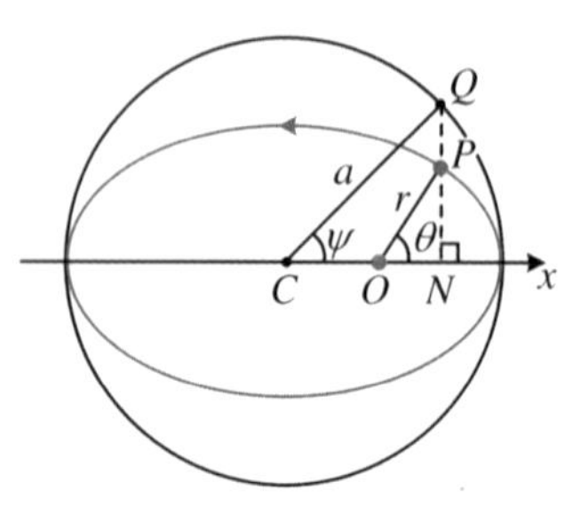

图 5.12　偏心角与极角的关系

影到圆上的点 Q，那么，CQ 相对于极轴转过的角度即为偏心角 ψ。

由几何关系 $CN = CO + ON$ 给出

$$a\cos\psi = \varepsilon a + r\cos\theta \tag{5.2.17}$$

将 $r\cos\theta$ 利用椭圆的极坐标方程(5.2.6)表示为 $(p-r)/\varepsilon$，并利用关系 $p = a(1-\varepsilon^2)$，就可以由式(5.2.17)得到用偏心角 ψ 表示的轨道方程

$$r = a(1-\varepsilon\cos\psi) \tag{5.2.18}$$

将其与极坐标方程(5.2.6)联立消去 r，并利用关系式(5.2.12)，我们得到 θ 和 ψ 的具有如下对称形式的关系：

$$(1-\varepsilon\cos\psi)(1+\varepsilon\cos\theta) = \frac{b^2}{a^2} \tag{5.2.19}$$

上式对 ψ 求导，经过适当化简后可得

$$\frac{\mathrm{d}\theta}{\mathrm{d}\psi} = \frac{b}{a(1-\varepsilon\cos\psi)} = \frac{b}{r} \tag{5.2.20}$$

现在将式(5.2.16)中的积分变量从 θ 变为 ψ，给出

$$t = \frac{\tau}{2\pi ab}\int_0^{\psi} r^2\,\frac{\mathrm{d}\theta}{\mathrm{d}\psi}\mathrm{d}\psi$$

把式(5.2.20)代入上式，再将其中的 r 通过式(5.2.18)用偏心角 ψ 表示，得到

$$t = \frac{\tau}{2\pi}\int_0^{\psi}(1-\varepsilon\cos\psi)\mathrm{d}\psi$$

从而

$$t = \frac{\tau}{2\pi}(\psi - \varepsilon\sin\psi) \tag{5.2.21}$$

这就是开普勒方程。

5.2.4　平方反比排斥力

在平方反比排斥力 $F = \alpha/r^2(\alpha>0)$ 作用下粒子轨道的计算与吸引力情形完全类似，唯一的差别在于：由于此时的势能函数为 $U = \alpha/r = \alpha u$，因此将式(5.2.5)中的 $u - 1/p$ 替换为 $u + 1/p$，就得到了排斥力作用下粒子轨道的一阶微分方程，即

$$\left[\frac{\mathrm{d}}{\mathrm{d}\theta}\left(u+\frac{1}{p}\right)\right]^2+\left(u+\frac{1}{p}\right)^2=\frac{\varepsilon^2}{p^2} \tag{5.2.22}$$

其解为

$$u+\frac{1}{p}=\frac{\varepsilon}{p}\cos(\theta-\theta_0)$$

选择 $\theta_0=0$(即以近心点方向作为极轴),就得到

$$r=\frac{p}{\varepsilon\cos\theta-1} \tag{5.2.23}$$

因此,在平方反比排斥力作用下粒子的轨道仍然是圆锥曲线,其中的 p 和 ε 仍由式(5.2.4)定义。

由于此情形下粒子的能量总是大于零的,从而 $\varepsilon>1$,所以轨道只能是双曲线。更确切地讲,粒子在平方反比排斥力作用下的轨道是以力心为外焦点的那一支双曲线(图5.13)。由于当 $\varepsilon\cos\theta=1$ 时 $r\to\infty$,因此,粒子从近心点运动到无穷远处的过程中,其位矢转过的角度 θ_b 由 $\cos\theta_b=1/\varepsilon$ 确定,即

$$\theta_b=\arccos\frac{1}{\varepsilon} \tag{5.2.24}$$

而式(5.2.23)中极角 θ 的取值范围则为$(-\theta_b,\theta_b)$。

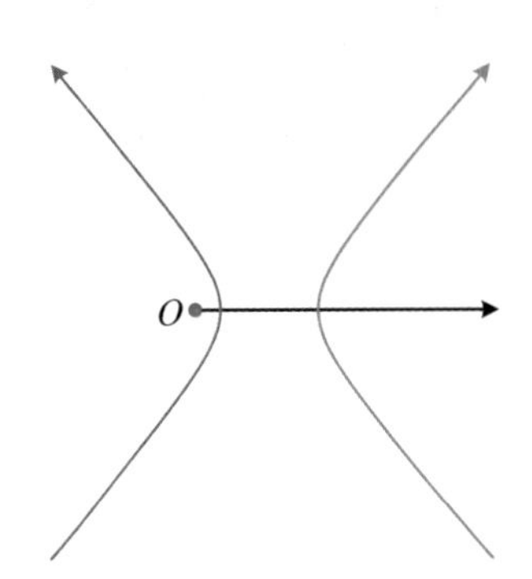

图5.13 分别以力心 O 为内焦点(左)和外焦点(右)的双曲线

5.3 散射

5.3.1 散射的含义

在平方反比排斥力作用下,粒子的轨道总是无界的。在平方反比吸引力作用下,当能量 $E<0$ 时,粒子在运动过程中既有近心点也有远心点;而随着 E 的增加,远心点到力心的距离越来越大;特别是,当 $E>0$ 时,远心点跑到无穷远处,轨道也就变为无界轨道。实际上,在一般的中心力(无论是排斥力还是吸引力)作用下运动的粒子,无界运动都是非常普遍的:在排斥力作用下粒子的轨道总是无界的;而在吸引力作用下,如果粒子在远处受到的力足够弱,即便其能量有限也有可能逃离力心并跑到无穷远处。

假设当 $r\to\infty$ 时,粒子受到的力 F 足够快地趋于零,以至于我们可以将无

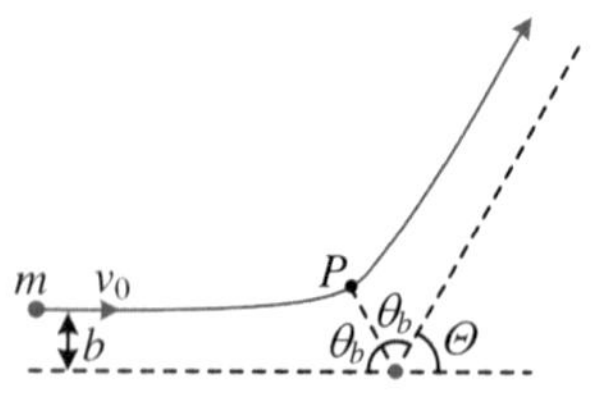

图 5.14 散射与散射角

穷远处取为势能的零点。设初始时粒子与力心的距离足够远,以至于可将其视为无穷远,这就意味着粒子是沿着某条无界轨道运动的。随着粒子靠近力心,其运动方向会发生偏转并最终沿着某个新的方向跑到无穷远处,这时我们就说粒子发生了散射。粒子在无穷远处的出射速度与初始时在无穷远处的入射速度之间的夹角 Θ 就称为散射角(图 5.14)。

在无穷远处,粒子的势能为零,因而其能量等于动能,根据能量守恒就得到:粒子出射速度与入射速度的大小是相同的,设为 v_0。因此,入射粒子(质量为 m)的能量为

$$E = \frac{1}{2}mv_0^2 \tag{5.3.1}$$

在给定的速度下,粒子的角动量可用碰撞参数(也称为瞄准距离)b 来刻画,b 定义为力心(或称为靶粒子)到粒子入射速度所在直线的垂直距离,也就是在不受力情况下入射粒子运动过程中与靶粒子之间的最近距离(图 5.14)。显然 b 也就是初始时刻的动量臂,因而粒子角动量的大小可以表示为

$$l = bmv_0 = b\sqrt{2mE} \tag{5.3.2}$$

与散射有关的问题涉及两方面的内容:

其中一个是散射的正问题,即在已知相互作用的情形下确定粒子如何被散射的问题。我们知道,中心力作用下粒子的轨道由其能量和角动量决定。因而,知道了能量和碰撞参数,入射粒子会被散射到什么方位(或者说散射角)也就完全确定了。例如,对于中心排斥力,轨道只有一个拱点(图 5.14 中的点 P),设 θ_b 是粒子从拱点运动至无穷远处的过程中其位矢转过的角度,根据式(5.1.24),θ_b 可通过下面的积分获得:

$$\theta_b = \frac{l}{\sqrt{2m}}\int_{r_m}^{\infty}\frac{\mathrm{d}r}{r^2\sqrt{E-V(r)}} \tag{5.3.3}$$

其中,拱心距 r_m 由 $V(r_m)=E$ 确定。将有效势能的表达式

$$V(r) = U(r) + \frac{l^2}{2mr^2}$$

代入式(5.3.3),并将其中的角动量通过式(5.3.2)用 b 和 E 表示,得到

$$\theta_b = \int_{r_m}^{\infty}\frac{b\mathrm{d}r}{r^2\sqrt{1-U/E-b^2/r^2}} \tag{5.3.4}$$

或者令 $u=1/r$,上式就可以写为

$$\theta_b = \int_0^{u_m}\frac{b\mathrm{d}u}{\sqrt{1-U/E-b^2u^2}} \tag{5.3.5}$$

此处，$u_m = 1/r_m$ 是代数方程 $1 - U/E - b^2 u^2 = 0$ 的根。由于轨道关于拱线对称，因而中心排斥力下的散射角为

$$\Theta = \pi - 2\theta_b = \Theta(b;E) \tag{5.3.6}$$

它由 b 和 E 决定。

与散射有关的另一方面的内容可称为散射的逆问题。根据 5.1 节最后的讨论，如果知道了粒子的一条完整轨道，其所受中心力的规律就可以由比内公式直接给出。而有关粒子某次散射的观测结果也可以告诉我们关于相互作用规律的一些信息。但是，由于太多的力的规律都可能符合这一次散射实验，因而由此给出的信息是极少的。不过，如果不是一个粒子被力心散射一次，而是让大量粒子同时入射并持续很长的时间，那么通过研究被散射粒子在不同方向的分布规律就有可能了解中心力的详细信息。事实上，这正是物理中研究相互作用规律的主要方法之一。本节研究经典的散射理论。

5.3.2　总截面

考察一束彼此之间相互作用可以忽略的入射粒子，设这些粒子的入射速度相同。一个基本的问题是，从多大横截面积 σ 的区域内入射的粒子会与靶作用而发生散射？

暂且让我们假设靶是通过刚性球作用对入射粒子施加力的：靶与入射粒子都是刚性球，而且两者只有通过接触（或碰撞）才会发生作用。设靶与入射小球的半径分别为 R 和 r。显然，只有当其中心位于横截面积为 $\sigma = \pi(R + r)^2$ 的区域内时，入射粒子才会与靶接触，发生作用，进而被散射（图 5.15）。这个面积 σ 就称为总散射截面。如果用 J 表示入射流强度——单位时间内入射到垂直于入射方向的单位横截面内的粒子数，那么单位时间内观测到被散射的粒子数

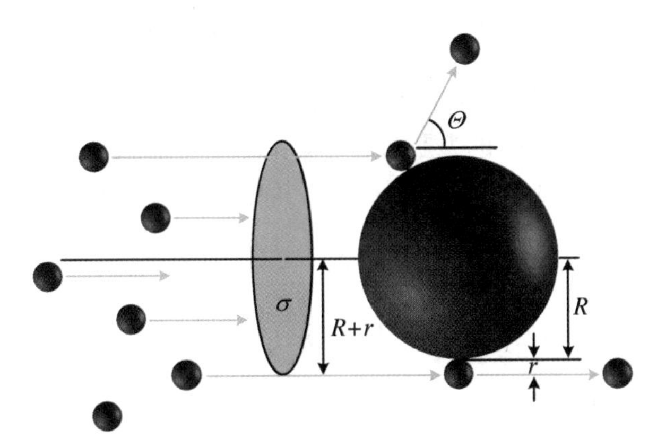

图 5.15　刚性球散射

总散射截面等于半径为 $R + r$ 的圆盘面积。

$n = J\sigma$。这里,n 和 J 都是可以在实验中进行测量的,根据测量结果也可以通过 $\sigma = n/J$ 给出总散射截面。σ 的大小由两球的尺度决定,而刚性球模型中只有接触才会有力的作用,因此,σ 的大小实际上也就反映了该模型下相互作用的规律。

在一般情形下,我们也可以预期有 $n \propto J$,两者的比值 $\sigma = n/J$ 由相互作用决定,称之为该相互作用下的总散射截面。其含义是:从横截面积为 σ 的区域内入射的粒子会被靶散射。对于刚性球,$\sigma = \pi(R + r)^2$。

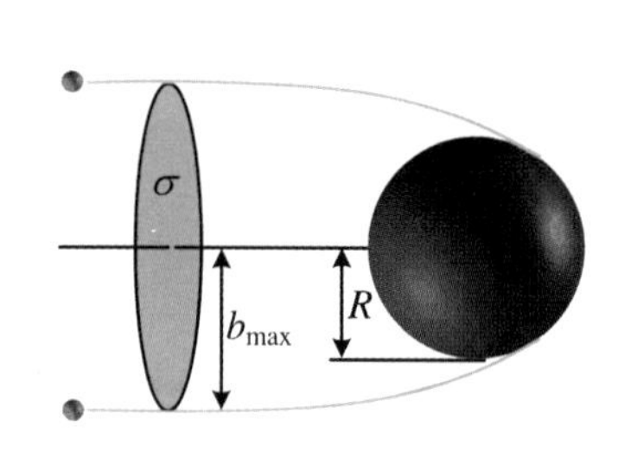

图 5.16 俘获截面

经典物理中所讲截面基本上都有类似的直观解释。例如,一颗小陨石从很远的地方(可视为无穷远)以速度 v_0 靠近地球,试问陨石能被地球俘获的截面 σ 为多大? 此处,截面的含义是:只有从横截面积为 σ 的区域过来的陨石才会被地球的引力俘获,或者说会击中地球(图 5.16)。具体可做如下分析:陨石的轨道为双曲线,设其近地点到地心的距离为 $r_{\min}$。由于近地点处径向速度为零,因而该处有效势能等于能量,即

$$\frac{1}{2}mv_0^2 = \frac{l^2}{2mr_{\min}^2} - \frac{GMm}{r_{\min}} \tag{5.3.7}$$

其中,M 和 m 分别为地球与陨石的质量。将 $l^2 = b^2 \cdot m^2 v_0^2$ 代入式(5.3.7),可解得

$$b^2 = r_{\min}^2 + \frac{2GM}{v_0^2} r_{\min}$$

陨石能被地球俘获意味着 $r_{\min}$ 不能大于地球半径 R,即要求

$$b^2 \leqslant R^2\left(1 + \frac{2GM}{Rv_0^2}\right) \triangleq b_{\max}^2$$

所以俘获截面为

$$\sigma = \pi b_{\max}^2 = \pi R^2\left(1 + \frac{2GM}{Rv_0^2}\right) \tag{5.3.8}$$

又如,我们曾在例 5.2 中得到一个结论:质量为 m 的粒子从无穷远处开始靠近中心势场 $U = -\alpha/r^3$ 的力心过程中,当其能量 E 大于有效势能的极大值 $V_{\max} = \alpha/(2r_0^3)$ 时,粒子会"落向"力心。其中,$r_0 = 3m\alpha/l^2$,或者利用 $l^2 = b^2 \cdot 2mE$,将其写为

$$r_0 = \frac{3\alpha}{2b^2E}$$

因此,由"落向"力心的条件

$$E > V_{\max} = \frac{\alpha}{2r_0^3} = \frac{\alpha}{2}\left(\frac{2b^2E}{3\alpha}\right)^3 \tag{5.3.9}$$

就得到碰撞参数应满足的条件：

$$b^2 < 3\left(\frac{\alpha}{2E}\right)^{2/3} \triangleq b_{\max}^2$$

即具有给定能量 E 的粒子，当其在远处从横截面积为

$$\sigma = \pi b_{\max}^2 = 3\pi\left(\frac{\alpha}{2E}\right)^{2/3} \tag{5.3.10}$$

的区域内入射时会“落向”力心。这里的 σ 就称为“落向”力心的截面。

5.3.3 微分散射截面

在实验中，通常会通过放置在远处确定位置的探测器来记录被散射到特定方向的粒子(图 5.17)。粒子出射的方向可以用极角 Θ 和方位角 Φ 标志。探测器自身相对于靶会张出一个小的立体角 $\mathrm{d}\Omega = \sin\Theta\mathrm{d}\Theta\mathrm{d}\Phi$，可以预期：探测器在单位时间内所测量到的粒子数 $\mathrm{d}n$ 不仅与 J 成正比，而且也与探测器所张立体角 $\mathrm{d}\Omega$ 成正比，即有 $\mathrm{d}n \propto J\mathrm{d}\Omega$。而比例系数则是与相互作用有关的，我们将其称为微分散射截面，记为 $\mathrm{d}\sigma/\mathrm{d}\Omega$，即有

$$\frac{\mathrm{d}\sigma}{\mathrm{d}\Omega} \triangleq \frac{1}{J}\frac{\mathrm{d}n}{\mathrm{d}\Omega} = \frac{\mathrm{d}\sigma}{\mathrm{d}\Omega}(\Theta,\Phi) \tag{5.3.11}$$

与总截面类似，微分散射截面具有如下含义：探测器单位时间内所测量到的粒子必然来自单位时间内由某个面积为 $\mathrm{d}\sigma$ 的横截面内入射的粒子，即

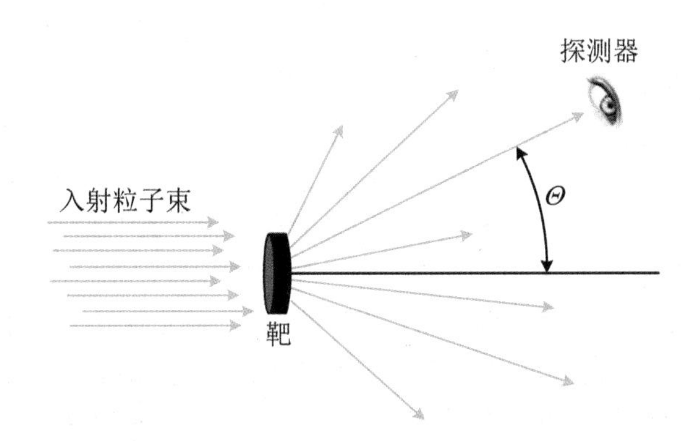

图 5.17 微分散射截面的实验测量

$$dn = J d\sigma = J \frac{d\sigma}{d\Omega} d\Omega \tag{5.3.12}$$

这反映的是粒子数守恒的图像。

由微分散射截面的定义可知，粒子被散射到有限立体角 Ω 范围内的截面为

$$\sigma_\Omega = \int_\Omega \frac{d\sigma}{d\Omega} d\Omega \tag{5.3.13}$$

由于散射总截面就是粒子被散射到空间各个方向的截面，因而其与微分散射截面的关系为

$$\sigma = \int \frac{d\sigma}{d\Omega} d\Omega \tag{5.3.14}$$

此处的积分应遍布粒子可以散射到的所有方向。

显然，中心力散射具有绕着极轴的转动对称性，因而微分散射截面与方位角 Φ 无关，即 $d\sigma/d\Omega$ 仅仅是极角 Θ 的函数(一般而言，它也会与能量有关)。此情形下，方程(5.3.14)可以写为

$$\sigma = 2\pi \int \frac{d\sigma}{d\Omega} \sin\Theta d\Theta \tag{5.3.15}$$

至于方程(5.3.12)，则可以改写为

$$dn = J d\sigma = J \cdot 2\pi \frac{d\sigma}{d\Omega} \sin\Theta d\Theta \tag{5.3.16}$$

这里，dn 表示单位时间内散射到极角介于 Θ 和 $\Theta + d\Theta$ 之间、方位角 $\Phi \in [0,2\pi]$ 的立体角元内的粒子数(图 5.18)，也就是散射到以靶为顶点、半张角分别为 Θ 和 $\Theta + d\Theta$ 的两个圆锥之间区域内的粒子数。

有了关于相互作用的模型后，$d\sigma/d\Omega$ 可由理论给出。由于入射流强度 J、探测器所张立体角 $d\Omega$ 以及单位时间内进入探测器的粒子数 dn 都是可测量的，因此，利用式(5.3.16)或者式(5.3.12)也可由实验确定微分散射截面 $d\sigma/d\Omega$。通过对微分散射截面的测量，由实验就可以对理论模型提供检验。事实上，通过实验确定的 $d\sigma/d\Omega$，辅之以合适的物理假设，由理论分析也是有可能反推出相互作用规律的。这涉及所谓的反散射理论，相关的讨论超出了本书的范围。下面我们将在假设相互作用已知的情况下确定微分散射截面。

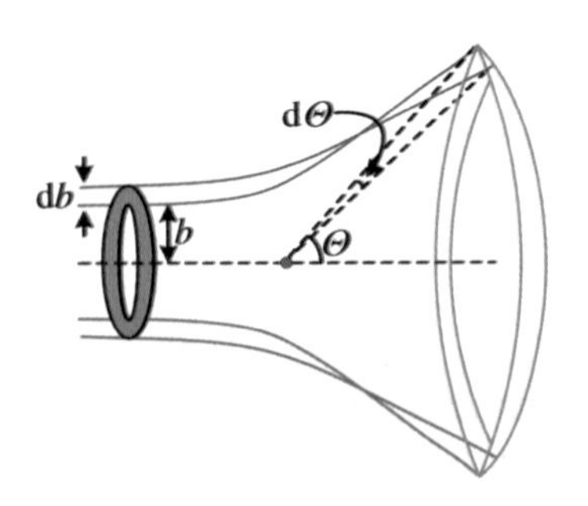

图 5.18 微分散射截面，图中 Θ 随着 b 的增加而减小

对于以一定能量 E 入射的粒子，给定碰撞参数后粒子的轨道就确定了，从而也就知道了散射角。也就是说，Θ 是 b 的函数，$\Theta = \Theta(b)$。由于对称性，被散射到 Θ 和 $\Theta + d\Theta$ 之间的粒子来自从半径为 b、宽为 db 的环形区域入射的粒子(图 5.18)。环形区域的面积为 $d\sigma = 2\pi b db$，该面积乘以 J 即为单位时间内散射到 $d\Theta$ 内的粒子数。因此，利用式(5.3.16)就得到

$$J\cdot 2\pi b\,|\mathrm{d}b| = J\cdot\frac{\mathrm{d}\sigma}{\mathrm{d}\Omega}\cdot 2\pi\sin\Theta\,|\mathrm{d}\Theta| \tag{5.3.17}$$

如果力是 r 的单调函数(随着 r 的增加而减小),那么碰撞参数越小的粒子受到的影响越大,散射角也就越大。在此情形下,Θ 将随着 b 的增加而减小。因此为保险起见,我们在上式左、右两边都加了绝对值符号。

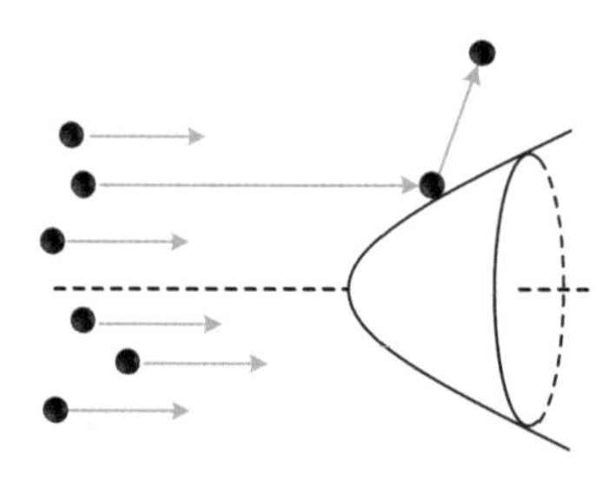

图 5.19 一个具有转动对称性的问题

由式(5.3.17)得到微分散射截面的计算公式为

$$\frac{\mathrm{d}\sigma}{\mathrm{d}\Omega} = \frac{b}{\sin\Theta}\left|\frac{\mathrm{d}b}{\mathrm{d}\Theta}\right| = \frac{\mathrm{d}\sigma}{\mathrm{d}\Omega}(\Theta) \tag{5.3.18}$$

它一般也与能量有关。因此,知道了相互作用,就可以确定给定能量 E 下 Θ 与 b 的关系 $\Theta=\Theta(b)$;对其做反变换,并将所得关系 $b=b(\Theta)$ 代入式(5.3.18),就给出了理论上预言的微分散射截面。

我们是在中心力情形下给出前面的结论的。很容易看出,只要问题具有轴对称性,类似的讨论就成立,微分散射截面也仍由方程(5.3.18)给出。图 5.19 给出了这样一个非中心力,但同样具有轴对称性的例子:靶具有对称轴,而入射粒子的速度则与对称轴平行。

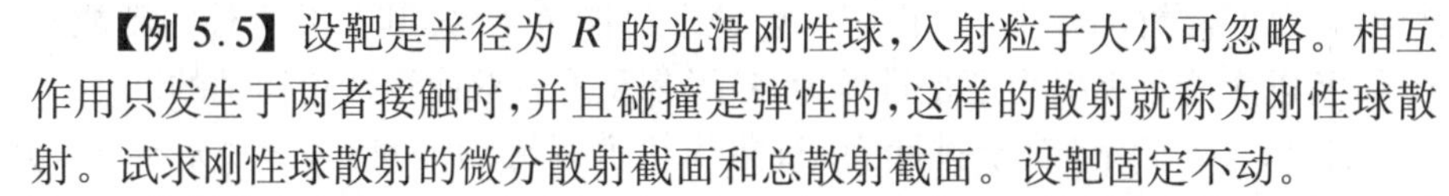

【例 5.5】 设靶是半径为 R 的光滑刚性球,入射粒子大小可忽略。相互作用只发生于两者接触时,并且碰撞是弹性的,这样的散射就称为刚性球散射。试求刚性球散射的微分散射截面和总散射截面。设靶固定不动。

【解】 由于靶光滑,因而碰撞前后入射粒子沿切向的速度不变;而弹性碰撞意味着动能或速度大小不变。由此可知反射角等于入射角(图 5.20)。对于给定的碰撞参数 $b(<R)$,由 $\sin\theta_b=b/R$ 及 $\Theta=\pi-2\theta_b$,得到散射角与碰撞参数的关系为

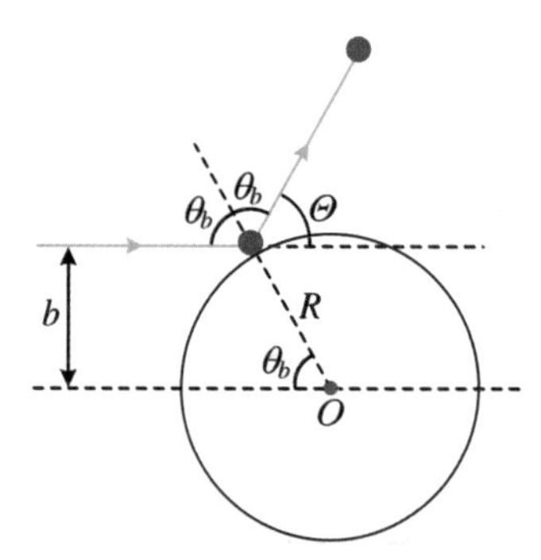

图 5.20 刚性球散射中 Θ 与 b 的关系

$$b = R\cos\frac{\Theta}{2} \tag{5.3.19}$$

事实上,入射粒子所受刚性球的作用是一种特殊的中心排斥力,其势能为

$$U(r)=\begin{cases}\infty & (r<R)\\ 0 & (r>R)\end{cases} \tag{5.3.20}$$

因此,散射角与碰撞参数的关系也可由式(5.3.5)和式(5.3.6)给出。

将式(5.3.19)代入式(5.3.18),即得微分散射截面

$$\frac{\mathrm{d}\sigma}{\mathrm{d}\Omega} = \frac{1}{4}R^2 \tag{5.3.21}$$

散射粒子的角分布呈各向同性，而且微分截面与入射粒子能量无关。

总散射截面为

$$\sigma = \int \frac{d\sigma}{d\Omega} d\Omega = \frac{1}{4} R^2 \int_{4\pi} d\Omega = \pi R^2 \tag{5.3.22}$$

这与前面给出的结论是符合的。

5.3.4 卢瑟福散射截面

利用前面结论所解决的非常重要的问题之一是带电粒子在库仑场中的散射。这种情形下势能为

$$U = \pm \frac{\alpha}{r} = \pm \alpha u \tag{5.3.23}$$

其中，α 为正常数，$u = 1/r$。由于入射粒子的能量 E（即其在无穷处的动能）大于零，所以无论是吸引力还是排斥力，粒子都是沿着双曲线轨道运动的。

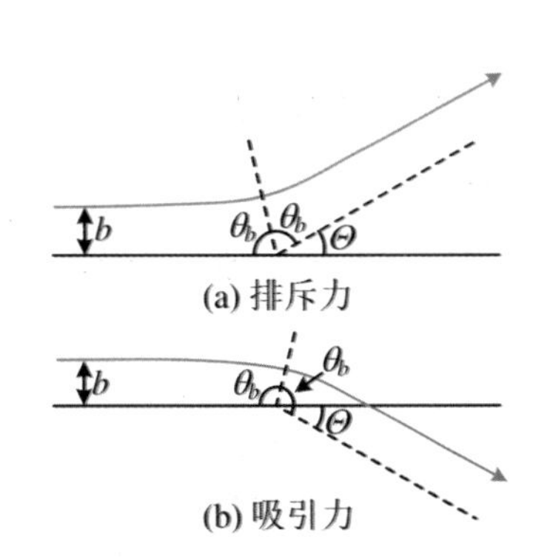

图 5.21 平方反比力作用下的无界轨道

如图 5.21 所示，对于排斥力，双曲线轨道以靶为外焦点，$\Theta = \pi - 2\theta_b$，其中，θ_b 由式(5.2.24)给出，$\theta_b = \arccos(1/\varepsilon)$；而对于吸引力，双曲线轨道以靶为内焦点，$\Theta = 2\theta_b - \pi$，其中，$\theta_b$ 由式(5.2.8)给出，$\theta_b = \pi - \arccos(1/\varepsilon)$。不难看出，无论是排斥还是吸引性的平方反比力，散射角都满足关系

$$\sin \frac{\Theta}{2} = \frac{1}{\varepsilon} \tag{5.3.24}$$

利用 $l = b\sqrt{2mE}$，偏心率（见式(5.2.4)）的平方可以写为

$$\varepsilon^2 = 1 + \frac{2El^2}{m\alpha^2} = 1 + \frac{4b^2E^2}{\alpha^2} = 1 + \frac{4b^2}{a^2} \tag{5.3.25}$$

其中，$a \triangleq \alpha/E$ 具有长度量纲。由于

$$\frac{1}{\sin^2(\Theta/2)} = 1 + \cot^2 \frac{\Theta}{2} \tag{5.3.26}$$

因此，由式(5.3.24)～式(5.3.26)就给出

$$b = \frac{a}{2} \cot \frac{\Theta}{2} \tag{5.3.27}$$

现在，将此方程代入式(5.3.18)就给出了卢瑟福散射截面

$$\frac{\mathrm{d}\sigma}{\mathrm{d}\Omega}=\frac{a^2}{16}\csc^4\frac{\Theta}{2}=\frac{\alpha^2}{16E^2}\csc^4\frac{\Theta}{2} \tag{5.3.28}$$

卢瑟福在建立原子的核模型过程中，首先推导并使用了该公式。在卢瑟福做α粒子散射实验时，量子力学尚未建立，幸运的是，对于库仑势，量子力学和经典力学给出了相同的散射截面。

与刚性球散射不同，卢瑟福散射截面与粒子的能量有关。卢瑟福散射的另一个特点是总散射截面 σ 为无限大，这意味着，无论碰撞参数多大，入射粒子都会被散射。这是由于库仑势按 $1/r$ 变化，下降得太慢，从而在碰撞参数 b 很大时，散射角减小得太慢，以至于使得积分(5.3.15)不可避免地发散。而在α粒子散射实验中，由于金原子核的库仑场被周围的电子屏蔽，所以在远距离处势已被有效截断，因而就得出 σ 为有限值。按照量子力学方法处理库仑屏蔽势的散射截面是较为容易的，而经典理论的方法所涉及的计算反而非常复杂，本书不予讨论。

5.3.5　几点说明

1. 关于散射角的计算

粒子在中心势场中发生散射，其轨道是无界的，只有一个拱点，即近心点。粒子从拱点运动至无穷远处的过程中位矢转过的角度 θ_b 可由式(5.3.4)或者式(5.3.5)计算，它是碰撞参数 b 的函数(也会依赖于能量 E)。知道了散射角 Θ 与 θ_b 的关系，就可以给出 Θ 与 b 的关系。对于平方反比排斥力，$\Theta=\pi-2\theta_b$；而对于平方反比吸引力有 $\Theta=2\theta_b-\pi$。事实上，对于中心排斥力总有 $\Theta=\pi-2\theta_b$。但是，对于中心吸引力及更为一般的中心力，Θ 与 θ_b 的关系通常是比较复杂的。例如，图5.22所示的有效势能，其随 r 增加下降得很快，如果能量 E 略大于零，则粒子从拱点向无穷远处运动过程中，其径向速度几乎为零，径向距离随时间缓慢增加。而由于角动量守恒，粒子在到达远处之前就有可能已经绕着力心转过若干圈。为了使所得散射角确实处于0与π之间，Θ 与 θ_b 的关系一般应写为

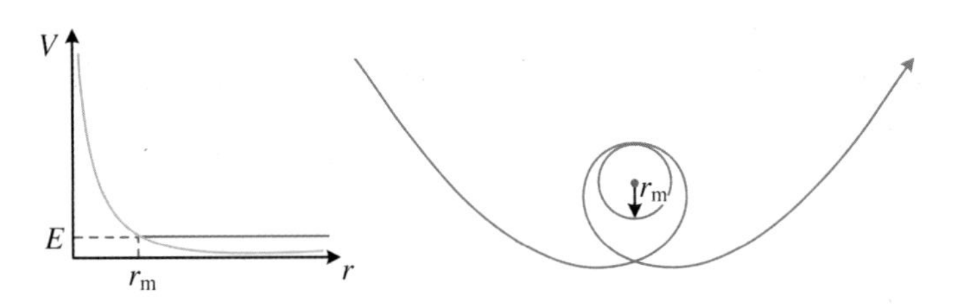

图5.22　粒子在某个中心吸引力下的有效势能及一条可能的无界轨道

$$\Theta = |(2\theta_b - \pi) - 2n\pi| \tag{5.3.29}$$

其中，n 为某个整数。

2．关于散射角的取值范围

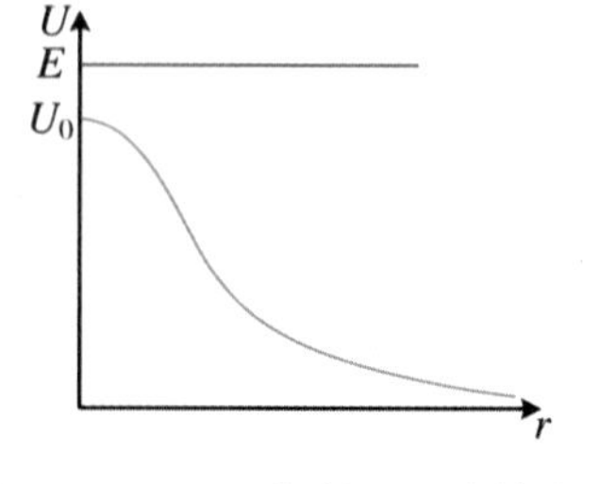

图 5.23　$b=0$ 时，粒子不会被力心反弹，而是穿力心而过

对于刚性球散射及卢瑟福散射，散射角可以取 0 与 π 之间的任一数值：当碰撞参数 b 很大时，散射角等于或趋于零；而 $b=0$ 时，两种情形下散射角均为最大值 180°，即粒子沿着原路被反弹回来。但是，在某些情形下，无论粒子从什么区域入射，都不可能被散射到某些特定的方向上。例如图 5.23 所示的势能，其数值在 $r=0$ 处取到最大值(假如靶是均匀带正电的球，则同样带正电的入射粒子的势能就具有类似形式)。如果入射粒子能量 E 大于势能最大值 U_0，那么当 $b=0$ 时粒子将穿力心而过，散射角为零；而显然当 $b\to\infty$ 时，散射角趋于零。所以散射角必然存在一个最大值，也就是说，此情形下粒子的散射角必然总是小于 180°的，而利用式(5.3.15)计算总散射截面时，积分的范围就需要具体问题具体分析。

3．彩虹散射

当能量 E 大于 U_0 的入射粒子在图 5.23 所示的中心势场中散射时，还伴有另一个重要的现象。由于当碰撞参数取某个有限数值 b_{m} 时，散射角会取到极大值 Θ_{m}(图 5.24(a))。所以当 $0\leqslant\Theta\leqslant\Theta_{\mathrm{m}}$ 时，每一个散射角 Θ 都有两个碰撞参数 $b_1(\Theta)$ 和 $b_2(\Theta)$ 与之对应。数学上，这意味着 $\Theta(b)$ 的反变换是一个双值函数；物理上，这意味着散射到以靶为顶点、半张角分别为 Θ 和 $\Theta+\mathrm{d}\Theta$ 的两个圆锥之间区域内的粒子来自两个环形区域：半径分别为 b_1 和 b_2，宽分别为 $\mathrm{d}b_1$ 和 $\mathrm{d}b_2$。在其他的中心势场中，可能还会出现由更多个环形区域入射的粒子都散射到同一立体角范围内的情形，即 $\Theta(b)$ 的反变换是一个多值函数，分别记为 $b_k=b_k(\Theta)$。因此，一般情形下，式(5.3.17)应改写为

$$J\cdot\sum_k 2\pi b_k\,|\mathrm{d}b_k| = J\cdot\frac{\mathrm{d}\sigma}{\mathrm{d}\Omega}\cdot 2\pi\sin\Theta\,|\mathrm{d}\Theta| \tag{5.3.30}$$

由此给出的微分散射截面的公式变为了

$$\frac{\mathrm{d}\sigma}{\mathrm{d}\Omega} = \sum_k \frac{b_k}{\sin\Theta}\left|\frac{\mathrm{d}b_k}{\mathrm{d}\Theta}\right| \tag{5.3.31}$$

如图 5.24(b)所示，两条曲线 $b_1(\Theta)$ 和 $b_2(\Theta)$ 在 Θ_{m} 处的切线都是竖直的。因此，当 $\Theta\to\Theta_{\mathrm{m}}$ 时，有

$$\frac{\mathrm{d}\sigma}{\mathrm{d}\Omega}\to\infty \tag{5.3.32}$$

类似的性质也出现在彩虹形成的机制中，因此将具有这种特征的散射称为彩虹散射。

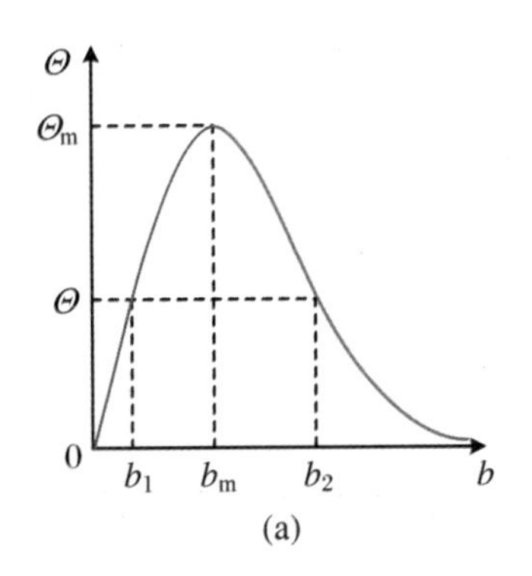

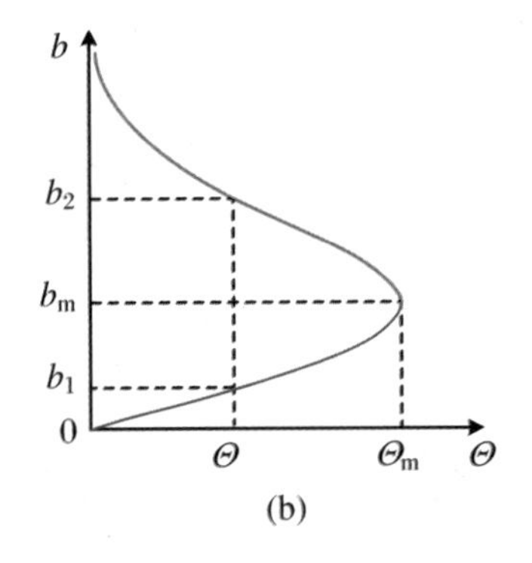

图 5.24 $\Theta(b)$和 $b(\Theta)$曲线

5.4 两体散射

5.4.1 两体问题

前面我们讨论粒子在中心力场中的运动及散射时，都假定力心是不动的。而任何实际的问题中，提供中心力的物体也会受到粒子的反作用，其状态也会发生变化。因此，为了给出粒子在实验室参考系中的运动和散射规律，我们必须将相互作用着的两个粒子作为一个完整的体系加以讨论。

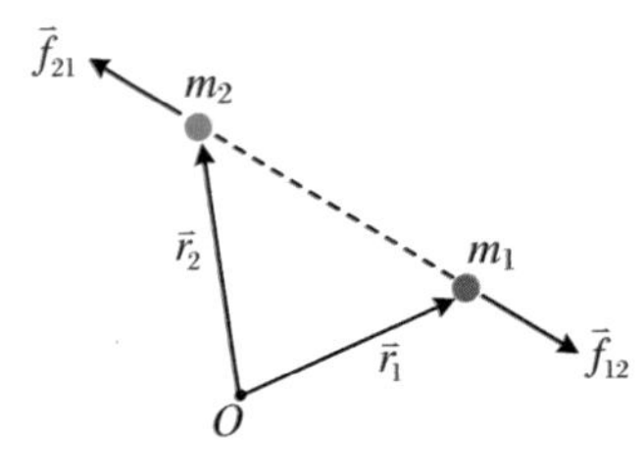

图 5.25 两体问题

考察如图 5.25 所示的由质量分别为 m_1 和 m_2 的两个粒子构成的体系，$\vec{f}_{12}$为粒子 1 受到粒子 2 的作用力，而$\vec{f}_{21}$则是粒子 2 受到粒子 1 的反作用。设两粒子之间相互作用的势能 U 只与两者的相对距离有关。如果用相对于某个惯性系中的固定点 O 的位矢 $\vec{r}_1$ 和 $\vec{r}_2$ 分别描述两粒子的位置，则体系的拉格朗日函数可以写为

$$L = \frac{1}{2}m_1\dot{\vec{r}}_1^2 + \frac{1}{2}m_2\dot{\vec{r}}_2^2 - U(|\vec{r}_1 - \vec{r}_2|) \tag{5.4.1}$$

对此自由度为 6 的体系，也可选质心位矢 $\vec{R}$ 的三个分量和相对位矢 $\vec{r}$ 的三个分量作为广义坐标，定义如下：

$$\vec{R} \triangleq \frac{m_1\vec{r}_1 + m_2\vec{r}_2}{m_1 + m_2}, \quad \vec{r} \triangleq \vec{r}_1 - \vec{r}_2 \tag{5.4.2}$$

由此可解得

$$\vec{r}_1 = \vec{R} + \frac{\mu}{m_1}\vec{r}, \quad \vec{r}_2 = \vec{R} - \frac{\mu}{m_2}\vec{r} \tag{5.4.3}$$

其中

$$\mu \triangleq \frac{m_1 m_2}{m_1 + m_2} \tag{5.4.4}$$

称为**约化质量**。把式(5.4.3)代入拉格朗日函数的表达式(5.4.1)，得到

$$L = \frac{1}{2}M\dot{\vec{R}}^2 + \left[\frac{1}{2}\mu\dot{\vec{r}}^2 - U(r)\right] \tag{5.4.5}$$

这里，$M \triangleq m_1 + m_2$ 是总质量。

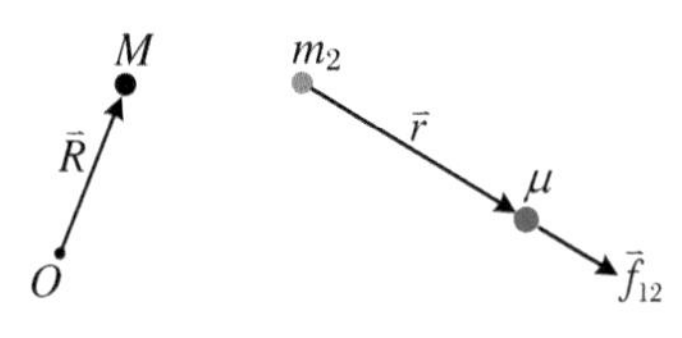

图 5.26 两个等效的单体问题

拉格朗日函数(5.4.5)分解为了两项之和的形式：其中一项(右边第一项)只与质心位矢 $\vec{R}$ 有关，另一项(方括号中的项)则只与相对位矢 $\vec{r}$ 有关。因此，按照拉格朗日函数的可加性，我们就在形式上将两体问题约化为了两个单体问题：其中一个是质量为 M 的粒子不受力时的运动，它给出了原来体系整体的平移运动；另一个则是质量为 μ 的粒子在中心势场 $U(r)$ 中的运动，它给出了原来体系中粒子 1 相对于粒子 2 的运动(图 5.26)。

体系整体的平移规律是简单的：质心做匀速直线运动。下面我们关注两粒子之间的相对运动，其拉格朗日函数为

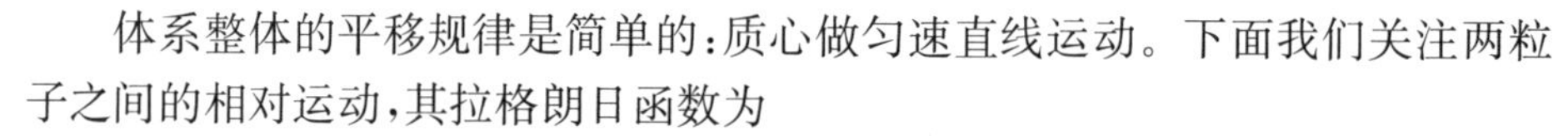

$$L = \frac{1}{2}\mu\dot{\vec{r}}^2 - U(r) \tag{5.4.6}$$

对该拉格朗日函数所描述的中心力问题，我们在前面已经做了较为详细的讨论，此处不再赘述。

式(5.4.3)可以改写为

$$\vec{r}_1 = \vec{R} + \vec{r}_1^*, \quad \vec{r}_2 = \vec{R} + \vec{r}_2^* \tag{5.4.7}$$

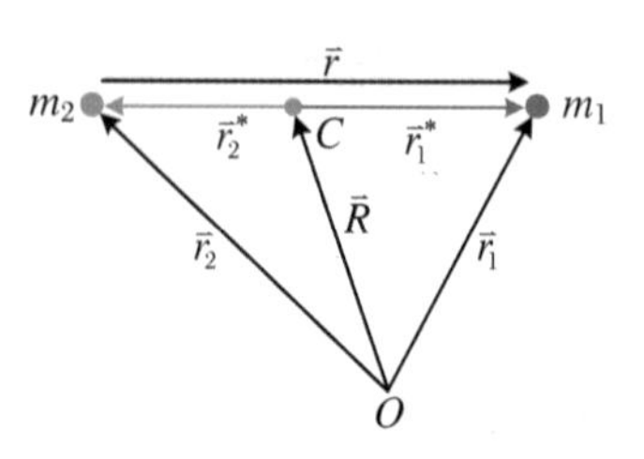

图 5.27 相对运动与质心系中的运动

其中，$\vec{r}_1^*$ 和 $\vec{r}_2^*$ 分别是粒子 1 和 2 相对于质心 C 的位矢(图 5.27)，它们与相对位矢 $\vec{r}$ 的关系为

$$\vec{r}_1^* = \frac{\mu}{m_1}\vec{r}, \quad \vec{r}_2^* = -\frac{\mu}{m_2}\vec{r} \tag{5.4.8}$$

知道了相对运动的规律，代入上式就给出了两粒子在质心系中的运动。

利用式(5.4.8)及约化质量的定义不难得到

$$T^* \triangleq \frac{1}{2}m_1 \dot{\vec{r}}_1^{*2} + \frac{1}{2}m_2 \dot{\vec{r}}_2^{*2} = \frac{1}{2}\mu \dot{\vec{r}}^2 \tag{5.4.9}$$

$$\vec{l}^* \triangleq \vec{r}_1^* \times m_1 \dot{\vec{r}}_1^* + \vec{r}_2^* \times m_2 \dot{\vec{r}}_2^* = \vec{r} \times \mu \dot{\vec{r}} \tag{5.4.10}$$

即拉格朗日函数(5.4.6)所描述的等效中心力问题中，粒子的动能就是粒子1和2在其质心系中的动能，而粒子的角动量是粒子1和2在其质心系中的角动量。

作为一个例子，考察5.2节给出的粒子在平方反比吸引力作用下椭圆运动的周期公式，即式(5.2.14)：

$$\tau = \left(2\pi\sqrt{\frac{m}{\alpha}}\right) a^{3/2}$$

对于万有引力，$\alpha = GMm$，M 和 m 分别为太阳和行星的质量。因此，行星运动的周期为

$$\tau = \frac{2\pi}{\sqrt{GM}} a^{3/2} \tag{5.4.11}$$

由此得出结论：行星运动周期与其质量无关。此结论是在假设太阳不动的前提下得到的，而在此假设下，拉格朗日函数为

$$L = \frac{1}{2}m \dot{\vec{r}}^2 - \frac{GMm}{r} \tag{5.4.12}$$

其中，$\vec{r}$ 是行星相对于太阳的位矢。但是按照式(5.4.6)，决定行星相对于太阳运动的正确的拉格朗日函数应该写为

$$\begin{aligned} L &= \frac{1}{2}\frac{Mm}{M+m}\dot{\vec{r}}^2 - \frac{GMm}{r} \\ &= \frac{M}{M+m}\left[\frac{1}{2}m \dot{\vec{r}}^2 - \frac{G(M+m)m}{r}\right] \end{aligned}$$

或者由于不确定性，正确的拉格朗日函数也可以写为

$$L = \frac{1}{2}m \dot{\vec{r}}^2 - \frac{G(M+m)m}{r} \tag{5.4.13}$$

与式(5.4.12)相比，它只是将其中的 M 替换为了 $M+m$。因而，在由式(5.4.12)得到的结论中做同样的替换就给出了行星运动的严格结果。例如，考虑到行星对太阳的影响，式(5.4.11)现在就可以写为

$$\tau = \frac{2\pi}{\sqrt{G(M+m)}} a^{3/2} \tag{5.4.14}$$

不同行星运动的周期除了与其轨道的长轴有关外，也多少依赖于其质量 m。只不过由于 $M \gg m$，因而可近似地认为 τ 与 m 是无关的。

5.4.2 两体散射

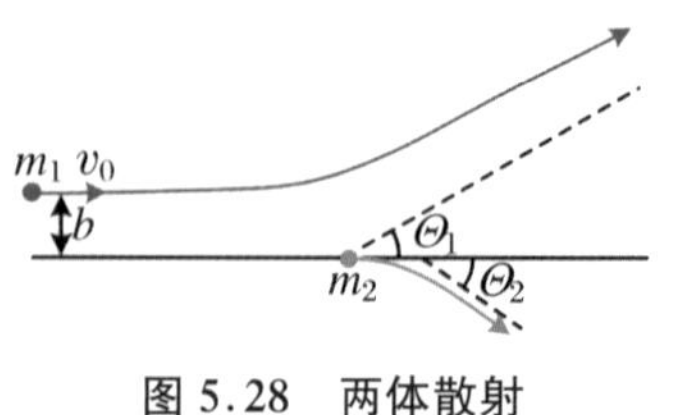

图 5.28 两体散射

接下来我们将入射粒子与靶作为完整的体系重新对散射加以考察。设靶粒子质量为 m_2，初始时静止，质量为 m_1 的入射粒子则从远处以速度 v_0、碰撞参数 b 向着靶运动(图 5.28)。因此，体系的能量为

$$E = \frac{1}{2} m_1 v_0^2 \tag{5.4.15}$$

相对于靶初始位置的角动量则为

$$l = b m_1 v_0 = b\sqrt{2m_1 E} \tag{5.4.16}$$

由于受到靶粒子的作用，入射粒子最终会被散射到某个方向，其末速度与初速度的夹角 Θ_1 称为粒子 1 在实验室系中的散射角。靶由于在此过程中会受到反冲力的作用，最终也会沿着某个方向飞出去，靶粒子末速度与入射粒子初速度的夹角 Θ_2 称为靶的反冲角。现在的问题是：如果入射流强度为 J，那么处于某个方位、占据一定立体角范围的探测器，单位时间内会探测到多少被散射的粒子？由于相对运动可等效为一个中心力问题，此问题的答案也可由单体散射的结果做一些代数变换得到。

1. 初始条件的变换

作为等效中心力的散射问题，靶(或者说力心)仍然固定不动，碰撞参数也仍然为 b，而入射粒子质量等于约化质量 μ。根据式(5.4.9)和式(5.4.10)，决定粒子轨道的能量和角动量应取为质心系中的相应量，即能量取

$$E^* = \frac{1}{2}\mu v_0^2 = \frac{E}{1+\rho} \tag{5.4.17}$$

其中，$\rho \triangleq m_1/m_2$ 为入射粒子与靶粒子的质量之比，而角动量取

$$l^* = b \cdot \mu v_0 = \frac{l}{1+\rho} \tag{5.4.18}$$

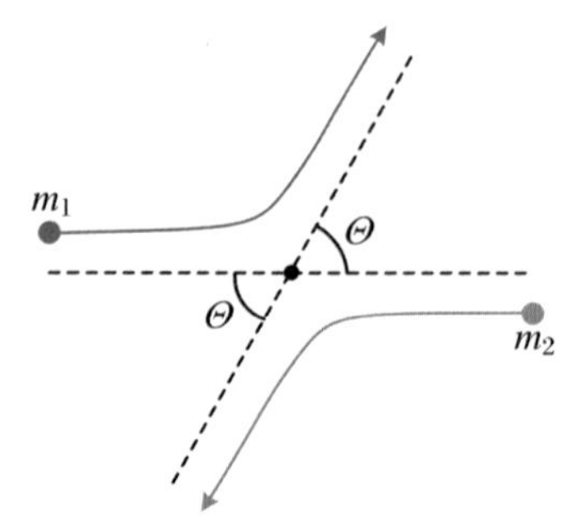

图 5.29 质心系中的散射

2. 散射角的变换

根据式(5.4.8)，相对位矢 $\vec{r}$ 与 $\vec{r}_1^*$ 和 $\vec{r}_2^*$ 分别平行和反平行，因此，$\vec{r}$ 转过多大角度，$\vec{r}_1^*$ 和 $\vec{r}_2^*$ 也就绕着质心转过多大角度。换言之，等效中心力问题中的散射角 Θ 实际上等于两个粒子在质心系中速度的偏转角(图 5.29)。所以，

我们有必要将质心系中的散射角 Θ 与实验室系中的散射角 Θ_1 联系起来。

由于 $r\to\infty$ 时 $U\to 0$,因此等效问题中的粒子在散射前后都只有动能。而能量守恒意味着该动能不变,从而相对速度大小也不变,都等于 v_0。根据式(5.4.8),散射前后两个粒子在质心系中的速度大小也是不变的,分别为

$$v_1^* = \frac{\mu}{m_1}v_0, \quad v_2^* = \frac{\mu}{m_2}v_0$$

由于我们假设靶在初始时静止,因此质心速度沿着入射粒子的初速度方向,大小为

$$v_c = \frac{m_1 \cdot v_0 + m_2 \cdot 0}{m_1 + m_2} = \frac{m_1}{m_1 + m_2}v_0$$

很容易看出,这三个速度之间满足关系

$$v_2^* = v_c = \rho v_1^* \tag{5.4.19}$$

由此,通过两粒子在实验室系和质心系中的速度关系,就可以定量地给出散射角之间的变换关系。

由图5.30(a)不难看出,由于 $v_2^* = v_c$,因而 $\Theta + 2\Theta_2 = \pi$,即有

$$\Theta_2 = \frac{\pi}{2} - \frac{\Theta}{2} \tag{5.4.20}$$

所以,靶的反冲角不可能大于90°。从该图中还可以看出

$$\cos\Theta_1 = \frac{v_c + v_1^*\cos\Theta}{v_1} = \frac{v_c + v_1^*\cos\Theta}{\sqrt{v_c^2 + v_1^{*2} + 2v_c v_1^*\cos\Theta}}$$

利用关系式(5.4.19)就可得到

$$\cos\Theta_1 = \frac{\rho + \cos\Theta}{\sqrt{1 + \rho^2 + 2\rho\cos\Theta}} \tag{5.4.21}$$

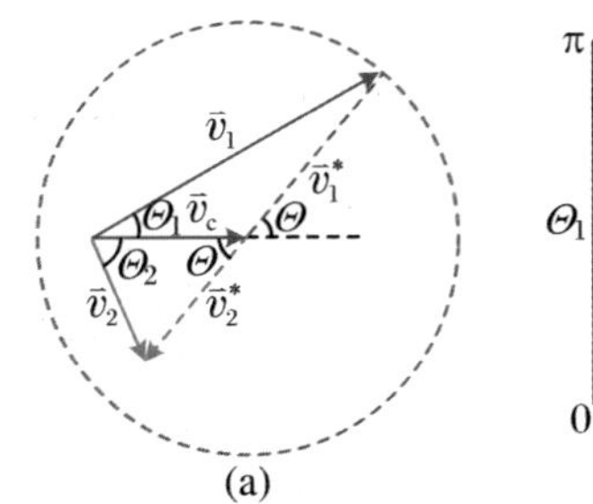

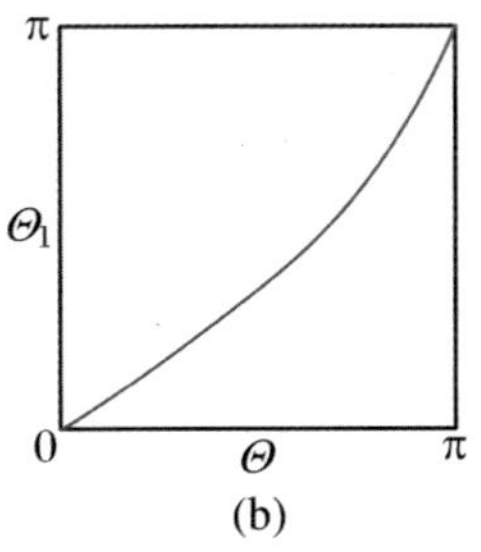

图5.30 实验室系与质心系中速度和散射角的变换($\rho<1$)

当 $\rho<1$ 时,$v_c = \rho v_1^* < v_1^*$,这正是图5.30(a)所反映的。可以看出 Θ_1 随着 Θ 的增加而增加,而且 Θ_1 与 Θ 一样都可以在0°至180°之间任意取值(图

5.30(b))。在此情形下,对式(5.4.21)做反变换,可得

$$\cos\Theta = -\rho\sin^2\Theta_1 + \cos\Theta_1\sqrt{1-\rho^2\sin^2\Theta_1} \tag{5.4.22}$$

当 $\rho=1$ 时,$v_c=v_1^*$,速度关系如图 5.31(a)所示。由图可知

$$\Theta_1 = \frac{\Theta}{2} \tag{5.4.23}$$

Θ_1 最大只能取到 90°,且总有 $\Theta_1+\Theta_2=\pi/2$,即入射粒子与靶粒子的末速度总是相互垂直的。

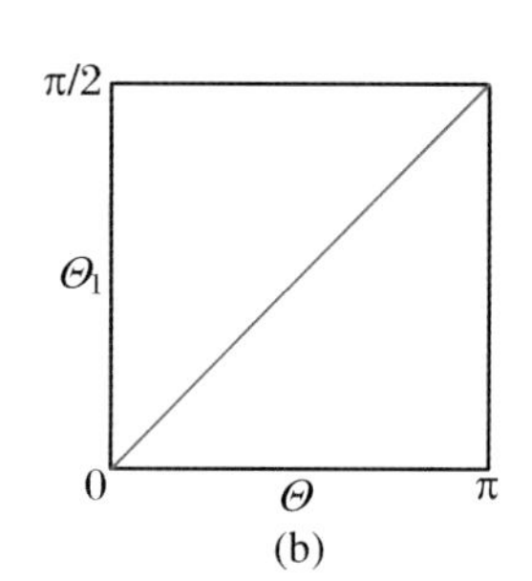

图 5.31　实验室系与质心系中速度和散射角的变换($\rho=1$)

当 $\rho>1$ 时,$v_c=\rho v_1^*>v_1^*$,速度关系如图 5.32(a)所示(未画出靶粒子的速度)。由图可知,当 $\vec{v}_1^*$ 与 $\vec{v}_1$ 垂直时 Θ_1 取到最大值 $\Theta_{1\max}$,满足

$$\sin\Theta_{1\max} = \frac{v_1^*}{v_c} = \frac{1}{\rho} = \frac{m_2}{m_1} \tag{5.4.24}$$

对于 0 和 $\Theta_{1\max}$之间的每一个 Θ_1,Θ 都有两个数值 Θ_+ 和 Θ_- 与之对应(图 5.32b)。将式(5.4.21)做反变换,可得

$$\cos\Theta_\pm = -\rho\sin^2\Theta_1 \pm \cos\Theta_1\sqrt{1-\rho^2\sin^2\Theta_1} \tag{5.4.25}$$

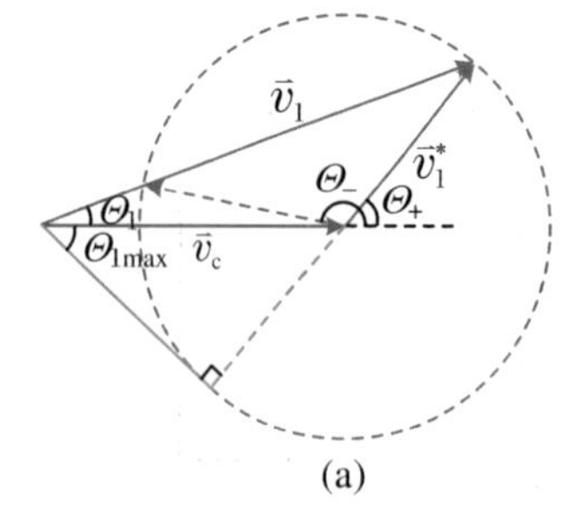

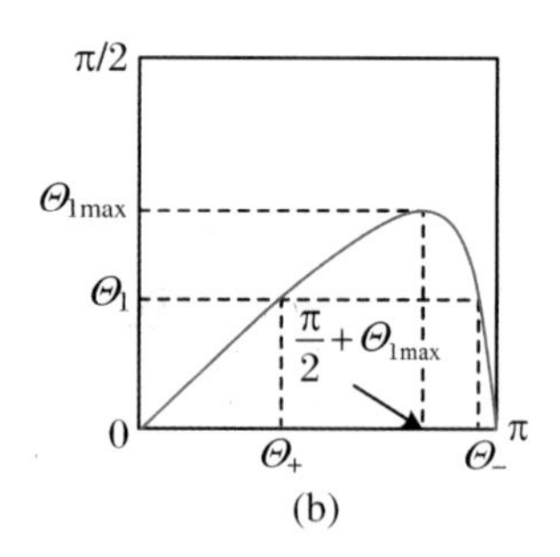

图 5.32　实验室系与质心系中速度和散射角的变换($\rho>1$)

3. 散射截面的变换

质量为 μ、初速度为 v_0 的粒子在中心力场中发生散射,散射角等于两体散

射在质心系中所测量的粒子速度的偏转角。而根据粒子数守恒，在质心系中散射到 Θ 和 $\Theta+\mathrm{d}\Theta$ 之间的粒子，在实验室系中散射到 Θ_1 和 $\Theta_1+\mathrm{d}\Theta_1$ 之间，即有

$$J\cdot\frac{\mathrm{d}\sigma}{\mathrm{d}\Omega}\cdot 2\pi\sin\Theta\,|\mathrm{d}\Theta| = J\cdot\frac{\mathrm{d}\sigma_1}{\mathrm{d}\Omega_1}\cdot 2\pi\sin\Theta_1\,|\mathrm{d}\Theta_1| \tag{5.4.26}$$

因此，入射粒子在实验室系中的微分散射截面为

$$\frac{\mathrm{d}\sigma_1}{\mathrm{d}\Omega_1} = \frac{\mathrm{d}\sigma}{\mathrm{d}\Omega}\cdot\frac{\sin\Theta}{\sin\Theta_1}\left|\frac{\mathrm{d}\Theta}{\mathrm{d}\Theta_1}\right| = \frac{\mathrm{d}\sigma}{\mathrm{d}\Omega}(\Theta)\cdot\left|\frac{\mathrm{d}\cos\Theta}{\mathrm{d}\cos\Theta_1}\right| \tag{5.4.27}$$

上式右边出现的 Θ 都应通过式(5.4.21)的反变换表示为实验室系中散射角 Θ_1 的函数。

对于 $\rho>1$ 的情形需要小心，因为此时 Θ_1 实际上是 Θ 的双值函数，也就是说，在质心系中从不同的方向 $\Theta_+(\Theta_1)$ 和 $\Theta_-(\Theta_1)$ 出射的粒子，在实验室系中都是由同一个方向 Θ_1 出射的。与此对应，此情形下实验室系中的微分散射截面的计算公式也就变为了

$$\frac{\mathrm{d}\sigma_1}{\mathrm{d}\Omega_1} = \frac{\mathrm{d}\sigma}{\mathrm{d}\Omega}(\Theta_+)\cdot\left|\frac{\mathrm{d}\cos\Theta_+}{\mathrm{d}\cos\Theta_1}\right| + \frac{\mathrm{d}\sigma}{\mathrm{d}\Omega}(\Theta_-)\cdot\left|\frac{\mathrm{d}\cos\Theta_-}{\mathrm{d}\cos\Theta_1}\right| \tag{5.4.28}$$

而且由于在 $\Theta_1=\Theta_{1\max}$ 处，$\mathrm{d}\Theta_1/\mathrm{d}\Theta=0$（参考图 5.32(b)），因此该处 $\mathrm{d}\sigma_1/\mathrm{d}\Omega_1\to\infty$，即会出现彩虹散射。

当 $\rho=1$ 时，由于 $\Theta_1=\Theta/2$，从而 $\cos\Theta=\cos2\Theta_1=2\cos^2\Theta_1-1$，所以就有

$$\frac{\mathrm{d}\cos\Theta}{\mathrm{d}\cos\Theta_1} = 4\cos\Theta_1$$

将其代入式(5.4.27)，得到

$$\frac{\mathrm{d}\sigma_1}{\mathrm{d}\Omega_1}(\Theta_1) = 4\cos\Theta_1\cdot\frac{\mathrm{d}\sigma}{\mathrm{d}\Omega}(2\Theta_1) \tag{5.4.29}$$

对于例 5.5 中的刚性球散射，若入射小球与靶的质量相同，则实验室系中的微分散射截面为

$$\frac{\mathrm{d}\sigma_1}{\mathrm{d}\Omega_1} = 4\cos\Theta_1\cdot\frac{1}{4}R^2 = R^2\cos\Theta_1 \tag{5.4.30}$$

总散射截面则为

$$\begin{aligned}\sigma_1 &= 2\pi\int_0^{\pi/2}\frac{\mathrm{d}\sigma_1}{\mathrm{d}\Omega_1}\sin\Theta_1\,\mathrm{d}\Theta_1\\ &= 2\pi R^2\int_0^{\pi/2}\cos\Theta_1\sin\Theta_1\,\mathrm{d}\Theta_1 = \pi R^2\end{aligned} \tag{5.4.31}$$

显然应当如此。

如果入射粒子的质量远小于靶粒子的质量，即 $\rho \ll 1$，根据式(5.4.21)或图5.30(a)，此时 $\Theta_1 \approx \Theta$，因而

$$\frac{\mathrm{d}\sigma_1}{\mathrm{d}\Omega_1}(\Theta_1) \approx \frac{\mathrm{d}\sigma}{\mathrm{d}\Omega}(\Theta_1) \tag{5.4.32}$$

实际的卢瑟福 α 粒子散射实验满足此条件：入射 α 粒子的质量远小于作为靶的金原子的质量。

第6章　刚体

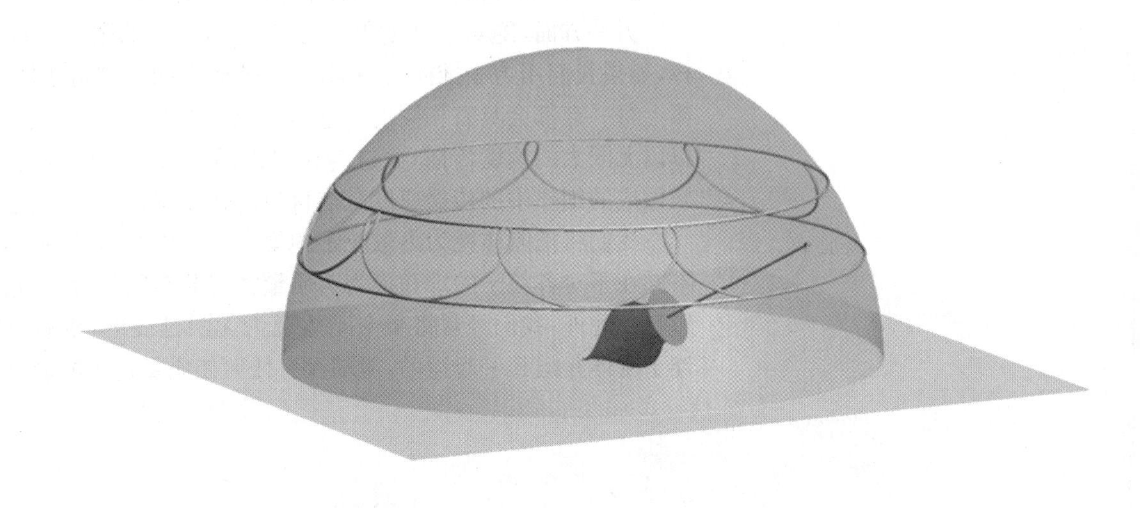

拉格朗日陀螺

6.1 刚体运动学

6.1.1 刚体的定义

若干粒子构成的体系，如果在运动过程中其内部任意两个粒子之间的距离由于受到约束而保持不变，这样的体系就称为**刚体**。

一方面，与质点一样，刚体本身也是一个理想化的模型，它是实际物体的一种近似和抽象，绝对刚性的物体在自然界中并不存在。这是由于构成每一个物体的原子、分子总是在做某种相对运动，尽管这种运动是属于微观层次的，因而在描述物体的宏观运动时往往可以忽略不计；但是在外力作用下，这种微观运动也会在物体内部造成宏观位移，从而使得物体发生形变。如果在忽略这种形变所引起的物体大小、形状改变的情况下，获得的运动方程仍具有很高的准确性，通常我们就可以将这样的物体近似视为刚体。

另一方面，绝对刚体的概念还受到相对论的限制。设想有一根很长的细棒，如果我们用力去推棒的一端，假如该棒真的是绝对刚体，那么在任一时刻细棒上每一点都会具有相同的加速度。这意味着“细棒一端受到力”这一信号可以以无限大的速度传播，而这与相对论是不符的。事实上，这种信号在真实材料做成的细棒中的传播速度是与材料的弹性有关的，而且总是远小于光速。

我们将把刚体视为离散粒子的集合或物质的连续分布，这两种观点的唯一不同在于对各粒子的求和换为对质量密度分布的积分，而运动方程并不会受此影响。此外，我们经常将某个刚体视为无限延展的，延展出去的部分可视为固连于刚体并随其一起运动，但却没有任何如质量这样的动力学性质。

6.1.2 刚体的自由度

对于 n 个粒子构成的刚体，描述其内部约束的方程可以写为

$$r_{ab} \triangleq |\vec{r}_a - \vec{r}_b| = c_{ab}（常数） \quad (1 \leqslant a < b \leqslant n) \tag{6.1.1}$$

这里总共有 $n(n-1)/2$ 个约束方程，但是刚体自由度 s 通常并不等于

$$3n-\frac{n(n-1)}{2}=\frac{n(7-n)}{2}$$

否则，当 $n>7$ 时自由度将变为负数。事实上，由方程(6.1.1)所描述的 $n(n-1)/2$个约束通常并不独立。

体系自由度就是为了确定其位形所需的独立变量的个数，而确定刚体位形就是要确定刚体内每一点的位置：

(1) 为了确定刚体上某点 P_1 的位置，我们需要三个坐标(图 6.1(a))，这三个坐标可以选择直角坐标，也可以选择球坐标、柱坐标等。

(2) 知道了点 P_1 的位置，对于刚体上另一点 P_2，由于其到 P_1 的距离等于常数 r_{12}，因此 P_2 就只可能处在以 P_1 为中心、半径为 r_{12}的一个球面上。而球面上一点的位置只需要两个角度坐标就足以确定(图 6.1(b))，因此五个坐标就可以确定直线 P_1P_2 的位置。

(3) 知道了直线 P_1P_2 的位置，对于刚体在该直线外的一点 P_3，由于其到 P_1，P_2 两点的距离均为常数，因此 P_3 就只可能处于一个以 P_1P_2 为对称轴的确定圆周上。而圆周上一点的位置只需要一个角度坐标就足以确定(图 6.1(c))，所以六个坐标就可以确定 $P_1P_2P_3$ 所处平面的位置。

(4) 最后，对于刚体在平面 $P_1P_2P_3$ 外的一点 P_4，尽管描述其位置又需要引进三个坐标，但是由于它与 P_1，P_2，P_3 之间满足三个约束，所以并不会进一步增加自由度(图 6.1(d))。

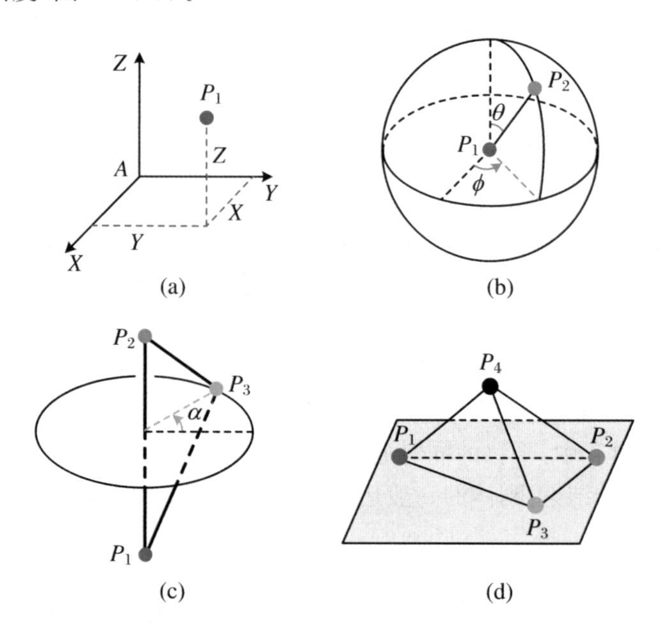

图 6.1 刚体的自由度

因此，一般刚体的自由度为 6，而直线状刚体的自由度为 5。如果刚体还受到外部约束，其自由度也会进一步减少。

6.1.3 空间坐标系与本体坐标系

为了描述刚体的运动，经常会用到两种坐标系——空间坐标系 $AXYZ$ 和本体坐标系 $Oxyz$（图 6.2）。空间坐标系就是某个选定的惯性系；本体坐标系则是固定于刚体上、随着刚体一起运动的某个坐标系。据此定义，刚体的运动可以由本体坐标系相对于空间坐标系的运动完全刻画。通常将本体系的原点 O 称为参考点。

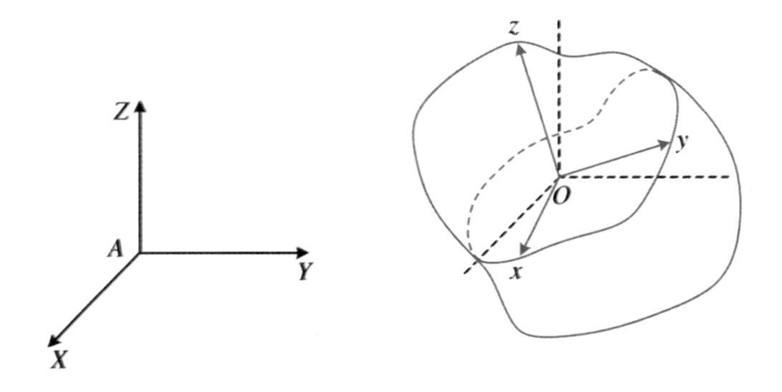

图 6.2 空间坐标系与本体坐标系

不妨设两坐标系在 $t=0$ 时刻重合。假使刚体在此后的运动过程中其上点 O 始终保持不动，那么按照 1.1 节的讨论知道，本体系与空间系的相对关系可由一个转动矩阵完全确定，也就是说，刚体在 t 时刻的位置必定是绕着点 O 转动达到的。转动矩阵只有三个独立元素，因而只需三个坐标即可描述定点转动刚体的位置。对于一般运动的刚体，本体系的最终位置由其原点 O 相对于空间系的位置以及其坐标轴相对于空间系的方位确定。确定点 O 位置需要三个坐标；而如前所述，为了确定本体系的方位，也需要三个坐标。所以我们再次得到了一般刚体有六个自由度的结论。

总可以设想本体系经过两个操作达到其最终位置：首先，保持本体系方位不变而将原点 O 平移至最终位置；其次，绕着原点 O 将其坐标轴转动至最终方位。实际运动过程中，平移的同时通常也伴随着转动，两者是一起进行的。因此，我们得到一个结论：刚体的一般运动是随着参考点的平移加上绕着参考点的转动。

6.1.4 刚体的角速度

由于刚体的一般运动是平移加转动，因而刚体上任一点 P 在空间系中的速度 $\vec{V}=\dot{\vec{R}}$ 也就等于其随着参考点的平移速度 $\vec{v}_0=\dot{\vec{r}}_0$ 与绕着参考点的转动速度 $\vec{v}=\vec{\omega}\times\vec{r}$ 的叠加(图 6.3)，即有

$$\vec{V}=\vec{v}_0+\vec{\omega}\times\vec{r} \tag{6.1.2}$$

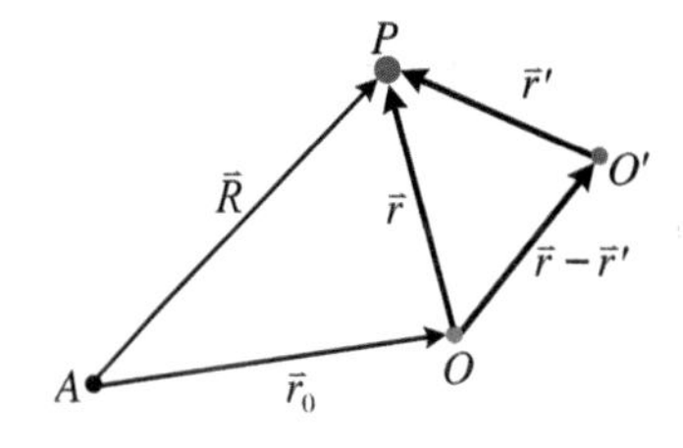

图 6.3 刚体上任一点 P 的速度

这里，$\vec{r}_0$ 是参考点 O(本体系原点)相对于点 A(空间系原点)的位矢，$\vec{R}$ 和 $\vec{r}$ 分别是点 P 相对于点 A 和点 O 的位矢，而 $\vec{\omega}$ 是刚体绕着点 O 转动的角速度。

如果选择刚体上另一点 O' 作为参考点，点 P 的速度就可写为

$$\vec{V}=\vec{v}'_0+\vec{\omega}'\times\vec{r}' \tag{6.1.3}$$

这里，$\vec{r}'$ 是点 P 相对于点 O' 的位矢，$\vec{\omega}'$ 则是刚体绕着点 O' 转动的角速度。由于点 O' 相对于点 O 的位矢为 $\vec{r}-\vec{r}'$，因而方程(6.1.3)中点 O' 相对于点 A 的速度 $\vec{v}'_0$ 也可以以 O 作为参考点表示为

$$\vec{v}'_0=\vec{v}_0+\vec{\omega}\times(\vec{r}-\vec{r}') \tag{6.1.4}$$

将其代入式(6.1.3)，略做整理后得到

$$\vec{V}=\vec{v}+\vec{\omega}\times\vec{r}+(\vec{\omega}'-\vec{\omega})\times\vec{r}' \tag{6.1.5}$$

将点 P 速度的两个表达式即式(6.1.2)和式(6.1.5)对比就给出

$$(\vec{\omega}'-\vec{\omega})\times\vec{r}'=\vec{0}$$

显然，上式对于刚体上任一点 P(即对于任意 $\vec{r}'$)都成立，所以有

$$\vec{\omega}'=\vec{\omega} \tag{6.1.6}$$

也就是说，刚体相对于不同参考点的角速度总是相同的！正由于此，我们将 $\vec{\omega}$ 称为刚体的角速度。与此形成对比的是，刚体随着不同参考点平移的速度通常是不同的，即一般有 $\vec{v}'_0\neq\vec{v}_0$，两者的关系由式(6.1.4)给出(图 6.4)。

参考点 O 原则上可以是刚体上任一选定的点。具体问题中可根据方便选择合适的参考点。重要的选择有两个：(1) 如果刚体运动过程中有一点或更多的点是固定的(相对于空间系)，通常点 O 与这样一个固定点重合——选择这样的参考点，刚体就只有转动而无平移。(2) 如果刚体上没有一点是固定的，通

常出于动力学上的考量，将参考点选为质心。

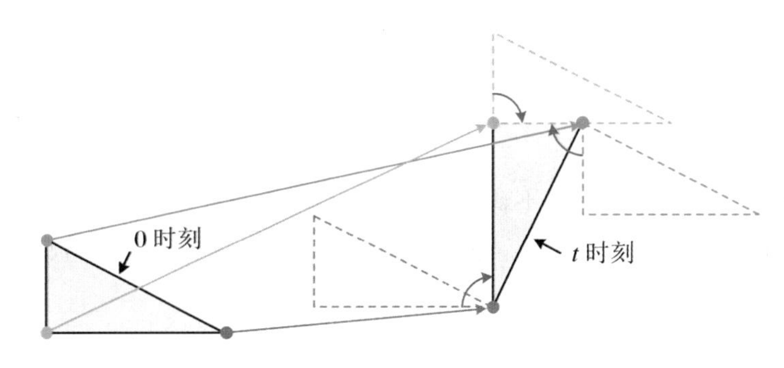

图 6.4 刚体平移与参考点选择有关，转动则不依赖于参考点选择

6.1.5 欧拉角

对于定点转动的刚体，不妨将本体系与空间系的原点都选在定点 O 处。为了确定本体系 $Ox_1x_2x_3$ 相对于空间系 $OX_1X_2X_3$ 的方位，可以选择描述两者相对关系的转动矩阵的三个独立参量作为广义坐标。对于很多刚体问题而言，采用欧拉角 φ，θ 和 ψ 描述转动是比较方便的。通过下面三次旋转，就可以将空间系的三个坐标轴转动到本体系的方位上，而欧拉角就是这三次旋转的转动角度：

首先，绕着 X_3 轴转过角度 φ（图 6.5(a)），将空间系 $OX_1X_2X_3$ 变换为 $O\xi_1\xi_2\xi_3$，转动矩阵为

$$\lambda_\varphi = \begin{pmatrix} \cos\varphi & \sin\varphi & 0 \\ -\sin\varphi & \cos\varphi & 0 \\ 0 & 0 & 1 \end{pmatrix} \tag{6.1.7}$$

其次，绕着 ξ_1 轴转过角度 θ（图 6.5(b)），将 $O\xi_1\xi_2\xi_3$ 变换为 $O\eta_1\eta_2\eta_3$，转动矩阵为

$$\lambda_\theta = \begin{pmatrix} 1 & 0 & 0 \\ 0 & \cos\theta & \sin\theta \\ 0 & -\sin\theta & \cos\theta \end{pmatrix} \tag{6.1.8}$$

最后，绕着 η_3 轴转过角度 ψ，将 $O\eta_1\eta_2\eta_3$ 变换为本体系 $Ox_1x_2x_3$（图 6.5(c)），转动矩阵为

$$\lambda_\psi = \begin{pmatrix} \cos\psi & \sin\psi & 0 \\ -\sin\psi & \cos\psi & 0 \\ 0 & 0 & 1 \end{pmatrix} \tag{6.1.9}$$

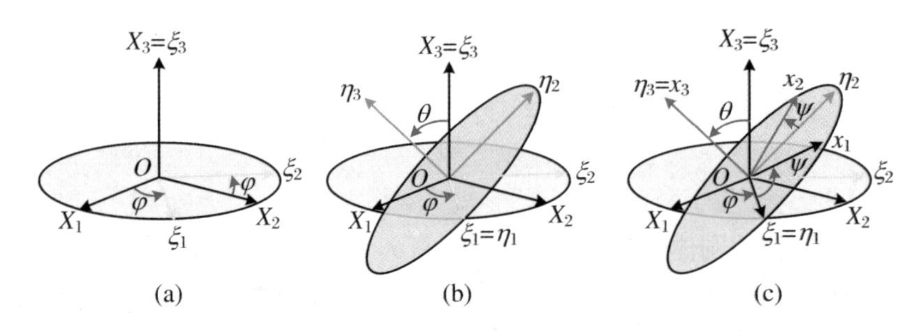

图 6.5 欧拉角

本体系的 x_1x_2 平面与空间系的 X_1X_2 平面的交线称为**节线**(即 ξ_1 轴或 η_1 轴),定义其正方向 $\hat{n}$ 沿着 $\hat{X}_3\times\hat{x}_3$ 的方向。通常将刚体或本体系绕着空间固定轴(即 X_3 轴)的转动称为**进动**,绕着节线的转动称为**章动**,而绕着相对于刚体固定的轴(即 x_3 轴)的转动称为**自转**。相应地,三个欧拉角 φ,θ 和 ψ 分别称为进动角、章动角和自转角。

当刚体或本体系处于给定的方位时,三个欧拉角可如下确定:首先,$\hat{X}_3$ 轴和 $\hat{x}_3$轴之间的夹角即为章动角 θ;其次,由 x_1x_2 平面与 X_1X_2 平面的交线确定节线,并由 $\hat{X}_3\times\hat{x}_3$确定节线的正方向;最后,从 $\hat{X}_1$ 轴到节线(绕着 $\hat{X}_3$ 轴)转过的角度为进动角 φ,而从节线到 $\hat{x}_1$轴(绕着 $\hat{x}_3$轴)转过的角度为自转角 ψ。

空间系 $OX_1X_2X_3$ 到本体系 $Ox_1x_2x_3$ 的变换由下面的转动矩阵描述:

$$\lambda = \lambda_\psi\lambda_\theta\lambda_\varphi \tag{6.1.10}$$

利用欧拉角具体写出来为

$$\lambda = \begin{pmatrix} \cos\varphi\cos\psi - \cos\theta\sin\varphi\sin\psi & \sin\varphi\cos\psi + \cos\theta\cos\varphi\sin\psi & \sin\theta\sin\psi \\ -\cos\varphi\sin\psi - \cos\theta\sin\varphi\cos\psi & -\sin\varphi\sin\psi + \cos\theta\cos\varphi\cos\psi & \sin\theta\cos\psi \\ \sin\theta\sin\varphi & -\sin\theta\cos\varphi & \cos\theta \end{pmatrix} \tag{6.1.11}$$

该矩阵的第 i 行为本体系的第 i 个轴在空间系中的方向余弦,譬如,由第三行给出:

$$\hat{x}_3 = \hat{X}_1\sin\theta\sin\varphi - \hat{X}_2\sin\theta\cos\varphi + \hat{X}_3\cos\theta \tag{6.1.12}$$

而第 i 列为空间系的第 i 个轴在本体系中的方向余弦,譬如,由第三列给出:

$$\hat{X}_3 = \hat{x}_1\sin\theta\sin\psi + \hat{x}_2\sin\theta\cos\psi + \hat{x}_3\cos\theta \tag{6.1.13}$$

6.1.6 欧拉运动学方程

设 t 时刻描述刚体方位的欧拉角为(φ,θ,ψ)，而在 $t+\mathrm{d}t$ 时刻欧拉角变为了$(\varphi+\mathrm{d}\varphi,\theta+\mathrm{d}\theta,\psi+\mathrm{d}\psi)$。由于无限小转动与次序无关，因此在时间 $\mathrm{d}t$ 内刚体或者本体系的角位移可以写为

$$\mathrm{d}\vec{\Theta} = \hat{X}_3\mathrm{d}\varphi + \hat{n}\mathrm{d}\theta + \hat{x}_3\mathrm{d}\psi$$

左、右两边除以 $\mathrm{d}t$ 就得到刚体在 t 时刻相对于空间系的角速度：

$$\vec{\omega} = \frac{\mathrm{d}\vec{\Theta}}{\mathrm{d}t} = \dot{\varphi}\hat{X}_3 + \dot{\theta}\hat{n} + \dot{\psi}\hat{x}_3 \tag{6.1.14}$$

既可以在本体系中，也可以在空间系中写出角速度 $\vec{\omega}$ 的分量。将

$$\hat{n} = \hat{x}_1\cos\psi - \hat{x}_2\sin\psi$$

和式(6.1.13)代入方程(6.1.14)，就可以得出 $\vec{\omega}$ 在本体系中的分量，用 $\omega_i = \hat{x}_i\cdot\vec{\omega}$ 表示，结果为

$$\begin{cases}\omega_1 = \dot{\varphi}\sin\theta\sin\psi + \dot{\theta}\cos\psi \\ \omega_2 = \dot{\varphi}\sin\theta\cos\psi - \dot{\theta}\sin\psi \\ \omega_3 = \dot{\varphi}\cos\theta + \dot{\psi}\end{cases} \tag{6.1.15}$$

而将

$$\hat{n} = \hat{X}_1\cos\varphi + \hat{X}_2\sin\varphi$$

和式(6.1.12)代入方程(6.1.14)，就可以给出 $\vec{\omega}$ 在空间坐标系中的分量，用 $\Omega_i = \hat{X}_i\cdot\vec{\omega}$ 表示，结果为

$$\begin{cases}\Omega_1 = \dot{\psi}\sin\theta\sin\varphi + \dot{\theta}\cos\varphi \\ \Omega_2 = -\dot{\psi}\sin\theta\cos\varphi + \dot{\theta}\sin\varphi \\ \Omega_3 = \dot{\psi}\cos\theta + \dot{\varphi}\end{cases} \tag{6.1.16}$$

通常将刚体角速度 $\vec{\omega}$ 在本体系中的分量表达式(6.1.15)称为**欧拉运动学方程**。

6.2 定点转动刚体的角动量和动能

6.2.1 角动量

对于绕着 O 点做定点转动的刚体(图 6.6),设其角速度为 $\vec{\omega}=\vec{\omega}(t)$。在 t 时刻,刚体上位矢为 $\vec{r}$ 的点相对于空间系的速度为

$$\vec{v}=\vec{\omega}\times\vec{r} \tag{6.2.1}$$

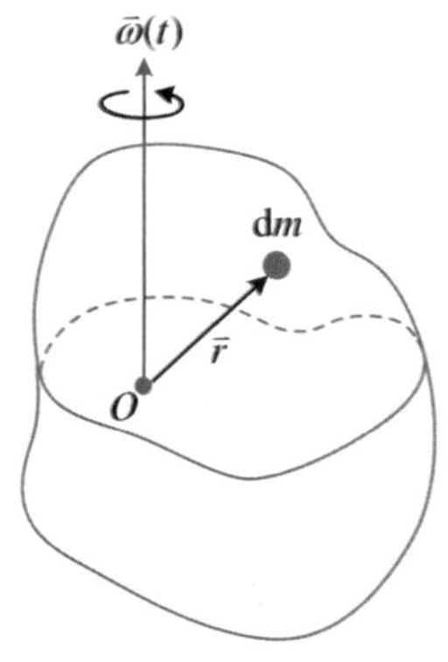

图 6.6 定点转动刚体

因此,刚体在空间系中绕着 O 点的角动量为

$$\vec{L}\triangleq\int(\vec{r}\times\vec{v})\mathrm{d}m=\int[\vec{r}\times(\vec{\omega}\times\vec{r})]\mathrm{d}m=\int[r^2\vec{\omega}-\vec{r}(\vec{r}\cdot\vec{\omega})]\mathrm{d}m$$

由于 $\vec{\omega}=\overset{\leftrightarrow}{I}\cdot\vec{\omega}$ 以及 $\vec{r}(\vec{r}\cdot\vec{\omega})=\vec{r}\vec{r}\cdot\vec{\omega}$(相关的运算请参考 1.2.4 小节),而作为刚体整体的角速度,可以将 $\vec{\omega}$ 从上面的积分符号中提出,因此 $\vec{L}$ 可以写为

$$\vec{L}=\left[\int(r^2\overset{\leftrightarrow}{I}-\vec{r}\vec{r})\mathrm{d}m\right]\cdot\vec{\omega}$$

或者

$$\vec{L}=\overset{\leftrightarrow}{J}\cdot\vec{\omega} \tag{6.2.2}$$

其中

$$\overset{\leftrightarrow}{J}\triangleq\int(r^2\overset{\leftrightarrow}{I}-\vec{r}\vec{r})\mathrm{d}m \tag{6.2.3}$$

称为刚体绕着 O 点的**惯量张量**。由于 $\overset{\leftrightarrow}{I}$ 和 $\vec{r}\vec{r}$ 都是对称张量,因而 $\overset{\leftrightarrow}{J}$ 是一个二阶对称张量。

根据张量的一般性质,在任一特定时刻,由式(6.2.3)所定义的 $\overset{\leftrightarrow}{J}$ 与坐标系的选取无关,但其在不同坐标系下的分量一般是不同的。在刚体运动过程中,尽管各质量元 dm 到定点 O 的距离不变,但其相对于点 O 的位矢 $\vec{r}$ 却在随着刚体一起转动,因而并矢 $\vec{r}\vec{r}$ 随着时间变化,从而张量 $\overset{\leftrightarrow}{J}$ 及其分量通常都随着时间变化。不过也有一个重要的例外:由于刚体上各点相对于本体系是静止的,因此在本体系中惯量张量 $\overset{\leftrightarrow}{J}$ 及其分量都不随时间变化。

在本体系 $Ox_1x_2x_3$ 中写出角动量的分量是方便的：

$$L_i = J_{ij}\omega_j \tag{6.2.4}$$

其中

$$J_{ij} \triangleq \hat{x}_i \cdot \overleftrightarrow{J} \cdot \hat{x}_j = \int (r^2\delta_{ij} - x_i x_j)\mathrm{d}m \tag{6.2.5}$$

为 $\overleftrightarrow{J}$ 在本体系中的分量，它们均不随时间变化。将其写成 3×3 矩阵形式：

$$J = \begin{pmatrix} \int (x_2^2 + x_3^2)\mathrm{d}m & -\int x_1 x_2 \mathrm{d}m & -\int x_1 x_3 \mathrm{d}m \\ -\int x_1 x_2 \mathrm{d}m & \int (x_3^2 + x_1^2)\mathrm{d}m & -\int x_2 x_3 \mathrm{d}m \\ -\int x_1 x_3 \mathrm{d}m & -\int x_2 x_3 \mathrm{d}m & \int (x_1^2 + x_2^2)\mathrm{d}m \end{pmatrix} \tag{6.2.6}$$

对角元 J_{11}，J_{22}，J_{33} 分别称为绕着 x_1，x_2，x_3 轴的转动惯量，而非对角元 J_{12}，J_{23}，J_{31} 等的负值则称为惯量积。由于 J 是对称的，即有 $J_{ij} = J_{ji}$，因而 J 仅有六个独立元素。如果将刚体视为分立粒子的集合，则式(6.2.5)中的积分就变为了对各粒子的求和，从而有

$$J_{ij} = \sum_a m_a (r_a^2 \delta_{ij} - x_{a,i} x_{a,j}) \tag{6.2.7}$$

其中，m_a 和 r_a 分别是粒子 a 的质量及其到点 O 的距离，而 $(x_{a,1}, x_{a,2}, x_{a,3})$ 则是粒子 a 在本体系中的坐标。

通过角动量的分量表达式(6.2.4)可以了解惯量张量各分量的物理含义。为此，我们将式(6.2.4)重新写为

$$\begin{cases} L_1 = J_{11}\omega_1 + J_{12}\omega_2 + J_{13}\omega_3 \\ L_2 = J_{21}\omega_1 + J_{22}\omega_2 + J_{23}\omega_3 \\ L_3 = J_{31}\omega_1 + J_{32}\omega_2 + J_{33}\omega_3 \end{cases} \tag{6.2.8}$$

如果 t 时刻刚体的瞬时角速度沿着 x_1 轴的方向，即有 $\omega_1 = \omega$，$\omega_2 = \omega_3 = 0$，那么

$$\begin{pmatrix} L_1 \\ L_2 \\ L_3 \end{pmatrix} = \begin{pmatrix} J_{11}\omega \\ J_{21}\omega \\ J_{31}\omega \end{pmatrix}$$

若将其中的 ω 取为 $\omega = 1\ \mathrm{rad/s}$，则 J_{11} 就给出了 $\vec{L}$ 在角速度方向上的投影，而 J_{21} 和 J_{31} 是 $\vec{L}$ 在垂直于角速度方向上的两个分量。对 $\overleftrightarrow{J}$ 的其他分量也可类似解释。由此我们还看到，一般而言，刚体的角动量与角速度并不平行。如果绕着过定点 O 的某个轴转动时，刚体的角动量与角速度平行，这样的转轴就称为

惯量主轴。

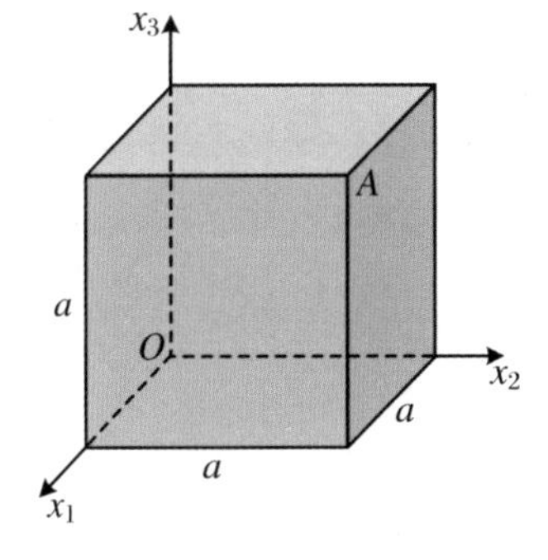

图 6.7　均质立方体

【例 6.1】 考察一个质量为 M、边长为 a 的均质立方体。取其一顶点 O 为原点，并使三邻边位于坐标轴上(图 6.7)。

(1) 试计算该立方体绕着 O 点的惯量张量分量；

(2) 试分别求立方体绕着 x_1 轴和体对角线 OA 以角速度 ω 转动时的角动量。

【解】 (1) 立方体的密度为 M/a^3，质量元为 $\mathrm{d}m=(M/a^3)\mathrm{d}x_1\mathrm{d}x_2\mathrm{d}x_3$。根据式(6.2.6)有

$$J_{11}=\frac{M}{a^3}\int_0^a\mathrm{d}x_1\int_0^a\mathrm{d}x_2\int_0^a\mathrm{d}x_3(x_2^2+x_3^2)=\frac{2}{3}Ma^2$$

$$J_{12}=-\frac{M}{a^3}\int_0^a x_1\mathrm{d}x_1\int_0^a x_2\mathrm{d}x_2\int_0^a\mathrm{d}x_3=-\frac{1}{4}Ma^2$$

显然，所有对角元都是相等的，而且所有非对角元也是相等的。令 $\alpha\triangleq Ma^2$，则有

$$J_{11}=J_{22}=J_{33}=\frac{2}{3}\alpha,\quad J_{12}=J_{23}=J_{31}=-\frac{1}{4}\alpha$$

于是惯量张量的分量矩阵为

$$J=\alpha\begin{pmatrix}2/3 & -1/4 & -1/4\\ -1/4 & 2/3 & -1/4\\ -1/4 & -1/4 & 2/3\end{pmatrix}$$

(2) 如果立方体绕着 x_1 轴以角速度 ω 转动，即 $\vec{\omega}=\omega\hat{x}_1$，或者说 $\omega_1=\omega,\omega_2=\omega_3=0$，则由式(6.2.8)就得到

$$L_1=\frac{2}{3}\alpha\omega,\quad L_2=-\frac{1}{4}\alpha\omega,\quad L_3=-\frac{1}{4}\alpha\omega$$

因此

$$\vec{L}=\alpha\omega\left(\frac{2}{3}\hat{x}_1-\frac{1}{4}\hat{x}_2-\frac{1}{4}\hat{x}_3\right)=Ma^2\omega\left(\frac{2}{3}\hat{x}_1-\frac{1}{4}\hat{x}_2-\frac{1}{4}\hat{x}_3\right)$$

显然，$\vec{L}$ 与 $\vec{\omega}$ 并不平行，因而 x_1 轴不是惯量主轴。

如果立方体绕着 OA 以角速度 ω 转动，即有

$$\vec{\omega}=\omega\frac{\hat{x}_1+\hat{x}_2+\hat{x}_3}{\sqrt{3}}$$

或者说 $\omega_1=\omega_2=\omega_3=\omega/\sqrt{3}$，则由式(6.2.8)得到

$$L_1 = L_2 = L_3 = \frac{1}{6\sqrt{3}}\alpha\omega = \frac{1}{6\sqrt{3}}Ma^2\omega$$

因此

$$\vec{L} = \frac{1}{6\sqrt{3}}Ma^2\omega(\hat{x}_1+\hat{x}_2+\hat{x}_3) = \frac{1}{6}Ma^2\vec{\omega}$$

它与 $\vec{\omega}$ 平行，因而体对角线 OA 是惯量主轴。

6.2.2 动能

定点转动刚体在空间系中的动能为

$$T \triangleq \int \frac{1}{2}v^2 \mathrm{d}m = \frac{1}{2}\int \vec{v}\cdot\vec{v}\,\mathrm{d}m \tag{6.2.9}$$

将被积函数中的一个 $\vec{v}$ 用式(6.2.1)表示，得到

$$T = \frac{1}{2}\int(\vec{\omega}\times\vec{r})\cdot\vec{v}\,\mathrm{d}m = \frac{1}{2}\vec{\omega}\cdot\int(\vec{r}\times\vec{v})\mathrm{d}m$$

右边的积分项正是刚体的角动量，因此

$$T = \frac{1}{2}\vec{\omega}\cdot\vec{L} \tag{6.2.10}$$

利用式(6.2.2)，动能也可以写为

$$T = \frac{1}{2}\vec{\omega}\cdot\overleftrightarrow{J}\cdot\vec{\omega} = \frac{1}{2}\omega_i J_{ij}\omega_j \tag{6.2.11}$$

动能的正定性意味着惯量张量的分量矩阵 J 是正定矩阵——除非是直线状刚体，此时刚体只有两个转动自由度。

设 $\hat{n}=\hat{n}(t)$是刚体在 t 时刻的瞬时转动轴，从而刚体的角速度可以写为 $\vec{\omega}=\omega\hat{n}$，其中，角速度的大小 $\omega=\omega(t)$通常也是随时间变化的。将 $\vec{\omega}=\omega\hat{n}$ 代入式(6.2.11)，t 时刻刚体的动能就可以表示为

$$T = \frac{1}{2}\omega^2\hat{n}\cdot\overleftrightarrow{J}\cdot\hat{n} = \frac{1}{2}J_n\omega^2 \tag{6.2.12}$$

其中

$$J_n \triangleq \hat{n} \cdot \overleftrightarrow{J} \cdot \hat{n} = \int [r^2 - (\hat{n} \cdot \vec{r})^2] \mathrm{d}m = \int |\hat{n} \times \vec{r}|^2 \mathrm{d}m \tag{6.2.13}$$

称为刚体绕着 $\hat{n}$ 轴的转动惯量，被积函数中的 $|\hat{n} \times \vec{r}|$ 等于点 $\vec{r}$ 到转轴 $\hat{n}$ 的距离(图6.8)。不同时刻的瞬时转动轴通常指向空间中不同的方向，因此对于定点转动的刚体，$J_n = J_n(t)$ 一般是时间 t 的函数。

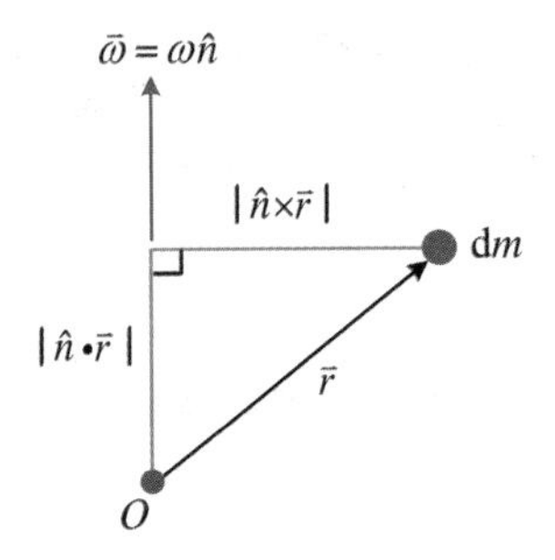

图6.8　质量元到转轴的距离

6.2.3　惯量张量的基本性质

1. 叠加原理

从其定义式(6.2.3)很容易看出，惯量张量满足叠加原理，即刚体绕着某点的惯量张量等于其各组成部分绕着同一点的惯量张量之和。

2. 正交轴定理

由式(6.2.6)可以看出

$$J_{11} + J_{22} = \int (x_1^2 + x_2^2 + 2x_3^2) \mathrm{d}m \geqslant \int (x_1^2 + x_2^2) \mathrm{d}m = J_{33} \tag{6.2.14}$$

即刚体绕着过定点 O 的任意三根相互垂直的轴的转动惯量，其中两个之和不小于第三个。这个结论就是正交轴定理。特别地，如果刚体质量都分布在 x_1x_2 平面内，从而刚体内每一点都满足 $x_3 = 0$，则有

$$J_{11} + J_{22} = J_{33} \tag{6.2.15}$$

3. 平行轴定理

一般而言，刚体绕着不同点的惯量张量是不同的。不过，在绕着任一点 O 的惯量张量

$$\overleftrightarrow{J} = \int (r^2 \overleftrightarrow{I} - \vec{r}\,\vec{r}) \mathrm{d}m \tag{6.2.16}$$

与绕着质心 C 的惯量张量

$$\overleftrightarrow{J}^* = \int (r^{*2} \overleftrightarrow{I} - \vec{r}^*\,\vec{r}^*) \mathrm{d}m \tag{6.2.17}$$

之间却存在一个简单的关系，这里，$\vec{r}$ 和 $\vec{r}^*$ 分别是质量元 dm 相对于点 O 和质

心 C 的位矢(图 6.9)。当刚体绕着定点 O 以任一给定的角速度 $\vec{\omega}$ 转动时,质心的运动可以视为质量为总质量 M 的单个质点构成的刚体绕着定点 O 转动,因而质心角动量可以写为 $\vec{L}_C=\overleftrightarrow{J}_C\cdot\vec{\omega}$,其中

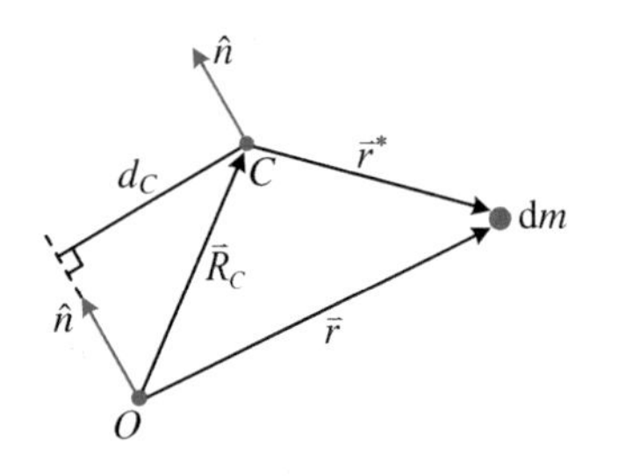

图 6.9　平行轴定理

$$\overleftrightarrow{J}_C = m(R_C^2\overleftrightarrow{I} - \vec{R}_C\vec{R}_C) \tag{6.2.18}$$

此处,$\vec{R}_C$ 是质心相对于点 O 的位矢。刚体相对于点 O 的角动量 $\vec{L}=\overleftrightarrow{J}\cdot\vec{\omega}$ 等于质心绕着点 O 的角动量 $\vec{L}_C=\overleftrightarrow{J}_C\cdot\vec{\omega}$ 与刚体在质心系中的角动量 $\vec{L}^*=\overleftrightarrow{J}^*\cdot\vec{\omega}$ 之和(参考 6.3.1 小节),即有

$$\overleftrightarrow{J}\cdot\vec{\omega} = \overleftrightarrow{J}_C\cdot\vec{\omega} + \overleftrightarrow{J}^*\cdot\vec{\omega}$$

由于此结论对任一角速度矢量 $\vec{\omega}$ 都成立,所以有

$$\overleftrightarrow{J} = \overleftrightarrow{J}_C + \overleftrightarrow{J}^* \tag{6.2.19}$$

即刚体绕着点 O 的惯量张量等于其绕着质心的惯量张量与质心绕着点 O 的惯量张量之和。

由式(6.2.19)可得

$$\hat{n}\cdot\overleftrightarrow{J}\cdot\hat{n} = \hat{n}\cdot\overleftrightarrow{J}_C\cdot\hat{n} + \hat{n}\cdot\overleftrightarrow{J}^*\cdot\hat{n} \tag{6.2.20}$$

其中,$\hat{n}$ 是任一单位矢量。由于

$$\hat{n}\cdot\overleftrightarrow{J}_C\cdot\hat{n} = M[R_C^2 - (\hat{n}\cdot\vec{R}_C)^2] = M\,|\hat{n}\times\vec{R}_C|^2$$

因而式(6.2.20)可以写为

$$J_n = J_n^* + Md_C^2 \tag{6.2.21}$$

此处,$J_n^*=\hat{n}\cdot\overleftrightarrow{J}^*\cdot\hat{n}$ 是刚体绕着过质心的 $\hat{n}$ 轴的转动惯量,$J_n=\hat{n}\cdot\overleftrightarrow{J}\cdot\hat{n}$ 和 Md_C^2 分别是刚体和质心绕着过点 O 的 $\hat{n}$ 轴的转动惯量,其中的 $d_C=|\hat{n}\times\vec{R}_C|$ 是两平行轴之间的距离(图 6.9)。此结论称为转动惯量的平行轴定理。

更一般地,由式(6.2.19)还可得到

$$\hat{x}_i\cdot\overleftrightarrow{J}\cdot\hat{x}_j = \hat{x}_i\cdot\overleftrightarrow{J}_C\cdot\hat{x}_j + \hat{x}_i\cdot\overleftrightarrow{J}^*\cdot\hat{x}_j$$

或者

$$J_{ij} = (J_C)_{ij} + J_{ij}^* \tag{6.2.22}$$

如果分别以点 O 和 C 为原点建立直角坐标系,并使两系的坐标轴对应平行,那

么上式实际上就是在此坐标系下式(6.2.19)的分量形式。此结论称为惯量张量分量的平行轴定理。

对于例6.1中的均质立方体,由于其质心 C 相对于点 O 的位矢为

$$\vec{R}_C = \frac{1}{2}a(\hat{x}_1 + \hat{x}_2 + \hat{x}_3)$$

因此有 $R_C^2 = 3a^2/4$ 和 $X_{Ci}X_{Cj} = a^2/4$。所以,质心相对于点 O 的惯量张量分量为

$$(J_C)_{ij} = M(R_C^2\delta_{ij} - X_{Ci}X_{Cj}) = \frac{1}{4}Ma^2(3\delta_{ij} - 1)$$

利用 $\alpha = Ma^2$,将其写为矩阵形式:

$$J_C = \alpha\begin{pmatrix} 1/2 & -1/4 & -1/4 \\ -1/4 & 1/2 & -1/4 \\ -1/4 & -1/4 & 1/2 \end{pmatrix}$$

建立以 C 为原点、坐标轴与例6.1中的各坐标轴对应平行的坐标系。根据平行轴定理,刚体绕着点 C 的惯量张量在该坐标系中的分量矩阵为

$$J^* = J - J_C = \frac{1}{6}\alpha\begin{pmatrix} 1 & 0 & 0 \\ 0 & 1 & 0 \\ 0 & 0 & 1 \end{pmatrix} = \frac{1}{6}Ma^2 I \tag{6.2.23}$$

由于 J^* 正比于单位矩阵,因而均质立方体绕着过质心的任何一轴转动时,其角动量都与角速度平行。事实上,立方体绕着点 C 以角速度 $\vec{\omega}$ 转动时,其(相对于 C 点的)角动量为

$$\vec{L} = \frac{1}{6}Ma^2\vec{\omega} \tag{6.2.24}$$

因此,过质心的任何一轴都是均质立方体的惯量主轴。

6.2.4 主轴坐标系

1. 主轴系

惯量张量是一个对称张量。如同任何一个二阶张量一样,$\overleftrightarrow{J}$ 在以 O 为原点的两个本体坐标系 $Ox_1x_2x_3$ 和 $Ox_1'x_2'x_3'$ 中的分量矩阵 J 和 J' 由相似变换联系

(见1.2.4小节)。另一方面,根据线性代数的结论,任何一个对称矩阵总可以通过相似变换使其对角化。所以,总可以找到这样的坐标系 $Ox'_1x'_2x'_3$,使得 J' 具有对角矩阵的形式:

$$J' = \begin{pmatrix} J_1 & 0 & 0 \\ 0 & J_2 & 0 \\ 0 & 0 & J_3 \end{pmatrix}$$

而当刚体绕着带撇的任一坐标轴转动时,角动量都与角速度平行。这样的坐标系 $Ox'_1x'_2x'_3$ 称为主轴坐标系,它的三根相互垂直的坐标轴皆为惯量主轴,而对角元 J_1,J_2 和 J_3 分别是绕着三根惯量主轴的转动惯量,称为主转动惯量。

确定主转动惯量及主轴在坐标系 $Ox_1x_2x_3$ 中的方位的问题,在数学上就是确定矩阵 J 的本征值 J_i 和本征矢的问题。因此,由久期方程

$$\det(J - bI) = 0 \tag{6.2.25}$$

可得三个本征值 $b = J_1, J_2, J_3$;将某一个本征值如 J_i 代入本征矢方程

$$(J - J_iI)Y = 0 \tag{6.2.26}$$

即可求得相应的本征矢 Y,归一化的 Y 就给出了 $\hat{x}'_i$ 在坐标系 $Ox_1x_2x_3$ 中的三个方向余弦。

【例 6.2】 试找出例 6.1 中均质立方体的主轴系和主转动惯量(以一顶点为坐标原点)。

【解】 在例 6.1 中我们已经求得惯量张量的分量矩阵 J,它具有不为零的非对角元。为找到主转动惯量,我们必须求解久期方程

$$\det(J - bI) = \begin{vmatrix} \frac{2}{3}\alpha - b & -\frac{1}{4}\alpha & -\frac{1}{4}\alpha \\ -\frac{1}{4}\alpha & \frac{2}{3}\alpha - b & -\frac{1}{4}\alpha \\ -\frac{1}{4}\alpha & -\frac{1}{4}\alpha & \frac{2}{3}\alpha - b \end{vmatrix} = 0$$

按行列式定义展开后得到

$$\left(\frac{2}{3}\alpha - b\right)^3 - \frac{3}{16}\alpha^2\left(\frac{2}{3}\alpha - b\right) - \frac{1}{32}\alpha^3 = 0$$

括号中的项不用展开,可直接将其因式分解,结果为

$$\left(\frac{2}{3}\alpha - b + \frac{1}{4}\alpha\right)\left(\frac{2}{3}\alpha - b + \frac{1}{4}\alpha\right)\left(\frac{2}{3}\alpha - b - \frac{1}{2}\alpha\right) = 0$$

或者

$$\left(\frac{11}{12}\alpha - b\right)\left(\frac{11}{12}\alpha - b\right)\left(\frac{1}{6}\alpha - b\right) = 0$$

因此,该方程的根就给出了如下主转动惯量:

$$J_1 = J_2 = \frac{11}{12}\alpha, \quad J_3 = \frac{1}{6}\alpha$$

为了找出与 J_3 相联系的主轴方向,需要求解本征矢方程

$$\left(J - \frac{1}{6}\alpha I\right)Y = 0$$

即

$$\begin{pmatrix} \alpha/2 & -\alpha/4 & -\alpha/4 \\ -\alpha/4 & \alpha/2 & -\alpha/4 \\ -\alpha/4 & -\alpha/4 & \alpha/2 \end{pmatrix}\begin{pmatrix} Y_1 \\ Y_2 \\ Y_3 \end{pmatrix} = \begin{pmatrix} 0 \\ 0 \\ 0 \end{pmatrix}$$

易见 $Y_1 : Y_2 : Y_3 = 1 : 1 : 1$,本征矢可取为(1,1,1)。因此,正方体的体对角线是主轴之一,这与例6.1所得结论是一致的。

为找出与重根 $J_{1,2}$ 相联系的主轴方向,需要求解本征矢方程

$$\left(J - \frac{11}{12}\alpha I\right)Y = 0$$

即

$$\begin{pmatrix} -\alpha/4 & -\alpha/4 & -\alpha/4 \\ -\alpha/4 & -\alpha/4 & -\alpha/4 \\ -\alpha/4 & -\alpha/4 & -\alpha/4 \end{pmatrix}\begin{pmatrix} Y_1 \\ Y_2 \\ Y_3 \end{pmatrix} = \begin{pmatrix} 0 \\ 0 \\ 0 \end{pmatrix}$$

三个分量方程中只有一个是独立的,它要求 $Y_1 + Y_2 + Y_3 = 0$,即要求本征矢与(1,1,1)垂直。因此,任一过顶点 O 并与体对角线垂直的轴都是惯量主轴。

2. 定点转动刚体的分类

根据主转动惯量的大小关系,通常将定点转动刚体分为如下三类:

(1) **不对称陀螺**:三个主转动惯量各不相同的刚体。

(2) **对称陀螺**:只有两个主转动惯量相同的刚体。

设 $Ox_1x_2x_3$ 是对称陀螺的主轴系,且 $J_1 = J_2 \neq J_3$。考察绕着 x_3 轴的转动

变换 $x'_i=\lambda_{ij}x_j$，其中

$$\lambda=\begin{pmatrix}\cos\theta & -\sin\theta & 0\\ \sin\theta & \cos\theta & 0\\ 0 & 0 & 1\end{pmatrix}\tag{6.2.27}$$

惯量张量在新坐标系 $Ox'_1x'_2x'_3$ 中的分量矩阵通过相似变换与 J 联系，即有 $J'=\lambda J\lambda^{\mathrm{T}}$，或者

$$J'=\begin{pmatrix}\cos\theta & -\sin\theta & 0\\ \sin\theta & \cos\theta & 0\\ 0 & 0 & 1\end{pmatrix}\begin{pmatrix}J_1 & 0 & 0\\ 0 & J_1 & 0\\ 0 & 0 & J_3\end{pmatrix}\begin{pmatrix}\cos\theta & \sin\theta & 0\\ -\sin\theta & \cos\theta & 0\\ 0 & 0 & 1\end{pmatrix}\tag{6.2.28}$$

利用分块矩阵计算，很容易得到 $J'=J$，即新的坐标系仍然为主轴系。由于此结论对于任意转动角度 θ 都成立，因而与 x_3 轴垂直的任何一轴（当然要求过点 O）都是惯量主轴。

(3) **球形陀螺**：三个主转动惯量都相同的刚体。

对于球形陀螺，由于 J 正比于单位矩阵，它在相似变换下保持不变，所以任一过原点的轴都是惯量主轴。

刚体的这种分类是与参考点的选择有关的。由例 6.2 可知，均质立方体相对于其顶点为对称陀螺；而由式(6.2.23)知，均质立方体相对于其中心为球形陀螺。

3. 对称平面与主轴

对于刚体动力学中遇到的大部分问题，物体都具有规则形状，而仅由物体的对称性即可断定主轴。

设平面 $x_3=0$ 是刚体质量分布的对称平面。这意味着，如果在点 (x_1,x_2,x_3) 处有一质量元 $\mathrm{d}m$，那么关于平面 $x_3=0$ 对称的位置 $(x_1,x_2,-x_3)$ 处就相应地有一个完全相同的质量元 $\mathrm{d}m$（图 6.10）。由于

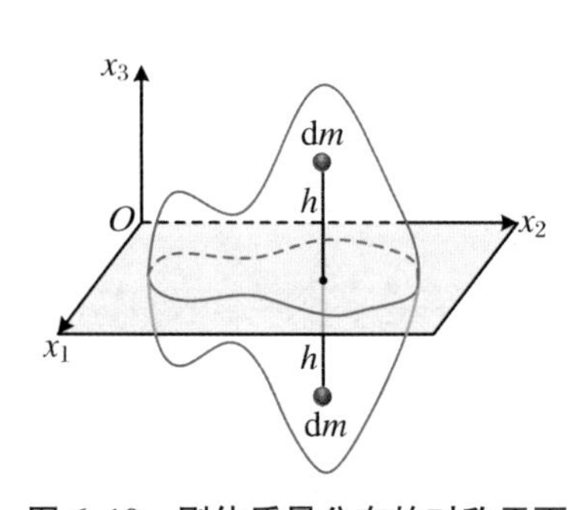

图 6.10　刚体质量分布的对称平面

$$-x_1x_3\mathrm{d}m-x_1(-x_3)\mathrm{d}m=0,\quad -x_2x_3\mathrm{d}m-x_2(-x_3)\mathrm{d}m=0$$

因此这一对质量元对于 J_{13} 和 J_{23} 没有贡献。根据叠加原理就有 $J_{13}=J_{23}=0$，即 J 具有如下形式：

$$J=\begin{pmatrix}J_{11} & J_{12} & 0\\ J_{12} & J_{22} & 0\\ 0 & 0 & J_{33}\end{pmatrix}\tag{6.2.29}$$

而由于

$$\begin{pmatrix} J_{11} & J_{12} & 0 \\ J_{12} & J_{22} & 0 \\ 0 & 0 & J_{33} \end{pmatrix}\begin{pmatrix} 0 \\ 0 \\ 1 \end{pmatrix} = J_{33}\begin{pmatrix} 0 \\ 0 \\ 1 \end{pmatrix}$$

所以，x_3 轴为惯量主轴。

在前面的讨论中，原点 O 可以是对称平面内的任一点。因此，我们得到结论：如果刚体质量分布具有对称平面，那么与对称平面垂直的任一轴都是惯量主轴。

4. 对称轴与主轴

设 x_3 轴是刚体质量分布的 n 次对称轴，即绕着 x_3 轴转过角度 $\theta_n = 2\pi/n$ 后刚体的质量分布不变(图 6.11)。如果 $n \to \infty$，或者说刚体质量分布绕着 x_3 轴转过任一角度都是不变的，则这样的对称轴称为旋转对称轴。

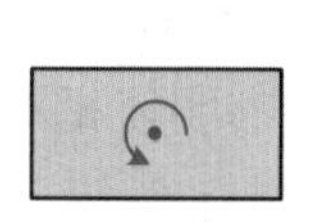
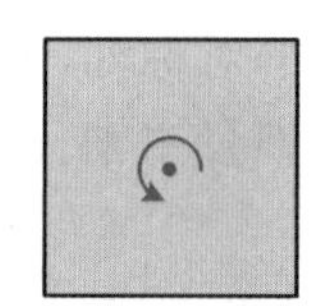
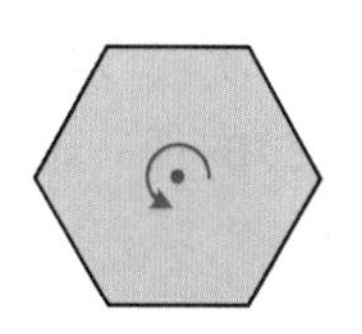
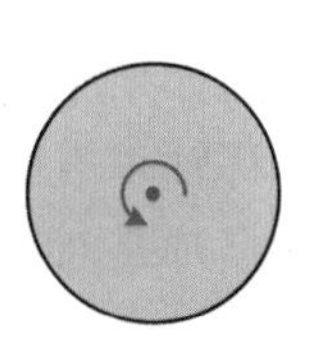

图 6.11 质量均匀分布的长方形、正方形、正六边形和圆盘

过中心的垂直轴分别为 2 次、6 次和旋转对称轴。

建立两个坐标系 $Ox_1x_2x_3$ 和 $Ox'_1x'_2x'_3$，两者的关系为 $x'_i = \lambda_{ij}x_j$，其中

$$\lambda = \begin{pmatrix} \cos\theta_n & \sin\theta_n & 0 \\ -\sin\theta_n & \cos\theta_n & 0 \\ 0 & 0 & 1 \end{pmatrix}$$

即 $Ox'_1x'_2x'_3$ 可由 $Ox_1x_2x_3$ 绕着 x_3 轴转过角度 $\theta_n = 2\pi/n$ 得到(图 6.12)。一方面，张量分量的变换规律告诉我们：刚体绕着点 O 的惯量张量在两坐标系中的分量由 $J'_{ij} = \lambda_{ik}\lambda_{jl}J_{kl}$ 相联系；另一方面，由于 x_3 轴是 n 次对称轴，刚体相对于两坐标系的质量分布相同，从而惯量张量分量相同，即有 $J'_{ij} = J_{ij}$。所以我们得到

$$J_{ij} = \lambda_{ik}\lambda_{jl}J_{kl} \tag{6.2.30}$$

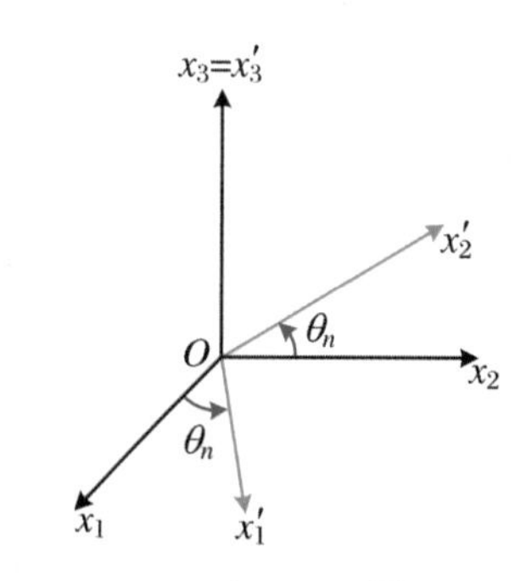

图 6.12 绕着对称轴的转动

在式(6.2.30)中分别令 $(i,j) = (1,3)$ 和 $(i,j) = (2,3)$，可得

$$\begin{cases} J_{13}(1-\cos\theta_n) - J_{23}\sin\theta_n = 0 \\ J_{13}\sin\theta_n + J_{23}(1-\cos\theta_n) = 0 \end{cases} \tag{6.2.31}$$

这是关于 J_{13} 和 J_{23} 的线性齐次方程组，其系数行列式为

$$\begin{vmatrix} 1-\cos\theta_n & -\sin\theta_n \\ \sin\theta_n & 1-\cos\theta_n \end{vmatrix} = (1-\cos\theta_n)^2 + \sin^2\theta_n = 2(1-\cos\theta_n)$$

由于 $n \geqslant 2$，从而 $0 < \theta_n \leqslant \pi$，因此该行列式大于零。所以方程(6.2.31)只有零

解，即 $J_{13}=J_{23}=0$。也就是说，以对称轴作为第三轴建立的任一直角坐标系 $Ox_1x_2x_3$ 中，J 都可以写为式(6.2.29)的形式，这自然就意味着 x_3 轴为惯量主轴。

如果在式(6.2.30)中分别令 $(i,j)=(1,1)$ 和 $(i,j)=(1,2)$，则可得

$$\begin{cases}(J_{11}-J_{22})\sin^2\theta_n-2J_{12}\sin\theta_n\cos\theta_n=0\\(J_{11}-J_{22})\sin\theta_n\cos\theta_n+2J_{12}\sin^2\theta_n=0\end{cases}\tag{6.2.32}$$

这是关于 $J_{11}-J_{22}$ 和 J_{12} 的线性齐次方程组，其系数行列式为

$$\begin{vmatrix}\sin^2\theta_n & -2\sin\theta_n\cos\theta_n\\ \sin\theta_n\cos\theta_n & 2\sin^2\theta_n\end{vmatrix}=2\sin^2\theta_n$$

当 $n=2$ 时，$\theta_n=\pi$，该行列式为零，因而方程(6.2.32)具有非零解。而当 $n\geqslant3$ 时，$0<\theta_n<\pi$，该行列式大于零，方程(6.2.32)就只有零解，即有 $J_{11}=J_{22}$ 和 $J_{12}=0$。因此，如果刚体具有3次或3次以上的对称轴，则该对称轴为惯量主轴，且与该对称轴垂直(并相交)的任一轴也为惯量主轴。这样的刚体相对于对称轴上任一点都是对称陀螺。

【例6.3】 设有一个质量为 M 的均质椭球体(图6.13)：

$$\frac{x_1^2}{a_1^2}+\frac{x_2^2}{a_2^2}+\frac{x_3^2}{a_3^2}\leqslant1$$

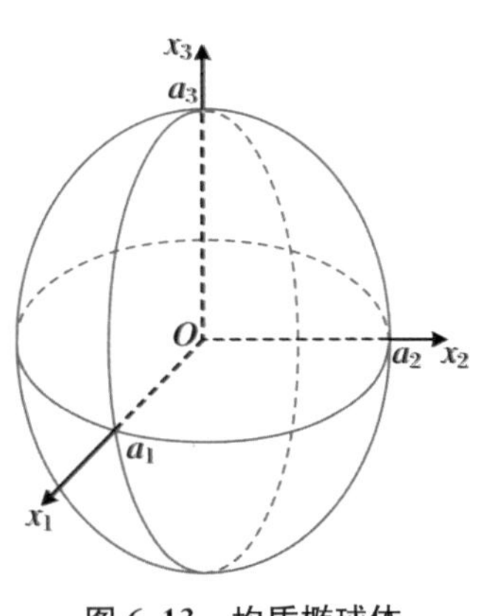

图6.13 均质椭球体

试确定其绕着点 O 的惯量张量在坐标系 $Ox_1x_2x_3$ 中的分量。

【解】 显然，每一个坐标轴都是椭球的二次对称轴，从而坐标系 $Ox_1x_2x_3$ 为主轴系。只需计算作为对角元的主转动惯量即可。

令 $x_i=a_iy_i$，则 $\mathrm{d}^3x=a_1a_2a_3\mathrm{d}^3y$，$y$ 的积分区域是半径为1的球体：$r^2=y_1^2+y_2^2+y_3^2\leqslant1$。由于该球体的体积为 $4\pi/3$，因而椭球体积为

$$V=\int\mathrm{d}^3x=a_1a_2a_3\int\mathrm{d}^3y=\frac{4\pi a_1a_2a_3}{3}$$

记椭球的质量密度为 $\rho=M/V$，则

$$J_1=\int(x_2^2+x_3^2)\mathrm{d}m=\rho a_1a_2a_3\int(a_2^2y_2^2+a_3^2y_3^2)\mathrm{d}^3y$$

由对称性得到

$$\int y_1^2\mathrm{d}^3y=\int y_2^2\mathrm{d}^3y=\int y_3^2\mathrm{d}^3y\triangleq\beta$$

所以

$$\beta = \frac{1}{3}\int(y_1^2 + y_2^2 + y_3^2)\mathrm{d}^3 y = \frac{1}{3}\int r^2\mathrm{d}^3 y = \frac{1}{3}\int_0^1 r^2 \cdot 4\pi r^2\mathrm{d}r = \frac{4\pi}{15}$$

将其代入 J_1 的表达式,得到

$$J_1 = \rho a_1 a_2 a_3 \times \frac{4\pi}{15}(a_2^2 + a_3^2) = \frac{1}{5}M(a_2^2 + a_3^2)$$

类似地,有

$$J_2 = \frac{1}{5}M(a_3^2 + a_1^2),\quad J_3 = \frac{1}{5}M(a_1^2 + a_2^2)$$

所以在坐标系 $Ox_1x_2x_3$ 中,椭球惯量张量的分量矩阵为

$$J = \begin{pmatrix} J_1 & 0 & 0 \\ 0 & J_2 & 0 \\ 0 & 0 & J_3 \end{pmatrix} = \frac{1}{5}M\begin{pmatrix} a_2^2 + a_3^2 & 0 & 0 \\ 0 & a_3^2 + a_1^2 & 0 \\ 0 & 0 & a_1^2 + a_2^2 \end{pmatrix}$$

如果 $a_1 = a_2 = a_3 \triangleq a$,则 $J_1 = J_2 = J_3 = 2Ma^2/5$,即半径为 a 的均质球绕球心的惯量张量为 $\overleftrightarrow{J} = (2Ma^2/5)\overleftrightarrow{I}$,它正比于单位张量。

6.2.5 惯量椭球

对于定点转动刚体,如果以定点 O 为原点,并将本体系 $Ox_1x_2x_3$ 选为主轴坐标系,由于惯量张量分量只有对角元非零,因而角动量在主轴系中的分量可以写为

$$L_1 = J_1\omega_1,\quad L_2 = J_2\omega_2,\quad L_3 = J_3\omega_3 \tag{6.2.33}$$

而动能 T 也可以写为

$$T = \frac{1}{2}J_1\omega_1^2 + \frac{1}{2}J_2\omega_2^2 + \frac{1}{2}J_3\omega_3^2 = \frac{1}{2}J_i\omega_i^2 \tag{6.2.34}$$

它们都具有相对简单的形式。

在主轴系下,刚体绕着过定点的 $\hat{n}$ 轴的转动惯量 J_n 的表达式(6.2.13)可简化为

$$J_n = \hat{n}\cdot\overleftrightarrow{J}\cdot\hat{n} = J_1n_1^2 + J_2n_2^2 + J_3n_3^2 = J_in_i^2 \tag{6.2.35}$$

其中，n_i 为 $\hat{n}$ 在主轴系中的分量。定义矢量 $\vec{\rho}\triangleq\hat{n}/\sqrt{J_n}$，式(6.2.35)可以重新写为

$$F(\vec{\rho})\triangleq\vec{\rho}\cdot\overleftrightarrow{J}\cdot\vec{\rho}=J_1\rho_1^2+J_2\rho_2^2+J_3\rho_3^2=1\tag{6.2.36}$$

它描述的是以点 O 为中心、几何主轴分别与惯量主轴重合的一个椭球面，称之为惯量椭球。

惯量椭球的三个半轴长度分别为 $1/\sqrt{J_1}$，$1/\sqrt{J_2}$ 和 $1/\sqrt{J_3}$。按照 $\vec{\rho}$ 的定义可得 $J_n=1/\rho^2$，即对点 O 与惯量椭球上一点 $\vec{\rho}$ 之间的距离平方取倒数即为绕着 $\vec{\rho}$ 轴(即 $\hat{n}$ 轴)的转动惯量。而根据梯度的几何意义，矢量

$$\frac{\partial F}{\partial\vec{\rho}}=2\overleftrightarrow{J}\cdot\vec{\rho}\tag{6.2.37}$$

沿着椭球在 $\vec{\rho}$ 点的法向(图 6.14)。

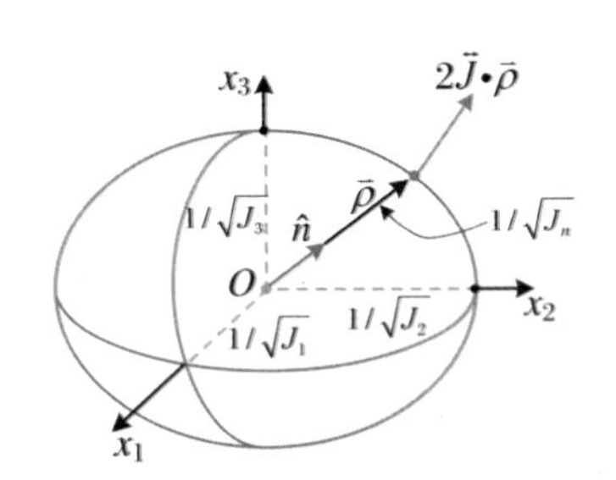

图 6.14　惯量椭球

在刚体绕着点 O 转动的过程中，本体系相对于刚体静止。而由于惯量椭球在本体系中的方程(6.2.36)不显含时间，因此惯量椭球相对于刚体也是不动的。也就是说，惯量椭球的运动可以完全模拟刚体本身的运动。设 $\hat{n}$ 是刚体的瞬时转动轴，即 $\hat{n}\triangleq\vec{\omega}/\omega=\hat{n}(t)$。利用式(6.2.12)，该 $\hat{n}$ 定义的 $\vec{\rho}$ 可以写为

$$\vec{\rho}=\frac{\vec{\omega}}{\omega\sqrt{J_n}}=\frac{\vec{\omega}}{\sqrt{J_n\omega^2}}=\frac{\vec{\omega}}{\sqrt{2T}}\tag{6.2.38}$$

在任一特定时刻，该 $\vec{\rho}$ 都指向惯量椭球上一个特定点，其方向即为转轴方向；而如果知道刚体在该时刻的动能，那么由 $\vec{\rho}$ 的大小也可确定刚体转动的快慢。在刚体运动的过程中，一方面，角速度在本体系中的分量及动能通常都会改变，因此，点 $\vec{\rho}$ 会相对于本体系运动，从而在惯量椭球上画出一条曲线，称之为**本体极迹**；另一方面，惯量椭球又与刚体一起相对于空间坐标系转动，因此，点 $\vec{\rho}$ 在空间系中也会画出一条曲线，称之为**空间极迹**。

对于由式(6.2.38)所定义的 $\vec{\rho}$，惯量椭球在点 $\vec{\rho}$ 处的法向(6.2.37)可表示为

$$\frac{\partial F}{\partial\vec{\rho}}=\frac{2\overleftrightarrow{J}\cdot\vec{\omega}}{\sqrt{2T}}=\frac{2\vec{L}}{\sqrt{2T}}=\sqrt{\frac{2}{T}}\vec{L}\tag{6.2.39}$$

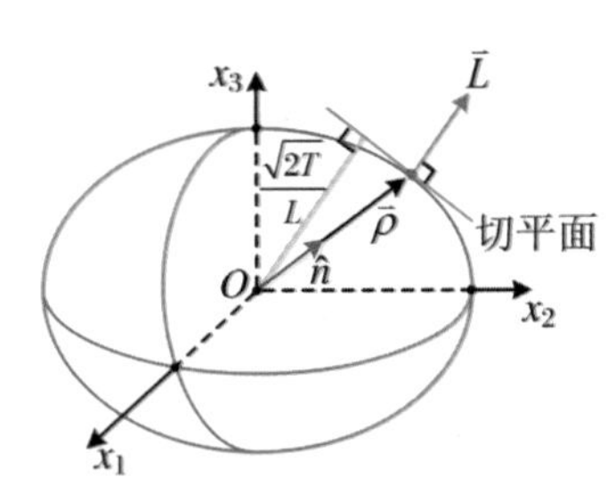

图 6.15　刚体角动量沿着惯量椭球的法向

即无论惯量椭球在某时刻运动状态如何，其在点 $\vec{\rho}$ 处的法向都平行于该时刻刚体的角动量。如果将 $\vec{\rho}$ 在该时刻角动量方向上投影，就得到

$$\vec{\rho}\cdot\hat{L}=\frac{\vec{\omega}}{\sqrt{2T}}\cdot\frac{\vec{L}}{L}=\frac{2T}{L\sqrt{2T}}=\frac{\sqrt{2T}}{L}\tag{6.2.40}$$

即定点 O 到惯量椭球在点 $\vec{\rho}$ 处切平面的距离由该时刻刚体的动能和角动量大小决定(图 6.15)。

6.3 刚体动力学

6.3.1 质点组运动规律回顾

考察 n 个粒子构成的体系(图6.16)。体系中每一个粒子除受到外力作用外,还会受到体系内部别的粒子所施加的内力作用,因此,体系的运动方程可以写为

$$\vec{F}_a \triangleq \vec{F}_a^{外} + \sum_{b(\neq a)} \vec{f}_{ab} = \dot{\vec{p}}_a = m_a \ddot{\vec{r}}_a \quad (a = 1,2,\cdots,n) \tag{6.3.1}$$

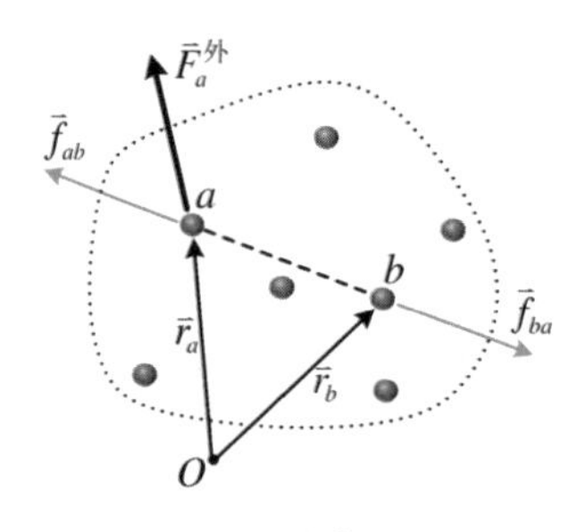

图6.16 质点组受力

其中,$\vec{p}_a = m_a \dot{\vec{r}}_a$ 为粒子 a 的动量,$\vec{F}_a^{外}$ 表示粒子 a 受到的外力,而 $\vec{f}_{ab}$ 则为粒子 a 受到粒子 b 的内力。对于自由体系,这一组方程连同合适的初始条件就可以确定体系状态随时间的演化。而为了确定约束体系随时间的演化,我们还需要补充相应的约束方程。

由于 $\dot{\vec{r}}_a \times \vec{p}_a = \vec{0}$,因而

$$\vec{r}_a \times \dot{\vec{p}}_a = \vec{r}_a \times \dot{\vec{p}}_a + \dot{\vec{r}}_a \times \vec{p}_a = \frac{\mathrm{d}}{\mathrm{d}t}(\vec{r}_a \times \vec{p}_a)$$

所以用位矢 $\vec{r}_a$ 叉乘方程(6.3.1)的左、右两边,就得到了各粒子满足的角动量定理

$$\vec{\tau}_a = \dot{\vec{l}}_a \quad (a = 1,2,\cdots,n) \tag{6.3.2}$$

其中,$\vec{l}_a = \vec{r}_a \times \vec{p}_a$ 为粒子 a 的角动量,而 $\vec{\tau}_a \triangleq \vec{r}_a \times \vec{F}_a$ 是作用于粒子 a 上的力贡献的力矩。

由于

$$\dot{\vec{r}}_a \cdot m_a \ddot{\vec{r}}_a = m_a \dot{\vec{r}}_a \cdot \frac{\mathrm{d}\dot{\vec{r}}_a}{\mathrm{d}t} = \frac{\mathrm{d}}{\mathrm{d}t}\left(\frac{1}{2} m_a \dot{\vec{r}}_a^2\right)$$

因而用速度 $\dot{\vec{r}}_a$ 分别点乘方程(6.3.1)的左、右两边,就得到了各粒子满足的动能定理

$$P_a = \dot{T}_a \quad (a = 1,2,\cdots,n) \tag{6.3.3}$$

其中，$T_a = m_a v_a^2/2$ 为粒子 a 的动能，而 $P_a \triangleq \vec{F}_a \cdot \vec{v}_a$ 是作用在粒子 a 上的力消耗的功率。

现在我们关心的是质点组整体运动的规律，其中最重要的一些规律在数学上可由方程(6.3.1)～方程(6.3.3)分别对各粒子求和得到。

1. 质心运动定理

将方程(6.3.1)对所有粒子求和，就得到了质点组的动量定理

$$\vec{F} = \dot{\vec{P}} \tag{6.3.4}$$

其中，$\vec{P} \triangleq \sum m_a \vec{v}_a$ 为体系的总动量，$\vec{F} \triangleq \sum \vec{F}_a$ 为体系受到的合力——体系中每一个粒子受到的每一个力的矢量和。由于牛顿第三定律，内力相互抵消，因此合力就等于合外力，即 $\vec{F} = \vec{F}^{外} \triangleq \sum \vec{F}_a^{外}$。

我们曾引入一个称为质心的数学上的抽象点，其位置由

$$\vec{R}_C \triangleq \frac{1}{M}\sum m_a \vec{r}_a \tag{6.3.5}$$

定义，这里 $M \triangleq \sum m_a$ 为体系的总质量，即 $\vec{R}_C$ 是体系各粒子位矢以质量为权重的加权平均值，它描述体系质量的有效中心。质心的速度和加速度分别为

$$\dot{\vec{R}}_C = \frac{1}{M}\sum m_a \dot{\vec{r}}_a, \quad \ddot{\vec{R}}_C = \frac{1}{M}\sum m_a \ddot{\vec{r}}_a \tag{6.3.6}$$

也就是说，$\dot{\vec{R}}_C$ 和 $\ddot{\vec{R}}_C$ 分别是体系各粒子速度和加速度以质量为权重的加权平均值。如果将质量这一动力学性质赋予质心，并定义质心的质量等于体系的总质量 M，质心就可以视为质点或粒子。我们也就可以定义其动量、角动量及动能：

$$\vec{P}_C = M\dot{\vec{R}}_C, \quad \vec{L}_C = M\vec{R}_C \times \dot{\vec{R}}_C, \quad T_C = \frac{1}{2}M\dot{\vec{R}}_C^2 \tag{6.3.7}$$

显然，根据质心速度的定义式(6.3.6)，质心动量就等于体系的总动量。因而方程(6.3.4)也可以写为

$$\vec{F}^{外} = M\ddot{\vec{R}}_C \tag{6.3.8}$$

即质心如同在力 $\vec{F}^{外}$ 作用下质量为 M 的粒子一样运动，这称为质心运动定理，它是体系作为整体平移的动力学规律。由质心运动定理可推导给出质心的角动量定理

$$\vec{\tau}_C \triangleq \vec{R}_C \times \vec{F}^{外} = \dot{\vec{L}}_C \tag{6.3.9}$$

以及动能定理

$$P_C \triangleq \vec{F}^{外} \cdot \dot{\vec{R}}_C = \dot{T}_C \tag{6.3.10}$$

2. 质心系

以质心为原点建立的平动参考系称为质心系(图6.17)。根据质心运动定理,除非$\vec{F}^{外}=\vec{0}$,否则质心系就是一个非惯性系。用$\vec{r}_a^*$表示粒子a在质心系中的位矢,由于

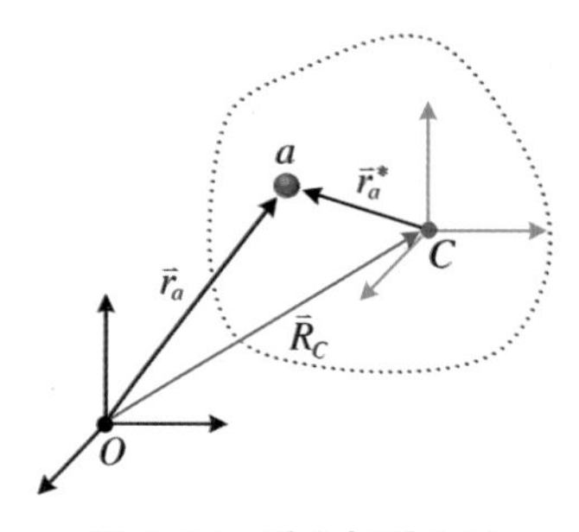

图6.17 质心与质心系

$$\vec{r}_a = \vec{R}_C + \vec{r}_a^* \tag{6.3.11}$$

因而

$$\sum m_a \vec{r}_a = \left(\sum m_a\right)\vec{R}_C + \sum m_a \vec{r}_a^*$$

根据质心的定义,此式右边第一项与左边相等,因而就得到

$$\sum m_a \vec{r}_a^* = \vec{0} \tag{6.3.12}$$

类似地,利用

$$\dot{\vec{r}}_a = \dot{\vec{R}}_C + \dot{\vec{r}}_a^* \tag{6.3.13}$$

可得

$$\sum m_a \dot{\vec{r}}_a^* = \vec{0} \tag{6.3.14}$$

即体系在质心系中的总动量恒为零,正由于此,质心系也称为零动量系。

3. 质点组的角动量定理

将方程(6.3.2)对所有粒子求和,就得到了质点组的角动量定理

$$\vec{\tau} = \frac{\mathrm{d}\vec{L}}{\mathrm{d}t} \tag{6.3.15}$$

其中,$\vec{L} \triangleq \sum \vec{l}_a$为体系的总角动量,$\vec{\tau}$为体系受到的合力矩——体系中每一个粒子受到的每一个力所提供力矩的矢量和。由于牛顿第三定律,内力矩相互抵消,因此合力矩就等于合外力矩,即$\vec{\tau} = \vec{\tau}^{外} \triangleq \sum \vec{r}_a \times \vec{F}_a^{外}$。

利用关系式(6.3.11)有

$$\sum \vec{r}_a \times \vec{F}_a^{外} = \vec{R}_C \times \sum \vec{F}_a^{外} + \sum \vec{r}_a^* \times \vec{F}_a^{外}$$

即

$$\vec{\tau} = \vec{\tau}_C + \vec{\tau}^* \tag{6.3.16}$$

其中，$\vec{\tau}^* \triangleq \sum \vec{r}_a^* \times \vec{F}_a^{外}$ 为体系所受外力在质心系中的合力矩。由式(6.3.11)和式(6.3.13)还可给出

$$\sum m_a \vec{r}_a \times \dot{\vec{r}}_a = (\sum m_a)\vec{R}_C \times \dot{\vec{R}}_C + \vec{R}_C \times \sum m_a \dot{\vec{r}}_a^* + (\sum m_a \vec{r}_a^*) \times \dot{\vec{R}}_C + \sum m_a \vec{r}_a^* \times \dot{\vec{r}}_a^*$$

根据式(6.3.12)和式(6.3.14)，上式右边第二项、第三项均为零。因而

$$\vec{L} = \vec{L}_C + \vec{L}^* \tag{6.3.17}$$

即体系的总角动量等于质心角动量与体系在质心系中的总角动量 $\vec{L}^* \triangleq \sum m_a \vec{r}_a^* \times \dot{\vec{r}}_a^*$ 之和。

将式(6.3.16)和式(6.3.17)代入质点组的角动量定理(6.3.15)，并利用质心角动量定理(6.3.9)，得到

$$\vec{\tau}^* = \frac{d\vec{L}^*}{dt} \tag{6.3.18}$$

这就是质心系中的角动量定理，这是体系作为整体绕着质心转动的动力学规律。值得注意的是，尽管一般来说质心系是非惯性系，但是上式左边并未出现惯性力贡献的力矩。这是因为在质心系中各粒子上的惯性力提供的力矩之和恰好为零。

4. 质点组的动能定理

将方程(6.3.3)对所有粒子求和，得到

$$P = \frac{dT}{dt} \tag{6.3.19}$$

这称为质点组的动能定理，其中，$T \triangleq \sum m_a v_a^2/2$ 为体系的总动能，P 为总功率——体系中每一个粒子受到的每一个力所消耗的功率之和。

与合力及合力矩不同，内力消耗的功率之和一般并不为零。以两个质点 1 和 2 之间的内力为例：根据牛顿第三定律，1、2 两粒子之间的内力大小相等、方向相反，且沿着两者连线方向，不妨设 $\vec{f}_{12} = \lambda \vec{r}_{12} = -\vec{f}_{21}$，其中，$\lambda = \lambda(r_{12})$ 是两粒子间距离 r_{12} 的某一函数。粒子 1 和 2 之间相互作用消耗的功率之和为

$$\vec{f}_{12} \cdot \dot{\vec{r}}_1 + \vec{f}_{21} \cdot \dot{\vec{r}}_2 = \lambda \vec{r}_{12} \cdot \dot{\vec{r}}_{12} = \frac{1}{2}\lambda \frac{dr_{12}^2}{dt}$$

由此可见，只有在两粒子之间的距离 r_{12} 不随时间变化的情况下，粒子1和2之间的内力做功之和才为零。

利用关系式(6.3.13)有

$$P = \sum \vec{F}_a \cdot \vec{v}_a = \left(\sum \vec{F}_a\right) \cdot \vec{V}_C + \sum \vec{F}_a \cdot \vec{v}_a^*$$

即

$$P = P_C + P^* \tag{6.3.20}$$

其中，$P^* \triangleq \sum \vec{F}_a \cdot \vec{v}_a^*$ 为质心系中的总功率。类似可得

$$\frac{1}{2}\sum m_a \dot{\vec{r}}_a^2 = \frac{1}{2}\left(\sum m_a\right)\dot{\vec{R}}_C^2 + \frac{1}{2}\sum m_a \dot{\vec{r}}_a^{*2} + \left(\sum m_a \dot{\vec{r}}_a^*\right) \cdot \dot{\vec{R}}_C$$

根据式(6.3.14)，上式右边最后一项为零。因而就得到柯尼西定理

$$T = T_C + T^* \tag{6.3.21}$$

其中，$T^* \triangleq \sum m_a \dot{\vec{r}}_a^{*2}/2$ 为体系在质心系中的总动能。

将式(6.3.20)和式(6.3.21)代入质点组的动能定理(6.3.19)，并利用质心动能定理(6.3.10)，得到

$$P^* = \frac{\mathrm{d}T^*}{\mathrm{d}t} \tag{6.3.22}$$

这就是质心系中的动能定理。上式左边之所以没有出现惯性力消耗的功率，是由于在质心系中各粒子上的惯性力消耗的功率之和恰好为零。

6.3.2 刚体动力学概述

1. 一般运动

有关质点组的所有推论自然也适用于刚体这一特殊的质点组。刚体没有内部的相对运动，其一般运动是随着参考点的整体平移和绕着参考点的整体转动。因此，刚体的动力学规律就是确定其整体平移和转动的规律。原则上，无论是从运动学还是动力学的角度看，参考点的选择都可以是任意的，而通常将质心选为参考点则是出于简单性的考量(图6.18)。

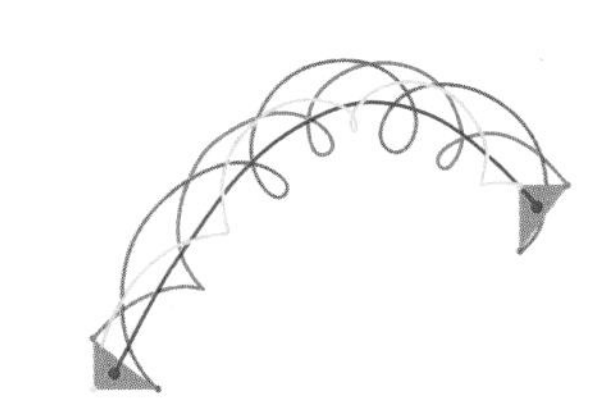

图6.18 重力场中的刚体质心做抛物运动(红线)

如果以质心作为参考点，刚体整体平移就通过质心运动定理

$$\vec{F}^{外} = M\ddot{\vec{R}}_C \tag{6.3.23}$$

完全由外力决定；而整体转动通过质心系中的角动量定理

$$\vec{\tau}^{\,*}=\frac{\mathrm{d}\vec{L}^{\,*}}{\mathrm{d}t} \tag{6.3.24}$$

完全由外力矩决定。方程(6.3.23)和方程(6.3.24)就构成求解刚体一般运动的动力学方程——共有六个分量方程。刚体所受合外力$\vec{F}^{外}$可能与刚体的方位有关，而$\vec{\tau}^{\,*}$也可能依赖于刚体整体(或质心)的位置，因而这两组方程通常是相互耦合的。

刚体角动量在质心系中的变化率可以写为

$$\begin{aligned}\frac{\mathrm{d}\vec{L}^{\,*}}{\mathrm{d}t}&=\frac{\mathrm{d}}{\mathrm{d}t}\sum(\vec{r}_a^{\,*}\times m_a\vec{v}_a^{\,*})\\&=\sum(\vec{v}_a^{\,*}\times m_a\vec{v}_a^{\,*})+\sum(\vec{r}_a^{\,*}\times m_a\dot{\vec{v}}_a^{\,*})\end{aligned}$$

由于上式右边第一项恒为零，因而

$$\frac{\mathrm{d}\vec{L}^{\,*}}{\mathrm{d}t}=\sum(\vec{r}_a^{\,*}\times m_a\dot{\vec{v}}_a^{\,*})$$

将方程(6.3.24)左、右两边同时与刚体的角速度$\vec{\omega}$做点乘，利用上式就得到

$$\begin{aligned}\vec{\tau}^{\,*}\cdot\vec{\omega}=\vec{\omega}\cdot\frac{\mathrm{d}\vec{L}^{\,*}}{\mathrm{d}t}&=\vec{\omega}\cdot\sum(\vec{r}_a^{\,*}\times m_a\dot{\vec{v}}_a^{\,*})\\&=\sum[(\vec{\omega}\times\vec{r}_a^{\,*})\cdot m_a\dot{\vec{v}}_a^{\,*}]\end{aligned}$$

其中，$\vec{\omega}\times\vec{r}_a^{\,*}=\vec{v}_a^{\,*}$为粒子$a$在质心系中的速度，所以

$$\vec{\tau}^{\,*}\cdot\vec{\omega}=\sum m_a\vec{v}_a^{\,*}\cdot\dot{\vec{v}}_a^{\,*}=\frac{\mathrm{d}}{\mathrm{d}t}\left(\frac{1}{2}\sum m_a v_a^{*2}\right)$$

即

$$\vec{\tau}^{\,*}\cdot\vec{\omega}=\frac{\mathrm{d}T^{*}}{\mathrm{d}t} \tag{6.3.25}$$

这实际上就是质心系中刚体的动能定理。可以证明，$\vec{\tau}^{\,*}\cdot\vec{\omega}$就是质心系中的总功率：

$$\vec{\tau}^{\,*}\cdot\vec{\omega}=\vec{\omega}\cdot\sum(\vec{r}_a^{\,*}\times\vec{F}_a)=\sum\vec{F}_a\cdot(\vec{\omega}\times\vec{r}_a^{\,*})=\sum\vec{F}_a\cdot\vec{v}_a^{\,*}$$

由于刚体内粒子之间的距离保持不变，因而只有外力对总功率有贡献。

2. 定点转动

对于定点转动刚体，由于刚体在定点处受到外部约束，因此应将约束方程

与动力学方程(6.3.23)和(6.3.24)联立进行求解。不过,如果选择定点为参考点,刚体就只有转动,并且约束力相对于定点的力矩为零。所以,相对于定点的角动量定理

$$\vec{\tau} = \frac{d\vec{L}}{dt} \tag{6.3.26}$$

就足以确定刚体的运动,它有三个分量方程。一旦知道了刚体的运动,其质心的运动 $\vec{R}_C(t)$ 自然也就知道了,而由质心运动定理(6.3.23)就可以了解约束力的信息。

类似于式(6.3.25),对于定点转动刚体,作为角动量定理的一个推论,我们也有动能定理

$$\vec{\tau} \cdot \vec{\omega} = \frac{dT}{dt} \tag{6.3.27}$$

其中,$\vec{\tau} \cdot \vec{\omega}$ 为外力消耗的功率。

3. 定轴转动

定轴转动的刚体只有一个转动自由度,广义坐标可选为刚体绕着定轴 $\hat{n}$ 转过的角度 θ。而绕着 $\hat{n}$ 轴的角动量定理

$$\tau_n = \frac{dL_n}{dt} \tag{6.3.28}$$

这一个方程就足以确定刚体的运动。

4. 平面平行运动

平面平行运动的刚体有三个自由度——两个平移自由度和一个转动自由度。如果质心在 xy 平面内运动,则广义坐标可选为描述质心位置的两个坐标 (X_C, Y_C) 以及刚体绕着过质心的垂直轴(z 轴)转过的角度 θ。质心运动定理的两个方程

$$F_x^{外} = M\ddot{X}_C, \quad F_y^{外} = M\ddot{Y}_C \tag{6.3.29}$$

与质心系中的角动量定理在 z 轴上的投影

$$\tau_z^* = \frac{dL_z^*}{dt} \tag{6.3.30}$$

共三个方程足以确定刚体的运动。

【例 6.4】 质量为 M、半径为 a 的均质球在水平面上做纯滚动，试确定其一般运动。

【解】 设水平面为 x_1x_2 平面，x_3 轴竖直向上。质心坐标设为 (x_1, x_2, a)。由例 6.3 知球绕着质心的惯量张量为 $\overleftrightarrow{J}^* = (2Ma^2/5)\overleftrightarrow{I}$。由于球在水平方向只受到摩擦力 $\vec{F} = F_1\hat{x}_1 + F_2\hat{x}_2$ 的作用，因此质心运动定理写为

$$F_1 = M\ddot{x}_1 \tag{6.3.31a}$$

$$F_2 = M\ddot{x}_2 \tag{6.3.31b}$$

又由于只有摩擦力提供相对于质心的力矩，因而

$$\vec{\tau}^* = -a\hat{x}_3 \times \vec{F} = aF_2\hat{x}_1 - aF_1\hat{x}_2$$

所以质心系中的角动量定理可以写为

$$\tau_1 = aF_2 = \frac{2}{5}Ma^2\dot{\omega}_1 \tag{6.3.32a}$$

$$\tau_2 = -aF_1 = \frac{2}{5}Ma^2\dot{\omega}_2 \tag{6.3.32b}$$

$$\tau_3 = 0 = \frac{2}{5}Ma^2\dot{\omega}_3 \tag{6.3.32c}$$

而纯滚动的约束方程可以写为

$$\dot{x}_1 = +a\omega_2 \tag{6.3.33a}$$

$$\dot{x}_2 = -a\omega_1 \tag{6.3.33b}$$

由方程(6.3.31a)、方程(6.3.32b)和方程(6.3.33a)得到

$$F_1 = M\ddot{x}_1 = Ma\dot{\omega}_2 = -\frac{5}{2}F_1$$

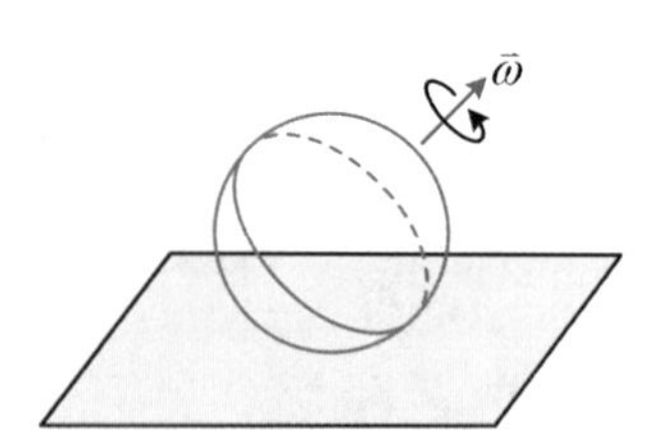

图 6.19　水平面上纯滚动的球

所以 $F_1 = 0$，从而有 $\dot{\omega}_2 = 0 = \ddot{x}_1$。类似地，由方程(6.3.31b)、方程(6.3.32a)和方程(6.3.33b)可得 $F_2 = 0$ 和 $\dot{\omega}_1 = 0 = \ddot{x}_2$。

因此，球在水平面上纯滚动时并不受到摩擦力的作用，球的一般运动是两个运动的叠加：随着质心的匀速直线运动及绕着过质心的某个固定轴的匀角速度转动。角速度的水平分量与质心速度满足关系式(6.3.33)，而其竖直分量没有任何限制(图 6.19)。

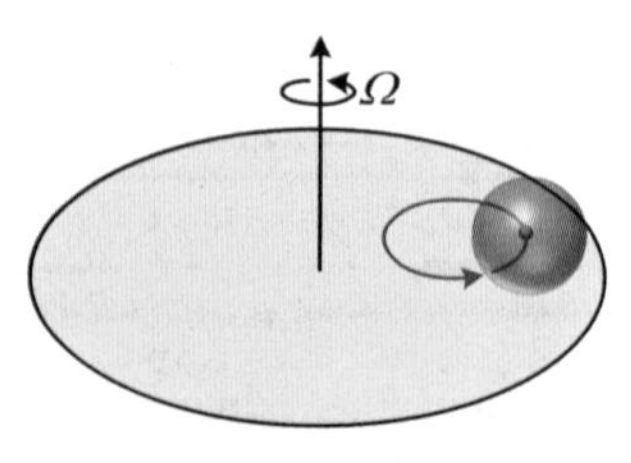

图 6.20　转动水平圆盘上的球

【例 6.5】 在绕着对称轴以确定角速度 Ω 转动的水平圆盘上，放置有一个质量为 M、半径为 a 的均质球(图 6.20)。已知球在运动过程中相对于圆盘没有滑动，试求解球心的一般运动。

【解】以圆盘轴线(向上)作为 x_3 轴,设球心的位置为 $\vec{r}=x_1\hat{x}_1+x_2\hat{x}_2$,球受到圆盘的摩擦力为$\vec{F}=F_1\hat{x}_1+F_2\hat{x}_2$。显然,质心运动定理及质心系中的角动量定理与例 6.4 相同,分别为式(6.3.31)和式(6.3.32)。由于球与圆盘的接触点随着圆盘一起转动,速度不再为零,因而约束方程现在变为

$$\dot{x}_1+\Omega x_2=+a\omega_2 \tag{6.3.34a}$$

$$\dot{x}_2-\Omega x_1=-a\omega_1 \tag{6.3.34b}$$

为确定质心的运动,首先利用式(6.3.34)将式(6.3.32a)和式(6.3.32b)中的角加速度消去,得到

$$F_2=-\frac{2}{5}M(\ddot{x}_2-\Omega\dot{x}_1),\quad F_1=-\frac{2}{5}M(\ddot{x}_1+\Omega\dot{x}_2)$$

再将其与式(6.3.31)联立消去摩擦力,化简得到

$$\ddot{x}_1=-\frac{2}{7}\Omega\dot{x}_2,\quad \ddot{x}_2=\frac{2}{7}\Omega\dot{x}_1 \tag{6.3.35}$$

这两个方程结合初始条件就可以确定球心的运动。

用$\vec{v}=\dot{\vec{r}}$表示球心的速度,则可以将式(6.3.35)写为下面的矢量方程:

$$\frac{\mathrm{d}\vec{v}}{\mathrm{d}t}=\frac{2}{7}\Omega\hat{x}_3\times\vec{v}$$

对其积分给出

$$\vec{v}-\vec{v}_0=\frac{2}{7}\Omega\hat{x}_3\times(\vec{r}-\vec{r}_0)$$

其中,$\vec{r}_0$ 和$\vec{v}_0$ 分别是球心的初始位置和初始速度。上式进一步可以改写为

$$\frac{\mathrm{d}(\vec{r}-\vec{r}_c)}{\mathrm{d}t}=\frac{2}{7}\Omega\hat{x}_3\times(\vec{r}-\vec{r}_c) \tag{6.3.36}$$

其中

$$\vec{r}_c=\vec{r}_0+\frac{7}{2}\frac{\hat{x}_3\times\vec{v}_0}{\Omega}$$

方程(6.3.36)意味着球心以 $\vec{r}_c$ 为圆心做匀速圆周运动,圆周运动的角速度为 $2\Omega/7$,半径为

$$R=|\vec{r}_0-\vec{r}_c|=\frac{7}{2}\left|\frac{\hat{x}_3\times\vec{v}_0}{\Omega}\right|=\frac{7v_0}{2\Omega}$$

6.3.3 欧拉动力学方程

对于绕着定点 O 转动的刚体，如果设 $\vec{\tau}$ 是刚体所受外力相对于点 O 的力矩，而 $\vec{L}$ 是在空间系中刚体相对于点 O 的角动量，那么描述刚体转动的动力学方程就是

$$\vec{\tau} = \left(\frac{\mathrm{d}\vec{L}}{\mathrm{d}t}\right)_{\text{空间}} \tag{6.3.37}$$

由于矢量在不同坐标系中随时间的变化率不同，这里用下标“空间”强调上式右边是矢量 $\vec{L}$ 在空间系中的导数。

可以在任一选定的坐标系中将方程(6.3.37)写为分量形式。例如，将其在空间系 $OX_1X_2X_3$ 的 X_i 轴上做投影，就得到

$$\hat{X}_i \cdot \vec{\tau} = \hat{X}_i \cdot \left(\frac{\mathrm{d}\vec{L}}{\mathrm{d}t}\right)_{\text{空间}} = \left[\frac{\mathrm{d}(\hat{X}_i \cdot \vec{L})}{\mathrm{d}t}\right]_{\text{空间}} - \left(\frac{\mathrm{d}\hat{X}_i}{\mathrm{d}t}\right)_{\text{空间}} \cdot \vec{L}$$

由于 $\hat{X}_i$ 相对于空间系不动，因而上式右边最后一项为零。而利用刚体惯量张量和角速度在空间坐标系中的分量 J_{ij} 和 Ω_j，我们有 $\hat{X}_i \cdot \vec{L} = J_{ij}\Omega_j$，因而上式就可以写为

$$\hat{X}_i \cdot \vec{\tau} = \frac{\mathrm{d}J_{ij}}{\mathrm{d}t}\Omega_j + J_{ij}\frac{\mathrm{d}\Omega_j}{\mathrm{d}t} \tag{6.3.38}$$

标量在不同坐标系中随时间的变化率相同，因而此处下标“空间”就没必要写出了。这就是在空间系中写出的定点转动刚体分量形式的动力学方程。刚体在运动过程中，不仅其角速度，而且惯量张量在空间系中的分量一般都是随时间变化的，因此方程(6.3.38)右边的两项通常都不为零。

现在设 $Ox_1x_2x_3$ 是相对于空间系以任意角速度 $\vec{\omega}_{\text{转动}}$ 转动的坐标系。利用关系式(1.5.4)，方程(6.3.37)可以写为

$$\vec{\tau} = \left(\frac{\mathrm{d}\vec{L}}{\mathrm{d}t}\right)_{\text{转动}} + \vec{\omega}_{\text{转动}} \times \vec{L} \tag{6.3.39}$$

右边第一项中的下标“转动”表示这是 $\vec{L}$ 在转动系中随时间的变化率。特别地，如果 $Ox_1x_2x_3$ 为本体坐标系，即 $\vec{\omega}_{\text{转动}} = \vec{\omega}$，那么就有

$$\vec{\tau} = \left(\frac{\mathrm{d}\vec{L}}{\mathrm{d}t}\right)_{\text{本体}} + \vec{\omega} \times \vec{L} \tag{6.3.40}$$

这称为刚体定点转动的欧拉动力学方程。

将方程(6.3.40)在本体系的 x_i 轴上做投影,得到

$$\hat{x}_i\cdot\vec{\tau}=\hat{x}_i\cdot\left(\frac{\mathrm{d}\vec{L}}{\mathrm{d}t}\right)_{\text{本体}}+\hat{x}_i\cdot(\vec{\omega}\times\vec{L})$$

由于 $\hat{x}_i$ 在本体系中不随时间变化,因而上式可以改写为

$$\hat{x}_i\cdot\vec{\tau}=\left[\frac{\mathrm{d}(\hat{x}_i\cdot\vec{L})}{\mathrm{d}t}\right]_{\text{本体}}+\hat{x}_i\cdot(\vec{\omega}\times\vec{L})$$

作为标量,上式右边第一项中的下标“本体”是没必要的。若将力矩、角动量和角速度在本体系中的分量分别记为 τ_i,L_i 和 ω_i,上式就可以写为

$$\tau_i=\frac{\mathrm{d}L_i}{\mathrm{d}t}+\varepsilon_{ijk}\omega_jL_k$$

注意到惯量张量在本体系中的分量 J_{ij} 不随时间变化,将 $L_i=J_{ij}\omega_j$ 代入上式,得到

$$\tau_i=J_{ij}\dot{\omega}_j+\varepsilon_{ijk}\omega_jJ_{kl}\omega_l \tag{6.3.41a}$$

这就给出了分量形式的欧拉动力学方程,或者将其写为

$$\begin{cases}\tau_1=J_{11}\dot{\omega}_1+J_{12}\dot{\omega}_2+J_{13}\dot{\omega}_3+J_{23}(\omega_2^2-\omega_3^2)\\\qquad-(J_{12}\omega_3-J_{13}\omega_2)\omega_1-(J_{22}-J_{33})\omega_2\omega_3\\\tau_2=J_{12}\dot{\omega}_1+J_{22}\dot{\omega}_2+J_{23}\dot{\omega}_3+J_{13}(\omega_3^2-\omega_1^2)\\\qquad-(J_{23}\omega_1-J_{12}\omega_3)\omega_2-(J_{33}-J_{11})\omega_3\omega_1\\\tau_3=J_{13}\dot{\omega}_1+J_{23}\dot{\omega}_2+J_{33}\dot{\omega}_3+J_{12}(\omega_1^2-\omega_2^2)\\\qquad-(J_{13}\omega_2-J_{23}\omega_1)\omega_3-(J_{11}-J_{22})\omega_1\omega_2\end{cases} \tag{6.3.41b}$$

这是关于角速度分量 $\omega_1,\omega_2,\omega_3$ 的一阶微分方程组。如果将本体系选为主轴系,上式就可以简化为

$$\begin{cases}\tau_1=J_1\dot{\omega}_1-(J_2-J_3)\omega_2\omega_3\\\tau_2=J_2\dot{\omega}_2-(J_3-J_1)\omega_3\omega_1\\\tau_3=J_3\dot{\omega}_3-(J_1-J_2)\omega_1\omega_2\end{cases} \tag{6.3.42}$$

由于方程(6.3.42)中的各 J_i 为常数,因此它比起空间坐标系中的分量方程(6.3.38)要简单很多。但是,知道了刚体所受力矩,由欧拉动力学方程求解其运动通常仍是相当困难的。原因如下:(1) 不同的 ω_j 在方程中是相互耦合的。(2) 由于出现了诸如 $\omega_1\omega_2$ 这样的不同角速度分量的乘积项,因此欧拉动力学方程实际上是 $\omega_1,\omega_2,\omega_3$ 的非线性方程。(3) 即便由式(6.3.42)求解得到了作为时间函数的角速度分量 $\omega_i(t)$,也并不意味着我们就已经知道了刚体的

运动。为了了解刚体方位或者说欧拉角与时间的关系，我们还需要求解关于欧拉角的三个一阶微分方程，即欧拉运动学方程(6.1.15)。

尽管由式(6.3.42)求解刚体的运动仍非易事，不过，知道了刚体转动的角速度分量与时间的关系 $\omega_i(t)$，倒是可以直接从欧拉动力学方程得出刚体所受力矩。

【例 6.6】 如图 6.21 所示，质量为 $M=100$ kg、半径为 $R=1$ m 的均质薄圆盘固定于转轴 AB 上，转轴过盘心 O、与圆盘对称轴的夹角为 $\theta=1^\circ$。当圆盘绕着对称轴以恒定角速度 $\omega=200\ \pi$/s 转动时，转轴两端的轴承对轴的作用力为多大？设 $AB=1$ m，不考虑重力作用。

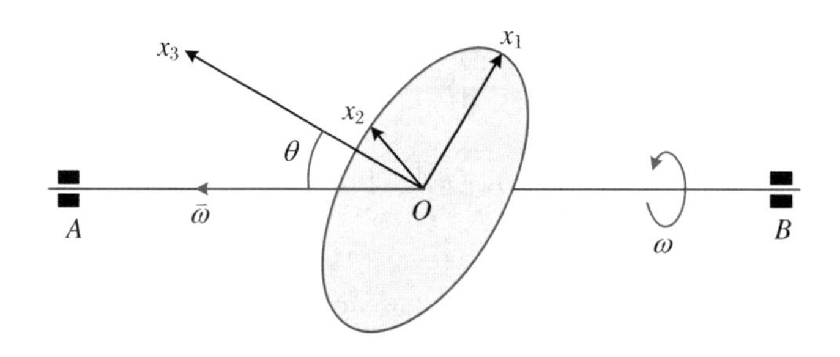

图 6.21　定轴转动的圆盘

【解】 尽管圆盘做定轴转动，但由于要研究的轴承对转轴的作用力是约束力，还是需要用定点转动的动力学方程。以轴的一端为原点，建立合适的本体系，并将角速度在本体系中的分量代入欧拉动力学方程，即可得到另一端处的轴承所施加的作用力。相对于轴的一端，刚体质量分布并没有很好的对称性，为方便写出角速度分量，将本体系选为其坐标轴分别与下面的 $Ox_1x_2x_3$ 系的各坐标轴对应平行是方便的。值得注意的是，这样的本体系并非主轴系，因而应采用式(6.3.41)形式的欧拉动力学方程。

就本问题而言，由于不考虑重力，根据质心运动定理，可知两轴承对轴的作用力大小相等(设为 F)、方向相反，以盘心 O 为原点建立本体系进行分析最为方便：将圆盘对称轴取为本体系的 x_3 轴，转轴与对称轴所张平面与圆盘交线(圆盘直径)作为 x_1 轴，与 x_1 轴垂直的直径则为 x_2 轴。该本体系显然是主轴系，主转动惯量为

$$J_1 = J_2 = \frac{1}{4}MR^2,\quad J_3 = \frac{1}{2}MR^2$$

角速度 $\bar{\omega}$ 在本体系中的分量均不随时间变化，分别为

$$\omega_1 = -\omega\sin\theta,\quad \omega_2 = 0,\quad \omega_3 = \omega\cos\theta$$

将其代入方程(6.3.42),得到

$$\tau_1 = 0, \quad \tau_2 = \frac{1}{4}MR^2\omega^2\sin\theta\cos\theta, \quad \tau_3 = 0$$

因此每一轴承对轴的作用力为 $F = \tau_2/l$。将数值代入可得 $F = 1.72\times10^5$ N,即 F 约为圆盘自身重量的172倍!

【例6.7】 如图6.22所示,质量为 m、半径为 r 的均质薄圆盘在水平面上做纯滚动。已知圆盘的倾角为 θ,其与水平面接触点的轨迹是一半径为 R 的圆周。试求盘心做圆周运动的角速度。

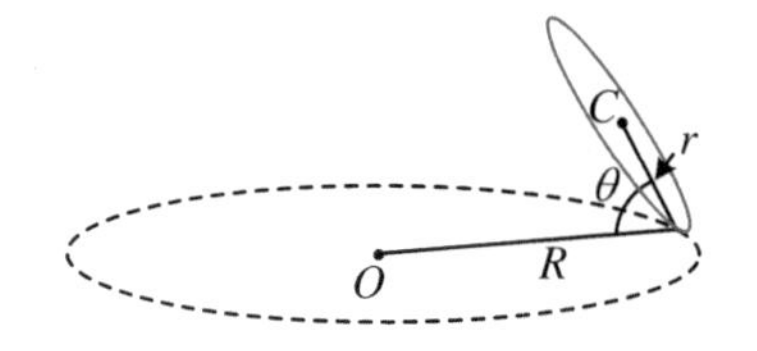

图6.22　水平面上做纯滚动的圆盘

【解】 设 z 轴竖直向上,盘心绕 z 轴转动的角速度为 $\vec{\Omega} = \Omega\hat{z}$。建立以角速度 $\vec{\Omega}$ 绕着 z 轴转动的坐标系 $Cx_1x_2x_3$,其原点位于质心,x_3 轴为圆盘对称轴,x_2 轴则始终指向圆盘最高点,而 x_1 轴位于圆盘平面内,并始终位于水平方向(图6.23,其中并未画出 x_1 轴,在图示时刻,x_1 轴垂直于纸面向里)。

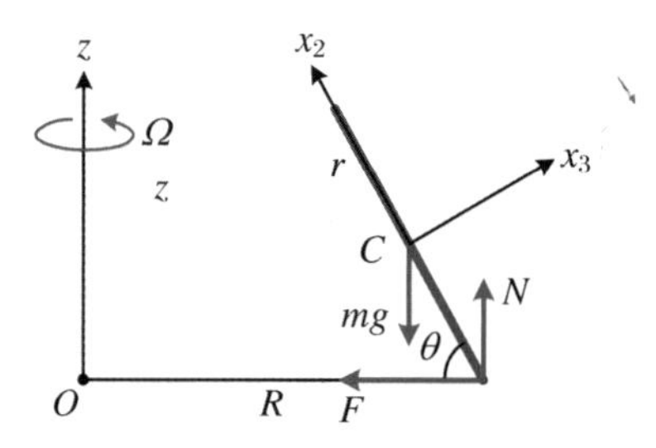

图6.23　以质心为原点的转动坐标系

尽管 $Cx_1x_2x_3$ 并非本体系,但任一时刻都是主轴系,主转动惯量为

$$J_1 = J_2 = \frac{1}{4}mr^2, \quad J_3 = \frac{1}{2}mr^2$$

设圆盘的角速度为 $\vec{\omega} = \Omega\hat{z} - \omega_s\hat{x}_3$,由纯滚动约束可知 $\omega_s = (R/r)\Omega$。由于 $\hat{z} = \hat{x}_2\sin\theta + \hat{x}_3\cos\theta$,所以角速度在转动系 $Cx_1x_2x_3$ 中的分量分别为

$$\omega_1 = 0, \quad \omega_2 = \Omega\sin\theta, \quad \omega_3 = \Omega\left(\cos\theta - \frac{R}{r}\right)$$

下面我们利用质心系中的角动量定理

$$\vec{\tau}^* = \left(\frac{d\vec{L}^*}{dt}\right)_{质心系} = \left(\frac{d\vec{L}^*}{dt}\right)_{转动系} + \vec{\Omega}\times\vec{L}^* \qquad (6.3.43)$$

给出 Ω 满足的关系。

由于质心系中的角动量为

$$\vec{L}^* = J_1\omega_1\hat{x}_1 + J_2\omega_2\hat{x}_2 + J_3\omega_3\hat{x}_3 = \frac{1}{4}mr\Omega[r\sin\theta\,\hat{x}_2 + 2(r\cos\theta - R)\hat{x}_3]$$

它在转动系中不随时间变化,因而有

$$\left(\frac{d\vec{L}^*}{dt}\right)_{质心系} = \vec{\Omega}\times\vec{L}^* = \frac{1}{4}mr\Omega^2(r\cos\theta - 2R)\sin\theta\,\hat{x}_1 \quad (6.3.44)$$

圆盘受到三个力的作用:重力、由接触点指向 O 点的摩擦力 $\vec{F}$ 以及向上的支持力 $\vec{N}$。重力对于 $\vec{\tau}^*$ 没有贡献;摩擦力 $\vec{F}$ 相对于质心的力矩指向 x_1 轴正方向,大小为 $rF\sin\theta$;支持力 $\vec{N}$ 相对于质心的力矩则指向 x_1 轴负方向,大小为 $rN\cos\theta$。所以

$$\vec{\tau}^* = r(F\sin\theta - N\cos\theta)\hat{x}_1$$

由于质心以角速度 Ω 做半径为 $R - r\cos\theta$ 的圆周运动,因而由质心运动定理可得

$$F = m\Omega^2(R - r\cos\theta), \quad N = mg$$

所以有

$$\vec{\tau}^* = mr[\Omega^2(R - r\cos\theta)\sin\theta - g\cos\theta]\hat{x}_1 \tag{6.3.45}$$

将式(6.3.44)和式(6.3.45)代入式(6.3.43),可得

$$mr[\Omega^2(R - r\cos\theta)\sin\theta - g\cos\theta] = \frac{1}{4}mr\Omega^2(r\cos\theta - 2R)\sin\theta$$

由此给出

$$\Omega^2 = \frac{4g\cos\theta}{(6R - 5r\cos\theta)\sin\theta}$$

由于 $\Omega^2 > 0$,所以要求 $R > 5r\cos\theta/6$。

6.3.4 拉格朗日方程

刚体动力学方程也可以利用拉格朗日力学的方法给出。对于一般运动,可以将质心在空间系中的三个坐标 (X_1, X_2, X_3) 以及本体系相对于质心系的三个欧拉角 (φ, θ, ψ) 作为广义坐标。利用柯尼西定理,刚体的动能可以写为

$$T = T_C(\dot{X}_1, \dot{X}_2, \dot{X}_3) + T^*(\varphi, \theta, \psi, \dot{\varphi}, \dot{\theta}, \dot{\psi})$$

如果势能也可以分别用质心坐标和欧拉角表示为互不耦合的两部分(这一点并非总可以做到),那么拉格朗日函数就可以写为如下形式:

$$L = L_C(X_1, X_2, X_3, \dot{X}_1, \dot{X}_2, \dot{X}_3) + L^*(\varphi, \theta, \psi, \dot{\varphi}, \dot{\theta}, \dot{\psi}) \tag{6.3.46}$$

其中，L_C 和 L^* 分别给出质心运动定理和质心系中的角动量定理，即分别给出了刚体整体平移和绕着质心整体转动的动力学方程。

对于定点转动刚体，以定点为参考点，可选三个欧拉角(φ,θ,ψ)作为广义坐标。如果将本体系选作主轴系，动能具有式(6.2.34)给出的简单形式，利用欧拉运动学方程(6.1.15)，拉格朗日函数具体可写为

$$L=\frac{1}{2}J_1(\dot{\varphi}\sin\theta\sin\psi+\dot{\theta}\cos\psi)^2+\frac{1}{2}J_2(\dot{\varphi}\sin\theta\cos\psi-\dot{\theta}\sin\psi)^2 \\ +\frac{1}{2}J_3(\dot{\varphi}\cos\theta+\dot{\psi})^2-U(\varphi,\theta,\psi) \tag{6.3.47}$$

将其代入拉格朗日方程，也可以得到欧拉动力学方程(6.3.42)。

6.4 欧拉陀螺

6.4.1 欧拉陀螺的动力学方程

不受外力矩作用的定点转动刚体称为**欧拉陀螺**。由于外力矩为零，因而方程(6.3.40)就变为

$$\left(\frac{\mathrm{d}\vec{L}}{\mathrm{d}t}\right)_{本体}=-\vec{\omega}\times\vec{L} \tag{6.4.1}$$

而欧拉动力学方程也可以简化为

$$\begin{cases}J_1\dot{\omega}_1=(J_2-J_3)\omega_2\omega_3\\J_2\dot{\omega}_2=(J_3-J_1)\omega_3\omega_1\\J_3\dot{\omega}_3=(J_1-J_2)\omega_1\omega_2\end{cases} \tag{6.4.2}$$

这是三个角速度分量 ω_1，ω_2 和 ω_3 满足的一组相互耦合的非线性齐次方程。

6.4.2 运动常量

由于 $\vec{\tau}=\vec{0}$，因此角动量矢量 $\vec{L}$ 是不随时间变化的，从而 $\vec{L}$ 在空间系中的

三个分量均为运动常量。不过，由于本体系的坐标轴随着刚体一起转动，因此 $\vec{L}$ 在本体系中的分量

$$L_1 = J_1\omega_1,\quad L_2 = J_2\omega_2,\quad L_3 = J_3\omega_3 \tag{6.4.3}$$

一般是随着时间变化的。事实上，由方程(6.4.1)可知：仅当 $\vec{\omega}$ 与 $\vec{L}$ 平行时 $(\mathrm{d}\vec{L}/\mathrm{d}t)_{本体}$ 才为零。

在后面的分析中，我们将尽可能利用下面的两个标量运动常量：

$$L^2 = J_1^2\omega_1^2 + J_2^2\omega_2^2 + J_3^2\omega_3^2 \tag{6.4.4}$$

$$T = \frac{1}{2}J_1\omega_1^2 + \frac{1}{2}J_2\omega_2^2 + \frac{1}{2}J_3\omega_3^2 \tag{6.4.5}$$

作为运动常量，它们的数值都不随时间变化；而作为标量，在任一给定时刻它们在所有坐标系中都具有相同的数值。如果将其中的 ω_i 通过式(6.4.3)用 $\vec{L}$ 在本体系中的分量 L_i 表示，这两个运动常量就可以分别写为

$$L_1^2 + L_2^2 + L_3^2 = L^2 \tag{6.4.6}$$

$$\frac{L_1^2}{2TJ_1} + \frac{L_2^2}{2TJ_2} + \frac{L_3^2}{2TJ_3} = 1 \tag{6.4.7}$$

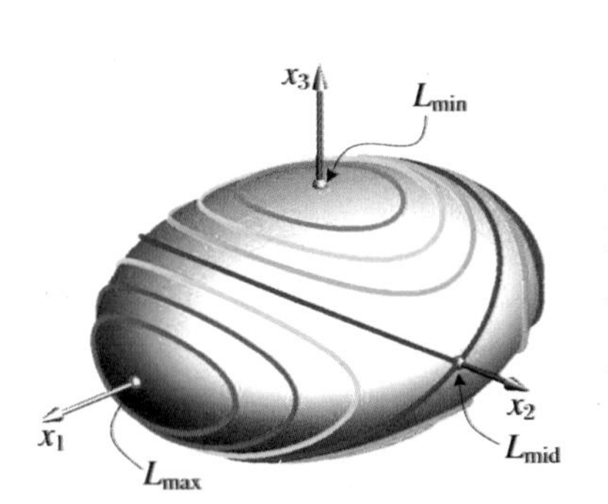

图 6.24　$J_1>J_2>J_3$ 时不同半径的球面与椭球面的交线

方程(6.4.6)和方程(6.4.7)所描述的分别是一个半径为 L 的球面和一个与其同心的椭球面，而且两个曲面相对于本体系都是不动的。由于 $\vec{L}$ 要同时满足这两个方程，因而 $\vec{L}$ 的终点必然落在两曲面的交线上。在椭球随着刚体一起转动的过程中，空间系中不变的 $\vec{L}$ 将会在椭球上沿着交线连续运动(图 6.24)。仅当球面的半径 L 介于椭球最短与最长的半轴之间时，两曲面才有交线。假设各主转动惯量互不相同，且 $J_1>J_2>J_3$，那么椭球的三个半轴长满足

$$\sqrt{2TJ_1} > \sqrt{2TJ_2} > \sqrt{2TJ_3}$$

记

$$L_{\min} \triangleq \sqrt{2TJ_3},\quad L_{\mathrm{mid}} \triangleq \sqrt{2TJ_2},\quad L_{\max} \triangleq \sqrt{2TJ_1} \tag{6.4.8}$$

两曲面存在交线的条件(即给定动能情况下物理上容许的 L 的范围)为

$$L_{\min} \leqslant L \leqslant L_{\max} \tag{6.4.9}$$

6.4.3　潘索几何方法

借助于 6.2.5 小节引入的惯量椭球概念，在不涉及复杂运算的情况下，也

可清楚地给出欧拉陀螺运动的基本特征。这就是潘索的几何方法。

以定点 O 为中心的惯量椭球随着刚体一起转动。如果 t 时刻刚体的角速度为 $\vec{\omega}(t)$，则惯量椭球在其上的点 $\vec{\rho}=\vec{\omega}(t)/\sqrt{2T}$ 处的法向由式(6.2.39)给出，即为

$$\frac{\partial F}{\partial \vec{\rho}}=\sqrt{\frac{2}{T}}\vec{L}$$

它沿着该时刻角动量 $\vec{L}$ 的方向；而 O 到点 $\vec{\rho}$ 处惯量椭球切平面的距离则由式(6.2.40)给出，即为

$$\vec{\rho}\cdot\hat{L}=\frac{\sqrt{2T}}{L}$$

它由动能和角动量的大小决定。

对于欧拉陀螺，由于 $\vec{L}$ 指向空间中的固定方向，因而任一时刻惯量椭球在 $\vec{\rho}$ 点处的切平面都与 $\vec{L}$ 垂直。又由于动能 T 和角动量大小 L 为运动常量，因而点 O 到切平面的距离为常数。这两个特点意味着：尽管点 $\vec{\rho}$ 的位置在随时间变化(相对于本体系及空间系)，但是由于惯量椭球也在随着刚体一起转动，以至于点 $\vec{\rho}$ 处的切平面始终是空间中的一个固定平面。这个以 $\vec{L}$ 为法向、与定点 O 的距离为 $\sqrt{2T}/L$ 的平面称为不变平面。而由于惯量椭球与不变平面的接触点 $\vec{\rho}$ 位于瞬时转动轴上，因而接触点的速度为零。所以，随着刚体一起运动的惯量椭球在不变平面上做纯滚动(图 6.25)。

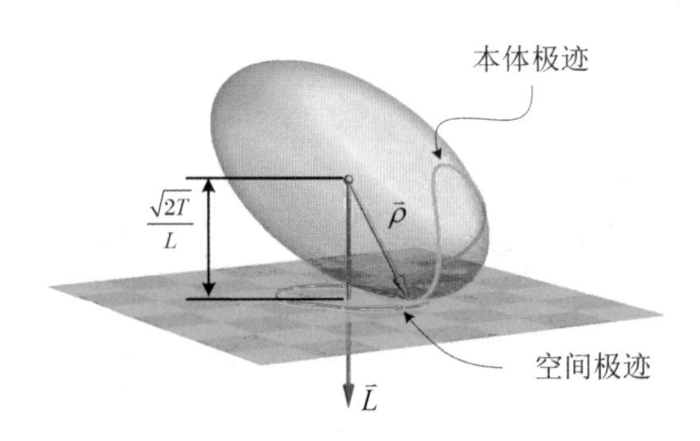

图 6.25　惯量椭球在不变平面上纯滚动

由于 $\omega_i=\sqrt{2T}\rho_i$，因而式(6.4.4)和式(6.4.5)可以分别写为

$$J_1^2\rho_1^2+J_2^2\rho_2^2+J_3^2\rho_3^2=\frac{L^2}{2T} \tag{6.4.10}$$

$$J_1\rho_1^2+J_2\rho_2^2+J_3\rho_3^2=1 \tag{6.4.11}$$

其中，动能守恒的方程(6.4.11)自然就是惯量椭球的方程，而角动量大小守恒的方程(6.4.10)描述的是以 O 为中心且相对于本体系不动的另一个椭球。$\vec{\rho}$ 要同时满足这两个方程，因而两椭球的交线就给出了本体极迹——$\vec{\rho}$ 在本体系

中的轨迹，它们是一些闭合的曲线（图 6.26）。$\vec{\rho}$ 在空间系中的轨迹（即空间极迹）是不变平面上的曲线，可以视为惯量椭球纯滚动时本体极迹在不变平面上的印迹（图 6.25），这样的印迹一般是不闭合的。

图 6.26　本体极迹（$J_1>J_2>J_3$）

6.4.4　绕主轴转动的稳定性

如果欧拉陀螺初始时绕着某根主轴转动，由于角动量守恒且沿着该主轴方向，因而此后陀螺将一直绕着该主轴转动。仍然设 $J_1>J_2>J_3$。从图 6.26 可见，绕着 x_1 轴的转动看起来是稳定的，此时本体极迹退化为一个点——图中的点 A。如果对该运动施加一个微扰，例如，让 $\vec{\rho}$ 从点 A 附近的某处出发，以后 $\vec{\rho}$ 在本体系中将始终在点 A 附近运动；而在空间系中，$\vec{\rho}$ 则在 $\vec{L}$ 方向附近运动（图 6.27(a)）。类似地，绕着 x_3 轴的转动也看似是稳定的（图 6.27(b)）。而与前两种运动不同的是，绕着 x_2 轴的转动看起来是不稳定的，此时本体极迹为图 6.26 中的点 B。如果对该运动施加一个微扰，取决于扰动的方向，$\vec{\rho}$ 此后可能绕着 x_1 轴运动（图 6.27(c)），也可能绕着 x_3 轴运动（图 6.27(d)），还可能沿着图 6.26 中经过点 B 的红线靠近或背离点 B 运动。

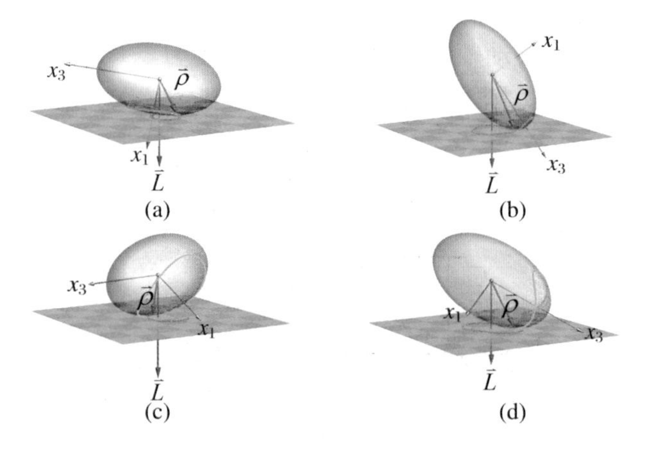

图 6.27　当 $J_1>J_2>J_3$ 时，绕着 x_1 和 x_3 轴的转动稳定，而绕着 x_2 轴的转动不稳定

下面我们通过欧拉动力学方程（6.4.2）定量地分析欧拉陀螺绕着主轴转动的稳定性。仍设 $J_1>J_2>J_3$。

设陀螺绕着 x_1 轴转动，角速度为 $\vec{\omega}=\omega_0\hat{x}_1$。现对其施加一个微扰，并设此后运动过程中角速度为 $\vec{\omega}=\omega_1\hat{x}_1+\omega_2\hat{x}_2+\omega_3\hat{x}_3$，其中，$\omega_1-\omega_0$，$\omega_2$ 和 ω_3 均为小量。在一阶近似下，式（6.4.2）中第一个方程右边的二阶小量 $\omega_2\omega_3$ 可以忽略，因而 ω_1 为常数——一个由初始扰动确定的靠近 ω_0 的数值。而式（6.4.2）中的后面两个方程可以写为

$$\dot{\omega}_2 = -\frac{J_1 - J_3}{J_2}\omega_1\omega_3, \quad \dot{\omega}_3 = \frac{J_1 - J_2}{J_3}\omega_1\omega_2$$

由于 ω_1 为常数,它们是 ω_2 和 ω_3 满足的一对相互耦合的线性方程。将其对时间求导,解耦后得到

$$\ddot{\omega}_k = -\frac{(J_1 - J_3)(J_1 - J_2)}{J_2 J_3}\omega_1^2\omega_k \quad (k = 2,3) \tag{6.4.12}$$

由于上式右边 ω_k 前面的系数小于零,因而这是简谐振子的方程。所以 ω_2 和 ω_3 都以角频率

$$\Omega_1 = \omega_1\sqrt{\frac{(J_1 - J_3)(J_1 - J_2)}{J_2 J_3}} \tag{6.4.13}$$

做简谐振动。因此施加微扰后,$\vec{\omega}$ 相对于 $\omega_0\hat{x}_1$的偏离始终维持为小量。这一方面说明我们前面采用的近似是合理的,另一方面也就意味着绕 x_1 轴的转动是稳定的。

由类似的分析给出,如果陀螺以角速度 $\vec{\omega} = \omega_0\hat{x}_3$转动时施加一个微扰,则此后 ω_3 保持为接近 ω_0 的一个常数,而 ω_1 和 ω_2 都以角频率

$$\Omega_3 = \omega_3\sqrt{\frac{(J_1 - J_3)(J_2 - J_3)}{J_1 J_2}} \tag{6.4.14}$$

做简谐振动。因而绕 x_3 轴的转动也是稳定的。

如果陀螺以角速度 $\vec{\omega} = \omega_0\hat{x}_2$转动时施加一个微扰,则此后的情形与前两种很不一样。同样假设此后的角速度为 $\vec{\omega} = \omega_1\hat{x}_1 + \omega_2\hat{x}_2 + \omega_3\hat{x}_3$,其中,$\omega_1$,$\omega_2 - \omega_0$ 和 ω_3 均为小量。在一阶近似下,式(6.4.2)中第二个方程右边的二阶小量 $\omega_3\omega_1$ 可以忽略,因而 ω_2 为常数。式(6.4.2)中的另外两个方程解耦后会给出

$$\ddot{\omega}_k = \frac{(J_1 - J_2)(J_2 - J_3)}{J_1 J_3}\omega_2^2\omega_k \quad (k = 1,3) \tag{6.4.15}$$

看起来与方程(6.4.12)很像,但现在方程(6.4.15)右边 ω_k 前面的系数是大于零的,因此 ω_1 和 ω_3 会随着时间以指数形式增加。这说明我们的近似终会失效,而 ω_2 也不可能近似保持为常数。这同时也就意味着绕 x_2 轴的转动是不稳定的。

因此,对于主转动惯量互不相等的欧拉陀螺,绕着主转动惯量最大或最小的主轴转动是稳定的,而绕着主转动惯量取中间数值的主轴转动则是不稳定的。

6.4.5 对称欧拉陀螺

1. 空间极锥与本体极锥

考察对称的欧拉陀螺，设 $J_1 = J_2 \triangleq J_{12}$，且 $J_{12} \neq J_3$。因此方程(6.4.10)和方程(6.4.11)分别变为

$$J_{12}^2(\rho_1^2 + \rho_2^2) + J_3^2\rho_3^2 = \frac{L^2}{2T} \tag{6.4.16}$$

$$J_{12}(\rho_1^2 + \rho_2^2) + J_3\rho_3^2 = 1 \tag{6.4.17}$$

这是两个均以 x_3 轴为对称轴的旋转椭球面。因此两者的交线(即本体极迹)都是以 x_3 轴为对称轴的圆周(图 6.28)。

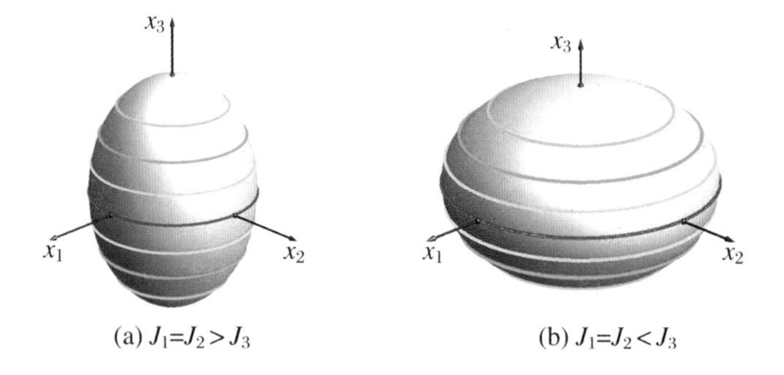

图 6.28　对称陀螺的本体极迹

当惯量椭球在不变平面上纯滚动时，本体极迹在不变平面上的印迹(即空间极迹)显然也是一个圆周。定点 O 与空间极迹上各点的连线围成一个圆锥，称为空间极锥；而 O 与本体极迹上各点的连线也围成一个圆锥，称为本体极锥。空间极锥和本体极锥分别相对于空间系和本体系不动，而由于两者的交线为瞬时转动轴——沿着 $\vec{\rho}$ 的方向，因此本体极锥在空间极锥的表面做纯滚动(图 6.29)。

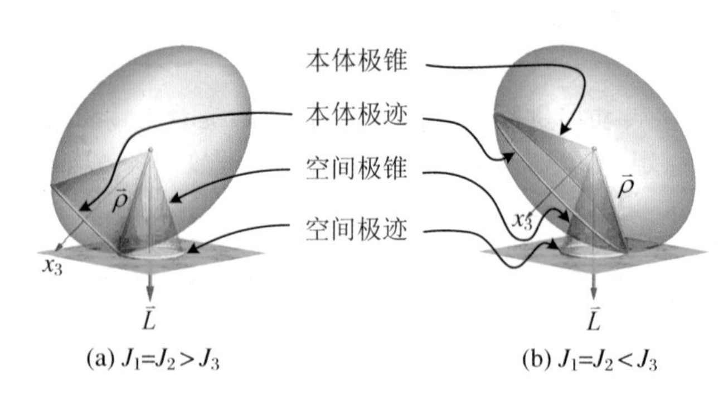

图 6.29　对称惯量椭球在不变平面上纯滚动

2. 角速度与时间的关系

对于对称欧拉陀螺，由于 $J_1 = J_2 \triangleq J_{12}$，欧拉动力学方程(6.4.2)简化为

$$\begin{cases} J_{12}\dot{\omega}_1 = (J_{12} - J_3)\omega_2\omega_3 \\ J_{12}\dot{\omega}_2 = (J_3 - J_{12})\omega_3\omega_1 \\ J_3\dot{\omega}_3 = 0 \end{cases} \tag{6.4.18}$$

其中，第三个方程意味着 ω_3 是运动常量，前两个方程则可以写为

$$\dot{\omega}_1 = \Omega\omega_2, \quad \dot{\omega}_2 = -\Omega\omega_1 \tag{6.4.19}$$

这里

$$\Omega \triangleq \frac{J_{12} - J_3}{J_{12}}\omega_3 \tag{6.4.20}$$

方程(6.4.19)的解为

$$\begin{cases} \omega_1 = \omega_\perp \sin(\Omega t + \alpha) \\ \omega_2 = \omega_\perp \cos(\Omega t + \alpha) \end{cases} \tag{6.4.21}$$

其中，$\omega_\perp$ 和 α 是由初始条件确定的常数。$\omega_\perp$ 实际上是角速度在垂直于陀螺对称轴的 x_1x_2 平面上投影的大小，它不随时间变化。因而角速度的大小也是不随时间变化的：

$$\omega = \sqrt{\omega_1^2 + \omega_2^2 + \omega_3^2} = \sqrt{\omega_\perp^2 + \omega_3^2} = \text{const.} \tag{6.4.22}$$

3. 欧拉角与时间的关系

将前面求得的角速度分量与时间的关系代入欧拉运动学方程(6.1.15)，经过一些基本的代数运算后，可以将欧拉角随时间的变化率表示为时间 t 的函数，结果为

$$\begin{cases} \dot{\varphi} = \dfrac{\omega_\perp}{\sin\theta}\cos(\Omega t + \alpha - \psi) \\ \dot{\theta} = \omega_\perp \sin(\Omega t + \alpha - \psi) \\ \dot{\psi} = \omega_3 - \dot{\varphi}\cos\theta \end{cases} \tag{6.4.23}$$

选择合适的坐标系，不仅可以简化求解过程，也可以使最后的结论尽可能简单。由于角动量守恒，它在空间中指向固定方向，不妨选择空间系的 X_3 轴沿着 $\vec{L}$ 的方向。又由于 ω_3 守恒，因而 $\vec{L}$ 在本体系的 x_3 轴上的投影

$$J_3\omega_3 = \hat{x}_3 \cdot \vec{L} = L\hat{x}_3 \cdot \hat{X}_3 = L\cos\theta$$

不随时间变化。因此,这样选择坐标系后,章动角 θ 为常数,其数值由下式确定:

$$\tan\theta = \frac{L_{\perp}}{L_3} = \frac{J_{12}\omega_{\perp}}{J_3\omega_3} \tag{6.4.24}$$

而由式(6.4.23)中的第二个方程就给出 $\Omega t + \alpha - \psi = k\pi$,其中,$k$ 为初始条件确定的整数。由于总可以通过自转角的合适定义使得 $k = 0$,所以

$$\psi = \Omega t + \alpha \tag{6.4.25}$$

将其代入式(6.4.23)中的第一个方程,得到

$$\dot{\varphi} = \frac{\omega_{\perp}}{\sin\theta} \tag{6.4.26}$$

因此,陀螺的进动和自转角速度均为常数,并且在运动过程中章动角为常数,即没有上下摆动。这与我们前面由惯量椭球得到的结论是一致的。刚体这种特殊形式的运动称为规则进动。

4. 稳定性分析

对称欧拉陀螺绕着对称轴(x_3 轴)的转动仍然是稳定的。在小的扰动下,ω_1 和 ω_2 都以角频率$|\Omega|$振动,其中,Ω 由式(6.4.20)定义。不过 6.4.4 小节关于稳定性的分析不适用于绕着 x_1 轴(或 x_2 轴)的转动。

设以角速度 $\omega_0\hat{x}_1$转动的陀螺受到微扰后,其角速度变为 $\vec{\omega} = \omega_1\hat{x}_1 + \omega_2\hat{x}_2 + \omega_3\hat{x}_3$。由式(6.4.18)中第三个方程仍然给出 ω_3 是运动常量,其数值是初始扰动所确定的一个小量。而由另外两个方程也仍然给出式(6.4.19),由其解(6.4.21)可见:尽管 ω_2 随着时间周期性变化,但是由于 $\omega_{\perp} = \sqrt{\omega_1^2 + \omega_2^2} \approx \omega_0$ 并非小量,所以 ω_2 不会始终维持为小量。因此绕着 x_1 轴的转动是不稳定的。

事实上,如果初始扰动后角速度大小或者说 $\vec{\rho}$ 的大小不变,只是方向指向图 6.28 中红线上的某点,即仍有 $\omega_3 = 0$;由于该方向也是主轴方向,因而此后陀螺就一直绕着新轴转动,这有些类似于静力学中的随遇平衡。如果扰动使得角速度具有了 x_3 方向的分量,那么本体极迹就不再是一个点,而是变为了图 6.28 中红线附近的黄线;只要 $\omega_3 \neq 0$,那么无论其多小,$\vec{\rho}$ 都将在本体系中做圆周运动,而不会始终在 x_1 轴附近运动。

所以,对称欧拉陀螺只有绕着对称轴的转动才是稳定的。

6.5 拉格朗日陀螺

具有对称轴的刚体,其质心 C 显然是位于对称轴上的。如果将对称轴上 C

之外的某个点 O 固定,刚体就会在重力矩作用下绕着 O 点做定点转动,这样的刚体就称为**拉格朗日陀螺**(图 6.30)。

6.5.1 欧拉动力学方程

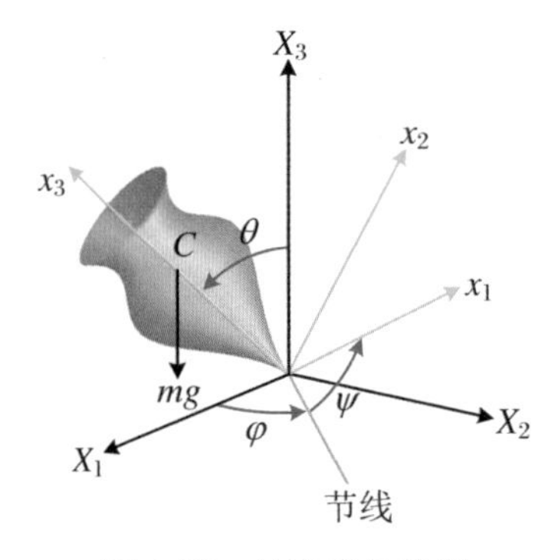

图 6.30 拉格朗日陀螺

以竖直向上方向为 X_3 轴建立空间坐标系 $OX_1X_2X_3$,以刚体对称轴为 x_3 轴建立本体坐标系 $Ox_1x_2x_3$。由于我们讨论的是对称陀螺,因此绕 x_1 轴和 x_2 轴的主转动惯量相同,$J_1 = J_2 \triangleq J_{12}$。设质心 C 到定点 O 的距离为 l,则重力矩为

$$\vec{\tau} = l\hat{x}_3 \times (-mg\hat{X}_3) = mgl\hat{X}_3 \times \hat{x}_3 \tag{6.5.1}$$

即力矩大小为 $mgl\sin\theta$,方向则沿着节线方向。因此力矩在本体系中的分量可以用欧拉角表示为

$$\tau_1 = mgl\sin\theta\cos\psi, \quad \tau_2 = -mgl\sin\theta\sin\psi, \quad \tau_3 = 0 \tag{6.5.2}$$

从而欧拉动力学方程为

$$J_{12}\dot{\omega}_1 = (J_{12} - J_3)\omega_2\omega_3 + mgl\sin\theta\cos\psi \tag{6.5.3a}$$

$$J_{12}\dot{\omega}_2 = (J_3 - J_{12})\omega_3\omega_1 - mgl\sin\theta\sin\psi \tag{6.5.3b}$$

$$J_3\dot{\omega}_3 = 0 \tag{6.5.3c}$$

其中不仅出现了角速度,还明显地出现了欧拉角。为了求解刚体运动,我们就有必要利用欧拉运动学方程(6.1.15)将诸 ω_i 用欧拉角表示。由此得到的将是一组极为复杂且极其“丑陋”的方程。

如果能找到体系足够多的运动常量,也就找到了运动满足的足够多的一阶微分方程,那对于问题的分析当然是极为有利的。就此问题而言,由于体系的自由度为 3,最好能找到 3 个独立的运动常量。由力矩的表达式(6.5.1)知其与 X_3 轴和 x_3 轴都垂直,因而沿这两个轴的角动量都是运动常量。而第三个运动常量显然可取为体系的能量。请有兴趣的读者从这 3 个运动常量出发讨论拉格朗日陀螺的运动。下面我们将采用拉格朗日力学的方法对此问题进行分析。

6.5.2 拉格朗日方程

利用欧拉运动学方程(6.1.15),动能可以写为

$$T = \frac{1}{2}J_{12}(\omega_1^2 + \omega_2^2) + \frac{1}{2}J_3\omega_3^2$$
$$= \frac{1}{2}J_{12}(\dot{\theta}^2 + \dot{\varphi}^2\sin^2\theta) + \frac{1}{2}J_3(\dot{\varphi}\cos\theta + \dot{\psi})^2$$

由于势能 $U = mgl\cos\theta$，所以体系的拉格朗日函数为

$$L = T - U = \frac{1}{2}J_{12}(\dot{\theta}^2 + \dot{\varphi}^2\sin^2\theta) + \frac{1}{2}J_3(\dot{\varphi}\cos\theta + \dot{\psi})^2 - mgl\cos\theta \tag{6.5.4}$$

广义坐标 φ 和 ψ 都是格朗日函数的循环坐标，因此，与这些坐标共轭的广义动量皆为运动常量：

$$p_\varphi \triangleq \frac{\partial L}{\partial \dot{\varphi}} = J_{12}\dot{\varphi}\sin^2\theta + J_3(\dot{\varphi}\cos\theta + \dot{\psi})\cos\theta = \text{const.} \tag{6.5.5}$$

$$p_\psi \triangleq \frac{\partial L}{\partial \dot{\psi}} = J_3(\dot{\varphi}\cos\theta + \dot{\psi}) = \text{const.} \tag{6.5.6}$$

由进动角 φ 和自转角 ψ 的定义（分别是刚体绕着 X_3 轴和 x_3 轴转过的角度）不难看出，p_φ 是刚体角动量 $\vec{L}$ 在 X_3 轴即竖直方向上的投影，而 p_ψ 则是 $\vec{L}$ 在 x_3 轴即刚体对称轴上的投影。从对称性角度看：将刚体绕着 X_3 轴或者 x_3 轴转过任一角度，由于质心的高度不变，因而势能是不变的；而动能在转动变换下显然也是不变的，所以拉格朗日函数也不变。由此我们也可以看出绕着 X_3 轴和 x_3 轴的角动量都是运动常量。

可以从式(6.5.5)和式(6.5.6)中解出 $\dot{\varphi}$ 和 $\dot{\psi}$，将其表示为 θ 的函数。注意到式(6.5.6)可以写为

$$p_\psi = J_3\omega_3 = \text{const.} \tag{6.5.7}$$

而由于式(6.5.5)也可以表示为

$$p_\varphi = J_{12}\dot{\varphi}\sin^2\theta + p_\psi\cos\theta = \text{const.} \tag{6.5.8}$$

因而

$$\dot{\varphi} = \frac{p_\varphi - p_\psi\cos\theta}{J_{12}\sin^2\theta} \tag{6.5.9}$$

由式(6.5.6)可得到

$$\dot{\psi} = \frac{p_\psi}{J_3} - \dot{\varphi}\cos\theta$$

将式(6.5.9)代入上式，给出

$$\dot{\psi} = \frac{p_\psi}{J_3} - \frac{p_\varphi - p_\psi\cos\theta}{J_{12}\sin^2\theta}\cos\theta \tag{6.5.10}$$

由于 L 也不显含时间，所以其雅可比积分(也就是体系的能量)也是一个运动常量：

$$E = T + U = \frac{1}{2}J_{12}(\dot{\theta}^2 + \dot{\varphi}^2\sin^2\theta) + \frac{1}{2}J_3\omega_3^2 + mgl\cos\theta = \text{const.} \tag{6.5.11}$$

以上三个运动常量给出的一阶微分方程(6.5.9)～(6.5.11)就是我们要用来分析拉格朗日陀螺运动的动力学方程。

6.5.3 拉格朗日陀螺的一般运动

将 $\dot{\varphi}$ 的表达式(6.5.9)代入方程(6.5.11)，得到

$$E = \frac{1}{2}J_{12}\dot{\theta}^2 + \frac{(p_\varphi - p_\psi\cos\theta)^2}{2J_{12}\sin^2\theta} + \frac{1}{2}J_3\omega_3^2 + mgl\cos\theta$$

由于 p_φ 和 $p_\psi = J_3\omega_3$ 均为运动常量，因此重新定义的能量

$$\begin{aligned} K &\triangleq E - \frac{p_\psi^2}{2J_3} + \frac{p_\psi^2}{2J_{12}} \\ &= \frac{1}{2}J_{12}\dot{\theta}^2 + \frac{p_\varphi^2 + p_\psi^2 - 2p_\varphi p_\psi\cos\theta}{2J_{12}\sin^2\theta} + mgl\cos\theta \end{aligned} \tag{6.5.12}$$

也是运动常量。我们将其写为

$$K = \frac{1}{2}J_{12}\dot{\theta}^2 + V(\theta) \tag{6.5.13}$$

其中，$V(\theta)$ 为有效势能，定义如下：

$$V(\theta) \triangleq mgl\cos\theta + \frac{p_\varphi^2 + p_\psi^2 - 2p_\varphi p_\psi\cos\theta}{2J_{12}\sin^2\theta} \tag{6.5.14}$$

由方程(6.5.13)可得到

$$t = \sqrt{\frac{J_{12}}{2}}\int\frac{\mathrm{d}\theta}{\sqrt{K - V(\theta)}} = t(\theta) \tag{6.5.15}$$

将上式做反变换就可给出 $\theta(t)$，再将其代入方程(6.5.9)和方程(6.5.10)并对时间积分，又可以得到 $\varphi(t)$ 和 $\psi(t)$。由于三个欧拉角 φ，θ 和 ψ 可以完全确定陀螺的方位，所以拉格朗日陀螺的运动原则上就解决了。

尽管确实可以得到方程(6.5.13)的严格解析解，但是鉴于其形式比较复杂，这样的方法对我们来说不是很有启发性。下面我将利用有效势能对运动做某些定性的讨论，并针对一些特殊情形给出运动的严格解。

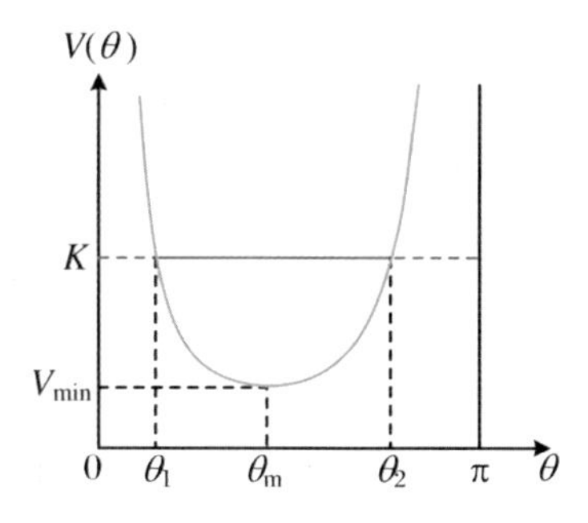

图 6.31　确定章动角 θ 演化的有效势能

由有效势能的表达式(6.5.14)可见：一般情形下，当 θ 趋于 0 或 π 时，都有 $V\to+\infty$。从而当 θ 取某个数值 $\theta_m\in(0,\pi)$ 时，$V(\theta)$ 会取到极小值 $V_{\min}$，典型的有效势能曲线如图 6.31 所示。由该图可以看出，对于给定的能量 K，$V(\theta)=K$ 有两个解：θ_1 和 θ_2。由于要求

$$\frac{1}{2}J_{12}\dot{\theta}^2 = K - V(\theta)\geqslant 0$$

因此，章动角 θ(即陀螺对称轴与竖直方向的夹角)一般局限于 θ_1 和 θ_2 之间周期性地随时间变化。

当 θ 在 θ_1 和 θ_2 之间变化时，根据式(6.5.9)，$\dot{\varphi}$ 可能改变符号，也可能不会改变符号：取决于初始条件确定的 p_φ 和 p_ψ 的数值。此处有三种可能的情况：(1) 如果 $\dot{\varphi}$ 不改变符号，那么对称轴(即 x_3 轴)在 $\theta=\theta_1$ 和 $\theta=\theta_2$ 之间上下摆动的同时，也在绕着竖直方向的 X_3 轴单调地进动。图 6.32(a)给出了此情形下对称轴上一点 P 的轨迹：以定点 O 为中心、半径为 OP 的球面上的一条曲线。(2) 如果 $\dot{\varphi}$ 改变符号，那么对称轴在 $\theta=\theta_1$ 和 $\theta=\theta_2$ 时的进动方向相反(图 6.32(b))。(3) 最后，如果 p_φ 和 p_ψ 的数值使得 $p_\varphi-p_\psi\cos\theta_1=0$，则由式(6.5.9)给出 $\dot{\varphi}\big|_{\theta=\theta_1}=0$，而显然也有 $\dot{\theta}\big|_{\theta=\theta_1}=0$。在此情形下，对称轴上一点 P 的轨迹如图 6.32(c)所示。

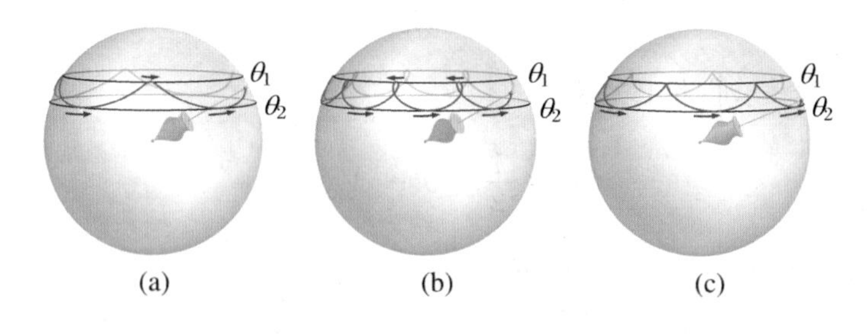

图 6.32　拉格朗日陀螺对称轴的几种可能运动

6.5.4　规则进动

前面我们看到，对于给定的能量 K，$V(\theta)=K$ 一般有两个解。不过也存

在一个特例,那就是如果 K 恰好等于有效势能的极小值,即 $K=V_{\min}$。这种情形下的运动是一种规则进动:对称轴与竖直方向的夹角不随时间变化,即$\theta(t)=\theta_m$;而由式(6.5.9)和式(6.5.10)还可知,相应的 $\dot{\varphi}$ 和 $\dot{\psi}$ 均为常数。有效势能 $V(\theta)$取极值的条件为

$$\left.\frac{\partial V}{\partial \theta}\right|_{\theta=\theta_m}=\frac{(p_\varphi-p_\psi\cos\theta_m)(p_\psi-p_\varphi\cos\theta_m)}{J_{12}\sin^3\theta_m}-mgl\sin\theta_m=0 \tag{6.5.16}$$

这给出了规则进动时 θ_m 与由初始条件确定的 p_φ 和 p_ψ 之间的关系。将 p_φ 的表达式(6.5.8)代入,适当化简后得到

$$(J_{12}\cos\theta_m)\dot{\varphi}^2-p_\psi\dot{\varphi}+mgl=0 \tag{6.5.17}$$

这是 $\dot{\varphi}$ 满足的二次代数方程,其解为

$$\dot{\varphi}_\pm=\frac{p_\psi}{2J_{12}\cos\theta_m}\left(1\pm\sqrt{1-\frac{4mglJ_{12}\cos\theta_m}{p_\psi^2}}\right) \tag{6.5.18}$$

物理上自然要求 $\dot{\varphi}$ 为实数,因此上式根号中的项必须非负。这一点在 $\pi/2<\theta_m<\pi$ 时显然成立,而当 $\theta_m<\pi/2$ 时,这就要求

$$p_\psi^2\geqslant 4mglJ_{12}\cos\theta_m \tag{6.5.19}$$

利用方程(6.5.7),即 $p_\psi=J_3\omega_3$,该条件也可以写为

$$\omega_3\geqslant\frac{2}{J_3}\sqrt{mglJ_{12}\cos\theta_m} \tag{6.5.20}$$

这意味着,只有当 ω_3 大于上式所给数值时,才可能存在章动角 $\theta_m<\pi/2$ 的规则进动。

对于 p_ψ 的每一个给定的数值,由式(6.5.18)给出陀螺在 $\theta=\theta_m$ 处的进动角速度 $\dot{\varphi}$ 有两个可能的值:$\dot{\varphi}_+$ 和 $\dot{\varphi}_-$,分别表示快进动和慢进动。在 $\theta_m>\pi/2$ 时,式(6.5.18)中的根式大于1,因而快进动与慢进动方向相反。而 $\theta_m<\pi/2$ 时,由于式(6.5.18)中的根式小于1,快进动与慢进动方向相同。特别地,如果 p_ψ(或者 ω_3)很大,即对于所谓快陀螺,式(6.5.18)中的 $4mglJ_{12}\cos\theta_m/p_\psi^2$ 为小量。将 $\dot{\varphi}_+$ 和 $\dot{\varphi}_-$ 分别保留至第一个非零项,得到

$$\dot{\varphi}_+\approx\frac{p_\psi}{J_{12}\cos\theta_m},\qquad \dot{\varphi}_-\approx\frac{mgl}{p_\psi} \tag{6.5.21}$$

通常观察到的规则进动是慢进动。

为了判断规则进动的稳定性,需要用到有效势能在 θ_m 处的二阶导数

$$\left.\frac{\partial^2 V}{\partial \theta^2}\right|_{\theta=\theta_m} = \frac{p_\varphi^2 + p_\psi^2 - 2p_\varphi p_\psi \cos\theta_m}{J_{12}\sin^2\theta_m} - 3\frac{(p_\varphi - p_\psi\cos\theta_m)(p_\psi - p_\varphi\cos\theta_m)\cos\theta_m}{J_{12}\sin^4\theta_m} - mgl\cos\theta_m \tag{6.5.22}$$

由式(6.5.16)可知,式(6.5.22)右边最后两项可以合并简化为 $-4mgl\cos\theta_m$,而利用 p_φ 的表达式(6.5.8),式(6.5.22)右边第一项可以写为

$$\frac{(p_\varphi - p_\psi\cos\theta_m)^2 + p_\psi^2\sin^2\theta_m}{J_{12}\sin^2\theta_m} = \frac{(J_{12}\dot{\varphi}\sin^2\theta_m)^2 + p_\psi^2\sin^2\theta_m}{J_{12}\sin^2\theta_m} = J_{12}\dot{\varphi}^2\sin^2\theta_m + \frac{p_\psi^2}{J_{12}}$$

整理后得到

$$\left.\frac{\partial^2 V}{\partial \theta^2}\right|_{\theta=\theta_m} = J_{12}\dot{\varphi}^2\sin^2\theta_m + \frac{1}{J_{12}}(p_\psi^2 - 4mglJ_{12}\cos\theta_m) \tag{6.5.23}$$

当 $\pi/2<\theta_m<\pi$ 时,显然有

$$\left.\frac{\partial^2 V}{\partial \theta^2}\right|_{\theta=\theta_m} > 0 \tag{6.5.24}$$

而当 $\theta_m<\pi/2$ 时,利用此情形下规则进动存在的条件(6.5.19),上式也是成立的。所以,陀螺在 $\theta=\theta_m$ 附近的规则进动总是稳定的。

第1章 运 动 学

1-1 分别写出绕 x_1,x_2 和 x_3 轴旋转角度 θ 的转动矩阵 λ_1,λ_2 和 λ_3(采用主动观点)。

1-2 实数 a,b 取何值时,下面的矩阵 λ 可以称为转动矩阵?并写出相应的转动矩阵。

$$\lambda = \begin{pmatrix} a & b & b \\ b & a & b \\ b & b & a \end{pmatrix}$$

1-3 设 A 和 B 均为 $n\times n$ 方阵,

$$A_{ik}B_{kj},B_{kj}A_{ik},A_{ik}B_{jk} \text{和} A_{ki}B_{kj}$$

分别表示哪个矩阵的(i,j)元素?$A_{ij}B_{ji}$ 又表示什么?

1-4 利用正交矩阵的性质,由 $x'_i=\lambda_{ij}x_j$ 导出其逆变换 $x_i=\lambda_{ji}x'_j$。

1-5 若线性、齐次变换 $x'_i=\lambda_{ij}x_j$ 保持空间中任两点之间的距离不变,试证明该变换必然为正交变换。

1-6 利用排列符号的性质证明

$$\vec{a}\times(\vec{b}\times\vec{c})=(\vec{a}\cdot\vec{c})\vec{b}-(\vec{a}\cdot\vec{b})\vec{c}$$

1-7 利用排列符号的性质证明

$$(\vec{a}\times\vec{b})\cdot(\vec{c}\times\vec{d}) = (\vec{a}\cdot\vec{c})(\vec{b}\cdot\vec{d})-(\vec{a}\cdot\vec{d})(\vec{b}\cdot\vec{c})$$

1-8 证明三维空间的矢量积运算满足雅可比恒等式,即

$$(\vec{a}\times\vec{b})\times\vec{c}+(\vec{b}\times\vec{c})\times\vec{a}+(\vec{c}\times\vec{a})\times\vec{b} = \vec{0}$$

1-9 令 $\vec{A}$ 为任一给定的矢量,$\hat{n}$ 为空间中某个固定方向上的单位矢量,证明

$$\vec{A}=(\hat{n}\cdot\vec{A})\hat{n}+(\hat{n}\times\vec{A})\times\hat{n}$$

试问上式右边两项分别有什么几何意义?

1-10 设 $\vec{a}$,$\vec{b}$,$\vec{c}$ 是三个不共面的矢量。定义

$$\vec{a}^*=\frac{\vec{b}\times\vec{c}}{(\vec{a}\times\vec{b})\cdot\vec{c}}$$

$$\vec{b}^*=\frac{\vec{c}\times\vec{a}}{(\vec{a}\times\vec{b})\cdot\vec{c}}$$

$$\vec{c}^*=\frac{\vec{a}\times\vec{b}}{(\vec{a}\times\vec{b})\cdot\vec{c}}$$

(1) 证明$\{\hat{x}_1^*,\hat{x}_2^*,\hat{x}_3^*\}=\{\hat{x}_1,\hat{x}_2,\hat{x}_3\}$。

(2) 证明$(\vec{a}^*\times\vec{b}^*)\cdot\vec{c}^*=[(\vec{a}\times\vec{b})\cdot\vec{c}]^{-1}$。

(3) 证明$\{(\vec{a}^*)^*,(\vec{b}^*)^*,(\vec{c}^*)^*\}=\{\vec{a},\vec{b},\vec{c}\}$。

(4) 如果

$$\vec{X}=\lambda\vec{a}+\mu\vec{b}+\nu\vec{c}$$

证明系数 λ,μ,ν 可以分别写为 $\lambda=\vec{X}\cdot\vec{a}^*$,$\mu=\vec{X}\cdot\vec{b}^*$,$\nu=\vec{X}\cdot\vec{c}^*$。

(5) 如果矢量 $\vec{X}$ 满足方程

$$\vec{X}\cdot\vec{a}=L,\quad \vec{X}\cdot\vec{b}=M,\quad \vec{X}\cdot\vec{c}=N$$

其中,L,M,N 是任意给定的整数。证明

$$\vec{X}=L\vec{a}^*+M\vec{b}^*+N\vec{c}^*$$

1-11 对于反对称二阶张量 $\overleftrightarrow{T}$,试证明

$$C_i=\frac{1}{2}\varepsilon_{ijk}T_{jk}$$

定义了一个轴矢量 $\vec{C}$。

1-12 在坐标系 $Ox_1x_2x_3$ 中，二阶张量 $\overleftrightarrow{T}$ 的分量矩阵为

$$T = \begin{pmatrix} 1 & 0 & 1 \\ 0 & 1 & 0 \\ 1 & 0 & 1 \end{pmatrix}$$

求 $\overleftrightarrow{T}$ 在坐标系 $Ox'_1x'_2x'_3$ 中的分量矩阵，其中，$Ox'_1x'_2x'_3$ 可由 $Ox_1x_2x_3$ 分别通过如下操作得到：

(1) 绕着 x_1 轴转过角度 45°；

(2) 关于平面 $x_3=0$ 做反射。

1-13 分别写出三阶和四阶张量分量的变换公式。

1-14 证明 ε_{ijk} 是三阶赝张量的分量，即在转动变换下它与三阶张量满足相同的变换规律，而在反演变换下，它与三阶张量的变换规律相差一个负号。

1-15 设 T 是二阶张量 $\overleftrightarrow{T}$ 的分量矩阵，证明 T 的各对角元之和以及 T 的各元素平方之和均为标量。T 的行列式是否为标量？

1-16 证明任何一个双线性函数 $\overleftrightarrow{T}:\vec{A},\vec{B}\mapsto\varphi=\overleftrightarrow{T}(\vec{A},\vec{B})$ 都是一个二阶张量；而任何一个二阶张量也通过 $\overleftrightarrow{T}:\vec{A},\vec{B}\mapsto\varphi=\vec{A}\cdot\overleftrightarrow{T}\cdot\vec{B}$ 定义了一个双线性函数。

注：双线性意指对于两个自变量都是线性的，即有

$$\begin{cases} \overleftrightarrow{T}(a_1\vec{A}_1+a_2\vec{A}_2,\vec{B}) \\ \quad = a_1\overleftrightarrow{T}(\vec{A}_1,\vec{B})+a_2\overleftrightarrow{T}(\vec{A}_2,\vec{B}) \\ \overleftrightarrow{T}(\vec{A},b_1\vec{B}_1+b_2\vec{B}_2) \\ \quad = b_1\overleftrightarrow{T}(\vec{A},\vec{B}_1)+b_2\overleftrightarrow{T}(\vec{A},\vec{B}_2) \end{cases}$$

1-17 仿照上题，利用函数给出 n 阶张量的定义。

1-18 (1) 求将空间中每一点都绕着 OA 轴旋转 120°的变换矩阵，其中，点 A 的坐标为(1,1,1)。(2) 求将空间中每一点都绕着 OB 轴旋转 90°的变换矩阵，其中，点 B 的坐标为(2,2,1)。

1-19 转动公式

$$\vec{r}' = \vec{r}\cos\theta + \hat{n}(\hat{n}\cdot\vec{r})(1-\cos\theta) + \hat{n}\times\vec{r}\sin\theta$$

写成分量形式即为 $x'_i=\lambda_{ij}x_j$，其中

$$\lambda_{ij} = \delta_{ij}\cos\theta + n_in_j(1-\cos\theta) - \varepsilon_{ijk}n_k\sin\theta$$

由上式直接证明 λ 为正交矩阵，即 $\lambda_{ik}\lambda_{jk}=\delta_{ij}$。

1-20 对于如下四个特殊正交矩阵，试分别求其所描述转动的转轴和转动角度(采用主动观点)：

$$\lambda_1 = \begin{pmatrix} 0 & 0 & 1 \\ 1 & 0 & 0 \\ 0 & 1 & 0 \end{pmatrix},\quad \lambda_2 = \frac{1}{3}\begin{pmatrix} 2 & 2 & 1 \\ -1 & 2 & -2 \\ -2 & 1 & 2 \end{pmatrix}$$

$$\lambda_3 = \begin{pmatrix} 0 & 0 & 1 \\ 0 & -1 & 0 \\ 1 & 0 & 0 \end{pmatrix},\quad \lambda_4 = \frac{1}{3}\begin{pmatrix} -1 & 2 & -2 \\ 2 & -1 & -2 \\ -2 & -2 & -1 \end{pmatrix}$$

1-21 方阵 A 的指数定义为

$$e^A \triangleq \sum_{n=0}^{\infty}\frac{A^n}{n!}$$

其中 A^n 表示 n 个 A 相乘，而 $A^0\triangleq I$。

(1) 证明：如果 B 是可逆矩阵，则有

$$e^{BAB^{-1}} = Be^AB^{-1}$$

(2) 定义如下三个矩阵(称为转动的生成元)：

$$J_1 = \begin{pmatrix} 0 & 0 & 0 \\ 0 & 0 & -1 \\ 0 & 1 & 0 \end{pmatrix},\quad J_2 = \begin{pmatrix} 0 & 0 & 1 \\ 0 & 0 & 0 \\ -1 & 0 & 0 \end{pmatrix}$$

$$J_3 = \begin{pmatrix} 0 & -1 & 0 \\ 1 & 0 & 0 \\ 0 & 0 & 0 \end{pmatrix}$$

证明习题 1-1 中得到的转动矩阵 λ_1, λ_2 和 λ_3 可以表示为

$$\lambda_i = e^{\theta J_i}\quad (i=1,2,3)$$

(3) 计算对易子：

$$[J_i,J_j]\triangleq J_iJ_j-J_jJ_i$$

1-22 证明

$$\frac{d}{dt}[\vec{r}\times(\vec{v}\times\vec{r})] = r^2\vec{a}+(\vec{r}\cdot\vec{v})\vec{v} - (v^2+\vec{r}\cdot\vec{a})\vec{r}$$

1-23 证明式(1.4.24)和式(1.4.31)。

1-24 求球坐标系(r,θ,ϕ)的拉梅系数 h_r, h_θ, h_ϕ，并由此证明式(1.4.25)。

1-25 求柱坐标系(s,ϕ,z)的拉梅系数 h_s, h_ϕ, h_z，并由此证明式(1.4.32)。

1-26 抛物线坐标(ξ,η,ϕ)可由柱坐标(s,ϕ,z)定义如下：

$$s=\sqrt{\xi\eta},\quad \phi=\phi,\quad z=\frac{1}{2}(\xi-\eta)$$

其中，$\xi,\eta\in[0,\infty)$。证明该坐标系是正交曲线坐标系。写出拉梅系数 h_ξ, h_η, h_ϕ，并由此证明

$$v^2 = \frac{\xi+\eta}{4}\left(\frac{\dot{\xi}^2}{\xi}+\frac{\dot{\eta}^2}{\eta}\right)+\xi\eta\dot{\phi}^2$$

1-27 椭圆坐标(ξ,η,ϕ)可由柱坐标(s,ϕ,z)定义如下：

$$s=\sigma\sqrt{(\xi^2-1)(1-\eta^2)},\quad \phi=\phi,\quad z=\sigma\xi\eta$$

其中，σ是给定的正常数，$\xi\in[1,\infty)$，$\eta\in[-1,1]$。证明该坐标系是正交曲线坐标系。写出拉梅系数h_ξ,h_η,h_ϕ，并由此证明

$$v^2=\sigma^2(\xi^2-\eta^2)\left(\frac{\dot{\xi}^2}{\xi^2-1}+\frac{\dot{\eta}^2}{1-\eta^2}\right)+\sigma^2(\xi^2-1)(1-\eta^2)\dot{\phi}^2$$

1-28 证明 $\nabla(\varphi\psi)=(\nabla\varphi)\psi+\varphi(\nabla\psi)$。

1-29 证明 $\nabla\times\nabla\varphi=\vec{0}$，$\nabla\cdot(\nabla\times\vec{A})=0$。

1-30 证明 $\nabla\times(\nabla\times\vec{A})=\nabla(\nabla\cdot\vec{A})-\nabla^2\vec{A}$。

1-31 证明

$$\nabla(\vec{A}\cdot\vec{B})=\vec{A}\times(\nabla\times\vec{B})+\vec{B}\times(\nabla\times\vec{A})+(\vec{A}\cdot\nabla)\vec{B}+(\vec{B}\cdot\nabla)\vec{A}$$

1-32 证明 $\vec{A}=\frac{1}{2}\vec{B}\times\vec{r}$ 和 $\vec{A}'=(B_2x_3,B_3x_1,B_1x_2)$都可以作为均匀磁场$\vec{B}$的矢量势；试找出一个满足条件 $\vec{A}'=\vec{A}+\nabla\psi$ 的规范函数ψ。

1-33 试确定电磁势 $\varphi=0$，$\vec{A}=-\dfrac{qt}{4\pi\varepsilon_0 r^3}\vec{r}$ 所描述的电磁场；选择规范函数 $\psi=-\dfrac{qt}{4\pi\varepsilon_0 r}$，试由规范变换(1.6.24)确定新的电磁势。

1-34 N根长度相同的刚性杆通过光滑铰链首尾相接而构成闭环，将其放置于光滑水平桌面上。该体系有几个自由度？

1-35 半径为R的均质半球壳在水平地面上做无滑摆动，质心始终保持在同一竖直平面内。试求半球壳的自由度，并将其质心的直角坐标用合适的广义坐标表示出来。

1-36 考察重力作用下在竖直方向上做一维运动的粒子，向上的方向定义为x轴正向。试写出速度相空间$(x,\dot{x})$中相点的速度场和相轨迹方程，并对势能曲线和典型相轨迹作图示意。

1-37 处在势场$U(x)$中的粒子在x轴上做一维运动，试在$U=kx^2/2$和$U=-kx^2/2$两种情形下，分别对势能曲线和速度相空间$(x,\dot{x})$中的典型相轨迹作图示意，其中，k为给定的正常数。

1-38 处在势场 $U(x)=-U_0/\cosh^2\alpha x$ 中的粒子在x轴上做一维运动，其中，$U_0>0$。求粒子做有界运动的周期，并说明粒子做有界运动的条件。设粒子的质量为m。

1-39 处在势场 $U(x)=U_0\tan^2\alpha x$ 中的粒子在x轴上做一维运动，其中，$U_0>0$。求粒子做有界运动的周期，并说明粒子做有界运动的条件。设粒子的质量为m。

第2章　拉格朗日力学

2-1 质量为m的粒子在重力$F=-mg$作用下做一维运动，以高度x作为坐标描述粒子的位置。设粒子在$t=0$时刻位于原点，在之后的$\tau>0$时刻观测到粒子确实又回到了出发点。考察所有具有相同端点且形如$x(t)=at^2+bt+c$的可能路径，其中，a，b和c均为常数。

(1) 试由端点条件确定系数a,b,c之间满足的关系；

(2) 试计算这些可能路径的作用量S，并利用(1)所得的结果将其表示为a的函数$S(a)$；

(3) 试确定使得作用量$S(a)$取最小值的a，并证明这样的路径恰好是真实路径；

(4) 如果取形如$x(t)=a_nt^n+a_{n-1}t^{n-1}+\cdots+a_1t+a_0$的可能路径，由上面的方法如何求极值路径？

2-2 对于题2-1所描述的体系，考察所有具有相同端点且形如$x(t)=A\sin\omega t$的可能路径，其中，$\omega=\pi/\tau$，A是任意常数。

(1) 试计算所给可能路径的作用量$S(A)$。

(2) 试求使得作用量取最小值的$A=A_{\rm m}$。

(3) 试证明：在所给可能路径$x(t)=A\sin\omega t$中，当$A=A_{\rm m}$时，如下两个积分都取最小值：

$$\int_0^\tau(x-X)^2\mathrm{d}t\quad 和\quad\int_0^\tau(\dot{x}-\dot{X})^2\mathrm{d}t$$

其中，$X(t)$为真实路径。即当$A=A_{\rm m}$时，可能路径与真实路径最接近。

2-3 试求平面上给定两点之间的最短路径。

2-4 试求三维空间中给定两点之间的最短路径。

2-5 试求圆柱面上给定两点之间的最短路径。

2-6 试求圆锥面上给定两点之间的最短路径。

2-7 试求球面上给定两点之间的最短路径。

2-8 试应用光学中的费马原理研究光线在xy平面内的传播，已知折射率$n(y)=\alpha/y$（α为正常数）。

2-9 试应用光学中的费马原理研究光线在xy平面内的传播，已知折射率$n(y)=n_0(1+\alpha y)$（n_0和α均为正常数）。

2-10 求泛函

$$I[x]=\int_1^2\frac{\dot{x}^2}{t^3}\mathrm{d}t$$

的驻值路径$x(t)$，设可能路径满足$x(1)=3$和$x(2)=18$。证明该驻值路径为最小路径。

2-11 求泛函

$$I[x]=\int_0^{\pi}(2x\sin t-\dot{x}^2)\mathrm{d}t$$

的驻值路径 $x(t)$，设可能路径满足 $x(0)=x(\pi)=0$。证明该驻值路径为 I 的最大路径。

2-12 例 2.2 研究了初速度为零的速降线问题，试求解初速度为 v_0 的速降线问题。

2-13 在地球内部挖一条光滑的隧道连接地表两给定点 A 和 B，隧道处于 A，B 和地心确定的平面内。如果将粒子在入口 A 处由静止释放，为使其在最短时间内到达出口 B 处，隧道应具有什么形状？不考虑地球自转。

2-14 在两个给定点之间悬挂一段均质细链，试求细链在平衡时的形状。

2-15 在两个给定点之间作一条光滑平面曲线 $y=y(x)$，为使得曲线绕 x 轴旋转一周所扫出的面积最小，曲线应具有什么形状？

2-16 竖直平面内的光滑钢丝具有速降线的形状，其参数方程为

$$x=a(\theta-\sin\theta),\quad y=a(1-\cos\theta)$$

钢丝上串有一质量为 m 的小珠。设 B 是钢丝上的最低点。试证明：无论将小珠从钢丝上哪一点由静止释放，其到达 B 点所需时间都是相同的。这段时间是多长？

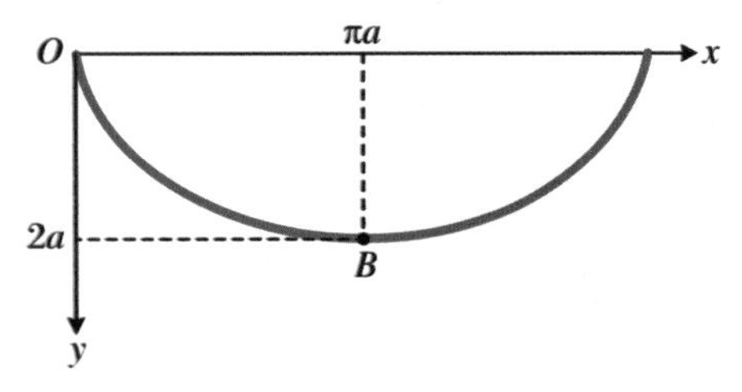

题 2-16 图

2-17 考察如图所示的摆线状钢丝，摆线的参数方程为

$$(x,y)=R(\theta-\sin\theta,1-\cos\theta)$$

摆线的尖端 O 点对应于 $\theta=0$。这里，x 轴水平向右，y 轴竖直向下。试证明：悬挂于 O 点的长为 $4R$ 的摆，其周期与摆动幅度无关。

2-18 某简谐振子的拉格朗日函数为

$$L=\dot{q}^2-4q^2$$

验证 $q=\sin 2t$ 是运动方程的一个解，并直接证明它使得任

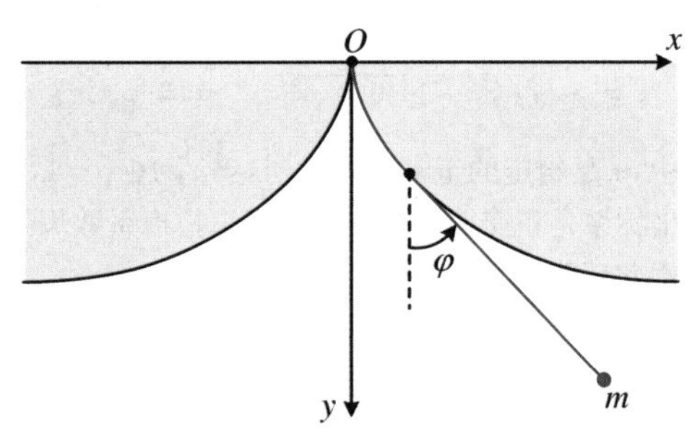

题 2-17 图

意时间范围 $[0,\tau]$ 内的作用量 $S[q]$ 取驻值。取 $\tau=\pi$，求分别对应于可能路径 $q+\varepsilon\sin 4t$ 和 $q+\varepsilon\sin t$ 的作用量的改变，其中，ε 为小量，并由此说明 $q=\sin 2t$ 既非 $S[q]$ 的最小路径，也非其最大路径。

2-19 通过直接计算证明：任意函数 $F(q,t)$ 的变分导数为零，即

$$\frac{\delta}{\delta q_k}\frac{\mathrm{d}F}{\mathrm{d}t}\triangleq\frac{\partial}{\partial q_k}\left(\frac{\mathrm{d}F}{\mathrm{d}t}\right)-\frac{\mathrm{d}}{\mathrm{d}t}\left(\frac{\partial}{\partial\dot{q}_k}\frac{\mathrm{d}F}{\mathrm{d}t}\right)=0$$

2-20 证明使得 $S=\int_{t_1}^{t_2}L(x,\dot{x},\ddot{x},t)\mathrm{d}t$ 取驻值的路径 $x(t)$ 满足如下拉格朗日方程：

$$\frac{\partial L}{\partial x}-\frac{\mathrm{d}}{\mathrm{d}t}\frac{\partial L}{\partial\dot{x}}+\frac{\mathrm{d}^2}{\mathrm{d}t^2}\frac{\partial L}{\partial\ddot{x}}=0$$

假设可能路径满足

$$\delta x(t_1)=\delta x(t_2)=0,\quad\delta\dot{x}(t_1)=\delta\dot{x}(t_2)=0$$

如果将该结论应用于 $L=-\dfrac{1}{2}m(x\ddot{x}+\omega^2x^2)$，你会得到什么方程？

2-21 有一个质量为 m、长度为 l 的平面单摆，其悬挂点按照规律 $a\cos\omega t$ 在水平方向上振动。设 θ 是摆与竖直方向的夹角。写出摆的运动方程，并在小角近似下求解 $\theta(t)$。

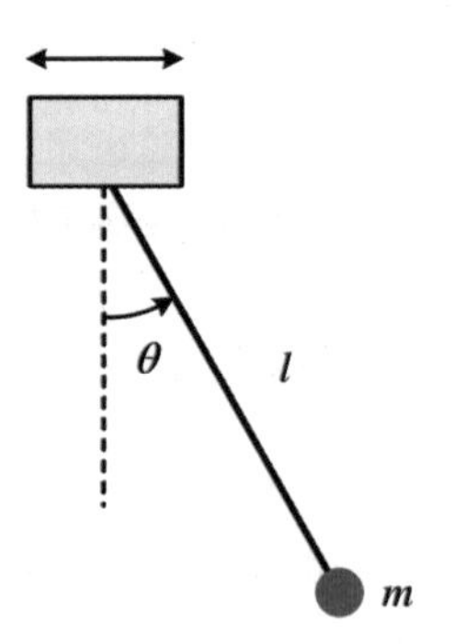

题 2-21 图

2-22 有一个质量为 m、长度为 l 的平面单摆，其悬挂点按照规律 $a\cos\omega t$ 在竖直方向上振动。写出摆的运动方程。

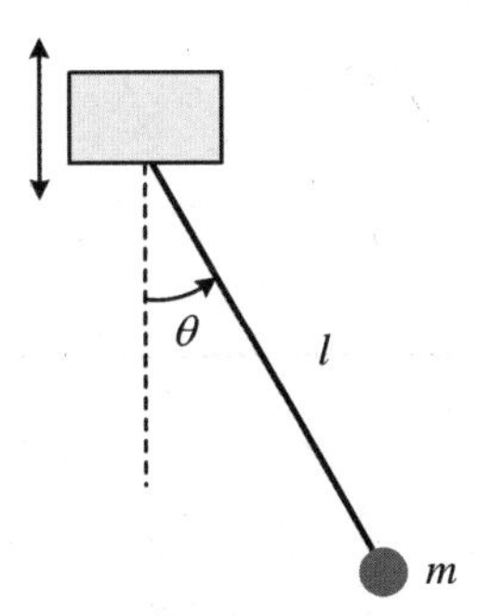

题 2-22 图

2-23 有一个质量为 m、长度为 l 的平面单摆，其悬挂点在半径为 a、竖直放置的圆周上以常角速度 ω 转动。试写出摆的运动方程。

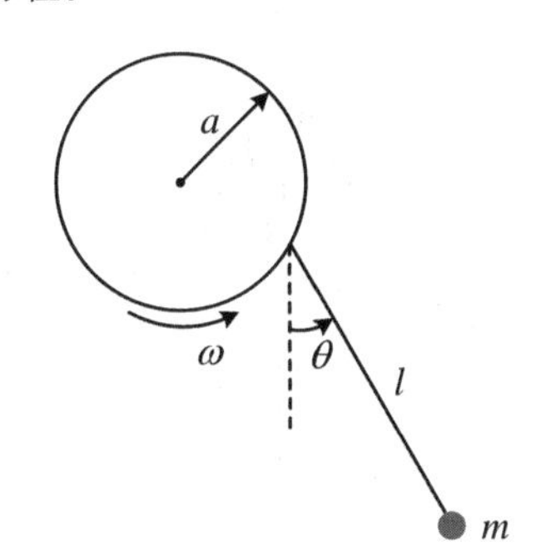

题 2-23 图

2-24 轻绳绕过轻滑轮，一端系一个质量为 m 的物体，另一端通过弹性系数为 k 的轻弹簧与地面连接。分析质点的运动情况。

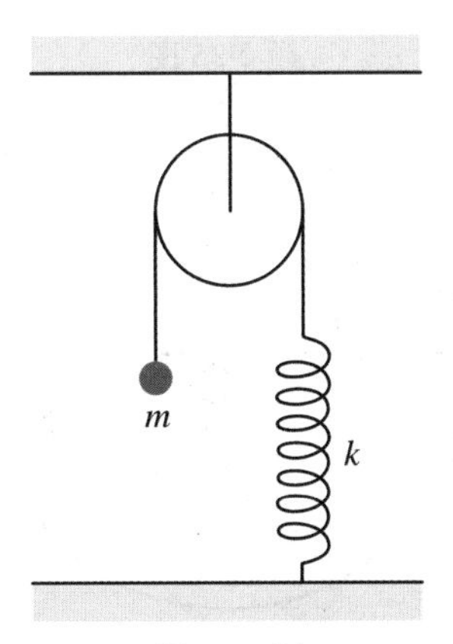

题 2-24 图

2-25 一质量为 m 的粒子在竖直平面内运动，受到一个指向原点的力 $F=-kr^{\alpha-1}$(k 和 $\alpha\neq0,1$ 为常数)。选择适当的广义坐标，并令原点处势能为零。试写出粒子的拉格朗日函数和运动方程。相对于原点的角动量是否守恒？粒子的能量是否守恒？

2-26 一质量为 m 的粒子在竖直平面内运动，粒子受到重力和另一个指向原点的力 $F=-kr^{\alpha-1}$ 的作用，其中，r 是粒子到原点的距离，k 和 $\alpha\neq0,1$ 为常数。选择适当的广义坐标，试写出粒子的拉格朗日函数和运动方程。相对于原点的角动量是否守恒？为什么？

2-27 质量为 m 的粒子在空间中运动时，其势能在上半空间($z>0$)为 U_1，在下半空间($z<0$)为 U_2。粒子通过界面 $z=0$ 从上半空间运动到下半空间，试证明：其在上、下两半空间中的速度与界面法向的夹角 θ_1 和 θ_2 满足

$$\frac{\sin\theta_1}{\sin\theta_2}=\sqrt{1+\frac{U_1-U_2}{T_1}}$$

其中 $T_1=\frac{1}{2}mv_1^2$ 是粒子在上半空间中运动时的动能。这个问题的光学模拟是什么？

2-28 质量为 m 的粒子约束在半径为 R 的圆周上运动。已知圆周在空间绕圆上一个定点以恒定角速度 ω 旋转，旋转发生在圆所处平面内。证明：无重力时，粒子相对于圆环的运动，与平面单摆在均匀重力场中的运动相同。解释为什么这是合理的结果。

2-29 质量为 m 的粒子，可沿一条与原点 O 的垂直距离为 h 的直线 AB 自由滑动。线 AB 绕原点以恒定角速度 ω 旋转，粒子位置可用其到点 C 的距离 q 来描述。设粒子受重力作用，初始条件为

$$q(0)=0,\quad \dot{q}(0)=0$$

证明坐标 q 与时间的关系为

$$q(t)=\frac{g}{2\omega^2}(\cosh\omega t-\cos\omega t)$$

对该结果作图示意。计算拉格朗日函数的雅可比积分并与总能量比较，总能量是否守恒？

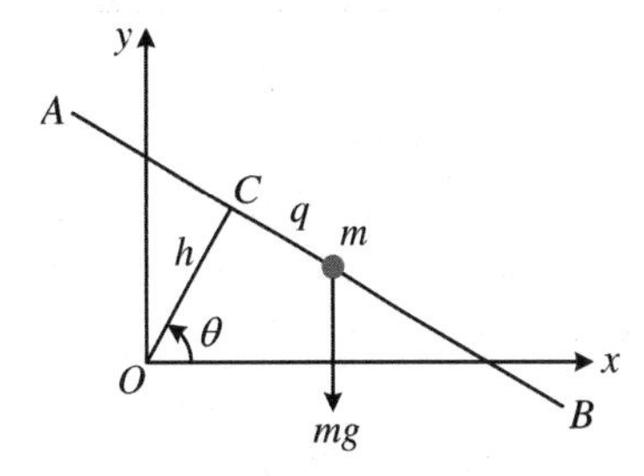

题 2-29 图

2-30 一质量为 m 的物体，沿着质量为 M、倾角为 α 的光滑斜面滑下，斜面可沿光滑水平面滑动。试求物体与斜面的加速度。

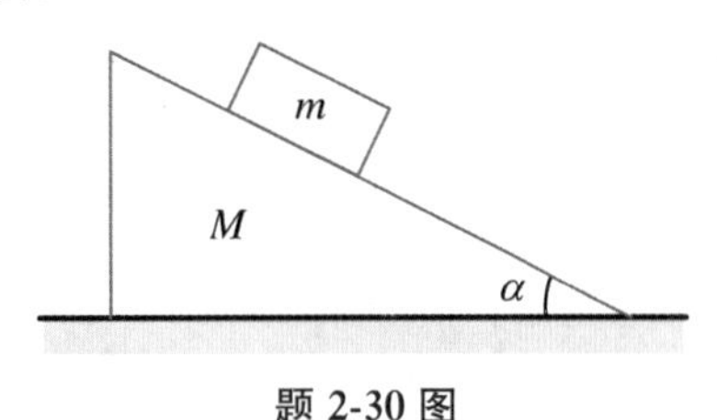

题 2-30 图

2-31 一质量为 m、半径为 R 的均质圆盘，沿着质量为 M、倾角为 α 的斜面做纯滚动，斜面可沿光滑水平面滑动。试写出拉格朗日函数和运动方程，并写出体系的运动常量。

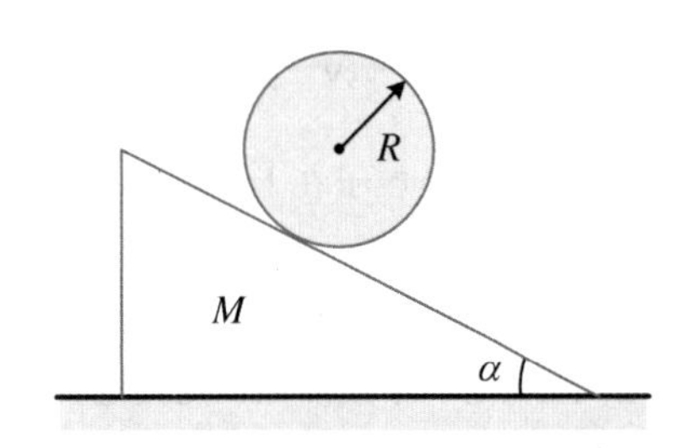

题 2-31 图

2-32 一质量为 M、半径为 R 的均质圆盘，沿着倾角为 α 的固定斜面做纯滚动，圆盘有一个短的轻质细轴，轴上悬挂一长度为 l 的单摆，摆锤的质量为 m。设摆的运动发生在圆盘所处平面内，试写出体系的拉格朗日函数和运动方程。

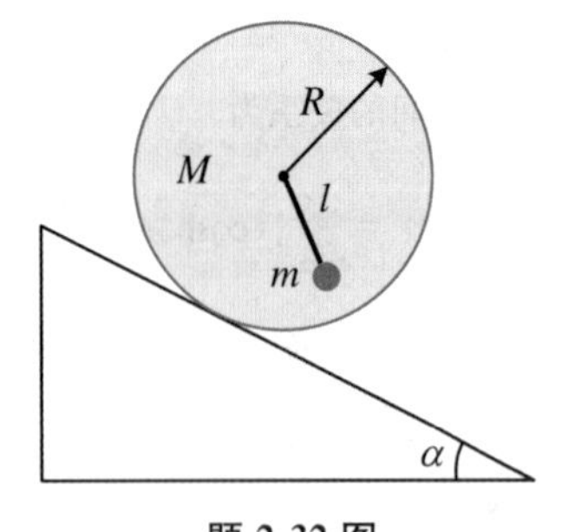

题 2-32 图

2-33 由两个单摆组成双摆，其中一个单摆悬挂于另一个单摆的摆锤上。设两个单摆具有相同的长度和相同质量的摆锤，且均约束在同一平面内运动。试写出体系的拉格朗日函数和运动方程。

2-34 质量为 M 的光滑三棱柱放在光滑水平地面上，不可伸长的轻绳绕过棱柱顶端的轻滑轮，两端各系着质量为 m_1 和 m_2 的物体，这两个物体分别在棱柱的两个光滑斜面上。试分析两个物体和棱柱的运动情况。

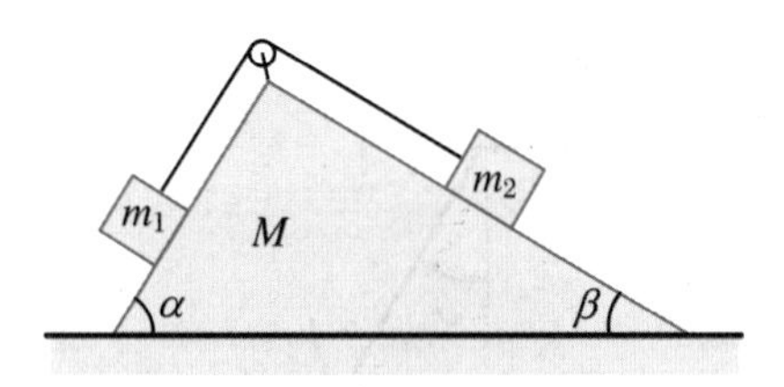

题 2-34 图

2-35 三根长度均为 $2r$ 的轻质细杆通过光滑铰链连接，每一细杆中点处都固定有一个质量为 m 的小球，最下端的细杆与地面上的固定铰链连接。已知初始时下面两细杆位于竖直方向，最上面的细杆与竖直方向有一小的夹角 ε。现将体系由静止释放，试确定各细杆在刚释放时的角加速度。

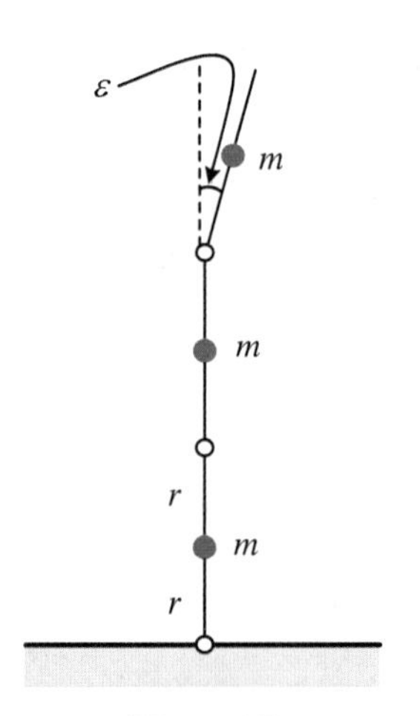

题 2-35 图

2-36 半径为 r 的均质圆柱在半径为 R 的固定柱壳内做纯滚动，试写出拉格朗日函数和拉格朗日方程，并求微振动的频率。

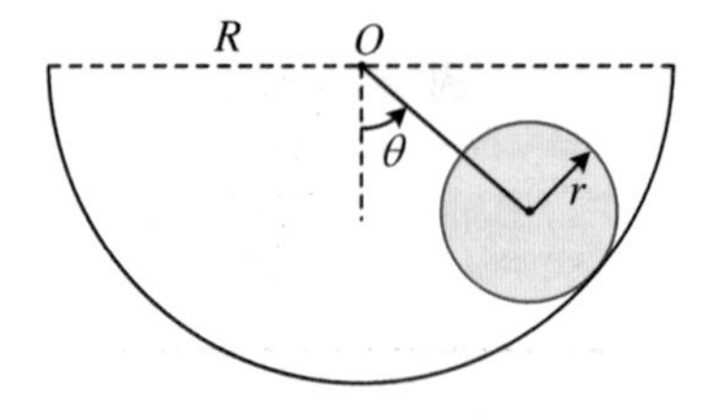

题 2-36 图

2-37 两个质量分别为 m_1 和 m_2（$m_2 \neq m_1$）的小球用一长度为 d 的刚性轻杆连接。一长度为 l_1 的不可伸长轻绳连接

m_1 和固定点 O,另一长度为 l_2 的不可伸长轻绳连接 m_2 和点 O。设两小球在同一竖直平面内运动,试写出体系的运动方程,并求环绕平衡位置微振动的频率。

2-38 一个均质圆环由三根长度均为 l 的细线悬于水平面内。平衡时细线都是竖直的,细线分别系在环的三等分点 A,B,C 处。试求圆环小幅度扭动的频率。

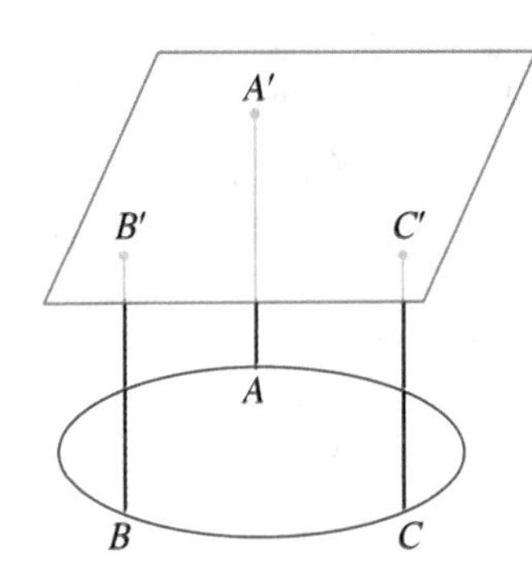

题 2-38 图

2-39 考察质量为 m_1 和 m_2 的两物体构成的标准阿特伍德机。试求绳子中的张力。

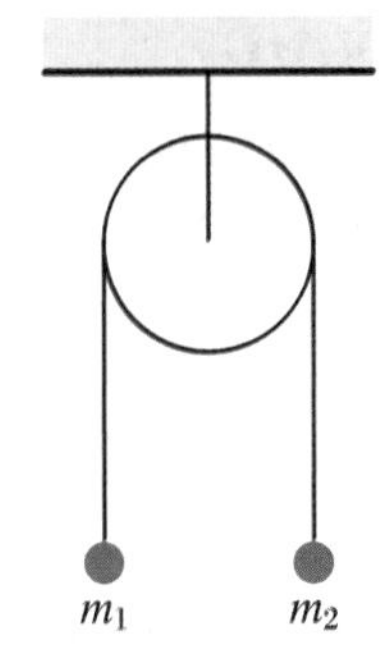

题 2-39 图

2-40 对于如图所示的阿特伍德机,选择一组适当的广义坐标,写出体系的拉格朗日方程,求解各物体的加速度(各滑轮的质量和摩擦均可忽略),并用拉格朗日乘子法处理此问题,以求出各绳中的张力。

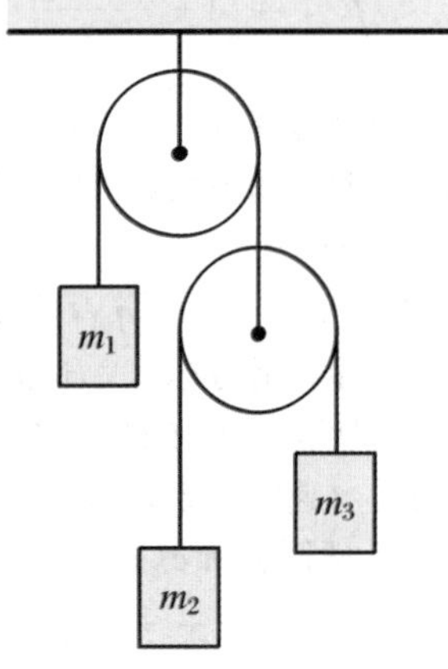

题 2-40 图

2-41 质量为 m 的粒子沿着水平面内的曲线 $y=f(x)$ 以速度 v 匀速运动。试求曲线对粒子所施加约束力的大小(忽略重力)。

2-42 将光滑钢丝弯成抛物线并开口向上竖直放置,在钢丝上串一小珠。试证:重力作用下的小珠在钢丝上运动时对钢丝的压力反比于质点所经位置处的曲率半径。

2-43 一根光滑的金属丝弯成一螺旋线,其方程为 $z=a\phi$,$s=b$,其中,a,b 为正常量,(s,ϕ,z) 为柱坐标。有一质量为 m 的珠子在金属丝上做无摩擦滑动,珠子受到与其到原点的距离成正比的引力作用,比例系数为 k。求金属丝对珠子的作用力,不考虑重力的作用,并设 $t=0$ 时刻珠子的 z 坐标为 $b/2$,z 方向的速度大小为 $a\sqrt{k/m}$。

2-44 质量为 m、长为 $2r$ 的均质细棒的一端与铰链相连接,而铰链可在光滑水平轨道上自由滑动。假设细棒只在图示竖直平面内运动,并且可以转动到轨道下方。如果初始时细棒静止于 $\theta_0=0$ 处,现对其施加一小扰动,试分别求细棒运动到水平位置和最低点处时轨道所施加的作用力大小。当细棒运动至某个位置 $\theta=\theta_m$ 处时轨道施加的作用力最小,试写出 θ_m 满足的方程。

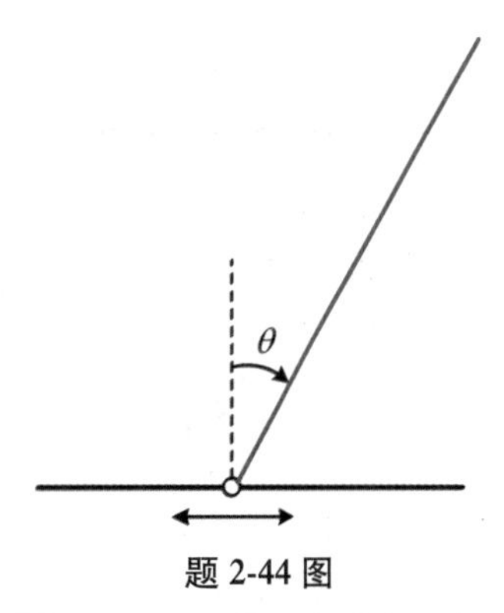

题 2-44 图

2-45 质量分别为 m 和 $3m$ 的两个质点固定于长度为 $\sqrt{2}r$ 的轻杆两端,体系可以在半径为 r 的碗内无摩擦滑动。试求平衡时杆与水平方向的夹角。

2-46 原长为 l_0、弹性系数为 k、质量为 m 的均质橡皮筋水平地套在竖直放置的光滑圆锥面上,已知圆锥顶角为 2α。试求平衡时圆锥顶点与橡皮筋所在平面的距离。

2-47 根据韦伯的电动力学观点,两电荷之间的作用力是

$$F = \frac{\alpha}{r^2}\left(1 - \frac{\dot{r}^2 - 2r\ddot{r}}{c^2}\right)$$

设一质量为 m 的质点在如上所述的力作用下运动，力的方向沿着径向。试求出该质点的广义势能、拉格朗日函数及其雅可比积分。

2-48 如果假设广义势能 $U = U(q, \dot{q}, t)$ 所描述的广义力 Q_i 只是状态参量的函数而与 $\ddot{q}$ 无关，试证明：广义势能必然是广义速度的线性函数，即有 $U = a_i(q,t)\dot{q}_i + b(q,t)$，而广义力也是广义速度的线性函数，即有 $Q_i = \gamma_{ij}(q,t)\dot{q}_j + c_i(q,t)$。试将 γ_{ij} 和 c_i 用 a_i 和 b 表示出来。

2-49 设三维空间中运动的粒子所受力的广义势能为 $U(\vec{r}, \dot{\vec{r}}) = \varphi(r) + \vec{\sigma} \cdot \vec{l}$，其中，$\vec{r}$ 是粒子相对于某个固定点的位矢，$\vec{l}$ 是粒子相对于该点的角动量，$\vec{\sigma}$ 则是空间中某个固定矢量。试在球坐标系下求出力的分量，广义动量 p_r，p_θ 和 p_ϕ 以及粒子的运动方程。

2-50 例 2.11 给出了阻尼振子的拉格朗日函数 $L(x, \dot{x}, t)$。试以 $Q = e^{\gamma t}x$ 作为广义坐标写出该体系的拉格朗日函数 $L(Q, \dot{Q}, t)$，并求解给出 $Q(t)$，再由此得到 $x(t)$，设 $x(0) = x_0$，$\dot{x}(0) = v_0$。试证明：如果 $\gamma \geqslant \omega_0$，那么速度相空间 $(x, \dot{x})$ 中的相点会沿着某条直线趋于原点。

2-51 考察如图所示的阿特伍德机。三物体的质量分别为 $4m$，$5m$ 和 $3m$，设 x 和 y 分别为质量为 $5m$ 和 $3m$ 的物体相对于各自初始位置上升的高度。试由诺特定理找出守恒动量。

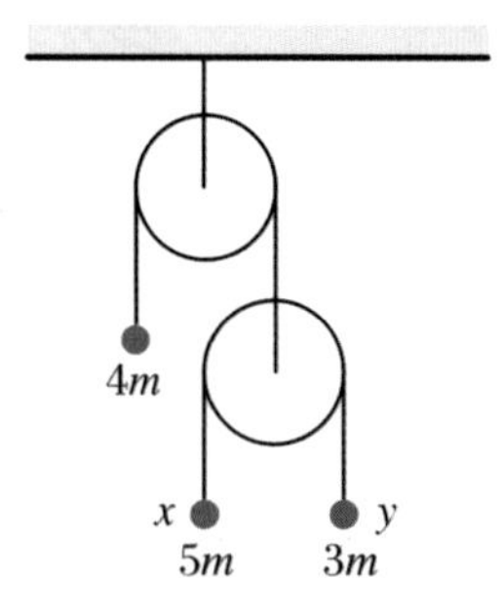

题 2-51 图

2-52 考察如图所示的阿特伍德机。三物体的质量分别为 $4m$，$3m$ 和 m，设 x 和 y 分别为质量为 $4m$ 和 m 的物体相对于各自初始位置上升的高度。试由诺特定理找出守恒动量。

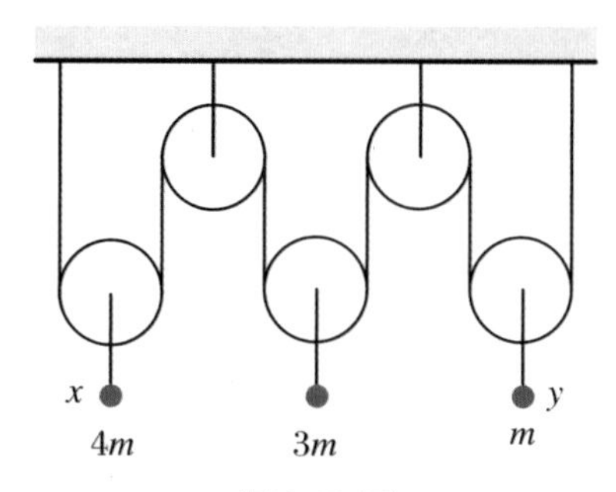

题 2-52 图

2-53 已知一维谐振子的拉格朗日函数为 $L = \frac{1}{2}m\dot{q}^2 - \frac{1}{2}m\omega^2 q^2$。证明变换 $q \mapsto Q = q + \varepsilon\sin\omega t$ 为 L 的对称变换；由诺特定理找出该对称性所确定的运动常量 Γ；通过将所得力学量 Γ 对时间求微商直接验证它确实是一个运动常量。

2-54 质量为 m 的粒子处在引力场中，引力场分别由如下质量分布产生，试问粒子动量和角动量的哪些分量是守恒的？(1) 质量均匀分布的无限大平面；(2) 质量均匀分布的半平面；(3) 两个质量相同的粒子；(4) 质量均匀分布的无限长棱柱；(5) 质量均匀分布的圆锥；(6) 质量均匀分布的无限长圆柱；(7) 质量均匀分布的圆环。

2-55 设有单参数变换

$$q_k \mapsto Q_k(q, t; \varepsilon) \quad (k = 1, 2, \cdots, s)$$
$$t \mapsto \tau(q, t; \varepsilon)$$

当 $\varepsilon = 0$ 时，有 $Q_k = q_k$ 和 $\tau = t$。证明：若该变换是体系 $L(q, \dot{q}, t)$ 的对称变换，即有

$$\frac{d\tau}{dt}L_\varepsilon(q, \dot{q}, t) = L(q, \dot{q}, t) + \frac{dF(q, t; \varepsilon)}{dt}$$

其中

$$L_\varepsilon(q, \dot{q}, t) \triangleq L\left(Q, \frac{dQ}{d\tau}, \tau\right)$$

那么 $\Gamma = p_k s_k - h s_t - G$ 为体系的运动常量，其中

$$s_k \triangleq \left.\frac{\partial Q_k}{\partial \varepsilon}\right|_{\varepsilon=0} = s_k(q, t)$$
$$s_t \triangleq \left.\frac{\partial \tau}{\partial \varepsilon}\right|_{\varepsilon=0} = s_t(q, t)$$
$$G \triangleq \left.\frac{\partial F}{\partial \varepsilon}\right|_{\varepsilon=0} = G(q, t)$$

2-56 利用习题 2-55 的结论，证明变换

$$x \mapsto X = x e^{\varepsilon\gamma}, \quad t \mapsto \tau = t - \varepsilon$$

是拉格朗日函数(2.5.25)的对称变换，并写出相应的运动常量 Γ。将所得 Γ 对时间 t 求导，直接证明 Γ 确实为运动常量。

2-57 已知相对论情形下一维自由粒子的拉格朗日函数为 $L=-mc^2\sqrt{1-\dot{x}^2/c^2}$，其中，$c$ 为真空中的光速。

(1) 写出与 x 共轭的广义动量 p，p 是否守恒？为什么？

(2) 写出 L 的雅可比积分 h，h 是否守恒？为什么？

(3) 试由前两问的结果证明 $E^2=p^2c^2+m^2c^4$，其中，$E=h$。

(4) 利用习题2-55的结论，证明下面的变换是该体系的对称变换：

$$\begin{pmatrix} ct \\ x \end{pmatrix} \mapsto \begin{pmatrix} c\tau \\ X \end{pmatrix} = \begin{pmatrix} \cosh\xi & -\sinh\xi \\ -\sinh\xi & \cosh\xi \end{pmatrix} \begin{pmatrix} ct \\ x \end{pmatrix}$$

并求与该对称变换相联系的运动常量 Γ。

第3章 哈密顿力学

3-1 求函数 $f(x)=x^\alpha/\alpha$ 的勒让德变换，其中，$\alpha>1$，自变量 x 在正实数范围内取值。

3-2 求函数 $f(x)=\mathrm{e}^x$ 的勒让德变换。

3-3 求函数 $f(x)=-\sqrt{1-x^2}$ 的勒让德变换，其中，$|x|<1$。

3-4 求函数

$$F(u_1,u_2)=2u_1^2-3u_1u_2+u_2^2+3au_1$$

的勒让德变换 $G(v_1,v_2)$，其中，a 为正常数。

3-5 按照哈密顿方法求解例2.4。

3-6 已知静止质量为 m 的相对论性粒子的拉格朗日函数为

$$L=-mc^2\sqrt{1-\frac{\dot{x}_1^2+\dot{x}_2^2+\dot{x}_3^2}{c^2}}-U(x_1,x_2,x_3)$$

其中，c 为真空中的光速。试写出其哈密顿函数。

3-7 考虑某个力学体系，以 $q=(q_1,\cdots,q_s)$ 作为广义坐标时拉格朗日函数为 $L(q,\dot{q},t)$，哈密顿函数为 $H(q,p,t)$；而以 $Q=(Q_1,\cdots,Q_s)=Q(q,t)$ 作为广义坐标时的拉格朗日函数记为 $L'(Q,\dot{Q},t)=L(q(Q,t),\dot{q}(Q,\dot{Q},t),t)$，哈密顿函数则记为 $K(Q,P,t)$。试证明

$$P_k=\frac{\partial q_i}{\partial Q_k}p_i,\quad K=H+\frac{\partial Q_k}{\partial t}P_k$$

3-8 设 $L(q,\dot{q},t)$ 是某个自由度为 s 的体系的拉格朗日函数，哈密顿函数为 $H(q,p,t)$；该体系的拉格朗日函数也可以写为

$$L'(q,\dot{q},t)=L(q,\dot{q},t)+\frac{\mathrm{d}F(q,t)}{\mathrm{d}t}$$

相应的哈密顿函数记为 $H'(q,p',t)$。证明

$$p'_k=p_k+\frac{\partial F}{\partial q_k},\quad H'=H-\frac{\partial F}{\partial t}$$

3-9 在球坐标系中，中心力作用下粒子的哈密顿函数由式(3.2.13)给出，为

$$H=\frac{p_r^2}{2m}+\frac{1}{2mr^2}\left(p_\theta^2+\frac{p_\phi^2}{\sin^2\theta}\right)+U(r)$$

证明

$$p_\theta^2+\frac{p_\phi^2}{\sin^2\theta}$$

为粒子角动量大小的平方，且它是守恒的。

3-10 有一个质量为 m、长度为 l 的单摆，其悬挂点被约束在竖直平面内的抛物线 $z=x^2/(2a)$ 上运动。写出摆的哈密顿函数和哈密顿方程。

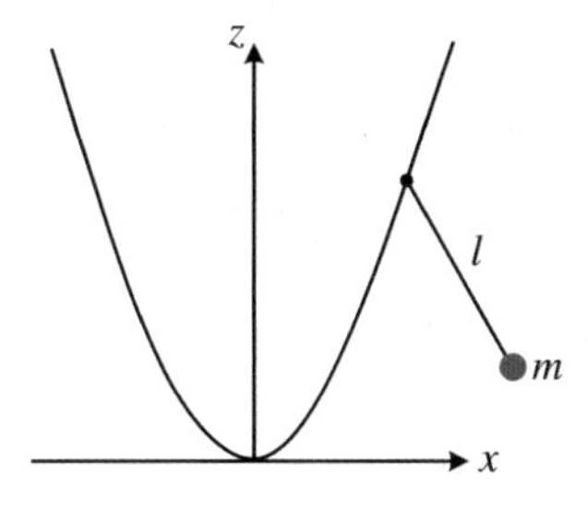

题 3-10 图

3-11 一质量为 m 的粒子在力

$$F(x,t)=\frac{k}{x^2}\mathrm{e}^{-t/\tau}$$

的作用下做一维运动，其中，k 和 τ 均为正常数。写出其拉格朗日函数和哈密顿函数，比较哈密顿函数与总能量，并讨论体系的能量守恒性质。

3-12 平面单摆的摆锤质量为 m，摆线长度按恒定速率缩短：

$$\frac{\mathrm{d}l}{\mathrm{d}t}=-\alpha=\mathrm{const.}$$

悬挂点保持固定。写出拉格朗日函数和哈密顿函数，比较哈密顿函数与总能量，并讨论体系的能量守恒性质。

3-13 一质量为 m 的粒子在重力作用下沿螺旋线 $x=a\cos\theta$，$y=a\sin\theta$，$z=b\theta$ 运动，此处，k 为常数，z 轴竖直向上。试写出粒子的哈密顿函数和哈密顿方程。

3-14 质量为 m 的粒子通过长为 l 的细绳系于空间中某固定点。如果粒子在重力作用下的运动不限于竖直平面，则称这样的体系为球面摆。以摆相对于竖直方向偏离的角

度 θ 和绕着竖直轴转过的角度 φ 作为广义坐标。证明体系的拉格朗日函数为

$$L = \frac{1}{2}ml^2(\dot{\theta}^2 + \dot{\varphi}^2 \sin^2\theta) + mgl\cos\theta$$

写出体系的哈密顿函数和哈密顿方程。

3-15 将质量为 m、长为 l 的单摆悬挂于质量为 $M(=m)$ 的物体上。已知物体 M 可在光滑水平直导轨上自由移动。广义坐标 x 和 θ 如图所示。试写出哈密顿函数和哈密顿方程。

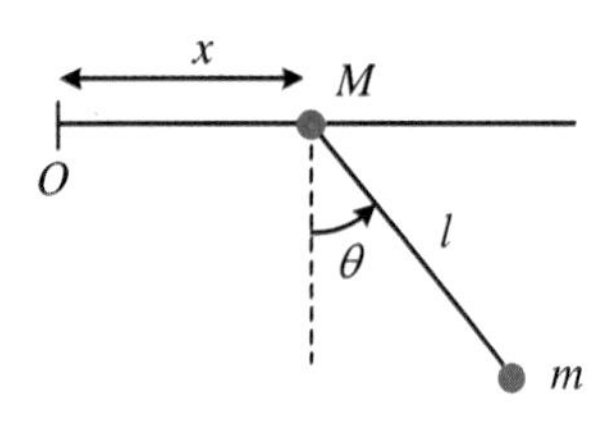

题 3-15 图

3-16 考虑质量为 m、电量为 e 的粒子，其位置由柱坐标 (s,ϕ,z) 描述。设此粒子在轴对称电场 $\vec{E}=(E_0/s)\hat{s}$ 和均匀磁场 $\vec{B}=B_0\hat{z}$ 中运动。写出该体系的哈密顿函数，至少找出该体系的三个运动常量。

3-17 一个自由度体系的哈密顿函数为

$$H = \frac{p^2}{2\alpha} - bqp\mathrm{e}^{-\alpha t} + \frac{ab}{2}q^2\mathrm{e}^{-\alpha t}(\alpha + b\mathrm{e}^{-\alpha t}) + \frac{1}{2}kq^2$$

其中，a,b,α 和 k 均为常数。求对应于这一哈密顿函数的拉格朗日函数和不显含时间的等效拉格朗日函数。对应于这第二个拉格朗日函数的哈密顿函数是什么？两个哈密顿函数之间有什么关系？

3-18 一质量为 m 的粒子在 x 轴上做一维运动，粒子受到力 $F_x=-kx^3$ 的作用，其中，$k>0$。写出体系的哈密顿函数，求哈密顿矢量场，并对相轨道作图示意。

3-19 一质量为 m 的粒子在 x 轴上做一维运动，粒子受到力 $F_x=kx$ 的作用，其中，$k>0$。写出体系的哈密顿函数，求哈密顿矢量场，并定性描述 $E>0$ 和 $E<0$ 两种情形下的相轨道。

3-20 一质量为 m 的粒子在 x 轴上做一维运动，粒子的势能为

$$U(x) = D(\mathrm{e}^{-2\alpha x} - 2\mathrm{e}^{-\alpha x})$$

其中，D 和 α 均为正常数。试定性画出势能曲线及典型的相轨迹。

3-21 在重力作用下，一质量为 m 的粒子在竖直方向的 x 轴上做一维运动，x 轴向下为正。设 $t=0$ 时，$x(0)=x_0$，$p(0)=p_0$。试就 x_0 和 p_0 的如下四种可能取值，分别画出从 0 时刻到 t 时刻的相轨道：

(1) $(x_0,p_0)=(0,0)$；　(2) $(x_0,p_0)=(X,0)$；

(3) $(x_0,p_0)=(X,P)$；　(4) $(x_0,p_0)=(0,P)$。

其中，X 和 P 均为正常数。

3-22 在 $n\times n$ 矩阵 A 和 B 之间定义对易子运算：

$$[A,B] = AB - BA$$

证明：该运算满足反对称性、双线性以及雅可比恒等式，且

$$[A,BC] = [A,B]C + B[A,C]$$

3-23 某两个自由度体系的哈密顿函数为

$$H = q_1p_1 - q_2p_2 - aq_1^2 + bq_2^2$$

证明

$$F_1 = \frac{p_2 - bq_2}{q_1},\quad F_2 = q_1q_2,\quad F_3 = q_1\mathrm{e}^{-t}$$

均为运动常量。是否还有其他独立的运动常量？是否可以根据泊松括号构造出任何新的独立运动常量？

3-24 某个一维体系的哈密顿函数为

$$H = \frac{p^2}{2} - \frac{1}{2q^2}$$

证明它有一个运动常量

$$D = \frac{pq}{2} - Ht$$

3-25 某个做平面运动的粒子，其哈密顿函数为

$$H = |\vec{p}|^n - \alpha r^{-n}$$

其中，$\vec{p}$ 是与直角坐标共轭的动量矢量，证明它有一个运动常量

$$D = \frac{\vec{p}\cdot\vec{r}}{n} - Ht$$

3-26 一质量为 m 的粒子在势场 $V=mk/x^2$ 中做一维运动，试利用力学量 $f=x^2$ 的泰勒展开求解 $x(t)$。设 $x(t=0)=x_0$，$\dot{x}(t=0)=0$。

3-27 质量为 m 的粒子在中心势场 $U=-\alpha/r$ 中运动，其中 $\alpha>0$。定义龙格-楞次矢量：

$$\vec{A} \triangleq \vec{p}\times\vec{L} - m\alpha\hat{r}$$

其中，$\vec{p}$ 和 $\vec{L}=\vec{r}\times\vec{p}$ 分别是粒子的动量和角动量。

(1) 利用泊松括号，证明 $\vec{A}$ 是运动常量；

(2) 证明$\vec{L}$与$\vec{A}$在直角坐标系下的分量满足

$$[L_i, A_j] = \varepsilon_{ijk}A_k, \quad [A_i, A_j] = (-2mH)\varepsilon_{ijk}L_k$$

(3) 如果只考虑束缚态，即 H 具有守恒值 $E<0$，定义矢量

$$\vec{D} = \frac{\vec{A}}{\sqrt{2m|E|}}$$

试写出$[L_i, D_j]$和$[D_i, D_j]$，并证明$\vec{D}$与$\vec{L}$的大小的平方和等于 $m\alpha^2/(2|E|)$。

3-28 设体系的哈密顿函数为 $G = \hat{n}\cdot\vec{L}$，其中，$\hat{n}$ 是空间某固定方向的单位矢量，$\vec{L} = \vec{r}\times\vec{p}$ 为角动量。试利用力学量的泰勒展开，证明

$$\vec{r}(t+\tau) = \vec{r}\cos\tau + (1-\cos\tau)\,\hat{n}(\hat{n}\cdot\vec{r}) + \hat{n}\times\vec{r}\sin\tau$$

3-29 考虑一个在中心势场 $U(r)$ 中运动的质量为 m 的粒子。为使得

$$Q_{ij} = m^2\dot{x}_i\dot{x}_j + \beta(r)x_ix_j \quad (i,j = 1,2,3)$$

均为运动常量，试求势能函数 $U(r)$ 的一般表达式及相应的函数 $\beta(r)$，其中，x_i 和 $\dot{x}_i$ 分别是粒子的位矢和速度在直角坐标系中的分量。

3-30 证明：如果哈密顿函数及某个力学量 F 都是运动常量，那么 F 对时间 t 的 n 阶偏导数也必然是运动常量。作为一个例子，哈密顿函数 $H(x, p_x) = p_x^2/(2m)$ 显然是运动常量，试通过直接计算，证明 $F = x - p_xt/m$ 及其对 t 的偏导数均为运动常量。

3-31 证明下面的变换是正则的，并求其生成函数 $F_1(q,Q)$：

$$Q = \ln\left(\frac{1}{q}\sin p\right), \quad P = q\cot p$$

3-32 证明下面的变换是正则的：

$$Q = \arctan\frac{\alpha q}{p}, \quad P = \frac{p^2}{2\alpha} + \frac{\alpha q^2}{2}$$

其中，α 为常数。

3-33 证明下面的变换是正则的，并求其生成函数 $F_3(p,Q)$：

$$Q = \ln(1+\sqrt{q}\cos p)$$
$$P = 2(1+\sqrt{q}\cos p)\sqrt{q}\sin p$$

3-34 证明下面的变换是正则的，并求其生成函数 $F_2(q,P)$ 和 $F_3(p,Q)$：

$$Q_k = q_k + \ln p_k - e^{p_k},$$
$$P_k = p_k \qquad (k = 1,2,\cdots,s)$$

3-35 已知第一类生成函数

$$F_1(q,Q) = -4q_1q_2 + 2e^{Q_1+2q_1} + 4e^{2Q_2+q_2}$$

求正则变换。

3-36 证明如下变换为正则变换：

$$Q_1 = q_1\cos\alpha - \frac{p_2}{\beta}\sin\alpha, \quad P_1 = \beta q_2\sin\alpha + p_1\cos\alpha$$
$$Q_2 = q_2\cos\alpha - \frac{p_1}{\beta}\sin\alpha, \quad P_2 = \beta q_1\sin\alpha + p_2\cos\alpha$$

其中，α 和 β 为常数。将这一变换应用于质量为 m、带电量为 e、在 $(q_1,q_2)=(x,y)$ 平面内运动的粒子，粒子同时受到势能为 $\frac{1}{2}m\omega_0^2(q_1^2+q_2^2)$ 的恢复力以及矢势为 $\vec{A} = (0, hq_1, 0)$ 的磁场的作用，这里，h 为常数。写出体系的哈密顿函数，并由此求解粒子的运动。

3-37 已知下面的变换为正则变换：

$$Q_1 = q_1^2, \quad Q_2 = q_1 + q_2$$
$$P_1 = P_1(q,p), \quad P_2 = P_2(q,p)$$

试求 P_1 和 P_2 的最一般的表达式。选择合适的 P_1 和 P_2，将该变换应用于哈密顿函数

$$H = \left(\frac{p_1 - p_2}{2q_1}\right)^2 + p_2 + (q_1+q_2)^2$$

可使得 Q_1 和 Q_2 都不出现在新哈密顿函数中，采用这个方法求解该问题，将 q_1, q_2, p_1 和 p_2 表示为时间和初始值的函数。

3-38 某体系的哈密顿函数为

$$H = \frac{1}{2}\left(\frac{1}{q^2} + p^2q^4\right)$$

写出 q 满足的方程。求出将 H 化为简谐振子形式的正则变换，并通过该变换求解 $q(t)$。

3-39 已知下面的变换为正则变换：

$$Q = \arctan\frac{\lambda q}{p}, \quad P = P(q,p,t)$$

其中，λ 为非零常数。试确定 P 的最一般的表达式。

3-40 质量为 m 的粒子在 x 轴上做一维运动，粒子受到力 $F = -m\omega_0^2q - m\alpha^2/q^3$ 的作用，其中，$q = x$，ω_0 和 α 均为正常数。证明：体系的哈密顿函数可以写为

$$H = \frac{p^2}{2m} + \frac{1}{2}m\omega_0^2q^2 + \frac{Ap}{q}$$

其中，A 是适当选择的正常数，试确定之。利用上题的变换求解粒子的运动。

3-41　用相空间中的点 A_0, B_0, C_0, D_0 分别表示习题 3-21 中四个不同的初始状态，用 A, B, C, D 表示之后 t 时刻的相应状态。证明 $ABCD$ 为平行四边形，并且其与长方形 $A_0B_0C_0D_0$ 的面积相同。

3-42　某一维阻尼振子的运动方程为 $\ddot{q}+4\dot{q}+3q=0$。设 $D(0)$ 是速度相空间 $(q,\dot{q})$ 中任一指定区域的面积，此后该区域内的点都按照运动方程确定的方式演化。证明 t 时刻该区域的面积为

$$D(t) = D(0)\mathrm{e}^{-4t}$$

此结论是否与刘维尔定理矛盾？

3-43　用哈密顿-雅可比理论求解竖直平面内抛射粒子的运动问题。设粒子在 $t=0$ 时刻以速度 v_0 抛离原点，抛射方向与水平面的夹角为 α。试求轨道方程和坐标对于时间的依赖关系。

3-44　设体系的哈密顿函数为

$$H = \frac{p^2}{2} + \frac{1}{q^2}$$

试求哈密顿主函数 $S(q,P,t)$ 和运动方程的解。

3-45　设体系的哈密顿函数为

$$H = \frac{p^2}{2m} - mAtq$$

其中，A 为常数。在初始条件 $q(t=0)=0, p(t=0)=mv_0$ 下，利用哈密顿主函数求解 $q(t)$。

提示：假设 $S(q,t)=f(t)q+g(t)$。

3-46　质量为 m、带电量为 e 的粒子在 xy 平面内运动，粒子受到均匀磁场 $\vec{B}=B\hat{z}$ 的作用。将矢量势取为 $\vec{A}=\frac{1}{2}\vec{B}\times\vec{r}$。试写出体系的哈密顿函数以及哈密顿-雅可比方程，并求出具有形式 $W=X(x)+Y(y)-\frac{1}{2}eBxy$ 的哈密顿特征函数。

3-47　对于二维开普勒问题，设势能增加一个扰动项 δ/r^2，即在极坐标系下的哈密顿函数变为

$$H = \frac{p_r^2}{2m} + \frac{p_\theta^2}{2mr^2} - \frac{\alpha}{r} + \frac{\delta}{r^2}$$

(1) 试利用哈密顿-雅可比方法求解粒子运动的轨道，由此说明，轨道一般是不闭合的；

(2) 在什么条件下轨道是进动的椭圆？求此情形下题图中两远心点间的辐角 $\Delta\theta$，并对于小 δ，给出 $\Delta\theta$ 的一阶近似。

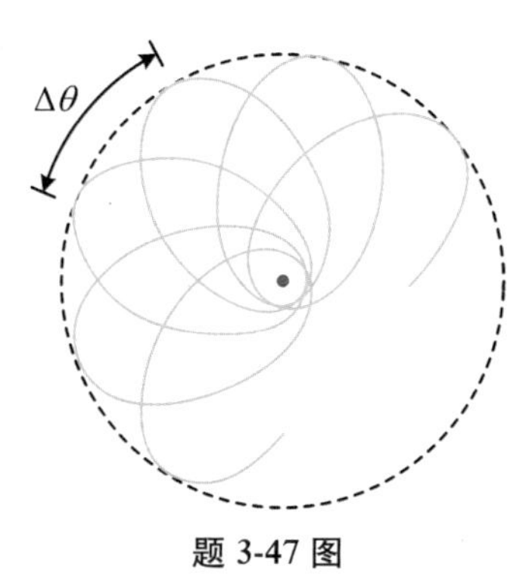

题 3-47 图

3-48　考察二维的相对论开普勒问题，在极坐标系下，哈密顿函数为

$$H = \sqrt{\left(p_r^2 + \frac{p_\theta^2}{r^2}\right)c^2 + m^2c^4} - \frac{e_s^2}{r}, \quad e_s^2 \triangleq \frac{e^2}{4\pi\varepsilon_0}$$

(1) 试写出 S 的表达式(可以保留积分)；

(2) 试求解轨道的明显表达式(不含积分)，并由此证明：如果角动量 p_θ 足够小，粒子将沿着螺旋线落向力心。

3-49　质量为 m 的粒子在两个固定力心作用下做平面运动(如图)，势能为

$$U(r_1, r_2) = -\frac{\alpha_1}{r_1} - \frac{\alpha_2}{r_2}$$

其中，α_1 和 α_2 均为常数。定义如下共焦椭圆坐标 (ξ,η)：

$$\begin{cases} x = c\cosh\xi\cos\eta, \\ y = c\sinh\xi\sin\eta \end{cases} \quad (0\leqslant\xi<\infty, 0\leqslant\eta<2\pi)$$

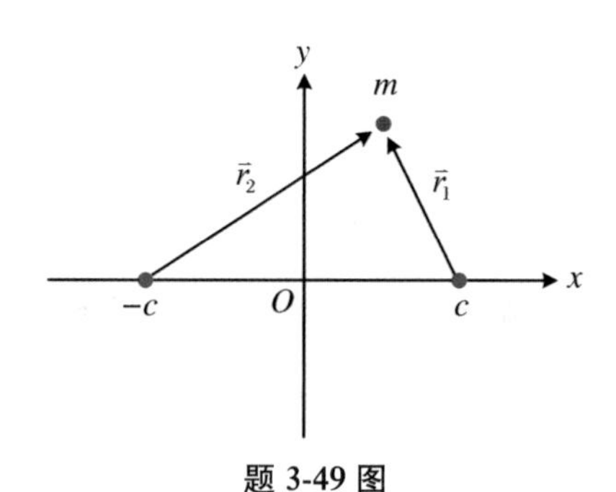

题 3-49 图

(1) 试写出用 (ξ,η) 表示的势能 $U(\xi,\eta)$；

(2) 试将动能 $T=\frac{1}{2}m(\dot{x}^2+\dot{y}^2)$ 在共焦椭圆坐标下表示出来；

(3) 试由(2)写出广义动量的表达式

$$p_{\xi} \triangleq \frac{\partial L}{\partial \dot{\xi}} = \frac{\partial T}{\partial \dot{\xi}}, \quad p_{\eta} \triangleq \frac{\partial L}{\partial \dot{\eta}} = \frac{\partial T}{\partial \dot{\eta}}$$

(4) 在新坐标下,试证明哈密顿函数可以写为

$$H = \frac{p_{\xi}^2 + p_{\eta}^2 - 2mc(\alpha\cosh\xi + \alpha'\cos\eta)}{2mc^2(\cosh^2\xi - \cos^2\eta)}$$

其中,$\alpha = \alpha_1 + \alpha_2, \alpha' = \alpha_1 - \alpha_2$;

(5) 在新坐标下,试证明哈密顿-雅可比方程是可分离的,并给出哈密顿特征函数的积分表达式。

第 4 章　线 性 振 动

4-1　由三根轻弹簧和两个质量均为 m 的粒子构成的体系中,弹簧都是水平的,弹性系数分别为 k_1, k_2 和 k_{12}。求其两个简正频率,并与不存在耦合时两个振子的自然频率进行比较。

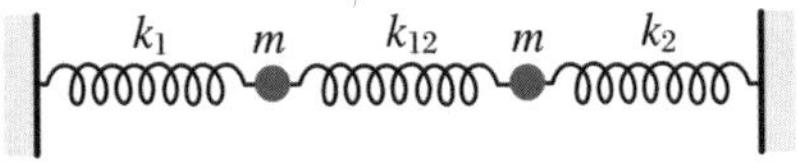

题 4-1 图

4-2　对于题 4-1 所述问题研究弱耦合情形:中间弹簧的弹性系数远小于两侧弹簧的弹性系数,即 $k_{12} \ll k_1$, $k_{12} \ll k_2$。证明将会发生拍现象,但能量的转移不是完全的。

4-3　两个完全相同的简谐振子(质量为 m_0,固有频率为 ω_0)由加到体系上的质量 $m(m<m_0)$ 而耦合起来,这个质量对于两个振子是公共的。于是运动方程为

$$\ddot{x}_1 + (m/m_0)\ddot{x}_2 + \omega_0^2 x_1 = 0$$
$$\ddot{x}_2 + (m/m_0)\ddot{x}_1 + \omega_0^2 x_2 = 0$$

求解这对耦合方程,并求出体系的简正模。

4-4　有两个完全相同的简谐振子,其放置方式使两者可做相对滑动,如图所示。两物体之间的摩擦力使其产生耦合,摩擦力正比于瞬时相对速度。讨论体系的耦合振动。

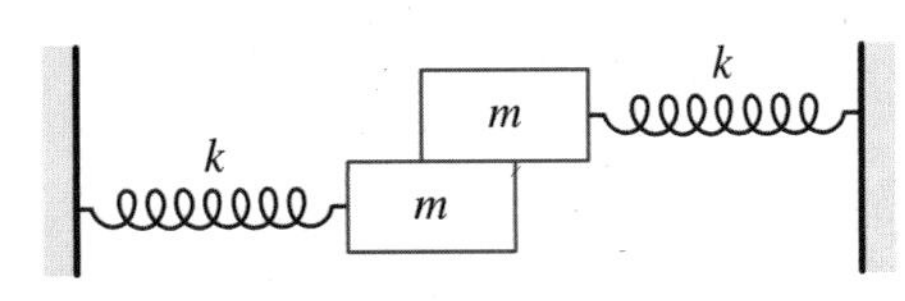

题 4-4 图

4-5　两个完全相同的简谐振子如图串接。试计算一维竖直振动的简正频率,并与两物体之一固定而另一物体振动时的频率进行比较。描述体系运动的简正模。

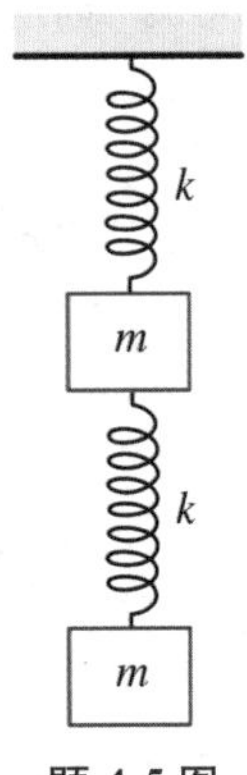

题 4-5 图

4-6　由三根弹性系数均为 k 的轻弹簧和两个质量均为 m 的粒子构成一个体系,它们成一直角三角形,已知直角边的两弹簧原长均为 l,且各有一端固定于原点 O。体系放置于光滑水平桌面上,平衡时,各弹簧均处于自然状态。试求体系微振动时的简正模。

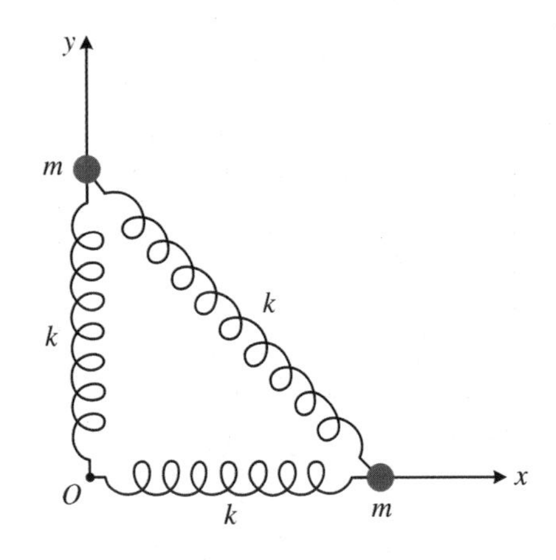

题 4-6 图

4-7　半径为 R、质量为 m 的均质光滑圆环,可绕通过环上一点 O 且垂直于环面的水平轴自由转动。在环上串一质量为 m 的小珠。试求体系做微振动的简正频率,求使得体系以简正模式振动的两组初始条件,并描述每种模式的物理情形。

4-8　半径为 R、质量为 m 的均质光滑圆环,可绕通过环上一点 O 而垂直于环面的水平轴自由转动。长度为 $l=\sqrt{3}R$、质量为 m 的均质细杆 AB 的两端 A 和 B 限制在环上自由滑动。试写出体系的运动方程,并求体系做微振动的简正模。

4-9　两个 LC 电路中的电感 L 和电容 C 均完全相同,互感为

M。试求两电路中的电流与时间 t 的关系。

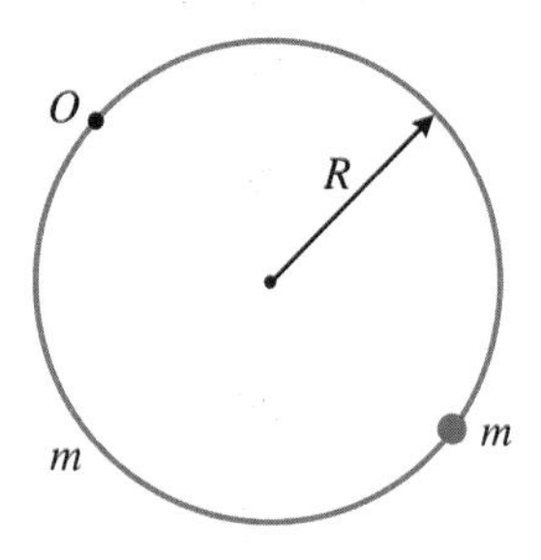

题 4-7 图

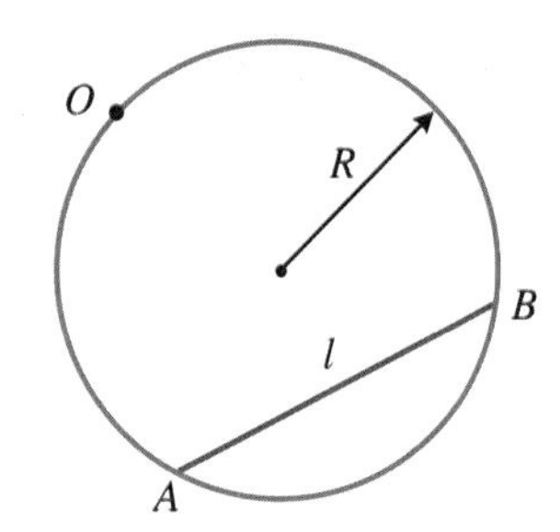

题 4-8 图

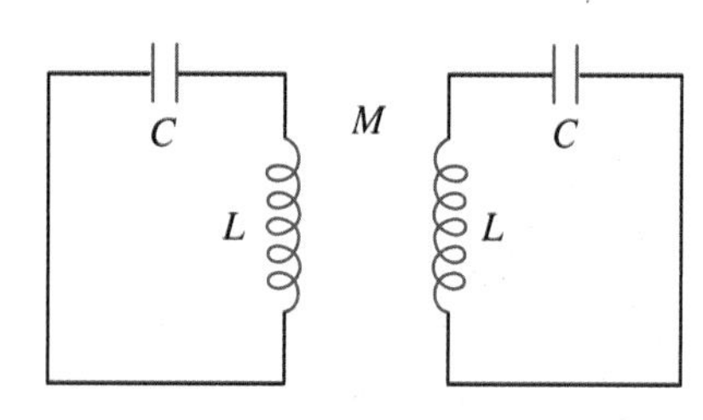

题 4-9 图

4-10　试求图中所示耦合电路的简正频率(设 $L_1=L_2=L_{12}=L$,$C_1=C_2=C$)。

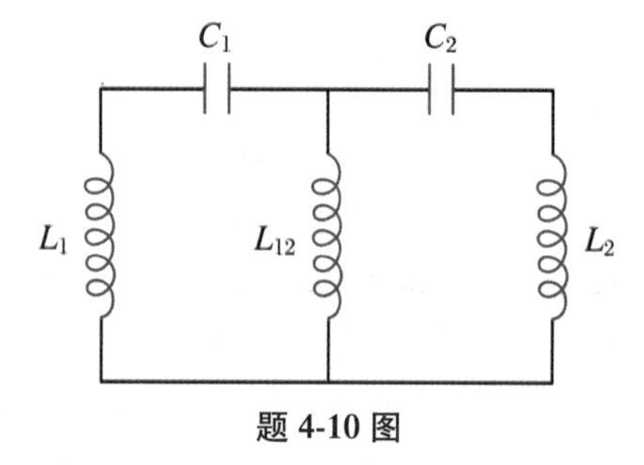

题 4-10 图

4-11　试求图中所示耦合电路的简正频率(设 $C_1=C_2=C_{12}=C$,$L_1=L_2=L$)。

4-12　半径为 R 的光滑圆环固定在水平面上,其上串有三个质量分别为 m,m 和 m_0 的小珠,小珠之间由三根弹性系数为 k 的完全相同的弹簧连接。试求体系的简正模和一般运动。

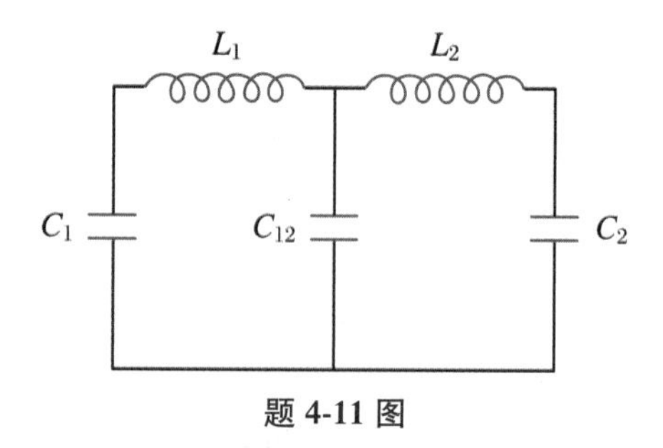

题 4-11 图

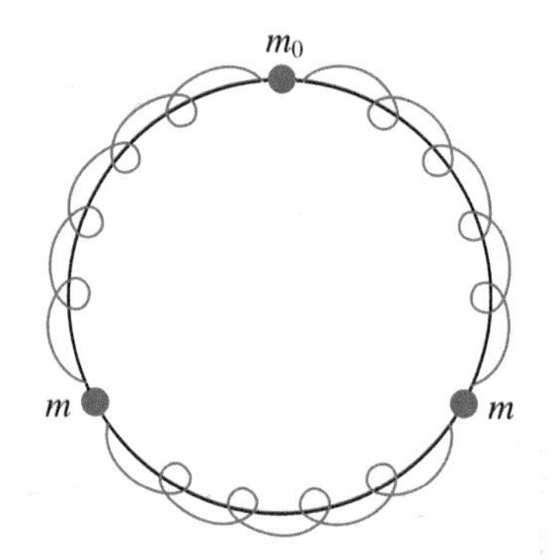

题 4-12 图

4-13　组成平面双摆的两摆长均为 l,摆锤质量均为 m。将双摆悬挂于质量为 m_0 的物体上,已知质量为 m_0 的物体可在光滑的水平直导轨上自由移动。试写出体系的拉格朗日函数和运动方程,并在 $m_0=2m$ 的情形下求解体系的微振动解。

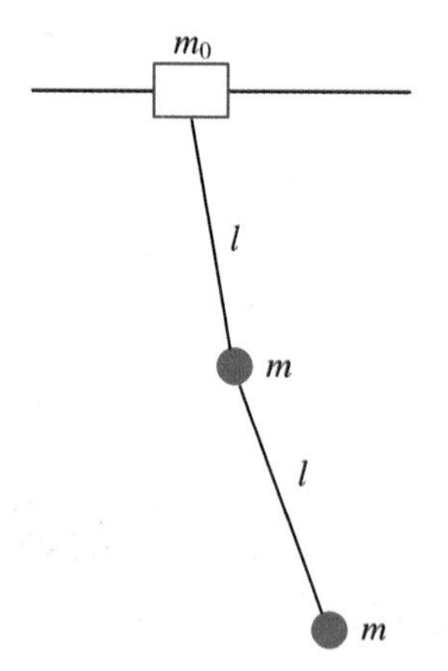

题 4-13 图

4-14　三个完全相同的单摆(摆长为 l,摆球质量为 m)通过两根相同的轻弹簧发生耦合,弹簧的弹性系数均为 k。平衡时弹簧处于原长状态,三个摆则处于竖直方向。设体系限于图示的竖直平面内运动。试写出体系在平衡位置附近的拉格朗日函数和运动方程，并求解体系微振动的简正模。

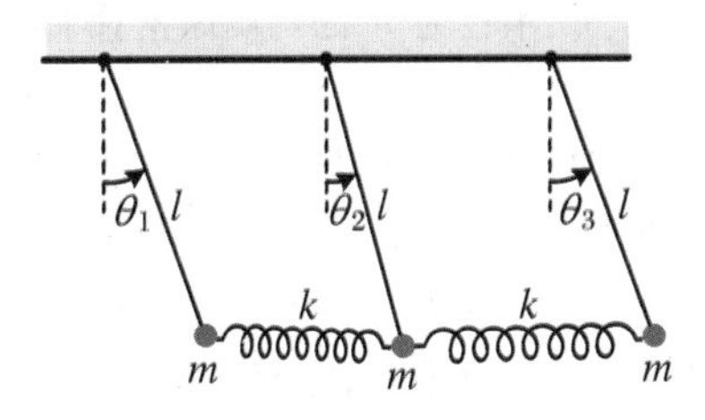

题 4-14 图

4-15 两根轻弹簧（弹性系数为 k，原长为 L_0）的下端悬一质量为 m、边长 a 的均质正方形木板，平衡时弹簧竖直下垂。设运动限于竖直平面内。试求体系的微振动解。

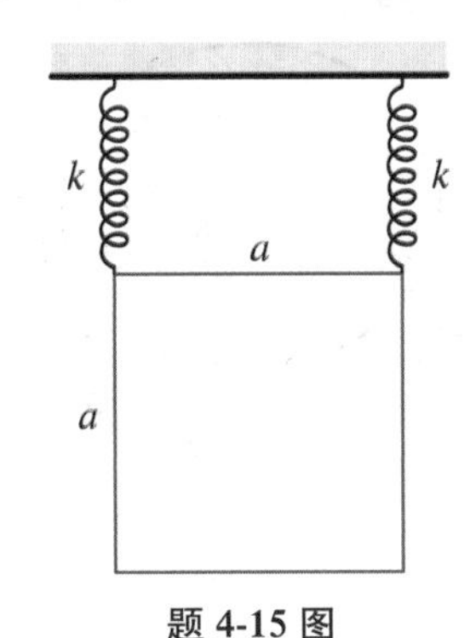

题 4-15 图

第 5 章 散　　射

5-1 一粒子在中心力场 $F(r)=-\alpha/r^2$ 中做圆轨道运动。若 α 突然减为其原来数值的一半，证明该粒子的轨道将变为抛物线。

5-2 两个质量分别为 m_1 和 m_2 的粒子相距 r_0。由静止释放后，两者将在万有引力作用下彼此靠近，试求相距 $r(<r_0)$ 时，两粒子各自的速度大小。

5-3 一粒子在平方反比吸引力作用下做椭圆运动。若粒子轨道上最大角速度与最小角速度之比为 n，证明轨道的偏心率为

$$\varepsilon=\frac{\sqrt{n}-1}{\sqrt{n}+1}$$

5-4 一粒子在中心排斥力 $F(r)=kr$ 的作用下运动。证明其轨道只能是双曲线。

5-5 彗星在太阳万有引力作用下沿着抛物线轨道运动，抛物线位于地球的轨道平面内。证明彗星在地球轨道内经历的时间最长约为 77 天。

5-6 一粒子在中心力场 $F(r)=-\alpha/r^2-\beta/r^3$ 中运动，其中，α 和 β 均为正常数。试研究粒子的各种可能运动。

5-7 求使粒子做螺旋轨道 $r=c\theta^2$ 运动的中心力场的力的规律，其中，c 为正常数。

5-8 求使粒子做对数螺旋轨道 $r=k\mathrm{e}^{a\theta}$ 运动的中心力场的力的规律，其中，k 和 a 均为正常数。

5-9 一粒子在中心力场中运动，考察其总能量为负的一族轨道。证明：如果存在一个稳定圆轨道，则与此轨道相联系的角动量大于此族中其他任何轨道的角动量。

5-10 一粒子在中心力 $F(r)=-\alpha/r^2-\beta/r^4$ 的作用下运动，其中，α 和 β 均为正常数。在什么条件下，粒子可以运动在稳定圆轨道 $r=R$ 上？

5-11 粒子在中心力场中运动，势能为

$$U(r)=-\frac{\alpha}{r}\exp\left(-\frac{r}{a}\right)$$

其中，α 和 a 均为正常数。试求在此力场中圆轨道的稳定性条件。

5-12 质量为 m 的粒子，约束于开口向上的旋转抛物面上运动，抛物面用柱坐标表示的方程为 $s^2=4az$。证明粒子对半径为 $R=\sqrt{4az_0}$ 的圆轨道做微振动的频率为

$$\omega=\sqrt{\frac{2g}{a+z_0}}$$

5-13 计算质量为 m 的粒子"落向"场 $U=-\alpha/r^n$ 中心的等效截面，其中，$\alpha>0,n\geqslant2$。设粒子的机械能为 E。

5-14 在卢瑟福散射中，电子对于原子核电荷的屏蔽效应可以通过如下定义的截断库仑力描述：

$$\vec{F}=\begin{cases}\dfrac{\alpha}{r^2}\hat{r} & (r\leqslant R)\\ 0 & (r>R)\end{cases}$$

证明微分散射截面为

$$\frac{\mathrm{d}\sigma}{\mathrm{d}\Omega}=\frac{(R^{-1}+2a^{-1})^2}{4[R^{-2}+4a^{-1}(a^{-1}+R^{-1})\sin^2(\Theta/2)]^2}$$

其中，$a=\alpha/E$，并求总散射截面。

5-15 证明质量为 m 的粒子在中心排斥力 $F(r)=\alpha/r^3$ 作用下

的微分散射截面为

$$\frac{d\sigma}{d\Omega}=\frac{\alpha\pi^2(\pi-\Theta)}{mv_0^2\Theta^2(2\pi-\Theta)^2\sin\Theta}$$

其中，v_0 为粒子的初速度。如果当 $r>r_0$ 时力消失为零，证明此时有一最小的散射角 Θ_m，用 m，α，v_0 和 r_0 表示这一结果，并由此证明总截面为 πr_0^2。

5-16 质量为 m 的粒子被球形势能阱

$$U=\begin{cases}0 & (r>R)\\ -U_0 & (r\leqslant R)\end{cases}$$

散射，其中，$U_0>0$。证明微分散射截面可以表示为

$$\frac{d\sigma}{d\Omega}=\frac{n^2R^2}{4x}\frac{(nx-1)(n-x)}{(1+n^2-2nx)^2}$$

其中，$x=\cos(\Theta/2)$。试确定表达式中的 n，并求总散射截面。

5-17 刚性光滑曲面的形状可由曲线 $x=y^2/a$ 绕 x 轴旋转得到，其中，a 为正常数。质量为 m 的粒子以平行于 x 轴的速度 v_0 撞向曲面并被反弹。设碰撞是完全弹性的，试求微分散射截面。如果碰撞后粒子沿着曲面切向的速度变为零，试求微分散射截面。

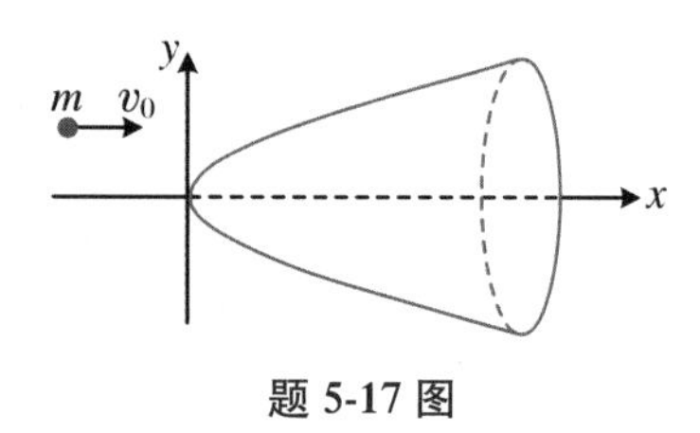

题 5-17 图

第 6 章 刚 体

6-1 高为 h、半张角为 α 的圆锥在水平地面上做纯滚动。解释为什么圆锥顶点 O 是不动的。设 $\theta(t)$ 是圆锥与地面的接触线 OC 相对于某条固定水平线 OA 转过的角度，写出圆锥的角速度矢量。

6-2 一个半张角为 α 的圆锥固定不动，其对称轴位于竖直方向，顶点 O 在上方。另一半张角为 $\pi/2-\alpha$ 的圆锥的顶点固定于 O 点。已知第二个圆锥在第一个圆锥表面做纯滚动，其对称轴绕着竖直向上方向进动的角速度为 Ω。写出滚动圆锥的角速度。

6-3 计算质量为 M，棱长分别为 a，b，c 的均质长方体相对于质心的主转动惯量。

6-4 计算质量为 M、半径为 R 的均质球相对于球心的主转动惯量。

6-5 计算质量为 M、半径为 R、高为 h 的均质圆柱相对于质心的主转动惯量。

6-6 对于质量为 M、高为 h、底半径为 R 的均质圆锥，试分别计算其相对于顶点和质心的主转动惯量。

6-7 质量 M 均匀分布在环面内，试选择合适的坐标系，求其惯量张量。

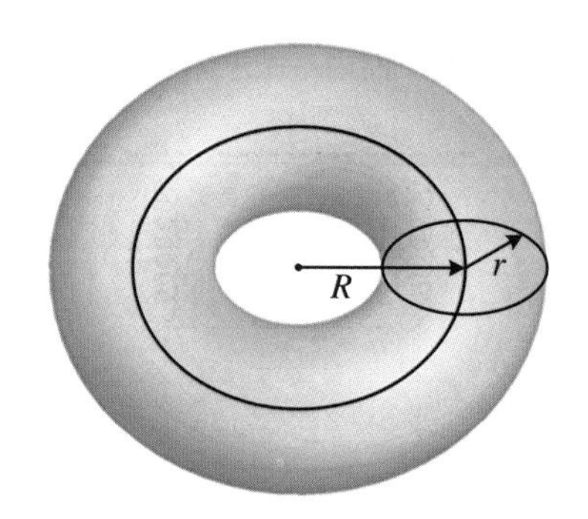

题 6-7 图

6-8 考察如下惯量张量：

$$J=\begin{pmatrix}A & B & B\\ B & A & B\\ B & B & A\end{pmatrix}$$

求主转动惯量和惯量主轴。

6-9 考察如下惯量张量：

$$J=\begin{pmatrix}\frac{A+B}{2} & \frac{A-B}{2} & 0\\ \frac{A-B}{2} & \frac{A+B}{2} & 0\\ 0 & 0 & C\end{pmatrix}$$

使坐标系绕 x_3 轴转动角 θ，计算变换后各个张量分量，并证明：当选 $\theta=\pi/4$ 时，即可使惯量张量对角化，且各个对角元分别为 A，B 和 C。

6-10 刚体由如下三个粒子构成：$(a,0,0)$处质量为 m、$(0,a,a)$处质量为 $2m$ 以及$(0,a,-a)$处质量为 $3m$ 的粒子。写出惯量张量，并求主转动惯量和相应的惯量主轴。

6-11 刚体由三个质量同为 m 的粒子构成，三个粒子分别位于$(a,0,0)$，$(0,a,2a)$和$(0,2a,a)$处。写出惯量张量，并求主转动惯量和相应的惯量主轴。

6-12 考察一位于 x_1x_2 平面内的均质薄板，证明其惯量张量具有如下形式：

$$J = \begin{pmatrix} A & -C & 0 \\ -C & B & 0 \\ 0 & 0 & A+B \end{pmatrix}$$

使坐标系绕 x_3 轴转动角 θ，证明新的惯量张量为

$$J' = \begin{pmatrix} A' & -C' & 0 \\ -C' & B' & 0 \\ 0 & 0 & A'+B' \end{pmatrix}$$

其中

$$A' = \frac{A+B}{2} - \frac{B-A}{2}\cos2\theta - C\sin2\theta$$

$$B' = \frac{A+B}{2} + \frac{B-A}{2}\cos2\theta + C\sin2\theta$$

$$C' = C\cos2\theta - \frac{1}{2}(B-A)\sin2\theta$$

并由此证明：如果转角为

$$\theta = \frac{1}{2}\arctan\frac{2C}{B-A}$$

则 x_1 轴和 x_2 轴即成为惯量主轴。

6-13 考察一位于 x_1x_2 平面内密度为 ρ 的均质薄板，其边界为对数螺旋线 $r = k\mathrm{e}^{a\theta}$ 以及 $\theta = 0$ 和 $\theta = \pi$。求相对于原点的惯量张量，将坐标轴做一旋转以获得主转动惯量，并利用前一题的结果，证明它们是

$$J_1 = \rho k^4 P(Q-R)$$
$$J_2 = \rho k^4 P(Q+R)$$
$$J_3 = J_1 + J_2$$

其中

$$P = \frac{\mathrm{e}^{4\pi a} - 1}{16(1+4a^2)}$$

$$Q = \frac{1+4a^2}{2a}$$

$$R = \sqrt{1+4a^2}$$

6-14 求一均质等边三角形薄板做微振动的频率。设运动发生在薄板平面内，薄板悬挂在(1)一边的中点，以及(2)一顶点。

6-15 两块塑料板分别位于 $z = -a$ 和 $z = a$ 平面上，两板分别以角速度 $\vec{\omega}_1 = \omega_1\hat{z}$ 和 $\vec{\omega}_2 = \omega_2\hat{z}$ 绕着固定轴转动，转轴间距为 $2b$。一个半径为 a 的刚性球在两板之间做纯滚动。证明：选择合适的坐标原点，球心位矢 $\vec{R}$ 满足的方程可以写为 $\dot{\vec{R}} = \vec{\Omega}\times\vec{R}$，其中，$\vec{\Omega} = (\vec{\omega}_1 + \vec{\omega}_2)/2$。由此证明球心做圆周运动，并求圆心的位置。

6-16 半径分别为 a 和 $b(>a)$ 的两球壳绕着两者共同的固定中心 O 分别以角速度 $\vec{\omega}_1$ 和 $\vec{\omega}_2$ 转动，而半径为 $(b-a)/2$ 的刚性球在两球壳之间做纯滚动，证明刚性球的球心必然在垂直于矢量 $a\vec{\omega}_1 + b\vec{\omega}_2$ 的平面内做圆周运动。

6-17 考察一个薄圆盘，由均质的两半沿此盘直径连接而成。设一半的密度为 ρ，另一半的密度为 2ρ。求此盘沿水平面做纯滚动时的拉格朗日函数(设转动发生在盘面内)。

6-18 考察一均质薄板，相对于质心的主转动惯量分别为 J_1，$J_2(>J_1)$ 和 $J_3 = J_1 + J_2$。当 $t = 0$ 时，令此薄板做不受力的转动，角速度为 Ω，转轴与板面成 α 角，且垂直于 x_2 轴。假如 $J_1/J_2 = \cos2\alpha$，证明在 t 时刻绕 x_2 轴的角速度为

$$\omega_2(t) = \Omega\cos\alpha\tanh(\Omega t\sin\alpha)$$

6-19 质量为 M、半径为 R 的均质圆盘在水平面上做纯滚动，并受一位于平面下方距离为 d 的一点的吸引。假若引力与圆盘的质心到力心的距离成正比，求绕平衡位置做微振动的频率。

6-20 有一个由均质薄片材料制成的门，宽为 1 米。如果门开成 90°，则门将在释放后 2 秒钟内自行关闭。假定转轴无摩擦，试证：转轴必与竖直方向有一大约为 3°的夹角。

6-21 边长为 a 的均质立方体，初始时处于不稳定平衡位置：以一边与水平面相接触。现给立方体一小位移并任其倒下。证明：当立方体的一面落至水平面时其角速度由下式给出：

$$\omega^2 = (\sqrt{2}-1)A\frac{g}{l}$$

对于其中的 A 值，如果此边不能在平面上滑动，则 $A = 3/2$；如果并无摩擦而能发生滑动，则 $A = 12/5$。

6-22 质量为 m、半径为 R 的均质半球壳放置在水平桌面上，设半球壳在运动过程中相对于桌面没有滑动，试求其在平衡位置附近摆动的周期。如果桌面光滑，半球壳在平衡位置附近摆动的周期又等于多少？

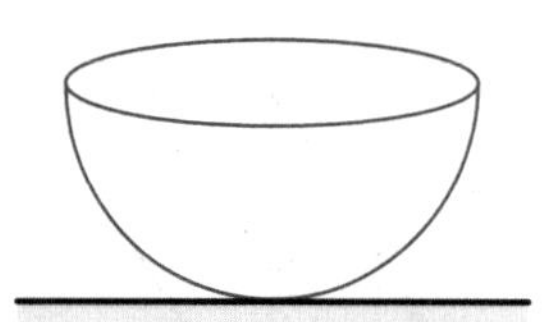

题 6-22 图

6-23 厚为 $2a$ 的均质薄板位于半径为 R 且其轴沿水平方向的固定圆柱的顶部。试证：在纯滚动条件下，薄板的稳定平

衡条件为 $R>a$。微振动的频率是多少？描绘出势能函数作为角位移的函数曲线。

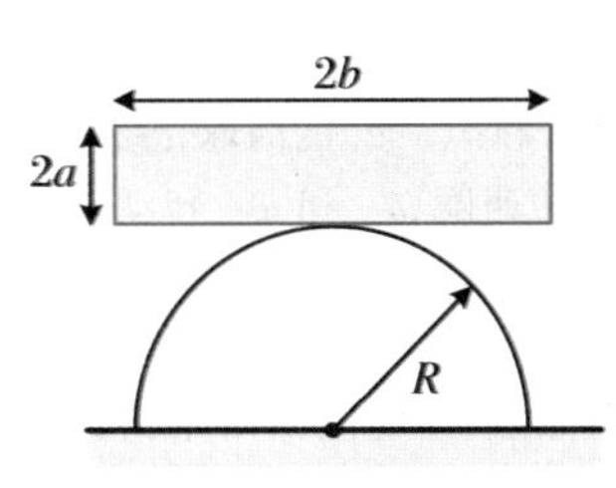

题 6-23 图

6-24 篮球在篮筐上按照下面的方式做纯滚动：接触点在篮球上描出一个大圆，且质心在一个水平圆周上以某个角速度 Ω（待定）转动，篮球中心与接触点连线的倾角为 θ。已知篮球与篮筐的半径分别为 r 和 R，将篮球视为均质球面。试求 Ω 的大小。

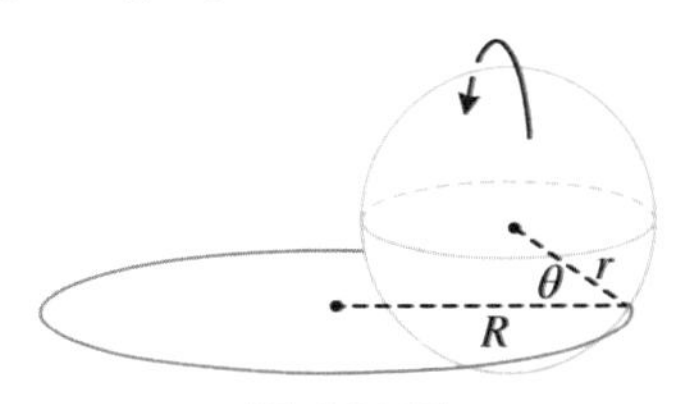

题 6-24 图

6-25 陀螺由质量为 m、半径为 r 的均质实心球以及沿着径向的轻质细棒构成。细棒的自由端通过铰链固定在水平地面上。球在地面上做纯滚动，其中心以角速度 Ω 在半径为 R 的圆周上运动。试求地面与球之间的法向力。

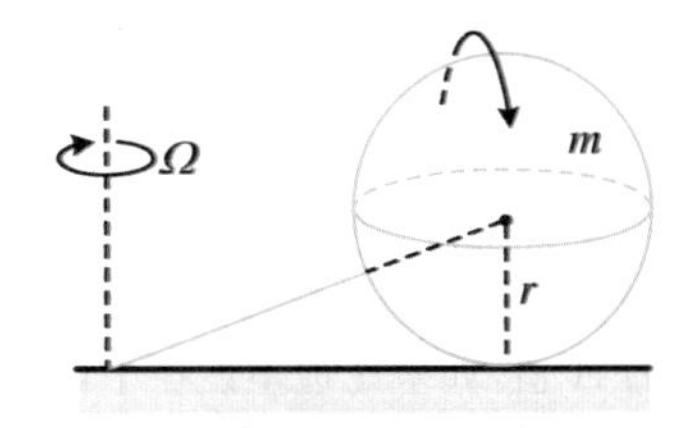

题 6-25 图

6-26 质量为 m、长为 a、宽为 b 的均质薄门板绕着一条对角线以常角速度 ω 转动。忽略重力。为了使得该运动可以进行，需要提供多大的力矩？

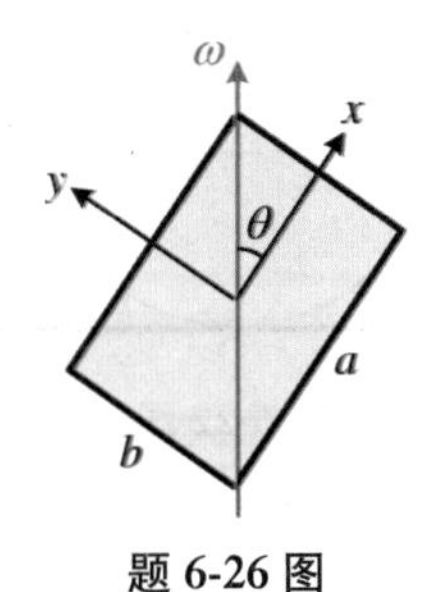

题 6-26 图

6-27 质量为 m、半径为 R 的均质球面在开口向下的固定圆锥内表面做纯滚动，圆锥顶角为 60°。初始条件使得接触点在圆锥上描出一个半径为 l 的水平圆周，角速度为 Ω；接触点在球面上描出一个半径为 $R/2$ 的圆周。假设球面与圆锥之间的摩擦系数足够大。试求进动的角速度 Ω。证明：为了使得该运动可以发生，要求

$$l>\frac{3\sqrt{3}}{4}R$$

如果将球面换成质量为 m、半径为 R 的均质实心球，求 Ω，并证明 l 满足条件

$$\frac{5\sqrt{3}}{8}R<l<\frac{5\sqrt{3}}{2}R$$

对于 $J=\beta mR^2$，结果又如何？

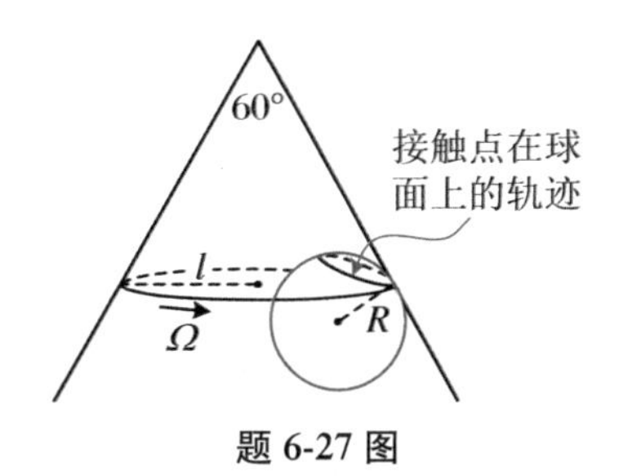

题 6-27 图

部分习题参考答案

第1章

1-1 $\lambda_1=\begin{pmatrix}1&0&0\\0&\cos\theta&-\sin\theta\\0&\sin\theta&\cos\theta\end{pmatrix},\lambda_2=\begin{pmatrix}\cos\theta&0&\sin\theta\\0&1&0\\-\sin\theta&0&\cos\theta\end{pmatrix}$,

$\lambda_3=\begin{pmatrix}\cos\theta&-\sin\theta&0\\\sin\theta&\cos\theta&0\\0&0&1\end{pmatrix}$。

1-2 $a=1,b=0$ 或者 $a=-1/3,b=2/3$。

1-3 $A_{ik}B_{kj},B_{kj}A_{ik},A_{ik}B_{jk}$ 和 $A_{ki}B_{kj}$ 分别为矩阵 AB,AB,AB^{T} 和 $A^{\mathrm{T}}B$ 的 (i,j) 元素；$A_{ij}B_{ji}$ 表示矩阵 AB 的迹 $\mathrm{tr}(AB)$。

1-9 $(\hat{n}\cdot\vec{A})\hat{n}$ 为 $\vec{A}$ 在 $\hat{n}$ 方向上的投影，$(\hat{n}\times\vec{A})\times\hat{n}$ 为 $\vec{A}$ 在与 $\hat{n}$ 垂直的平面内的投影。

1-12 (1) $T'=\begin{pmatrix}1&1/\sqrt{2}&1/\sqrt{2}\\1/\sqrt{2}&1&0\\1/\sqrt{2}&0&1\end{pmatrix}$；

(2) $T'=\begin{pmatrix}1&0&-1\\0&1&0\\-1&0&1\end{pmatrix}$。

1-18 (1) $\lambda=\begin{pmatrix}0&0&1\\1&0&0\\0&1&0\end{pmatrix}$；(2) $\mu=\dfrac{1}{9}\begin{pmatrix}4&1&8\\7&4&-4\\-4&8&1\end{pmatrix}$

1-20 $\hat{n}_1=(1,1,1)/\sqrt{3},\theta_1=120^\circ$；$\hat{n}_2=(1,1,-1)/\sqrt{3},\theta_2=60^\circ$；$\hat{n}_3=(1,0,1)/\sqrt{2},\theta_3=180^\circ$；$\hat{n}_4=(1,1,-1)/\sqrt{3},\theta_4=180^\circ$。

1-21 (3) $[J_i,J_j]=\varepsilon_{ijk}J_k$。

1-24 $h_r=1,h_\theta=r,h_\varphi=r\sin\theta$。

1-25 $h_s=1,h_\varphi=s,h_z=1$。

1-26 $h_\xi=\dfrac{1}{2}\sqrt{\dfrac{\xi+\eta}{\xi}},h_\eta=\dfrac{1}{2}\sqrt{\dfrac{\xi+\eta}{\eta}},h_\varphi=\sqrt{\xi\eta}$。

1-27 $h_\xi=\sigma\sqrt{\dfrac{\xi^2-\eta^2}{\xi^2-1}},h_\eta=\sigma\sqrt{\dfrac{\xi^2-\eta^2}{1-\eta^2}}$,

$h_\varphi=\sigma\sqrt{(\xi^2-1)(1-\eta^2)}$。

1-32 $\psi=\dfrac{1}{2}(B_1x_2x_3+B_2x_3x_1+B_3x_1x_2)$。

1-33 $\vec{E}=\dfrac{q}{4\pi\varepsilon_0r^3}\vec{r},\vec{B}=0;\varphi'=\dfrac{q}{4\pi\varepsilon_0r},\vec{A}'=0$。

1-34 N 个。

1-35 自由度为1；以平衡时球心位置为原点，x 轴水平向右，y 轴竖直向下，θ 是半球壳顺时针转过的角度，质心坐标为 $x=\dfrac{1}{2}R(2\theta-\sin\theta),y=\dfrac{1}{2}R\cos\theta$。

1-36 速度场为 $(\dot{x},-g)$；相轨迹是抛物线，方程为 $E=\dfrac{1}{2}m\dot{x}^2+mgx$。

1-38 $\tau=\dfrac{\pi}{\alpha}\sqrt{\dfrac{2m}{|E|}}$。

1-39 $\tau=\dfrac{\pi}{\alpha}\sqrt{\dfrac{2m}{E+U_0}}$。

第2章

2-1 (1) $b=-a\tau,c=0$；(2) $S(a)=\dfrac{1}{6}ma(a+g)\tau^3$；

(3) $a=-g/2$。

2-2 (1) $S(A)=\frac{\pi^2 m}{4\tau}A^2-\frac{2mg\tau}{\pi}A$；(2) $A_m=4g\tau^2/\pi^3$。

2-3 直线段：若两端点分别为 $\vec{r}_1$ 和 $\vec{r}_2$，则其参数方程为

$$\vec{r}(t)=(\vec{r}_2-\vec{r}_1)t+\vec{r}_1 \quad (0\leqslant t\leqslant 1)$$

2-4 直线段：若两端点分别为 $\vec{r}_1$ 和 $\vec{r}_2$，则其参数方程为

$$\vec{r}(t)=(\vec{r}_2-\vec{r}_1)t+\vec{r}_1 \quad (0\leqslant t\leqslant 1)$$

2-5 螺旋线：采用柱坐标 (s,φ,z)，设两端点坐标分别为 (a,φ_1,z_1) 和 (a,φ_2,z_2)，其中，a 为圆柱半径，则其参数方程为

$$\begin{cases} s=a, \\ \varphi=(\varphi_2-\varphi_1)t+\varphi_1, \quad (0\leqslant t\leqslant 1) \\ z=(z_2-z_1)t+z_1 \end{cases}$$

2-6 采用柱坐标 (s,φ,z)，其参数方程为

$$s=\frac{1}{a\cos(\varphi\sin\alpha)+b\sin(\varphi\sin\alpha)}, \quad z=s\cot\alpha$$

其中，α 为圆锥半张角，而 a 和 b 由端点条件决定。

2-7 大圆弧。

2-8 圆心位于 x 轴上的圆。

2-10 $x=t^4+2$。

2-11 $x=\sin t$。

2-12 $x=R(\theta-\sin\theta),y=R(1-\cos\theta)-\frac{v_0^2}{2g}$。

2-13 半径为 $(R-r_0)/2$ 的圆在半径为 R 的圆内部滚动产生的内圆滚线，其中，R 是地球半径，r_0 是轨道上诸点与球心的最近距离。

2-14 $y=a\cosh\frac{x+b}{a}$，其中，a 和 b 由端点条件决定。

2-15 $y=a\cosh\frac{x+b}{a}$，其中，a 和 b 由端点条件决定。

2-16 $t_{AB}=\pi\sqrt{\frac{a}{g}}$。

2-18 $\Delta S_1=6\pi\varepsilon^2>0,\Delta S_2=-\frac{3}{2}\pi\varepsilon^2<0$。

2-20 $\ddot{x}+\omega^2x=0$。

2-21 运动方程为 $l\ddot{\theta}=a\omega^2\cos\omega t\cos\theta-g\sin\theta$，小角近似下的解为

$$\theta(t)=C\cos(\omega_0 t+\varphi)+\frac{\omega^2}{\omega_0^2-\omega^2}A\cos\omega t$$

其中，$\omega_0\triangleq\sqrt{g/l},A\triangleq a/l$，$C$ 和 φ 是由初始条件确定的常数。

2-22 $l\ddot{\theta}=-(a\omega^2\cos\omega t+g)\sin\theta$。

2-23 $l\ddot{\theta}=-a\omega^2\sin(\theta-\omega t)-g\sin\theta$。

2-24 $x=A\cos(\omega t+\varphi)+mg/k$，其中，$\omega=\sqrt{k/m}$，$x$ 为弹簧伸长量，A,φ 由初始条件决定。

2-25 选择平面极坐标，拉格朗日函数为

$$L=\frac{1}{2}m\dot{r}^2+\frac{1}{2}mr^2\dot{\theta}^2-\frac{k}{\alpha}r^\alpha$$

2-26 选择平面极坐标，拉格朗日函数为

$$L=\frac{1}{2}m\dot{r}^2+\frac{1}{2}mr^2\dot{\theta}^2-\frac{k}{\alpha}r^\alpha-mgr\cos\theta$$

2-30 物体的加速度为 $g\sin\alpha\sqrt{1+\left(\frac{m\sin\alpha\cos\alpha}{M+m\sin^2\alpha}\right)^2}$，斜面的加速度为 $\frac{mg\sin\alpha\cos\alpha}{M+m\sin^2\alpha}$。

2-31 拉格朗日函数为 $L=\frac{1}{2}(M+m)\dot{x}^2+\frac{3}{4}mR^2\dot{\theta}^2-mR\dot{\theta}\dot{x}\cos\alpha+mgR\theta\sin\alpha$，其中，$x$ 是斜面向左的水平位移，θ 是圆盘顺时针转过的角度。

2-32 设圆盘顺时针转过的角度为 θ，摆线相对于竖直向下方向顺时针转过的角度为 φ，拉格朗日函数为

$$\begin{aligned} L=&\frac{1}{4}(3M+2m)R^2\dot{\theta}^2+\frac{1}{2}ml^2\dot{\varphi}^2 \\ &-mRl\dot{\theta}\dot{\varphi}\cos(\alpha-\varphi)+mgl\cos\varphi \\ &+(M+m)gR\theta\sin\alpha \end{aligned}$$

运动方程为

$$\begin{cases} \frac{\mathrm{d}}{\mathrm{d}t}\left[\left(\frac{3}{2}M+m\right)R^2\dot{\theta}-mRl\dot{\varphi}\cos(\alpha-\varphi)\right] \\ \quad=(M+m)gR\sin\alpha \\ l\ddot{\varphi}-R\ddot{\theta}\cos(\alpha-\varphi)=g\sin\varphi \end{cases}$$

2-33 拉格朗日函数为

$$L = ml^2\left[\dot{\theta}_1^2 + \frac{1}{2}\dot{\theta}_2^2 + \dot{\theta}_1\dot{\theta}_2\cos(\theta_1 - \theta_2)\right] + mgl(2\cos\theta_1 + \cos\theta_2)$$

2-34　棱柱向右的加速度为

$$\ddot{x} = \frac{(m_1\cos\alpha + m_2\cos\beta)(m_1\sin\alpha - m_2\sin\beta)}{(M + m_1 + m_2)(m_1 + m_2) - (m_1\cos\alpha + m_2\cos\beta)^2}g$$

m_1 沿着斜面向上(或 m_2 沿着斜面向下)的加速度为

$$\ddot{s} = \frac{(M + m_1 + m_2)(m_1\sin\alpha - m_2\sin\beta)}{(M + m_1 + m_2)(m_1 + m_2) - (m_1\cos\alpha + m_2\cos\beta)^2}g$$

2-35　从下至上,各细杆的角加速度依次为 $2\varepsilon g/r$,$-6\varepsilon g/r$,$9\varepsilon g/r$,顺时针转动为正。

2-36　拉格朗日函数为 $L = \frac{3}{4}m(R - r)^2\dot{\theta}^2 - mg(R - r)(1 - \cos\theta)$;拉格朗日方程为 $3(R - r)\ddot{\theta} = -2g\sin\theta$;微振动的频率为 $\omega = \sqrt{\frac{2g}{3(R - r)}}$。

2-37　$\omega^2 = g\sqrt{\frac{m_1 + m_2}{m_1 l_1^2 + m_2 l_2^2} - \frac{m_1 m_2 d^2}{(m_1 l_1^2 + m_2 l_2^2)^2}}$。

2-39　$F = \frac{2m_1 m_2 g}{m_1 + m_2}$。

2-40　三物体向下的加速度分别为 $g(1 - 8m_2 m_3/f)$,$g(1 - 4m_1 m_3/f)$,$g(1 - 4m_1 m_2/f)$,其中,$f = m_1(m_2 + m_3) + 4m_2 m_3$;左、右两端绳子的张力分别为 $8m_1 m_2 m_3 g/f$ 和 $4m_1 m_2 m_3 g/f$。

2-41　$N = mv^2\frac{|f''|}{(1 + f'^2)^{3/2}}$。

2-43　$N = kb\frac{1/4 + z^2/b^2}{1 + a^2/b^2}$。

2-44　在水平位置处,$N_1 = mg/4$;在最低点处,$N_2 = 13mg$;$3\cos^3\theta_m - 9\cos^2\theta_m + 12\cos\theta_m - 4 = 0$。

2-45　$\theta = \arctan(1/2)$。

2-46　$z = \frac{1}{2\pi\tan\alpha}\left(l_0 + \frac{mg}{2\pi k\tan\alpha}\right)$。

2-47　$U = \frac{\alpha}{r}\left(1 + \frac{\dot{r}^2}{c^2}\right)$,$L = \frac{mc^2 r - 2\alpha}{2c^2 r}\dot{r}^2 + \frac{1}{2}mr^2\dot{\theta}^2 - \frac{\alpha}{r}$,

$h = \frac{mc^2 r - 2\alpha}{2c^2 r}\dot{r}^2 + \frac{1}{2}mr^2\dot{\theta}^2 + \frac{\alpha}{r}$。

2-48　$\gamma_{ij} = \frac{\partial a_i}{\partial q_j} - \frac{\partial a_j}{\partial q_i}$,$c_i = \frac{\partial a_i}{\partial t} - \frac{\partial b}{\partial q_i}$。

2-49　以 $\vec{\sigma}$ 的方向为极轴,力在球坐标系中的分量为

$$\begin{cases} F_r = -\partial\varphi/\partial r - 2m\sigma r\dot{\varphi}\sin^2\theta \\ F_\theta = -2m\sigma r\dot{\varphi}\sin\theta\cos\theta \\ F_\varphi = 2m\sigma(\dot{r}\sin\theta + r\dot{\theta}\cos\theta) \end{cases}$$

广义动量为 $p_r = m\dot{r}$,$p_\theta = mr^2\dot{\theta}$,$p_\varphi = mr^2(\dot{\varphi} - \sigma)\cdot\sin^2\theta$。运动方程为

$$\begin{cases} m\ddot{r} = mr\dot{\theta}^2 + m(\dot{\varphi} - 2\sigma)r\dot{\varphi}\sin^2\theta - \varphi'(r) \\ \frac{\mathrm{d}}{\mathrm{d}t}(mr^2\dot{\theta}) = m(\dot{\varphi} - 2\sigma)r^2\dot{\varphi}\sin\theta\cos\theta \\ \frac{\mathrm{d}}{\mathrm{d}t}[mr^2(\dot{\varphi} - \sigma)\sin^2\theta] = 0 \end{cases}$$

2-50　$L(Q, \dot{Q}, t) = \frac{1}{2}m(\dot{Q} - \gamma Q)^2 - \frac{1}{2}m\omega_0^2 Q^2$。

2-51　$3m\dot{x} - 11m\dot{y}$。

2-52　$17m\dot{x} + 10m\dot{y}$。

2-53　$\Gamma = m\dot{q}\sin\omega t - m\omega q\cos\omega t$。

2-56　$\Gamma = me^{2\gamma t}\left(\frac{1}{2}\dot{x}^2 + \frac{1}{2}\omega_0^2 x^2 + \gamma x\dot{x}\right)$。

2-57　(1) $p = \frac{m\dot{x}}{\sqrt{1 - \dot{x}^2/c^2}}$;(2) $h = \frac{mc^2}{\sqrt{1 - \dot{x}^2/c^2}}$;

(4) $\Gamma = \frac{mc(x - \dot{x}t)}{\sqrt{1 - \dot{x}^2/c^2}}$。

第3章

3-1　$g(u) = \frac{\alpha - 1}{\alpha}u^{\frac{\alpha}{\alpha - 1}}$。

3-2　$g(u) = u(\ln u - 1)$。

3-3　$g(u) = \sqrt{u^2 + 1}$。

3-4　$G(v_1, v_2) = -(v_1^2 + 2v_2^2 + 3v_1 v_2) + 3a(2v_1 + 3v_2) - 9a^2$。

3-6　$H = c\sqrt{p_1^2 + p_2^2 + p_3^2 + m^2c^2} + U(x_1, x_2, x_3)$。

3-10　哈密顿函数为

$$H = \frac{(a^2 + x^2)p_\theta^2 + a^2 l^2 p_x^2 - 2al(a\cos\theta + x\sin\theta)p_x p_\theta}{2ml^2(a\sin\theta - x\cos\theta)^2} + mg\left(\frac{x^2}{2a} - l\cos\theta\right)$$

其中,θ 为摆线相对于竖直向下方向逆时针转过的角度。

3-11　拉格朗日函数为 $L = \frac{1}{2}m\dot{x}^2 - \frac{k}{x}e^{-t/\tau}$;哈密顿函数为 $H = \frac{p_x^2}{2m} + \frac{k}{x}e^{-t/\tau}$;$H$ 为体系的能量,不守恒。

3-12 拉格朗日函数为 $L=\frac{1}{2}m(l^2\dot{\theta}^2+\alpha^2)+mgl\cos\theta$；哈密顿函数为 $H=\frac{p_\theta^2}{2ml^2}-mgl\cos\theta-\frac{1}{2}m\alpha^2$；$H$ 守恒，但不等于体系的能量。

3-13 哈密顿函数 $H=\frac{p_\theta^2}{2m(a^2+b^2)}+mgb\theta$；哈密顿方程为

$$\dot{\theta}=\frac{p_\theta}{m(a^2+b^2)},\quad \dot{p}_\theta=-mgb$$

3-14 哈密顿函数为 $H=\frac{p_\theta^2}{2ml^2}+\frac{p_\varphi^2}{2ml^2\sin^2\theta}-mgl\cos\theta$；哈密顿方程为

$$\dot{\theta}=\frac{p_\theta}{ml^2},\quad \dot{\varphi}=\frac{p_\varphi}{ml^2\sin^2\theta}$$

$$\dot{p}_\theta=\frac{p_\varphi^2\cos\theta}{ml^2\sin^3\theta}-mgl\sin\theta,\quad \dot{p}_\varphi=0$$

3-15 哈密顿函数为 $H=\frac{1}{m(2-\cos^2\theta)}\left(\frac{p_x^2}{2}+\frac{p_\theta^2}{l^2}-\frac{p_xp_\theta\cos\theta}{l}\right)-mgl\cos\theta$；哈密顿方程为

$$\begin{cases}\dot{x}=\dfrac{p_xl-p_\theta\cos\theta}{ml(2-\cos^2\theta)}\\ \dot{\theta}=\dfrac{2p_\theta-p_xl\cos\theta}{ml^2(2-\cos^2\theta)}\\ \dot{p}_x=0\\ \dot{p}_\theta=-\dfrac{(2p_\theta-p_xl\cos\theta)(p_xl-p_\theta\cos\theta)\sin\theta}{ml^2(2-\cos^2\theta)^2}-mgl\sin\theta\end{cases}$$

3-16 哈密顿函数为 $H=\frac{p_s^2}{2m}+\frac{(p_\varphi-eB_0s^2/2)^2}{2ms^2}+\frac{p_z^2}{2m}-eE_0\ln s$，其中，$p_\varphi,p_z$ 以及 H 均为运动常数。

3-18 哈密顿函数为 $H=\frac{p_x^2}{2m}+\frac{1}{4}kx^4$，哈密顿矢量场为 $\Delta_H=(p_x/m,-kx^3)$。

3-19 哈密顿函数为 $H=\frac{p_x^2}{2m}-\frac{1}{2}kx^2$，哈密顿矢量场为 $\Delta_H=(p_x/m,kx)$。

3-26 $x^2=x_0^2+\frac{2k}{x_0^2}t^2$。

3-27 (3) $[L_i,D_j]=\varepsilon_{ijk}D_k$，$[D_i,D_j]=\varepsilon_{ijk}L_k$。

3-29 $U=\frac{1}{2}\alpha r^2$，$\beta=m\alpha$，其中，α 为常数。

3-31 $F_1(q,Q)=q\arcsin(qe^Q)+\sqrt{e^{-2Q}-q^2}$

3-33 $F_3(p,Q)=-(e^Q-1)^2\tan p$

3-34 $F_2(q,P)=\sum_{k=1}^{s}[(q_k-1+\ln P_k)P_k-e^{P_k}]$；

$F_3(p,Q)=-\sum_{k=1}^{s}[(Q_k+1-\ln p_k)p_k+e^{p_k}]$。

3-35

$$\begin{cases}Q_1=\ln\left(q_2+\dfrac{p_1}{4}\right)-2q_1,\quad P_1=-2\left(q_2+\dfrac{p_1}{4}\right)\\ Q_2=\dfrac{1}{2}\ln\left(q_1+\dfrac{p_2}{4}\right)-\dfrac{1}{2}q_2,\quad P_2=-8\left(q_1+\dfrac{p_2}{4}\right)\end{cases}$$

3-36 令 $\tan 2\alpha=\frac{2m\omega_0}{eh}$，而 β 取合适的常数。

3-37 $P_1=\frac{p_1-p_2}{2q_1}+\frac{1}{2q_1}\left(\frac{\partial F}{\partial q_2}-\frac{\partial F}{\partial q_1}\right)$，$P_2=p_2-\frac{\partial F}{\partial q_2}$，其中，$F=F(q_1,q_2)$ 是广义坐标的任一函数；

$$\begin{cases}q_1(t)=q_{10}\sqrt{1+\dfrac{p_{10}-p_{20}}{q_{10}^3}t}\\ q_2(t)=q_{10}+q_{20}+t-q_{10}\sqrt{1+\dfrac{p_{10}-p_{20}}{q_{10}^3}t}\\ p_1(t)=p_{20}-(2q_{10}+2q_{20}+t)t+(p_{10}-p_{20})\sqrt{1+\dfrac{p_{10}-p_{20}}{q_{10}^3}t}\\ p_2(t)=p_{20}-(2q_{10}+2q_{20}+t)t\end{cases}$$

3-38 正则变换可取为 $Q=pq^2$，$P=1/q$，解为

$$q=\frac{q_0}{\cos t-p_0q_0^3\sin t}$$

3-39 $P=\frac{1}{2}\left(\frac{p^2}{\lambda}+\lambda q^2\right)+R\left(\frac{q}{p},t\right)$，其中，$R\left(\frac{q}{p},t\right)$ 是任意函数。

3-40 $A=\alpha$，$q=\left(q_0\cos\omega_0t+\frac{p_0}{m\omega_0}\sin\omega_0t\right)\sqrt{1+\frac{2m\alpha\sin\omega_0t}{q_0(p_0\sin\omega_0t+m\omega_0q_0\cos\omega_0t)}}$。

3-43 取抛射点为原点，x 轴沿水平方向，y 轴竖直向上。轨道方程 $y=x\tan\alpha-\frac{gx^2}{2v_0^2\cos^2\alpha}$；$x=v_0t\cos\alpha$，$y=v_0t\sin\alpha-\frac{1}{2}gt^2$。

3-44 哈密顿主函数 $S=\int\sqrt{2\left(P-\frac{1}{q^2}\right)}dq-Pt$，$q(t)=\sqrt{2P(t-t_0)^2+\frac{1}{P}}$。

3-45 $q(t)=v_0t+\frac{1}{6}At^3$。

3-47 (1) $r=\frac{p}{1+\varepsilon\cos[\Gamma(\theta-\theta_0)]}$，其中，$p,\varepsilon$ 和 Γ 是由能量 E 和角动量 p_θ 确定的常数；(2) $\Delta\theta\approx\frac{2\pi m\delta}{p_\theta^2}$。

第4章

4-1 $\omega_\pm^2=\left(\frac{k_1+k_2}{2m}+\frac{k_{12}}{m}\right)\pm\sqrt{\left(\frac{k_1-k_2}{2m}\right)^2+\left(\frac{k_{12}}{m}\right)^2}$。

4-3 一般解为

$$\begin{cases}x_1(t)=\lambda_1\cos(\omega_1t+\varphi_1)+\lambda_2\cos(\omega_2t+\varphi_2)\\x_2(t)=\lambda_1\cos(\omega_1t+\varphi_1)-\lambda_2\cos(\omega_2t+\varphi_2)\end{cases}$$

其中，$\omega_1=\frac{\omega_0}{\sqrt{1+m/m_0}}$，$\omega_2=\frac{\omega_0}{\sqrt{1-m/m_0}}$。两个简正模为

$$\omega_1\leftrightarrow\begin{pmatrix}1\\1\end{pmatrix},\quad\omega_2\leftrightarrow\begin{pmatrix}1\\-1\end{pmatrix}$$

4-5 以上、下两物体相对于各自平衡位置向下的偏离 x_1 和 x_2 作为广义坐标。简正频率为 $\omega_1=\frac{\sqrt5-1}{2}\omega_0$，$\omega_2=\frac{\sqrt5+1}{2}\omega_0$，其中，$\omega_0=\sqrt{k/m}$；相应本征矢分别为 $A^{(1)}=\begin{pmatrix}2\\1+\sqrt5\end{pmatrix}$，$A^{(2)}=\begin{pmatrix}2\\1-\sqrt5\end{pmatrix}$。

4-6 $\omega_1=\omega_0\leftrightarrow A^{(1)}=\begin{pmatrix}1\\-1\end{pmatrix}$，$\omega_2=\sqrt2\omega_0\leftrightarrow A^{(2)}=\begin{pmatrix}1\\1\end{pmatrix}$，其中，$\omega_0=\sqrt{k/m}$。

4-7 $\omega_1=\frac{\omega_0}{\sqrt2}\leftrightarrow A^{(1)}=\begin{pmatrix}1\\0\end{pmatrix}$，$\omega_2=\sqrt2\omega_0\leftrightarrow A^{(2)}=\begin{pmatrix}1\\-3\end{pmatrix}$，其中，$\omega_0=\sqrt{g/R}$。

4-8 运动方程为

$$6\ddot\theta_1+\ddot\theta_2\cos(\theta_1-\theta_2)+\dot\theta_2^2\sin(\theta_1-\theta_2)=-4\omega_0^2\sin\theta_1$$
$$\ddot\theta_2+\ddot\theta_1\cos(\theta_1-\theta_2)-\dot\theta_1^2\sin(\theta_1-\theta_2)=-\omega_0^2\sin\theta_2$$

简正模为

$$\omega_1=\sqrt{1-\frac{1}{\sqrt5}}\omega_0\leftrightarrow A^{(1)}=\begin{pmatrix}1\\\sqrt5-1\end{pmatrix}$$

$$\omega_1=\sqrt{1+\frac{1}{\sqrt5}}\omega_0\leftrightarrow A^{(2)}=\begin{pmatrix}-1\\\sqrt5+1\end{pmatrix}$$

4-9 $I_1(t)=\lambda_1\cos(\omega_1t+\varphi_1)+\lambda_2\cos(\omega_2t+\varphi_2)$，$I_2(t)=\lambda_1\cos(\omega_1t+\varphi_2)-\lambda_2\cos(\omega_2t+\varphi_2)$，其中，$\omega_1=1/\sqrt{(L+M)C}$，$\omega_2=1/\sqrt{(L-M)C}$，而 $\lambda_{1,2},\varphi_{1,2}$ 由初始条件确定。

4-10 $\omega_1=1/\sqrt{LC}$，$\omega_2=1/\sqrt{3LC}$。

4-11 $\omega_1=\sqrt{1/LC}$，$\omega_2=\sqrt{3/LC}$。

4-12 以 m,m 和 m_0 顺时针转过的角度 $\theta_1,\theta_2,\theta_3$ 为广义坐标，简正模为

$$\omega_1=\sqrt{\frac{3k}{m}}\leftrightarrow A^{(1)}=\begin{pmatrix}1\\-1\\0\end{pmatrix}$$

$$\omega_2=\sqrt{k\left(\frac{1}{m}+\frac{2}{m_0}\right)}\leftrightarrow A^{(2)}=\begin{pmatrix}1\\1\\-2m/m_0\end{pmatrix}$$

$$\omega_3=0\leftrightarrow A^{(3)}=\begin{pmatrix}1\\1\\1\end{pmatrix}$$

一般运动为

$$\begin{pmatrix}\theta_1\\\theta_2\\\theta_3\end{pmatrix}=\lambda_1\begin{pmatrix}1\\-1\\0\end{pmatrix}\cos(\omega_1t+\varphi_2)+\lambda_2\begin{pmatrix}1\\1\\-2m/m_0\end{pmatrix}\cos(\omega_2t+\varphi_2)+\begin{pmatrix}1\\1\\1\end{pmatrix}(\lambda_3t+\varphi_3)$$

4-13

$$\omega_1=\sqrt{g/l}\leftrightarrow A^{(1)}=\begin{pmatrix}1\\2\\-1\end{pmatrix}$$

$$\omega_2=2\sqrt{g/l}\leftrightarrow A^{(2)}=\begin{pmatrix}4\\-4\\-1\end{pmatrix}$$

$$\omega_3=0\leftrightarrow A^{(3)}=\begin{pmatrix}0\\0\\1\end{pmatrix}$$

4-14 拉格朗日函数为

$$L = \frac{1}{2}ml^2(\dot\theta_1^2+\dot\theta_2^2+\dot\theta_3^2) - \frac{1}{2}mgl(\theta_1^2+\theta_2^2+\theta_3^2) - \frac{1}{2}kl^2(\theta_2-\theta_1)^2 - \frac{1}{2}kl^2(\theta_3-\theta_2)^2$$

运动方程为

$$\begin{cases} ml\ddot\theta_1 = -(mg+kl)\theta_1 + kl\theta_2 \\ ml\ddot\theta_2 = kl\theta_1 - (mg+2kl)\theta_2 + kl\theta_3 \\ ml\ddot\theta_3 = kl\theta_2 - (mg+kl)\theta_3 \end{cases}$$

简正模为

$$\omega_1 = \sqrt{\frac{g}{l}} \leftrightarrow A^{(1)} = \begin{pmatrix}1\\1\\1\end{pmatrix}$$

$$\omega_2 = \sqrt{\frac{g}{l}+\frac{k}{m}} \leftrightarrow A^{(2)} = \begin{pmatrix}1\\0\\-1\end{pmatrix}$$

$$\omega_3 = \sqrt{\frac{g}{l}+\frac{3k}{m}} \leftrightarrow A^{(3)} = \begin{pmatrix}1\\-2\\1\end{pmatrix}$$

第5章

5-2 $v_1 = m_2\sqrt{\frac{2G}{m_1+m_2}\left(\frac{1}{r}-\frac{1}{r_0}\right)}$；

$v_2 = m_1\sqrt{\frac{2G}{m_1+m_2}\left(\frac{1}{r}-\frac{1}{r_0}\right)}$。

5-7 $F(r) = -\frac{l^2}{mr^3}\left(1+\frac{6c}{r}\right)$。

5-8 $F(r) = -\frac{(1+a^2)l^2}{mr^3}$。

5-10 粒子角动量小于 $\sqrt{2m\alpha}$。

5-11 $r<(1+\sqrt{5})a/2$。

5-13 当 $n=2$ 时，$\sigma=\pi\frac{\alpha}{E}$；当 $n>2$ 时，$\sigma=\pi n(n-2)^{\frac{2}{n}-1}\left(\frac{\alpha}{2E}\right)^{2/n}$。

5-14 $\sigma=\pi R^2$。

5-16 $\sigma=\pi R^2$。

5-17 $\frac{d\sigma}{d\Omega} = \frac{a^2}{16}\frac{\cos\Theta}{(1-\cos\Theta)^2}$。

第6章

6-1 $\vec\omega = -(\dot\theta\cot\alpha)\widehat{OC}$。

6-3 $J_1=\frac{1}{12}M(b^2+c^2)$，$J_2=\frac{1}{12}M(c^2+a^2)$，$J_3=\frac{1}{12}M(a^2+b^2)$。

6-4 $J_1=J_2=J_3=2MR^2/5$。

6-5 以对称轴作为 x_3 轴，$J_1=J_2=\frac{1}{12}M(3R^2+h^2)$，$J_3=\frac{1}{2}MR^2$。

6-6 以对称轴作为 x_3 轴，相对于顶点的主转动惯量为 $J_1=J_2=\frac{3}{20}M(R^2+4h^2)$，$J_3=\frac{3}{10}MR^2$；相对于质心的主转动惯量为 $J_1^*=J_2^*=\frac{3}{28}M(R^2+4h^2)$，$J_3^*=\frac{3}{10}MR^2$。

6-7 以对称轴作为 x_3 轴，平面 $x_3=0$ 为对称平面，$J_1=J_2=\frac{1}{8}M(4R^2+5r^2)$，$J_3=\frac{1}{4}M(4R^2+3r^2)$。

6-8 主转动惯量为 $J_1=J_2=A-B$，$J_3=A+2B$；第三个主轴沿着(1,1,1)方向，与其垂直的任一轴均为主轴。

6-9 $$J' = \begin{pmatrix} \frac{A+B}{2}+\frac{A-B}{2}\sin2\theta & \frac{A-B}{2}\cos2\theta & 0 \\ \frac{A-B}{2}\cos2\theta & \frac{A+B}{2}-\frac{A-B}{2}\sin2\theta & 0 \\ 0 & 0 & C \end{pmatrix}$$

6-10 $J = ma^2\begin{pmatrix}10&0&0\\0&6&1\\0&1&6\end{pmatrix}$；主转动惯量为 $J_1=5ma^2$，$J_2=7ma^2$，$J_3=10ma^2$；惯量主轴为 $\hat{x}_1'=(0,1/\sqrt{2},-1/\sqrt{2})$，$\hat{x}_2'=(0,1/\sqrt{2},1/\sqrt{2})$，$\hat{x}_3'=(1,0,0)$。

6-11 $J = ma^2\begin{pmatrix}10&0&0\\0&6&-4\\0&-4&6\end{pmatrix}$；主转动惯量为 $J_1=2ma^2$，$J_2=J_3=10ma^2$；惯量主轴为 $\hat{x}_1'=(0,1/\sqrt{2},1/\sqrt{2})$，$\hat{x}_2'=(0,-1/\sqrt{2},1/\sqrt{2})$，$\hat{x}_3'=(1,0,0)$。

6-14 (1) $\sqrt{\frac{\sqrt{3}g}{a}}$；(2) $2\sqrt{\frac{\sqrt{3}g}{5a}}$。其中，$a$ 为三角形边长。

6-15 圆心位于原点。

6-17 $L=\frac{27\pi-16\cos\theta}{24}\rho R^4\dot\theta^2+\frac{2}{3}\rho gR^3\cos\theta$，其中，$R$ 为半径。

6-19 $\omega=\sqrt{\frac{2k}{3m}}$。

6-22 $T=4\pi\sqrt{\dfrac{R}{3g}}$。

6-23 $\omega=\sqrt{\dfrac{3g(R-a)}{4a^2+b^2}}$。

6-24 $\Omega=\dfrac{3g}{5R\tan\theta-3r\sin\theta}$。

6-25 $N=mg+\dfrac{7}{5}mr\Omega^2$。

6-26 $\tau=\dfrac{m\omega^2}{12}\dfrac{ab(a^2-b^2)}{a^2+b^2}$。

6-27 对于均质球面，$\Omega=\sqrt{\dfrac{6\sqrt{3}g}{2l+3\sqrt{3}R}}$；对于均质实心球，$\Omega=\sqrt{\dfrac{10\sqrt{3}g}{-2l+5\sqrt{3}R}}$；如果 $J=\beta mR^2$，则 $\Omega=\sqrt{\dfrac{2\sqrt{3}g}{2(2\beta-1)l+\sqrt{3}R}}$；$\beta=\dfrac{1}{2}$是一个临界数值：当 $\beta<\dfrac{1}{2}$时，$\dfrac{\sqrt{3}R}{2-\beta}<l<\dfrac{\sqrt{3}R}{2-4\beta}$；即 l 存在上限；而当 $\beta\geqslant\dfrac{1}{2}$时，$\dfrac{\sqrt{3}R}{2-\beta}<l<\infty$，$l$ 不存在上限。

参 考 书 目

[1] 陈滨. 分析动力学[M]. 北京:北京大学出版社，2012.

[2] 金尚年，马永利. 理论力学[M]. 北京:高等教育出版社，2002.

[3] 李书民. 经典力学概论[M]. 合肥:中国科学技术大学出版社，2007.

[4] 梁昆淼. 力学:下册[M]. 北京:高等教育出版社，2010.

[5] 梅凤翔，刘桂林. 分析力学基础[M]. 西安:西安交通大学出版社，1987.

[6] 强元棨. 经典力学:下册[M]. 北京:科学出版社，2003.

[7] 秦敢，向守平. 力学与理论力学:下册[M]. 北京:科学出版社，2017.

[8] 沈惠川，李书民. 经典力学[M]. 合肥:中国科学技术大学出版社，2006.

[9] 沈葹. 美哉物理[M]. 上海:上海科学技术出版社，2010.

[10] 武际可. 力学史杂谈[M]. 北京:高等教育出版社，2009.

[11] Arnold V I. 经典力学的数学方法[M]. 齐民友，译. 北京:高等教育出版社，2008.

[12] Feynman R P，Leighton R B，Sands M. 费恩曼物理学讲义:第 2 卷[M]. 李洪芳，王子辅，钟万美，译. 上海:上海科学技术出版社，2013.

[13] Gelfand E M，Fomin S V. Calculus of Variations [M]. Berlin：Springer，2003.

[14] Goldstein H，Poole C，Safko J. Classical Mechanics [M]. Beijing：Higher Education Press，2005.

[15] Greiner W. Classical Dynamics：Systems of Particles and Hamiltonian Dynamics[M]. Berlin：Springer，2003.

[16] Griffiths D J. Introduction to Electrodynamics[M]. New Jersey：Pearson Education，2005.

[17] Jose J V，Saletan E J. Classical Dynamics：A Contemporary Approach[M]. Cambridge：Cambridge University Press，1998.

[18] Landau L D，Lifshitz E M. 力学[M]. 李俊峰，译. 北京:高等教育出版社，2007.

[19] Marion J B. 质点和系统的经典动力学[M]. 李笙，译. 北京:高等教育出版社，1985.

附录　动能二次项的系数矩阵 A 的正定性证明

将 $3n$ 个变量 $(x_1,y_1,z_1,x_2,y_2,z_2,\cdots,x_n,y_n,z_n)$ 写为 $(u_1,u_2,\cdots,u_{3n})$，并用 $m_1=m_2=m_3$ 表示粒子 1 的质量，$m_4=m_5=m_6$ 表示粒子 2 的质量……$m_{3n-2}=m_{3n-1}=m_{3n}$ 表示粒子 n 的质量。这样体系的动能就写为

$$T=\sum_{a=1}^{3n}\frac{1}{2}m_a\dot{u}_a^2 \tag{1}$$

当采用广义坐标 $q=(q_1,q_2,\cdots,q_s)$ 描述体系的位形时，动能表达式(1.7.16)中广义速度的二次项部分可以写为

$$T_2=\frac{1}{2}\sum_{i,j=1}^{s}A_{ij}\dot{q}_i\dot{q}_j=\sum_{a=1}^{3n}\frac{1}{2}m_a\sum_{i=1}^{s}\left(\frac{\partial u_a}{\partial q_i}\dot{q}_i\right)^2 \tag{2}$$

由 $m_a>0$ 不难看出：$T_2\geqslant 0$，并且，当且仅当

$$\sum_{i=1}^{s}\left(\frac{\partial u_a}{\partial q_i}\dot{q}_i\right)^2=0\quad(a=1,2,\cdots,3n) \tag{3}$$

时 $T_2=0$。

由广义坐标的独立性知，广义坐标变换的雅可比矩阵 J 的秩取最大值 s，即

$$\begin{aligned}\mathrm{rank}J&=\mathrm{rank}\left(\frac{\partial u_a}{\partial q_i}\right)\\&=\mathrm{rank}\begin{pmatrix}\partial u_1/\partial q_1 & \partial u_1/\partial q_2 & \cdots & \partial u_1/\partial q_s\\ \partial u_2/\partial q_1 & \partial u_2/\partial q_2 & \cdots & \partial u_2/\partial q_s\\ \vdots & \vdots & & \vdots\\ \partial u_{3n}/\partial q_1 & \partial u_{3n}/\partial q_2 & \cdots & \partial u_{3n}/\partial q_s\end{pmatrix}\\&=s\end{aligned} \tag{4}$$

因此，必然可以找到矩阵 J 的 s 个独立的行矢量，即存在 $u_{i_1},u_{i_2},\cdots,u_{i_s}$，使得

$$\frac{\partial(u_{i_1},u_{i_2},\cdots,u_{i_s})}{\partial(q_1,q_2,\cdots,q_s)}\neq 0 \tag{5}$$

这意味着，式(3)中 a 取 $(i_1,i_2,\cdots,i_s)$ 时所得广义速度满足的 s 个线性齐次代数方程，其系数行列式不为零。因而 $\dot{q}_1=\dot{q}_2=\cdots=\dot{q}_s=0$ 是 $T_2=0$ 的充要条件，而 T_2 则是广义速度的正定二次型。由线性代数的定理即可知道，矩阵 $A=(A_{ij})$ 是正定的。

有必要指出的是，通常 A 并不是处处正定的。例如，粒子在球坐标系下的动能为

$$T=\frac{1}{2}m\dot{r}^2+\frac{1}{2}mr^2\dot{\theta}^2+\frac{1}{2}mr^2\dot{\phi}^2\sin^2\theta=T_2 \tag{6}$$

因而

$$A=m\begin{pmatrix}1 & 0 & 0\\ 0 & r^2 & 0\\ 0 & 0 & r^2\sin^2\theta\end{pmatrix} \tag{7}$$

显然，A 在原点处($r=0$)以及极轴上($\theta=0,\pi$)都不是正定的。这种情况的出现完全是由于我们对于广义坐标的定义不够严谨导致的。本书中，我们将广义坐标定义为可以完全确定体系位形的一组变量(见 1.7.3 小节)，即一旦给定了这组变量的数值，体系的位形就可唯一确定下来。而广义坐标的严格定义同时还要求，坐标的数值也可由体系的位形唯一确定，即要求广义坐标与位形是一一对应的。就刚才的例子而言，球坐标在原点和极轴上并不符合广义坐标的这一严格定义，也正是在这些地方，A 不再正定。使得广义坐标失效的点称为奇点，而在奇点处，雅可比矩阵 J 的秩小于 s。

常用概念中英文索引